Klassische Texte der Wissenschaft

Herausgeber
Prof. Dr. Dr. Olaf Breidbach (†)
Prof. Dr. Jürgen Jost

http://www.springer.com/series/11468

Die Reihe bietet zentrale Publikationen der Wissenschaftsentwicklung der Mathematik und Naturwissenschaften in sorgfältig editierten, detailliert kommentierten und kompetent interpretierten Neuausgaben. In informativer und leicht lesbarer Form erschließen die von renommierten WissenschaftlerInnen stammenden Kommentare den historischen und wissenschaftlichen Hintergrund der Werke und schaffen so eine verlässliche Grundlage für Seminare an Universitäten und Schulen wie auch zu einer ersten Orientierung für am Thema Interessierte.

Florian Mildenberger
Bernd Herrmann
Herausgeber

Jakob Johann von Uexküll

Umwelt und Innenwelt der Tiere

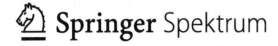 Springer Spektrum

Herausgeber
Florian Mildenberger
13349 Berlin

Bernd Herrmann
Universität Göttingen
Inst. für Zoologie und Anthropologie
Abtlg. Historische Anthropologie
und Humanökologie
37073 Göttingen

Mathematics Subject Classification (2010): 01A55, 01A55, 76-03, 76-06, 76G25

ISBN 978-3-642-41699-6   ISBN 978-3-642-41700-9 (eBook)
DOI 10.1007/978-3-642-41700-9

Für eBook Nutzer: Das durchsuchbare PDF des Originaltextes *Umwelt und Innenwelten der Tiere von Jakob von Uexküll, 2. Aufl. 1921* finden Sie unter http://springer.com/life+sciences/book/978-3-662-22877-7.

Die Deutsche Nationalbibliothek verzeichnet diese Publikation in der Deutschen Nationalbibliografie; detaillierte bibliografische Daten sind im Internet über http://dnb.d-nb.de abrufbar.

Springer Spektrum
Springer Spektrum ist eine Marke von Springer DE. Springer DE ist Teil der Fachverlagsgruppe Springer Science+Business Media
www.springer-spektrum.de

Vorwort

Uexkülls „Umwelt und Innenwelt der Tiere" ist ein Basistext der modernen Biologie. Er ist dies weniger wegen seiner Fokussierung auf tierphysiologische Befunde, deren experimentelle Ansätze und Aussagepräzisionen ohnehin durch den zwischenzeitlich erreichten methodischen Fortschritt relativiert wurden. Er ist es vor allem wegen seiner ideengeschichtlichen Bedeutung, die darauf gründet, dass und wie ein philosophisch gebildeter Biologe seine experimentellen Befunde in einen umfassenderen gedanklichen Rahmen zu stellen vermochte. Ein tiefes Verständnis der Philosophie Kants war die Grundlage seiner Naturinterpretation. Er verband diese mit einer sensualistisch anmutenden Einsicht, dass die Wahrnehmungen der Sinne für Tiere je eigene, artliche Bedeutung hätten. Damit wurde er zum ideenmäßigen Urheber eines zentralen Paradigmas der modernen Biologie, zunächst der Tiere, letztlich aber *aller* Lebewesen. Beide Gründe waren für uns der unmittelbare Anlass, eine erneute Veröffentlichung der kanonischen Textversion von 1921 vorzuschlagen. Die erste Auflage von 1909 unterschied sich nur in wenigen Passagen und einem Kapitel von der hier vorgelegten zweiten. Wir danken dem Springer-Verlag für die freundliche Aufnahme unseres Vorschlags und den Reihenherausgebern, den Kollegen Olaf Breidbach (†), Jena, und Jürgen Jost, Leipzig, für die Aufnahme in die Reihe der Klassischen Texte.

Als Kommentatoren des Textes haben wir uns wie selbstverständlich gefunden. Während einer von uns (F. M.) sich seit langem mit dem Werk und der Biographie Jakob von Uexkülls befasste, waren für den anderen (B. H.) Begriff und Inhalt von „Umwelt" ein langjähriges Beschäftigungsfeld. Überraschenderweise bereitete die Zusammenarbeit trotz unterschiedlichster wissenschaftlicher Sozialisationen keinerlei Verständigungs- und Verständnisprobleme. Die jeweiligen Expertisen, die wissenschaftsgeschichtliche und die umwelthistorische, ließen sich leicht zu einer gemeinschaftlich getragenen Erläuterung und Bewertung des Textes verbinden. Die Verknüpfung mit der wissenschaftlichen und privaten Vita Uexkülls soll dem Leser helfen, auch diejenigen Facetten des Textes besser erkennen zu können, deren Mehrdeutigkeiten oder politische Botschaften ihm sonst entgehen würden.

Wir erhoffen uns durch die Vorlage des mit einer Vorbemerkung und einem längeren Nachwort versehenen Nachdrucks noch zweierlei. Einmal könnte durch diesen Band in den Biowissenschaften die Befassung mit philosophischen Grundlagen der biologischen Fächer und des biologischen Erkenntnisgewinns wieder in einem stärkeren Umfange angeregt werden, als es gegenwärtig der Fall ist. Es scheint uns, dass die Konzentration der

Lebenswissenschaften auf die molekularen Zugänge den Blick für das Organismische und für den systemischen Zusammenhang in den Hintergrund gerückt hätte. Gerade dort ist eine philosophische Grundbildung unentbehrlich. Leider ist diese in der gegenwärtigen akademischen Ausbildung in den Lebenswissenschaften sehr vernachlässigt.

Ein weiterer Grund ist die Berufung vieler Autoren, die sich mit Umweltthemen befassten oder befassen, auf Uexküll als dem Urheber und das Werk als dem geistigen Geburtsort des Umwelt-Begriffs der Biologie. Hier könnte ein wenig wirkliche Befassung mit dem Text und seinem Autor hilfreich sein und Ordnung stiften. Der Begriff verselbstständigte sich ja dann in alle möglichen Bereiche des Lebens. Für die Biologie selbst gilt Uexkülls Urheberschaft allerdings mit Einschränkungen, denn sein Terminus wurde dort von anderen mit abweichendem Bedeutungsinhalt nutzbar gemacht. Die Verhaltensbiologie beispielsweise zählte Uexküll mit erheblicher Verspätung zu ihren geistigen Vätern und findet erst heute, nach 100 Jahren – sofern man die Erstausgabe von 1909 in die Betrachtung einbezieht, jene Zugänge zu ihren Forschungsgegenständen, die Uexküll im Prinzip schon seinerzeit vorschwebten.

Für die Betreuung des Buchprojektes im Hause Springer danken wir unserer Lektorin Stefanie Wolf und dem Hersteller Detlef Mädje. In Buchgestalt wurde das Werk von den Mitarbeitern der Fa. Le-Tex, Leipzig, gebracht, namentlich Frau Dana Minnemann, wofür wir ebenfalls danken.

Berlin,
Florian Mildenberger

Göttingen,
Bernd Herrmann

Mein besonderer Dank gilt meiner Frau Susanne für ihr Verständnis und die Geduld, mit der sie die Entstehung auch dieser Arbeit begleitete. BH

Inhaltsverzeichnis

Zur ersten Orientierung

Wie für viele Naturwissenschaften, so auch für die sich differenzierende Biologie, bedeutete die schließliche Überwindung des „mythischen Denkens" (Lynn Thorndike) in der europäischen Welterklärung am Übergang des 18. zum 19. Jh. auch das weitgehende Ende „intellektueller Bastelei" (Claude Lévi-Strauss) durch Ad-hoc-Konzepte zur Erklärung von Einzelereignissen. Endgültig etablierte sich im naturwissenschaftlichen Denken – nach jahrhundertelangem Vorlauf – das auf der empirischen Überprüfung beruhende kausale Erklärungsmodell (zur Bedeutung der Erfahrung: Sieglerschmidt, im Druck). Ereigniserklärungen weichen im 19. Jh. kausalen, rational-logischen Erklärungen zur Aufdeckung jener Strukturen, jener allgemeinen Prinzipien und Konzepte, die erfolgreich eine Vielzahl naturaler Phänomene als strukturell ähnlich erkennen und damit auf ähnliche bzw. gleiche Prinzipien zurückführen können. Letztlich ist dieses Prinzip der kausalen Rückführung durch empirische Überprüfung und der genetischen Verbindung auch der Schlüssel zum Verständnis der „Entstehung der Arten", womit Charles Darwin 1859 das Fundament der modernen Biologie schuf.

Allerdings sollten sich, bis zur endgültigen Durchsetzung des darwinschen Gedankengutes im ersten Drittel des 20. Jh., die Biologen noch in zwei unversöhnlich einander gegenüberstehenden Lagern wiederfinden. Während die Anhänger der Lehre Darwins letztlich alle Phänomene der Organismenwelt materialistisch erklären und einen gemeinsamen Ursprung aller Lebewesen als Epiphänomen der Eigenschaften der atomaren Grundqualitäten annehmen, vertrat die andere Gruppe hinsichtlich der Endursache der Lebewesen und der Lebensphänomene eine gänzlich andere Position. Sie postulierte eine eigenständige „Lebenskraft", ein mit hohem philosophischen Aufwand abgeleitetes Prinzip, das nicht nur Voraussetzung des Lebens wäre, sondern oft auch noch gleichsam leitend für ein harmonisches Gefüge in der Lebenswelt sorge. Am Ende dieser Überlegungen stand zumeist ein Schöpfergott, der in einer Variante durch ein „Lebensprinzip" ersetzt wurde. Diese

F. Mildenberger, B. Herrmann (Hrsg.), *Uexküll*, Klassische Texte der Wissenschaft,
DOI 10.1007/978-3-642-41700-9_1, © Springer-Verlag Berlin Heidelberg 2014

„vitalistische" Position ermöglichte es manchen Naturwissenschaftlern zunächst, eine gemäßigt aufgeklärte Haltung einzunehmen, ohne sich radikal vom kreationistischen Weltbild distanzieren zu müssen.

Perspektivisch trat mit der Lehre Darwins an die Stelle eines Schöpfergottes, dessen unerschöpflichem Ideenreichtum sich die organismische Vielfalt, die Welt überhaupt, verdanken sollte, zunächst[1] die Einsicht, dass in erster Linie kontinental, regional oder örtlich wirkende Raumfaktoren und Wirkungen organismischer Koexistenzen für die Vielgestaltigkeit der Lebewesen und der Lebensabläufe ursächlich sind. Gewiss gab es seit der Antike in Europa vorbereitendes Denken für die Einsicht, wonach Verschiedenheiten des Lebensraums Verschiedenheiten der Lebewesen bedingten.[2] Die Folge dieser Wirkungen *auf* die Organismen ist ihre „Anpassung".[3]

Es wird Ernst Haeckel vorbehalten bleiben, in seiner großmeisterlichen und zukunftweisenden fachlichen Gliederung der Biologie (Generelle Morphologie, 1866)[4] dem Raumkonzept zu einer neuen, eigenständigen wissenschaftlichen Parzelle („Oecologie") verholfen zu haben. Heute erscheint kaum vorstellbar, dass biologische Erörterungen oder Forschungsarbeiten unter Vernachlässigung von „Umwelt" erfolgen konnten. Tatsächlich ist das „Umweltbewusstsein" der Lebenswissenschaften im eigentlichen Sinne kaum älter als ein Jahrhundert und ist besonders im deutschsprachigen Raum, auf den sich die nachfolgende Darstellung konzentriert, geschärft worden. Haeckel sprach zwar bereits von der „Anpassung als Wechselwirkung zwischen Theilen des Organismus und der ihn umgebenden Aussenwelt" (Haeckel 1866, Bd. II, S. 192). Diese Außenwelt ist als reiner Umgebungsbegriff zu verstehen und ist so auch von der Wissenschaft verwendet worden. Der Begriff „Umwelt" fällt zu dieser Zeit in der Biologie nicht. Der gelernte Biologe und durch Lebensumstände zum profilierten Geographen gewordene Friedrich Ratzel (1844–1904) wird in seinem Lehrbuch die „Entwicklung der Ansichten über den Einfluss der Naturbedingungen auf die Menschheit" zusammenstellen (Ratzel 1899). Der bis dahin allgemein bei Naturwissenschaftlern wie auch bei Lebenswissenschaftlern gebräuchliche Begriff des „Milieus" ist hier (erstmals?) systematisch durch „Umwelt" ersetzt.

Bewusst bringt Ratzel diesen Begriff in Gegensatz zum Milieu-Begriff der Philosophen und Sozialwissenschaftler. Seiner Auffassung nach sind kulturelle und soziale Faktoren für die Erklärung der menschlichen Diversität nachrangig, vielmehr wären die Wirkungen der naturalen Faktoren des Raumes von allererster Bedeutung. Der Begriff diente Ratzel, der ein Anhänger der darwinschen Evolutionslehre war, zur Betonung seiner wissenschaftlich-

---

[1] Die Bedeutung der Genetik für die Variantenbildung wird erst mit den wiederentdeckten Mendelschen Regeln (1900), der Chromosomentheorie der Vererbung (substantiell ab 1904–05) und später in der Folge der Aufdeckung der Genetischen Codes (1953) gewürdigt.

[2] Ein lesenswerter historischer Abriss einschlägiger Überlegungen bei Friedrich Ratzel (Ratzel 1899, S. 1–42),

[3] Man beachte, dass die Richtung der Wirkungen zunächst ganz überwiegend *auf* die Organismen *hin* gedacht wurde.

[4] Der Titel „Generelle Morphologie" ist irreführend. Tatsächlich handelt es sich um eine „Allgemeine Biologie vom Standpunkt der Morphologie und der Entwicklungslehre." (Ulrich 1967, S. 211).

analytischen Vorgehensweise und war von ihm damit in dieser Weise theoretisch „besetzt". Zwar handelte es sich um einen noch seltener gebrauchten Ausdruck aus der Umgangssprache. Man kann sich nun aber leicht vorstellen, dass nach diesem Vorbild diejenigen Wissenschaftler, die sich mit anderen Lebewesen als dem Menschen beschäftigten, mit dem Umweltbegriff einen wissenschaftlich gefärbten Synonymbegriff von „Umgebung" verwendeten konnten. Merkwürdig ist jedoch, dass in den Lehrbüchern der Biologie vor dem Ersten Weltkrieg der Begriff wohl gänzlich fehlt.[5] Die Raumwirkung ist noch nicht als mögliche Einheit gedacht, sie bleibt als Anpassung der Organismen noch auf einzelne Standortfaktoren zerlegt. Das sah der Geograph Ratzel, der als promovierter Zoologe sachkundig zu biogeographischen Themen beitrug, etwas anders. „Wohl ist der Raum etwas, das außerhalb des Organismus liegt, aber jedes Lebewesen ist an seinen Raum gebunden *und mit seinem Raum verbunden.*" (Ratzel 1901, S. 146f.)[6] Er berührte damit konzeptionelle Fragen, die heute ihren sicheren Platz in der Ökologie haben und die man unwillkürlich in die Nähe Uexküllschen Überlegungen rücken möchte, insbesondere durch diesen Satz: „Man braucht nicht auf die philosophische Definition jedes Wesens als eines Etwas, das *einen ihm allein zukommenden Raum einnimmt*, zurückzukommen, um die Allgewalt des Raumbedürfnisses im Leben zu zeigen" (Ratzel 1899, S. 146). Wir können einen Ideentransfer von Ratzel, der in dieser Studie über den „Lebensraum" den Begriff „Umwelt" nicht

---

[5] Zumindest in den Lehrbüchern der Zoologie. Ausnahme ist die erste Auflage von Uexkülls „Umwelt und Innenwelt der Tiere" (1909)

[6] Hervorhebungen im Original. Die Fortsetzung des Zitats lautet: „Ob eine Art weit oder eng verbreitet ist, gehört zu ihrer Lebensgemeinschaft. Für die Menschheit gilt die große Bedeutung ihres Lebensraumes, dem man den Namen Oekumene beigelegt hat, für sehr wesentlich. Das ist der Raum, den sie auf der Erde einnimmt und von dessen Größe und Gestalt ein Theil ihrer Lebensfähigkeit abhängt. Auch wenn wir diesen Raum nicht genau übersehen, sind wir uns doch klar darüber, daß er zur Pflanze, zum Thiere, zum Volke gehört. Sehr verschieden sind die Raumbeziehungen einer Amöbe, einer Koralle, einer pelagischen Meduse, einer Landschnecke, eines Wandervogels, eines Löwen. Ein kleiner Indianerstamm im südamerikanischen Urwald hat Raumbedürfnisse und –vorstellungen, die ganz verschieden sind von denen eines Europäers, der das Heil seines Volkes nur in der Weltumfasssung sieht. Jedes Lebewesen fordert einen anderen Lebensraum und alle, die mit ihm zur gleichen Art gehören, stellen die gleiche Forderung. Auch die größeren Gruppen stimmen im Raumanspruch überein, so die Bäume, die fliegenden Vögel und Säugethiere, die Laufvögel. So erscheinen uns also neben dem *allgemeinen Lebensraum* zahllose Lebensräume großer und kleiner Gruppen von Lebensformen, die einander berühren, ineinander übergreifen und jedes Stück der Erdoberfläche ist von einer ganzen Anzahl solcher Verbreitungsgebiete eingenommen." – Bei Steinmetzler (1956), der in seiner Arbeit keiner Verwendung des Umweltbegriffs bei anderen Autoren nachgeht, findet sich ein Hinweis, wonach Ratzel offenbar ein deutlich abweichendes Verständnis von „Umwelt" gehabt haben kann, als es später von Uexküll eingeführt wurde: „In dem Vorlesungsmanuskipt ‚Biogeographie' findet sich eine Begriffsbestimmung: ‚Die Umgebung oder Umwelt (Environment) ist die Natur außerhalb eines Lebewesens. Die sich zwar in Licht, Luft, Nahrung in dessen innerstes Wesen hinein fortsetzen kann, aber keinen Teil von seinem Organismus ausmacht'." (Steinmetzler 1956, S. 52). Allerdings handelt es sich hierbei *nicht* um eine von Ratzel publizierte Sentenz. Selbst wenn diese so Uexküll bekannt geworden wäre, hätte ihn dies nicht hindern müssen, zu seiner spezifischen Einsicht zu gelangen. Deshalb bleiben wir einstweilen bei unserer Auffassung, bis eine modernere Ratzel-Revision möglicherweise anderes belegt.

verwendete und der bereits 1904 starb, zu Uexküll nicht belegen. Wir sind jedoch der festen Überzeugung, dass Uexküll aus einer Lektüre Ratzels Anregungen für seine Umwelttheorie empfing (Mildenberger 2009/2010, S. 259).

Die Idee eines *jedem Lebewesen allein zukommenden Raums* variierte Jakob von Uexküll mit seinem Buch „Umwelt und Innenwelt der Tiere"[7], dessen Erstauflage 1909 erschien, und das – vor allem in seiner zweiten, hier nachgedruckten, Auflage von 1921 – eine sehr einflussreiche Schrift der Biologie in der ersten Hälfte des 20. Jahrhunderts werden sollte. Zurückzuführen ist dies auf die besondere Lesart, die Uexküll für den von ihm benutzten Begriff der „Umwelt" verwendete. Uexküll selbst hat seinen Begriffsgebrauch leider nie im Sinne einer präzis formulierten Begriffsbestimmung, wie sie in den Naturwissenschaften üblich ist, erläutert, sondern immer nur indirekt mit und in längeren Schriftsätzen. Er verstand unter „Umwelt" eine individuelle, statische Welt, die ein Tier umgab, die es durch sehr (art-) spezifische Reize wahrnahm und mit der allein das Lebewesen kommunizierte. Selbst das Kapitel „Umwelt" (ab Seite 94), das die Umwelt *des*[8] Seeigels beschreibt, kulminiert in Formulierungen, die auf weiteren, nicht präzise gefassten wie zu fassenden Begriffen beruhen:

> „Es herrscht im Seeigel, um das Wesentliche nochmals hervorzuheben, nicht der einheitliche Impuls, sondern der einheitliche Plan, der die ganze Umgebung des Seeigels mit in seine Organisation hineinzieht. Er wählt von den nützlichen und feindlichen Gegenständen der Umgebung diejenigen Wirkungen aus, die als Reize für den Seeigel geeignet sind. Diesen Reizen entsprechen abgestufte Rezeptionsorgane und Zentren, die auf verschiedenen Reize verschieden antworten und dabei die Muskeln erregen, welche die vom Plan vorgesehenen Bewegungen ausführen müssen.

> So ist auch der Seeigel nicht einer feindlichen Außenwelt preisgegeben, in der er einen brutalen Kampf ums Dasein führt, sondern er lebt in einer Umwelt, die wohl Schädlichkeiten neben Nützlichkeiten birgt, die aber bis aufs letzte so zu seinen Fähigkeiten paßt, als wenn es nur eine Welt gäbe und einen Seeigel." (Uexküll 1921a, S. 95–96)[9]

---

[7] Gewöhnlich bezieht man sich auf die zweite Auflage von 1921, die gegenüber der Erstauflage Änderungen aufweist, die nicht sehr umfänglich, aber substantiell sind. Die 1921er Auflage gilt daher als der kanonische Text.

[8] Die mit dem Ausdruck *„des Seeigels"* erfolgte ontologische Zuweisung steht als idealtypische und generalisierende Konstruktion in merkwürdigem Kontrast zu Uexkülls Idee eines individuell erfahrenen Umweltbezugs.

[9] Gleichlautend in der ersten Auflage 1909. – Aufschlussreich bezüglich seiner Grundüberzeugung eines *individuellen* Umwelterlebens ist z.B. folgende Passage: „Wenn mich jemand zweifelnd fragt:'Wie kann es möglich sein, daß mein kleines Subjekt mit seiner hinfälligen Umwelt sein Gesetz dem Sirius diktieren soll, der im unendlichen Raum in unerhörter Größe und Ferne seit Äonen prangt und strahlt?' so werde ich ihm antworten: ,Ziehe aus dem so unendlich erscheinenden Raume deine Merkzeichen für Orte und Richtungen heraus, und der ganze Raum wird zusammenfallen wie ein Kartenhaus. Und entziehe dem Sirius seine Momentzeichen, so ist sein Dasein plötzlich abgeschnitten. Alles das gilt natürlich nur für dich und deine Welt. Die Natur wird auch ohne dich Welten zu schaffen wissen. Es gibt keine unendlich, ewige und absolute Welt, die alle Subjekte umschließt – dafür aber eine unerhört gewaltige Natur, die Subjekte mit Welten, Räumen und Zeiten schafft nach ihrem eigenen freien Gesetz. Sie braucht sich selbst nicht anzuschauen, denn sie ist ein sich selbst gehorchender Befehl." (Uexküll 1922g, S. 321)

Nach seiner Lehre wohnt jede Tierart in einer besonderen Umwelt, die nur aus den Dingen besteht, die das betreffende Tier mit seinen Sinnesorganen erfassen kann. Jedes Tier, auch die Menschen, säße gleichsam in seiner Umwelt wie unter einer Glocke (Uexküll 1922 g)[10]. Zwischen Umgebung und Umwelt unterscheidet Uexküll deutlich, aber die Kriterien seiner Unterscheidung sind diffuse Begriffe und weltanschauliche Konstruktionen, in denen ein „Plan" auftritt, dem übergeordnete Akteurseigenschaft zugeschrieben wird. Dieser „Plan" ist nun ein massiver Hinweis drauf, dass Uexküll in den beiden Dezennien um die Jahrhundertwende von einem zeitweiligen Sympathisanten der darwinschen Evolutionslehre zu einem entschiedenen Anhänger vitalistischer Ideen wurde. Eigentlich galt diese Denkrichtung in der Biologie mit der sich verbreitenden Akzeptanz der darwinschen Evolutionslehre auf einer materialistisch-rationallogischen Grundlage als überwunden. Es gab zwar noch nach der Jahrhundertwende zahlreiche Zögerer, ihre Zahl nahm jedoch rapide ab. Allerdings gründeten manche Zweifel ausgerechnet auf Ergebnissen einiger bedeutender Experimente der Biologie. So hatte der Zoologe Hans Driesch (1876–1941) in den 1890er Jahren an der Zoologischen Station in Neapel, wo ihn Uexküll kennen lernte, Versuche mit Furchungsstadien von Seeigelembryonen durchgeführt. Da sich aus isolierten Furchungszellen jeweils ganze Larven entwickelten, besaß nach der Vorstellung von Driesch jeder Organismus ein Ausgleichsvermögen, verlorene Teile selbstständig zu regenerieren. Dies verwies angeblich auf eine besondere Kraft und Autonomie der Lebensvorgänge.

Nun war die Abhängigkeit der Steuer- und Regelvorgänge im Organismus von den Grundlagen seines genetischen Programms noch weitestgehend unerkannt. Deshalb ist nicht weiter erstaunlich, dass die Interpretation seiner Versuchsergebnisse Driesch und andere zu Annahmen brachten, wonach im lebenden Organismus nicht nur mechanische, sondern auch übermechanische Kräfte wirkten, die auf eine zielbewusste Naturkraft verwiesen. Driesch nannte sie „Entelechie", andere, wie Uexküll, rückten ihre Erklärungen des „Prinzips" bzw. des „Plans" in die Nähe eines Schöpfergottes, ohne sich seiner direkt zu bedienen. Nach dieser Auffassung beruhte offensichtliche Zielgerichtetheit der Lebensabläufe auf letztlich spirituellen Kräften, auf einem großartigen, allumfassenden, allweisen Plan, dessen letzte Details die Wissenschaft nicht erschließen kann.[11] Driesch, der mit seinen aufsehenerregenden Seeigelexperimenten engagiert philosophische Theorien beförderte,

---

[10] Es ergibt sich die geradezu paradoxe Situation, dass Uexküll seinem eben erschienenen Buch diesen erläuternden Aufsatz hinterher schiebt, um die Rezeption seiner Idee zu befördern. Hier findet sich endlich ein knapper Satz mit Definitionscharakter: „Merkwelt und Wirkungswelt bilden gemeinsam die Umwelt." (Uexküll 1922 g, S. 266) – Die inhaltliche Bedeutung des Satzes wird in dieser Einleitung etwas weiter unten erläutert.

[11] Eine saubere Trennung der Widersprüche zwischen einer mechanistisch-materialistischen Erklärung und den Vorstellungen, die der Natur das Ordnungskonzept eines Endzwecks (durch eine wie immer auch geartete Planer und dessen Plan) zuweist, wird der Biologe Colin Pittendrigh (1918–1996) vornehmen. Er unterschied zwischen einem zielgerichteten Ablauf (Teleonomie) auf der Grundlage des genetischen Programms und einem zielsuchenden Ablauf (Teleologie), der auf einen angeblichen angestrebten Endzustand der Naturvollendung hinausläuft. Die teleologische Vorstellung ist nicht Gegenstand der Naturwissenschaften (Mayr 1979; Herrmann 2013, S. 63).

wurde damit zu einer Zentralfigur der als „Neovitalismus" vorübergehenden begrenzten Popularität vitalistischer Ideen. Aber, seit etwa den dreißiger Jahren des 20.Jh. hatte dieser keinen nennenswerten Einfluss mehr auf die herrschende biologische Lehre, nachdem durch die zwischenzeitlich gewonnenen genetischen und entwicklungsbiologischen Einsichten auf vitalistische Erklärungsfiguren verzichtet werden konnte.[12] Gleichwohl erzielten einzelne namhafte Biologen selbst noch in der Nachkriegszeit mit Welterklärungen vitalistischer oder animistischer Anmutungen populäre Breitenwirkung.[13] Wie Driesch blieb auch Uexküll dann bis zu seinem Ableben einer vitalistischen Grundüberzeugung treu.

Die Biologietheoretiker der Jahrhundertwendezeit lassen sich ganz grob in zwei Lager aufteilen. Neben den „Vitalisten" gab es eine Gruppe, die sich der Umsetzung darwinscher Ideen in der Evolutionstheorie verpflichtet fühlte, die später als „Neodarwinisten" kategorisiert werden. Beide Gruppen gingen jeweils von unterschiedlichen Urgründen der Existenz des Lebendigen auf der Erde aus. Der Ausdruck „Neodarwinismus" trägt dem Umstand Rechnung, dass nach zunächst einer Phase enthusiastischer Aufnahme der Ideen Darwins sich die Zweifler doch verstärkt Gehör verschaffen konnten. Es bedurfte dann der Beibringung überzeugender Befunde und Argumente, um die Evolutionstheorie nach Darwin breit zu verankern.[14] Es wäre allerdings überzogen, stellte man sich die Biologie am Fin de Siècle und zu Beginn des 20.Jh. als täglichen verbissenen Lagerkampf vor. Tatsächlich polemisierten nur wenige, zugegeben einflussreiche, Persönlichkeiten gegeneinander. Die Mehrheit der Biologen nahm in der sichtbaren, d. h. veröffentlichten wissenschaftlichen Welt eher halbherzige Plätze ein. Das biologische Tagesgeschäft berührte – damals wie heute – kaum die grundsätzlichen und durchaus weltanschaulich aufgeladenen biologietheoretischen Diskussionen. Was aber sichtbar wurde, ist eine große

---

[12] Die Angabe einer Datumsgrenze, zu der der Vitalismus als obsolet galt, wird nicht recht gelingen, denn es war das Sammeln von Resultaten aus vielen Bereichen der gesamten Naturwissenschaften, die bei den meisten Biologen bereits in den zwanziger, spätestens in den dreißiger Jahren zu der Überzeugung führte, „Leben" als eine „spezifische Bewegungsform der Materie als ausreichend zu erkennen" (Löther 1985, S. 581).

[13] Siehe z. B. Pierre Theilhard de Chardin (1881–1855); Adolf Portmann (1897–1982); Bernhard Rensch (1900–1990).

[14] Es ist leider selbst in der Biologie noch verbreitete Praxis, den Kern der heute als „Synthetischen Evolutionstheorie" bezeichneten Evolutionslehre auf der Grundlage jener anfänglich von Charles Darwin gefundenen Erklärung mit dem zeitgenössischen Kampfbegriff des „Darwinismus" zu belegen. Damit wird nicht nur dem faktisch zeitgleichen zweiten Entdecker des Prinzips der Evolution durch Selektion, Alfred Russel Wallace (1823–1913), die Anerkennung versagt. Es wird auch vernachlässigt, dass es seit der Jahrhundertwende 1800/1900 substantielle Erweiterungen der Evolutionstheorie erfolgten, insbesondere unter dem Eindruck gewonnener genetischer und entwicklungsbiologischer Einsichten. Die nach der Jahrhundertwende als „Neodarwinismus" erfolgte neuerliche Erstarkung der Evolutionslehre auf materialistischer Grundlage war gekennzeichnet von einer Phase auch der Übertragung evolutionstheoretischer Vorstellungen auf gesellschaftliche Prozesse. Sie beförderte dadurch sozialdarwinistische und damit auch rassistische Positionen. Die heutige, „synthetische Evolutionstheorie" verzichtet nicht nur wegen derartiger Belastungen in Darstellungen der historischen Abläufe auf diesen Begriff.

Bereitschaft, evolutionsbiologische Hypothesen auf gesellschaftstheoretische Positionen zu übertragen. Allgemeine Gedanken über „Höherentwicklung", bis hin zur „Überlegenheit" einzelner ethnischer Gruppen gegenüber anderen, waren an der Tagesordnung und lieferten den Humus für koloniales und nationalistisches Denken. Die 20er und 30er Jahre waren durchsetzt von biologistisch argumentierenden Gesellschaftsdebatten. Sie waren keineswegs auf den deutschsprachigen Raum beschränkt, sondern wurden in vielen Ländern, nicht nur Europas, diskutiert. Im deutschsprachigen Raum wurden die Rassetheorien hierarchischer Abstufungen zur Staatsdoktrin mit den bekannten Folgen. Uexküll beteilige sich durchaus an diesen Diskussionen, wenn auch nicht an besonders prominenter Stelle. Seine zeitweilige Nähe zum Rassismus,[15] die er aber bald wieder ablegte, ist auch mit seiner wissenschaftlichen Überzeugung schwer vereinbar, dass letztlich nach dem allem unterliegenden Plan alle Lebewesen ideal an ihre Umwelt angepasst wären. Daraus müsste eigentlich die Schlussfolgerung gezogen werden, dass es ein „höher" und ein „niedriger" im Sinne der Gesamtexistenz eines Lebewesens, d. i. einer Art und letztlich auch von Menschengruppen, nicht geben kann. Vielleicht verdankte es sich dieser Einsicht, dass er sich später zu Rassefragen nicht mehr äußerte.[16] Ungebrochen blieb allerdings seine Ablehnung einer materialistischen Evolutionstheorie. So war seine Kritik an Darwin, die er wohl 1943 letztmalig publizistisch verbreitete (Uexküll 1943, S. 1–2), vordergründig gegen die angebliche Verletzung religiöser Gefühle und den Verlust der „früheren Ehrfurcht vor der Natur beim großen Publikum" durch die Lehre in der Nachfolge Darwins. Es war aber zu diesem Zeitpunkt für den Gebildeten eben auch als Kritik gewisser staatstragender ideologischer Positionen verständlich.

Eine breite Rezeption von „Umwelt und Innenwelt der Tiere" setzte erst nach dem Erscheinen der zweiten Auflage 1921 ein. Sie unterscheidet sich im Wesentlichen von der ersten Auflage in einzelnen Passagen der Einleitung und im Schlusskapitel „Der Beobachter", das praktisch eine Neufassung darstellt. In der Einleitung vermittelt Uexküll seine grundsätzliche Kritik an der herrschenden biologischen Lehre und – selbstverständlich – seine Kritik am Darwinismus. Das Schlusskapitel belehrt den Leser darüber, dass die Sicht auf die Dinge eine sehr subjektive ist und bleibt. Diesen Grundgedanken übernimmt Uexküll von Kant, auf dessen philosophische Positionen er regelmäßig in seinem gesamten Werk Bezug nimmt. Neu ist in der zweiten Auflage auch das Kapitel „Der Funktionskreis", das an die Stelle des Kapitels „Der Reflex" tritt.

Im Spektrum biologischer Spezialisierungen war Uexküll Physiologe. So ist „Umwelt und Innenwelt" eigentlich ein physiologisches Lehrbuch. Uexküll befasste sich vornehmlich mit Phänomenen der Wahrnehmung und Verarbeitung von Reizen. Man muss sich dabei

---

[15] Archiv der Richard Wagner Gedenkstätte der Stadt Bayreuth, Uexküll an Chamberlain vom 17.5.1920; Uexküll an Chamberlain 12.2.192; Uexküll an Chamberlain 10.12.1921. Siehe auch Uexküll 1920f.

[16] Wie denktheoretisch schwierig und hinsichtlich begrifflich neutraler biologischer Positionen problematisch dieses Feld ist, verdeutlicht nicht zuletzt der Wortlaut des „Internationalen Abkommens zur Beseitigung jeder Form von Rassendiskriminierung", das die Vereinten Nationen 1965 verabschiedeten.

vergegenwärtigen, dass zu seiner Zeit die prinzipiellen Mechanismen der Reizverarbeitung kaum und ihre molekularen Grundlagen überhaupt nicht bekannt waren. Diesen Mangel gleicht Uexküll durch einen originellen Gedanken aus, der sich im Kapitel „Der Funktionskreis" findet. Die Grundidee ist freilich ganz mechanistisch und besteht im Prinzip in der adäquaten Reizverarbeitung wie nach dem Schlüssel-Schloss-Prinzip.[17] Zentrale Denkfiguren sind zunächst einmal „Merken" und „Wirken", auf das die Umwelterfahrung eines jeden Organismus beruht:

In die Umgebung eines Lebewesens tritt ein Objekt, „das für den Organismus irgendwie eine Bedeutung hat" und auf das das Lebewesen deshalb reagiert.[18] Das Objekt würde ausschließlich anhand spezifischer Merkmale wahrgenommen werden können. Nach der Wahrnehmung im „Merknetz" des Organismus würde dann eine objektspezifische (merkmalsspezifische/situationsspezifische) Antwort in Form einer „Wirkung" erfolgen, die vom Objekt nur erfahren werden könne, wenn es über für diese Wirkung geeignete Wirkungsträger verfügte.[19] Objekte, deren Merkmale außerhalb der Sinneswelt eines Organismus lägen, würden entsprechend weder von dessen Merknetz erfahren noch würden sie Wirkungen provozieren (können). An seinem organismischen Lieblingsbeispiel, dem Seeigel, erläutert Uexküll im entsprechenden Kapitel dann die Konsequenz dieser Auffassung. Weder die vorbeiziehende Wolke, noch das Segelboot, noch der vorbeischwimmende Fisch hätten für den Seeigel Bedeutung und würden damit nicht zu Elementen seiner Umwelt. Die sei und bliebe beschränkt auf hell und dunkel und ein paar Steine seiner Lebensumgebung. In der Welt der Seeigel gebe es nur Dinge, die für diesen Bedeutung hätten, eben nur Seeigeldinge.[20] Zur Verdeutlichung seiner Idee steuert Uexküll eine Zeichnung des Sachverhaltes bei (Abb. 3, S. 45), die bei den Semiotikern der Gegenwart für eine der ersten Darstellungen eines Regelkreises überhaupt gilt. Das Entscheidende an dieser Einsicht Uexkülls aber war, dass der Raum, in dem die Wahrnehmung, die Bedeutungszuweisung und die Wirkung eines Organismus stattfinden, zunächst noch von allen Individuen einer Art geteilt werden könnte. Demnach hätten also alle Seeigel im Prinzip die gleiche (nota bene: nicht dieselbe!) Umwelt. Da alle Organismen derselben Art durch denselben „Plan" existierten, unterlägen

---

[17] Obwohl seine unmittelbaren zoologischen Beispiele sich ganz überwiegend auf Meerestiere konzentrieren, übernahm er zur Illustration seiner Ideen u. a. Schlussfolgerungen, die der große französische Insektenforscher Jean-Henri Fabre (1823–1915) an Schlupfwespen gewonnen hatte (Uexküll 1922 g, S. 267). Fabre hatte u. a. beobachtet, dass einzelne Handlungsabläufe bei Schlupfwespen dysfunktional ins Leere laufen, obwohl die anschauende Erfahrung einer topographischen Situation die Wespe davon abhalten sollte. Uexküll zog für sich daraus den Schluss, dass eine Merkmals*kette* die Handlungsabläufe der Wespe steuere, die bei Störung kein angepasstes Verhalten mehr erlaube. Deshalb läge keine „Anpassung des Tieres an seine Umgebung" vor, sondern eine „unerhört feine Einpassung in seine Umwelt". (Uexküll 1922 g, S. 268)

[18] Diese Bedeutung ist eine, die idealerweise bereits im „Plan" angelegt ist. Letztlich reagierten also die Organismen nur auf eine im Grundsatz endliche Anzahl von Objekten.

[19] Dieser zentrale Gedanke Uexkülls ist in seinem Aufsatz 1922 g ausführlicher und verständlicher erläutert als in der zweiten Auflage des Buches.

[20] Eine reifere Darstellung befindet sich in Uexküll/Kriszat (1934).

sie auch denselben Prinzipien. In letzter Konsequenz sind aber die Raumerfahrungen[21] eines jeden Organismus mit einem anderen Organismus nicht in derselben Weise teilbar: leben unter einer gläsernen Glocke. Damit wird die Umwelterfahrung zwangsläufig zu einer individuellen Erfahrung.[22]

Es ist unmittelbar einsichtig, dass die zeitgenössischen Biologen auf Uexkülls Konstrukt sensibel reagierten. Vermutlich besser als Uexküll selbst erkannten sie zweierlei:

1.) dass „Umwelt" durch Uexkülls offenbar eher harmloses Verständnis von „Bedeutung" für den Organismus zu einem Zentralbegriff der sich entfaltende Ökologie werden könnte, und

2.) dass sein Konstrukt in Konsequenz auf eine individualistische Biologie hinauslief.

Eine individualistische Biologie hätte nun allerdings bedeutet, dass jedes Verhalten eines Organismus eine Ad-hoc-Erklärung nach sich zu ziehen hätte, während die Biologie doch bemüht war, sich theoretisch wie methodisch als strenge Naturwissenschaft zu positionieren. Uexküll selbst war hinsichtlich dieser Perspektive offenbar eher unsicher. Aber es war naheliegend, dass auch die sich entwickelnde „Tierpsychologie" wie die Humanpsychologie auf die sich abzeichnenden Möglichkeiten einer derartigen Naturinterpretation aufmerksam werden mussten.

Der Umweltbegriff selbst und seine Gebrauchstradition bei Uexküll traf auf Widerstände, die ebenfalls mit dem individualistischen Aspekt zusammenhingen.

Die Ökologen, die sich immer mehr als Vertreter einer „Umweltlehre" begriffen, sahen sich zur Definitionsarbeit gezwungen:[23]

> „Im allgemeinen Sprachgebrauch (schon bei Goethe) bedeutet „Umwelt" oft nichts anderes als „Umgebung", aber in sehr verschiedenem Umfang, nicht selten die ganze Außenwelt als Gegenstück zu einem lebendem Zentrum. In anderen Fällen besteht eine Bezugnahme auf dasjenige außerhalb des Subjekts, was dieses irgendwie angeht. Diese letztere Form des Umweltbegriffs ist die der Ökologie als der eigentlichen „Umweltlehre".[24] Dieser Umweltbegriff versteht sich ohne Erklärung und ist dementsprechend lange ohne Definition gebraucht worden, auch dann noch, als Jakob von Uexküll Umwelt zu einem Fachausdruck mit engerer Bedeutung gemacht hatte. Es gab nun zwei Umweltbegriffe in der Biologie. Dem suchte Verfasser abzuhelfen dadurch, dass er Uexkülls „Umwelt" die „Eigenwelt" nannte."[25]

---

[21] Die Raumerfahrung ist die existenzielle Grunderfahrung.

[22] Merkwürdigerweise hat Uexküll selbst zu dieser Konsequenz seiner Überlegungen keine wirklich eindeutige Haltung eingenommen. Grundsätzlich bleibt Umwelt für ihn eine artlich zu verstehende Kategorie.

[23] Nachfolgendes Zitat aus dem, die Diskussion der 20er bis 40er Jahre abschließend zusammenfassenden, Aufsatz von Friederichs (1950), S. 70.

[24] Hier Fußnote (1) im Original (Friederichs 1950): „So von Eidmann in seinem Lehrbuch der Entomologie (1941) in glücklicher Weise bezeichnet, und zwar ist die ganze Ökologie, Autökologie und Biocönokologie, gemeint."

[25] Hervorhebung im Original – Auf die Diskussionen in der zeitgenössischen Biologie, auf die Friederichs hier hinweist, wird weiter unten, im Hauptteil unseres Nachwortes, hingewiesen.

Uexküll billigte diesen Terminus, „der sich aber" – wie Friederichs fortfährt – „auf ‚Umwelt' festgelegt hatte und daher nur gelegentlich nachher ‚Eigenwelt' daneben, als Apposition, anwendete."

Tatsächlich hätte eine frühe Begriffsklärung, wie vor allem von Karl Friederichs (1878–1969) und Hermann Weber (1899–1956) in teilweise sehr engagierten Diskussionen über mehr als eine Dekade für die Biologie vorgenommen, einer später auch in andersfachlichen Zusammenhängen ausfernden „Umweltdiskussion" vorzubeugen geholfen. „Umwelt" wurde populär und anstelle von „Milieu" auch in allen möglichen Disziplinen verwandt.[26]

Konversationslexika bemühen sich, die vielfältig bestehenden Bedeutungsfacetten zu sortieren. Fachlexika verwenden einen erheblichen Aufwand dafür, den Bedeutungsnuancen in ihren speziellen fachlichen Zusammenhängen nachzuspüren. Unterschiedlichste Disziplinen und lebensweltliche Zusammenhänge bedienen sich der Popularität des Begriffs, den er durch seine biologische Herkunft erreichte, um ihn in jeder denkbaren Weise zu instrumentalisieren. In gesellschaftlichen Zusammenhängen hat er längst eine deontische Bedeutung, eine Sollensbedeutung, erlangt (Hermanns 1991).

Mit Uexküll begann in der Biologie auch ein Umdenken über „Anpassung". Sie wird heute nicht mehr überwiegend als bloße Reaktion auf Wirkungen auf den Organismus hin gedacht. Vielmehr wird der Organismus selbst auch zu einem Akteur, dem Wirkungen auf seine Umgebung zukommen. Ein synthetisches Konzept, das nicht nur dem heutigen Verständnis der verschiedenen Informationsflüsse im Ökosystem entspricht, sondern damit auch die Organismen und ihre Umwelt besser als Produkte ihrer Wechselwirkungen begreift, liegt mit dem Konzept der „Nischenkonstruktion" vor (Kendal et al 2011). Das Konzept ist im Grunde eine pointiertere Version des Umwelt-Konzeptes, wie es bereits bei Uexküll vorgedacht ist und in der anonymen ontologischen Einsicht „all forms of life modify their contexts" vermittelt wird (White 1967). Danach beeinflussten Organismen die selektive Wirkung ihrer eigenen Umwelt (und damit auch diejenige anderer Organismen) in einem solchen Maße, dass eine Änderung des Selektionsdrucks der Umwelt für die gegenwärtige und künftige Organismengeneration eintritt. Die aktive Änderung der Umwelt und ihres Selektionsdruckes wird besonders in den Aktivitäten von Menschen deutlich, als deren spezifische Nische „Kultur" begriffen werden muss (Herrmann 2013, S. 85 ff.). Sie bewirkt und ermöglicht fundamentale Änderungen selektiver Umweltparameter, die ihrerseits selektive Konsequenzen für Menschen und die mit ihnen gemeinsam lebenden Organismen haben. Menschen – wie andere Organismen auch – „konstruieren" damit einen Lebensraum, der ihren Bedürfnissen in spezifischer Weise entspricht (z. B. Koevolutionen von bestäubenden Insekten und Blüten). Diese „Konstruktion" erfolgt bei Menschen zunächst nicht absichtsvoll und gezielt auf ein bestimmtes Ergebnis hin, sondern

---

[26] Wegen absehbarer Uferlosigkeit einer breiten Nachverfolgung des Umweltbegriffs in zahlreichen Wissenschafts- wie Alltagsbereichen, gehen wir hier auf die möglichen Spielarten sonstigen Umweltgebrauchs nicht weiter ein. Stellvertretend verweisen wir nur noch darauf, dass sich selbst Großphilosophen kurz nach dem Erscheinen von „Umwelt und Innenwelt" der Umwelt in einem grundsätzlichen Verständnis annahmen. So beispielsweise die Variante „Lebenswelt" [Husserl (1859–1938)], die in der Phänomenologie Husserls prominente Bedeutung erlangte.

durch gezielte Förderung erkannter Vorteile nach opportunistischen Indienststellungen.[27] In Gang gesetzt und positiv rückgekoppelt, läuft der Prozess nach Art einer sich selbst beschleunigende Spirale ab.

Die Vision Uexkülls, die organismische Biologie vom Subjekt her zu denken, war letztlich fruchtbar, wenn auch in unterschiedlicher, z. T. auch in indirekter Weise. Sowohl in der Ökologie als auch in der Verhaltensbiologie sind diese Ideen zu praktikablen Betrachtungsweisen gewendet worden. Für die Pflanzen ergaben sich ohnehin notwendige Einengungen der Umweltbeziehungen (Stocker 1950). Für viele Biologen der Gegenwart, deren Ausbildung ohne jede Fundierung hinsichtlich philosophischer Grundlagen der Erkenntnis erfolgt[28], könnte Uexkülls Buch – abgesehen von überholten fachlichen Details – zu einer Lektüre werden, die Anlass gibt, über Sinn und Bedeutung wissenschaftlicher Erkenntnisgewinnung und Denkkultur nachzudenken. Dabei wird man dann auch zwangsläufig auf jene philosophischen Felder aufmerksam, in denen sich heute der Streit zwischen Neurowissenschaftlern und Philosophen abspielt, wenn es um die subjektive Erfahrung eines Erlebnisgehaltes geht (sogen. Qualia-Debatte). Wer wegen anders gelagerter Interessen weniger an den Zugangsmöglichkeiten zu mentalen Zuständen interessiert ist, findet überraschend eine mögliche Alternative in der Molekularbiologie. Hier sucht z. B. die Pharmakogenetik nach optimalen Abstimmungen zwischen der individuellen genetischen Ausstattung eines Patienten und einer möglichen therapeutischen Substanz. Aus der Chronobiologie weiß man mittlerweile auch, dass die therapeutische Effizienz einer Substanz vom Biorhythmus des Empfängers abhängt. Die Liste der Beispiele, in denen eine Biologie vom Individuum her gedacht wird, wird täglich länger. Aber nach wie vor bleibt die von Uexküll beschriebene Trennwand der persönlichen „Umweltglocke" in jeder Richtung letztlich unüberwindbar wie auch aus jener fernöstlichen Einsicht deutlich wird:

Dschuang Dsi ging einst mit Hui Dsi am Ufer eines Flusses spazieren, als einige Fische aus dem Wasser sprangen. „Das ist die Freude der Fische", sagte Dschuang Dsi. „Ihr seid

---

[27] Ein illustrierendes Beispiel für eine Nischenkonstruktion ist das Auftreten lactosetoleranter Individuen in europäischen Bevölkerungen. Nach der Entscheidung für eine Domestikation milchgebender Herdentiere (Ren, Schaf, Ziege, Rind, Kamel usw.) vor 6 – 8000 Jahren traten im Gebiet des Ural bzw. des vorderasiatischen Fruchtbaren Halbmondes erstmals Menschen auf, die trotz zunehmenden Individualalters Rohmilch problemlos konsumieren konnten, da sie lactosetolerant waren. Eigentlich verhindert ein hochkonserviertes Säugermerkmal zum Schutz der nächsten Kindergeneration den anhaltenden Konsum von Rohmilch durch eine einsetzende Unverträglichkeit, weil der Milchzucker nicht mehr abgebaut werden kann. Rohmilchverträglichkeit geht auf einen einzigen Basenaustausch im Genom zurück, wobei bereits Heterozygote lactosetolerant sind. Der problemlose Verzehr von Rohmilch ermöglicht einen einfachen und kontinuierlichen Zugang zum tierisch produzierten Nahrungsmittel, ohne das Tier als wertvolle Ressource schädigen zu müssen. Die seit dem Auftreten der Lactosetoleranz bis heute vergangenen ca. 240 Generationen reichten aus, dass gegenwärtig rund 80 % aller Europäer lactosetolerant sind und damit den größten relativen Anteil an der Weltbevölkerung mit dieser genetischen Eigenschaft stellen. Kulturell wurde also eine Nische „konstruiert", in der Menschen mit einem Gendefekt (Lactosetoleranz, gegenüber dem nicht toleranten, sogen. „Wildtyp") vorteilhaft überleben können, ohne ihre Ressourcen (Rinder) zu erschöpfen (Herrmann 2013).

[28] Als Beweis hierfür genügt ein Blick in die marktgängigen einführenden Lehrbücher der Biologie.

kein Fisch erwiderte Hui Dsi, „Ihr könnt nicht wissen, was die Freude der Fische ist." Darauf antwortete Dschuang Dsi: „Ihr seid nicht ich. Wie könnt Ihr wissen, dass ich nicht weiß, was die Freude der Fische ist?"[29]

---

[29] Verkürzt nach der Geschichte „Die Freude der Fische" aus dem „Zhuangzi", einem daoistischen Zentraltext (um 300 BC).

J. v. Uexküll: Umwelt und Innenwelt der Tiere

2

Jakob Johann von Uexküll

F. Mildenberger, B. Herrmann (Hrsg.), *Uexküll*, Klassische Texte der Wissenschaft,
DOI 10.1007/978-3-642-41700-9_2, © Springer-Verlag Berlin Heidelberg 2014

UMWELT UND INNENWELT DER TIERE

VON

J. VON UEXKÜLL
DR. MED. H. C.

ZWEITE
VERMEHRTE UND VERBESSERTE AUFLAGE

MIT 16 TEXTABBILDUNGEN

Springer-Verlag Berlin Heidelberg GmbH
1921

SR. DURCHLAUCHT DEM FÜRSTEN

PHILIPP ZU EULENBURG UND HERTEFELD

IN VEREHRUNG UND DANKBARKEIT

GEWIDMET

Vorwort zur zweiten Auflage.

Die zweite Auflage ist dank dem Entgegenkommen des Verlages mit Abbildungen versehen worden, die dem Leser die erwünschte Grundlage für das anschauliche Verständnis bieten. Die Auswahl der Abbildungen verdanke ich Herrn Dr. Eggers-Gießen. Neu hinzugekommen ist das Kapitel über die Pilgermuschel und die erste Hälfte zu Carcinus maenas. An Stelle des Kapitels über den Reflex ist eines über den Funktionskreis getreten. Das Schlußkapitel ist auf die Höhe der heutigen theoretischen Erkenntnis gebracht worden.

Inhaltsverzeichnis.

Einleitung.

Mit dem Wort „Wissenschaft" wird heutzutage ein lächerlicher Fetischismus getrieben. Deshalb ist es wohl angezeigt, darauf hinzuweisen, daß die Wissenschaft nichts anderes ist als die Summe der Meinungen der heutelebenden Forscher. Soweit die Meinungen der älteren Forscher von uns aufgenommen sind, leben auch sie in der Wissenschaft weiter. Sobald eine Meinung verworfen oder vergessen wird, ist sie für die Wissenschaft tot.

Nach und nach werden alle Meinungen vergessen, verworfen oder verändert. Daher kann man auf die Frage: „Was ist eine wissenschaftliche Wahrheit?" ohne Übertreibung antworten: „Ein Irrtum von heute."

Die Frage, ob es einen Fortschritt in der Wissenschaft gibt, ist darum nicht ganz so leicht zu beantworten, wie gemeinhin angenommen wird. Wir hoffen wohl von gröberen zu feineren Irrtümern fortzuschreiten, ob wir uns aber wirklich auf dem guten Wege befinden, ist für die Biologie in hohem Grade zweifelhaft.

Die Betrachtung des Lebendigen bietet bei jedem Schritt dem unbefangenen Beobachter eine so unermeßliche Fülle von Tatsachen, daß die bloße Registrierung dieser Tatsachen jede Wissenschaft unmöglich machen würde. Erst die Meinung des Forschers, die das Beobachtete gewaltsam in Wesentliches oder Unwesentliches scheidet, läßt die Wissenschaft erstehen. Die herrschende Meinung entscheidet rücksichtslos über das, was als „wesentlich" gelten soll. Wird sie gestürzt, so fallen mit ihr Tausende von fleißigen, mühsamen und ausgezeichneten Beobachtungen als „unwesentlich" der Vergessenheit anheim.

In der Biologie stehen wir noch unter dem frischen Eindruck, den der Sturz des Darwinismus in uns allen hervorgerufen hat.

Die Erfolge rastloser Arbeit eines halben Jahrhunderts erscheinen uns heute als unwesentlich.

Kein Wunder, daß die Biologen jetzt bestrebt sind, ihren Arbeiten

eine festere Grundlage zu geben, als es die Lehre von der Vervollkommnung der Lebewesen war.

Der Erfolg dieser Bestrebungen ist nicht sehr ermutigend. Über
die Grundlagen, auf denen sich die Biologie der Tiere als stolzes
wissenschaftliches Gebäude erheben soll, ließ sich bisher keine Einigung erzielen. Und doch entscheidet diese Einigung das Schicksal
der Biologie. Bleibt die Frage nach den Grundlagen unentschieden
oder der Mode unterworfen, so gibt es keinen Fortschritt, und alles,
was mit dem größten Geistesaufwand von der einen Generation erarbeitet wurde, wird von der nächsten wieder verworfen werden.

Nur wenn alle Hände nach einem gemeinsamen Plane tätig sind,
um auf fester Grundlage ein Haus zu erbauen, kann etwas Gedeih-
liches und Dauerndes entstehen.

Es ist lehrreich und vielleicht auch nützlich, sich darüber Klarheit zu verschaffen, welche Ursachen die Einigung in der modernen
Biologie der Tiere bisher verhindert haben.

Die moderne Tierbiologie verdankt ihr Dasein der Einführung
des physiologischen Experimentes in das Studium der niederen Tiere.
Die Erwartungen, die man von physiologischer Seite an die Erweiterung des Forschungsgebietes knüpfte, wurden nicht erfüllt. Man suchte
nach Lösung für die Fragen der Physiologie der höheren Tiere und
fand statt dessen neue Probleme. Die Auflösung der Lebenserscheinungen in chemische und physikalische Prozesse kann nicht um einen
Schritt weiter. Dadurch hat sich die experimentelle Biologie in den
Augen der Physiologen strengster Observanz diskreditiert.

Für alle jene Forscher aber, die im Lebensprozeß selbst und
nicht in seiner Zurückführung auf Chemie, Physik und Mathematik
den „wesentlichen" Inhalt der Biologie sahen, mußte der ungeheure
Reichtum an experimentell lösbaren Problemen ein besonderer Ansporn sein, um sich den niederen Tieren zuzuwenden. In wenigen
Jahren ist denn auch die Fülle des bearbeiteten Stoffes so groß geworden, daß heutzutage die Ordnung des Stoffes als die viel dringendere
Aufgabe erscheint, gegenüber der stets fortschreitenden Neuforschung.
Baumaterial ist in Hülle und Fülle vorhanden, um den Bau der
Wissenschaft zu beginnen. Nur muß man sich über den Bauplan
einigen.

Das natürlichste wäre, wenn man mit den alten, längst vor-
handenen Bauplänen weiterarbeitete. In den schönen Zeiten, da
A n a t o m i e und P h y s i o l o g i e noch ungetrennt eine einheitliche
B i o l o g i e bildeten, faßte man jedes Tier als eine f u n k t i o n e l l e
E i n h e i t auf. Die anatomische Struktur und ihre physiologischen
Leistungen wurden gleichzeitig erforscht und als zusammengehörig
betrachtet.

Einleitung.   3

Es fällt niemand ein, eine Arbeitsteilung in die Technologie einzuführen, und zwei Klassen von Ingenieuren auszubilden, die einen für das Studium der Struktur, die anderen für das Studium des Energieumsatzes in den Maschinen.

Technologie wie Technik würden durch diese Teilung bald zugrunde gerichtet werden. Auch die Biologie wäre durch die Teilung in Anatomie und Physiologie längst zugrunde gegangen, wenn nicht die Medizin mit ihren praktischen Bedürfnissen den Zusammenschluß der beiden Wissenschaften wenigstens für den Menschen peremptorisch forderte. Diesem Zusammengehen der Wissenschaften verdanken auch die neuesten Arbeiten ihre hohe biologische Bedeutung. Man braucht bloß an das Lebenswerk Pawlows zu erinnern, oder an die großen Erfolge der englischen Physiologen wie Langley und Sherrington.

Überall dort, wo Physiologie und Anatomie getrennt vorgingen, ist es nicht zu ihrem Heile ausgeschlagen. Die vergleichende Anatomie, die immer mehr die Leistungen der Organe vernachlässigte, gelangte schließlich dazu, die Struktur der Lebewesen als eine bloß „formale Einheit" zu betrachten. Die „Homologie" wurde zur Grundlage einer ganz neuen Lehre von den Beziehungen der Körperformen, während die „Analogie" verachtet wurde, und so traten tote räumliche Beziehungen an die Stelle der lebendigen Wechselwirkung der Organe. Erst in neuester Zeit führt die experimentelle Embryologie die anatomische Wissenschaft zu den Quellen der tiefsten Lebensprobleme zurück.

Ebenso verlor die allgemeine Physiologie immer mehr das Verständnis dafür, daß jedes Lebewesen eine „funktionelle Einheit" ist. An Stelle des Strebens nach Erkenntnis des Bauplanes eines jeden Lebewesens, der allein aus Anatomie und Physiologie erschlossen werden kann, trat das einseitige Studium der möglichst isolierten Teilfunktionen, um diese als rein physikalisch-chemische Probleme behandeln zu können.

Dies war das Schicksal der Biologie der höheren Tiere. Ganz eigenartig gestaltete sich das Schicksal der Biologie bei den niederen Tieren. Hier gingen nicht Anatomie und Physiologie getrennte Wege, sondern die Physiologie wurde zeitweilig vollkommen unterdrückt. Dies geschah durch den Darwinismus. Der Darwinismus (nicht Darwin selbst) betrachtete die Leistungen der anatomischen Struktur als „unwesentlich" gegenüber dem einen Problem: wie sich die Struktur der höheren Tiere aus der der niederen entwickelt habe.

Man sah in der Tierreihe den Beweis für eine stufenweise ansteigende Vervollkommnung von der einfachsten zur mannigfaltigsten Struktur. Nur vergaß man dabei das eine, daß die Vollkommenheit der Struktur gar nicht aus ihrer Mannigfaltigkeit erschlossen werden

1 *

kann. Kein Mensch wird behaupten, daß ein Panzerschiff vollkommener
sei als die modernen Ruderboote der internationalen Ruderklubs. Auch
würde ein Panzerschiff bei einer Ruderregatta eine klägliche Rolle
spielen. Ebenso würde ein Pferd die Rolle eines Regenwurms nur
sehr unvollkommen ausfüllen.

Die Frage nach einem höheren oder geringeren Grad der Vollkommenheit bei den Lebewesen kann nur gestellt werden, wenn der
Forscher die Welt, die ihn umgibt, für das Universum hält, das alle
Lebewesen gleich ihn umschließt und an das sie, wie der Augenschein
lehrt, mehr oder minder gut angepaßt sind.

Von diesem Standpunkt aus wird die menschliche Welt als die
allein maßgebende betrachtet und demzufolge erscheinen die Baupläne
der niederen Tiere als minderwertig gegenüber den Bauplänen der
höheren Tiere und namentlich der Menschen.

Das ist aber ein handgreiflicher Irrtum, denn der Bauplan eines
jeden Lebewesens drückt sich nicht nur im Gefüge seines Körpers aus,
sondern auch in den Beziehungen des Körpers zu der ihn umgebenden
Welt. Der Bauplan schafft selbsttätig die Umwelt des Tieres.

An seine Umwelt ist das einzelne Tier nicht mehr oder weniger
gut angepaßt, sondern alle Tiere sind in ihre Umwelten gleich vollkommen eingepaßt.

Diese Erkenntnis, die ich Schritt für Schritt zu beweisen gedenke,
kann allein als dauernde Grundlage der Biologie angesehen werden.
Nur durch sie gewinnen wir das richtige Verständnis dafür, wie die
Lebewesen das Chaos der anorganischen Welt ordnen und beherrschen.
Jedes Tier an einer anderen Stelle und in anderer Weise. Aus der
unübersehbaren Mannigfaltigkeit der anorganischen Welt sucht sich
jedes Tier gerade das aus, was zu ihm paßt, d. h. es schafft sich
seine Bedürfnisse selbst entsprechend seiner eigenen Bauart.

Nur dem oberflächlichen Blick mag es erscheinen, als lebten alle
Seetiere in einer allen gemeinsamen gleichartigen Welt. Das nähere
Studium lehrt uns, daß jede dieser tausendfach verschiedenen Lebensformen eine ihm eigentümliche Umwelt besitzt, die sich mit dem Bauplan des Tieres wechselseitig bedingt.

Es kann nicht wundernehmen, daß die Umwelt eines Tieres auch
andere Lebewesen mit umschließt. Dann findet diese wechselseitige
Bedingtheit auch zwischen den Tieren selbst statt und zeigt das merkwürdige Phänomen, daß der Verfolger ebensogut zum Verfolgten paßt,
wie der Verfolgte zum Verfolger. So ist nicht bloß der Parasit in
den Wirt, sondern auch der Wirt in den Parasiten eingepaßt.

Die Versuche, diese wechselseitige Zusammengehörigkeit benach-
barter Tiere durch allmähliche Anpassung zu erklären, sind kläglich
gescheitert. Sie haben zudem das Interesse von der nächstliegenden

Einleitung.   5

Aufgabe abgewandt, die darin besteht, erst einmal die Umwelt eines jeden Tieres sicherzustellen.

Diese Aufgabe ist nicht so einfach, wie der Unerfahrene glauben könnte. Es ist freilich nicht schwierig ein beliebiges Tier in seiner Umgebung zu beobachten. Aber damit ist die Aufgabe keineswegs gelöst. Der Experimentator muß festzustellen suchen, welche Teile dieser Umgebung auf das Tier einwirken und in welcher Form das geschieht.

Unsere anthropozentrische Betrachtungsweise muß immer mehr zurücktreten und der Standpunkt des Tieres der allein ausschlaggebende werden.

Damit verschwindet alles, was für uns als selbstverständlich gilt: die ganze Natur, die Erde, der Himmel, die Sterne, ja alle Gegenstände, die uns umgeben, und es bleiben nur noch jene Einwirkungen als Weltfaktoren übrig, die dem Bauplan entsprechend auf das Tier einen Einfluß ausüben. Ihre Zahl, ihre Zusammengehörigkeit wird vom Bauplan bestimmt. Ist dieser Zusammenhang des Bauplanes mit den äußeren Faktoren sorgsam erforscht, so ründet sich um jedes Tier eine neue Welt, gänzlich verschieden von der unsrigen, seine Umwelt.

Ebenso objektiv wie die Faktoren der Umwelt sind, müssen die von ihnen hervorgerufenen Wirkungen im Nervensystem aufgefaßt werden. Diese Wirkungen sind ebenfalls durch den Bauplan gesichtet und geregelt. Sie bilden zusammen die Innenwelt der Tiere.

Diese Innenwelt ist die unverfälschte Frucht objektiver Forschung und soll nicht durch psychologische Spekulationen getrübt werden. Man darf vielleicht, um den Eindruck einer solchen Innenwelt lebendig zu machen, die Frage aufwerfen, was würde unsere Seele mit einer derart beschränkten Innenwelt anfangen. Aber diese Innenwelt mit seelischen Qualitäten auszumalen und aufzuputzen, die wir ebensowenig beweisen wie ableugnen können, ist keine Beschäftigung ernsthafter Forscher.

Über der Innenwelt und der Umwelt steht der Bauplan, alles beherrschend. Die Erforschung des Bauplanes kann meiner Überzeugung nach allein die gesunde und gesicherte Grundlage der Biologie abgeben. Sie führt auch Anatomie und Physiologie wieder zusammen zu ersprießlicher Wechselwirkung.

Wird die Ausgestaltung des Bauplanes für jede Tierart in den Mittelpunkt der Forschung gestellt, so findet jede neuentdeckte Tatsache ihre naturgemäße Stelle, an der sie erst Sinn erhält und Bedeutung.

Der Inhalt des vorliegenden Buches soll dem Zweck dienen, die Bedeutung des Bauplanes möglichst eindringlich vor Augen zu führen und an einzelnen Beispielen zu zeigen, wie Umwelt und Innenwelt

6   Einleitung.

durch den Bauplan miteinander zusammenhängen. Ein Lehrbuch der
speziellen Biologie wird hier nicht geboten, sondern nur der Weg
gezeigt, auf dem man zu ihm gelangen könnte.

In der Auswahl der vorliegenden Beispiele bestimmte mich vor
allem der Wunsch, möglichst planmäßige Bilder zu geben. Natürlich
sind überall Lücken vorhanden, und zwar nicht bloß im physiologischen,
sondern auch im anatomischen Material. Da ich andererseits nur
solches anatomisches Material brauchen konnte, das physiologisch belebt war, mußte die große Masse anatomischer und zoologischer Erkenntnisse fortfallen. Ebenso mußten alle physiologischen Ergebnisse
vernachlässigt werden, die nur physikalisches oder chemisches Interesse boten. Aber auch jene Strukturen, deren Leistungen gut erforscht
sind, mußten unberücksichtigt bleiben, wenn ihre Komplikation zu große
Anforderungen an das Vorstellungsvermögen des Lesers stellten.

Endlich habe ich mich auf die Wirbellosen beschränkt, weil ich
dort selbst zu Hause bin, die höheren Tiere Berufenerern überlassend.
Von den Wirbellosen blieben die Bienen und Ameisen unberücksichtigt, weil über sie bereits eingehende Lehrbücher vorhanden sind.

Ich könnte nun zu dem Inhalt des Buches übergehen, denn der
Gesichtspunkt, von dem aus es betrachtet werden soll, ist ausreichend
dargelegt. Aber noch erübrigt auf diejenigen Meinungen einzugehen,
die der Biologie eine andere Grundlage zu geben bestrebt sind.

Was auf die eben dargelegte Weise entstehen kann, ist eine
spezielle Biologie aller Tierarten. Eine solche Biologie würde sehr
einseitig sein, wenn sie auf das Hilfsmittel der Vergleichung verzichtete. Alle Tiere vollführen ihre animalischen Leistungen mit Hilfe
von Geweben, die sich durch die ganze Tierreihe hindurch sehr ähnlich
bleiben. Muskelgewebe und Nervengewebe zeigen überall analoge
Leistungen, mögen sie sich in noch so verschiedenartigen Organen
zusammenfinden. Dies ist von großer Bedeutung für die spezielle
Biologie, denn die allgemein gültigen Eigenschaften der Muskel und
Nerven lassen sich auch bei jenen Tieren als gültig voraussetzen,
deren Körperbeschaffenheit keine physiologische Analyse bis herab
auf die einzelnen Gewebe zuläßt. Es wird daher die vergleichende
Physiologie der Gewebe immer ein sehr notwendiger Bestandteil der
speziellen Biologie bleiben, und es läßt sich auch nichts dagegen
sagen, wenn man die vergleichende Gewebskunde der Besprechung
der einzelnen Tiere vorangehen läßt. Ich habe davon Abstand genommen, weil ich zeigen wollte, in welchen Tierarten wir am leichtesten zu allgemeineren Schlüssen für die allgemeine Gewebskunde
gelangen.

Ganz anders nimmt sich die Biologie aus, wenn man die Vergleichung zur Grundlage des ganzen Studiums macht. Dies ist durch

Einleitung.   7

Loeb geschehen, und zwar in einer außerordentlich originellen und interessanten Weise.

Die große Mehrzahl der tierischen Bewegungen geht folgendermaßen vonstatten: Ein äußerer Reiz wirkt auf ein Rezeptionsorgan, dieses erteilt dem Nervensystem eine Erregung. Vom Nervensystem geleitet erreicht die Erregung schließlich den Muskel, der sich dann verkürzt. Diesen Vorgang nennt man einen Reflex. Loeb fand nun, daß eine große Anzahl von Tieren, wenn sie ganz elementaren Reizen ausgesetzt sind, wie es Licht, Schwere oder einfache chemische Substanzen sind, stets mit einer geordneten Bewegung anworten, durch die sie sich entweder der Reizquelle zu- oder von ihr abwenden. Er sah darin einen elementaren Vorgang, den er als Tropismus bezeichnete und je nach der Richtung, die von der Bewegung eingeschlagen wurde, sprach er von positivem oder negativem Tropismus.

Loeb selbst hat die Möglichkeit zugegeben, daß es sich bei vielen Tropismen um noch nicht genügend analysierte Reflexe handeln könne. Aber bestimmte Tropismen, z. B. den Phototropismus, der auf einseitige Belichtung eintritt, will er als ein den physikalischen Phänomen gleichzusetzendes Elementarphänomen angesehen wissen. Es sollen die Lichstrahlen bei ihrem Durchgang durch den Tierkörper diesen zu drehen befähigt sein wie etwa ein Magnet die Eisenfeilspäne. Tiere, die auf diese Weise auf das Licht reagieren, nennt man photopathische.

Es besteht aber kein Zweifel, daß in vielen Fällen das Licht einfach auf der beleuchteten Seite des Tieres einen Reflex auslöst, der zu einer einseitig gerichteten Bewegung führen muß, da auf der beschatteten Seite kein Reflex entsteht. Die Tiere, die auf diese Weise gegen das Licht reagieren, nennt man phototaktische.

Der photopathische Phototropismus ist ein physikalischer Vorgang, der phototaktische dagegen ein Reflex.

Nun hat Fr. Lee an einzelligen Tieren nachweisen können, daß die photopathische Erklärung ihrer Bewegungen sehr wohl durch eine phototaktische ersetzt werden kann.

Neuerdings hat Radl den Nachweis zu führen versucht, das Licht wirke auf Insekten ebenso richtunggebend wie die Gravitation auf einen schwebenden Körper. Dagegen hat G. Bohn gefunden, daß die unzweifelhafte richtunggebende Wirkung der beleuchteten Gegenstände auf Schnecken und Krebse abhängig ist vom physiologischen Zustand der Tiere.

Man sieht daraus, wie unsicher die Deutung dieser Vorgänge ist.

Zwar erscheint es verlockend, alle Bewegungen der Tiere auf Tropismen zurückzuführen, denn das überhebt uns der Aufgabe, die scheinbar einfachen Vorgänge als Leistungen einer schwer zu er-

8   Einleitung.

mittelnden Struktur zu behandeln. Aber eine sichere Grundlage gewinnt man nur durch das Studium der Struktur und des Bauplanes.

   Schon jetzt scheint diese Ansicht mehr und mehr Boden zu
gewinnen. Aber nur ein Teil der Forscher wendet sich dem Studium
des Bauplanes zu. Ein anderer folgt einer neuen Lehre, die das
Studium des Bauplanes verwirft und die Tiere frei von jeder Analogie
mit den Maschinen betrachten will.

   Es ist ja zweifellos, daß die Ermittlung des Bauplanes der Tiere
nur dann einen Sinn hat, wenn die Struktur der Tiere der Struktur
der Maschinen gleichzusetzen ist.

   Wir nähern uns damit der Grundfrage aller Biologie, die nicht
durch Spekulation entschieden werden kann, sondern nur durch Beobachtung der lebenden Substanz, auf der sich alle Lebewesen auf-
bauen, während die Maschinen aus totem Stoff bestehen — dem
Protoplasmaproblem.

Das Protoplasmaproblem.

Die Wissenschaft der organischen Welt ist alt genug, um die Erwartung zu rechtfertigen, daß es eine eindeutige und allgemein anerkannte Definition des Begriffes Organismus gebe. Das ist leider keineswegs der Fall, und unter dem gleichen Wort Organismus werden die verschiedensten Dinge verstanden, je nachdem welcher Theorie der Verfasser folgt.

Es ist deshalb notwendig, den Begriff des Organismus historisch abzuleiten und seine Beziehungen zum Begriff Maschine, mit der er so häufig verwechselt wird, klarzulegen.

Man wird, ohne beiden Begriffen Gewalt anzutun, die Maschinen als unvollkommene Organismen ansprechen können, weil alle prinzipiellen Eigenschaften der Maschine sich bei den Organismen wiederfinden. Dagegen ist es unmöglich, die Organismen ohne weiteres als Maschinen zu bezeichnen. Auf welchem Standpunkte man auch stehen möge, immer wird man mehr oder weniger starke Abzüge von den Eigenschaften der Organismen machen müssen, ehe man ihnen die Bezeichnung maschinell beilegen darf.

Jene Eigenschaften der Organismen, durch welche sie den Maschinen überlegen sind, kann man passend als übermaschinelle Eigenschaften bezeichnen. Unter diesen sind am leichtesten erkennbar die Formbildung und die Regeneration. Das sind beides Eigenschaften, welche die Entstehung der Organismen betreffen, die ja zweifellos ganz anders verläuft als diejenige der Maschinen.

Demgegenüber zeigen die erwachsenen Organismen in all ihren ausgebildeten Geweben keine übermaschinellen Fähigkeiten. In einem prinzipiellen Punkt ist auch sicher eine Übereinstimmung zwischen den Maschinen und Organismen vorhanden. Beide bestehen aus einzelnen Teilen, die sich zu einem Ganzen zusammenfügen. Die Vereinigung der Teile zum Ganzen ist in beiden Fällen keine bloß formale, sondern eine funktionelle, d. h. die Leistungen der einzelnen Glieder einer Maschine oder eines Organismus vereinigen sich zur Gesamtleistung des Ganzen.

10   Das Protoplasmaproblem.

Dieses Zusammenwirken der Teile können wir uns in einem
räumlichen Schema sowohl für die Maschinen wie für die Organismen
zur Anschauung bringen.   Dieses räumliche Schema nennt man den
Organisationsplan oder den Bauplan.   Jeder Bauplan ist in diesem
Sinne nichts anderes als ein Grundriß, den wir entwerfen, nachdem
wir von einem Organismus oder einer Maschine nähere Kenntnis gewonnen haben.   Der Bauplan zeigt uns, in welcher Form die Prozesse
innerhalb des untersuchten Gegenstandes ablaufen.   Er will weiter
nichts als eine übersichtliche Beschreibung der Vorgänge liefern.   Nur
wenn man sich fest an diese Bedeutung des Wortes Bauplan hält,
wird man vor Irrtümern bewahrt, die mit Notwendigkeit eintreten,
sobald man dem Bauplan irgendwelchen Einfluß auf den Ablauf des
Prozesses im Organismus oder in der Maschine einräumt.

Hierin sind sich also Maschinen und ausgebildete Organismen
völlig gleich.   Von beiden kann man einen anschaulichen Plan entwerfen, mit lauter im Raum nebeneinander gelagerten Gliedern oder
Organen.

Die Entstehung der Maschinen und die Entstehung der Organismen ist aber eine durchaus verschiedene.   Die Maschinen sind alle
von Menschen gemacht, die Organismen entstehen aus sich selbst.
Darin liegt ihre hauptsächlichste übermaschinelle Fähigkeit.

Die neueren Forschungen haben jetzt zweifellos klargelegt, daß
jedes Tier aus einem undifferenzierten Keim entsteht, und erst nach
und nach Struktur gewinnt, welche anfangs in allgemeinen Zügen auftritt, um sich dann allmählich bis ins einzelne auszugestalten.

Wenn wir die Entstehung eines Tieres beschreiben wollen, so
fassen wir sie in eine Regel, welche die zeitlichen Folgen der einzelnen Phasen festlegt.   Im Gegensatz zum Bauplan, der eine räumliche Darstellung der Vorgänge gibt, gibt die Bildungsregel eine
Darstellung des zeitlichen Ablaufes aller Vorgänge.   Auch hier liegt
die Gefahr nahe, anstatt von einer abgeleiteten Bildungsregel
zu reden, in welche wir die Lebensvorgänge einfügen, von einem
leitenden Bildungsgesetz zu sprechen, das die Lebensvorgänge
beherrscht.   Weder Bauplan noch Bildungsregel haben das mindeste
mit dem wirklichen Naturfaktor zu tun, welcher die physikalisch-
chemischen Prozesse zwingt, besondere Bahnen einzuschlagen.

Regel und Plan sind nur die Form, in der wir die Wirkungen
jenes Naturfaktors erkennen.   Er selbst ist uns völlig unbekannt.
Driesch nennt ihn in Anlehnung an Aristoteles die „Entelechie",
Karl Ernst von Bär nannte ihn die „Zielstrebigkeit".

Soviel scheint festzustehen, daß für die Tätigkeit dieses Naturfaktors die Strukturlosigkeit der lebendigen Substanz Vorbedingung
ist.   Jedenfalls wird, während die Struktur im Laufe der individuellen

Das Protoplasmaproblem.   11

Entwicklung jedes einzelnen Tieres auftritt, gleichzeitig die Fähigkeit zur Bildung neuer Struktur immer mehr und mehr eingeschränkt, so daß man wohl sagen darf: Struktur hemmt Strukturbildung.

Es ist natürlich von höchster Bedeutung, etwas Näheres über diesen rätselhaften Naturfaktor zu erfahren, der gerade dort am tätigsten ist, wo man es am wenigsten erwarten sollte, in der undifferenzierten Grundsubstanz des Keimes — dem Protoplasma. Das Studium des Protoplasmas gewährt daher die meiste Aussicht über den großen Unbekannten etwas Näheres zu erfahren.

Das Protoplasma oder die lebendige Substanz ist nicht allein das Ausgangsstadium aller tierischen und pflanzlichen Zellen, denn alles Lebende entsteht aus dem einfachen Protoplasmakeim. Es erhält sich auch in fast allen Zellen des erwachsenen Tierkörpers, wenn auch in kleinen Mengen. Außerdem erhält sich das Protoplasma als Körpersubstanz bei den einzelligen Tieren während ihres ganzen Lebens.

Die Einzelligen lassen zum Teil aus dem Protoplasma dauernde Organe hervorgehen, wie Schalen, Stacheln, Wimpern u. dgl., aber es gibt doch eine Anzahl ganz einfache Tiere, die faktisch nichts anderes sind als ein Klümpchen flüssigen Protoplasmas. Und trotzdem führen sie wie alle übrigen Tiere ein reiches Leben, stehen in steter Wechselwirkung mit ihrer Umgebung, bewegen sich, nähren sich und pflanzen sich fort, wie die höchsten Organismen.

Da man, wie wir sahen, die ausgebildeten höheren Tiere mit Maschinen vergleichen kann, so durfte man annehmen, daß die Einzelligen sich ebenfalls mit Maschinen vergleichen lassen müssen. Hier trat nun die große prinzipielle Schwierigkeit ein, die in den 80 Jahren der Geschichte des Protoplasmas eine so verhängnisvolle Rolle gespielt hat. Die Schwierigkeit, die sich am prägnantesten in die Worte fassen läßt: Kann es flüssige Maschinen geben?

Das Protoplasmaproblem begann in der Zoologie seine Rolle zu spielen, als Dujardin im Gegensatz zu Ehrenberg das Vorhandensein einer inneren Organisation bei den Einzelligen leugnete. Er führte den Namen Sarkode ein und schrieb darüber: „Ich schlage vor, jenes so zu nennen, was andere Beobachter eine lebende Gallerte genannt haben, jene Substanz, die klebrig, durchscheinend, unlöslich im Wasser sich zu kugeligen Massen zusammenzieht ... bei allen niederen Tieren anzutreffen ist, eingefügt zwischen die anderen Strukturelemente."

Die umfassende Bedeutung des Protoplasmas als gemeinsames Lebenselement aller Zellen hat dann Max Schultze erkannt, der auch den Begriff der Zelle neu formulierte. „Eine Zelle ist ein Klümpchen Protoplasma, in dessen Innerem ein Kern liegt." An Stelle des Wortes „Sarkode" setzte er das den Botanikern entlehnte Wort „Protoplasma". Was haben wir unter Protoplasma zu verstehen? „Eine kontraktile Substanz, welche nicht mehr in Zellen zerlegt werden kann, auch andere kontraktile Formelemente als Fasern u. dgl. nicht mehr enthält." „Das Protoplasma, dem schon vorher Kontraktilität zukam — die ungeformte kontraktile Substanz — formt sich durch innere Veränderungen und liefert die Muskelfasern, ohne jedoch ganz zu verschwinden. Zwischen den Fibrillen der kontraktilen Substanz führt es sein Zellenleben weiter. Ebenso bleibt es in fast allen Zellen des Körpers am Leben."

Das Protoplasma hat nach Max Schultze außer seiner flüssigen Konsistenz und seiner Kontraktilität noch sehr wunderbare Eigenschaften. Es zeichnet sich aus „durch sein, wenn man so sagen darf, zentripetales Leben, durch die Eigentümlichkeit, mit dem Kern ein Ganzes zu bilden, in einer gewissen Abhängigkeit von ihm zu stehen."

Ferner schreibt er: „Eine Zelle mit einer vom Protoplasma chemisch differenzierten Membran ist wie ein enzystiertes Infusorium, wie ein gefangenes Ungetüm . . . doch läßt das ungestüm sich teilende, von dem noch ungestümeren Kern stets von neuem angestachelte Protoplasma seine Hülle sprengen, . . . und das entfesselte Protoplasma wird zu manches Schrecken von seiner Freiheit Gebrauch machen."

Gegen die Tendenz, einer bloßen Flüssigkeit so merkwürdige Eigenschaften zuzuschreiben, wandte sich vor allem Reichert, der an dem maschinellen Bau der Einzelligen festhielt und die Pseudopodien für kontraktile Organe erklärte.

Auch Brücke konnte sich mit dem Gedanken einer kontraktilen Flüssigkeit nicht befreunden und hielt die Flüssigkeit in den Protozoen für nur passiv bewegt durch die geformte Außenschicht, was Schultze zu einer nochmaligen Darstellung der Vorgänge in den netzförmigen Pseudopodien der Süßwasserrhizopoden veranlaßte. Diese Darstellung ist so künstlerisch anschaulich, daß sie als klassisches Dokument erhalten zu werden verdient.

Man denke sich ein mikroskopisches Tierchen, das die Form einer Eierschale besitzt, die an einer Spitze geöffnet ist, aus dieser Öffnung entströmt das Protoplasma, das den Innenraum des Eies ausfüllt, oder man stelle sich einen kleinen Stern vor, der nach allen Seiten durchsichtige Fäden ausstrahlt, an deren Oberfläche das flüssige Protoplasma sich ausbreitet. Immer erhält man folgendes Bild: „Wie auf einer breiten Straße die Spaziergänger, so wimmeln auf einem breiteren Faden Körnchen durcheinander; wenn auch manchmal stockend und zitternd, doch immer eine bestimmte, in Längsrichtung des Fadens entsprechende Richtung verfolgend. Oft stehen sie mitten in ihrem Laufe still und kehren dann um, die meisten jedoch ge-

Das Protoplasmaproblem.   13

langen bis zum äußersten Ende der Fäden und wechseln hier selbst
ihre Richtung.   Nicht alle Körnchen eines Fadens bewegen sich mit
gleicher Schnelligkeit, so daß oft eins das andere überholt, ein
schnelleres das langsamere zu größerer Eile treibt oder an dem lang-
sameren in seiner Bewegung stockt.   Wo mehrere Fäden zusammenstoßen, sieht man die Körnchen von einem auf den anderen übergehen.“   Die strahlenförmigen Fäden sind konsistenter als das flüssige
Protoplasma, aber auch kontraktil.

Bei vielen Rhizopoden, die in einer Schale stecken, sind die
Pseudopodien durchgängig dünnflüssig und verfließen leicht ineinander.
„Daß aber die Willkür,“ fährt Schultze fort, „mit im Spiele ist, geht
schon daraus hervor, daß die Verschmelzung der aneinanderstoßenden
Fäden verschiedener Individuen bestimmt nicht stattfindet, wie ich
mich bei dicht nebeneinander auf den Objektträger gebrachten Individuen sehr oft überzeugt habe.   Die Fäden weichen dann vor ihres-
gleichen wie vor einem schlimmen Feind zurück.“

Auch Kühne[1]), der die Grundlage für die gesamte experimentelle Physiologie der Einzelligen gelegt hat, spricht von dem Willen,
der im Vortizellenglöckchen steckt, ohne an der flüssigen Natur des
Protoplasmas zu zweifeln.

In schärfsten Gegensatz zu Reichert trat Haeckel.   Er schrieb:
„Die Sarkode blieb, was sie war — eine kontraktile zähflüssige,
schleimige Eiweißsubstanz, in der jedes Partikelchen allen anderen
gleichwertig erschien und alle Funktionen dieses allereinfachsten Organismus gleichmäßig vollzog.“

Haeckel hatte kein Auge für die Gründe seiner Gegner, obwohl
Brücke in überzeugender Weise auf die Schwierigkeiten des Protoplasmaproblems hingewiesen hatte: „Wir können uns keine lebende
vegetierende Zelle denken, mit homogenem Kern und homogener
Membran und einer bloßen Eiweißlösung als Inhalt, denn wir nehmen
diejenigen Erscheinungen, welche wir als Lebenserscheinung bezeichnen, am Eiweiß als solchem überhaupt nicht wahr.   Wir müssen deshalb den lebenden Zellen, abgesehen von der Molekularstruktur der
organischen Verbindungen, welche sie enthält, noch eine andere und
in anderer Weise komplizierte Struktur zuschreiben, und diese ist es,
welche wir mit dem Namen Organisation bezeichnen.

Die zusammengesetzten Moleküle der organischen Verbindungen
sind hier nur Werkstücke, die nicht in einförmiger Weise eines neben
dem anderen aufgeschichtet, sondern zu einem lebendigen Bau kunst-
reich zusammengefügt sind. . . . Wir wissen, daß mit der Abnahme der

---

[1]) Kühne und nicht Verworn hat die Umkehr des Pflügerschen Ge-
setzes bei den Einzelligen entdeckt.

Dimensionen sich die Natur der Mittel ändert, durch welche Kräfte der organischen Welt dem Organismus dienstbar gemacht werden. Aber abgesehen von den hierdurch bedingten Verschiedenheiten und abgesehen von der geringeren Summe der zusammengesetzten Teile haben wir kein Recht, einen kleinen Organismus für minder kunstvoll gebaut zu halten, als einen von großen Dimensionsn. . . . Für uns ist der Zelleninhalt, die Hauptmasse des Zellenleibes, selbst ein komplizierter Aufbau aus festen und flüssigen Teilen."

Hier tritt zum ersten Male die Schwierigkeit, sich eine kontraktile Flüssigkeit zu denken, in den Hintergrund. Dafür wird um so deutlicher der Flüssigkeitscharakter des Protoplasmas als unmöglich abgelehnt, weil es in einer Flüssigkeit keine Struktur geben kann.

Die Schwierigkeit, die Beobachtung mit der Logik in Übereinstimmung zu bringen, hat zu den verschiedensten Auswegen geführt und es ist nicht leicht, das Problem gegenüber allen Abschwächungsversuchen unzweideutig vor Augen zu behalten. Am deutlichsten erkennt man das wahre Wesen des Protoplasmaproblems, wenn man sich an die unbeschalten Rhizopoden, die Amöben, hält.

Die Beobachtung der Amöben lehrt einerseits, daß diese Tiere sich wie gegliederte Organismen benehmen, und andererseits, daß sie keine Gliederung, sondern nur eine flüssige Leibessubstanz besitzen. Es ist aber unmöglich, gleichzeitig gegliedert und nicht gegliedert zu sein.

Daher ist es verständlich, daß ein Teil der Forscher die eine Seite der Beobachtung, ein anderer Teil die andere Seite in Zweifel zog. Zunächst versuchte man sich dadurch aus der Verlegenheit zu helfen, daß man ein lebendiges Urelement annahm, welches die wichtigsten Lebenserscheinungen in sich vereinigte. Analog den Molekülen einer zusammengesetzten Substanz, die allein alle Eigenschaften der Substanz in sich tragen, erfand man lebendige Urelemente, beinahe ein Dutzend an der Zahl.

Für uns sind diese Versuche ohne Interesse. Denn es handelt sich gar nicht um die Frage, was noch lebendig genannt werden kann, sondern darum, ob die ganze Amöbe eine Struktur besitzt oder nicht.

Auch der Ausweg, von halbweicher oder festweicher Substanz zu sprechen, hilft uns nicht weiter. Die flüssige Maschine ist deshalb ein Unding, weil in einer Flüssigkeit sich alle Teilchen gegenseitig vertreten können und keinerlei Anordnung zeigen, während die Maschinenstruktur unwandelbare Ordnung bedeutet.

Ebensowenig ist es möglich, alles auf Stoffwechselprozesse zu schieben, denn auch diese bedürfen, um geordnet zu verlaufen, der strukturellen Anordnung, der chemisch wirksamen Teile.

Das Protoplasmaproblem.   15

Da kam von seiten Bütschlis der erste erfolgreiche Versuch, in einer Flüssigkeit Struktur nachzuweisen. Es gelang ihm, vollkommen flüssige Tröpfchen darzustellen, die aus einer innigen schaumigen Mischung zweier Flüssigkeiten stammen. In den Tropfen befand sich die eine Flüssigkeit als Inhalt von tausend kleinen Kammern, die durch das Wabenwerk der anderen Flüssigkeit gebildet wurden. In reines Wasser gesetzt, zeigten die Tropfen eine lebhafte Bewegung, denn die Wasseraufnahme änderte die inneren Spannungs- und Mischungsverhältnisse dauernd und erzeugte immer neue Verschiebungen des Wabenwerkes.

Damit war endlich der Beweis erbracht, daß es kontraktile Flüssigkeiten gebe. Aber eine feste Anordnung der Teile, wie sie die Struktur der Maschine fordert, gab es doch nicht, denn die einzelnen Waben ließen sich anstandslos gegeneinander vertauschen.

Diesen Übelstand erkannte Rhumbler ganz klar, und er versuchte es, an Stelle der homogenen Wabenstruktur eine nicht homogene (anomogene) zu setzen, indem er annahm, daß die einzelnen Waben oder Alveolen im Protoplasma in bestimmter Weise an verschiedenen Orten mit verschiedenem Inhalt gefüllt sind. „Die Wabenlehre liefert auch hier wieder das einfachste Verständnis für die Verschiedenheiten und die Möglichkeit ihrer Aufrechterhaltung. Die innere Zellspannung, welche den Wabenbau im Gefolge hat, wird unter nicht unbeträchtlichem Arbeits- und Kräfteaufwand eine Verschiebung der einzelnen Alveolen zulassen, vorausgesetzt, daß das Alveolensystem im Spannungsgleichgewichte ist. Sind die Waben nun ihrem Charakter nach verschieden, wie es die verschiedenartige Differenzierung der Zelle in ihren Einzelabschnitten zur Voraussetzung hat, so wird durch die festgespannte Lage der Einzelwaben auch die Struktur der Zelle aufrecht erhalten werden, solange nicht besondere chemische, thermische oder strukturelle Veränderungen die innere Zellspannung verändern und der oft gehörte Einwand, daß sich eine feststehende Zellstruktur nicht mit einem flüssigen Aggregatzustand des Protoplasmas vertrage, wird hinfällig, er verträgt sich mit ihm, sobald man nicht eine einfache Flüssigkeit, sondern ein flüssiges Schaumgemenge in Vergleich setzt."

In dieser Auseinandersetzung findet sich ein kleiner Widerspruch. Es heißt: „So wird . . . . die Struktur der Zelle aufrecht erhalten werden, solange nicht . . . . strukturelle Veränderungen die innere Zellspannung verändern." Und wenn strukturelle Veränderungen eingetreten sind, wer wird dann die Struktur der Zelle wieder herstellen?

Doch lassen wir diesen Widerspruch fürs erste auf sich beruhen, so müssen wir zugeben, daß es Rhumbler gelungen ist, das Bild einer Struktur in einem Flüssigkeitstropfen zu entwerfen. Die ver-

schiedenen Spannungen in verschiedenen räumlich geordneten Waben
können sich gegenseitig so beeinflussen, daß sie jeder gewaltsamen
Verschiebung der Teile einen gewissen Widerstand entgegensetzen
und dermaßen die Wirkung einer festen Struktur ausüben. Alles
natürlich unter der Voraussetzung, daß der flüssige Tropfen nicht fließt.
Denn fängt er an zu fließen, d. h. verschieben sich die Teile regel-
los durcheinander, so erleidet der Tropfen strukturelle Veränderungen,
und wer bringt dann wieder Ordnung hinein, wenn die Struktur verloren ist?

   Und nun hören wir, was R h u m b l e r über die Bewegungsart des
Protoplasmas berichtet. An Pflanzenzellen (Charazeen) hat R h u m b-
l e r die Protoplasmaströmung untersucht und auf ihre physikalischen
Eigenschaften hin geprüft, indem er sie verschiedenen Drucken aus-
setzte. Dabei stellte sich heraus, „daß die Strömungsgeschwindigkeit
von den auf das Deckglas ausgeübten Drucken ganz unabhängig war
. . . . die strömende Substanz erweist sich den genannten Drucken
gegenüber in jeder Beziehung als eine Flüssigkeit."

   Das Ergebnis der direkten Beobachtung eines kreisenden Plasma-
stromes formuliert R h u m b l e r folgendermaßen: „Diese Ausschaltung
gewisser Protoplasmateile aus der Kreisströmung der übrigen, ohne
daß der Konnex zwischen beiden gelöst wird, zeigt, daß der ausge-
schaltete ruhende Plasmateil durch keine Struktur von irgendwelcher
Festigkeit mit dem strömenden Teil verkettet sein kann."

   Also gibt es im strömenden Protoplasma keinerlei Struktur. Auch
eine Spannungsstruktur, die die Waben in festen Abständen bewahrt,
kommt nicht zum Vorschein. Sind wir jetzt von der Strukturlosigkeit
des Protoplasmas überzeugt, so werden wir naturgemäß daran zweifeln, daß die Wesen, die bloß aus einer flüssigen Substanz bestehen,
sich benehmen können wie höhere organisierte Tiere. Vielleicht zeigen
diese Wesen die Eigenschaften eines Chloroformtropfens auf Schellack,
der ja auch, wie R h u m b l e r nachweisen konnte, sich bewegt und in
der Aufnahme von festen Körpern eine gewisse Auswahl trifft. Ähnliche einfache mechanische Eigenschaften sind wir bereit, den strukturlosen Protoplasmatropfen zuzuschreiben und auf Rechnung ihres Waben-
baues zu setzen, aber alles andere wird wohl Phantasie sein.

   Und nun hören wir einen der besten modernen Rhizopodenkenner:
P e n a r d. P e n a r d bestätigt die flüssige Natur und völlige Strukturlosigkeit des Protoplasmas. Selbst der Unterschied zwischen der
dichteren Außenschicht (Ektosark) und der flüssigeren Innenschicht
(Entosark) ist bei den Amöben kein wesentlicher. „Es liegt in der
Natur des lebenden Protoplasmas selbst die Fähigkeit begründet, sich
bei der Berührung mit dem Wasser zu erhärten, indem es eine Schicht
formt, welche dichter und widerstandsfähiger ist. So wird bei den

Das Protoplasmaproblem.   17

Amöben, sobald sich an der Oberfläche des Körpers ein plötzlicher
Riß gebildet hat, durch den ein heftiger Strom flüssigen Entosarks
austritt, diese Masse, anstatt weit weg zu fliegen und verloren zu
gehen, augenblicklich den peripheren Schichten eingefügt und gelangt
nur dazu, einen Lappen zu bilden, während gleichzeitig das Entosark
Ektosark geworden ist."

Bei Amoeba limicola ist die Verwandlung von Entosark in Ektosark sogar die Regel, denn ihre Fortbewegung geschieht durch eine
Folge plötzlicher Zerreißungen und Ausströmung des Entosarks mit
nachträglicher Verhärtung des Plasmas.

Amoeba limax fließt mit dem ganzen Körper davon. Manchmal
erhebt sie sich aber mit dem Vorderende, während ihr Hinterende
am Boden haftet, und vollführt schnelle tastende Bewegungen.

Noch merkwürdiger ist, was Penard von einer anderen Amöbe
berichtet auf S. 78 seines interessanten Werkes. „Wenn man dann
einen Augenblick das Tier beobachtet, sieht man es die verschieden-
artigsten Formen annehmen. Nach allen Richtungen des Raumes
entwickeln sich die nicht sehr zahlreichen Arme und sozusagen gestützt
bald auf die einen, bald auf die anderen bewegt es sich auf gut
Glück vorwärts in langsamer Gangart, wie eine Spinne auf ihren Beinen,
oft auch allem Anscheine nach auf ihren Pseudopodien rollend. Diese
selbst sind während der Zeit in dauernder Umgestaltung begriffen.
Sie verlängern sich, sie verkürzen sich, sie kehren in die gemeinsame
Masse zurück, um anderweitig wieder zu erscheinen. Oder sie bewegen sich in einem Stück, indem sie die umgebende Flüssigkeit aus-
kundschaften, und die Gesamtform wechselt ohne Aufhören. . . . . Das
Tier liebt es auch, sich mit einem Pseudopodium auf irgendeinen
Gegenstand festzusetzen . . . . während die anderen Arme sich wie
Tentakel entwickeln und dem Tier das Aussehen einer Hydra geben.

Die eben gegebene Beschreibung bezieht sich aber nur auf das
Tier im Ruhezustand oder bei langsamem Gang. Alles ändert sich,
wenn die Fortbewegung schneller werden soll. Dann sieht man einige
Pseudopodien sich auf sich selbst zurückziehen — der Achsenstrom,
der sie durchläuft, geht dabei von der Spitze zur Basis, während
andere Pseudopodien sich ausbreiten, die einen mit den anderen zu-
sammenfließen und zu einer einzigen Masse verschmelzen, Zum
Schluß haben wir ein Amoeba limax vor uns, manchmal selbst mit
einem ausgezackten kaudalen Saum versehen, die sich in gerader
Linie in beschleunigte Bewegung setzt."

Hyalosphaenia punctata besitzt ein großes Pseudopodium. „Dieses
Pseudopodium zeigt sich mit einer besonders bemerkenswerten Ak-
tivität begabt und funktioniert mittels schneller Wellen, die sich Schlag
auf Schlag folgen, es umformend, teilend oder ausbreitend. Wenn

18   Das Protoplasmaproblem.

das Tier zu einer Masse von Zersetzungsprodukten gelangt, flacht es
sein Pseudopodium erheblich ab und führt es dem Anscheine nach
wie eine Klinge in die Mitte des Detritus."

Das Erstaunlichste leistet das Protoplasma, wenn es Organe her-
vorzaubert, die völlig differenziert, nur zu einem eng umgrenzten Beruf
geschaffen sind und gleich darauf in die formlose Körpermasse wieder
aufgehen.   Penard berichtet über eine beschalte Rhizopode Difflugia
capreolata folgendes: „Wir sehen dann ein starkes und verlängertes
Pseudopodium . . . . Wenn wir dann mit Aufmerksamkeit das Ende
des langen Pseudopodiums verfolgen, sehen wir plötzlich an seiner
Oberfläche zwei kleine Bogenlinien entstehen, die sich mit ihrer Kon-
kavität gegenseitig anschauen.   Diese Linien sind der Ausdruck einer
kleinen Welle, welche sich unterhalb der Pseudopodienspitze bildet,
wächst und sich wie ein Saugnapf auftreibt . . . . Dieser Pseudosaug-
napf heftet sich an die Unterlage und man sieht die Myriaden außerordentlich feiner Stäubchen, die das Innere des Pseudopodiums ausfüllen und die während seiner Form ng von hinten nach vorne zogen,
stillstehen und da und dort umkehren.   Zu gleicher Zeit bilden sich
kleine Wellen längs des Pseudopodiums, das sich auf sich selbst
zurückzieht. Zum vorne festsitzenden Saugnapf sich hinziehend, schleppt
es hinter sich die Schale her.   Aber bald löst sich der Saugnapf, das
Pseudopodium schrumpft völlig zusammen und kehrt in das Bukal-
plasma zurück."

Wenn ich noch hinzufüge, daß nach den Angaben Penards
Gromia squamosa wie eine Spinne in einem lebendigen Spinnennetz
sitzt, das aus ihren Pseudopodien gebildet ist, und das ihrem Schalen-
mund prompt die gefangene Beute zuführt — so wird wohl jeder
Unbefangene davon überzeugt sein, daß auch die einfachsten Tiere
eine Organisation besitzen wie die höchsten, und daß sie genau so gut
mittels dieser Organisation in ihre Umgebung eingepaßt sind wie jene.

Das Einzigartige an der Rhizopodenorganisation liegt aber darin,
daß sie nicht dauernd vorhanden ist, sondern immer ad hoc erzeugt
werden muß aus dem ganz formlosen Protoplasma.   Damit ist die
Hauptschwierigkeit des Protoplasmaproblems gelöst.   Es handelt sich
gar nicht um die Frage, wie das Funktionieren einer flüssigen Maschine
— wie die maschinelle Tätigkeit ohne Maschine möglich sei, denn
die Leistungen der Amöben werden alle durch Organe ausgeübt. Es
ist im Moment des maschinellen Handelns auch stets eine passende
Maschine vorhanden, die sehr differenziert sein kann.

Die Protoplasmaorgane der Rhizopoden bieten uns keine größeren
Schwierigkeiten wie die Organe der höheren Tiere.   Ihr Funktionieren ist durchaus mechanisch begreiflich, nur ihr Entstehen bleibt
ein ungelöstes Problem.

Das Protoplasmaproblem.   19

Die Einzelligen haben die gleichen maschinellen und übermaschinellen Eigenschaften wie alle Tiere. Das Funktionieren der Pseudopodien ist ein mechanisches Problem, ihr Entstehen ein übermecha-
nisches. Entstehen und Funktionieren der Organe treten bei den
mehrzelligen Tieren zeitlich getrennt voneinander auf und werden
dort niemals verwechselt. Bei den Einzelligen, die ihre Organe immer
wieder auflösen, ist die zeitliche Trennung nicht so leicht durchzuführen, obgleich sie am Einzelorgan natürlich immer sichtbar ist.
Denn kein Pseudopodium kann funktionieren, wenn es noch nicht
da ist.

Die Vernachlässigung des prinzipiellen Unterschiedes zwischen
maschinellen und übermaschinellen Eigenschaften hat das Protoplasmaproblem unnötigerweise verdunkelt.

Werfen wir jetzt einen Blick auf die Versuche R h u m b l e r s, die
mechanischen Vorgänge bei den Rhizopoden mittels Chloroformtropfen
und Ölschäumen nachzumachen, so muß man vor allen Dingen Ver-
wahrung einlegen gegen seine Sprachmißhandlungen. Organismische
und anorganismische Substanzen ist gar zu häßlich. Außerdem dienen
diese Worte dazu, die Unterschiede zwischen strukturloser Substanz
und Maschinen einerseits, sowie zwischen Maschinen und Lebewesen
andererseits zu verwischen. Solche Zwischenbegriffe machen jede
klare Fragestellung unmöglich.

Im übrigen kann man R h u m b l e r nur Dank sagen für die Fülle
von mechanischen Erfahrungen, die er uns übermittelt hat. Ich will
hier nur das reizende Experiment des verdauenden Chloroformtropfens
erwähnen, der ein mit Schellack überzogenes Glasstäbchen verschluckt
und, nachdem der Schellack sich im Chloroform gelöst hat, wieder
ausspuckt.

R h u m b l e r hat später es ausdrücklich ausgesprochen, daß solche
mechanische Versuche keine Lebenserscheinungen darstellen: „Die
Zellenmechanik erschöpft nicht die Aufgaben des Zellenlebens, sondern
betrachtet seine physikalisch-mechanische Seite."

Aber sollte es schließlich R h u m b l e r oder einem andern gelingen,
eine künstliche Amöbe herzustellen, die die wichtigsten Funktionen
der natürlichen Amöben ausübt, so wäre dadurch nur bewiesen, daß
ein erfindungsreicher Geist auch mikroskopische Maschinen zu bauen
vermag. Wer es aber soweit bringt, Maschinen mit übermaschinellen
Eisenschaften zu bauen, für den ist es dann ebenso leicht ein Pferd
zu machen, wie eine Amöbe. Ein solcher Erbauer lebender Wesen
muß freilich ü b e r m e n s c h l i c h e Fähigkeiten besitzen.

Man würde es leichter verstehen, wenn die ganze Richtung, die
sich mit dem Bau künstlicher Amöben befaßt, von Leuten ausginge,
die nach einem modernen Beweis für das Dasein Gottes suchten.

20   Das Protoplasmaproblem

Denn was sie mit ihren mikrochemischen und mikromechanischen Versuchen bestenfalls beweisen können, ist, daß es einem denkenden Geiste, der weit höhere Fähigkeiten besitzt als der Menschengeist, gelingen muß, lebende Wesen herzustellen. Statt dessen sollen diese Versuche, die der ganzen geistigen Anspannung der gelehrtesten Forscher bedürfen, nichts anderes beweisen, als daß der Zufall das gleiche bewirken könne.

Auch diese Lösung wollen wir uns ansehen und es versuchen, uns an einem Beispiel klar zu machen, wie es einer durch Zufall entstandenen Maschine weiter ergehen wird. Nehmen wir an, in einer Fabrik sei während eines Erdbebens oder einer Feuersbrunst ein Automobil von selbst entstanden. Diese Annahme ist viel leichter zu machen, als die zufällige Entstehung einer Amöbe, weil das Automobil keine übermaschinellen Eigenschaften besitzt und seinesgleichen nicht wieder erzeugen kann. Nun könnte dieses Automobil doch nur dann ein erfolgreiches Dasein führen, wenn die Welt nur aus einer einzigen, geraden Chaussee bestünde und in den Chausseegräben Benzin flösse. Es gehört zu einem rein mechanischen Wesen als notwendiges Korrelat eine unwandelbare Außenwelt, die zu dieser Maschine paßt. Denn das maschinelle Wesen besitzt keine Eigenschaften, um einer Änderung der Außenwelt zweckmäßig zu begegnen.

Der Plan, den wir in den Lebewesen oder Maschinen verkörpert sehen, ist kein objektiver Naturfaktor, der dem Wesen irgendwelche weiterreichende Fähigkeit verleiht. Deshalb ist mit der einmaligen Entstehung eines Lebewesens, wie sie z. B. Bütschli annimmt, gar nichts erreicht. Dieses Lebewesen muß bei der nächsten Straßenbiegung zu Falle kommen.

Wir sehen aus diesem Beispiel, daß die Wesen, die nicht bei jeder für ihren Bauplan unvorhergesehenen Änderung der Außenwelt umkommen, noch eine weitere übermaschinelle Fähigkeit besitzen müssen, und diese Fähigkeit wollen wir mit Jennings „Regulation" nennen.

Die Regulation geht nach Jennings Hand in Hand mit der Reaktion eines jeden Tieres. Auf eine Änderung der Außenwelt, die sich als Reiz dem Tiere kundtut, führt jedes Tier eine Bewegung aus, und außerdem ändert sich sein physiologischer Zustand. Die Änderung des physiologischen Zustandes wirkt modifizierend ein auf die Antwort, die das Tier dem nächsten Reiz erteilt. Es läuft die Lebenstätigkeit der Tiere auf äußere Reize nicht einfach ab, wie in irgendeiner Maschine, deren Bauplan sich gar nicht verändern kann. Im Gegenteil ändert sich der Bauplan der Tiere dauernd unter dem Einflusse der Umgebung, so daß man mit Übertreibung sagen kann, niemals trifft ein Reiz zum zweiten Male das gleiche Tier. Diese

Das Protoplasmaproblem.   21

dauernde Änderung des Bauplanes, die dem Leben den fließenden Charakter einer steten Umbildung gibt und dem Tiere eine stete Anpassungsmöglichkeit in weiten Grenzen gewährt, nennt Jennings Regulation.

Bedauerlicherweise hat Jennings den Begriff der Regulation nicht präzis genug gefaßt. Es gibt natürlich auch eine Regulation, die innerhalb des bestehenden Bauplanes bereits vorgesehen ist, neben der Regulation, die den Bauplan selbst ändert. Ferner gibt es auch eine rein äußerliche Regulation, die von jedem äußeren Reiz ausgeht und darin besteht, daß der Reiz nur solange auf das Tier einwirkt, als das Tier seinem Wirkungskreis noch nicht entgangen ist. Diese drei prinzipiell verschiedenen Arten der Regulation, 1. die äußere, 2. die innere, aber im Bauplan vorgesehene, 3. die innere, den Bauplan selbst ändernde Regulation, werden in dem „Versuch und Irrtum" genannten Grundprinzip zu einem unentwirrbaren Knäuel vereinigt. Die beiden ersten Arten der Regulation sind rein maschinell, nur die dritte bezeichnet eine übermaschinelle Tätigkeit der Tiere.

Jennings Lehre verdankt ihre Entstehung den Amöben. Bei den Amöben gilt unzweifelhaft der Satz: daß niemals der gleiche Reiz zum zweiten Male das gleiche Tier trifft. Die Beobachtung lehrt unmittelbar, daß diese Tiere in einer dauernden Umgestaltung begriffen sind. Diese Umgestaltung geht zwar dauernd und spontan vor sich, wird aber zugleich von äußeren Reizen beeinflußt.

Naturgemäß tritt bei Tieren, deren Haupttätigkeit darin besteht, Augenblicksorgane zu schaffen und wieder zu vernichten, wobei sich dauernd der Bauplan ändert, die übermaschinelle Regulation sehr stark in den Vordergrund, während bei den höheren Tieren mit dauernden Organen, die nach einem dauernden Plane geordnet sind und in der Regel innerhalb dieses Bauplanes ihren Funktionen obliegen, die maschinelle Regulation mehr ins Auge springt. Und wenn wir mit Recht die übermaschinelle Regulation als spezifische Lebenseigenschaft betrachten, so muß man sagen: die Amöbe ist weniger Maschine als das Pferd.

Die übermaschinelle Regulation tritt als dritter Faktor neben die Formbildung und die Regeneration. Übermaschinelle Regulation, Formbildung und Regeneration sind alles Leistungen, die sich auf die Ausbildung und Erhaltung des Bauplanes beziehen, welcher die einzelnen Teile zu einem Ganzen verbindet. Unter maschinellen Fähigkeiten bezeichnen wir alle die Eigenschaften, die sich bei Gegenständen mit ausgebildetem Bauplan vorfinden, d. h. bei allen mechanischen Strukturen, mögen sie belebt oder unbelebt sein. Die übermaschinellen Fähigkeiten, die sich mit der Bildung des Bauplanes selbst befassen, findet man bei den fertigen Strukturen nicht, sie gehören ganz ausschließlich dem ungeformten, aber bildungsfähigen Protoplasma an. Es fällt demnach das Protoplasmaproblem mit dem Problem der übermaschinellen Fähigkeiten bei den Lebewesen zusammen.

Und nun hören wir, was einer der besten Kenner des Protoplasmaproblems, H. Hertwig, über dieses Thema sagt: „Die Dujardinsche Sarkodetheorie und die dadurch zum Ausdruck gelangte Erkenntnis, daß es tierisches Leben gibt, welches nicht an besondere Organe geknüpft ist, sondern von einer gleichförmigen Substanz der Sarkode vermittelt wird, mußte vorausgehen, ehe man zur Vorstellung gelangte, daß die Zelle auch bei den höheren Tieren nicht, wie die Schwan-Schleidensche Zelltheorie lehrte, die nach physikalischchemischen Gesetzen wirkende Einheit sei, sondern selbst ein Organismus, welcher alle Rätsel des Lebens in sich berge, daß das Leben des vielgestalteten Organismus nicht die Resultante von chemischphysikalischen Vorgängen sei, welche durch jene Einheiten vermittelt werde, sondern sich auf den Lebensprozessen der einzelnen Zellen aufbaue. So wurde die wichtigste Reform ermöglicht, welche die Zelltheorie erfahren und ihr im wesentlichen jede moderne Fassung gegeben hat: die Protoplasmatheorie Max Schulzes ... Die Zellen, selbst die Bindegewebs-, Knorpel-, Knochen-, Muskelkörperchen usw. haben im wesentlichen dieselbe Struktur, sie unterscheiden sich zwar von einander durch verschiedene Gestalt, aber diese Formunterschiede haben wohl kaum größere Bedeutung und sind wohl nur die Folgen der Raumverhältnisse, welche den Zellen und ihrer Umgebung geboten werden, hat man doch in der Neuzeit es in Zweifel ziehen können, ob überhaupt die Zellen der verschiedenen Gewebe, wie es Roux und seine Schüler annehmen, selbst differenziert sind, oder ob sie nicht vielmehr sämtlich die gleichen Eigenschaften besitzen, die Eigenschaften der befruchteten Eizelle, aus welcher sie durch artgleiche Teilung entstanden sind. Daß die Unterscheidung von verschiedenerlei Geweben möglich ist, würde nur durch den Einfluß der lokalen Existenzbedingungen, gleichsam den Genius loci, hervorgerufen sein, welcher Ursache wurde, daß gewisse Zellen Muskelsubstanz, andere Bindesubstanz, dritte Nervenfibrille usw. gezeitigt haben. Der Unterschied der Gewebe würde nur durch den Unterschied der Zellprodukte bedingt sein, die verschiedene chemische und morphologische Beschaffenheit der Muskel-, Nerven-, Bindegewebsfibrillen usw. (O. Hertwig)“.

Die Zellprodukte bilden ihrerseits die verschiedenen Strukturteile des Gesamttieres. Ihre Leistungen sind maschineller Art und gestatten prinzipiell eine Analyse und eine Synthese, wie die Strukturteile der Maschinen.

Um sich das Verhältnis zwischen Protoplasma und Struktur ein-

Das Protoplasmaproblem.   23

dringlich deutlich zu machen, stelle man sich vor, daß unsere Häuser
und Maschinen nicht von uns erbaut würden, sondern selbsttätig aus
einem Brei herauskristallisierten. Jeder Stein des Hauses und jeder
Maschinenteil bewahre noch eine Portion Reservebrei bei sich, der
die nötig werdenden Reparaturen und Regulationen vornehme, außerdem besitze jedes Haus und jede Maschine eine größere Anhäufung
von Urbrei, die zur Erzeugung neuer Häuser oder neuer Maschinen
diene.

Diese Vorstellung spiegelt deutlich den doppelten Charakter jedes
Lebewesens, das erstens aus dem Protoplasma und zweitens aus den
Protoplasmaprodukten oder der Struktur besteht. Die Funktion der
Struktur ist uns verständlich. Die Funktion des Protoplasmas aber
ist ein Wunder. Zwar haben wir gesehen, daß der Protoplasmabrei
keine maschinellen Funktionen besitzt, und daß es keine flüssigen
Maschinen gibt, aber der Brei hat dafür andere Fähigkeiten, welche
die Maschinen nicht besitzen.

Je mehr und je eingehender die Leistungen des Protoplasmas
studiert werden, um so größer wird das Rätsel. Wir können tausend-
mal vor einem Hause stehen, das aus dem Urbrei herauskristallisiert,
und können jede einzelne Phase analysieren, alle physikalischen und
chemischen Faktoren auf das genaueste studieren — das Ganze begreifen wir doch nicht.

Die Tiere und Pflanzen entstehen nach Art einer Melodie, sagt
Karl Ernst von Bär, sie bilden nicht bloß Einheiten im Raum
wie die Maschinen, sie sind auch Einheiten in der Zeit, und diese
zu fassen ist der menschliche Geist nicht fähig. Sie bleiben für ihn
Wunder. Uns sind nur mechanische Einheiten verständlich, in denen
wie in den Maschinen alle Teile sich gegenseitig im Raume gleichzeitig bedingen. Es scheint uns ganz widersinnig, daß es Faktoren
geben könne, die sich auch in der Zeit gegenseitig beeinflussen könnten.
Für unseren Verstand gibt es in der Zeit nur eine Wirkung vom
Vorhergehenden auf das Folgende und nicht umgekehrt. Wenn etwas
Derartiges einträte, daß nämlich das Folgende auf das Vorhergehende
wirkte, so würden wir ohne weiteres von einem Wunder reden.

Und doch findet derartiges im Protoplasma statt. Nicht eine
vorhandene, sondern eine kommende Struktur bestimmt die Leistungen
des Protoplasmas in jedem einzelnen Falle der Strukturbildung. Die
entstandene Struktur hemmt nur die strukturbildende Tätigkeit des
Protoplasmas, die noch nicht vorhandene Struktur dagegen leitet die
Strukturbildung. In einer Melodie findet eine gegenseitige Beeinflussung zwischen dem ersten und dem letzten Tone statt, und wir
dürfen deshalb sagen, der letzte Ton ist zwar nur durch den ersten
Ton möglich, aber ebenso ist der erste nur durch den letzten Ton

24   Das Protoplasmaproblem.

möglich. Ebenso verhält es sich mit der Strukturbildung bei den
Tieren und Pflanzen. Das fertige Hühnchen steht zwar in direkter
Abhängigkeit von ·den ersten Furchungsvorgängen des Keimes, aber
ebenso sind die ersten Keimesfurchen abhängig von der Gestalt des
auszubildenden Hühnchens.

Diese Tatsache ist ein Wunder, nicht im Sinne einer Gesetz-
losigkeit, sondern einer unbegreiflichen Gesetzlichkeit. Es ist ebenso
lächerlich wie unehrlich, das Vorhandensein dieser Tatsache leugnen
zu wollen. Sie wird aber stets verschiedene Deutungen zulassen und
je nach den verschiedenen Zeitströmungen wird diese oder jene
Deutung in der Wissenschaft Mode sein. Die Tatsache selbst kann
kein Deutungsversuch aus der Welt schaffen.

Mag man in Analogie des menschlichen Geistes eine Vorstellung
im Protoplasma waltend annehmen, oder annehmen, daß das Protoplasma im Laufe des Weltgeschehens, während es von Individuum zu
Individuum wanderte, Erfahrungen sammelte, immer bleibt die Tatsache des Wunderbreies bestehen. Schließlich kann man sagen, daß
das Bewußtsein eines Beobachters mit übermenschlichen Fähigkeiten,
welches nicht wie das unsere von Moment zu Moment lebt, und daher
fähig wäre, Zeitabstände ebenso gegenseitig in Beziehung zu setzen,
wie unser Bewußtsein es mit den Raumabständen tut, andere Begriffe
bilden würde, in der die Harmonie zeitlich getrennter Faktoren keine
Schwierigkeit machen würde.

Eines ist aber sicher, daß nämlich alle diese Lösungsversuche
sich nur auf das Protoplasma und seine übermaschinellen Eigenschaften
beziehen, dagegen nichts mit der Struktur und ihren maschinellen
Eigenschaften zu tun haben. Hier wollen wir uns nur mit der Struktur
und ihren Leistungen beschäftigen, wir wollen maschinelle Biologie
treiben.

Jetzt wird es uns auch verständlich sein, warum der Begriff eines
Organismus so verschieden definiert wird, je nachdem man die maschinellen oder übermaschinellen Eigenschaften untersuchen will.

Jennings, dessen Studium wesentlich der Erforschung der Regulationen gewidmet ist, definiert den Begriff des Organismus folgendermaßen: „Ein Organismus ist eine komplexe Masse von Materie, in
welcher gewisse Prozesse stattfinden; das Aggregat oder System dieser
Prozesse nennen wir Leben. Die Fundamentalprozesse sind jene, die
wir Stoffwechsel nennen, jedes Tier nimmt dauernd gewisse Stoffe
auf, formt sie um und gibt sie weiter nach außen ab — bei diesem
Prozeß Energie gewinnend. Als Hilfsprozeß neben dieser allgemeinen
chemischen Umformung finden wir Verdauung, Kreislauf, Ausscheidung
und ähnliches. Es ist von der allergrößten Bedeutung für das Verständnis des Benehmens der Organismen, sie vorzüglich als etwas

Das Protoplasmaproblem.   25

Dynamisches — als Prozesse aufzufassen, eher denn als Struktur. Das
Tier ist ein Geschehnis."

Dem gegenüber war ich gezwungen, den Organismus ganz anders
zu definieren, als ich seine maschinellen Eigenschaften ins Auge
faßte: „Biologie ist die Lehre von der Organisation des Lebendigen.
Unter Organisation versteht man den Zusammenschluß verschieden-
artiger Elemente nach einheitlichem Plan zu gemeinsamer Wirkung."

Beide Definitionen sind aber ungenügend, weil in ihnen das Protoplasma nicht genannt ist. Das Protoplasma sollte aber den Ausgangspunkt aller Theorien über den Organismus bilden.

Nur wenn man sich dauernd die Rolle des Protoplasmas vor
Augen hält, gewinnt man die Möglichkeit, die sich vielfach kreuzenden
und widersprechenden Theorien zu entwirren. Das Protoplasma besitzt
die Fähigkeit die toten Stoffe aufzunehmen und sich selbst einzufügen.
Das ist die eine Seite seiner Tätigkeit. Andererseits besitzt das Protoplasma die Fähigkeit, planmäßige Strukturen aus sich heraus zu bilden.
Unter planmäßig soll nichts anderes verstanden werden, als daß die
einzelnen Strukturteile zusammen nicht bloß ein räumliches Ganzes
bilden wie die Wasserkristalle in einer Schneeflocke, sondern ein funk-
tionelles Ganzes wie die Bausteine eines Hauses.

Die Bildung der Strukturen geschieht ferner planmäßig, d. h.
nach einer einheitlichen Regel in der Zeit, wodurch alle Störungen
vermieden werden.

In den Gang der einmal gebauten Strukturen greift das Protoplasma nur ausnahmsweise ein. Deshalb darf der Ablauf der normalen Lebensfunktionen der Tiere, soweit er auf den Leistungen der
Strukturen beruht, als rein maschinell behandelt werden.

Dagegen hat das Protoplasma in hohem Maße die Fähigkeit, den
Verlust von einzelnen Strukturteilen planmäßig zu ersetzen.

Das Protoplasma sitzt überall in jeder lebenden Zelle des Tierkörpers neben und zwischen den von ihm gebauten Strukturteilen.
Wieweit es am Stoffwechsel beteiligt ist, wissen wir nicht. Möglich ist
es, daß die Strukturteile einen Stoffwechsel für sich erlangt haben,
und es dann in jeder Zelle einen doppelten Stoffwechsel gibt, einen
für die Strukturteile und einen für das Protoplasma. Möglich ist es
aber auch, daß die Strukturteile in ihrem Stoffwechsel vom Protoplasma abhängig bleiben, nachdem ihre Leistungen sich längst vom Einfluß des Protoplasmas befreit haben.

Alle diese Leistungen vollbringt das Protoplasma, ohne jemals
gegen das Gesetz von der Erhaltung der Energie zu verstoßen. Und
die Befürchtung ausgezeichneter Forscher, daß der heutige Neovitalismus
ihren auf den kausalen Zusammenhang der Lebensvorgänge gerichteten
Untersuchungen eine Grenze ziehen wird, ist ganz grundlos.

26   Das Protoplasmaproblem.

Alles was geschieht, geschieht durch physikalische und chemische Kräfte.

Auch bei der Erforschung einer Maschine kann man sich auf die chemische oder physikalische Fragestellung beschränken, ohne jemals in Gefahr zu kommen, mit der Mechanik in Konflikt zu geraten, die sich mit dem Zusammenwirken der planmäßig gebauten Strukturteile beschäftigt.

Wer dagegen die Planmäßigkeit der lebenden Natur zum Forschungsobjekt nimmt, wird gut tun, sich zu entscheiden, ob er sich mit den Leistungen der ausgebildeten Strukturen befassen will. Dann kann er reine Mechanik treiben und wird niemals mit übermaschinellen Kräften in Konflikt kommen.

Schließlich kann man sich dem Studium des Protoplasmas zuwenden. Dann wird man gut tun, den Versuch, Übermaschinelles mechanisch zu erklären, aufzugeben und sich mit der reinen Darstellung der Vorgänge zu begnügen.

Die philosophische Durchdringung des Protoplasmaproblems ist vor allem von Driesch mit großem Erfolg unternommen worden, und es sind seine Gedanken über die Lebenskraft oder Entelechie von größtem Interesse. Besonders einleuchtend und ganz neu sind seine Ausführungen über die Beziehungen der Entelechie zu den physikalisch-chemischen Kräften.

Ich habe neuerdings in meiner theoretischen Biologie den Versuch gemacht, die Biologie auf eine erkenntnistheoretische Grundlage zu stellen und von diesem Standpunkt die übermaschinellen Fähigkeiten der Lebewesen erörtert.

Inzwischen kann diese Frage ruhig offen bleiben, da sie keinen Einfluß auf die speziellen Aufgaben ausübt, die uns hier beschäftigen sollen und die darin bestehen, die Leistungen des erwachsenen Tierkörpers soweit als möglich auf die mechanischen Leistungen seiner planmäßig geordneten Strukturteile zurückzuführen.

Amoeba Terricola.

Es lebt in feuchtem Moose und auf moderigem Grund ein winziges Tierlein, kaum sichtbar dem Auge des Menschen, aber dennoch ein Riese in seiner kleinen Welt. Als Landbewohner führt es den Namen terricola. Wegen seiner rauhen Oberfläche wird es auch verrucosa genannt. Langsam wälzt es sich daher, nach vorne zu einen breiten Lappen mit glattem Saum bildend, während an seinem verschrumpfelten Hinterende die Runzeln deutlich zutage treten.

Amoeba Terricola.   27

Es gleicht in seiner Form und seinen Bewegungen einem ver-
unreinigten Tropfen, der langsam den Rand eines Tellers hinabrollt.
Vorne befindet sich die klare Flüssigkeit, während die Verunreinigung
als dicker Wulst nachgeschleppt wird. Lange Zeit hindurch hat man
als Ursache dieser Bewegung eine Verminderung der Oberflächenspannung am Vorderende angenommen, weil die künstlichen Schaum-
kügelchen von Bütschli und die Chloroformtropfen von Rhumbler
sich mittels solcher Schwankungen ihrer Oberflächenspannung bewegen.

Dann kam Jennings und zeigte, daß alle Fremdkörper, die an
der Oberfläche von Amoeba terricola kleben, sich rund um die
wandernde Amöbe herumbewegen. Und zwar wandern sie auf der
Oberseite von hinten nach vorne und auf der Unterseite von vorne
nach hinten. Daraus durfte man schließen, daß die Amöbe einem
kontraktilen Sacke gleicht, der um sich selbst
rollt. Im Inneren des Sackes, der vom Ektoplasma gebildet wird, zeigt das Endoplasma
gleichfalls strömende Bewegungen.

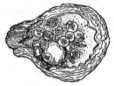

Nun hat Dellinger gezeigt, daß der Vorgang sich ganz anders ausnimmt, wenn man das
Tier von der Seite betrachtet. Das Herumrollen

Abb. 1 [1]).

des Ektoplasmas, das Jennings beobachtete, ist
freilich vorhanden, aber es hat mit der wirklichen Gehbewegung nichts zu
tun. Diese geschieht nach Art der Spannerbewegungen gewisser Raupen
oder der Blutegel. Es haftet das Hinterende am Boden, während das
Vorderende frei ins Wasser ragt, oder sich den Boden entlang schiebt.
Dann faßt auch das Vorderende festen Fuß. Nun löst sich das
Hinterende vom Boden ab, nähert sich durch eine kräftige Kontraktion des Gesamttieres dem Vorderende und setzt sich dort gleichfalls
fest. Worauf das Vorderende den zweiten Schritt beginnt.

Die anderen Amöben sollen ebenso deutlich dieses spannerartige
Gehen zeigen, aber keine Umdrehungen um sich selbst vollführen;
Fremdkörper, die auf ihrer Oberfläche haften, werden beim Marsche
nur hin und her bewegt.

„Wenn die Amöben", schreibt Dellinger, „im freien Felde
wandern, oder von einem Haufen Detritus zum anderen ziehen, so
bewegen sie sich wie lange Schnüre oder sie fassen an mehreren
Stellen festen Fuß, bewahren aber dabei ihre schlanke Gestalt. Bewegen sie sich dagegen auf Algen weidend, so strecken sie zahlreiche
Pseudopodien aus und nehmen eine handförmige Gestalt an."

Penard hat für beschalte Lappenfüße das Ausstrecken von

---

[1]) Aus: Jennings, Das Verhalten der niederen Organismen. Verlag
B. G. Teubner, Leipzig und Berlin.

　　　　　　　　　　Amoeba Terricola.

Pseudopodien, die einen Saugnapf am Vorderende bilden können, beschrieben. Der Gang dieser Schaltiere erscheint als eine weitere Durchbildung des gleichen Prinzips. Nur ersetzt hier die schwere Schale den hinteren Saugnapf.

Sucht man sich eine Vorstellung von den Kontraktionsbewegungen des Protoplasmas zu machen, die diese Bewegungsart hervorrufen, so wird man aus der Analogie mit den mehrzelligen Tieren, die eine gleiche Gangart besitzen, schließen, daß das Ektoplasma der Lappenfüßer überall aus wenigstens zwei Schichten besteht, die sich in ihren Verkürzungsrichtungen rechtwinklig kreuzen. Wenn sich eine dieser Protoplasmaschichten allein verkürzt, muß sie dabei die andere dehnen. Nun wissen wir von den mehrzelligen Tieren, daß die Erregung immer nach den gedehnten Muskeln fließt. Auf das Protoplasma übertragen, würde das bedeuten, daß die Verkürzung der einen Schicht die Veranlassung einer darauffolgenden Verkürzung der anderen Schicht abgibt, weil die Erregung der gedehnten Schicht zufließt. Wird die Verlängerung eines Pseudopodiums durch die eine Schicht hervorgerufen, so folgt darauf das Einziehen durch die Verkürzung der anderen. Die Annahme von gekreuzten Protoplasmaschichten würde auch die Kugelform der Amöben ohne weiteres erklären, die immer angenommen wird, wenn allseitig starke Reize das Tier treffen.

Es fragt sich nun, ob eine solche Anordnung des Protoplasmas bei den Lappenfüßern als dauernde Einrichtung anzusehen ist oder nicht? Das Protoplasma besitzt nämlich außer der Fähigkeit sich zu verkürzen und zu verlängern auch noch die Fähigkeit, sich zu erweichen und wieder zu verdichten. Das Ektoplasma vermag außer seiner Form auch seine Konsistenz zu ändern. Die Konsistenzänderung tritt ganz selbständig und unabhängig von der jeweiligen Formbildung auf. Das tritt bei der Nahrungsaufnahme deutlich zutage. Jennings beschreibt sie folgendermaßen: „Indifferente Partikelchen, wie Stückchen Ruß, welche an der Oberfläche haften, werden nicht aufgenommen." Dagegen werden Nahrungsmittel wie Rädertierchen, Infusorien oder Bakterienhaufen nicht bloß fest geklebt, sondern langsam ins Innere der Amöbe hineingezogen. Dieses Eindringen der Nahrung geschieht unausgesetzt, während das Ektoplasma herumrotiert. Dabei geraten die Nahrungsteilchen abwechselnd in Gegenden, von allen möglichen Verkürzungs- und Verlängerungsgraden. Trotzdem geht die Erweichung des Protoplasmas in der nächsten Umgebung der Nahrung dauernd weiter, bis diese im Endoplasma angelangt ist. Die Erweichung muß bis zur völligen Verflüssigung fortschreiten, um die feste Nahrung durchzulassen. Das Ektoplasma stellt sich gleich darauf wieder her.

Daraus geht zur Genüge hervor, daß, wenn eine Schichtungsstruktur im Ektoplasma besteht, sie bei der Erweichung verschwindet,

Amoeba Terricola.   29

um gleich darauf wieder zu erscheinen. Die Eigenschaft, Strukturen entstehen und verschwinden zu lassen, ist ja die Kardinaleigenschaft des Protoplasmas.

Amoeba terricola umkleidet manchmal ihre Nahrung mit einem Ektoplasmamantel, der dann mit der Nahrung zusammen im Endoplasma versinkt. Penard hat ferner beobachtet, daß gelegentlich die Fäkalien mit einer Ektoplasmaschicht, die sich offenbar im Endoplasma gebildet hatte, umkleidet waren und mit diesem Mantel gemeinsam ruckweise ausgestoßen wurden.

Um mit den Beobachtungen der Ektoplasmabewegung abzuschließen, sei noch erwähnt, das Amoeba terricola bei geringen Verletzungen ihres Ektoplasmas die Wundränder nach innen schlägt, wodurch eine trompetenförmige Einsenkung entsteht. Am äußeren Rande verschmilzt dann das Ektoplasma und verschließt die Öffnung wieder. Das eingezogene Ektoplasma wird resorbiert. Bei größeren Verletzungen, wenn man die Amöbe durch Druck zum Platzen gebracht hat, zieht sich das Ektoplasma hinter der Wundfläche ringförmig zusammen und bildet einen immer schmäler werdenden Hals, der die ganze verletzte Portion abschnürt. Die kleine Wunde, die noch eingezogen werden kann, wird ohne Substanzverlust geschlossen, während beim Verschluß der großen Wunde beträchtliche Teile der Körpersubstanz geopfert werden.

Nach dem Tode des Tieres bildet das Ektoplasma eine derbe, undurchdringliche Haut. Penard konnte beobachten, wie ein Würmchen, das wohl als Ei verschluckt worden war, nachdem es in einer abgestorbenen Amöbe ausschlüpfte, sich vergeblich bemühte, seinem allseitig geschlossenen Kerker zu entrinnen.

Die Bewegungen des Ektoplasmas bei den Wurzelfüßern, deren Körnchenströmung Max Schultze so anschaulich schildert, sind noch gar nicht analysiert. Ebensowenig wissen wir von den Endoplasmaströmen, wie sie außer bei den Amöben hauptsächlich bei allen Infusorien und in vielen Pflanzenzellen auftreten. Über die Bewegung des Protoplasmas in der Schale eines Wurzelfüßers Gromia Brunneri berichtet Penard folgende merkwürdige Beobachtung: „Den gesamten Protoplasmakörper sieht man bei diesen Tieren (wenn sie sich in guter Gesundheit befinden) in seiner ganzen Masse einer unaufhörlichen kreisenden Bewegung unterworfen längs der Innenseite der Schale. Oft bilden sich entgegengesetzte Strömungen, die sich kreuzen. Wenn man durch Druck die Schale sprengt, so tritt das Plasma heraus und teilt sich in eine Anzahl runde Kügelchen. Von diesen beginnen die größeren nach einem Moment der Ruhe sich um sich selbst zu drehen in einer langsamen und dauernden Kreisbewegung." Diese rätselhafte Kreisbewegung, von der man nicht weiß, ob man

30   Amoeba Terricola.

sie zu den Ektoplasma- oder Endoplasmaströmungen rechnen soll,
leitet uns über zu den Strömungen im Endoplasma der Amoeba
terricola.

Auch das Endoplasma scheint bei unserer Amöbe verschiedene
Konsistenz anzunehmen. Wenigstens sagt Dellinger darüber folgendes: „Das Entosark muß so beschaffen sein, daß es den Partikelchen
bald gestattet frei umherzuschwimmen, bald sie sicher zusammenhält.“

Dem Endoplasma der Amöben liegt vor allem die Aufgabe ob,
durch lokale Kontraktionen die pulsierende Vakuole zu bilden. Die
pulsierende Vakuole ist bei Amoeba terricola eine kleine Wasserblase,
die von einem dichteren Plasmasaum umgeben ist. Hat die Blase
eine gewisse Größe erreicht, so schmilzt der Plasmasaum an einer
Stelle ein und das Endoplasma dringt in die Blase, deren Flüssigkeit
verschwindet. Die Vakuole entsteht aus zahlreichen kleinen Bläschen,
die miteinander verschmelzen. Ihre Lage ist stets nahe am Hinterende des Tieres, hart am Ektoplasma gelegen, an dem sie zu haften
scheint. Nur selten wird sie durch die Endoplasmaströmung nach
vorne gerissen. Dann entsteht an ihrem alten Platz sofort eine neue
Blase. Der Rhythmus, in dem die Vakuole entsteht und vergeht, ist
stets in direkter Abhängigkeit von der Geschwindigkeit, mit der sich
der ganze Körper fortbewegt. Je schneller das Tier kriecht, um so
schneller wird der Rhythmus der Vakuole.

Die Endoplasmaströmungen scheinen bei einer Form der Nahrungsaufnahme eine größere Rolle zu spielen. Rhumbler berichtet, daß
Amoeba terricola häufig Oszillarienfäden in sich aufnimmt, ohne eine
sichtbare Bewegung auszuführen. Die langen Algenfäden, die bedeutend
länger sind als die Amöbe, werden dabei im Innern des Tieres langsam
aufgerollt. Oft wird das Verschlucken der Oszillarien durch Bewegungen des ganzen Körpers unterstützt, der sich wie beim Gehen
abwechselnd streckt und verkürzt und dabei immer neue Strecken der
Algenfäden in sich hineinwürgt.

Wenn wir den Bauplan der Amoeba terricola feststellen wollen,
so zeigt sich, daß sich anatomisch nur ein äußeres und ein inneres
Tier unterscheiden lassen. Ein Ektoplasma und ein Endoplasma sind
immer vorhanden. Wenn auch das Ektoplasma weiter nichts sein
mag als das durch Berührung mit dem Wasser veränderte Endoplasma, so weist es doch besondere Fähigkeiten auf. Nur das Ektoplasma hält die Beziehungen der Amöbe zu Umgebung aufrecht. Nur
das Ektoplasma bestimmt das, was als Umwelt der Amöbe bezeichnet werden kann. Die ganze biologische Aufgabe, die Wirkungen der
Umwelt aufzunehmen und in entsprechende Bewegungen zu verwandeln, liegt dem Ektoplasma ob.

Wir haben gesehen, wie man sich den Mechanismus der Be-

Amoeba Terricola.   31

wegungen vorstellen kann. Über die Aufnahme der Reize muß noch
einiges gesagt werden. Viele Amöben haben die Fähigkeit, sich lang
zu strecken und mit dem Vorderende im Wasser umherzutasten oder
zu wittern. Bei Amoeba terricola läßt sich nur feststellen, daß die
Berührung des Vorderendes mit dem Boden eine Wirkung auf das
Anheften ausübt. Offenbar löst nur der Reiz eines rauhen Unter-
grundes die lokale Kontraktion, die zum Haften führt, aus, während
ein glatter Grund diesen Reiz nicht übermittelt. Chemische Reize,
die von Nahrungsmitteln ausgehen, wirken deutlich auf die Amöbe
ein, denn nur sie sind imstande, das Ektoplasma zum Erweichen zu
bringen, wodurch eine vorübergehende Mundöffnung geschaffen wird.
Auch vermag Amoeba terricola spezifische Reize auszuwählen, denn
die Oszillarienfäden werden ganz sicher von anderen Gegenständen
unterschieden.

Von den allgemeinen Reizen scheint die Schwerkraft nicht auf
das kleine Tier einzuwirken, das, in ständig rollender Bewegung begriffen, keine dauernde Bauch- und Rückenseite aufweist und daher
keine definierte Lage zum Erdmittelpunkte anzunehmen vermag.

Das Sonnenlicht hat auf dieses Dämmerungswesen einen ausgesprochen reizenden Einfluß. Die Amöbe bewegt sich immer vom
Lichte fort, indem sie ihren lappigen Fuß nach der beschatteten Seite
hin ausstreckt und sich an der belichteten Seite zusammenzieht.
Ebenso wirken alle stärkeren Reize: Die nächst getroffene Proto-
plasmaseite zieht sich zusammen und die abgekehrte Seite dehnt sich
zu einem Pseudopodium aus. Besonders überraschend ist die Wirkung
des Sonnenlichtes auf Oszillarien fressende Amöben, wie Rhumbler
beobachtete. Die Tiere hören sofort mit dem Zusammenrollen der
Algenfäden in ihrem Inneren auf und die Fäden schnurren wieder
auseinander, um wie Borsten überall aus dem Amöbenkörper hervor-
zuschauen.

Amoeba terricola begnügt sich nicht mit Pflanzennahrung, sondern
ist auch ein gefährlicher Räuber. Dank ihren langsamen, unmerklich
fortschreitenden Bewegungen gelangt sie, ohne Reize auszusenden, in
die Nachbarschaft von Infusorien oder Rädertierchen, die bei der
ersten Berührung sofort am Räuber festkleben und dann nicht mehr
entrinnen können.

Die Fähigkeit der Amöben, die Reizwirkungen der Umgebung
zu unterscheiden, ist daher keineswegs so gering, wie es auf den
ersten Blick scheinen mag. Dazu kommt noch die Fähigkeit, den
eigenen Körper von allem Übrigen zu trennen. Nie wird eine Amöbe,
wie schon Max Schultze sagt, mit einer Amöbe der gleichen Art
verschmelzen. Während die Amöben selbst mit abgeschnittenen Teilen
ihres eigenen Körpers, wie Jensen nachwies, sich wieder vereinigen.

32   Paramaecium.

Amoeba terricola läßt gelegentlich die Spitze ihres zurückgebogenen Pseudopodiums mit dem eigenen Hinterkörper verschmelzen, verschmilzt aber nie mit einem fremden Individuum. Während bei höheren Tieren alles darauf ankommt, zu verhindern, daß sie sich selbst auffressen, hat das bei den Amöben gar nichts zu sagen, da bei ihnen durch die Autophagie keine Struktur zerstört wird. Die Leistungen des Ektoplasmas sind, um es kurz zusammenzufassen, Formveränderungen, Konsistenzveränderungen und Klebrigwerden. Diese Tätigkeiten werden durch verschiedene Reize abwechselnd hervorgerufen.

Die Tätigkeit des Endoplasmas beschränkt sich auf die Funktion der Verdauung, der Atmung und der Sekretion, die bei einem dauernden Kreisstrom ausgeführt werden Die kontraktile Vakuole sorgt für einen besonderen Säftestrom, der die kreisende Endoplasmamasse durchdringt.

Betrachten wir jetzt rückblickend Amoeba terricola, so gewinnen wir den Eindruck eines allerliebsten Kunstwerkes, das in einer fremden Welt sich seine eigene Welt geschaffen, in der sie sich ruhig, wie in sicheren Angeln schwebend, hält. Um dieser Umwelt näher zu kommen, müssen wir vergessen, welchen Eindruck die Umgebung der Amöbe auf unser Auge macht. Von all den bunten, vielgestaltigen Gegenständen, wie Oszillarien, Infusorien, Rotatorien, Steinchen und Detritus ist nicht die Rede. Schwache und starke Reize gibt es, die nur der Intensität nach unterschieden werden, mögen sie mechanisch oder chemisch oder durch das Licht ausgelöst sein. Dazu kommen die spezifischen Reize der Nahrungsmittel, die das Ektoplasma klebrig machen und erweichen.

So hängt die Amöbe in ihrer Umwelt wie an dreierlei Arten von Gummifäden, die sie ringsum halten und alle ihre Bewegungen lenken und bestimmen. Dieser kleine Ausschnitt der Welt ist eine in sich zusammenhängende Welt, einfacher und widerspruchsloser als die unsere, aber ebenso planvoll, ebenso künstlerisch.

Paramaecium.

Die Ausbildung einer maschinellen Struktur hat bei den Infusorien bereits einen großen Schritt vorwärts getan. Zwar zeigt ihr Endoplasma noch einen rein protoplasmatischen Charakter, da es Eingeweide entstehen und vergehen läßt, aber das Ektoplasma hat die übermaschinelle Fähigkeit freier Strukturbildung verloren und damit seinen protoplasmatischen Charakter eingebüßt. Das Ektoplasma der

Paramaecium.   33

Infusorien besitzt eine feste Gestalt und zeigt eine ganze Reihe durch-
gearbeiteter Strukturen.

Als Prototyp der Infusorien wähle ich P a r a m a e c i u m c a u d a t u m,
das zu den besterforschten Tieren gehört. Paramaecium caudatum
ist ein zartes, durchsichtiges Tierchen, das 0,1 bis 0,3 mm lang wird
und die Gestalt einer schräg abgestumpften Zigarre besitzt. Sein
spitzes Hinterende trägt etwas längere Wimpern als der übrige Körper.
Diesem Umstande verdankt es seinen Artnamen. Vorder- und Hinterende sind somit deutlich unterschieden. Durch eine tiefe Rinne, die vom
Vorderende bis zur Mitte des Körpers verläuft und hier mit der Mundöffnung endigt, erhält die Zigarre eine Mundseite, der eine Rückenseite
gegenüberliegt. Damit sind ferner eine rechte und eine linke Körperseite gegeben, was die anatomischen Bestimmungen sehr erleichtert.

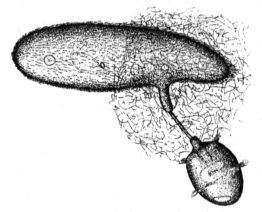

Abb. 2. Paramaecium im Kampf mit Didimium [1]).

Der ganze Körper ist mit Wimpern (Zilien) bedeckt. Sie sind
das Fortbewegungsmittel der Paramaecien. Im Ektoplasma befinden
sich feine Kanäle, die schräg von vorn nach hinten verlaufen und den
ganzen Körper wie zarte Längsreifen umfassen. In diesen Kanälen
liegen lange, dünne Muskelfäden, welche die wohldefinierten Gestalts-
veränderungen hervorbringen, während das übrige Ektoplasma überall
eine diffuse Kontraktilität besitzt.

„Der elastische Körper eines Infusors," schreibt B ü t s c h l i, „kann
nicht etwa mit einem soliden Gummiball, sondern nur mit einer von
Flüssigkeit erfüllten Blase mit relativ dünner, elastischer Wand ver-
glichen werden." Die Form dieser Blase wird durch die Muskelfäden
in geringem Umfang reguliert.

---

[1]) Aus: K a f k a, Einführung in die Tierpsychologie. Bd. I.

34   Paramaecium.

Das Wimperspiel ist von Wallgreen anschaulich beschrieben
worden: „In ihren Kontraktionsphasen schlagen die Wimpern wie bekannt kräftig nach hinten und es entsteht das zierliche und regelmäßige Wimperspiel, welches den Eindruck macht, als ob regelmäßige
Wellen über die Wimperreihen hinwegliefen. Solange die Infusorien
frei schwimmen, kann man dieses rastlose Wimperspiel sehen. Nur
wenn die Paramaecien tigmotaktisch (durch Berührung) beeinflußt
sind, ist die Wimperbewegung verlangsamt oder ganz zum Stillstand
gebracht. Durch dieses Wimperspiel wird der Körper durch das
Wasser vorwärts getrieben."

Die Bewegungen von Paramaecien sind von Jennings in einer
Reihe mustergültiger Arbeiten analysiert worden, der diesen Tieren
in seinem schönen Buche „Behavior of lower organisms" eine mono-
graphische Darstellung gewidmet hat. Aus ihr schöpfe ich die folgenden Daten.

Wäre der Körper von Paramaecium mit Wimpern bedeckt, die
alle gleich stark von vorne nach hinten schlügen, so müßte das Tier
geradlinig nach vorne schwimmen. Nun schlagen aber die Wimpern
der Mundrinne stärker als die übrigen Wimpern. Dadurch wird die
geradlinige Fortbewegung zu einer kreisförmigen, wie ein Boot im
Kreise schwimmen muß, wenn sich die Ruderer auf der einen Seite
mehr anstrengen als auf der anderen. Da bei Paramaecium auf der
Mundseite stärker gerudert wird als auf der Rückenseite, so wird beim
Kreisen dauernd nach der Rückenseite eingebogen. Die Mundseite
schaut immer nach der Peripherie, der Rücken immer nach dem
Zentrum des Kreises.

„Wie soll ein unsymmetrischer Organismus", fragt Jennings,
„ohne Augen und andere Sinnesorgane, die ihn durch Einstellung auf
entfernte Objekte leiten können, einen bestimmten Kurs beibehalten
durch das pfadlose Wasser, in welchem es von seiner Bahn nach
rechts oder links, nach oben oder unten und in jeder dazwischen-
liegenden Richtung abweichen kann? Es ist wohl bekannt, daß
Menschen unter ähnlichen, aber einfacheren Umständen ihren Kurs
nicht beizubehalten vermögen. In der pfadlosen, schneebedeckten
Prärie bewegt sich der Wanderer immer im Kreise, wie sehr er sich
auch anstrengen mag einen geraden Kurs beizubehalten — obgleich
er bloß nach rechts oder links abirren kann und nicht nach oben
und unten, wie im Wasser."

Und doch vermag Paramaecium trotz seiner ausgesprochenen
Neigung zum Kreisschwimmen eine gerade Richtung im Wasser beizubehalten. Dies wird ihr ermöglicht durch eine dauernde Drehung
um die Längsachse beim Schwimmen. Die Wimpern schlagen in
Wirklichkeit nicht genau von vorne nach hinten, sondern in schräger

Paramaecium. 35

Richtung von links vorne nach rechts hinten. Dadurch wird der Körper gleichzeitig nach vorne getrieben und um seine eigene Längsachse gedreht.

Denken wir uns, um die Wirkung dieser doppelten Bewegung zu verstehen, einen Augenblick in Paramaecium hinein: Erst werden wir von den mächtigen Mundwimpern der Peripherie eines Kreises entlang getrieben, dessem Mittelpunkt wir dauernd den Rücken zuwenden. Zu gleicher Zeit beginnen die übrigen Wimpern unseren Körper um seine Längsachse zu drehen. Diese Drehung verschiebt die Mundwimpern nach rechts. Das bedeutet aber eine Verlegung des Mittelpunktes unserer Kreisbahn nach links, weil wir dem Schlag der starken Mundwimpern unter allen Umständen gehorchen müssen. Nun beginnen wir um einen Mittelpunkt zu kreisen, der uns dauernd nach links hin entgleitet. Dadurch wird unsere kreisförmige Schwimmbahn zu einer Spirale. Während wir diese Spirale beschreiben, führen wir gleichzeitig drei Bewegungen aus. Wir schwimmen der Hauptsache nach nach vorne, werden aber zugleich von den Mundwimpern um die Querachse und durch die Schrägstellung der Körperwimpern um die Längsachse gedreht. Unsere Körperachsen stehen aber, weil sie miteinander anatomisch verbunden sind, dauernd senkrecht aufeinander. An jeder Stelle des Kreises, den wir durchschwimmen, während wir uns einmal um unsere Querachse drehen, zwingt uns die Drehung um die Längsachse in eine Ebene hinein, die senkrecht auf dem durchschwommenen Kreise steht. Auf der Peripherie eines Kreises kann nur ein Zylindermantel senkrecht stehen. Unsere Bahn wird sich daher in Spiralen bewegen, die sich alle um einen Zylinder winden. Bei jeder vollen Windung haben wir uns einmal um unsere Querachse und einmal um unsere Längsachse gedreht.

Der Zylinder kann weit oder eng sein, die Spiralwindungen können nahe aneinander liegen oder gestreckt sein, stets bildet die Längsachse des Zylinders eine gerade Linie. Die Längsachse des Zylinders gibt aber die Richtung oder den Kurs an, den Paramaecium im pfadlosen Wasser innehält. Auf diese Weise wird die senkrechte Stellung der Körperachsen zueinander zur Erzeugung einer geradlinigen Bewegungsrichtung verwertet.

Jennings macht darauf aufmerksam, daß die Spiralbahn dem Tiere noch besondere Vorteile bietet, weil sie ihm Gelegenheit gibt, von allen Seiten Wasser herbeizustrudeln und auf diese Weise allseitig „Proben" seinem Medium zu entnehmen.

Eine dieser Proben möge einen chemischen Reiz enthalten, dann ändert sich das Benehmen von Paramaecium in sehr charakteristischer Weise: Sobald der Reiz einsetzt, schwimmt das Tier eine Strecke rückwärts, stellt sein Vorderende auf einen neuen Kurs ein und

3*

36   Paramaecium.

schwimmt wieder vorwärts. Dieses ist die einzige Antwort, die Paramaecium kennt und die unweigerlich auf jeden Reiz erfolgt. Jennings,
dem wir die Kenntnis dieser Funktion verdanken, hat sie ursprünglich „Motorreflex" genannt. Seitdem er die Reflexlehre völlig ver-
bannt hat, spricht er von einer „Vermeidungsreaktion". Die Bezeichnung tut nichts zur Sache. Die. aus drei Phasen bestehende Antwort
bildet eine einheitliche Handlung, die mit relativ einfachen Mitteln
den größten Erfolg erzielt. Wären die beiden Enden von Paramaecium anatomisch und physiologisch einander gleich, so könnten sie
bei jeder Reizung ihre Plätze tauschen und das Tier auf noch ein-
fachere Weise vom Reiz fortführen. Paramaecium besitzt aber ein
wohl ausgebildetes und durch hohe Empfindlichkeit ausgezeichnetes
Vorderende, das nicht dauernd seinen Platz abtreten kann. Daher
muß das Vorderende, wenn das Tier dem Reiz ausweichen soll, in
eine neue Bahn gelenkt werden. Das geschieht durch die drei Tempi :
zurück — seitwärts — vorwärts. Wir werden bei vielzelligen Tieren
auf die gleiche dreiphasige Ausweichungsreaktion stoßen, die dort nur
mit anderen Mitteln ausgeführt wird.

Die Mittel, die Paramaecium anwendet, sind besonders interessant.
In der ersten Phase schlagen alle Wimpern in umgekehrter Richtung,
das Schwanzende wird zum Vorderende und das Tier legt eine
Strecke seiner eigenen Bahn wieder zurück. Dann schnappen die
Wimpern der rechten Körperhälfte wieder in die normale Schlagrichtung ein, während die Wimpern der linken Körperhälfte in umgekehrter Richtung weiterschlagen. Dadurch heben sie sich gegenseitig in ihrer Wirkung auf und das Tier steht still. Allsobald setzen
aber die Mundwimpern mit ihrer normalen Schlagrichtung energisch
ein und werfen das stillstehende Tier rückwärts um. Würden jetzt
auch die Wimpern der linken Seite richtig schlagen, so müßte das
Tier in einer neuen Richtung davonschwimmen.

Bei schwachen Reizen verläuft die Reaktion auch scheinbar nach
diesem einfachen Schema. Jennings gelang es jedoch nachzuweisen,
daß sich zwischen dem Umfallen und dem Fortschwimmen noch eine
Phase einschiebt, die nur bei starkem Reiz zur vollen Entfaltung
kommt, bei schwachem Reiz jedoch sich leicht der Beobachtung ent-
zieht. Ist Paramaecium durch den Schlag der Mundwimpern um-
geworfen worden, so bringt das Überwiegen des Wimperschlages der
einen Körperhälfte über die andere eine leichte Drehung um die
Längsachse hervor und diese veranlaßt das stillstehende Tier mit dem
Vorderende einen Kreis zu beschreiben, während das Hinterende fest-
steht. Das ganze Tier beschreibt dabei die Form eines steilen oder
flachen Trichters, je nachdem ob es nur wenig oder sehr weit rück-
über gefallen war.

Paramaecium.   37

Während dieser Bewegung hat Paramaecium die Gelegenheit, von verschiedenen Seiten Proben des Mediums zu erhalten, und sobald das Wasser keinen Reizstoff mehr enthält, ist in dieser Richtung die Passage frei. Das bezieht sich auf die chemischen Reize. Bei sehr starken mechanischen Reizen kommt es vor, daß der allzu heftig einsetzende Schlag der Mundwimpern das stillstehende Tier vollkommen umwirft, worauf es die Form des allerflachsten Trichters beschreibt, das heißt, sich mehrmals in einer Ebene um sich selber dreht, um dann in gerader Linie fortzuschwimmen, wobei es gelegentlich direkt auf den reizenden Gegenstand zustoßen kann.

Wie man daraus sieht, ist die Stärke oder die Dauer des Reizes das einzige Regulativ für die schwächere oder stärkere Ausbildung der verschiedenen Phasen des Reflexes. Wenn wir uns die Wirksamkeit der drei anatomischen Faktoren in den verschiedenen Phasen des Reflexes klarmachen wollen, so brauchen wir nur einen Blick auf die nebenstehende Tabelle zu werfen. L bedeutet in ihr die linken, R die Wimpern der rechten Körperhälfte, M die Mundwimpern.

> 1. Vorwärtsschwimmen $= L +, R +, M +,$ Reiz,
> 2. Rückwärtsschwimmen $= L -, R -, M -.$
> 3. Stillstand $= L -, R +, M\,0.$
> 4. Umfallen $= L -, R +, M +.$
> 5. Rotieren in Trichterform $= L -, < R +, M +.$
> 6. Vorwärtsschwimmen $= L +, R +, M +.$

Der Vorgang ist also ein ganz einfacher. Auf den Reiz hin schlagen erst alle Wimpern in die umgekehrte Richtung und kehren dann in bestimmter Reihenfolge zur normalen Schlagführung zurück: Erst die Wimpern der rechten Körperhälfte, dann die Mundwimpern und schließlich die Wimpern der linken Seite.

Die Bewegung der einzelnen Wimper geht währenddessen unbehindert weiter, sie pendelt immer in der gleichen Ebene hin und her. Da die Wimpern auf einer leichtgewölbten Fläche stehen, so haben sie die Möglichkeit, einen vollen Halbkreis zu beschreiben. Diese Möglichkeit wird aber niemals ausgenutzt. Die schwingende Wimper beschreibt immer nur die eine oder die andere Hälfte des Halbbogens, d. h. einen Viertelkreis. Der Schlag erfolgt immer aus der senkrechten Stellung zur tangential geneigten (von oben nach unten) und von der geneigten Stellung zur senkrechten zurück (von unten nach oben). Die Ruhelage, um die der Pendel schwingt, befindet sich demnach einen Achtelkreisbogen von der Unterlage entfernt.

Die Wimper unterscheidet sich aber von einem Pendel darin, daß sich die beiden Schlagphasen in ihrer Geschwindigkeit nicht gleichen. Immer ist die Phase des Schlagens, die von oben nach

38 Paramaecium.

unten führt, fünfmal so schnell als die entgegengesetzte. Die schnelle
Phase des Schlages ist die wirksame, ist sie von vorn nach hinten
gerichtet, so schwimmt das Tier vorwärts, ist sie dagegen von hinten
nach vorne gerichtet, so schwimmt das Tier rückwärts. Es ändert
die vom Reiz hervorgerufene Erregung am Schlagtypus nichts, sondern beeinflußt bloß seine Richtung. Damit stimmt auch die oft
wiederholte Erfahrung überein, daß einzelne Wimpern, die vom Körper
losgelöst waren, unbekümmert weiter schlugen.

Es muß zwei Ruhestellungen der Wimpern für die beiden Richtungen des Schlagens geben. Beim Vorwärtsschwimmen ist die Wimper
in der Ruhestellung nach hinten geneigt, beim Rückwärtsschwimmen
dagegen nach vorne. Es tritt infolge der Reizung bloß ein Wechsel
der Ruhestellung ein, alles übrige bleibt sich gleich.

Da die Wimper, sich selbst überlassen, weiter schlägt, muß sie
sowohl Kontraktionsvorrichtungen wie Erregungsbahnen bei sich beherbergen. Um die Schlagphase von oben nach unten fünfmal so
schnell erfolgen zu lassen, muß irgendeine federnde Vorrichtung vorhanden sein, die wir nicht kennen. Möglich ist es, daß die Erregungen, die infolge von Reizung eintreten, und die Ruhelage der
Wimper ändern, auch auf die federnde Vorrichtung wirken und die
Feder umstellen.

Leider wissen wir von dem feineren Bau der Wimperhaare nichts,
als daß sie im Leben homogene Stäbchen sind, die mit einer kugeligen Anschwellung im Ektoplasma sitzen und nach Durchbohrung
der feinen Oberhaut des Tieres frei im Wasser endigen. Einer der
besten Kenner der Wimperapparate bei den Infusorien, H. N. Mayer,
schreibt: „Die Zilien der Infusorien stellen äußerst feine, haarartige
Fädchen von plasmatischer Substanz vor und sind als kontraktile Pri-
mitivfibrillen oder Myofibrillen aufzufassen."

Pütter meint, „daß der typische Unterschied der Zilienbewegung
— in des Wortes weitester Bedeutung — gegenüber der Pseudo-
podienbewegung wesentlich in der Ausbildung zweier verschieden-
wertiger Substanzen innerhalb der Bewegungsorganellen zu suchen ist,
einer stützenden und einer bewegenden. „Die Stützsubstanz ist in der
Achse der Wimper zu suchen, die von flüssigem Protoplasma umgeben sein soll. Pütter glaubt: „daß die Flimmerbewegung durch
einfaches hyalines Protoplasma an der Zilienoberfläche zustande kommen
muß." Mit anderen Worten, daß die Verschiebung einer Flüssigkeit
längs eines Stabes diesen Stab zu biegen vermag.

Obgleich alle Wimpern in selbständigem Rhythmus weiterschlagen,
wenn sie vom Körper losgetrennt sind, so stören sie sich doch niemals, solange sie sich im gemeinsamen Verbande befinden. Da die
Wellen des Wimperschlages in gleichmäßigem Zuge von vorne nach

Paramaecium.   39

hinten gehen, wie die Wellen über ein wogendes Ährenfeld, so wird
man zunächst an eine mechanische Beeinflussung denken, weil die
Ähren in ihrer Bewegung sich durch den Druck gegenseitig regulieren. Die mechanische Beeinflussung ist jedoch nicht die einzige,
wie sich aus einer Beobachtung von Jennings ergibt, der nachweisen
konnte, daß die Paramaecien, wenn sie an einen weichen, nachgiebigen Gegenstand stoßen, den Schlag ihrer Körperwimpern einstellen. Besonders wirksam ist die Berührung, wenn sie zwei Körper-
stellen zugleich trifft. Dann bleibt das bewegliche Tierchen still sitzen
und nur die Mundwimpern sprudeln das Wasser durch die Mundrinne hindurch.

Das beweist, daß alle Körperwimpern durch ein allgemeines Netz
von Erregungsbahnen miteinander verbunden sind. Während des
normalen Schlages kreisen die Erregungen der einzelnen Wimpern
in geordnetem Rhythmus hin und her Werden einige Wimpern am
Schlagen verhindert, so wird dieser Rhythmus der Erregungskreise
einseitig unterbrochen und die Erregung ergießt sich in das allgemeine Netz, überall die Ausbildung der normalen Erregungskreise
hindernd, wie bei der Ausbildung der Chladnischen Klangfiguren die
geringste Störung den Rhythmus aufhebt.

Soweit kann die Zerlegung des Motorreflexes geführt werden.
Es erübrigt noch, die Verwendung des Reflexes zu betrachten. Die
Art des Außenreizes ist ganz gleichgültig für den Reflex, nur muß
das Tier an der vorderen Hälfte gereizt werden. Eine Reizung des
Hinterendes ruft bloß eine beschleunigte Vorwärtsbewegung hervor-
Besonders leicht erregbar ist das Vorderende und die Mundöffnung.
Die mechanische Behinderung des Wimperschlages an einer oder
mehreren Stellen des Körpers bringt die Körperwimpern zur Ruhe.
Das sind die gesamten Fähigkeiten von Paramaecium, mit denen es
sein tägliches Leben bestreiten muß. Die Umwelt von Paramaecium
beschränkt sich auf zwei Dinge: Flüssigkeit mit Reiz und Flüssigkeit
ohne Reiz, wobei der Reiz chemisch oder mechanisch sein kann. Die
Wimpern sind nur auf Flüssigkeiten angepaßt und die Rezeptoren
behandeln alle Reize ganz gleichmäßig, so daß man von einer Umwelt mit nur einer einzigen Reizart reden kann.

Der Unterschied zwischen der Umgebung der Infusorien, wie sie
sich unseren Sinnesorganen darstellt und der Umwelt, die für die Rezeptoren der Paramaecien existiert, erscheint uns so außerordentlich
groß zu sein, daß es uns schwer fällt, zu begreifen, wie sie im Leben
von Paramaecium zur Deckung kommen. Betrachten wir die Pfütze,
in der Paramaecien leben, so wirken alle die verschiedenen Gegenstände, wie Gräser, Blätter, Steine usw., als gleichartige Reize, weil
das Paramaecium, sobald es an sie anstößt, den gleichen Motorreflex

40   Paramaecium.

vollführt, der ihm immer einen neuen Kurs gibt. Auf diese Weise kommt das Tier dazu, nach und nach die ganze Pfütze im Zickzack zu durchschwimmen. Ebenso wirken verschiedene chemische Reize, die als Zersetzungsprodukte der Pflanzen auftreten können.

Immerhin würde durch diese rein abstoßende Wirkung der Umwelt Paramaecium nicht zu seinem Ziel, d. h. seiner Nahrung gelangen, die aus allerhand Bakterien besteht, welche sich an verwesenden Pflanzenresten sammeln, wenn nicht noch ein innerer Faktor vorhanden wäre, der es bewirkt, daß die Paramaecien von den Stoffwechselprodukten ihrer Nahrungsmittel wie in einer Fischreuse gefangen werden. Paramaecium zeigt sich nämlich befähigt, seine Erregbarkeitsschwelle sofort den veränderten Bedingungen der Umgebung anzupassen. Setzt man z. B. Paramaecien in eine schwache Kochsalzlösung, so werden sie in dieser herumschwimmen wie in destilliertem Wasser, und niemand wird ahnen können, daß die Salzlösung ein Reiz werden kann. Kaum haben sie sich aber wieder an destilliertes Wasser gewöhnt, so vermeiden sie jede Salzlösung durch den Motorreflex. Hat man in die Mitte eines Objektträgers einen Tropfen schwach angesäuerten destillierten Wassers gebracht, und in Kreisen ringsum erst destilliertes Wasser, dann Salzlösungen in steigender Konzentration hinzugefügt, so werden die Paramaecien, die sich anfangs im äußersten Ringe in der konzentriertesten Salzlösung befinden, bei ihrem Zickzackschwimmen auch in die inneren Ringe gelangen. Dort sind sie sofort gefangen, denn der höhere Salzgehalt wirkt, sobald sie sich an die schwache Lösung gewöhnt haben, reflexauslösend.

Dagegen ruft das Eintreten in die schwächere Lösung gar keinen Reflex hervor. So sammeln sich immer mehr Paramaecien in der Mitte an, zu der sie ungehindert gelangen können, während sie vom nächsten Ring bereits abgestoßen werden.

Die schwache Säure ist das Optimum. Ihr gegenüber ist jede andere Flüssigkeit, selbst destilliertes Wasser, ein Reiz. In der schwachen Säure sammeln sich binnen kurzem alle Paramaecien an. Nun sezernieren die Bakterien, die das Hauptnahrungsmittel der Paramaecien bilden, immer ein wenig Kohlensäure und werden dadurch zu einer chemischen und mechanischen Falle für die Paramaecien. Denn die herbeigelockten Paramaecien heften sich am Gallertklumpen der Fäulnisbakterien an, sobald sie ihn mit ihren Wimpern berühren. Die Mundwimpern treiben dann die Bakterien dem Mund zu.

Da die Paramaecien selbst auch Kohlensäure produzieren, so bilden die festsitzenden unter ihnen für die freischwimmenden ein Anlockungsmittel. Bis die Konzentration der Kohlensäure so stark wird, daß diese selbst wiederum zum Reiz wird und die Tiere mittels des Motorreflexes auseinander treibt.

Paramaecium.   41

Da sowohl wärmeres wie kälteres Wasser, als auch sauerstoffarmes Wasser als Reiz wirken, erhält Paramaecium von allen Seiten
Direktiven, die es immer zwingen, zu den Orten mit den günstigsten
Lebensbedingungen zurückzukehren.

Viele Paramaecien zeigen ferner, sobald sie senkrecht abwärts
zu schwimmen anfangen, einen ausgesprochenen Motorreflex. Dieser
Reflex tritt nur bei Tieren auf, die reichlich Nahrung beherbergen.
Er fehlt dagegen den hungernden Tieren. Ferner wird der Reflex
sehr stark, wenn man wohlgenährte Tiere zuvor leicht zentrifugiert
hat. Beim Zentrifugieren stellen sich die Tierchen mit ihrem schweren
Vorderende nach außen. Im flüssigen Endoplasma werden infolgedessen alle spezifisch schwereren Teile in das Vorderende des Tieres
getrieben. Aus diesen Tatsachen hat man den Schluß gezogen, daß
bei Paramaecium die Nahrungsmittel als Orientierungsorgane dienen
können, indem sie bei senkrechter Stellung des Körpers mit abwärtsgeneigtem Vorderende der Schwere nach herabsinken, das Vorderende reizen und so den Motorreflex hervorrufen, der das Tier in eine
andere Lage bringt. Dadurch wird bewirkt, daß das Tier die Oberfläche der Pfütze, solange noch Nahrung in ihr vorhanden ist, nicht
verläßt.

So ruht Paramaecium in seiner Umwelt sicherer als ein Kind in
der Wiege. Überall von den gleichen wohltätigen Reizen umgeben,
die es vor Irrfahrten schützen und ihm immer wieder die Wege
weisen zu den Quellen seiner Nahrung und seines Wohlbefindens.
Paramaecium ist so in die Welt hineingebaut, daß alles ihm zum
Heile ausschlagen muß. Tier und Umwelt bilden zusammen eine geschlossene Zweckmäßigkeit. Auf eine sehr lehrreiche Ausnahme werden wir später zu sprechen kommen.

Werfen wir einen Blick auf Paramaecium, während es seine Nahrung einnimmt, so eröffnen sich wieder eine Fülle bedeutsamer Erscheinungen. Von der Mundöffnung, die am unteren Ende der Mundrinne sitzt, führt eine S-förmig gebogene kurze Speiseröhre nach hinten
und endigt mit schräger Fläche im flüssigen Endoplasma. In der
Speiseröhre befindet sich eine undulierende Membran, deren Aufgabe
es ist, die in den Mund gestrudelten Nahrungspartikelchen weiter zu
befördern. Nach den Beobachtungen von Nierenstein muß man
annehmen, daß sich „das den Grund des Ösophagus bildende Endoplasma nach innen halbkugelig aushöhlt und so die Flüssigkeit in
Form eines Tropfens hineinzieht oder schlingt. Beim Abschnüren
des Nahrungstropfens (Nahrungsvakuole) zieht sich das Protoplasma
um die innere Öffnung der Speiseröhre konzentrisch zusammen und
bildet eine feine Lamelle, welche die Öffnung abschließt, worauf die
Bildung einer neuen Nahrungsvakuole einsetzt. Der abgeschnürte

42   Paramaecium.

Nahrungstropfen wird indessen von der Endoplasmaströmung ergriffen
und fortgeführt." „Bei Paramaecium bursaria zieht, nach Bütschli,
der Strom auf der rechten Körperhälfte nach hinten, um auf der linken
wieder nach vorne zu eilen." Diesem Strom folgt anfangs der Nahrungstropfen und umkreist im Inneren das ganze Tier. Später kreist
er nur im Hinterende des Tieres und schließlich findet er die After-
öffnung, die mitten zwischen Mund und Hinterende gelegen ist, und
entleert dort seinen Inhalt.

Aber der Inhalt hat sich im Verlauf dieser Wanderung sehr verändert. Anfangs besteht der Nahrungstropfen aus feinen im Wasser
suspendierten Körpern (Bakterien, Flagellaten, Detritus usw.), die durch
die Tätigkeit der Mundwimpern und der undulierenden Membran die
Speiseröhre hinabgelangten. Sobald der Nahrungstropfen im Körper
zu wandern beginnt, treten in ihm die ersten Veränderungen auf.
Seine Inhaltsflüssigkeit wird sauer, „die saure Reaktion, schreibt
Nierenstein, beruht auf der Anwesenheit von Mineralsäure im Va-
kuoleninhalte. Die Abscheidung der Mineralsäure geht in jedem Falle
so weit, daß nicht nur die in der Vakuole enthaltenen Stoffe abge-
sättigt werden, sondern daß ein Überschuß an Mineralsäure auftritt,
denn in jeder Nahrungsvakuole von Paramaecium ist innerhalb einer
bestimmten Periode freie Mineralsäure regelmäßig nachzuweisen".

Durch die freie Säure wird der lebendige Inhalt der Nahrungsvakuole abgetötet, worauf er sich zu einem kleinen Klumpen zusammen-
ballt. Dann verschwindet die saure Reaktion in den Vakuolen und
ihr Inhalt wird alkalisch. Inzwischen haben sich feine Körnchen aus
dem Endoplasma rings um den Nahrungstropfen angesammelt, die,
nachdem der Tropfen seine saure Reaktion verloren hat, einzuwandern
beginnen. Mit ihrem Erscheinen beginnt die eigentliche Verdauung.
Daher nimmt man an, daß sie tryptische Verdauungsfermente enthalten. Der flüssige Inhalt des Tropfens nimmt gleichfalls ab und zu.
Dadurch wird die Aufnahme der verflüssigten Nahrung in das Endoplasma bewerkstelligt. Schließlich gelangt die verkleinerte Vakuole zum
Anus, verschmilzt mit anderen Vakuolen, die sich dort bereits angesammelt haben, und alle entleeren gemeinsam ihren Inhalt nach außen.

Diese merkwürdige Differenzierung des Verdauungsaktes in zwei
getrennte Perioden, eine saure und eine alkalische, erinnert unmittelbar an die Verdauung der Wirbeltiere. Nur wird der Periodenwechsel
beim Wirbeltier durch den Übertritt der Nahrung vom Magen in den
Darm hervorgerufen, während sich bei Paramaecium der gleiche Wechsel im gleichen Organ vollzieht, das mit der Verdauung zugleich entsteht und vergeht. Was beim Wirbeltier räumlich und zeitlich geordnet ist, ist beim Infusorium nur zeitlich geordnet. Aber das Prinzip
ist dasselbe und der Effekt ist der gleiche.

Paramaecium.   43

Während der Darm von Paramaecium ein vergängliches Organ ist, das vom Protoplasma in übermaschineller Weise stets neu gebaut und wieder vernichtet wird, haben die Nieren bereits den Charakter eines ständigen, maschinellen Apparates angenommen. Auf der Innenseite des Ektoplasmas, stets durch eine dünne Schicht Ektoplasma vom strömenden Endoplasma getrennt, liegen die beiden pulsierenden Vakuolen mit ihren strahlenförmig weit ausgreifenden Zuleitungskanälen. Der Rhythmus der gleichfalls pulsierenden Kanäle wechselt mit dem der Blase ab. Kontrahieren sich die Kanäle, so füllt sich die Blase, entleert sich die Blase nach außen, so beginnen die Kanäle sich wieder zu füllen. Die dauernde Aufnahme von überschüssigem Wasser durch den Mund bei der Bildung von Nahrungsvakuolen wird durch die Tätigkeit der pulsierenden Vakuolen wieder ausgeglichen. Deshalb darf man die pulsierenden Vakuolen als Nieren im weitesten Sinne ansprechen.

In den tiefen Schichten des Ektoplasmas aber, über den pulsierenden Vakuolen und ihren Kanälen liegen winzige spindelförmige Bläschen dicht nebeneinander gelagert mit ihrer Längsachse senkrecht zur Oberfläche. Sie enthalten einen gelatinösen Inhalt, der bei der Kontraktion des Ektoplasmas durch feine Kanälchen nach außen gespritzt wird. Er tritt in Form von dünnen Fäden heraus. Die Fäden können mit großer Gewalt weit weggeschossen werden, stoßen sie dabei an einen harten Gegenstand, so biegt sich ihre Spitze um. Diese „Trychozysten" (Haarbläschen) werden für Verteidigungswaffen gehalten, weil sie sich auf jeden starken Reiz entladen. Gegen den Hauptfeind von Paramaecium sind sie freilich wenig wirksam.

Und hier nahen wir uns der Stelle, an der die sonst so vollkommene Umwelt von Paramaecium versagt. Hier wird Paramaecium selbst zur planmäßigen Umwelt eines anderen Tieres. Hier greifen zwei Ringe biologischer Planmäßigkeit deutlich ineinander.

Didimium nasutum heißt der Feind. Kaum halb so groß als Paramaecium, aber gebaut wie eine Spitzkugel, sich wie rasend um seine Längsachse drehend, kommt er wie ein Pfeil dahergeschossen. Zwei mächtige Wimpersäume treiben den Räuber drehend vorwärts. Hart vor einem Paramaecium macht er Halt, indem er den einen Wimpersaum rückwärts schlagen läßt. Nun tastet er mit seiner spitzen Nase, in deren Mitte die Mundöffnung liegt, am Beutetier entlang. Plötzlich schießt er, durch eine energische Kontraktion der Mundhöhle mit wunderbarer Geschwindigkeit ein Stilett heraus, das sich tief in den Körper von Paramaecium einbohrt. Vergeblich entlädt Paramaecium seine Trichozystenbatterien, der Stich des Feindes ist tödlich.

Das Stilett besteht aus einem soliden plasmatischen Zylinder, in dessen Mitte sich ein Bündel spitzer Stäbchen befindet. Das Stilett tötet die Beute und verankert sich zugleich fest in ihrem Inneren. Dann wird es langsam zurückgezogen, die Mundöffnung erweitert sich zu einer geräumigen Höhle, in der das Paramaecium mit Haut und Haar verschwindet.

Didimium ist fast ausschließlich Paramaeciumjäger und greift nur im Hungerzustande andere Infusorien an. Sein Bewegungsapparat ist dem flinken Wilde angepaßt und der Schlund eignet sich ganz besonders dazu, große mit Flüssigkeit gefüllte Blasen zu verschlucken. So ist die Umwelt von Didimium mit schnell entgleitenden Nahrungsballen angefüllt. Leider sind wir nicht näher über die Reflexe unterrichtet, um diese Umwelt analysieren zu können. Aber staunenswert ist es, daß Didimium ebenso vollkommen seinem Lebenszweck angepaßt ist, wie Paramaecium dem seinigen.

Nach einer soeben erschienenen Schilderung von Mast über den Kampf zwischen Didimium nasutum und Paramaecium scheint es, daß das Stilett nicht ausgestoßen, sondern nur im Ektosark verankert wird. Dann beginnt Didimium seine Beute ohne sie zu töten sofort in sich hineinzuschlingen. Und zwar konnte Mast Fälle beobachten, in denen das verschluckte Paramaecium zehnmal so groß war wie sein Verspeiser. „Wenn andere Tiere relativ so große Objekte verschlucken könnten, als es diese jagende Ziliate vermag, so könnte ein gewöhnliche Kreuzotter (?) mit Leichtigkeit ein Kaninchen verschlucken, eine große Hauskatze ein Schaf, und ein Löwe oder ein Mensch einen voll ausgewachsenen Ochsen."

Aber die Jagd auf so große Paramaecien mißlingt bisweilen. Wenn Paramaecium noch sehr kräftig ist, so entlädt es an der gebissenen Seite eine große Menge von Trichozysten, die im Wasser eine quellende Masse bilden und Didimium mechanisch wegdrücken. Oft reißt das gepackte Stück Ektosark aus und bleibt in der Trichozystenmasse hängen, Didimium an seinem Stilett festhaltend, während Paramaecium enteilt. In solchen Fällen muß sich Didimium sein lang ausgezogenes Stilett selbst abdrehen und verstümmelt das Weite suchen. Dies ist das erste Beispiel für Autotomie. So ist Paramaecium, wenn auch nicht ausreichend geschützt, so doch nicht ganz ungeschützt im Kampfe gegen seinen Spezialfeind.

Der Funktionskreis.

Erst bei den mehrzelligen Tieren, die durchweg dauernd ausgebildete Gewebe aufweisen, kann die mechanische Biologie voll einsetzen und die Zerlegung des Körpermechanismus analog einem maschinellen Mechanismus mit Aussicht auf Erfolg beginnen. Wenn

Der Funktionskreis.   45

man auch mit Sicherheit annehmen kann, daß eine jede tierische
Handlung mit Hilfe eines lückenlosen Mechanismus wie eine maschinelle Bewegung abläuft, so ist damit über die im Protoplasma ver-
borgene Fähigkeit, den Körpermechanismus von Fall zu Fall umzuge-
stalten, noch gar nichts ausgesagt. Das Studium dieser Fähigkeit
gehört aber einem anderen biologischen Wissenszweig an, den ich
„Technische Biologie" nennen möchte, und die hier ausscheidet.

Bevor wir uns der mechanischen Biologie der mehrzelligen Tiere
zuwenden, wird es vorteilhaft sein, unseren Betrachtungen ein allgemeines Schema zugrunde zu legen, das die Beziehungen eines jeden
Tieres zur Welt darstellt. Je nach der Gunst der gegebenen Umstände wird die Beobachtung der verschiedenen Tiere bald diesen
bald jenen Teil des Schemas zur vollen Anschauung bringen, während
der übrige Teil verborgen bleibt.
Bewahren wir aber das ganze
Schema im Gedächtnis, so wird
uns die Einheit, die jedes Tier
mit seiner Welt bildet, niemals
verloren gehen.

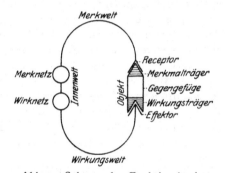

Abb. 3. Schema des Funktionskreises.

Wie wir bereits wissen,
bildet der Tierkörper den Mittelpunkt einer speziellen Umwelt
dieses Tieres. Was uns als außenstehenden Beobachtern der Umwelt der Tiere am meisten auf-
fällt, ist die Tatsache, daß sie
nur von Dingen erfüllt ist, die diesem speziellen Tier allein angehören.
In der Welt des Regenwurmes gibt es nur Regenwurmdinge, in der
Welt der Libelle gibt es nur Libellendinge usw.

Und zwar sind die Umweltdinge eines Tieres als solche durch
eine doppelte Beziehung zum Tier charakterisiert. Einerseits entsenden sie spezielle Reize zu den Rezeptoren (Sinnesorganen) des
Tieres, andrerseits bieten sie spezielle Angriffsflächen seinen Effektoren
(Wirkungsorganen).

Die doppelte Beziehung, in der alle Tiere zu den Dingen ihrer Umwelt stehen, ermöglicht es uns, die Umwelt in zwei Teile zu zerlegen,
in eine Merkwelt, die die Reize der Umweltdinge umfaßt, und in eine
Wirkungswelt, die aus den Angriffsflächen der Effektoren besteht.

Die gemeinsam ausgesandten Reize eines Objektes in der Umwelt eines Tieres bilden ein Merkmal für das Tier. Dadurch werden
die reizaussendenden Eigenschaften des Objektes zu Merkmalträgern
für das Tier, während die als Angriffsflächen dienenden Eigenschaften
des Objektes zu Wirkungsträgern werden.

46   Der Funktionskreis.

Merkmalträger und Wirkungsträger fallen immer im gleichen Objekt zusammen, so läßt sich die wunderbare Tatsache, daß alle Tiere in die Objekte ihrer Umwelt eingepaßt sind, kurz ausdrücken.

Das Objekt, das in seiner doppelten Eigenschaft als Merkmalträger und Wirkungsträger zum Umweltding wird, besitzt noch sein eigenes Gefüge, das diese doppelten Eigenschaften aneinander bindet. Mag es sich um einen toten Gegenstand oder um ein Lebewesen handeln, stets ist auch dieses „Gegengefüge" des Objektes in den Bauplan des Tiersubjektes mit aufgenommen, obgleich keinerlei Wirkung vom Gegengefüge des Objektes auf das Gefüge des Subjektes ausgehen kann. Diese Tatsache allein verbürgt uns das Vorhandensein einer allgemeinen Planmäßigkeit in der Natur, die Subjekte und Objekte gleichmäßig umfaßt.

Betrachten wir jetzt das Tier, dessen Körper den Mittelpunkt der Umwelt bildet, so sehen wir, daß es eine Innenwelt besitzt. Die Innenwelt, die das gesamte Körpergefüge umfaßt, stößt auf der einen Seite an die Merkwelt, die ihr durch die Bauart der Rezeptoren zugewiesen ist. Die Aufgabe der Rezeptoren besteht nicht nur darin, bestimmte Reize aufzunehmen, sondern auch darin, alle übrigen abzublenden. Alle von einem Merkmal stammenden Reize werden zunächst in Erregungen verschiedener Nerven verwandelt, die sich im Zentrum in einem nervösen Merknetz zusammenfinden und dadurch die Einheit des Merkmals schaffen.

Jedem nervösen Merknetz entspricht bei höheren Tieren ein ebenfalls nervöses Wirknetz, von dem die Bahnen ausgehen, welche bestimmte Muskelgruppen zu einer einheitlichen Handlung zusammenfassen.

Erst jetzt sind wir genügend vorbereitet, um zu erkennen, daß eine in sich geschlossene Kette von Wirkungen bei jeder tierischen Handlung Subjekt und Objekt aneinander bindet. Diese Kette geht vom Merkmalsträger des Objektes in Form von einem oder mehreren Reizen aus, die auf die Rezeptoren des Tieres einwirken. Im Tier werden sie im Merknetz verbunden, greifen dann auf das Wirknetz über. Dieses erteilt den Effektoren eine bestimmte Bewegungsart, die wiederum in den Wirkungsträger des Objektes eingepaßt ist. Wirkungsträger und Merkmalsträger sind aber durch das Gegengefüge verbunden. So schließt sich der Kreis, den ich den „Funktionskreis" nenne.

Durch solche Funktionskreise wird ein jedes Tier eng mit seiner Umwelt verbunden. Man kann bei den meisten Tieren mehrere Funktionskreise unterscheiden, die sich je nach dem Objekt, das sie umfassen, als Beutekreis, Feindeskreis, Geschlechtskreis. Kreis des Mediums benennen lassen.

Der Funktionskreis.   47

Die Aufgabe, die der Tätigkeit eines jeden Kreises obliegt, besteht immer darin, das Objekt aus der Umwelt zu entfernen.

Das kann auf zweierlei Weise geschehen, entweder endet die Handlung wie beim Beutekreis mit einer Vertilgung dss Objektes, oder sie führt zu einer Flucht wie beim Feindeskreis. In beiden Fällen verschwindet das Objekt aus der Umwelt. Das gleiche gilt für den Kreis des Mediums. Wasser- und Lufttiere vermeiden die schädlichen Strömungen, die sich in ihrer Umwelt bemerklich machen, und die Landtiere überwinden oder umgehen die Hindernisse, die sich auf ihrem Wege befinden. Es ist aber noch eine andere Lösung möglich. Da alle Reizempfänglichkeit der Rezeptoren an die Überwindung einer inneren Schwelle gebunden ist, kann es vorkommen, daß der gleiche Reiz der Beute z. B. nach der Sättigung unter die Schwelle sinkt und das Objekt dadurch aus der Umwelt verschwindet. Im Geschlechtskreis spielt diese Art der Ausschaltung des Objektes die Hauptrolle.

Die Aufgabe der speziellen Biologie eines Tieres kann erst dann als beendet gelten, wenn alle Funktionskreise umschritten sind und wir eine volle Anschauung davon gewonnen haben, mit welchen Bändern der Körper ringsum in seiner Umwelt aufgehängt erscheint. Die Bänder sind, wie wir wissen, Wirkungsketten, die mit Fugen und Zapfen ineinander greifen. Überall sind es mechanische Probleme, die der Lösung harren. Das ganze Leben eines jeden Tieres, soweit es sich um sein ausgebildetes Gefüge handelt, kann und soll mechanisch begriffen werden.

Diese Aufgabe wird dadurch erschwert, daß der Tierkörper aus einzelnen Zellen aufgebaut ist, die lauter selbständige kleine Maschinen bilden. Folgen wir dem Funktionskreis vom Beginn seines Eintritts in den Tierkörper, so sehen wir, daß zu äußerst die Sinneszelle sitzt, in der der Reiz eine Erregung auslöst. Die Erregung fließt aber nicht ohne weiteres fort, sondern erweckt erst durch abermalige Reizung im zentripetalen Nerven eine neue Erregung, die zum Zentrum geleitet wird. Hier wiederholt sich der gleiche Vorgang, bis endlich die Muskelfaser in Erregung gerät.

Alle Zellen bewahren auf dem gangen Wege ihre volle Individualität, obgleich sie miteinander verwachsen sind.

Mit dieser Tatsache wird die Physiologie einmal rechnen müssen, wenn sie soweit sein wird, um die mikromechanischen Vorgänge der einzelnen Zellen zu verstehen. Bisher stehen wir dem Einblicke, den uns die Histologie in das Gefüge der Zellen gewährt, völlig verständnislos gegenüber.

Um aber den großen Zusammenhang nicht aus den Augen zu verlieren, vernachlässigen wir die Reizübertragung von Zelle zu Zelle

Der Funktionskreis.

im Reflexbogen und behandeln den ganzen Erregungsablauf von der
Reizung der Sinneszelle an bis zur Verkürzung des Muskels als einen
einzigen maschinellen Vorgang.

Es hat sich herausgestellt, daß wir uns das Nervensystem nach
Art eines Röhrensystems vorstellen können, in dem ein Fluidum kreist,
an welchem wir Druck und Menge unterscheiden. Das Fluidum bewegt sich bald in Wellen (dann sprechen wir von dynamischer
Erregung), bald als geschlossene Masse (dann sprechen wir von
statischer Erregung).

Nehmen wir noch die Vorstellung von Erregungsreservoiren
hinzu, die sich bald aktiv erweitern, bald aktiv verengern und dabei
die Erregung bald ansaugen, bald ausstoßen, so erhalten wir ein
leidlich zusammenhängendes Bild des Erregungsvorganges, das man
durch Einfügen von Klappen und Ventilen vervollständigen kann.

Mit Hilfe dieses grobmechanischen Bildes vermögen wir den
Funktionskreis im Nervensystem des Tieres zu schließen.

Da die Biologie immer vom Ganzen ausgehend den Zusammenhang der Teile untersucht, wird sie solcher vorläufiger Hilfsvorstel-
lungen nicht entraten können, die, sobald die wirklichen Vorgänge
erforscht sind, auszuscheiden haben.

Darin unterscheidet sich die Biologie von der Physiologie, die
die wirklichen Vorgänge an jeder ihr zugänglichen Stelle festzustellen
sucht, die Erkenntnis des allgemeinen Zusammenhanges aber auf
später verschiebt.

Die mechanische Biologie behandelt das Gefüge des Nervensystems wie einen in sich geschlossenen Mechanismus, ohne deshalb
zu leugnen, daß gerade im Gehirn der höheren Tiere dieser Mechanismus nicht dauernd geschlossen ist, sondern anerkennen muß, daß
gerade hier das Protoplasma umbauend und Bahnen bildend während
des ganzen Lebens tätig ist. Diese Probleme gehören aber, wie gesagt, der technischen Biologie an, und können ausgeschieden werden,
weil im Augenblick des Ablaufes des Funktionskreises ein geschlossener Mechanismus vorliegen muß.

Es erübrigt, noch ein Wort über die Muskeln zu sagen, die bei
allen Tieren den Bewegungsapparat der Effektoren bilden. Sie dienen
dazu, Bewegungen auszuführen und Lasten zu heben. Dazu bedürfen
sie zweier gesonderter Apparate: eines Verkürzungsapparates und
eines Sperrapparates, die unabhängig voneinander in Tätigkeit treten
können. Wie das geschieht, wird erst die Analyse der einzelnen Tiere
lehren können. Eines darf man aber nicht vergessen, daß der Muskel
allein kein vollständiges Organ des Körpers ist. Immer gehört zu
ihm mindestens ein zentrifugaler Nerv und ein nervöses Zentrum

(Ganglienzelle), das die Muskelfaser im Zentralnervensystem vertritt und das ich daher als Repräsentanten bezeichne.

Um den Überblick bei der Erforschung eines Tieres nicht zu verlieren, empfiehlt es sich, das allgemeine Schema der Untersuchung zugrunde zu legen und die Funktionskreise zur Gliederung der Lebenserscheinungen zu benutzen.

Anemonia sulcata.

Wer als Taucher ins Meer hinabsteigt, wird erstaunt sein, wenn er in einer Tiefe von über zehn Meter den ganzen felsigen Boden der Küste in eine grüne Wiese verwandelt sieht. Überall, soweit das Auge blickt, wehende Grashalme, die vom Winde bewegt erscheinen. Im blauen Dämmerschein des Meeres, der ihn wie ein silberner Rauch umgibt, sieht der Taucher keine scharfen Schatten und bemerkt erst bei näherer Prüfung, daß die vermeintlichen Grashalme nicht flache Blätter sind, sondern drehrunde Röhrchen. Auch sind diese Röhrchen nicht bloß passiv bewegt, wenn die Strömung über sie hinwegzieht, sondern sie vermögen sich auf Berührung zusammenzuziehen und wie Korkzieher aufzurollen.

Die grüne Wiese besteht nicht aus Pflanzen, sondern aus Tieren. Die kleinen Röhren sind keine Grashalme, die in der Erde wurzeln, sondern es sind die Tentakel genannten Arme von drei bis fünf Zentimeter hohen Tieren. Die Tentakel umgeben in mehreren Kreisen stehend den Mund wie Blütenblätter den Blumenkelch. Deshalb nennt man die Tiere auch Seeanemonen. Die Farbe kann bei Anemonia sulcata weißlich schimmern, meist ist sie bräunlich oder grün.

Entfernt man die Tentakel, so bleibt als Körper nur ein zylinderförmiger muskulöser Magensack übrig. Die runde Fläche, die den Magen unten abschließt, nennt man den Fuß, weil er nicht bloß das Tier am Boden festsaugt, sondern auch eine geringe Fortbewegung ermöglicht. Die Fortbewegung geschieht, indem sich die Muskulatur des Fußes an verschiedenen Teilen bald ablöst, bald ansaugt. Die Reize, die das Tier zum Wandern zwingen, sind das Licht und die Schwere des eigenen Körpers, der bei geneigter Lage einseitig auf dem Fuße lastet. Über dem runden Fuß erheben sich die zylinderförmigen Seitenwände des Körpers. Sie sind der unempfindlichste Teil des ganzen Tieres.

Oben schließt die Mundfläche den Zylinder senkrecht ab. Sie enthält radiäre und zirkuläre Muskelfasern, die sich alle um die in der Mitte gelegene Mundöffnung gruppieren. Verkürzen sich die zirkulären Ringfasern, so schließt sich der Mund.

50   Anemonia sulcata.

Vom Mund aus führt ein gerades Rohr bis tief in den Ver-
dauungssack hinein. Dieses Mundrohr wird durch zahlreiche muskulöse
Scheidewände gehalten, die ringsum strahlenförmig zu den Außenwänden des Tieres ziehen. Zwischen den Scheidewänden oder Septen
entstehen zahlreiche Taschen, die nach unten zu offen stehen. Sie
bilden den Darm. Nach oben zu wird jede Tasche von der Mundmembran nicht einfach abgeschnitten, sondern stülpt sich wie ein

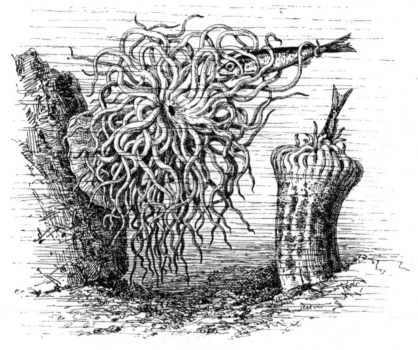

Abb. 4 [1]).

Handschuhfinger nach außen vor. Dadurch entstehen die Tentakel.
Das Darmepithel tritt in den Tentakel ein und bildet seine innere
Bekleidung. Die Wand des Tentakels besteht nach O. und R. Hertwig
aus einer Lage Bindegewebe (Stützsubstanz), die sowohl innen wie
außen eine Muskelschicht trägt. Zwischen der äußeren Muskelschicht
und der Außenhaut befindet sich eine Schicht von Nervengewebe, d. h.
Ganglienzellen und Fasern. Ebenso schiebt sich zwischen die innere
Muskelschicht und das Darmepithel eine Nervenschicht ein. Die Haut
besteht aus Sinneszellen, Stützzellen, Drüsen und Nesselkapseln.

---

[1]) Nach: Hesse-Doflein, Tierbau und Tierleben. Bd. I.

Anemonia sulcata.   51

Wie hängen diese einzelnen Organe funktionell zusammen? Diese
Frage kann nur durch das Experiment gelöst werden. Und dieses hat
folgende einfache Tatsachen zutage gefördert.

Der mechanische Berührungsreiz ist bei einer normalen Anemonia
sulcata fast wirkungslos. Dagegen ist leicht nachzuweisen, daß die
Tentakel einem leichten Druck nachgeben und wie ein Taschenmesser
umklappen. Oft schlagen sie dann weit vom drückenden Gegenstande
fort. Stets bleiben sie noch eine Zeitlang gebogen, nachdem der
drückende Gegenstand entfernt wurde. Das beweist, daß die Biegung
ein aktiver Vorgang ist. Wir werden der gleichen Erscheinung beim
Seeigelstachel wieder begegnen. Sie ist einfach darauf zurückzuführen,
daß die durch den Druck gedehnten Muskeln erschlaffen und dadurch
ihren Antagonisten die Möglichkeit verschaffen, eine aktive Bewegung
auszuführen, die den Tentakel von dem drückenden Gegenstande wegführt. Auf Erschütterung sind die Tentakel recht empfindlich. Oft
antworten sie auf ein Klopfen am Glase mit einer Längsmuskelkontraktion, die auch einseitig sein kann und dann die Arme korkzieherartig
zusammenzieht. Ebenso ruft Kneifen eine Verkürzung der Arme hervor.

Unter den Längsmuskeln zeichnet sich ein Strang besonders aus,
der auf der dem Munde zugekehrten Seite eines jeden Tentakes als
weißer Strich sichtbar ist. Schneidet man einen Tentakel eines normalen Tieres glatt ab und wirft ihn in ein Schälchen mit Wasser, so
wird er eine charakteristische Form annehmen. Von der Schnittstelle
aufwärts bis etwa zur Hälfte ist der Tentakel nicht bloß leicht verkürzt, sondern auch halskrausenförmig zusammengezogen. Immer ist
die überwiegende Verkürzung des weißen Stranges Ursache dieser
Erscheinung.

Während die Längsmuskeln dem mechanischen Reiz untertan
sind, antworten die Ringmuskeln den chemischen Reizen. Eine ein-
prozentige Essigsäure in Seewasser, die noch hundertmal verdünnt ist,
vermag abgetrennte Arme, wenn sie genügend empfindlich sind, in
lange, dünne Fäden zu verwandeln. Auch stärkere Lösungen haben
die gleiche Wirkung. Nur muß man, je stärker die Lösung wird, um
so vorsichtiger mit dem Einlegen der Arme werden. Denn wenn
auch der chemische Reiz nicht direkt auf die Längsmuskeln einwirkt,
so hat er doch die Fähigkeit, die Rezeptoren der Längsmuskeln für
den mechanischen Reiz erregbarer zu machen. Läßt man in eine
stärkere Lösung den abgeschnittenen Tentakel fallen anstatt ihn vor-
sichtig hineinzulegen, so wird er sich zusammenziehen, anstatt sich
zu verlängern.

An Stelle von Essigsäure kann auch Kochsalz als Reiz verwendet
werden. Am meisten empfiehlt sich eingedampftes Seewasser. Seewasser, das durch Eindampfen 5% seines Volumens verloren hat,

4*

52   Anemonia sulcata.

beginnt als Reiz zu wirken. Man kann einzelne Tentakel in eine solche
Lösung legen oder mit einer zur Kapillaren ausgezogenen Pipette die
Lösung lokal den Tentakeln des unverletzten Tieres beibringen. Alle
Lösungen, die schwerer als Seewasser sind, eignen sich für ein solches Verfahren. Da zeigt sich nun, daß peripher von der Reizstelle
mehr oder weniger weit bis zur Spitze hin die Ringmuskeln in Kontraktion geraten und den Tentakel verlängern, während zentralwärts
eine leichte Erschlaffung eintritt. Diese wirkt ebenso, wie die mechanisch hervorgerufene Erschlaffung, d. h. der Arm schlägt von der
Reizstelle fort.

Unabhängig von den Muskeln ist die Tätigkeit der Drüsen, die
das bekannte Ankleben der Tentakel zur Folge hat. Auf ein reines
Glasstäbchen, das geglüht und abgekühlt ist, und dauernd in Seewasser aufgehoben wird, kleben normale Tentakel niemals an. Ebensowenig kleben sie, wie schon Nagel zeigte, an Papierstückchen, die
in Säure getaucht waren. Auch Papier- oder Schwammstückchen, die
mit Salzlösung von hoher Konzentration vollgesogen sind, vermögen
nicht den Klebereflex hervorzurufen. Dagegen genügt es, ein reines
Glasstäbchen nur einmal über die Zunge zu ziehen, um sofort ein
kräftiges und andauerndes Kleben der Tentakel zu beobachten. Nicht
selten sieht man kränkelnde Tiere auch an reine Glasstäbchen ankleben.

Es ist mir gelungen, ein Tier, das ganz normal war, in diesen
Zustand erhöhter Drüsentätigkeit zu versetzen, indem ich es auf die
Mundseite legte. Nach einiger Zeit begannen alle Arme klebrig zu
werden. Ob dies ein Hilfsmittel ist, um losgerissene Aktinien schnell
wieder zu verankern, steht dahin. Das Tier, in die normale Lage gebracht, verlor nach und nach seine Klebrigkeit.

Wir haben demnach drei getrennte physiologische Faktoren vor
uns, von denen jeder auf eine getrennte anatomische Grundlage Anspruch erheben kann: 1. Die Drüsen, die den klebrigen Schleim produzieren, müssen ein eigenes Nervensystem besitzen, das sie mit ihren
sehr spezialisierten Rezeptoren verbindet, die nur auf den chemischen
Reiz der Nahrung reagieren. 2. Die Ringmuskeln, die auf jeden chemischen Reiz antworten. Auch sie bedürfen eines eigenen Nervennetzes und eigener Rezeptoren, die aber weniger spezialisiert sind und
auf chemische Reize aller Art ansprechen. 3. Die Längsmuskeln verlangen ein besonderes Nervennetz, das sie mit ihren Tangorezeptoren
verbindet. Diese drei selbständigen Reflexbögen, die auf verschiedene
Reize eingestellt sind, handeln trotzdem gemeinsam, weil sie räumlich
an das gleiche Organ gebunden sind. Ihr Zusammenarbeiten ist überraschend zweckmäßig und den Bedürfnissen der Anemonen angepaßt.

Fällt auf die Anemone ein Steinchen, so müssen die Arme es
passieren lassen, denn es verursacht nur Unordnung und ist gänzlich

Anemonia sulcata.   53

ungenießbar. Das kann auf verschiedene Weise geschehen. Entweder der Stoß des Steines ruft keine Erregung hervor, dann gleitet er einfach zwischen den glatten Tentakeln hindurch. Oder er bleibt liegen und dehnt dann die von ihm belasteten Tentakel, die darauf fortklappen und ihre Last fallen lassen. Oder die Erschütterung des fallenden Steines war stark genug, die Längsmuskel reflektorisch zu verkürzen, dann ziehen sich die Arme von ihm zurück. Der gleiche Effekt wird erzielt, wenn ein Arm durch den Stein geklemmt wird. In jedem Falle sinkt der Stein zu Boden.

Naht sich der Anemonia ein Tier, das nicht wie der Stein chemisch indifferent ist, so werden die Tentakel durch Ringmuskelreflex lang werden und an das fremde Tier anstoßen. Produziert dieses chemisch schädliche Stoffe, wie es etwa eine säurebildende Nacktschnecke tut, so werden auf die Berührung hin die Längsmuskeln sich zusammenziehen, weil ihre Rezeptoren durch den chemischen Reiz erregbar gemacht und sie selbst durch die Dehnung der Erregung zugänglicher geworden sind. Auf diese Weise vermeidet Anemonia die Schädlichkeit.

War das Tier eßbar, z. B. ein kleiner Oktopus de Philippi, so werden die Tentakel gleichfalls lang, die Längsmuskeln verkürzen sich auch, aber nicht so stark, d. h. sie ziehen sich nur an den Berührungsstellen zusammen. Dadurch werden sie zu Ranken, die sich um die Beute schlingen, und fahren dann erst in gemeinsamer Kontraktion zusammen. Aber sie fahren nicht leer zurück, denn die Drüsen haben infolge des Nahrungsreizes die Beute am Arm festgeklebt, und diese wird nun mit fortgerissen. Handelt es sich um einen leicht beweglichen Bissen, etwa ein Stückchen Fischfleisch, so schlägt, wie Nagel das beschrieben, der Tentakel zum Munde hin. Dies geschieht durch die überwiegende Kontraktion des weißen Stranges, der die Beute immer nach dem Munde ziehen muß.

Was die Nesselkapseln betrifft, so hat Parker beobachtet, daß sie auf chemischen Reiz hin explodieren (sie bestehen bekanntlich aus einem Spiralfaden, der in einer giftgefüllten Kapsel ruht). Dagegen sind Nahrungsreize für die Nesselkapseln indifferent.

Die Drüsen zeigen in ihrem Bau deutlich zwei verschiedene Typen. Auch wird auf chemischen Reiz zweierlei Schleim sezerniert. Der eine, der am Gegenstand klebt, und ein zweiter, der den ganzen Arm mit einer dichten Hülle umgeben kann und ihn vor weiterer Schädlichkeit bewahrt.

Über die Muskeln des Körpers sind wir durch Jordan freilich an einer anderen Aktinienart, nämlich Aktinoloba, unterrichtet worden. Da mit seiner Aktinienarbeit die schönen Muskeluntersuchungen dieses Forschers einen vorläufigen Abschluß erreicht haben, sei es mir vergönnt, näher auf seine grundlegenden Resultate einzugehen. Jordan hat sich mit solchen Tieren beschäftigt, deren Muskulatur ein zentrales Netz beherbergt und daher dem Einfluß der statischen Erregung nicht entzogen werden kann. Er nennt solche Muskeln Tonusmuskeln. Da das zentrale Netz sich überall hin verbreitet, spricht er diesen Tieren einen generellen Reflex zu, im Gegensatz zu anderen Tieren, die viele induvidualisierte Reflexe aufweisen und zahlreiche Reflexbögen besitzen. Deshalb nennt er die Tiere mit Tonusmuskulatur reflexarme Tiere. Auch die reflexarmen Tiere können eine gewisse Subordination des Netzes unter höheren Zentren aufweisen.

Bei den Aktinien gibt es keine Subordination. Bei ihnen treten die Grundgesetze der Tonusmuskeln, die Jordan aufgestellt hat, ohne weiteres zutage. Erstens ist die Reizbarkeit abhängig vom Niveau der statischen Erregung oder, was dasselbe sagen will, vom Grade des Tonus: „Je niedriger der Tonus, desto höher der Grad von Reizbarkeit." Es ist dieses die gleiche Regel, die ich auch für die Seeigel nachweisen konnte. Zweitens findet Jordan, daß die Strecke, um die sich ein Tonusmuskel auf den gleichen Reiz zusammenzieht, ebenfalls abhängig vom Tonus ist: sie wächst, wenn der Tonus fällt. Schließlich und drittens sinkt der Tonus infolge der Belastung. Auch dies ist ein an anderen Tieren nachweisbares Faktum.

Jordan fand ferner die merkwürdige Tatsache der Übertragung des Tonusfalles von einer Muskelpartie auf die andere. Das zentrale Netz übermittelt den Tonusfall vom gedehnten Muskel zu den ungedehnten Muskelpartien. Für Aktinoloba vermochte Jordan nachzuweisen, daß der durch starke Belastung hervorgerufene Fall des Tonus aufgehalten werden kann, wenn man eine ungedehnte Muskelpartie neben der gedehnten stehen läßt. Auch nach Jordans Auffassung ist der Tonus im Muskel ein Erzeugnis des Nervensystems, und wenn wir alle Vorgänge im Nervensystem kurzerhand als Erregungsvorgänge bezeichnen, so ist auch für die Tonusmuskel das allgemeine Erregungsgesetz gültig, das da besagt, daß die Erregung immer den gedehnten Muskeln zufließt.

Während ich für die Erregung die Vorstellung eines Fluidums bevorzuge, das vom höheren zum niederen Niveau fließt, wählt Jordan ein anderes Bild für den gleichen Vorgang. Er schreibt: „Wir haben in beiden Fällen (bei Aktinoloba) ein Stück Nerven-Muskelschlauch, das wir belasten und dadurch seines Tonus berauben. Das eine Stück steht noch in Verbindung mit einem großen Gebiete des Nervensystems, nämlich vor allem mit der Mundscheibe, und dieses Gebiet muß über ‚Energie' verfügen, da die zugehörige Muskulatur Tonus aufweist. Mehr noch, da die einzelnen Teile des Aktinienkörpers sich in der Norm nicht gegenseitig hinsichtlich des Tonus beeinflussen,

Anemonia sulcata.   55

so müssen die ,Potentiale' in all diesen Teilen ungefähr gleich sein.
Ist aber durch Belastung eine wesentliche Abnahme des Tonus inner-
halb der Fußmuskulatur eingetreten, so wird die an sich unbeeinflußte
Mundscheibe den Fuß mit ,Energie' speisen müssen."

Jordan gelang es zu zeigen, daß das stark entwickelte Nervensystem, das den Mund der Aktinien umgibt, durchaus nicht die Rolle
eines superponierten Zentralteiles spielt, sondern daß überall die
gleichen nervösen Beziehungen herrschen.

Die Septenmuskulatur, die bei Aktinoloba das Einstülpen der
Mundfläche ausführt, besitzt eine viel schnellere Tonusmuskulatur als
die Wände und der Fuß. Auch sie ist von Jordan untersucht worden.

Die von mir oben erwähnten Versuche über die Armbewegungen
von Anemonia sulcata zeigen die Schwierigkeit, die sich einer allgemeinen Anwendung der Jordanschen Einteilung in generelle und
individuelle Reflexe entgegenstellt. Wenn sowohl Längs- wie Ringmuskeln wie die Drüsen ein besonderes Nervennetz besitzen, so ist
man schon im Zweifel, ob man noch im strengen Sinn des Wortes
von generellen Reflexen reden darf. Jedenfalls würde auch die geringste weitergehende Spaltung in einem der drei Netze einen individualisierten Reflexbogen hervorbringen.

Ebenso interessant, wenn auch ganz anderer Art als die Jordanschen Arbeiten, sind die Versuche, die Bohn mit ebensoviel Ausdauer
als Geschick an den Aktinien ausgeführt hat. Ihn interessieren
weniger die Reflexe, die vom Rezeptionsorgan kommend durch das
Nervensystem den Muskeln zufließen, als der Einfluß, der von anderen
Lebensprozessen auf die Reflexe ausgeübt wird, und der sich erst in
einer Abänderung der Reflexe offenbart.

Bohn untersuchte die Aktinien des Atlantischen Ozeans, die
innerhalb der Flutgrenze leben und die dem Rhythmus des steigenden
und fallenden Meeres ausgesetzt sind. Diese Aktinien sind während
der Flut geöffnet und während der Ebbe geschlossen. Die Reize, die
ihnen durch den Gezeitenwechsel zugeführt werden, erzeugen in den
Aktinien einen rhythmischen Prozeß, der sich noch erhält, wenn die
Tiere im Aquarium unter gleichförmige Bedingungen gebracht werden.
Obgleich dauernd vom Wasser umgeben, schließen sich die Aktinien
noch tagelang regelmäßig, wenn draußen im Meere ihre Schwestern
unter dem Einfluß der Ebbe sich zusammenziehen. Ebenso öffnen
sie sich wieder, wenn draußen die Flut zu steigen beginnt. Dieser
innere Rhythmus klingt langsam ab. Nach und nach werden die Aktinien bloß noch von den Reizen, die das Aquariumleben bringt, beeindruckt. Daß aber der innere Rhythmus trotzdem weiter besteht,
sieht man daran, daß eine einfache Erschütterung die geschlossene
Aktinie zur Zeit der Ebbe nicht beeinflußt, dagegen zur Zeit der Flut

zum Öffnen bringt. Dagegen bringt die gleiche Erschütterung eine geöffnete Aktinie nur zur Zeit der Ebbe zum Schließen und verläuft wirkungslos zur Zeit der Flut.

Sehr interessant sind ferner die Beobachtungen Bohns über die Wirkung des Lichtes auf die Aktinien. Einmal läßt sich die Wanderung der Aktinien durch das Licht hervorrufen. In einem Glasgefäß stellen sie sich immer auf der dem Licht abgewandten Seite auf. Während der Wanderung können die Aktinien durch Steine oder Algenblätter aufgehalten werden, die eine rauhe Oberfläche besitzen und dem Fuß einen besseren Halt gewähren als die Glaswand. Eine Tatsache, die schon Loeb beobachtet hatte. Ferner hat die Beleuchtung auf die Aktinien einen lange überdauernden Einfluß, der die Tiere, welche mehrere Tage im Hellen zugebracht haben, befähigt, sich schneller und ausgiebiger auf den gleichen Reiz zu öffnen als Tiere, die zwar gleichfalls im Hellen stehen, die Tage vorher aber im Dunkeln verbracht haben. Endlich ließ sich auch ein Rhythmus des Öffnens und Schließens nachweisen, der mit dem Wechsel von Tag und Nacht Hand in Hand ging.

Der Rhythmus zwischen Öffnen und Schließen, der vom Wechsel der Tageszeiten abhängig ist, steht in enger Beziehung zum Wohnort, dem die Aktinien entnommen sind. Stammen sie aus flachen, algenhaltigen Felswannen des Ufers, die sehr stark der Sonne ausgesetzt waren, so öffnen sie sich im hellen Aquarium am Tag und schließen sich in der Nacht. Werden dieselben Tiere im Dunkelzimmer gehalten, so kehrt sich diese Reaktion um. Sie öffnen sich in der Nacht, bleiben aber am Tage geschlossen, „denn sie leiden von der Abwesenheit des Lichtes wohl am Tag, nicht aber in der Nacht."

Diejenigen Aktinien (es handelt sich immer um Actinia equina), die an beschatteten Orten gelebt haben, öffnen sich, im hellen Aquarium gehalten, bei Nacht und schließen sich am Tag vor dem ungewohnten Sonnenlicht. Aber die Öffnung in der Nacht geschieht rascher und ausgiebiger, wenn sie tags vorher beleuchtet wurden, als wenn sie den Tag im tiefen Schatten verbracht hatten. Die lange andauernde Dunkelheit ruft bei allen Aktinien eine immer mehr zunehmende Schwächung der Lebensfunktion hervor. Ebenso wirkt die Asphyxie und die lang andauernde Bewegung des umgebenden Wassers. Auch ich habe bei Anemonia sulcata beobachten können, daß alle Reaktionen der Arme bei sehr empfindlichen Exemplaren durch eine vorhergehende Bewegung des Wassers herabgesetzt wurden. Nach einer kürzeren oder längeren Ruhepause stellte sich die alte Erregbarkeit wieder her. Ähnliches berichtet auch Lulu Allenbach.

Bohn trennt die Wirkung der Dunkelheit, der Asphyxie und der

Anemonia sulcata.   57

Wasserbewegung als gegenwärtige von den vergangenen Beeinflussungen durch das Licht und die Gezeiten.   Im Ganzen gelingt es
Bohn überzeugend nachzuweisen, daß die Aktinien die Fähigkeit besitzen, in sehr weitem Maße den Anforderungen ihrer Umgebung gerecht zu werden.   Alle Reize der Außenwelt können, einer Aktinie
übermittelt, verschiedene Wirkungen hervorrufen, je nachdem die vergangenen Reize eine Dauerwirkung hinterlassen haben oder nicht.
Die Aktinien zeigen sich befähigt, auf rhythmische Wirkungen der
Außenwelt rhythmische Antworten zu finden, die den Rhythmus der
Außenwelt sogar überdauern.

Diese Fähigkeiten werden von Bohn der „lebenden Substanz"
als solcher zugeschrieben.   Dies kann in der Tat der richtige Schluß
sein.   Aber welche lebende Substanz ist eigentlich gemeint?   Soll es
das Protoplasma sein, das in den Muskelzellen sitzt, oder im Nervennetz und den Rezeptoren?   Oder in allen dreien?

Wenn auch die Strukturen als etwas Nebensächliches zu betrachten sind, ihre Existenz läßt sich doch nicht ableugnen.   Und die
Funktionen, wie das Schließen und Öffnen der Aktinien, werden von
wohldifferenzierten Geweben ausgeführt.   Ein Reflexbogen ist sicher
vorhanden.   Aber der Reflex ist von außerhalb des Reflexbogens beeinflußbar.   Außerhalb des differenzierten Gewebes, das den Reflexbogen bildet, befindet sich das undifferenzierte Protoplasma, das den
Reflexbogen hat entstehen lassen.   Mehr wissen wir nicht.

Bei den Amöben läßt das Protoplasma die Strukturen entstehen
und zerstört sie gleich wieder.   Bei den Aktinien bleiben die Strukturen bestehen, aber das Protoplasma bewahrt einen entscheidenden
Einfluß auf ihre Funktion.   Das Protoplasma vermag bei einer bestimmten Amöbenart nur bestimmte Organe zu produzieren, die eine
bestimmte Funktion haben.   Bei den Aktinien kann die Funktion der
einmal gebildeten Gewebe auch nicht geändert werden.   Das Nervensystem kann nur Erregungen leiten, aber vermag sich nicht zu verkürzen.   Die Muskeln können sich nur verkürzen, aber keine Erregung
von Faser zu Faser leiten.   Aber jede einzelne Funktion kann, so
scheint es, vom Protoplasma gehemmt, beschleunigt und so weit sie
umkehrbar ist auch umgekehrt werden.   So kann auf den gleichen
Reiz einmal Erschlaffung, einmal Verkürzung eintreten, je nach dem
Eingreifen des Protoplasmas.

Die biologische Aufgabe des Protoplasmas besteht darin, die
durch das Auftreten fester Strukturen zur Unveränderlichkeit neigende
Reflexfunktion geschmeidig zu erhalten, so daß sie sich dem wechselnden Einfluß der Umgebung gewachsen zeigt.   Dies ist besonders bei
Tieren notwendig, die nur wenige Reflexe ausgebildet haben.   Denn
diese werden auch in allen möglichen Kombinationen doch nicht die

58   Anemonia sulcata.

nötige Mannigfaltigkeit erreichen, um dem Wechsel der Umgebung
folgen zu können. Bei Tieren mit reichem Reflexleben sind nicht
allein zahlreiche Möglichkeiten gegeben durch Reflexkombination, dem
Wechsel der Außenwelt ein Gegengewicht zu halten, auch das Zentralnervensystem ist bei differenzierteren Tieren befähigt, von verschiedenen
Faktoren der Umwelt spezielle Eindrücke aufzunehmen und aufzube-
wahren. Diese Eindrücke werden nach und nach zu Strukturteilen.
Daher kann die Protoplasmawirkung immer mehr und mehr zurücktreten. Denn bei diesen Tieren ist die Umwelt sozusagen in das
Hirn hinüberdestilliert und ihre Veränderungen rufen durch nervöse
Übertragung analoge Veränderungen im Hirn hervor. Da das Hirn
einen reichen Reflexapparat beherrscht, zeigen sich diese Tiere allen
Wechselfällen des Lebens gewachsen.

  Die einfachen Nervennetze der Aktinien sind für solche Leistungen
ganz und gar nicht eingerichtet. Deshalb muß sie der regulierende
Einfluß des Protoplasmas mit dem Wechsel der Umwelt vertraut
machen. Wie das geschieht und wo das geschieht, darüber vermögen wir nicht einmal Vermutungen aufzustellen, aber daß es geschieht, ist wohl eine unbezweifelbare Tatsache.

  Interessant ist es, an den Befunden Bohns die beiden Theorien
zu messen, die, wie Bohn sich ausdrückt, die Forscher Amerikas in
zwei Lager spalten. Unzweifelhaft ist durch diese Versuche nachgewiesen, daß es sich beim Phototropismus von Loeb nicht bloß um
unaufgelöste Reflexe handelt, sondern eine direkte Wirkung des Lichtes
auf das Protoplasma angenommen werden muß. Diese Wirkung ist
aber keine mechanische, da das Protoplasma die Fähigkeit besitzt,
alle vitalen Reize planmäßig zu verwerten. Die Versuche Bohns
geben andererseits auch Jennings recht, wenn er von der Wirkung
innerer Prozesse auf die Bildung von Gewohnheiten spricht. Sie
widersprechen aber der Lehre vom „Versuch und Irrtum", denn die
Planmäßigkeit wird nicht gesucht und dann erst gefunden, sondern
sie ist selbst die fundamentale Eigenschaft des Protoplasmas und vor
allen Versuchen vorhanden. Wie man sieht, behalten die Theorien,
die sich mit dem Protoplasma befassen, gerade so lange recht, bis
sie eine mechanische und physikalische Deutung zu geben versuchen.
Die mechanische Deutung tritt erst dann in ihr Recht, wenn es sich
nicht mehr um Protoplasma, sondern um Strukturen handelt.

  Wenn uns die Bohnschen Beobachtungen davon überzeugten,
daß bei den Aktinien die Wirkung des Protoplasmas unverkennbar
ist, so können wir den Versuchen, die Jennings in dieser Richtung
bei den Aktinien angestellt hat, die gleiche Überzeugungskraft nicht
zuerkennen. Jede Anemone besitzt die drei wesentlichen Strukturelemente des Reflexbogens: die Rezeptoren, das Nervensystem · und

Anemonia sulcata.   59

die Muskeln.   Jedes dieser Elemente hat physiologische Eigenschaften,
d. h. es ist in gewissen Grenzen, die von seiner Bauart abhängen,
variabel.   Die Muskeln ermüden durch Anhäufung ihrer eigenen Stoffwechselprodukte.   Die Rezeptoren werden leicht erschöpft, wenn sie
einen zersetzlichen Stoff beherbergen, dessen Zersetzung der Nervenerregung dient.   Das Nervensystem ist am allervariabelsten, weil seine
Leistungen von der Menge der Erregungen abhängig sind, die es im
Moment beherbergt.

Diese Faktoren hat Jennings nicht genügend berücksichtigt.
Er findet z. B., daß eine Aktinie, die anfangs Papierstückchen fraß,
diese Gewohnheit aufgibt, nachdem man ihr ein paar Fleischstückchen
gereicht hat.   Lulu Allenbach führte den gleichen Versuch aus,
schaltete aber die Wirkung der Sättigung aus, indem sie sowohl
Papier wie Fleischstückchen, wenn sie zum Munde gelangt waren,
wieder fortnahm.   Trotzdem blieb der Erfolg der gleiche.   Die Papierstückchen wurden abgelehnt, nachdem man das Fleisch gegeben hatte.
Das besagt, daß der stärkere Reiz den schwächeren unwirksam macht.
Es handelt sich also bloß um eine Beeinflussung der Rezeptoren und
nicht um einen inneren Prozeß im Jenningschen Sinn.

Gewiß gibt es auch innere Prozesse, die wir mit den Worten
Hunger und Sättigung bezeichnen.   Aber diese Prozesse sind noch
gar nicht analysiert, und in welcher Weise sie auf den Reflexbogen
einwirken, ist uns unbekannt.   Möglicherweise wirken sie mittels be-
stimmter Stoffwechselprodukte nach einer ganz festen Regel auf die
Rezeptoren oder das Nervensystem ein und gehören somit zu dem
Bauplan des Tieres, der weder durch Hunger noch Sättigung eine
Änderung erfährt.

Jennings führt selbst einen sehr lehrreichen Versuch an, der
deutlich zeigt, wie leicht man sich über die inneren Prozesse täuschen
kann.   Eine Anemone, die ihre Tentakel nach links hin ausbreitete,
wurde durch mehrfache Reize dazu gebracht, sie nach rechts hin auszubreiten.   Dies war aber keine neuerworbene Gewohnheit, wie es den
Anschein hatte, denn es zeigte sich, daß die Wandmuskeln infolge
des Reizes dauernd einseitig verkürzt blieben.

Wenn Jennings die These aufstellt, die Tiere seien ein Bündel
von Prozessen, so bleibe ich bei meiner These, die Tiere sind ein
Bündel von Reflexen.   Unserem Verständnis sind die mechanischen
Vorgänge in den Reflexbögen unmittelbar zugänglich.   Diese sind daher in den Mittelpunkt der Betrachtung zu stellen.   Erst wenn man
eine deutliche räumliche Anschauung besitzt, kann man die Abänderung dieser Vorgänge durch fremde Einwirkung betrachten, ohne
befürchten zu müssen, daß sich alles in eine allgemeine Unklarheit
auflöst.

60   Anemonia sulcata.

Die Nahrungsaufnahme der Aktinien ist bereits bis zum Über-
druß geschildert worden. Am eindruckvollsten bleibt die Beschreibung,
die Nagel gegeben hat und die mit einer guten schematischen Zeichnung illustriert ist. Zwei Faktoren kommen zunächst in Betracht, die
Tentakel und die Mundmembran. Ferner beteiligt sich das Schlund-
rohr am Freßakt und schließlich die gesamte Muskulatur des Tieres,
soweit sie den Binnendruck der Arme und des Magensackes reguliert.
Die hohlen Tentakel besitzen eine Öffnung an der Spitze, die aber
für gewöhnlich verschlossen bleibt. Dagegen ist die Öffnung, die
zum Lumen der Septenkammer und somit in den Gastro-Vaskular-
raum des Tieres führt, bald offen, bald verschlossen. Wenn man
einem Tentakel die Spitze abschneidet und ihn dann auf ein Glasrohr
bindet, durch das man Luft dem Tier einbläst, so wird man bald in
diesem, bald in jenem Tentakel die Luft eintreten sehen, während
die übrigen sich ihr dauernd verschließen. Auch trifft man manchmal auf Exemplare, die lauter steife, prall gefüllte Tentakel besitzen,
die sehr schwer reagieren, weil sie einen zu hohen Binnendruck besitzen, den sie nicht an das Gesamttier abzugeben vermögen.

Ist mit Hilfe der drei Reflexe der Arme, der Ringmuskelkontraktion, dem Kleben und der Längsmuskelkontraktion, wobei der weiße
Strich sich besonders hervortut, die Speise zum Mund gebracht worden,
so werden die zunächst liegenden Arme durch den starken dauernden
chemischen Reiz in dünne Fäden verwandelt, die wie zähe Ranken
an der Beute sitzen.

Ist der Mund, der sich erst durch die Kontraktion der Radiärmuskeln öffnete, bis an die Beute gelangt, so schließt er sich mit
Hilfe der Zirkulärmuskeln wieder. Meist ist das Mundrohr deutlich
zutage getreten und hat die Speise umschlossen. Die Schleimhaut
des Mundrohres, die für gewöhnlich von innen nach außen flimmert,
kehrt, wie Parker gefunden, ihre Flimmerrichtung um, sobald sie von
den chemischen Reizen der Speise getroffen wurde. Außer dem Verschlucken kommt noch eine andere Art der Nahrungsaufnahme bei
Anemonia vor. Ich fütterte ein Tier mit den Stücken eines Seeigel-
eierstocks, die wohl zum Munde geführt, aber nicht verschluckt wurden.
Dafür fand sich nach einigen Stunden der Eierstock dicht von Mesen-
terialfilamenten umschlungen.

Das Verhältnis der Aktinien zu ihrer Umwelt ist ein besonders
interessantes. Ihr Nervensystem, das in drei getrennte Nervennetze
zerfällt, besitzt nur analytische Funktionen. Das Beutetier wird von
den Rezeptoren in seine physikalischen und chemischen Eigenschaften
zerlegt. Eine Synthese findet im Nervensystem nicht statt. Nur das
Zusammenarbeiten der verschiedenen Muskulaturen und Drüsen am
gleichen Organ führt zur Synthese einer einheitlichen Handlung. Es

Medusen.   61

ist die Innenwelt einer Aktinie keine Einheit, sondern mindestens
eine Dreiheit. Bald geraten die einzelnen Faktoren getrennt, bald
gemeinsam in Erregung und bringen ihre Gefolgmuskel zur Verkürzung.
Die Einheit liegt nur im Bauplan des Gesamttieres. Dies lehrt uns
handgreiflich, daß das Zentralnervensystem nicht die Einheit des
Tieres zuwege bringt, wie es bei komplizierten Tieren oft den Anschein hat. Das Zentralnervensystem ist genau so ein Teilorgan oder
eine Summe von Teilorganen, wie alle anderen Organe. Nach den
Bedürfnissen des Gesamttieres wird das eine oder das andere Organ
mehr ausgebaut.

Für die Umwelt, in der die meisten Aktinien leben, genügt das
einfache Bündel der drei Reflexe. Wo sie in großen Mengen rasen-
bildend den Meeresgrund überziehen, sind sie dem Einfluß der Gezeiten entzogen, und je tiefer sie wohnen, desto geringer wird der
Wechsel der Tages- und Nachtzeiten sie beeinflussen. Je höher aber
die Aktinien wohnen, je mehr wirken der Tages- und der Gezeitenwechsel auf sie ein. Dazu kommt, daß sie, auf der Wanderung begriffen, aus tiefem Schatten an das Licht gelangen können oder aus
dem Gezeitenwechsel in die Tiefe und umgekehrt. Überallhin begleitet
sie die Vorsorge des Protoplasmas, das den Wechsel der Umwelt
mit stillem Rhythmus wiedergibt, der die Erregbarkeit steigernd oder
beruhigend auf die Reflexorgane wirkt. So stehen die Aktinien noch
an der Kindheit Grenze, dem Gängelbande des Protoplasmas noch
nicht ganz entwachsen, und doch schon im Besitze ausgebildeter
Reflexorgane den voll entwickelten Tierarten gleichend.

Medusen.

1. Rhizostoma pulmo.

Die Oberfläche des Meeres ist eine einzige Weide mit reichem
Pflanzenwuchs übersäet. Wie auf den Landweiden sich die Lämmer
ernähren, so ernähren sich auf der Meeresweide die Medusen. Ebenso verschiedenartig wie die beiden Weiden, ebenso verschiedenartig
sind die Tiere, die darauf leben. Aber in jedem Falle passen Weide
und Weidender gleich vollkommen zueinander.

Der Pflanzenwuchs des offenen Meeres besteht aus den zahllosen
einzelligen Algen, insbesondere Diatomeen, die in verschiedener
Dichte und in wechselnde Tiefe hinab wie feinste Pünktchen aufgehängt sind. Sie können jeder Wellenbewegung widerstandslos
folgen ohne ihren Platz zu wechseln, wie das Wasser selbst. Um
diesen feinen Nahrungsstaub aufzunehmen, bedarf das weidende Tier

eines pulsierenden Magens, der das Wasser unfiltriert aufnimmt und filtriert entläßt. Nur auf diese Weise kann der Nahrungsstaub in genügender Menge gesammelt werden, um ein größeres Tier zu ernähren. Zugleich muß das Tier, wenn es schwerer als das Wasser ist, Schwimmbewegungen ausführen, die es an der Oberfläche halten.

Die Betrachtung von Rhizostoma pulmo, einer der großen Medusen des freien Mittelmeeres, lehrt uns, auf welche geistreiche Weise die beiden notwendigen Bewegungen der Nahrungsaufnahme und des Schwimmens mit einander verknüpft sind. Eine ruhende Rhizostoma gleicht annähernd einem aufgeschlagenen Regenschirm, der aus elastischer Gallerte verfertigt ist. Sie zeigt sowohl Stiel wie Schirm.

Abb. 5 [1]).

Der Stiel gleicht seinerseits einem schweren herabhängenden Eiszapfen. Er ist mit Längskanälen durchsetzt, in die von außen feine Poren münden, die der Wasseraufnahme dienen. Der Stiel ist mit vier federnden Spangen an die Unterseite des gleichfalls federnden Gallertschirmes befestigt. Zwischen den vier Spangen ist der häutige Magen ausgespannt, in den die Längskanäle des Stieles münden. Es gilt, einmal den Magen in rhythmische Pulsation zu versetzen, und zweitens Schwimmbewegungen mit dem Schirm auszuführen. Beides geschieht durch eine feine Schicht Ringmuskeln, die am inneren Schirmrande sitzen und bei ihrer Zusammenziehung den elastischen Schirm stark nach oben wölben. Lassen die Muskeln in ihrer Tätigkeit nach, so flacht sich der Schirm dank seiner Federkraft wieder ab. Da der durch die Muskeln herbeigeführte Schirmschlag nach unten energischer ist, als der federnde Schlag nach oben, so ist damit eine Bewegung des Gesamttieres nach oben gegeben. Der schwere Stiel sorgt dafür, daß die Richtung „Schirm oben" dauernd erhalten bleibt und nach äußeren Störungen bald wieder eingenommen wird.

Damit ist die Schwimmbewegung gegeben. Bei jeder Kontraktion des Schirmrandes wird, wie wir sahen, der Schirm gewölbt und der Gipfel nach oben gedrängt. Dadurch wird ein Zug auf den Stiel

---

[1]) Nach: Ziegler, Zoologisches Wörterbuch.

Medusen.   63

ausgeübt. Dieser kann dem Zug nicht allsogleich folgen, weil sein
Reibungswiderstand im Wasser zu groß ist. Daher werden die federnden Spangen gedehnt und das Magenlumen erweitert. Nach Beendigung des Muskelschlages flacht die Glocke wieder ab, die Spangen
federn zurück, der Stiel nähert sich dem Schirm und verengert das
Lumen des Magens. Auf diese Weise wird die Schirmbewegung und
die Magenbewegung durch eine einzige Muskeltätigkeit ausgelöst.
Die Pulsationen des Magens treiben ihrerseits die Nahrung in die
Verdauungskanäle, die sich an der Unterseite des Schirmes strahlenförmig ausbreiten. Zugleich dringt auf diesem Wege frisches Atemwasser zu den inneren Geweben. So werden durch die Kontraktion
der Randmuskeln·alle Bewegungsfunktionen, deren der Körper bedarf,
ausgeführt.

Die Tätigkeit der Randmuskeln ist also für Rhizostoma ungleich
wichtiger als es sonst Bewegungen peripherer Teile in der Regel sind.
Denn bei Rhizostoma werden die Funktionen des Schwimmens,
Fressens, Verdauens und Atmens durch die Ringmuskeln ausgeführt
oder wenigstens eingeleitet. Kein Wunder, daß sich das ganze ani-
male Leben des Tieres auf diese Muskeln konzentriert. Hier sitzen
die einzigen Rezeptionsorgane, die sogenannten Randkörper, hier sitzt
das ganze Nervensystem.

Die kurzen Muskelfasern, die gemeinsam das lange Band bilden,
das den Schirmrand umschlingt, zeigen, wenn sie direkt gereizt werden, keine besonderen Eigenschaften. Sie ziehen sich einfach zusammen, solange der Reiz dauert. Niemals greift die Erregung von
einer Muskelfaser zur anderen über. Sie bilden, wie alle Muskelfasern
aller Tiere, die einzelnen Tasten des Klaviers, die vom Nervensystem
aus einzeln angeschlagen werden müssen, um zu klingen.

Im normalen Leben der Medusen antworten die Muskeln aber
niemals anders als rhythmisch. Immer folgt auf eine Verkürzung eine
vollkommene Erschlaffung. Dann, nach einer kurzen Ruhepause, beginnt die nächste Verkürzung. Dieser Rhythmus wird von verschiedenen Faktoren beeinflußt. Die Wärme beschleunigt ihn und die
Kälte verlangsamt ihn. Die Abtragung des Stieles, welche die Muskelarbeit erleichtert, beschleunigt den Rhythmus. Werden einzelne Rand-
stücke mit ihren Muskeln abgetragen, so wird dadurch der Rhythmus
nicht vernichtet. Nur schlagen die einzelnen Stücke nicht mehr in
den gleichen Phasen. Es hat also der gemeinsame elastische Widerstand, den die Muskeln in gemeinsamer Arbeit überwinden müssen,
die Wirkung, daß der Rhythmus überall im gleichen Tempo vor
sich geht.

Wir haben schon von dem allgemeinen Erregungsgesetz gesprochen, demzufolge die Erregung immer den gedehnten Muskeln

64   Medusen.

zufließt. Werden nun alle Muskeln von einer gemeinsamen Feder gleichzeitig gedehnt, so wird die Erregung auch allen Muskeln zu gleicher Zeit zufließen. Dadurch erhält der Rhythmus überall die gleiche Phase. Aber der Rhythmus selbst ist damit nicht ausreichend erklärt. Wohl läßt sich das allgemeine Erregungsgesetz darauf zurückführen, daß die Erregung im zentralen Netz nur deshalb zu den gedehnten Muskeln fließt, weil sie durch die Dehnung ärmer an Erregung geworden sind. Ist die Erregung in sie eingetreten, so hört die Armut auf, und damit verlieren die Muskeln ihre Anziehungskraft auf die Erregung. Auf diese Weise lassen sich die rhythmischen Reflexbewegungen, wie sie viele Gehbewegungen der Tiere charakterisieren, ableiten. Allein diese rhythmischen Reflexe werden nicht zwangsmäßig ausgeführt, sondern können jederzeit durch das Auftreten eines stärkeren Reizes oder eines äußeren Hindernisses abgeändert werden. Der Rhythmus der Medusen hingegen ist echt und unabänderlich. Auch die stärksten Dauerreize, die das zentrale Netz treffen, sind nicht imstande, den Rhythmus zu durchbrechen und eine Dauerkontraktion hervorzurufen. Solange die Muskeln sich verkürzen, ist jede Verbindung zwischen ihnen und dem zentralen Netz unterbrochen.

Die völlige Unterbrechung der Leitung zwischen Netz und Muskel muß einem nervösen Apparat zugeschrieben werden, den wir „Unterbrecher" nennen können. Über seine Leistungen wissen wir ferner, daß die Muskeln der Medusen, wie die Muskeln aller derjenigen Organe der höheren Tiere, die einen echten Rhythmus zeigen, bei jeder Art von Reizung sich immer nur maximal und niemals untermaximal kontrahieren. Das beweist, daß der Unterbrecher immer nur eine ausgiebige Erregungsportion in die Muskeln einläßt oder gar nichts. Diese beiden Eigenschaften kann man dazu benutzen, um sich eine ungefähre Vorstellung dieses sonderbaren Organes zu machen. Offenbar hat der Unterbrecher die Fähigkeit, die Erregungen, die im zentralen Netz vorhanden sind, so lange zu stauen, bis ein genügendes Quantum vorhanden ist, das da ausreicht, um die Muskeln in maximale Tätigkeit zu versetzen.

Während dieser Stauungsperiode ist der Unterbrecher zum zentralen Netz hin geöffnet, zum Muskel hin aber geschlossen. Hat die Stauung ihren Höhepunkt erreicht, so schlägt der Unterbrecher um und schließt sich gegen das zentrale Netz ab. Das nennt man seine refraktäre Periode. Zugleich öffnet er sich aber zu den Muskeln hin und gibt ihnen seine volle Ladung von Erregung ab.

Die Vorstellung eines nervösen Apparates mit Unterbrechereigenschaften bringt auch, wenn sie noch so vage ist, die beiden Leistungen, die in der Physiologie unter dem Namen „refraktäre Periode" und

Medusen.   65

„Alles- oder Nichtsgesetz" bekannt sind, in einen verständlichen Zusammenhang. Das Alles- oder Nichtsgesetz fordert, daß Erregung
gestaut werde, und die refraktäre Periode bedeutet Leitungsunterbrechung. Nun ist es selbstverständlich, daß ein Organ, das die Erregung zu stauen vermag, auch die Fähigkeit haben muß, ihr Weiterfließen zu verhindern, d. h. die Erregungsleitung zu unterbrechen.
Andererseits muß ein Organ, das die Leitung der Erregung aufhebt,
auf die neu hinzufließende Erregung stauend wirken. Wenn wir von
einem Unterbrecher sprechen, so meinen wir damit ein nervöses
Organ, das zwischen Nervennetz und Muskelfaser eingeschaltet ist.
Es wird sich später zeigen, daß bei allen Tieren an dieser Stelle
ein besonderer Apparat vorhanden ist, der im allgemeinen die Aufgabe hat, die Ansprüche der Muskeln auf die Erregung im zentralen
Netz zu regeln. Ich nenne dieses Organ den Repräsentanten und
betrachte dementsprechend den Unterbrecher der Medusen als einen
umgewandelten Repräsentanten.

Werfen wir noch einen Blick auf den Rhythmus der Medusen-
muskeln, so können wir, wie gesagt, drei Phasen unterscheiden: die
Kontraktionsperiode, die Erschlaffungsperiode und die Pause. Beim
Unterbrecher kennen wir nur zwei Perioden: Füllung und Leerung.
Während der Füllung öffnet er sich zum zentralen Netz und während
der Leerung zu den Muskeln. Es fällt die Leerungsperiode des
Unterbrechers mit der Kontraktionsperiode der Muskeln zusammen.
Denn nur während der Kontraktionsperiode verläuft jede neue Erregung völlig wirkungslos. Die Füllungsperiode des Unterbrechers
umfaßt sowohl die Erschlaffungsperiode der Muskeln als die Pause.
Denn zu dieser Frist ist es möglich, durch neu hinzutretende Erregung den Rhythmus zu beeinflussen. Wird durch eine neue Erregung die Füllung beschleunigt, so tritt die nächste Kontraktion früher
ein, und zwar je nach der Menge der neu hinzugekommenen Erregung schon zur Erschlaffungszeit der Muskeln oder in der Pause.
Wäre nun die künstlich erzeugte Neuerregung ganz von der gleichen
Art wie die normalen Erregungen, so müßte der Rhythmus nach
dieser kleinen Verschiebung im gleichen Tempo weitergehen. Dies
geschieht aber nicht, sondern die nächste Pause wird über Gebühr
verlängert. Das bedeutet, daß der Unterbrecher infolge der künstlichen Erregung erschöpft ist und einer längeren Füllungsperiode
oder einer größeren Füllung bedarf, um wieder normal zu funktionieren.

Bethe ist der Ansicht, „daß der natürliche Reiz bei der Meduse
einen ganz anderen Kontraktionsmodus hervorruft als der künstliche
Reiz. Letzterer ist sicher instantan, er wirft auf einmal an eine Stelle
des Gewebes eine große Menge Reizenergie. Ich nehme an, daß der

66   Medusen.

natürliche Reiz einen anderen Verlauf hat, daß er sich nämlich dauernd, aber schwach in das Gewebe ergießt und es gewissermaßen in allen Teilen, welche in engerem Zusammenhange stehen, füllt. Die Entladung kann dann überall nahezu gleichzeitig erfolgen. Der Instantanreiz bringt dagegen auf einmal einen großen Anstoß in das Gewebe, so daß die Entladung an der Applikationsstelle früher erfolgt als der Reiz Gelegenheit gehabt hat, sich über das ganze Gewebe auszudehnen".

Auch mir scheint die Annahme, daß die vom Instantanzeiz erzeugte Erregung, die plötzlich in großer Menge an einer Stelle des Gewebes auftritt, sich von der normalen Erregung, die sich langsam und gleichmäßig ausbreitet, durch einen, wenn ich so sagen darf, höheren Erregungsdruck auszeichnet. Dieser Unterschied zwischen normaler und künstlicher Erregung wäre ausreichend, um die Abweichungen des Unterbrechers zu erklären.

Der Unterbrecher ist mithin die Ursache des Rhythmus. Er zwingt seine Gefolgsmuskeln in regelmäßigen Pausen zu arbeiten und sich jedesmal maximal anzustrengen. Wären die einzelnen Muskelfasern mit ihren Unterbrechern ganz unabhängig voneinander, so würde bei dauerndem, gleichmäßigen Erregungszufluß bald ein allgemeines Flimmern eintreten; denn jeder Unterbrecher würde sich nur nach seiner individuellen Bauart richten. So aber sind die Muskeln alle an einen und denselben Widerstand gebunden, und dieser zwingt sie zu gemeinsamer Arbeit. Da anzunehmen ist, daß durch die Dehnung der Muskeln der Unterbrecher beeinflußt wird, so kommt der ganze Muskelmechanismus in gleichmäßigen Takt.

Und dieser Takt würde auch beibehalten werden, wenn irgendeine Erregungsquelle dauernd sprudeln würde. Statt dessen ist durch eine sehr feine Vorrichtung dafür gesorgt, daß die Erregung im gleichen Rhythmus auftritt, den der Muskelapparat innehält. Der Schlag des Schirmrandes erzeugt nämlich selbst die nächste Erregung.

Dies geschieht durch Vermittlung der Randkörper. Die Randkörper von Rhizostoma bilden kleine Säckchen, die einen Stein und ein Nervenpolster enthalten. Man schließt daraus, daß das Anschlagen des Steines an das Nervenpolster einen Nervenreiz erzeugt.

Schneidet man einer Rhizostoma alle Randkörper bis auf einen einzigen weg, so schlägt sie trotzdem ruhig weiter. Hält man aber diesen Randkörper mit einem feinen Stäbchen an und verhindert es, die Schwingungen des Schirmrandes mitzumachen, so bleibt die Meduse augenblicklich stehen. Erst wenn man den Randkörper künstlich in Schwingungen versetzt hat, beginnen auch die Schwimmbewegungen von neuem. Der Randkörper benimmt sich wie eine Glocke, deren Klöppel plötzlich festgehalten wurde und die daher

Medusen.   67

nicht mehr tönen kann. Bei sehr großen Tieren, die nur noch einen Randkörper besitzen, kann man beobachten, wie vom Randkörper aus die Kontraktion des Schirmrandes beginnt, um sich dann über den ganzen Rand hin fortzusetzen. Viel deutlicher tritt dies bei künstlicher Reizung des Schirmrandes ein. Es ist daher der natürliche Reiz vom künstlichen Instantanreiz nur quantitativ und nicht qualitativ unterschieden. Wenn noch mehrere Randkörper mitarbeiten, sieht man von der Erregungsleitung nichts.

Rhizostoma besitzt mithin zwei Ursachen, die ihren Rhythmus hervorrufen: die Leitungsunterbrechung im Nervennetz und die rhythmische Reizfolge durch die Randkörper. Beide Ursachen sind derart miteinander verkoppelt, daß sie sich gegenseitig unterstützen müssen. So wird das rhythmische Muskelspiel festgelegt, das dem Schwimmen dient und zugleich die anderen Bewegungsfunktionen auslöst.

Wenn man vom Bord des Schiffes aus die schimmernde Fläche des blauen Meeres überschaut und darin die stummen Glocken der Medusen einherschweben sieht in zahllosen Scharen wie wundervolle Blumen eines Zaubergartens, so überkommt uns unwillkürlich das Gefühl des Neides. In all dieser Farbenpracht einherschweben zu dürfen, frei und unbekümmert, von den klingenden Wogen getragen, durch den strahlenden Tag und die glänzende Mondnacht, muß ein herrliches Los sein. Aber die Meduse vernimmt von alledem nichts. Die ganze Welt, die uns umgibt, ist ihr verschlossen. Das einzige, was ihr Innenleben ausfüllt, ist die gleichmäßige Erregung, die, von ihr selbst erzeugt, immer im gleichen Wechsel in ihrem Nervensystem entsteht und vergeht.

So ist dieser wundervolle Organismus für das Allernotwendigste gebaut. Der Bauplan sichert dem Tiere die Nahrung und die notwendige Bewegung, ohne daß irgendwelche Reize der Außenwelt mitsprechen. Eine Umwelt, die das Nervensystem mit reichen Erregungen erfüllt, gibt es für Rhizostoma nicht, nur eine Umgebung, aus der ihr Magen die Nahrung entnimmt.

Gegen Feinde sind die Medusen durch reiche Batterien von Nesselkapseln wohl geschützt, so daß ihr eintöniges Schweben keine Störung zu befürchten hat. Doch gibt es einige Fische, die sich nach Eisigs Angaben von den Medusen nähren. Er schreibt darüber folgendes: „Unter den Glocken von Cassiopea borbonica und Rhizostoma pulmo — der zwei ansehnlichsten Medusen des Golfs — pflegen häufig kleinere Fische zu hausen, welche so unzertrennlich von ihren Genossen sind, daß sie nicht selten mit ihnen in Gefangenschaft geraten.

Auch noch in den Bassins schwimmen sie beständig um die Medusen herum und ziehen sich zuweilen auch unter deren Schirm

zurück. Ich war lange Zeit hindurch der Meinung, daß diese Fische
die Medusen nur deshalb begleiten, um bei herannahender Gefahr
Schutz unter deren Schirm zu suchen; aber es stellte sich heraus,
oder es bestätigte sich, daß dieses Verhältnis kein so harmloses ist.
Von diesen Begleitern der Medusen sind folgende sämtlich zur Familie
der Makrelen gehörigen Formen zur Beobachtung gekommen: Stromataeus microchirus, Caranx trachurus und Schedophilus medusophagus.
Stromataeus ist weitaus der am häufigsten erscheinende, und ein ungefähr zwei Zoll langes Exemplar dieser Gattung wurde eines Tages
mit einer ungefähr fünf Zoll Schirmweite messenden Cassiopea zu-
sammengebracht. Am nächsten Morgen schon fand ich die Meduse
aller ihrer Wurzelspitzen beraubt; der Fisch hatte sie aufgefressen.
Bald hatte ich Gelegenheit, ein anderes Exemplar beim Fressen zu
beobachten, so daß gar kein Zweifel über die Tatsache walten kann.
Daß aber diese Nahrung nicht etwa nur aus Mangel an anderem geeigneten Futter gewählt wurde, geht aus folgendem hervor. Ein
größeres, etwa sechs Zoll langes Tier, welches längere Zeit in einem
Bassin ohne Medusen gehalten worden war, nahm keinerlei Nahrung
zu sich und kam schließlich so herab, daß ich für sein Leben fürchtete;
nachdem ihm aber eine Cassiopea zugestellt worden, wurde das vorher ziemlich träge Tier ganz lebhaft, schwamm beständig um die
Meduse herum, und es dauerte nicht lange, bis es sie anzufressen
begann."

2. Carmarina und Gonionemus.

Die Medusen sind in zwei sehr ausgesprochene Typen gespalten.
Der eine Typus wird durch Rhizostoma vertreten, der andere Typus
ist an Carmarina in Neapel und an Gonionemus in Amerika studiert
worden. Beide Gattungen unterscheiden sich von Rhizostoma dadurch,
daß ihr Mundstiel beweglich ist und dank seiner großen Mundöffnung
richtige Bissen aufzunehmen vermag. Diese Tiere sind also nicht
auf ein einfaches Herbeistrudeln des umgebenden Wassers, sondern
auf einen richtigen Nahrungsfang angewiesen. Dementsprechend besitzen sie am äußeren Umkreis ihres Schirmes Fangapparate, die den
Tentakeln der Aktinien sehr ähnlich sind. Die Nahrungsaufnahme
der Medusen ist der einer mundabwärts gehaltenen Seeanemone nicht
unähnlich.

Die Muskulatur, mit der die Schwimmbewegungen ausgeführt
werden, ist nicht bei allen Medusen so ganz einfach wie bei Rhizostoma. Bethe schreibt hierüber: „Cothylorhiza und verschiedene
andere Medusen haben zwei ganz voneinander getrennte Muskulaturen,
eine parallel und nahe dem Rande verlaufende Zirkulärmuskulatur
und eine die zentraleren Partien (der unteren Schirmseite) einnehmende

Medusen. 69

Radiärmuskulatur. Bei den normalen Pulsationen und auch bei künstlicher Reizung kontrahiert sich zuerst die Radiärmuskulatur, wodurch die Glocke gewölbt wird, und dann, wenn die Kontraktion der radiären auf der Höhe ist, die zirkuläre, wodurch die Glockenöffnung verengert wird." Da bei allen Medusen der Anreiz der Muskeltätigkeit von dem Schirmrande ausgeht, so muß es auffallen, daß die dem Reizort näher gelegenen Zirkularmuskeln später ansprechen als die entfernteren Radiärmuskeln. Bethe fand nun, daß bei gleichzeitiger künstlicher Reizung eines Schirmstückes, das beide Muskelarten enthält, die Zirkulärmuskeln immer später ansprechen. Auch für diese Verspätung der einen Muskellage muß ein nervöser Apparat verantwortlich gemacht werden. Wir werden wohl nicht fehlgehen, wenn wir in einer abweichenden Bauart des Unterbrechers die Ursache dieses interessanten Phänomens sehen.

Bei Carmarina treten die rhythmischen Kontraktionen immer gruppenförmig auf. Benützt man die Pausen, die oft eine halbe Minute dauern, zur Reizung, so kann man folgenden von Bethe angegebenen Versuch ausführen: „Berührt man einen Tentakel, z. B. in der Mitte, ganz leicht mit einem Glasstäbchen, so tritt nur eine geringe Verdickung an demselben auf. Ist die Berührung stärker, so greift die Kontraktion auf weitere Teile des Tentakels über. Bei einem kleinen Stoß tritt schon ein Emporschnellen des ganzen Tentakels auf, welches sich bei noch stärkerem Anstoß auf die beiden zunächst benachbarten Tentakel und schließlich auf alle Tentakel ausdehnt. Hierbei macht der Magenstiel bereits in der Regel eine schwache Bewegung nach der Reizstelle hin, die bei weiterer Steigerung des Reizes zu einem heftigen Schlagen mit dem Magenstiel wird."

Es ist der Magenstiel durch ein nervöses Netz, das die ganze Unterseite des Schirmes einnimmt, mit dem Schirmrand verbunden, der noch einen besonderen Nervenring trägt. Am Schirmrande hängen die besprochenen Tentakel herab. Nagel verdanken wir die physiologische Erforschung der nervösen Verbindungen. Er zeigte, daß ein Tentakel, in dessen Nähe der Schirmrand rechts und links durchschnitten ist, physiologisch isoliert ist. Dadurch wird bewiesen, daß jede Erregung, die vom Tentakel stammt, vor allen Dingen den Nervenring passieren muß. Darauf gelangt die Erregung in das Netz auf der Innenseite des Schirmes. Die Existenz eines Netzes vermochte Nagel dadurch zu beweisen, daß er der Erregung den kürzesten Weg zum Magenstiel durch einen Einschnitt zwischen Tentakel und Magenstiel anatomisch abschneiden konnte, ohne die physiologische Leitung zu vernichten. Die Erregung vermochte die Schnittstelle zu umgehen. Das gelingt nur in einem Falle, wenn nämlich viele Bahnen vorhanden sind, die zusammen ein Netz bilden und der Erregung

70   Medusen.

allseitig die Bahn offenhalten. Reizt man durch Andrücken einer
Drahtschlinge, die man über den Magenstiel stülpt, die ganze Unter-
seite gleichzeitig, so bleibt der Stiel ruhig, weil sich die aus allen
Richtungen kommenden Erregungen gegenseitig aufheben.

An dem einzelnen Tentakel sind bisher zwei Reflexe nachgewiesen
worden. Eine Verkürzung, die den Tentakel korkzieherartig zusammenziehen kann, und das Klebrigwerden. Eine Verlängerung ist nicht
beschrieben worden. Die Medusententakel scheinen daher einfacher
gebaut zu sein als die Aktinientakel, denn es fehlt ihnen das
Längerwerden durch eine Ringmuskelverkürzung. Die Längsmuskel-
verkürzung tritt genau wie bei den Aktinien auf mechanischen Reiz
auf und das Klebrigwerden ist ebenfalls in entsprechender Weise an
den chemischen Reiz der Nahrungsmittel geknüpft. Wir werden also
bei den Tentakeln der Medusen ein doppeltes Netz annehmen müssen,
eines für die Längsmuskeln und eines für die Drüsen. Beide Netze
münden in den Ringnerven.

Für Gonionemus beschreibt Yerkes ganz die gleichen Erscheinungen. Ein dauernder Nervenreiz, der von der Beute ausgeht, ruft
die korkzieherartige Kontraktion des getroffenen Tentakels hervor,
worauf ein Zusammenziehen des Schirmrandes und ein Hinneigen des
Magenstieles erfolgt.

Entsprechend seiner Lebensführung, die nicht auf dauernde Aufnahme des umgebenden Wassers angewiesen ist, schwimmt Gonionemus nicht dauernd einher. Yerkes gibt an, daß Gonionemus Mur-
bachi nur schwimmt, wenn er hungrig ist. Solange er satt ist, sitzt
er am Boden, am Algen verankert. Über die Wirkung des Lichtes
hat Yerkes interessante Beobachtungen veröffentlicht. Eine sehr
charakteristische Reaktion von Gonionemus ist der Hemmungsreflex.
Er tritt regelmäßig auf, wenn das Tier beim Hinaufschwimmen mit
dem Schirm über die Wasseroberfläche gerät. Dann hört die Schlagfolge plötzlich auf, der Schirm wird weit ausgebreitet und steht dauernd
still. Dadurch sinkt das Tier wieder langsam zu Boden. Legt man
eine Karte auf die Wasseroberfläche, die das Auftauchen der Glocke
verhindert, so tritt der Reflex nicht ein, sondern die Meduse fährt
mit ihren Schwimmbewegungen bis zur Ermüdung fort. Ganz den
gleichen Reflex vermag auch starkes Licht auszulösen und nicht selten
auch plötzliche Beschattung. Sonst wirkt mäßiges Licht steigernd
auf den Schlagrhythmus ein, und es gelingt sogar, ein halbbeleuchtetes
Tier auf der beleuchteten Seite zu energischerem Schlagen zu bringen,
was zur Folge hat, daß die Meduse in den Schatten hineinschwimmt.

Der abgeschnittene Mantelrand, der allein die Lichtrezeptoren
beherbergt, ist viel empfindlicher gegen Licht und Schatten als das
ganze Tier. Der Mantelrand besitzt außerdem die Fähigkeit, sich

Medusen.   71

selbst umzudrehen, wenn er mit dem unteren Rand nach oben gelagert war. Das beweist, daß bei diesen Medusen die Randkörper-
chen bereits eine andere Funktion besitzen als bei Rhizostoma.

Wenn wir Rhizostoma mit Gonionemus vergleichen, so fällt uns
am meisten auf, daß so ähnlich gebaute Organismen in so durchaus
verschiedenen Umwelten leben können. Rhizostoma vernimmt nur
den Schlag der eigenen Glocke. Gonionemus dagegen wird von
Licht und Dunkelheit, von der Gravitation, von mechanischen und
chemischen Reizen berührt und bewegt. Die Außenwelt ist für beide
die gleiche, aber Rhizostoma verschließt sich ihr dauernd, während
Gonionemus durch die Pforten der Rezeptoren die Wirkungen der
Außenwelt in reichem Strome einläßt. Der Organismus ist wie eine
Wunderwelt, allen Wirkungen der Außenwelt verschlossen; nur dem
richtigen Schlüssel öffnet sie sich. Wenn kein Schloß vorhanden ist,
so findet sich auch kein Schlüssel. So ist es bei Rhizostoma. Gonionemus hat viele Türen, jede mit ihrem besonderen Schlosse versehen.
Die Türen sind wie die Türen eines Hauses an jenen Stellen angebracht, wo sich ein passender Eingang findet, der dem Bauplan
des Ganzen entspricht. Wer wird behaupten wollen, daß ein Haus
mit vielen Türen vollkommener sei, als ein Haus mit wenigen Ein-
gängen? So wird man die Ausschließung der Reize, die Rhizostoma
ihre große Einförmigkeit und Geschlossenheit verleiht, nicht niedriger
anschlagen dürfen als die Reizaufnahme bei Gonionemus, die dank
der zahlreichen Reize zahlreiche Handlungen ausführt. Rhizostoma
braucht diese Handlungen nicht, sie nützen ihr nichts. Und doch ist
Rhizostoma ebenso kunstvoll gebaut wie Gonionemus. Keine Medusen-
art kann die andere vertreten, weder kann Gonionemus auf der pelagischen Weide leben, noch Rhizostoma sich selbst Beute fangen.

Obgleich sie Tiere vom gleichen Bautypus sind, mit den gleichen
nervösen Apparaten und Zentralnervensystem, die den Schlagrhythmus
regeln, so sind sie dennoch völlig ·unvergleichbar, wenn man ihre
Lebensweise betrachtet. Die Neigung, alle Tiere in vollkommenere
und unvollkommenere zu scheiden, um dadurch eine aufsteigende
Entwicklung zu demonstrieren, welche vom Minderwertigen zum
Höheren fortschreitet, wird nirgends eindringlicher ad absurdum geführt als in solchen Fällen, wo Tiere von dem gleichen Typus, die
nur nach verschiedenen Richtungen differenziert sind, ganz verschiedene
Umwelten besitzen. Von verschiedenen Anpassungsgraden sollte nicht
mehr die Rede sein, nur von gleich vollkommener Einpassung in
verschiedene Umwelten. Auch einer Zensur über die Umwelten sollte
man sich lieber enthalten, denn die Umwelt ist ihrerseits nur verständlich aus ihren Beziehungen zu den Handlungen des Tieres. Die
Umwelt besteht nur aus denjenigen Fragen, die das Tier beantworten

kann. Und schließlich ist die Bauart des Zentralnervensystems, welches die Antworten erteilt, auch nichts anderes, als der Teil einer Antwort, die durch die Bauart des ganzen Tieres auf die Frage des Lebens gegeben wird. Manchmal liegt dabei der Schwerpunkt auf der Ausbildung eines besonderen Organes. Dem Zentralnervensystem mit besonderer Wertschätzung zu begegnen, ist durchaus unbegründet, denn die Natur kann mit jedem Organ ihre eigenen Fragen beantworten.

Die Seeigel.

Schon der Name Seeigel oder Seekastanie gibt uns eine Anschauung von dem Tier, auch wenn wir es niemals gesehen haben. Ein runder Körper, der mit Stacheln besetzt ist und der im Meer zu finden ist — mehr wissen meist auch diejenigen nicht, die an der Meeresküste mit dem Seeigel persönliche Bekanntschaft gemacht haben. Den meisten Physiologen ist er völlig unbekannt, und doch liegen die Antworten auf die Grundfragen der Physiologie der Muskeln und des Nervensystems bei keinem Tier so offen da wie beim Seeigel. Deshalb ist es nötig, die Ergebnisse der Seeigelbiologie ausführlicher darzulegen als bei irgendeinem anderen Tiere.

Wer sich in das innere Leben der Seeigel vertiefen will, um aus diesem fremdartigen Dasein reiche Belehrung zu schöpfen, der muß sich das schematische Bild der einfachen anatomischen Verhältnisse fest einzuprägen suchen. Dann werden ihm die Leistungen dieser allerliebsten Maschinerie keine begrifflichen Schwierigkeiten bereiten.

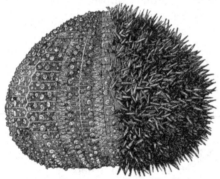

Abb. 6. Kurzstachlicher Seeigel, auf der einen Hälfte seiner Stacheln beraubt[1].

Der Seeigel besteht aus einer kugeligen Kalkschale, welche die Eingeweide beherbergt. Sie zeigt unten eine Öffnung für den Mund und oben eine für den Anus. Die Kalkschale trägt auf der Außenseite zahlreiche runde Gelenkhöcker, denen die Stacheln aufsitzen.

Die Anatomie des Stachelgelenkes verdient besondere Aufmerksamkeit. Es ist ein Kugelgelenk mit festsitzender Kugel und beweglicher kleiner Pfanne, welche die Basis des Stachels bildet.

---

[1] Nach: Carus-Sterne, Werden und Vergehen.

Die Seeigel.   *73*

Die Muskeln.

Die Muskeln des Seeigelstachels sind für das Verständnis der Muskelarbeit überhaupt von fundamentaler Wichtigkeit und müssen daher eingehend behandelt werden. Ungefähr dreißig Muskelstränge umgeben das Stachelgelenk und drücken die Pfanne auf die Kugel. Jeder der dreißig Muskelstränge ist doppelt: er besteht aus einem weißlich, undurchsichtigen, inneren und einem glashellen äußeren Strang. Der äußere Strang wird von der allgemeinen Körperhaut überzogen, die das gemeinsame Nervensystem für beide Stränge beherbergt.

Reizt man die Körperhaut durch einmalige Berührung in der Nähe eines Stachels, so verkürzen sich die zunächstliegenden Muskelstränge und der Stachel neigt sich dem Reizorte zu, um gleich darauf in die aufrechte Ruhelage zurückzukehren.

Reizt man hingegen die Haut mehrere Male, so verkürzen sich die Stränge stärker und der Stachel neigt sich gleichfalls. Der Stachel kehrt aber nicht in die Ruhelage zurück, sondern bleibt in geneigter Lage unbeweglich stehen und leistet jedem Versuch, ihn gewaltsam in die Ruhelage zurückzuführen, erfolgreichen Widerstand.

Dieser Unterschied in der Reizbeantwortung findet, wie eingehende Experimente beweisen, seine Erklärung darin, daß die vom einmaligen Reiz erzeugte, schwache und kurze Erregung nur den äußeren Muskelstrang in Tätigkeit versetzt, während die wiederholte Reizung eine dauernde und starke Erregung im Nervensystem hervorruft, die auch zu dem inneren Strang hinüberfließt.

Der äußere Strang dient dank seiner Verkürzung zur Bewegung, der innere zum Feststellen des Stachels. Wir bezeichnen daher die äußeren Stränge als Bewegungs- oder Verkürzungsmuskeln, die inneren als Sperrmuskeln.

Das Überfließen der Nervenerregung vom Bewegungs- zum Sperrmuskel findet auch ohne wiederholte Reizung statt, wenn die Bewegung des Stachels durch irgendeinen äußeren Widerstand gehemmt wird. Sobald die äußeren Stränge sich nicht weiter verkürzen können — sei es, daß sie ihr Maximum bereits erreicht haben, sei es, daß ein Hindernis im Wege liegt — immer fließt die überschüssige Erregung den Sperrmuskeln zu. Die Sperrmuskeln geraten hierauf in Tätigkeit, die in einer allmählich zunehmenden Spannung besteht. Die Spannung wächst so lange an, bis sie dem äußeren Wiederstande — mag dieser in dem Gewicht des eigenen Körpers oder in einer fremden Last bestehen — das Gleichgewicht hält. Auf diese Weise wird, was von großer biologischer Tragweite ist, stets ein Gleichgewicht zwischen Sperrmuskelspannung und Last hergestellt.

Ist das Gleichgewicht erreicht, so fällt damit zugleich die Ursache fort, die zur Steigerung der Sperrmuskelspannung führte. Die Erregung vermag jetzt in die entlasteten Bewegungsmuskel einzudringen, weil ihrer freien Verkürzung jetzt nichts mehr im Wege steht.

Die Kenntnis der Seeigelmuskeln ist deshalb so wichtig, weil hier bei den Seeigeln eine anatomische Trennung von Sperr- und Bewegungsmuskeln vorhanden ist, die es uns ermöglicht, die beiden Grundfunktionen aller Muskulatur experimentell zu sondern.

Die Muskeln aller Tiere haben die Fähigkeit, jeder Last (bis zur Maximallast) in jeder Lage genau das Gleichgewicht zu halten. Nur durch diese Fähigkeit ist es den Tieren möglich, ihren Körper in all seinen Stellungen auszubalancieren. Es muß jeder einzelne Muskel außer seinem Verkürzungsapparat auch einen Sperrapparat besitzen, der ihm die Fähigkeit verleiht, das mit jeder Stellung wechselnde Gewicht des Körpers sowohl bei Zunahme wie Abnahme des Gewichtes durch eine entsprechende Spannungsänderung auszugleichen. Diese hochwichtige Leistung der Muskulatur setzt eine besondere Regulierungsrichtung voraus, die es der Last ermöglicht, die Muskelspannung zu beherrschen.

Die Seeigelmuskeln lehren uns die Einrichtung des Regulierungsmechanismus kennen, der einfach darin besteht, daß die Erregung nur so lange dem Sperrapparat zufließt, als die Verkürzungsapparate belastet sind. Sobald die zunehmende Spannung der Sperrapparate die Bewegungsapparate entlastet hat, hört jeder weitere Erregungszufluß auf.

Ist das Gleichgewicht zwischen Last- und Sperrmuskelspannung erreicht, so kann entweder eine Verkürzung der Bewegungsmuskeln eintreten oder ausbleiben — das hängt lediglich von der Menge und der Art der vorhandenen Erregung ab.

Biologisch ist damit die Frage nach der Muskeltätigkeit beim Heben der Lasten völlig geklärt, physiologisch bleibt eine große Schwierigkeit bestehen: Wie ist es den Sperrmuskeln beim Heben einer Last, die sie durch ihre Spannung ausbalanciert haben, möglich, diese Spannung auch während der Weiterverkürzung, die sie doch auch mitmachen müssen, dauernd zu bewahren? Wir können uns hier mit dem Hinweise begnügen, daß die Muskeln chemo-mechanische Apparate darstellen, wie sie unsere Technik weder kennt, geschweige denn herzustellen vermag.

Wir haben bisher den scheinbar schwierigeren Fall behandelt, wenn drei Faktoren: Last, Muskel und Erregung zusammenkommen. Es handelt sich jetzt darum, die Einwirkung der Last auf den Muskel zu studieren, wenn keine Erregung zur Verfügung steht. Der Muskel antwortet auf den Zug der Last nicht wie ein Gummiband mit ein-

Die Seeigel.   75

facher physikalischer Dehnung, sondern mit einem verwickelten physiologischen Vorgang, der Erschlaffung genannt wird.

Ein jeder Muskel besitzt eine physiologische Länge, die wechseln kann, und eine anatomische, die erst erreicht wird, wenn sich keine funktionellen Prozesse mehr in ihm abspielen. Den Verlust der physiologischen Länge nennen wir Erschlaffung.

Betrachten wir einen langen Hauptstachel von Centrostephanus longispinus, so sehen wir, daß er in der Ruhe senkrecht zur Basis getragen wird, weil sich alle Sperrmuskelstränge rings um das Gelenk in Spannung befinden. Dadurch halten sie sich gegenseitig die Wage und lassen den Stachel nach keiner Seite ausschlagen.

Erteilt man nun dem Stachel einseitig einen leisen Druck (Erschütterung reizt die Muskel), so sehen wir, daß der Stachel nicht allein dem Druck nachgibt, sondern daß er auch viel weiter wegschlägt als der Druck ihn führte.

Es hat also der Druck den von ihm betroffenen Muskeln etwas geraubt, das sie bisher vor den Ansprüchen der übrigen Muskeln schützte — dies ist die normale Spannung der Sperrmuskeln. Die Höhe der normalen Sperrung bestimmt zugleich die Größe des Gewichtes, das auf den Stachel drücken muß, um die Erschlaffung eintreten zu lassen. Wir sprechen in solchen Fällen von einer Schwelle, die überstiegen werden muß, ehe die Wirkung eintreten kann, und bezeichnen daher die Sperrung als die Schwelle für die Erschlaffung. Jeder Muskel besitzt normalerweise eine solche „Sperrschwelle".

Das stets zum Vergleich herbeigezogene Gummiband besitzt keine Sperrschwelle — es wird einfach von einem kleineren Gewicht weniger gedehnt als von einem großen. Ferner kennt das Gummiband keine Erschlaffung, die den Muskel befällt, sobald eine Sperrschwelle überschritten ist. Dann vermag ihn der kleinste Zuwachs an Last bis zu seiner anatomischen Länge zu dehnen. Ist diese erreicht, so wird die Last von den Bändern und Sehnen übernommen, die sich wie das Gummiband verhalten und nur die physikalische Dehnung kennen.

Deshalb vermögen beim Stachel von Centrostephanus die Antagonisten den Stachel weit wegzuziehen, sobald die belasteten Muskeln ihre Sperrschwelle eingebüßt haben. Erschlaffte Muskeln bieten der Dehnung keinen Widerstand.

Sobald der Druck die Erschlaffung der belasteten Muskeln herbeigeführt hat, sind die Antagonisten von dem normalen Gegenzug befreit. Die Spannung ihrer Sperrmuskeln wird unnötig und die Bewegungsmuskeln erhalten freies Spiel. Um in Tätigkeit zu geraten, bedürfen die Bewegungsmuskeln einer Erregung. Diese kommt ihnen jetzt von ihren eigenen entlasteten Sperrmuskeln zugeflossen. Diese Erregung diente bisher zur Erzeugung der Sperrschwelle. Es ist also die Sperrschwelle das Anzeichen für das Vorhandensein einer bestimmten Erregung.

Der Druck, der auf der belasteten Seite die Sperrschwelle zum Schwinden bringt, löscht diese Erregung aus, die sich nie wieder in vollem Umfang einstellt, bevor die Last ganz entfernt wurde: ist das geschehen, so erhalten die Bewegungsmuskeln ihre alte Länge wieder, die Sperrmuskeln ihre alte Spannung und alles ist wieder wie sonst. Der Stachel steht ruhig und senkrecht auf seiner Unterlage.

Aus diesen Beobachtungen geht mit Sicherheit hervor, daß der einfache Fall, den wir suchten, mit Muskel und Last als einzigen Faktoren im Leben gar nicht vorkommt. Stets spielt die Erregung als dritter Faktor eine entscheidende Rolle. Woher stammt die Erregung? Das ist die Frage, der wir uns jetzt zuwenden.

Die Zentren.

Das Studium der Muskeln weist uns auf einen außerhalb liegenden Faktor hin, von dem die Erregung herstammt. So werden wir zur Betrachtung des Nervensystems hingeführt, das den Muskeln zunächst liegt. Im Seeigelstachel befindet sich über den Muskeln ein nervöser Ring, der Nervenfasern und Ganglienzellen enthält. Dieser Ring ist physiologisch keine Einheit. Man kann ihn beliebig oft an der Grenze zweier Muskelstränge durchschneiden, ohne seine Funktion zu stören. Es zerfällt der Nervenring in ebenso viele einzelne Zentren, als es unter ihm liegende Muskelstränge gibt.

Wir wollen nun diejenige Leistung der nervösen Zentren aufsuchen, die uns zu einer möglichst greifbaren Vorstellung ihrer Fähigkeiten verhilft. Zu diesem Zweck müssen wir weiter in die Anatomie des Nervensystems eindringen. Ein jedes Muskelzentrum im Nervenring steht außer mit seinen Gefolgmuskeln und seinen Nachbarzentren auch noch in Verbindung mit dem weitverzweigten Hautnervensystem. Dieses umzieht in zahlreichen Netzen die ganze Oberfläche des Seeigels. Aus diesen Netzen treten ferner Nebenbahnen in das Innere der Kalkschale und bilden hier die Seitennerven der Radialnerven. Die Radialnerven sind fünf Nervenstämme, die nahe dem Anus beginnend an der Innenseite der Schale bis zum Munde ziehen, um sich hier zu einem Ringkanal zu vereinigen, der den Mund umschließt.

Wird ein Radialnerv durch Nikotin in Erregung versetzt, so pflanzt sich die Erregung bis zu den Stachelmuskeln hin fort, die erst in heftige Bewegung geraten, dann aber im Sperrkrampf unbeweglich stehen bleiben. Umspült man dagegen das Radialnervensystem mit kohlensaurem Seewasser, so werden nach kurzer Zeit alle Muskeln schlaff und die Stacheln senken sich der Schwere nach herab.

Die Seeigel.   *77*

Beide Wirkungen fallen fort, wenn man zuvor die Seitennerven durch-schnitten hat. Daraus ergibt sich die Vorstellung einer Erregung, die einmal (bei der Nikotinwirkung) von den Radialnerven kommend, durch die Seitennerven von innen nach außen zu den Zentren der Stachelmuskeln geflossen ist, das andere Mal (bei der Kohlensäure-wirkung) von den Muskelzentren kommend, durch die Seitennerven von außen nach innen fließend, zu den Radialnerven gelangt ist. Wie z wei Reservoire stehen die Muskelzentren und die Zentren der Radialnerven vor unseren Augen da, sich gegenseitig die Erregung zusendend. Ob wir die Ganglienzellen in diesem Fall als die Reservoire ansprechen dürfen, ist zwar verführerisch, aber nicht nachgewiesen.

Vergleichen wir die beiden Reservoire miteinander, so ist ein Unterschied sehr in die Augen fallend. Auf der einen Seite haben wir das geschlossene System der fünf Radialnervenstämme, das wie eine große Einheit gebaut ist, auf der anderen Seite die außerordent-lich zahlreichen und zerstreuten Nervenringe, alle wiederum aus 30 einzelnen Zentren bestehend. Es ist daher nicht zu verwundern, daß das Radialnervensystem dem übrigen Nervensystem gegenüber wie ein einziges Zentralreservoir wirkt, das die zahlreichen Einzelzentren in der Oberhaut vollkommen beherrscht.

Man kann sagen, das Erregungsniveau der Zentralstelle ist aus-schlaggebend für das Niveau in allen einzelnen Muskelzentren. Sinkt das Niveau im Zentralreservoir durch Vergiftung mit Kohlensäure, so sinkt es auch in allen Nervenringen der Stacheln. Steigt das Niveau bei Nikotinvergiftung im Zentralreservoir, so steigt es auch in allen Nervenringen. Das Steigen und Fallen des Erregungsniveaus in den Zentren kann man natürlich nicht sehen, sondern aus dem Verhalten der Muskeln erschließen. Es ist deshalb notwendig, Hypothesen über die Beziehungen der Muskeln zu ihren Zentren zu machen. Nur sollen die Hypothesen möglichst direkt aus den Beobachtungen entspringen.

Die Beobachtung, die uns den unmittelbarsten Aufschluß über die Muskelzentren gibt, ist folgende: Man bringe die Muskeln eines Seeigelstachels durch das Auflegen einer Last einseitig zur Erschlaffung. Dann beginne man in größerer Entfernung die Haut an einer den erschlafften Muskeln vis-à-vis liegenden Stelle zu reizen. Dann werden, abgesehen von den der Reizstelle zunächstliegenden Stacheln, alle übrigen Stacheln in völliger Ruhe verharren. Einzig die weitabliegenden erschlafften Muskeln verkürzen und sperren sich so lange, bis sie ihre Last einem Nachbarstachel aufgebürdet haben.

Es ist also die von der Reizstelle ausgehende Erregung, die (wie man beweisen kann) dabei die Radialnerven passiert, um sich überall hin auszubreiten, nur in die erschlafften Muskeln des einen Stachels eingedrungen; an allen anderen ging sie spurlos vorüber.

„Es fließt die Erregung in einfachen Nervennetzen immer den erschlafften Muskeln zu"; so lautet diese fundamentale Beobachtung als Gesetz gefaßt.

Vor den Muskeln liegen aber ihre Zentren und ohne sie zu passieren kann man nicht zu den Muskeln gelangen. Wären an der Erschlaffung die Zentren ganz unbeteiligt, so könnte die Erregung niemals ihren Weg zu den Muskeln finden. Es sind also die Zentren durch die Erschlaffung ihrer Muskeln auch in Mitleidenschaft gezogen.

Diese Mitleidenschaft spricht sich darin aus, daß sich das Zentrum zentralen Erregungsvorgängen gegenüber anders verhält als sonst. Wirft man einen Blick auf die Muskelzentren, so sieht man, daß die Zentren genau den Zustand ihrer Gefolgsmuskeln widerspiegeln. Sie repräsentieren in ihrer Weise ihre Gefolgsmuskeln. Es ergibt sich dadurch eine höchst wichtige Wechselwirkung zwischen dem Muskel und seinem Zentrum. Der Muskel hat nicht nur blind dem Zentrum zu gehorchen, wenn dieses ihm Erregungen zusendet. Nein, der Muskel hat auch die Fähigkeit, sein Zentrum zu beeinflussen. Und das Zentrum ist einerseits der Herr des Muskels, anderseits ein Repräsentant, der entsprechend dem Zustand des Muskels sich den Erregungen im zentralen Netz gegenüber verschieden zu verhalten hat.

Ich habe deshalb vorgeschlagen, die Muskelzentren „Repräsentanten" zu nennen. Dieser Name führt uns ohne weiteres zum Verständnis der Grundfunktion des zentralen Nervensystems. Das Zentralnervensystem vermag weiter nichts als Erregungen zu ordnen. Wenn es mit dieser Fähigkeit allein den ganzen Körper regieren soll, so kann das nur geschehen, wenn einerseits alle Reize der Außenwelt in Erregungen umgesetzt werden, anderseits alle Körperbewegungen durch Erregungen auszulösen sind. Um aber die Körperbewegungen ordnungsgemäß auslösen zu können, muß das Zentralnervensystem in jedem Augenblick über den Zustand der Muskeln orientiert sein. Es muß daher ein nervöses Organ da sein, das von dem Zustand der Muskeln beeinflußt wird und seinerseits auf die Erregungen einzuwirken vermag. Dieses Organ sind die Repräsentanten. Es ist interessant festzustellen, daß der nervöse Abschnitt, der vom Repräsentanten bis zum Muskel reicht, bei den Säugetieren als die „letzte gemeinsame Strecke" von Sherrington bezeichnet und zur Grundlage einer ganzen Reflexlehre gemacht worden ist.

Die Repräsentanten sitzen bei den Seeigeln noch nahe ihren Gefolgsmuskeln. Bei den meisten Tieren werden sie aber an einer zentral gelegenen Stelle zusammengezogen und geben dann auf kleinem Raume eine gedrängte Übersicht der ganzen Körpermuskulatur. Sie haben die Erregungen aus den zentralen Netzen zu empfangen und an ihre Gefolgsmuskeln weiterzugeben. Was sich später als Kraft und

Die Seeigel.   79

Bewegung im Leben des Tieres offenbart, das ist vorher im Wechselspiel der Repräsentanten verteilt und geordnet worden.

Das Wechselspiel der Repräsentanten ist bei jedem Tier nach
seiner Bauart verschieden. Bei einigen Seeigeln ist die gegenseitige
Beeinflussung der Repräsentanten eine sehr weitgehende, wofür folgende Beobachtung als Beleg dienen mag. Bringt man bei Echinus
acutus einen großen Stachel durch sanften Druck einseitig zur Erschlaffung, so zeigt sich auch bei den Nachbarstacheln am entsprechenden Ort die gleiche Erschlaffung. Die Nachbarstacheln schlagen nicht
konzentrisch zusammen wie bei mechanischer Reizung, sondern verbeugen sich alle nach der gleichen Richtung, in die sich auch der
gedrückte Stachel geneigt hat. Die Erschlaffungsübertragung läßt
darauf schließen, daß alle gleichgerichteten Muskelstränge durch besondere Netze nahe miteinander verbunden sind. Dies ist für Echinus
um so wichtiger, als er von allen Seeigeln der einzige ist, der mit
seinen Stacheln leidlich in Takt zu marschieren vermag.

Die Statik der Erregung.

Alle bisherigen Beobachtungen weisen nachdrücklich darauf, daß
es unmöglich ist, einen Zustand, sei es im Muskel, sei es in den
Zentren, aufzufinden, in dem keine Erregung vorhanden ist. Trotzdem
bleiben die beiden Zustände der Ruhe und Tätigkeit sowohl beim
Muskel wie im Nervensystem deutlich voneinander getrennt. Es entspricht jedem von diesen Zuständen ein anderes Verhalten der Erregung, die man mit Jordan als statisches und dynamisches
Verhalten bezeichnen kann. Die Statik der Erregung d. h. die Menge
der Erregung sorgt für die Erhaltung und Wiederherstellung eines
inneren Erregungsgleichgewichtes, das immer wieder durch den Ein-
griff der dynamischen Druckwellen gestört wird.

Das wichtigste Organ zur Erhaltung des Gleichgewichtes der
Erregung ist der Radialnerv mit seinen Erregungsreservoiren. Dieses
Zentralreservoir vermag durch sein Erregungsniveau das Erregungsniveau in allen Repräsentanten zu heben oder herabzudrücken. Nur
durch die beherrschende Wirkung eines Zentralreservoirs wird es
verständlich, daß alle Stacheln des gleichen Tieres stramm und aufrecht stehen, während bei einem andern Exemplar alle Stacheln die
gleiche Neigung zeigen, herabzusinken.

Die Tatsache, daß es möglich ist, durch Vergiftung mit Kohlensäure die zentralen Reservoire so zu beeinflussen, daß die Erregung
aus den peripheren Reservoiren, d. h. den Repräsentanten zentralwärts
abfließt, ist ein unwiderlegbarer Beweis dafür, daß die Erregung etwas
passiv Bewegtes ist. Das aktiv Handelnde sind, soweit die statischen

Ausgleichungen in Frage stehen, nur die Zentren. Deshalb dürfen
wir die These aufstellen: Ein Zentrum ist ein Organ, das Erregungsverschiebungen bewirkt. Alle Zentren stehen durch nervöse Leitungsbahnen miteinander in direkter oder indirekter Verbindung. Alle vermögen sich Erregung gegenseitig zuzuschieben und
Druck und Gegendruck zu beantworten. Dadurch erhalten sie alle
Fühlung miteinander. Allein durch dieses Verhalten der Zentren ist
es möglich, daß eine von den Rezeptionsorganen herkommende dynamische Erregungswelle ihren richtigen Weg vorgeschrieben findet
und allein in jene Repräsentanten einbricht, die infolge der Erschlaffung
ihrer Muskeln selbst auch keinen genügenden Gegendruck besitzen
und ihr daher keinen Widerstand leisten können.

Es ist bei den Seeigeln nicht die anatomische Struktur des
Zentralnervensystems, die die Erregungsverteilung und Ordnung besorgt, sondern ein allgemeiner innerer Erregungsdruck, der das Erzeugnis der zentralen und peripheren Reservoire ist. Es ist Sherrington
gelungen, die statischen Erregungsverschiebungen auch am Säugetier-
muskel nachzuweisen.

Die Dynamik der Erregungen.

Unter Statik der Erregungen verstehen wir alle Vorgänge im
Zentralnervensystem, die sich auf die Wiederherstellung und Erhaltung
des Erregungsgleichgewichtes beziehen. Die Verschiebungen der Erregungen, die sich dabei in den Nerven vollziehen, können nur aus
dem Zustand der Muskel gefolgert, nicht selbst beobachtet werden.

Das innere durch Druck und Gegendruck erzeugte Gleichgewicht
wird gestört, sobald die von außen her gereizten Rezeptionsorgane
eine Neuerregung im Nervensystem erzeugen. Diese von den Rezeptionsorganen erzeugte Erregung, die den Reflex im engeren Sinne
einleitet, zeigt elektrische Nebenerscheinungen, die vom Galvanometer
wahrgenommen werden können. In den untersuchten Fällen hat sich
sowohl im zentripedalen wie im zentrifugalen Nerven eine elektrische
Schwankungswelle aufzeigen lassen, die freilich bei verschiedenen Tierarten außerordentlich in Form und Größe wechselt.

Bei den Seeigeln ist sie noch nicht untersucht worden. Wir
haben aber keinen Grund, hier eine Ausnahme von der allgemeinen
Regel zu erwarten und werden daher die auf Reiz eintretende Erregung auch hier als einen wellenförmigen Vorgang im Nerven ansehen. Nun sind aber Welle und Welle bei verschiedenem Substrat
sehr verschiedene Dinge. Wie außerordentlich schwierig ist es, von
den Flüssigkeitswellen in Röhren von wechselndem Durchmesser und
wechselndem Widerstand der Wände, wie sie unsere Blutgefäße dar-

Die Seeigel.   81

stellen, ein einigermaßen zutreffendes Bild zu entwerfen. Obgleich wir sowohl das Substrat der Wellen, d. h. unser Blut, genau kennen und den Verlauf der Blutgefäße überallhin verfolgen können. Im Nervensystem kennen wir nur den Bau und den Verlauf der Nervenfasern, wenn auch sehr unvollkommen. Einen Schluß aus dieser Kenntnis auf die Funktion der nervösen Teile zu machen, ist aber ganz unmöglich, solange man sich über das Substrat der Wellen nicht einigen kann. Selbst wenn man in betreff des Substrates zugegeben hat, daß die Wellenbewegung ohne Substanzverbrauch vor sich geht und daß sie während ihres Ablaufes in den Nervenfasern ein passiver Vorgang ist, der von außerhalb der Nerven, sei es von einem Rezeptor oder einem Zentrum, seinen Anstoß erhält — so gibt es immer noch zwei Möglichkeiten, die erwogen werden müssen.

Einmal kann man sich vorstellen, daß die Wellenbewegung, sobald sie einmal im Nerven aufgetreten ist, unbeeinflußt dahin weitereilt, wohin sie die anatomischen Verzweigungen der Nervenfasern tragen. Dies ist die Vorstellung aller jener Forscher, die sich ihre Ansichten aus den Experimenten mit künstlicher Nervenreizung am Froschnerven geholt haben, der, von seinem Zentrum getrennt, nur noch mit dem Muskel in Verbindung stand, oder gar beiderseitig durchschnitten nur den kläglichen Rest eines Organes bildete.

Es gibt aber noch eine zweite Möglichkeit: Man kann die Erregungswelle als einen Vorgang betrachten, der sowohl von seinem Ausgangspunkt, wie von seinem Zielpunkt gleichzeitig beeinflußt wird. Dies ist die Vorstellung, die sich mit der Bipolarhypothese von Jordan deckt und die man sich auch nach den grundlegenden Untersuchungen von Piper bilden muß, der die normalen Erregungen des unverletzten Nerven prüfte.

Piper untersuchte die Erregungswellen, die in den menschlichen Muskeln entlang laufen, sowohl nach künstlicher Reizung des Nervenstammes, wie nach natürlicher Erregung durch das Zentralorgan. Es zeigte sich dabei folgender wesentlicher Unterschied: Die Frequenz der Erregungswellen ist nach künstlicher Reizung allein abhängig von der Frequenz der angewandten Reize. Die Frequenz der Erregungswellen ist bei willkürlicher Innervation erstens abhängig von der Person des Zentrums, das die Erregung dem Muskel zusendet, und zweitens vom Muskel selbst. Denn es tritt in diesem Falle niemals eine neue Erregungswelle im Muskel auf, bevor die alte ganz abgelaufen ist. Es muß eine wirksame Reaktion vom Muskel auf seinen Repräsentanten stattfinden, für die der Duboissche Reizschlitten ganz unempfindlich ist. Daher sind alle Versuche mit künstlicher Reizung des Froschnerven in dieser Hinsicht wertlos und die aus ihnen geschöpften Ansichten hinfällig.

82   Die Seeigel.

Ist das Zentrum mit dem Muskel noch im normalen Zusammenhang, so befinden sie sich in einer dauernden Wechselbeziehung der
Erregung, die man als Druck und Gegendruck bezeichnen kann. Bricht
in diese statischen Beziehungen die dynamische Erregungswelle ein,
so kann sie dieselben wohl zeitweilig ändern, aber niemals aufheben,
das ist für den Menschen ebenso sicher wie für den Seeigel. Ja, der
Seeigel lehrte uns noch mehr, indem er uns zeigte, daß eine Erregungswelle nur in die Repräsentanten der erschlafften Muskel eintritt. Damit wurde der Beweis erbracht, daß die dauernden statischen
Beziehungen der einbrechenden dynamischen Welle ihre Richtung
erteilen.

Dieses merkwürdige Ineinandergreifen der statischen und dynamischen Funktionen am Seeigel darf uns aber nicht dazu verführen,
die Funktionen für gleichartig zu erklären. Denn es gibt noch ein sehr
wichtiges Merkmal, das die beiden Erregungsarten unterscheidet. Bei
Ausübung der statischen Funktionen zeigt es sich, daß alle Repräsentanten dem Zentralreservoir im Radialnervensystem untergeordnet sind.
Es beherrscht eine höchste Station alle übrigen. Für die dynamischen
Funktionen wird diese Stelle ausgeschaltet. Die Erregungswellen passieren die Radialnerven, ohne von den dortigen Zentren irgendwie
gelenkt oder geordnet zu werden. Für die dynamischen Erregungswellen gibt es nur die Repräsentanten, die durch viele intrazentrale
Netze miteinander verbunden sind. Alle Repräsentanten sind einander
beigeordnet ohne jede Spur der Unterordnung.

Die Rezeptoren.

Die Haut der Seeigel ist überall reizbar sowohl durch mechanische
Berührung, wie durch chemisch wirksame Stoffe. Besonders wirksam
sind alle Säuren, selbst in großer Verdünnung. Diese Reize sind zu-
gleich die allgemeinen Nervenreize, die geeignet sind, jede Art von
Nervensubstanz zu reizen ohne Vermittelung besonderer Endapparate.
Die allgemeinen Nervenreize bilden einen gemeinsamen Maßstab, der
in gewissen Grenzen auf alle Tiere anwendbar ist, wenn man ihre
Beziehungen zur Umgebung miteinander vergleichen will. Erst die
Abweichungen von diesem allgemeinen Maßstab charakterisieren die
Besonderheit jeden Falles. Die Abweichung beruht einmal in der
Unterdrückung gewisser allgemeiner Reize, hauptsächlich aber in der
Befähigung, besondere, sonst unter der Schwelle liegende Wirkungen
der Außenwelt in wirksame Nervenreize zu verwandeln.

Bei den Seeigeln wirkt auf die Körperhaut außer den allgemeinen
Nervenreizen besonders ein Reiz, der von dem Feinde aller Seeigel
ausgeht. Dies ist der Schleim des Seesternes Asterias glacialis.

Die Seeigel.   83

Diese Substanz ist für die Haut der Seeigel von spezifischer Giftig-
keit. Läßt man ein abgeschnittenes Füßchen dieses Seesternes in der
Nähe der Seeigelhaut unter Wasser liegen, so beginnt diese alsbald
blasig aufzutreiben, wobei der Zelleninhalt körnig zerfällt. Die zer-
setzende Wirkung des Seesternschleimes übt gleichzeitig einen heftigen
Nervenreiz aus. Es ist die Seeigelhaut gegen den Schleim des Seesternes überempfindlich und doch darf man hierbei nicht von einem
spezifischen Reiz reden. Denn ein spezifischer Reiz verlangt immer
ein spezifisches Rezeptionsorgan, das speziell für ihn gebaut und eingerichtet ist. Wir sprechen in diesem Falle von einem Transformator,
der einen an sich unwirksamen Vorgang der Außenwelt in einen
wirksamen Nervenreiz verwandelt.

In der Seeigelhaut gibt es einen solchen Transformator für das
Licht. Es ist eine Art Sehpurpur, der sich überall vorfindet und durch
Alkohol ausgezogen werden kann. Die alkoholische Purpurlösung
bleicht im Lichte schnell ab. Wir dürfen sie daher in Beziehung zur
Reizbarkeit der Seeigel durch das Licht setzen. Der Reiz des ein-
fallenden Sonnenlichtes wirkt genau wie ein allgemeiner mechanischer
Reiz. Die belichteten Stacheln führen bei sehr reizbaren Arten Bewegungen aus. Die übrigen Seeigelarten begnügen sich mit einer
langsamen Fluchtbewegung oder sie transportieren doch wenigstens
die Gegenstände, die ihre Stacheln belasten, seien es Steine oder
Algenblätter, nach der beleuchteten Stelle hin, und verschaffen sich
auf diese Weise einen Lichtschirm. Der Lichtreiz wird also durch
einen spezifischen Transformator den Nervennetzen übermittelt. Die
von ihm ausgelöste Erregung betrit aber keine besonderen Bahnen,
sondern läuft wie jede andere Erregungswelle ab.

Die erste Andeutung einer spezifischen Behandlung des Lichtreizes in den Nervennetzen findet sich bei denjenigen Arten, die
nicht nur auf Licht, sondern auch auf Schatten reagieren. Die Mehrzahl der tropischen Seeigel und von den Mittelmeerarten Centrostephanus longispinus zeigen deutliche Stachelbewegungen auf Beschattung. Diese Tiere werden vom Sonnenlicht so lange in die
Flucht getrieben, bis sie in die dunkelste Ecke geraten. Dort bleiben
sie still sitzen und strecken ihre Stacheln gleichmäßig nach allen
Seiten aus. Tritt nun irgendeine Verdunkelung am Horizont auf,
mag sie durch eine vorbeiziehende Wolke oder durch einen herannahenden Fisch veranlaßt sein, so schlagen die Stacheln, die von der
Verdunkelung getroffen werden, wie auf einen allgemeinen Hautreiz
zusammen. Dies ist eine Abwehrbewegung, die häufiger eintritt als
nötig, weil die Gegenstände der Außenwelt von den Seeigeln nicht
unterschieden werden.

Den Verlauf des Beschattungsreflexes habe ich eingehend unter-

6*

sucht und folgendermaßen dargestellt: „Die Endigungen der rezeptorischen Fasern sind von lichtempfindlichen Purpur umgeben. Auf ihn wirken die Lichtstrahlen und bei seiner Zersetzung werden die Nervenendigungen gereizt. Nun läuft die Erregung, die sich von nun ab nicht mehr von anders erzeugten Erregungen unterscheidet, den Nerven entlang und tritt in die Hautnervennetze ein. Hier löst sie, wenn sie kräftig genug ist, in den nächstliegenden Reflexzentren der Stacheln einen Reflex aus, der die Stacheln dem Reizort zuführt. Weiter tritt die Erregung in die Ausläufer des Radialnerven ein und dringt ihnen entlanglaufend ins Innere des Körpers ein. Durch die Seitenäste gelangt sie schließlich in den Radialnerv selbst, der dann die Erregung allseitig weiterverbreitet und ihr so die Möglichkeit verschafft, wiederum an die Außenfläche zu kommen und in alle eingeklinkten Reflexzentren einzudringen, die nach dem Reflexorte zu schauen. Hier wird überall eine Muskelbewegung ausgelöst und der Fluchtreflex tritt ein.

Beim Passieren der Radialnerven erhöht die Erregung den Tonus in den bipolaren Zellen, und zwar mit steigender Intensität in steigender Anzahl. So lange die Erregung den Radialnerven durchläuft, so lange findet auch eine dauernde Ladung der Tonuszentren statt. Im Moment, wo außen das Licht abgeschnitten wird und mit der Purpurzersetzung auch die Erregung aufhört, geben die Tonuszentren ihre Ladung in Form von Erregung wieder den Nerven ab, denen sie beigeschaltet sind, und nun durchläuft die Erregung den gleichen Weg in umgekehrter Richtung nach ihrer Ursprungsstätte zurück, tritt ins Hautnervennetz ein und löst in den Reflexzentren der Stacheln wiederum eine Bewegung aus, die der zuerst ausgelösten gleichen muß, da sie an den gleichen Orten anpackt wie früher."

Ob es wirklich die bipolaren Zellen sind, die als Reservoire für die Erregung oder den Tonus angesprochen werden müssen, ist zweifelhaft. Unzweifelhaft aber scheint mir, daß sich eine gewisse Anzahl von den allgemeinen Reservoiren abgespalten haben müssen, um nun dem speziellen Zweck des Schattenreflexes zu dienen. Dadurch ist die erste Andeutung einer gesonderten Anlage der Photorezeption gegeben. In allen anderen Tieren werden Licht- und Schattenreflex von dem gleichen Organ ausgelöst. Auch hierin sind die Seeigel von grundlegender Bedeutung, weil sie uns erlauben, auch diese eng zusammengehörigen Reflexe dank ihrem anatomischen Bau experimentell gesondert zu behandeln. Zu bemerken ist noch, daß alle Seeigel, die eine hohe Lichtempfindlichkeit besitzen, besondere Pigmentzellen in der Haut tragen, die als Lichtschirm wirken. Sie bewirken es, daß Centrostephanus im Dunkeln weiß wird, im Sonnenlicht aber schwarz erscheint.

Die Seeigel.   85

Alle Seeigel besitzen um den Mund herum besondere Organe, die wahrscheinlich die Nahrungssuche vermitteln. Sie sind aber noch nicht untersucht worden und können daher hier keinen Platz finden. Ebenso übergehe ich die Funktion der Saugfüße, die teils dem Tasten, teils der chemischen Rezeption, teils der Atmung und schließlich der Fortbewegung dienen, weil das Zusammenarbeiten dieser Funktionen noch nicht genügend analysiert ist. Auch das Arbeiten des komplizierten Kauapparates, der sogenannten Laterne des Aristoteles, muß ich übergehen.

Spezieller Teil.

Arbacia pustulosa.

Der einfachste Seeigel ist die schwarzbraune Arbacia pustulosa, die ihr Leben in der Brandungszone verbringt, die Algendecke der Felsen abweidend. Sie preßt sich in alle Vertiefungen hinein dank ihren außerordentlich kräftigen Saugfüßen und streckt ihren langen, starren Stachelwald allseitig nach außen. Ihre Stacheln sind alle gleichlang, sehr hart und sehr spitz. Die Sperrmuskeln überwiegen sehr stark gegenüber den Bewegungsmuskeln, ein Zeichen, daß wir es mit einem seßhaften Seeigel zu tun haben.

Starke Eingriffe durch Erschütterung und chemische Reize beantwortet das Tier mit einem lang andauernden Anspannen seiner gesamten Sperrmuskulatur. In diesem Stadium ist es unmöglich, die Stacheln zu beugen, eher brechen sie ab. In dieser Stellung erwartet Arbacia den Erbfeind aller Seeigel, den Seestern Asterias glacialis, sobald der Reizstoff, der von seinem Schleim ausgeht, ihre Haut getroffen hat. Der schöne Stachelwald schützt Arbacia besser vor ihrem Feinde, als all die komplizierten Werkzeuge der anderen Seeigelarten.

Einer mechanischen Hautreizung ist Arbacia nur selten ausgesetzt, weil bei jeder unsanfteren Berührung die Stacheln zusammenfahren und dem nahenden Eindringling eine spitze Stachelbürste entgegenstrecken, die jede Passage versperrt. Es ist schwierig, Arbacia zur Flucht zu bewegen, da sie auf chemische und mechanische Reize ihre Stachelmuskeln sperrt. Nur durch einseitiges Einleiten von kohlensaurem Seewasser gelingt es, sie zum Verlassen ihres Standortes zu bringen.

Bekanntlich verkürzen sich alle dem Reizort zugekehrten und erschlafften Stachelmuskeln, sobald eine Erregung zu ihnen dringt, und schieben dabei den Gegenstand, der sie zum Erschlaffen brachte, dem Reizorte zu. Ist dieser Gegenstand der Erdboden, so flieht der Seeigel vor dem Reiz.

Legt man eine Arbacia auf den Rücken, so beginnen jetzt die gedrückten Rückenstacheln Fluchtbewegungen zu machen, und zwar macht es den Eindruck, als ginge der Reiz, der sie zum Fliehen veranlaßt, von der Mundmembran aus. Kommt Arbacia bei diesen Bewegungen an eine Stelle, die bergauf führt, so ist sie gerettet. Denn nun finden die langen Mundfüße Gelegenheit, den Boden zu fassen und den Tierkörper umzudrehen. Die Rückenfüße ermangeln bei Arbacia der Haftscheiben und dienen bloß zum Tasten und Atmen. Auf einer ebenen Fläche ist die auf dem Rücken liegende Arbacia verloren. Sie stellt ihre resultatlos verlaufenden Gehbewegungen nach einiger Zeit ein und geht bald zugrunde.

Arbacia ist, wie die meisten Seeigel, von peinlichster Sauberkeit. Sie kann sich aber nicht selbst reinigen, sondern überläßt dies Geschäft dem Wellenschlag. Deshalb ist sie im Aquarium bald mit ihren eigenen Exkrementen bedeckt, die man durch kräftige Wasserbewegung entfernen muß, um das Tier gesund zu erhalten.

Centrostephanus longispinus.

Der nächste Seeigel, den wir betrachten, besitzt gleichfalls lange Stacheln, die eine Länge von 7 cm erreichen können, außer diesen Hauptstacheln aber noch zahlreiche mittlere und kürzere Stacheln von 1 bis 2 cm Länge. Alle diese Stacheln sind zarte Röhren, dicht besetzt mit feinen, nach außen zu strebenden Spitzen, so daß sie unter der Lupe überschlanken gotischen Münstertürmen gleichen. Jeder Fremdkörper, der sich der Körperhaut nähern will, wird von diesen Spitzen aufgehalten und mit Leichtigkeit abgestreift.

Nahe Verwandte des Centrostephanus, die in den Tropen wohnen, tragen ihre lanzettartig geschliffene Stachelspitze in einem häutigen Beutel, der mit Gift gefüllt ist — eine recht bösartige Waffe.

Seinem Stachelbau entsprechend, besitzt Centrostephanus eine ganz andere Muskulatur als Arbacia. Während Arbacia hauptsächlich Sperrmuskulatur aufwies, ist bei Centrostephanus fast die gesamte Muskulatur zu Bewegungsmuskeln geworden. Daraus allein läßt sich schließen, daß wir es hier mit dem Renner unter den Seeigeln zu tun haben, der nicht im festen Widerstande, sondern in der Flucht sein Heil suchen wird.

Die Muskeln von Centrostephanus geraten sehr schwer in Sperrkampf. Auch vermögen sie nur gerade noch ihren eigenen leichten Körper zu tragen, nicht aber einem starken Drucke zu widerstehen.

Sehr interessant ist bei Centrostephanus zu beobachten, wie durch eine nur geringe Abweichung im Bau der nervösen Verbindung ganz neue Effekte erzielt werden können. So besitzt Centrostephanus im Umkreise des Anus fünf bis acht kleine Stacheln mit kolbenförmigem Ende, die fast immer in kreisender Bewegung sind. Sie sind ganz

Die Seeigel.   87

besonders spärlich mit Sperrmuskeln versehen und vermögen sich
nicht mehr aufrecht zu erhalten, wenn der Seeigel aus dem Wasser
genommen wird, sondern sinken auf die Schale nieder. Ihre Muskeln
werden daher besonders leicht von Erschlaffung befallen und sind
jeder Erregung ausgesetzt. Um sie still zu stellen, muß man die
Radialnerven entfernen und sie dadurch dem Beschattungsreflex ent-
ziehen. Berührt man die Haut im Umkreise eines solchen Stachels
dreimal nacheinander, so neigt sich der Stachel dem ersten Reizorte
zu und fährt dann, in geneigter Lage verbleibend, nach dem zweiten
und dann nach dem dritten Reizorte hin. Darauf kehrt er aber nicht
zur Ruhelage zurück, sondern fährt noch lange fort sich in der durch
die Reizfolge gegebenen Richtung im Kreise zu drehen. Dieses
Drehen ist in Wahrheit ein Verbeugen nach allen Richtungen hin,
denn es wird hervorgerufen durch die immer wiederholte Verkürzung
der einzelnen Muskelstränge, die nacheinander in Tätigkeit geraten.
Es ist sicher, daß die Erregung dabei im Nervenring kreist, der bei
diesen Stachen besonders innige Verbindungen der einzelnen Zentren
untereinander aufweisen muß. Nachdem von außen der Anlaß und
die Richtung gegeben sind, kann der Stachel automatisch im Kreisen
fortfahren, da jede Verkürzung der Muskeln auf der einen Seite die
Antagonisten, auf der anderen zur Erschlaffung bringt, die dann die
Erregung zu sich heranziehen. Somit ist jede Bewegung selbst die
Ursache zur Fortsetzung der Bewegung. Man hat es dabei völlig in
der Hand, die Drehungsrichtung der kreisenden Stacheln beliebig zu
ändern, indem man sie mit einem spitzen Gegenstand anhält. Dann
beginnen sie in der entgegengesetzten Richtung zu kreisen.

Die kreisenden Analstacheln dienen vermutlich der Reinlichkeit,
die an dieser Stelle besonders gepflegt werden muß, weil die Oberseite der Schale, die der Verunreinigung durch die Exkremente am
meisten ausgesetzt ist, zugleich in besonders hohem Maße der Licht-
rezeption dient.

Von Centrostephanus können wir noch eine prinzipielle Neuerung
lernen, die im allgemeinen Organisationsplan noch nicht aufgeführt
wurde. Durch geeignete Schnittführung kann man die eine Hälfte
eines Stachels mit der benachbarten Hautpartie völlig isolieren und als
einen besonderen Reflexapparat behandeln. Reizen wir die Haut
dieses Reflexapparates mechanisch, so verkürzen sich die Muskeln wie
immer und der Stachel neigt sich dem Reizorte zu. Reizen wir aber
die Haut mit einem Salzkristall, so erschlaffen die Muskeln und der
Stachel neigt sich vom Reizorte fort.

Dieses Umschlagen des Reflexes kann nicht allein in einer gesteigerten Intensität der Erregung gesucht werden, denn eine auf
einen gesteigerten mechanischen Reiz auftretende starke Erregung

ruft immer nur Verkürzung und Sperrung hervor, aber niemals Erschlaffung. Es muß auch die Plötzlichkeit der neu auftretenden Erregung für diesen Umschlag verantwortlich gemacht werden. Wenn
in der Zeiteinheit aus dem gleichen Rohr mehr Wasser herausfließt,
so steht dieses Wasser unter erhöhtem Druck und vermag andere
Wirkungen auszuüben, als dss mit schwachem Druck ausfließende
Wasser. In übertragener Bedeutung können wir auch von einem
höheren Erregungsdruck sprechen und sagen, die Erregung, die unter
hohem Druck an die Repräsentanten von Centrostephanus gelangt,
füllt diese nicht langsam mit Erregung an, sondern drückt sie plötzlich maximal auseinander. In die so erweiterten Reservoire fließt die
Erregung aus den Muskeln ab und die Muskeln erschlaffen.

Die Bedeutung dieser Einrichtung liegt in der Erleichterung der
Flucht. Centrostephanus flieht auf den langen Hauptstacheln vor dem
Feinde. Solche Stacheln sind nur in beschränkter Anzahl vorhanden.
Darum müssen sie alle mittun. Es würde den Erfolg der Flucht in
Frage stellen, wenn ein Teil dieser Stacheln starr gesperrt nach hinten
gerichtet bliebe.

Centrostephanus ist, wenn man so sagen darf, ein nervöses Tier,
sehr leicht und sehr stark erregbar durch alle Änderungen seiner Umwelt und dabei trotz seiner Vielseitigkeit so einfach organisiert.

Die kurzstacheligen Seeigel.

(Sphaerechinus, Toxopneustes, Echinus.)

Die kurzstacheligen Seeigel bilden eine Gruppe für sich, die durch
sehr charakteristische Eigenschaften verbunden ist. Trotz der Ver-
schiedenheit in Bau und Lebensweise zeichnen sich alle kurzstacheligen
Seeigel durch den Besitz von vier verschiedenen Zangenarten aus,
mit denen ihr Körper an allen Stellen zwischen den Stacheln besäet
ist. Die kurzstacheligen Seeigelarten zerfallen unter sich wieder in
zwei Gruppen, in dicht bestachelte und spärlich bestachelte.

Die Funktion der Stachel ist bei diesen beiden Gruppen eine
verschiedene und wir müssen erst auf diesen Unterschied eingehen,
bevor wir auf die „Pedicellarien" genannten Zangen zu sprechen
kommen. Der große Echinus acutus ist nur an der Unterseite dicht
mit Stacheln bedeckt, die bei diesem schweren Tier das Gehen auf
ebenen Flächen allein besorgen, während ein leichter Seeigel, wie
Toxopneustes lividus, von seinen Saugfüßen getragen, leicht einherschweben kann. Die Stacheln von Echinus marschieren in ausge-
sprochenem Takt. Sie zeigen auch am deutlichsten das Phänomen
der Erschlaffungsübertragung von Nachbar- auf Nachbarstachel. Auf
der Oberseite ist Echinus nur spärlich bestachelt. Er lebt in größeren

Die Seeigel.   89

Tiefen als die anderen Arten und muß dort weniger Schädigungen der Haut ausgesetzt sein.

Für die dicht bestachelten Arten bildet der Stachelwald außer einem Schutzmittel auch eine Falle für die Beute. Es ist öfter beobachtet worden, daß eine Mantis mit ihren Schlagscheren nach einem Sphaerechinus schlagend ihre Schere nicht mehr aus dem Stachelwald zurückzuziehen vermochte. Die Stacheln fahren, wie wir wissen, nach dem Reizorte zusammen, und dauert die Reizung an, so setzt die Sperrung ein. Es legen sich dann die Stacheln wie ein dichter Zaun über das feindliche Glied und verharren regungslos, bis die Saugfüße zugefaßt haben um den Transport der Beute nach dem Munde zu übernehmen. Da Sphaerechinus noch die Neigung zeigt, alles, was ihm in den Weg kommt, Steine und Algenblätter, sobald sie seine Stacheln belasten, auf den Rücken zu schieben, so maskiert er sich dadurch vollkommen und verwandelt sich, wie das D o h r n zuerst beobachtet hat, in eine gefährliche Krebsfalle. Die mitgeführten grünen Algenblätter liefern ihm zugleich ein willkommenes Sauerstoffreservoir.

Während Centrostephanus auf den Rücken gelegt durch zwei Schläge seiner beweglichen langen Stacheln den Erdboden wieder unter seine Mundfläche schiebt und so wieder in die richtige Lage kommt, brauchen die großen kurzstacheligen Seeigel längere Zeit, um von der Rückenlage in die Mundlage zu gelangen. Am meisten wirkt die Form ihres Körpers dabei mit. Sie gleichen mehr oder minder einer Kugel, die man einseitig glatt abgeschnitten hat. Die glatte Fläche ist die Mundfläche. Wenn das Tier auf der Mundfläche ruht, so ist die Last des Körpers auf viel zahlreichere Stacheln verteilt, als wenn der Körper auf die runde Rückenfläche zu liegen kommt. In dieser Lage beugen sich die wenigen, aber stark belasteten Stacheln allseitig ganz fort, so daß das Tier mit der Körperschale unmittelbar auf dem Boden ruht. Nun braucht es nur eines geringen Reizes, der von der Mundfläche ausgeht, um die gedehnten Stachelmuskeln, die zur Mundfläche hinsehen, in Kontraktion zu versetzen. Dadurch geben sie dem runden Körper einen leisen Stoß und dieser rollt ohne Schwierigkeiten in die Mundlage zurück. Wird einem auf der Seite liegenden Sphaerechinus ein stärkerer mechanischer Reiz vom Anus aus erteilt, so rollt der Seeigel in die umgekehrte Lage und kommt mit dem Anus anstatt mit dem Munde nach unten zu liegen.

Von der Reflexumkehr auf chemischen Reiz, die wir bei Centrostephanus kennen lernten, machen die kurzstacheligen Seeigel noch einen besonderen Gebrauch. Die kleinen Exkrementkügelchen, die aus dem am Zenith der Schale gelegenen Anus austreten, müßten, wenn sie hier liegen blieben, das Tier verunreinigen, wie wir das an Arbacia gesehen haben. Sie bleiben aber nicht liegen, weil die nächsten Stacheln auf den chemischen Reiz des Exkrementes durch Muskelerschlaffung zurückschlagen und die kleinen Kugeln herabrollen lassen. Es braucht aber nicht jeder Stachel auf dem Wege hinab einen neuen chemischen Reiz, um die Passage freizugeben. Der Druck der oberen Stacheln auf die unteren genügt, um diese herabzubeugen. Daß keinerlei nervöse Reflexe dabei eine Rolle spielen, davon überzeugt man sich leicht, indem man einen Sphaerechinus an seinem Äquator in eine obere und untere Schalenhälfte auseinandersprengt und dann die beiden Schalenhälften wieder aneinanderfügt. Auch in diesem Falle wird jede von einem chemischen Reiz am Anus erzeugte Beugebewegung der Stacheln, die Schalenlücke überspringend, sich bis an die Mundmembran hinab fortsetzen.

Die Pedicellarien.

Unter Pedicellarien versteht man kleine, auf beweglichen Stielen stehende dreizinkige Zangen, die je nach ihrer Bauart verschiedenen Zwecken dienen.

Die Putzzangen sind die kleinsten Pedicellarien, sie haben drei breite blattförmige Zangenglieder, mit denen sie auf der Haut herumkratzen und alle Unreinigkeiten entfernen. Oft sieht man zwei Zangenglieder ein Körnchen fassen, um es mit dem dritten zu zerklopfen.

Die übrigen drei Zangenarten müssen gemeinsam betrachtet werden, da sie sich gegenseitig ergänzen. Die langen, dünnen, leichtbeweglichen Klappzangen haben die Aufgabe, die zartere Beute, etwa vorbeischwimmende kleine Würmchen, zu packen. Die kurzen, kräftig zufassenden Beißzangen sind geeignet, die dünnen Beine kleiner Krebse zu fassen, die dem Stachelzaun durch ihre Biegsamkeit entgleiten. Die großen, Drüsen tragenden Giftzangen beißen sich in die Saugfüße des Seesternes fest, vor dessen chemischen Reiz die Stacheln sich fortneigen.

Die Unterscheidung zwischen Würmern, Krebsen und Seesternen geschieht nach dem Stärkegrade der von diesen Tieren ausgehenden Reize. Die drei fremden Tierarten in der Umgebung der Seeigel bedeuten für die Umwelt des Seeigels nichts weiter als schwache, mittlere und starke Reize.

Am ruhenden Tier liegen alle Pedicellarien auf der Schale zwischen den immer aufrecht stehenden Stacheln. Das Stielgelenk der Pedicellarien unterscheidet sich nicht vom Stachelgelenk. Aber seine Zentren nehmen nicht teil am allgemeinen Erregungsdruck, der vom Radialnervensystem ausgeht. Sie sind daher nicht dauernd geladen wie die Repräsentanten der Stachelmuskeln, sondern bedürfen vor

Die Seeigel.   91

dem Gebrauch einer jedesmaligen Ladung durch eine besondere Erregung. Erst dann verkürzen sich die Stielmuskeln, richten den Stiel auf und machen die Zange gebrauchsfertig. Die Stielmuskelzentren der drei Zangenarten werden entsprechend dem Gebrauch, dem die Zange dient, durch verschieden starke Erregungen geladen, durch schwache, mittlere und starke. Unter schwach und mittel sind dabei verschiedene Grade der mechanischen Reizung, unter stark ist chemische Reizung zu verstehen. Auf diese Weise gelingt es, für verschiedene fremde Objekte stets die passende Zange bereitzuhalten. Ferner muß dafür gesorgt werden, daß die nicht mehr passende Zange verschwindet. Das geschieht mit Hilfe des neu eintretenden stärkeren Erregungsdruckes, der die Zentren der nicht mehr zusagenden Zange dehnt und ihre Gefolgsmuskeln zur Erschlaffung bringt. So vertreibt ein starker mechanischer Reiz die vom schwachen Reiz hervorgerufenen Klappzangen, während er die Beißzangen hervorlockt. Ein chemischer Reiz vertreibt wiederum die Beißzangen und mit ihnen zusammen die Stacheln, zaubert aber dafür die Giftzangen hervor.

Dies kann man sich, wie wir bereits gesehen, nach Analogie der veränderten Wirkung eines unter höherem Druck hervorspritzenden Wasserstrahls klar machen. Nur bilden die Zentren der Stielmuskeln bei den Giftzangen ganz besonders gebaute Apparate. Die Erregung, die vom chemischen Reiz ausgeht, und die sonst alle Zentren lähmt, reicht gerade hin, um sie so weit zu laden, daß die Stielmuskeln die Zange aufrecht stellen. Ist das geschehen, so neigen sich die Stiele der Zangen, wie alle Stacheln dem Reizorte zu, sobald eine Stelle in ihrer Nähe gereizt wird.

Hier wird zum ersten Male die biologisch-technisch interessante Frage gelöst: Wie macht es die Natur, wenn das Nervensystem nicht Einzelreize, sondern Reizgruppen gesondert behandeln soll. Die Stielmuskeln der Giftzangen antworten auf eine Kombination von chemischen und mechanischen Reizen anders als auf einfache, chemische oder mechanische Reize. Denn sobald der chemische Reiz zu wirken aufgehört hat und die Stielmuskeln der Erschlaffung anheimzufallen beginnen, antworten ihre Zentren auf jeden neuen mechanischen Reiz nur mit einer stärkeren Erschlaffung ihrer Gefolgsmuskeln. In diesem Falle neigt sich die Giftzange vom Reizort fort, dem sie sich vorher genähert hatte.

Das gleiche Phänomen zeigt sich bei den Stacheln. Wenn man durch andauernde chemische Reizung ihre Muskeln in zunehmende Erschlaffung gebracht hat, so bewirkt jeder neue Reiz, der während der Periode der Erschlaffung einsetzt, eine weitere Zunahme der Erschlaffung und der Stachel neigt sich vom Orte der mechanischen Reizung fort, dem er sich sonst unweigerlich nähert.

Wir lernen hieraus die wichtige Tatsache kennen, daß ein Zentrum
im Stadium der zunehmenden Lähmung sich neuen Erregungen gegenüber anders benimmt, als im Stadium der abnehmenden Lähmung
oder der Ruhe. Das läßt sich so formulieren: Die neue Erregung
wird von den Zentren bei zunehmender Lähmung mit Zunahme, bei
abnehmender mit Abnahme der Lähmung beantwortet.

Ein Seesternfüßchen, das sich die Haut eines Seeigels nähert,
reizt diese durch seinen Schleim erst chemisch dann mechanisch.
Die vom mechanischen Reiz ausgehende Erregung trifft die Stachel-
zentren infolge der voraufgegangenen chemischen Reizung im Stadium
der Lähmungszunahme, die Stielmuskelzentren der Giftzangen aber
im Stadium der Lähmungsabnahme. Infolgedessen neigen sich die
Stacheln vom Reizorte weg, die Giftzangen dem Reizorte zu. Damit
ist der biologische Zweck erreicht, den Feind, der sich aus den
Stacheln nichts macht, den Giftbatterien gegenüberzustellen.

Wir wenden uns jetzt den Leistungen der Zangenglieder zu.
Jedes Zangenglied aller vier Zangenarten ist nach außen zu mit zwei
Öffnern, nach innen mit zwei Schließern verbunden, die zu seinen
Nachbarn gehen. Die drei Zinken sind immer gelenkig eng miteinander verbunden. Mit dem Kalkstiel stehen sie durch drei Flexoren
in Verbindung. Ich übergehe weitere Einzelheiten und betrachte bloß
die Reflexe der Öffnung und Schließung.

Bei den Klapp- und Beißzangen liegen die Verhältnisse einfach.
Wird die Haut auf der Außenseite mechanisch gereizt, so antworten
die Öffner, wird die Innenseite gereizt, so antworten die Schließer,
die bei den Klappzangen aus quergestreifter Muskulatur bestehen.
Chemische Reizung hebt alle Reflexe auf. Dieser Umstand wird
wiederum von der Natur in genialer Weise ausgenutzt.

Da die Pedicellarien von keinem Zentralnervensystem aus dirigiert
werden, sondern ganz selbständig auf jeden mechanischen Reiz, der
die Innenseite ihrer Zangen trifft, zubeißen, so liegt die Gefahr nahe,
daß sie in einen dauernden Krieg untereinander und mit den Stacheln
geraten. In Wirklichkeit ist es aber nur eine seltene Ausnahme, daß
zwei Klappzangen bei ihrem Hin- und Herpendeln aneinanderschlagen
und sich gegenseitig verbeißen. Aber auch in diesem Falle lassen
sie gleich wieder los. Es zeigt sich nun, daß selbst vom Tier ab-
gelöste Beiß- und Klappzangen, die bei der geringsten Berührung
jedes beliebigen Gegenstandes zubeißen, alle Organe, die mit der
Haut ihrer eigenen Art überzogen sind, respektieren. Es genügt aber,
einen Stachel, der bisher nicht angegriffen wurde, einen Augenblick
in kochendes Wasser zu tun oder einer Pedicellarie die Haut abzu-
ziehen, um sie dadurch in Fremdkörper zu verwandeln. Daraus habe
ich geschlossen, daß es einen Stoff in der Haut gibt, dessen chemische

Die Seegel.   93

Wirkung für gewöhnlich unter der Schwelle liegt, aber sofort hervor-
tritt, wenn sich zwei Hautstellen berühren. Ich habe diesen Stoff
Autodermin genannt und die Erscheinung der Reflexunterdrückung
durch chemische Selbstreizung nenne ich Autodermophilie.

Wir nähern uns jetzt dem kompliziertesten Organ der Seegel,
dem Kopf der Giftzangen. Aufgabe dieses kleinen Meisterwerkes ist
es, sich so fest in den Feind zu verbeißen, daß es wie ein vergifteter
Pfeil im Fleische stecken bleibt. Die Feinde sind neben Asterias
glacialis noch einige säurebildende Nacktschnecken. Jede Giftzange
ist nur für einen einzigen Biß berechnet, deshalb muß besondere
Sorgfalt darauf verwendet werden, daß sie ihr Ziel nicht verfehlt. Der
Kopf der Giftzange beherbergt drei koordinierte Reflexapparate, die
so genau ineinandergefügt sind, daß der wirksame Biß unter normalen Umständen völlig gesichert erscheint.

Wir unterscheiden erstens die dünnen Öffner, die auf leichten
chemischen Reiz sich mit den Stielmuskeln zusammen verkürzen.
Infolgedessen zeigt die aufrechtstehende Giftzange immer weit geöffnete
Zinken. In diesem Stadium wirkt jeder mechanische Reiz auf der
Außenseite oder Innenseite, appliziert immer nur Reflex auslösend
auf die Öffner. Wir unterscheiden zweitens die Muskeln der Gift-
drüse, die sich immer nur auf starken chemischen Reiz zusammenziehen und den Drüseninhalt in dünnem Strahle nahe der Zinkenspitze
hinauspressen. Drittens unterscheiden wir die sehr starken Schließer.
Diese zeigen bei verschiedenen Arten eine verschiedene Erregungs-
weise. Bei Sphaerechinus werden die Schließer durch den immer
stärker werdenden chemischen Reiz des herannahenden Feindes zur
Verkürzung gebracht. Die Zangen sind aber durch die Tätigkeit der
vorher erregten Öffner so weit zurückgebogen, daß die Schließer
hinter ihr Gelenk zu liegen kommen. Ihre Verkürzung öffnet daher
die Zange nur noch stärker. Durch diese Bewegung wird das Gelenk
selbst ganz nach vorne gebracht. Jeder mechanische Druck, der vom
Feinde auf das übergeschnappte Gelenk ausgeübt wird, bringt es
zum Zuschnappen. Worauf erst die Kontraktion der Schließer zur
vollen Wirkung gelangt und die spitzen Zähne der Zinken tief ins
feindliche Fleisch treibt. Der Kanal der Giftdrüsen war, solange die
Zinken zurückgeschlagen blieben, abgeknickt. Daher konnte die Drüse,
obwohl ihre Muskeln in Kontraktion waren, ihren Inhalt nicht entleeren.
Erst jetzt, nachdem die Zinken zugeschnappt sind, wird der Kanal
gerade gezogen und das Gift tritt aus. Auf diese Weise ist dafür
gesorgt, daß nur nach starker chemischer Reizung und wirklich er-
folgter Berührung die Zange zubeißt und Gift speit.

Bei Toxopneustes lividus ist der Vorgang noch merkwürdiger.
Hier finden wir gleichfalls nach voraufgegangenem leichten chemischen

Reiz die Giftzangen geöffnet aufrecht stehen. Am weitesten nach vorne gerichtet befindet sich ein kleiner häutiger Hügel, der sich sonst in der Tiefe der geschlossenen Zange verbirgt. Dieser Hügel ist mit langen, lebhaft wimpernden Haaren bedeckt. Steigert sich die Wirkung der chemischen Reize beim Herannahen des Feindes, so verwandelt sich dieser wimpernde Hügel vor unseren Augen in ein Tastorgan. Die Wimpern stehen plötzlich still, starr nach vorne gerichtet, und der mechanische Reiz, der bisher von hier aus wie von jeder anderen Stelle nur die Öffner erregte, löst jetzt die Kontraktion der Schließer aus, die zusammenfahrend die Zinken in den Feind treiben. Bei dieser Annäherung wird der chemische Reiz so stark, daß auch die Drüsenmuskeln sich verkürzen und das Gift in die Wunde spritzen.

Wir sehen uns drei verschiedenen Methoden gegenüber, welche die Seeigel anwenden, um eine Kombination von chemischen und mechanischen Reizen durch einen spezifischen Reflex zu beantworten. In allen drei Fällen wird der chemische Reiz, der den Seeigel früher trifft als der mechanische, dazu benutzt, um den Reflexapparat einzustellen. Bei Toxopneustes wird durch den chemischen Reiz ein Tastorgan ad hoc geschaffen. Diese Methode kann wohl angewandt werden, wenn der Reflex nur ein einziges Mal auftreten soll, was für die Giftzangen der Fall ist. Sphaerechinus bedient sich eines feinen mechanischen Apparates, der durch den chemischen Reiz gespannt wird und beim ersten Druck losschießt wie eine Armbrust. Auch diese Methode wird schwerlich eine allgemeine Verbreitung finden können. Nur die Methode, die bei den Stielmuskeln aller Giftzangen angewandt wird, beansprucht höhere Bedeutung. Hier wird durch den chemischen Reiz ein Zentrum geladen, das erst dadurch die Fähigkeit erlangt, den mechanischen Reiz mit einer Verkürzung der Gefolgsmuskeln zu beantworten.

Die Umwelt.

Die Behandlung der Reizkombinationen durch die Seeigel ist deshalb so wichtig, weil damit die Frage nach der Beschaffenheit der Umwelt gelöst wird. Die Gegenstände, die wir in der Umgebung der Seeigel bemerken, besitzen gar keine anderen Mittel, um als selbständige Individualitäten einzuwirken, denn durch Erzeugung von Reizkombinationen, die für sie allein charakterisch sind. Oder anders ausgedrückt, ein Seeigel kann keine Kenntnis von den Gegenständen seiner Umgebung erlangen, wenn er nicht imstande ist, charakteristische Reizkombinationen von den einzelnen Gegenstandsarten in Erregungen zu verwandeln. Die von den Reizkombinationen erzeugten Erregungen müssen ferner imstande sein, gesonderte Wirkungen im Seeigel auszuüben, damit man von einer wirklichen Gegenstands-

Die Seeigel.   95

wirkung reden darf. Sonst bleibt es bei unvereinten Reizen, und die
Umwelt der Tiere enthält dann wohl Eigenschaften, aber keine
Gegenstände.

Die Umgebung der Seeigel, wie sie sich unserem Auge darstellt,
ist leicht aufgezählt: Wasser, Felsboden, kleine Steine, Algen, Licht,
für einzelne Arten auch Schatten, ferner Beutetiere, wie Krebse und
Würmer, und endlich als Feinde Seesterne und Nacktschnecken. Diese
Gegenstände existieren für das Nervensystem der Seeigel samt und
sonders nicht. Für die Seeigel gibt es nur schwache und starke Reize,
die schwache und starke Erregungen auslösen, hin und wieder eine
Kombination von schwachen und starken Reizen, die aber nicht weiter
unterschieden wird. Der einzige Reiz, der sich einer gesonderten Behandlung erfreut, ist der Schatten. Alle übrigen Reize erzeugen immer
nur Erregungen, die unterschiedslos im allgemeinen Nervennetz ihren
Weg suchen müssen.

Selbst wenn wir uns das Vergnügen machen wollen, und ganz
bewußt unsere Seele dem Zentralnervensystem der Seeigel zugrunde
legen (was die vergleichenden Psychologen unbewußt tun), so können
wir doch von einem solchen Nervensystem nie etwas anderes erfahren
als einzelne Empfindungen. Nur im Stiel der Giftzangen würde unsere
Seele zwei verkoppelte Empfindungen erhalten. Was aber für unsere
Seele am verwunderlichsten wäre, das wäre die Unmöglichkeit, dem
Körper einen einheitlichen Impuls zu erteilen.

Wohl gibt es die zentral gelegenen Reservoire, die den allgemeinen Erregungsdruck regulieren, aber die einzelnen Reflexe laufen
durchaus selbständig ab. Nicht bloß jedes Organ, sondern auch jeder
Muskelstrang mit seinem Zentrum handelt völlig eigenmächtig. Daß
dabei doch noch etwas Vernünftiges herauskommt, ist nur das Ver-
dienst des Planes, nach dem die selbständigen Einzelteile so zusammen-
passen, daß immer und überall der Nutzen des Gesamttieres gewahrt
bleibt. Man kann deshalb die Seeigel eine Reflexrepublik nennen und
den Unterschied gegenüber den höheren Tieren dadurch anschaulich
machen, daß man sagt: Wenn der Hund läuft, so bewegt das Tier
die Beine — wenn der Seeigel läuft, so bewegen die Beine das Tier.

Es herrscht im Seeigel, um das Wesentliche nochmals hervorzu-
heben, nicht der einheitliche Impuls, sondern der einheitliche Plan,
der die ganze Umgebung des Seeigels mit in seine Organisation
hineinzieht. Er wählt von den nützlichen und feindlichen Gegenständen der Umgebung diejenigen Wirkungen aus, die als Reize für
den Seeigel geeignet sind. Diesen Reizen entsprechen abgestufte
Rezeptionsorgane und Zentren, die auf verschiedene Reize verschieden
antworten und dabei die Muskeln erregen, welche die vom Plan vorgesehenen Bewegungen ausführen müssen.

96   Die Seeigel.

So ist auch der Seeigel nicht einer feindlichen Außenwelt preisgegeben, in der er einen brutalen Kampf ums Dasein führt, sondern
er lebt in einer Umwelt, die wohl Schädlichkeiten neben Nützlich-
keiten birgt, die aber bis aufs letzte so zu seinen Fähigkeiten paßt,
als wenn es nur eine Welt gäbe und einen Seeigel.

Die Herzigel.
(Echinocardium caudatum.)

Dem Meeresboden fehlt der Humus, jenes feuchte, plastische
Material, das von unzähligen Rissen durchzogen, tausend wohlgelüftete
Kammern bildet, in denen sich große und kleine Tiere durch Er-
weiterung der nachgiebigen Wände wohnlich niederlassen können.

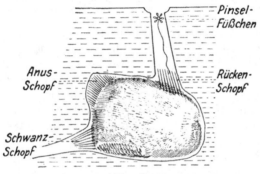

Abb. 7 [1]).

An Stelle des Humus tritt am Meeresboden der Sand, der auch, wie
der Humus, fein verteiltes organisches Material beherbergt, das bescheidenen Ansprüchen vollauf zur Nahrung genügt. Dafür fehlen
dem Sande die plastischen Eigenschaften und die Durchlüftung. Der
Sand fällt immer wieder in sich zusammen und schließt beim Zurück-
sinken die eingeschlossenen Höhlen hermetisch gegen das Seewasser
ab. Dadurch wird den Tieren, die solche Sandhöhlen bewohnen, der
notwendige Sauerstoff abgeschnitten und sie sind alle dem Erstickungs-
tode preisgegeben, wenn sie nicht besondere Hilfsmittel besitzen, die
ihnen die Wasserzufuhr sichern. Es gibt verschiedene solcher Hilfsmittel, die wir bei Sipunculus, den Anneliden und den Herzigeln
kennen lernen. Das einfachste besteht darin, Löcher mit großer
Kraft in den Sand zu stoßen. Dadurch wird der Sand ringsum zu-
sammengepreßt und gewinnt einen gewissen Halt. Sipunculus, der
dieses Mittel anwendet, überzieht außerdem die Innenseite der von

---

[1]) Nach: Kafka, Einführung in die Tierpsychologie. Bd. I.

Die Seeigel.   97

ihm in den Sand gestoßenen Höhle mit Schleim. Der Schleim wird
sehr allgemein angewandt, und speziell zum Verkleben der nassen
Sandkörner ausgebildet. Auch die Anneliden, die tief im Sande leben,
bekleiden ihre vertikalen Höhlen mit einem besonderen Klebstoff.
Den ausgiebigsten Gebrauch von dem Klebstoff für den Sand machen
aber die Herzigel.

Die Herzigel gehören dem Typus der Seeigel an, haben aber
alle Organe der freilebenden Formen für das Dasein unter dem Sande
umgestaltet. Die runde Mundfläche hat sich verlagert und verschmälert.
Der Mund ist nach der einen Seite hin gerückt und wird jetzt bei
horizontalen Bewegungen der Tiere nach vorne getragen. Die breite,
runde, muskulöse Mundmembran, die in der Ebene der Mundfläche
lag und die Laterne des Aristoteles trug, ist jetzt vertikal gestellt und
verbindet die breite knöcherne Unterlippe, die wie eine Pflugschar
nach unten gekrümmt ist, mit der verstrichenen knöchernen Oberlippe.
Die Mundöffnung ist einseitig angebracht und führt unmittelbar in den
Darm. Die ganze Laterne des Aristoteles ist verschwunden und der
in den Mund gepflügte Sand kann unmittelbar in den Verdauungskanal gelangen. Doch wird er durch die Mundtentakel erst sortiert.

Vom Munde aus zieht an der Außenseite der Schale eine tiefe
und breite Rinne nach oben. Sie mündet an der Oberseite in eine
flache vierarmige Atemlakune, die wie mit einem Stempel in die
Schale eingedrückt erscheint. Die Rinne ist von einem dichten
Stachelzaun nach außen zu abgesperrt. Die Stacheln stehen links
und rechts am Rande der Rinne und beugen sich einander entgegen.
Der Boden der Rinne ist frei von Stacheln. So entsteht ein Kanal,
der das Wasser der Lakune in direkte Verbindung mit dem Munde
bringt. In der Lakune befinden sich die zu Kiemen umgebildeten
Saugfüßchen. Die Verbindung der Lakune mit dem Seewasser herzustellen und aufrecht zu erhalten, dazu gehört das Zusammenwirken
mehrerer Organe, das wir jetzt zu betrachten haben.

Bringt man einen frisch aus dem Sande geholten Herzigel in
eine Glasschale mit Seewasser, so bietet sich unseren Blicken ein
allerliebstes Schauspiel dar. Das kleine Tierchen gleicht in Größe
und Farbe einem weißen Mäuschen. Die langen weißen Borsten
liegen dicht den beiden Seiten an und sind auf das peinlichste von
vorne nach hinten gekämmt. An der Mundseite sind sie auf fünf
Felder verteilt, die den Mund strahlig umgeben. Hier sind die Borsten
viel kräftiger gebaut als auf den Seiten, und besonders die kurzen
Borsten, die hinter der Unterlippe ihren Platz haben, gleichen kleinen
platten Füßchen. Betrachten wir die einzelnen Borsten genauer, so
bemerken wir, daß sie alle an ihrer Spitze eine kleine, löffelförmige
Verbreiterung tragen. Die Innenflächen dieser viele Hunderte zählen-

98　　　　　　　　　　　　Die Seeigel.

den Löffel sind an den Seiten des Tieres alle nach oben gerichtet.
An der Mundseite schauen sie alle vom Munde fort.

Ist das Tierchen in der Glasschale eine Zeitlang dem Tageslicht
ausgesetzt worden, so beginnt der ganze Wald dieser feinen Borsten
sich zu regen. Erst zeigen sich einige flache Wellen, die das weiße,
wohlgekämmte Haar der Seitenflächen zu kräuseln beginnen. Dann
setzt der ganze Borstenwald mit einer exakten rhythmischen Wellenbewegung ein, die unser Auge ebenso durch seine Gesetzmäßigkeit
wie seine Zierlichkeit erfreut.

„Der Borstenwald bietet den Anblick eines vom Wind bewegten
Kornfeldes dar. Jederseits vom Munde in den Seitenfeldern beginnend
bis hinauf am Rückenschopf endigend, folgt sich Welle auf Welle.
Steil aufragend oder ausgehöhlt ist die Vorderseite jeder Welle, während die Rückseite in sanftem Bogen zum nächsten Tal übergeht.
Jede Vorderseite zeigt dicht aneinander gepreßt die Höhlungen der
Stachellöffel . . . Setzt man einen frischen Seeigel unter Seewasser
auf feinen Sand, so sieht man binnen kurzem rechts und links von
ihm einen kleinen Sandwall entstehen, der durch die Stacheln der
Unterseite aufgeworfen wird. Die immer höher werdenden Seiten-
wälle werden von den Stacheln an beiden Seiten des Tieres derart
weiter verarbeitet, daß der Sand an der Innenseite des Walles in die
Höhe geschaft wird, bis er auf den Gipfel des Walles niederfällt. Der
Sandwall wird dadurch immer höher und breiter, zugleich verschwindet
das Tier langsam im Sande.“

Wie kommen die einzelnen Wellen zustande, welche Bewegungen
vollführen die einzelnen Borsten dabei? Die Borsten der Herzigel
sind nichts anderes, als etwas umgestaltete Stachel der Seeigel.
Auch sie sind im Grunde nur kleine Stöckchen, die auf einem Kugelgelenk kreisen. Die Stacheln der Seeigel sind aber beim freien
Kreisen ganz und gar nicht imstande, eine Welle zu erzeugen. Jede
Welle besteht aus einem Wellenberge und einem Wellentale. Will
man daher über eine Anzahl dicht gedrängter Stacheln eine Welle
hinziehen lassen, so ist es notwendig, daß sich die Stacheln abwechselnd neigen und wieder erheben, wie das die Halme eines wind-
bewegten Kornfeldes tun. Nun kreisen die Stacheln der regelmäßigen
Seeigel, indem sich ihre Muskeln ringsum nacheinander gleichstark
verkürzen. Dadurch bleibt die Spitze stets gleichweit von der Unterlage entfernt und es kommt daher kein Neigen und Wiederaufrichten
zustande. Die Stacheln der Herzigel sitzen gleichfalls auf einer Kugel,
aber die Kugel selbst sitzt auf einer schräg gestellten Basis. Daher
entfernt und nähert sich beim Kreisen die Spitze des Stäbchens in
regelmäßigem Wechsel der Oberfläche des Tieres. Schräg gestellte
Stäbchen sind wohl imstande, wenn sie im gleichen Tempo kreisen,

Die Seeigel.   99

eine Welle über sich dahinlaufen zu lassen. Bei den Stacheln der
Herzigel kommt noch dazu, daß sie alle einseitig gebogen sind. Auch
das regelmäßige Kreisen eines gebogenen Stäbchens ruft ein regelmäßiges Neigen und Heben seiner Spitze hervor. Es gleicht die
Welle, die über den Borstenwald des Herzigels einherzieht, nur scheinbar der Welle, die ein windbewegtes Kornfeld schlägt. Die Spitzen
der Stäbchen bewegen sich nicht einfach auf und ab, sondern ziehen
regelmäßige Kreise, die aber schräg zur Unterlage stehen.

Da die Wellen, die über den Herzigel dahinziehen, die Aufgabe
haben, mit ihren Wellenbergen den Sand von der Mundseite weg-
zuschaffen und an den Seiten emporzuheben, so sind die Muskeln,
solange sie den Sand heben, sehr stark in Anspruch genommen. Nur
solange die Innenseite des Löffels aufwärts bewegt wird, ist sie mit
Sand belastet und muß daher schwere Arbeit leisten. Deshalb sind
die Muskeln, welche die Innenseite des Löffels zu sich heranziehen,
doppelt so stark und lang, als die Muskeln der anderen Seite.

Die Spitze einer jeden Borste an den Seiten des Herzigels beschreibt einen Kreis, dessen Fläche nicht parallel der Oberfläche des
Tieres steht, sondern der vorne weiter vom Körper entfernt ist als
hinten. Während die Spitze die vordere Hälfte des Kreisbogens durch-
eilt, ist sie weiter vom Körper entfernt und nimmt daher Teil an der
Bildung des Wellenberges. Im hinteren Teile des Kreises nähert sich
die Spitze dem Körper und bildet mit seinem Nachbarstachel zusammen
das Wellental. Die Richtung, in der die Spitze den Kreisbogen durchläuft, ist durch die Stellung des Löffels von vornherein bestimmt. Da
der Löffel den Sand hinaufschaufeln muß und deshalb nach oben
gerichtet ist, so muß er, um wirksam zu sein, die vordere Hälfte des
Kreisbogens, in der er den Wellenberg bildet, von unten nach oben
durchfahren. Beim Durchkreisen der hinteren Hälfte des Kreisbogens,
der zum Wellental gehört, zieht der Löffel von oben nach unten mit
seiner konvexen Rückenseite voran.

Die Wellen beginnen an der Unterseite des Tieres und ziehen
nach oben. Das bedeutet, daß ein jedes Stäbchen etwas später zu
kreisen beginnt als die unter ihm gelegenen Nachbarn, und während
des ganzen Vorgangs immer um einen kleinen Teil des Kreisbogens,
der gerade der Breite eines Löffels entspricht, hinter ihnen zurück-
bleibt. Um den gleichen Teil des Kreisbogens ist er seinen oberen
Nachbarn voraus. Seine hinteren und vorderen Nachbarn dagegen
sind gerade so weit wie er und bleiben daher mit ihm in einer
Flucht.

Betrachtet man die vorschreitende obere Seite eines Wellenberges,
so sieht man, daß sie bis in die Tiefe des Tales hinab aus dicht
aneinander gepreßten Löffeln besteht. Es beteiligen sich immer

7*

mehrere untereinander liegende Stachelreihen an diesem Aufbau. Der äußerste Saum der Welle wird von einer Löffelreihe gebildet, deren Stacheln gerade der Mitte der ganzen Welle angehören. Ihr Löffel hat eben den Punkt des Kreisbogens erreicht, der am weitesten vom Körper absteht. An sie anschließend folgt Löffelreihe auf Löffelreihe, welche erst auf dem Wege zu diesem höchsten Punkt sich befinden. Beim Fortschreiten der Welle schiebt sich immer eine Reihe an die Stelle der anderen, und die letzte Reihe, die eben den Wellensaum bildete, verschwindet hinter der vorletzten, wenn diese ihre Stelle einnimmt.

Auf der Rückseite des Wellenberges gleiten die Löffelreihen, die man hier von der konvexen Seite sieht, wieder hinab, bis sie im Tal angelangt sind. So besteht jede Vorderseite einer Welle aus lauter konkaven Innenseiten der Löffel, während jede Rückseite aus den konvexen Außenseiten der Löffel gebildet wird.

An der tiefsten Stelle des Wellentales verläßt der Stachel die vorübergezogene Welle und schließt sich durch sein Wiederemporsteigen der neuen Welle an. Solange er sich noch im Bereich des neuen Wellentales befindet, bewegt der Stachel sich mit der Hinterseite seines Löffels voran und schiebt sich auf diese Weise hinter den emporgetragenen Sand. Der Sand kommt im Wellental nur darum vorwärts, weil sich immer wieder eine höhergelegene Löffelreihe hinter ihn schiebt. Erst an dem Punkte, wo Wellental in Wellenberg übergeht, beginnt der Stachel den Sand zu heben, indem er mit der Innenseite des Löffels voranschreitet. Die ausgehöhlte Form der Vorderseite der Wellen versteht sich nun leicht. Die Stelle, wo die Welle am weitesten ausgehöhlt ist, ist zugleich der Ort, wo die Stacheln aus einer Abwärtsbewegung in eine Aufwärtsbewegung umschlagen, wobei ihre Löffelinnenseite immer nach oben schaut. Bis zu diesem Punkt arbeitet der Stachel so gut wie unbelastet, denn beim Einschieben hinter den Sand findet er keinen großen Widerstand. Erst in dem Moment, da die Löffelinnenseite wieder hinaufgetragen wird, muß er eine wirkliche Belastung überwinden. Dann erst beginnt das Schaufeln des Sandes. Aber die hebende Arbeit der Stacheln endigt nicht, wenn sie den höchsten Punkt am Wellensaum erreicht haben. Auch wenn sie an der Rückenseite der Wellen herabgleiten, sind sie noch schiebend und hebend tätig, indem sie auf ihre Vordermänner drücken. Das währt so lange, bis sie an die Stelle gelangt sind, wo der Wellenberg in das Wellental übergeht. Dann beginnt der Stachel unbelastet zurückzugleiten, bis er wieder in die Tiefe des Wellentales gelangt.

So wechselt Arbeit und freie Bewegung regelmäßig miteinander ab; bald antworten die Bewegungsmuskeln allein, bald springen auch

Die Seeigel.   101

die Sperrmuskeln ein.   Die Sperrmuskeln springen jedesmal ein, sobald die Belastung beginnt. Dies ist an einem frei arbeitenden Tiere
leicht nachzuweisen.   Sobald man einen spitzen Gegenstand gegen
einen kreisenden Stachel hält, kann man genau fühlen, wie der
Stacheldruck mit der Steigerung des Gegendruckes steigt und mit
dessen Sinken wieder nachläßt.   Das weist auf das besprochene
Hin- und Herfließen der Erregung zwischen Bewegungs- und Sperrmuskeln hin.

Wie die Muskulatur, zeigt sich auch im Nervensystem der Herzigel die größte Verwandtschaft zu den übrigen Seeigeln. Das Radialnervensystem kann vollkommen entfernt werden, ohne die Bewegungen
der Stacheln im mindesten zu beeinflussen.   Diese werden von den
äußeren Nervennetzen vollständig beherrscht.   Jeder stillstehende
Stachel neigt sich, wenn er gereizt wird, zum Reizorte hin, mag der
Reiz ein chemischer oder mechanischer sein.   Die Herzigel zeigen
ebensowenig wie Arbacia einen Erregungsabfall auf starke Reize.
Sprengt man einen arbeitenden Herzigel in einzelne Stücke auseinander und fügt diese wieder genau zusammen, so läuft die Welle mit
der größten Sicherheit über die Lücke hinweg.   Dagegen ist eine
Welle nicht imstande, von einem bewegten Stück auf ein ruhendes
hinüberzuspringen.   Es kann durch den Druck der Stacheln wohl
eine gegenseitige Bewegungsregulierung erfolgen, es genügt aber der
leise Druck eines Stachels auf den anderen nicht, um diesen in Bewegung zu bringen.   Im Gegenteil ist jeder ruhende Stachel eher
bereit, auf jeden Druck mit Sperrung als mit Erschlaffung zu antworten.

Von den regelmäßigen Seeigeln wissen wir, daß der Nervenring
eines jeden mit denen seiner Nachbarn durch ein besonderes Netz in
Verbindung steht, und zwar stehen die Stellen der Nervenringe zweier
Stacheln, die sich gegenüberliegen, nicht miteinander in direkter Ver-
bindung, sondern immer nur diejenigen Stellen, die nach der gleichen
Richtung hinsehen.   Ebenso stehen bei den Herzigeln alle oberen
Seiten der Nervenringe mit allen oberen Seiten ihrer Nachbarringe
in Verbindung.   In gleicher Weise sind alle unteren, linken und
rechten Seiten einzeln miteinander verknüpft.   Nur muß man aus dem
Fortschreiten der Wellen schließen, daß zwar alle linken und rechten
Seiten der Nervenringe an der gleichen Stelle in ihr verbindendes
Netz münden, während die unteren Seiten der Nervenringe ihre Ein-
mündungsstellen in das verbindende Netz um ein Geringes verschoben
haben, weil die nächsthöheren Stachelreihen immer um eine Löffel-
breite später zu kreisen beginnen.   Sicher ist diese Annahme nicht
ungerechtfertigt, denn wo alle Muskeln und Knochen so zierlich und
exakt gebildet sind, wird das Nervensystem die gleiche minutiöse

Arbeit aufweisen. Auch strömt der Fluß der Erregungen in den fein-
gegliederten Nervenbahnen, die von den Ringkanälen ausstrahlen, mit
bewunderungswürdiger Sicherheit. Es entsteht niemals eine Ent-
gleisung oder Stockung des Betriebes dieser hundert Teilmaschinen,
die zusammenarbeiten, als würden sie von einem zentralen Impuls
geleitet.

Die Stachelbewegung bringt den Herzigel senkrecht unter den
Sand. Erst wenn das Tier völlig im Sande verschwunden ist, beginnt
der Kanalbau. Anfangs halten die langen Stacheln des Rücken-
schopfes, die aus dem Grunde der Atemlakune emporsteigen, die
Kommunikation des Tieres mit dem Seewasser offen. Bald aber
verschwinden auch sie unter dem Sande. Aber der Sand schließt
sich nicht über ihnen, sondern es bleibt ein enger Kamin im Sande
bestehen, der dem Seewasser den Zutritt zur Höhle des Tieres ermöglicht. Nach meinen Beobachtungen kommt dieser Kamin folgendermaßen zustande.

Wie wir wissen, führen die Stachelwellen beiderseits den Sand
dem Rückenschopf zu, der sich in der Mitte des Rückens befindet.
Nun schließen sich die Schopfstacheln nicht unmittelbar an die Seitenstacheln an, sondern sind von ihnen durch die sogenannten „Saumlinien" getrennt; die Saumlinien füllen einen großen Teil des Lakunen-
bodens aus. Sie umschließen allseitig die Schopfstacheln bis auf die
Stelle, wo die Atemrinne die Lakune verläßt.

Die Saumlinien bilden im Leben ein dichtes Samtband feinster
Kölbchen, die einen ganz eigenartigen Bau besitzen. Ein zarter
Achsenstab aus Kalk von deutlicher Längsstreifung ist von einem
durchsichtigen Gewebe umgeben, das an der Spitze zu einem leichten
Kolben anschwillt. In diesem Gewebe befinden sich freibewegliche
Farbstoffzellen, purpurne und hellgrüne. Das Licht wirkt auf beide
Zellarten kontrahierend ein. Zugleich entfärben sich die purpurnen
Zellen und werden die hellgrünen schwarz.

„Welchen Einfluß diese sonderbaren Farbstoffzellen auf das Gesamttier haben, ist unbekannt. Wohl beeilt sich ein Herzigel schneller
unter den Sand zu kommen, wenn er von der Sonne beschienen wird,
als wenn er sich in einem verdunkelten Bassin befindet. Aber da
wirkt das Licht wahrscheinlich als allgemeiner Hautreiz.

Dagegen sind die Beziehungen der Kölbchen auf den Saumlinien
zum Kanalbau viel offenkundiger. Bei vielen frisch gefangenen Herzigeln findet man das ganze Tier vollkommen frei von Sand. Nur die
Saumlinien sind dicht gepflastert mit Sandkörnchen. die alle mit einem
klebrigen Stoff bezogen sind und eine einheitliche Masse bilden. Gleitet
diese klebrige Masse, durch die Wellenbewegung der Seitenstacheln
getrieben, an der Außenseite der Schopfstacheln empor, so ist es

Die Seeigel.   103

leicht verständlich, wie die Schopfstacheln durch energisches Auseinanderpressen der klebrigen Masse dem Kanal im Sande eine Innenbekleidung geben können, die dem Seitendruck des Sandes widersteht. So wird ein Atemkamin gebaut, der selbst Tiere, die 10 bis 15 cm unter der Oberfläche stecken, mit dem Seewasser verbindet.“

Der Atemkamin, der aus zusammengeklebten Sandkörnern besteht, bedarf stetiger Säuberung und dauernder Reparaturen. Zu diesem Zweck sind bei dem Herzigel merkwürdigerweise die gleichen Apparate im Gebrauch, wie bei uns Menschen. Wenn wir die Kamine unserer Häuser reinigen lassen wollen, so bedient sich der Schornsteinfeger einer Anzahl von Bleikugeln, die durch Stricke zu einem Büschel vereinigt sind, und fährt damit in dem Kamin auf und ab. Das gleiche tut der Herzigel mit einem feinen Organ, das lauter kleine Kugeln zu einem Büschel vereinigt. Aber das Organ der Herzigel vermag zugleich auch den Kamin auszubessern, indem es ihn mit frischem Klebstoff bestreicht. Diese Organe heißen die Pinselfüßchen. So bleibt die Atemlakune und mit Hilfe der Atemrinne der Mund in dauernder Verbindung mit dem Seewasser. Für eine Zirkulation sorgen die Stachelbewegungen.

Der Herzigel lebt, während er verdaut, in einer engen Höhle, die gerade den Stacheln genügenden Spielraum läßt. Die Innenwand de Höhle ist mit einer dünnen Tapete ausgekleidet, die aus erhärtetem Schleim und Sandkörnern besteht. Um zu fressen, braucht er bloß· mittels seiner kräftigen Füße, die hinter dem Mund liegen, ein paar Schritte zu machen, wobei die pflugschararrtige Unterlippe den Sand vor ihm aufwühlt. Dabei quillt ihm die mit Sand vermischte Nahrung direkt in den Mund und kann von den Tentakeln sortiert werden. Während dieser Freßwanderungen baut sich der Herzigel noch einen zweiten wagerechten Kanal, der ebenfalls von Pinselfüßchen gereinigt und ausgebessert wird. Dank dieser Horizontalkanäle können die Tiere, die in großen Herden nahe beieinander leben, in direkte Kommunikation treten. Die beiden Kamine halten den alleinigen Zugang zur Außenwelt offen. Im übrigen sind die Herzigel gezwungen, als lebendig begrabene Einsiedler ihr ganzes Dasein in der sandigen Zelle zu verbringen.

Jede Umwelt ist nur vom Standpunkt des Tieres aus zu würdigen. Das Licht und der leichte Gang der Wellen wird den Herzigeln sofort verderblich, sobald sie den schützenden Sand verlassen. Tausende von bleichenden Schalen am Strand berichten von jenen Herzigeln, die zur Zeit der Ebbe, als ihre Atemkanäle sich verstopften, aus dem Sande emporkrochen und widerstandslos der kommenden Flut zum Opfer fielen. Die Bewegung im lockeren Sande, der zugleich die Nahrung birgt in Stille und Dunkelheit, das gewährt den Herzigeln Leben und Gesundheit.

Die Schlangensterne.

Aus dieser bescheidenen Umwelt läßt sich die Form und die Funktion der Herzigel in gewissem Maße ableiten. „Gehen wir davon aus, daß für ein Tier, das so unergiebige Nahrung aufnimmt, wie es der Seesand ist mit seinen spärlichen organischen Resten, die Kugel die vorteilhafteste Form sein muß, weil in der Kugel die geringste Oberfläche den größten Inhalt birgt. Setzen wir dieser Kugel die Pflugschar ein, um den Sand zu fassen, platten wir die Kugel ein wenig ab, damit sie stehen kann, sorgen wir für den Raum, der das Atemwasser birgt, und drücken wir endlich die Rinne ein, die den Mund mit dem Atemwasser verbindet, so ergibt sich die äußere Form der Herzigel von selbst." An die äußere Form schließen sich alle weiteren Einzelheiten der Stachelbewegung und des Kanalbaues ohne weiteres an. Wie verlockend ist es da, von einer Anpassung des Tieres an seine Umgebung zu sprechen, und dabei der Außenwelt die aktive, dem Organismus aber die passive Rolle zuzuweisen. Und doch kann man im Ernst nur von einer Herrschaft des Organismus über die Eigenschaften seiner Umgebung sprechen, und nicht von einer Anpassung unter die physikalischen und chemischen Bedingungen. Denn während Echinocardium die Lockerheit des Sandes dazu benutzt, um ihn von hundert kleinen Schaufeln bearbeiten zu lassen, stampft Sipunculus den lockeren Sand zusammen, um ihm mehr Halt zu verleihen. Während Sipunculus die Innenseite seines Kanals nachträglich mit Schleim bestreicht, bearbeitet Echinocardium vorher das Material, das später zur Bekleidung der Innenfläche des Kamins dienen soll.

Das formende Prinzip, das den Organismus mit der Umwelt zusammenführt, sitzt im Tier und nicht, wie man lächerlicherweise behauptet, in der Außenwelt. Von der Außenwelt übernimmt das formende Prinzip nur ganz bestimmte Bruchteile, aus denen es mit dem Organismus zusammen eine höhere Einheit bildet.

Die Schlangensterne.

Kein Tier ist durch seinen Namen besser beschrieben als der Schlangenstern. Ein Stern, der schlangenartig ist, gibt uns unmittelbar die Vorstellung dieses Tieres, das aus einem runden Mittelkörper besteht, von dem fünf Arme ausstrahlen, die schlangenartige Bewegungen ausführen. Die schlangenartigen Windungen unterscheiden sich deutlich von den wurmförmigen durch den Umstand, daß sie durch Verschiebungen fester Teile gegeneinander hervorgebracht werden und nicht durch Biegungen eines gleichmäßig weichen Körpers.

Die Arme der Schlangensterne bestehen der Hauptsache nach

Die Schlangensterne.   105

aus den knöchernen Wirbeln, die in der Mitte gelenkig miteinander
verbunden sind. Um diese Gelenke sitzen vier starke Muskeln, die immer
den einen Wirbel auf seinem Nachbarn kreisen lassen. Die Wirbel
kann man als sehr stark verkürzte und verbreitete Seeigelstachel auffassen, die auf der einen Seite eine Kugel und auf der anderen eine
Pfanne tragen, um sowohl einerseits auf dem einen Nachbar selbst
zu kreisen, als auch andererseits den andern Nachbarn kreisen zu
lassen. Die ganze Wirbelreihe gleicht einer Geldrolle, deren Münzen
nach dem Ende hin immer kleiner werden. Und wie die einzelnen
Geldstücke auf der einen Seite den Kopf, auf der anderen Seite die
Schrift tragen, so tragen die Wirbel auf der einen Seite die Kugel
und auf der anderen die Pfanne. Beide umgeben von den vier An-
satzflächen der Muskel.

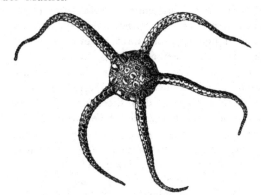

Abb. 8. Ophioglypha [1]).

Um den Mund herum sitzt ein knöcherner Ring, der die Arme
trägt. Er ist von einem derben runden Beutel nach oben abgeschlossen.
In diesem Beutel steckt der Magen. Die Wirbel sind ringsum mit
kleinen Schutzplättchen bedeckt, die bei der Biegung der Gelenke sich
ineinander und auseinander schieben, ohne jemals die Muskeln ganz
preiszugeben. Besondere, spitze Plättchen schützen die Füßchen oder
Tentakel, die an den beiden Seiten der Unterfläche paarweise zutage
treten. Jeder Wirbel trägt auf der Unterseite eine Furche, in der der
Radialnerv zu liegen kommt, der die Arme von der Wurzel bis zur
Spitze durchzieht. Wie bei den Seeigeln schließt sich das Radialnervensystem um den Mund zu einem Ringe.

Sowohl anatomisch wie physiologisch gewinnt man ein übersicht-
liches, wenn auch stark vergröbertes Bild des Nervensystems, wenn
man sich einen jeden Radialnerven aus zwei Röhren bestehend denkt,

---

[1]) Nach: Ziegler, Zoologisches Wörterbuch.

von denen eine nach links, eine nach rechts zum nächsten Arme um-
biegt. Auf diese Weise betrachtet, setzt sich das Zentralnervensystem
aus fünf einfachen Schleifen zusammen, die mit ihrer Mitte den Mund
umgreifen, in jedem Arme aber paarweise nebeneinander liegen. Alle
Röhren seien in ihrem ganzen Verlauf durch kleine Öffnungen miteinander verbunden. Dieses Bild soll der Ausdruck für die Tatsache
sein, daß das Zentralnervensystem aus einem Netz besteht, in dem sich
einige Hauptleitungsbahnen befinden, die immer die sich zugekehrten
Seiten zweier Nachbararme miteinander verbinden.

Dürfen wir die Radialnerven der Schlangensterne in Parallele zu
den Radialnerven der Seeigel setzen, und was entspricht dem Hautnervensystem der Seeigel? Darauf ist zu antworten, daß die Schlangensterne kein Hautnervennetz besitzen. Ein Wirbel steht mit dem
anderen nur durch den Radialnerven in leitender Verbindung. Dafür
haben aber die Radialnerven der Schlangensterne, weil sie die Repräsentanten der Wirbelmuskeln beherbergen, direkte Beziehungen zu
den Muskeln gewonnen, die sie beim Seeigel nicht besaßen.

Bei den regelmäßigen Seeigeln bilden die Saugfüße ein abgeschlossenes Organsystem für sich, das noch nicht genügend erforscht
ist. So viel läßt sich aber doch aussagen, daß die Reizung einiger
Saugfüßchen die getroffenen Füßchen zum Zurückziehen bringt, die
Nachbarfüßchen aber vortreibt. Bei dem Schlangensterne Ophiotrix
fragilis zeigt sich ein ganz abgesondertes Zusammenarbeiten der Saugfüßchen oder Tentakel, welche ebenfalls mit Flüssigkeit gefüllte Muskel-
schläuche sind. „Die Armmuskulatur beteiligt sich gar nicht am Erfassen der Beute, sondern die bei ihr besonders ausgebildeten Tentakel
(siehe Hamann) schieben sich gegenseitig die kleinen Nahrungsbrocken
zu, die im Zickzack von der Armspitze zum Mittelkörper wandern."

Bei Ophioglypha ist der Ablauf des Freßreflexes ein anderer.
Die Erregung greift vom gereizten Tentakel auf die nächsten Muskeln
der gleichen Seite über und veranlaßt erst diese, dann die nächsten,
zentraler gelegenen, zur Kontraktion und so fort bis hinab zum Munde.
Dadurch wird der Arm einseitig gerollt; ähnlich wie bei den Tentakeln
des Sipunculus zeigt sich dabei eine deutliche Trennung des Reflexes
nach den Reizarten. Der stärkste mechanische Reiz bringt nur den
getroffenen Tentakel zur Verkürzung, erzeugt aber niemals eine Erregung
der Wirbelmuskeln. Diese wird nur von dem chemischen Nahrungsreiz
ausgelöst. Das einseitige Einrollen des Armes, das sehr schnell abläuft, bringt jeden Bissen, der die Tentakel gereizt hat und vom Arm
umfaßt wurde, unfehlbar zum Munde. Der Magen oder der Nervenring
um den Mund haben hierauf keinerlei Einfluß, denn das Einrollen geht
immer noch vor sich, auch wenn der Radialnerv irgendwo durchschnitten war. Bis zur Durchtrennungsstelle läuft die Einrollung stets

Die Schlangensterne.   107

mit der gleichen Sicherheit ab. Da nun die Schlangensterne sich der
Nahrung gegenüber ganz anders benehmen, wenn sie hungrig oder
satt sind, so wäre es interessant zu untersuchen, auf welche Organe
die Sättigung eigentlich einwirkt.

Das Einrollen läuft ganz selbständig ab, ohne die sehr charakteristischen Eigenschaften der übrigen Reflexe zu zeigen. Man hat
daher allen Grund anzunehmen, daß dieser Reflex eine ganz gesonderte
nervöse Basis besitzt, und daß die Bahnen, die von den Tentakeln zu
den Wirbelmuskeln gehen, ihre eigenen Verbindungen mit den Muskeln
besitzen, unabhängig von den beschriebenen Hauptbahnen der zentralen
Netze. Eine mehrfache Innervation eines Muskels von verschiedenen
Seiten aus ist bei den Wirbellosen nichts Ungewöhnliches. Der Retraktor des Sipunculus weist allein drei auf.

Die Schlangensterne zeigen allen Arten der mechanischen Reizung gegenüber verschiedenartige deutlich ausgesprochene Reaktionen.
Sehr starke allgemeine Reize, wie das Hinwerfen des ganzen Sternes
auf eine Marmorplatte, besonders wenn es mehrfach wiederholt wird,
ruft in allen Muskeln eine langdauernde Sperrung hervor. Der Schlangenstern bleibt dann mit gerade gestreckten Armen liegen, die sich wie
steife Stöckchen anfühlen. In dieser Verfassung kann man an ihnen
jede Operation ausführen, ohne befürchten zu müssen, daß die Autotomie den operierten Arm beseitigt.

Ein schwacher Reiz, der sich über eine größere Hautpartie erstreckt, wie er von einem übergestülpten Gummirohr ausgeht, ruft
dauernde Abwehrbewegungen hervor. Die beiden Nachbararme biegen
sich wiederholt sehr stark zum gereizten Arme hin und strecken sich,
dort angelangt, gerade, dabei streifen sie das Gummirohr endlich ab.

Ein Wollfaden, langsam aber kräftig um einen Arm geschnürt,
ruft anfangs die gleiche Abwehrbewegung hervor. Da der Hautreiz
aber dabei wenig ausgedehnt ist, so hören die Abwehrbewegungen
bald auf und der Stern bleibt ruhig liegen. Dann zeigt sich aber
eine andere, höchst merkwürdige überdauernde Wirkung des Reizes.
Lokale Reizungen, die einem solchen Tiere verabfolgt werden, rufen
wohl noch Fluchtbewegungen hervor, aber diese sind so ungelenk und
so gehemmt, daß man den Eindruck erhält, das ganze Tier sei in
Brei geraten.

Geschieht das Zubinden zu schnell, so daß ein plötzlicher heftiger
Reiz einsetzt, so autotomiert der Arm und löst sich zentralwärts vom
Reizort seiner Basis ab. Je stärker der lokal angesetzte Reiz ist, um
so leichter stellt sich die Autotomie ein. Man kann die Reizintensität
steigern, indem man ein bis zwei Minuten an die Unterseite des
Armes von Ophioderma longicauda (die sich der langen Arme wegen
besonders zu diesen Experimenten eignet) einen Salzkristall anpreßt,

108   Die Schlangensterne.

dann lösen sich die zentral von der Reizstelle gelegenen Armwirbel mit Leichtigkeit voneinander ab. Die Autotomie der Schlangensterne besteht also in einer Erschlaffung der Muskeln, welche zentralwärts vom Reizort liegen. Zugleich ist eine Steigerung der Kontraktion und Sperrung peripher vom Reizort allezeit nachweisbar. Es tritt also auf den lokalen Reiz einerseits eine Vermehrung, andererseits eine Verminderung der Muskeltätigkeit ein. Auf der einen Seite steigt die Sperrschwelle, auf der anderen sinkt sie. Ich nenne eine derartige Reaktion eine „Reflexspaltung". Die Reflexspaltung ist nichts Ungewöhnliches bei den Wirbellosen. Wir sind ihr bereits bei den Ringmuskeln der Aktiniententakel begegnet. Wir werden sie beim Schleifenreflex des Blutegels wiederfinden. Über die Ursache der Reflexspaltung kann uns vielleicht das Fließpräparat des Sipunculus Aufschluß geben. Bei ihm werden wir Gelegenheit finden, zu beobachten, daß an der Reizstelle Kontraktion eintritt, wenn die Erregung nicht weitereilen kann. Ist ihr aber die Möglichkeit gegeben, den Reizort schnell zu verlassen, um einem entfernten Ziele zuzustreben, so ruft sie in den dem Reizort zunächst liegenden Muskeln Erschlaffung hervor. Es gibt zwei Ursachen, die für diese sonderbare Erscheinung verantwortlich gemacht werden können. Einmal ruft ein heftiger Reiz im Zentralnervensystem eine Instantanwirkung hervor, die wir mit einer plötzlichen Steigerung des Druckes vergleichen können. Zugleich ist die Erregung selbst fortgeeilt und die nächstliegenden Muskelzentren (Repräsentanten) sind dem Druck allein preisgegeben, ohne die entsprechende Erregungsmenge zu erhalten. Sie antworten daher mit einer Lähmung statt mit einer aktiven Tätigkeit. Infolgedessen erschlaffen auch ihre Gefolgsmuskeln. Die zweite Ursache für die Erschlaffung der am Reizorte gelegenen Muskeln kann darin gesucht werden, daß die Erregung beim Vorbeifließen an den Repräsentanten aus ihnen ihre Erregung ansaugt, anstatt in sie hineinzudringen. Beim Sipunculus spielt wahrscheinlich die erste Ursache die Hauptrolle. Bei den Schlangensternen dagegen, die eine echte Reflexspaltung besitzen, genügt die zweite Ursache vollkommen, um alle Erscheinungen verständlich zu machen.

Die Reflexspaltung, die bei starker Reizung zur Autotomie führt, ist auch bei ganz schwacher lokaler Reizung eines einzelnen Armes noch sichtbar. Sie tritt aber in diesem Falle nur auf einer Armseite auf. Die Muskeln der gereizten Seite, die peripher vom Reizorte liegen, verkürzen sich und die Armspitze macht eine Bewegung zum Reizort hin. Es kommt aber zu keiner Berührung mit dem reizenden Gegenstande, weil   zentralen Muskeln an der gereizten Seite erschlaffen und dadurch ihren Antagonisten auf der anderen Seite Gelegenheit geben, sich zu verkürzen, worauf die Wurzel des Armes vom Reizorte fortschlägt.

Die Schlangensterne.   109

Weder die stärkste Reizung, die zur Autotomie führt, noch die schwächste, deren Wirkung den gereizten Arm nicht überschreitet, sind geeignet, die normalen Gehbewegungen des Schlangensternes einzuleiten. Dazu ist eine mittelstarke Reizung erforderlich.

Die mittelstarke Reizung, die den gereizten Arm beiderseitig erfaßt, wie das bei jedem Zugreifen seitens eines Feindes geschieht, erweckt einen Rhythmus im Zentralnervensystem, der ganz besonders interessant ist. Die im gereizten Arm erzeugte Erregung läuft nicht bloß als einfache dynamische Welle ab, die eine einmalige Armbewegung hervorruft, sondern es entsteht eine Reihe von Erregungsschwankungen, die wir der statischen Erregung zuweisen müssen. Es läuft also auf einen mittelstarken Reiz eine Erregungswelle im zentralen Netz der Schlangensterne ab, durch die zugleich die dauernd vorhandene statische Erregung in ein rhythmisches Hin- und Herschwingen versetzt wird. Vergegenwärtigen wir uns, was vom Bau des Zentralnervensystems am Anfang gesagt wurde, so sehen wir bei der doppelseitigen mittelstarken Reizung eines Armes eine Erregungswelle entstehen, die in den beiden Röhren nach links und rechts zu den nächsten Armen weiterläuft. Darauf erfolgt eine Kontraktion in den von der Erregungswelle direkt getroffenen Muskeln. Die Nachbararme schlagen infolgedessen zum Reizorte hin und bleiben bei dauernder Reizung durch ein übergestülptes Gummirohr auch in seiner Nähe. Ist die Reizung aber eine vorübergehende, so schlagen die Nachbararme gleich wieder vom Reizorte fort. Warum tun sie das? Es liegt doch scheinbar gar keine Ursache dafür vor. Ist jedoch eine Ursache vorhanden, so muß sie auch maßgebend sein für den ganzen ferneren Verlauf der Gehbewegungen.

Wir wissen von den Seeigeln, daß die belasteten und erschlafften Stachelmuskeln die Erregung an sich zu ziehen vermögen, während alle Muskeln, die eine normale Sperrschwelle besitzen, die Erregung nicht einlassen. Es galt zu prüfen, ob auch bei den Schlangensternen die gleiche Ursache, d. h. die Erschlaffung der Muskeln wirksam war. Zu diesem Zwecke wurde ein Schlangenstern durch starke Reizung zum Abwerfen von vier Armen bewogen. Gegenüber dem Ansatz des fünften Armes wurde der Nervenring durchschnitten, um sicher zu sein, daß jede Erregung ihm nur einseitig zufloß. Es war bekannt, daß die Dauerreizung der Haut die Nachbararme immer dem Reizort zuführt, weil die anatomische Lage der leitenden Hauptbahnen dieses bedingt. Wie soll in der Tat die Erregung, die wie in einem Rohr einfach weiterfließt, um zu bestimmten Muskeln zu gelangen, fähig sein, andere Muskeln als diese zu erregen? Aber die Bahnen im Zentralnervensystem sind keine peripheren Nerven, welche die Erregung bestimmten Muskeln unweigerlich zuführen müssen. Für die

110   Die Schlangensterne.

Erregung, die in einen peripheren Nerv eingetreten ist, gibt es freilich
keinen Ausweg. Anders liegt der Fall, wenn die leitenden Bahnen
Teile eines allgemeinen Nervennetzes sind und daher der Erregung
ein Ausweg in andere Bahnen freisteht. Und in der Tat gelingt es,
wenn man am besprochenen Präparat den Nervenring anstatt der
Hautnerven direkt elektrisch reizt, die Erregung nicht in die ihnen
anatomisch naheliegenden Muskeln, sondern in deren gedehnte Antagonisten zu senden. Wenn man vor der Reizung den antwortenden
Arm nach einer Seite zu schlaff herabhängen läßt, so wird die Dehnung
der Muskeln bestimmend für den Erregungsablauf. Zwar schlägt der
Arm stärker aus, wenn Reizort und gedehnte Muskeln auf der gleichen
Seite liegen, aber es gelingt doch auch mit Sicherheit, die Erregung
in die gedehnten Antagonisten zu treiben. Wenn man nach einigen
Versuchen die richtige Stromstärke gefunden hat, bei der die gedehnten Muskeln antworten, so erhält man ganz zweifellose Resultate.
Freilich muß man sich dabei stets vergegenwärtigen, daß man einen
physiologischen Faktor gegen einen anatomischen ausspielt. Das ist
beim normalen Ablauf der Erregung nicht der Fall. Da antwortet
erst die anatomisch begünstigte Seite und der Arm bewegt sich zum
Reizort hin. Durch diese Bewegung werden die Antagonisten erst
gedehnt, nachdem die Reizung bereits aufgehört hat, und nun hindert
die Erregung nichts mehr, nach der physiologisch begünstigten Seite
hinüberzufließen. Ist einmal der Schlangenstern im Gang, so kommt
nur noch der physiologische Faktor der Muskeldehnung in Frage, weil
die Antagonisten bei ihrer wechselseitigen Dehnung die Erregung
immer hin und her treiben.

Der bewegende Faktor ist dabei, wie überall, ein Zentrum. In
diesem Falle sind es die Repräsentanten, die von ihren gedehnten
Gefolgsmuskeln ein Sinken ihres Erregungsniveaus erfahren und dabei
die Erregung aus dem Netz an sich saugen. Sind sie mit Erregung
gefüllt, so geben sie diese ihren Muskeln wieder ab, die sich daraufhin verkürzen. Die Repräsentanten sind während ihres höchsten
Füllungsgrades gegen die Erregungen im zentralen Netz relativ
refraktär. Es entsteht dabei nur ein relativer Rhythmus im Gegensatz zu dem der Medusen, der ein absoluter ist. Eine jede Uneben-
heit des Bodens, die die Dehnung der Arme verändert, eine jede neue
Erregung vermag den relativen Rhythmus zu ändern und ihn den
wechselnden Bodenverhältnissen anzupassen. Dagegen ist im freien
Wasser der absolute Rhythmus der Medusen besser am Platze. In
einem wichtigen Punkte unterscheidet sich der Rhythmus der Schlangensterne ebenfalls von dem der Medusen. Der Rhythmus der Medusen
mußte immer wieder von neuem durch einen neuen Reiz erzeugt
werden und blieb daher ein rein dynamischer Rhythmus, der aus

Die Schlangensterne.   111

einer Reihe regelmäßig wiederkehrender dynamischer Erregungswellen sich aufbaute. Bei den Schlangensternen spielt die dynamische Welle bloß die einleitende Rolle, dann wird durch die Dehnung der Muskel die statische Erregung in Mitleidenschaft gezogen. Während die statische Erregung bemüht ist, den durch die dynamische Welle gestörten Gleichgewichtszustand wiederherzustellen, gerät sie selbst in Schwingungen, die nur langsam abklingen.

Die Dauer dieser Hin- und Herbewegung ist einmal abhängig von der Stärke des Reizes und zweitens von dem Widerstand, den die Armbewegungen in der Außenwelt finden, niemals aber von einem höheren Zentrum, wie wir das bei den Libellen finden werden.

Wir sind jetzt in der Lage, den Erregungsablauf in einem schreitenden Schlangenstern zu verfolgen. Die normale Ophioglypha ruht niemals mit dem Mittelkörper am Boden, sondern auf ihren fünf Armen, die alle leicht nach unten gekrümmt sind. Das ist die Lage, in der alle Muskeln gleichmäßig mittelstark gesperrt erscheinen. Eine gleichmäßige statische Energie beherrscht alle Muskeln. Der Körper ruht dabei auf den Armen wie auf fünf C-Federn und lastet auf den dorsalen Muskeln. Ist keine statische Energie vorhanden, so geben die Muskeln nach und der Mittelkörper sinkt zu Boden.

Faßt man einen Arm eines normalen Schlangensternes plötzlich an und hält ihn einen Augenblick am Boden fest, so schlagen alle Arme rückenwärts, d. h. alle belasteten Muskeln kontrahieren sich gleichzeitig. Da auch der gefaßte Arm sich rückwärts krümmt, so hebt er das ganze Tier empor und dieses schlägt, sobald man den gefaßten Arm losgelassen hat, einen Purzelbaum.

Auch bei einem mit dem Rücken nach unten ins Wasser geworfenen Schlangenstern werden die dorsalen Muskeln der Arme durch das schnellere Hinabsinken des Mittelkörpers gedehnt und kontrahieren sich gemeinsam. Dadurch verwandelt sich die Ophioglypha in eine Art Hohlkugel, deren Schwerpunkt durch den Mittelkörper gegeben ist. Dieser trifft denn auch immer zuerst am Boden ein und das Tier befindet sich in normaler Lage.

Was den normalen Gang betrifft, so haben wir bisher die beiden wichtigsten Faktoren kennen gelernt, die ihn beherrschen: die anatomische Verbindung der Nerven und die physiologische Dehnung der Muskeln. Diese Faktoren machen es wohl verständlich, daß die Arme auf einen mittelstarken Reiz hin und her pendeln. Aber ein einfaches Hin- und Herpendeln erzeugt noch keine Fortbewegung. Dazu gehört, daß die Arme sich vom Boden erheben und die Hinbewegung im freien Wasser, die Herbewegung aber am Boden ausführen. In der Tat besitzen die Arme vier Muskeln, die einen jeden Wirbel auf seinem Nachbar kreisen lassen. Läge ein einfaches Kugel-

Die Schlangensterne.

gelenk vor, so wäre nicht einzusehen, warum das Kreisen der Arme immer in der richtigen Richtung erfolgen sollte, wie es stets der Fall ist. Denn eine Ophioglypha, die man auf den Rücken geworfen hat, und die, bevor sie sich umdreht, eine Reihe von Gehbewegungen in dieser anormalen Lage ausführt, bewegt sich immer auf den Reiz zu, anstatt vor ihm zu fliehen. Das beweist, daß irgendein Zwang vorliegen muß, der die Richtung der Armbewegungen festlegt. Betrachtet man die Wirbelgelenke genauer, so findet man kein regelmäßiges Kugelgelenk, sondern ein Zweizapfengelenk. Während die Muskeln bestrebt sind, den größeren Zapfen in seiner Pfanne kreisen zu lassen, verhindert der dorsal gelegene kleine Zapfen die volle Ausbildung der Kreisbewegung. Möge die Kreisbewegung links herum oder rechts herum ablaufen, immer wird sie vom oberen Zapfen, der als Anschlag dient, nach unten hin abgelenkt. Das hat zur Folge, daß jeder schreitende Arm, sobald er gestreckt und gehoben ist, mit der Bewegung von oben nach unten einsetzt. Am deutlichsten zeigt sich dies bei den Bewegungen eines Schlangensternes, dem man aller Arme bis auf einen beraubt hat. Dieser Arm schlägt, wenn er eine Fluchtbewegung ausführt, einmal nach links und einmal nach rechts aus. Er senkt sich jedesmal, wenn er gestreckt ist, zu Boden und schlägt dann seitlich aus. Alle Armwirbel vollführen dabei eine liegende Acht. Auf diese Weise gelingt es auch einem einzigen Arm, den Körper vorwärts zu schleppen.

Solange noch zwei Arme vorhanden sind, arbeiten sie immer derart zusammen, daß, solange der eine nach rechts schlägt, sich der andere nach links bewegt. Es verkürzen sich auch dabei alle vier Muskeln der Wirbel nacheinander. Nur verkürzen sie sich auf der einen Seite stärker als auf der anderen. Die Seite der stärkeren Verkürzung ist immer die dem Reizorte zu gelegene, welche die erste dynamische Welle erhielt und deren Muskeln daraufhin die zum Reizorte hinführende Anfangsbewegung ausführten. Infolge davon wird die Herbewegung des Armes, die zum Reizort geht, am Boden entlang geführt und trägt das Tier vom Reize fort.

Warum schlagen aber zwei arbeitende Arme ohne Ausnahme immer nach der einen Seite hin aus und niemals nach beiden Seiten, wie das der allein arbeitende Arm tut? Die Ursache dafür ist im Erregungsablauf selbst zu suchen, der eine labile Bewegungskoordination bewirkt. Die labile Koordination zweier Arme ist eines der interessantesten Probleme dieser Tiere. Beim Gehen zeigen die Schlangensterne zwei typische Bewegungsarten. Da die Arme immer paarweise miteinander arbeiten, bleibt der fünfte Arm als unpaar übrig. Dieser wird beim Gehen entweder nach vorn oder nach hinten getragen. Während des Gehens schlägt häufig der eine Gangtypus in

Die Schlangensterne.   113

den anderen über.   Die Ursachen dieses Umschlagens sind immer
nur äußerer und niemals innerer Art.   Marschiert z. B. ein Schlangenstern „unpaar hinten", wobei zwei Nachbararme das vordere Paar
bilden, so bedarf es bloß eines kleinen Hindernisses, das den einen
Vorderarm in seiner Bewegung hemmt, während er gerade gestreckt
ist, um ihn sofort in einen vorderen unpaaren zu verwandeln.   Hinter
ihm wechseln die Partner und der bisherige hintere, unpaare schließt
sich dem Gang an.   Kinematographische Aufnahmen der Schlangensterne belehren uns darüber, daß die beiden gehenden Paare in leid-
lichem Takt arbeiten.   Wenn auch die Amplitude des vorderen Gang-
paares stets größer ist, als die des zweiten Paares, so gehen dennoch
alle vier Arme gleichzeitig vor und zurück.

Der vordere unpaare kann jederzeit zum energischen Gehen angeregt werden, wenn er beim Vorbeistreichen an einem äußeren
Hindernis gedehnt wird.   Je nachdem er nach rechts oder nach links
gedehnt wird, verwandelt er sich in einen linken oder rechten vorderen Gangarm.   Zugleich fällt hinten der fünfte überflüssig werdende
Arm als hinterer unpaarer aus der Gehbewegung heraus und wird
nur passiv mitgetragen.

Ich glaube, daß die hier geschilderte Erscheinung der labilen
Koordination sich aus den besprochenen Vorgängen im Zentralnervensystem ohne weiteres ableiten läßt.   Betrachten wir zuerst die Erregungsvorgänge beim Typus „unpaar hinten".   Er entsteht immer,
wenn der Reiz einem Arm appliziert wurde.   Dann bleibt der ge-
reizte Arm unbeweglich, während die Erregung sowohl nach links wie
nach rechts im Nervenring weitereilt, überall in die zunächst liegenden Armseiten eindringend.   Diese schlagen stark reizwärts aus, und
damit ist der Bewegungstypus für alle Arme gegeben.   Nun kreisen
in jedem Wirbel die vier Muskeln in der angegebenen Weise und
die Erregung kreist dementsprechend in ihren Repräsentanten.   Ganz
wie bei den Stacheln der Seeigel sind alle Muskeln, die nach der
gleichen Richtung hinschauen, durch eigene Bahnen miteinander verbunden.   Ferner stehen, wie wir wissen, alle Muskeln der gleichen
Armseite mit der zunächst liegenden Seite des anderen Armes in besonders guter Verbindung.   Dadurch wird nicht allein ein gleichmäßiges
Kreisen der Erregung in allen Wirbeln des gleichen Armes hervorgerufen, sondern auch eine Abhängigkeit der einander gegenüberliegenden Seiten der Nachbararme voneinander gewährleistet.

Das vorderste Armpaar, das viel größere Ausschläge macht, als
das hintere, und die Hauptarbeit leistet, ist stets so gekoppelt, daß
die beiden nach vorne sehenden Armseiten immer die gleiche Erregung besitzen.   Während nun an dem vorderen Gangpaar die gegenüberliegenden Seiten das gleiche Vorzeichen tragen (wenn man von

114   Die Schlangensterne.

Plus- und Minus-Erregung sprechen will), so zeigen die Arme der
gleichen Seite, die hintereinander und nicht gegeneinander arbeiten,
auf den gegenüberliegenden Seiten das umgekehrte Vorzeichen.

Die Durchschneidung des Nervenringes an einer beliebigen Stelle
macht das hierdurch nervös getrennte Armpaar ganz unfähig als
vorderes Gangpaar zu wirken.   Die beiden Arme setzen wohl noch
richtig ein, wenn der Reiz sie von hinten gleichmäßig trifft, sie sind
aber ganz außerstande, das gleiche Tempo dauernd beizubehalten.
Das beweist, daß die Erregungen sich gegenseitig beeinflussen
müssen. Faßt man den Punkt des Nervenringes, der gerade mitten
zwischen den beiden Gangarmen liegt, ins Auge, einen Punkt, der
keine Repräsentanten, sondern bloß Bahnen enthält, so zeigt dieser
Punkt eine wechselnde Flut und Ebbe der Erregungen, die, von
beiden Seiten kommend, hier zusammentreffen. Ich nenne ihn den
Pulsationspunkt.

Die gleichzeitig einsetzende Erregungsflut an der Verbindungs-
stelle der beiden Vorderarme hemmt das Weiterfließen der Erregung
sowohl nach links, wie nach rechts, und erleichtert es den gedehnten
Muskeln, an der hinteren Seite der Arme die Erregung an sich zu
ziehen.   Das scheint mir die Ursache zu sein, warum niemals ein
Vorderarm, der noch einen Partner besitzt, die beiderseitigen Ausschläge ausführt, wie es der einzelne Arm tut.   Der Pulsationspunkt
ist nicht ein für allemal festgelegt, sondern wandert beim Umschlagen
des Gangtypus.   Tritt nämlich der Gang „unpaar vorne" ein, so verbreitet sich der Pulsationspunkt über die gesamten Verbindungsbahnen
des vorderen Unpaaren.   Es ist auf den ersten Blick auffallend, daß
ein Arm, der von beiden Seiten Erregungen erhält, ruhig bleiben kann.
Man wird dabei an den Mundstiel von Carmarina erinnert, der sich
auch nicht rührt, wenn man ihm von allen Seiten gleichzeitig Erregung
zufließen läßt.

Das Tempo des Gangrhythmus hängt lediglich von dem vorderen
Gangpaare ab. Die hinteren Arme folgen den vorderen und sind
nicht voneinander abhängig, da man den Nervenring zwischen ihnen
durchtrennen kann, ohne sie in ihrer Tätigkeit zu stören.

Der Typus „unpaar voran" wird hervorgerufen, wenn ein Reiz
den Mittelkörper gerade zwischen zwei Armwurzeln trifft. Er ist deshalb der seltenere.

Es ist also der Reizort bestimmend für die Anfangsstellung der
Arme beim Gehen, weil von ihm aus die dynamische Erregungswelle
in die Hauptleitungsbahnen eindringt und weiterläuft.   Der Rhythmus
des Gehens entsteht aber nur, wenn es der Muskeldehnung ermöglicht
wird, ohne Hemmnis die statische Erregung in Schwingung zu versetzen. Eine dauernde, wenn auch schwache Quelle für dynamische

Die Schlangensterne.   115

Wellen, wie sie von einem Wollenfaden ausgehen, hemmt die freie
Ausbildung des Rhythmus. Der rhythmische Erregungsablauf bestimmt
die Amplitude der Bewegung. Sie gestattet einem einzelnen Arm eine
Doppelellipse zu beschreiben, während jeder paarige Arm nur eine
einfache Ellipse beschreibt. Der Bau des Gelenkes bestimmt die
Richtung der Fortbewegung, indem er festlegt, daß die reibende Bewegung des Armes am Boden immer erfolgen muß, nachdem der
Arm gestreckt und gehoben ist. Die Stärke des Reizes bestimmt, ob
es zur Autotomie, zur Abwehrbewegung, zur einfachen Armbewegung
oder zum Gangrhythmus kommen soll. Die äußeren Hindernisse bestimmen, ob der vorhandene Gangtypus beibehalten oder geändert
werden soll, und setzen zugleich mit der Reizstärke die Dauer des
Ganges fest. Ganz abseits steht der Einrollreflex, der von den Tentakeln ausgeht.

Selten ist der Ablauf der Erregungen von so durchsichtiger Klarheit, weil er von lauter wohlübersehbaren Faktoren abhängt, die zum
Teil in der Außenwelt selbst liegen. Ein frei im Wasser in normaler
Lage aufgehängter Schlangenstern verliert, wenn seine Arme der
Schwere nach abgesunken sind, die Fähigkeit, den normalen Gangrhythmus zu finden, weil die anormalen Dehnungsverhältnisse alles
durcheinander bringen.

So ist der Schlangenstern mit Rezeptoren und Effektoren in
höchst empfindlicher Weise in seine Umgebung eingehängt. Er ist
nicht eine selbständige Antwortmaschine (wie Rhizostoma oder Sipunculus), die ihre fertigen Antworten bereit hat und nur auf die ihren
Rezeptoren entsprechenden Fragen der Umwelt wartet, um die Antwort unbeeinflußt vom Erfolg mit eindeutiger Sicherheit abzugeben.
Der Schlangenstern ist vielmehr ein geschmeidiger Apparat, dessen
Bewegungen einer dauernden direkten und indirekten Regulierung durch
die Gegenstände der Umgebung unterliegt. Die Umwelt, die auf die
Rezeptoren wirkt, zeichnet sich aus durch ihre zahlreichen Abstufungen
in der Reizstärke, im übrigen ist sie aber sehr einfach. Fällt plötzlich ein Schatten auf ein ruhendes Tier, das seine Armspitzen im
Wasser flottieren läßt, so schlagen sie alle gleichzeitig herab und die
blaßsandfarbene Haut wird plötzlich um eine Nuance dunkler. Ferner
wirken die Riechstoffe der Nahrung stark auf die Tentakel ein, die
ihre Erregungen in einem abgesonderten Teil des Zentralnervensystems erzeugen. Sonst kommen fast nur mechanische Reize in Betracht, deren Erregungen sich als ein reichbewegtes Innenleben in
den Hauptbahnen und Netzen des Zentralnervensystems abspielen.
Dynamische Wellen werden von den Schwingungen der statischen Erregung abgelöst. Die Repräsentanten und ihre Muskeln stehen in
stetigem Erregungsaustausch. Die Erregungen kommen und gehen

8*

116   Sipunculus.

nicht bloß beherrscht von den Befehlen der Rezeptoren, sondern gleichfalls sanft gelenkt vom Zustande der Muskeln, die sich der Außenwelt
anpassen müssen.   So findet bei den Schlangensternen die Umgebung
zwei offene Tore und vermag den Tieren nicht bloß das ferne Ziel
zu weisen, sondern auch jeden Schritt zu lenken.

Sipunculus.

Da alle Lebewesen funktionelle Einheiten sind, ist die Kenntnis
der Funktion der wahre Schlüssel für das Verständnis der Organisation.
Die Gesamtheit der Funktionen eines Organismus nennen wir sein
Leben.   Mit der Erkenntnis, daß ein Tier lebt, ist aber noch nichts
gewonnen, denn ein jedes lebt auf seine Weise.   Es ist also die
Kenntnis der Teilfunktionen, die das Leben zusammensetzen, das wirk-

Abb. 9 [1]).

lich Wissenswerte.   Diese sind bei jedem Tier andere und fügen sich
auf andere Art zusammen.

Je weniger Teilfunktionen vorhanden sind, desto einfacher ist der
Bauplan des Tieres.   Je leichter die einzelnen Teilfunktionen sich voneinander anatomisch sondern lassen, desto übersichtlicher ist der Bauplan des Tieres.   Einfach und übersichtlich ist z. B. der Bauplan der
Medusen und Anemonen.   Aber gerade diese Einfachheit ist schuld
daran, daß wir über den Aufbau des Nervensystems aus ihnen nicht
viel Neues lernen können.   Im Gegensatz zu den Medusen beansprucht
Sipunculus unser volles Interesse deshalb, weil seine Teilfunktionen
sehr reich ausgebildet sind, ohne ihre Übersichtlichkeit zu verlieren.

Sipunculus ist ein Wurm von der Größe und Form einer mitt-
leren Zigarre, der am Grunde des Meeres lebt.   Seine Hauptaufgabe
besteht darin, Löcher in den Sand zu stoßen, in denen er weiter-
kriechen kann.   Es weist die gleichen Leistungen auf wie eine Tunnel-
bohrmaschine.   Dieser Hauptaufgabe seines Lebens sind alle muskulösen und nervösen Einrichtungen untergeordnet.   Sie beherrscht ihn
dermaßen, daß er selbst aufgeschnitten und auf die Präparierschale

---

[1]) Nach: Korschelt, Handwörterbuch der Naturwissenschaft. Bd. 9.

Sipunculus.   117

gespießt mit den Stoßbewegungen unbekümmert noch stundenlang
fortfährt. Wie das isolierte und blutleere Froschherz stundenlang
automatisch weiterarbeitet, so arbeitet auch der Sipunculus weiter in
voller Unabhängigkeit von allen äußeren Einflüssen durch das selbständige Getriebe seiner inneren Apparate.

Die Anatomie von Sipunculus ist einfach. Er ist ein einfacher
Muskelsack, dessen Vorderende sich schlauchförmig verlängert. Dieser
Schlauch läßt sich wie ein Handschuhfinger ein- und ausstülpen. Die
Amerikaner nennen ihn deshalb Introvert, auf Deutsch sagt man
weniger passend Rüssel. Das Ausstülpen des Rüssels geschieht durch
die Zusammenziehung der gesamten Muskulatur des Sackes, die den
Binnendruck des flüssigen Inhaltes bis auf 6 cm Quecksilber treibt.
Der Rüssel fliegt hinaus und bildet prall gefüllt ein widerstandsfähiges
Instrument, wohlgeeignet, um Löcher in den Sand zu stoßen. Steckt
der Rüssel tief im Sande drin, so beginnt er sich zu verkürzen und
zieht, da er an der Spitze mit kleinen Häkchen im Sande festsitzt,
den ganzen Körper mit nach vorn. Hierauf erschlafft die gesamte
Muskulatur, der Binnendruck fällt auf Null und der Rüssel wird durch
vier, Retraktoren genannte Muskeln nach innen zurückgezogen.

Es zerfällt, wie man hieraus ersieht, der Sipunculus in zwei getrennte, hintereinander liegende Apparate, in den vorderen Stoßapparat
und den hinteren Druckapparat, der bloß einen einfachen, kontraktilen
Muskelsack darstellt. Um vor allen Dingen die Eigenschaften der
Muskeln kennen zu lernen, empfiehlt es sich, den Stoßapparat, d. h.
Rüssel und Retraktoren, abzuschneiden und den hinteren Muskelsack
an ein Steigrohr zu binden, nachdem man das Zentralnervensystem
(Bauchstrang), das als derber roter Faden der Kriechseite des Tieres
entlang läuft, herausgerissen hat. Dann füllt man das Steigrohr bis
zur Hälfte mit Seewasser und taucht Sack und Steigrohr in ein Aquarium. Nun zeigt sich eine merkwürdige Eigenschaft der lebenden
Muskulatur, welche alle Vergleiche mit Gummiblasen und ähnlichen
anorganischen Materialien ad absurdum führt. Versucht man nämlich,
den Meniskus im Steigrohr mit der Wasseroberfläche in eine Ebene
zu bringen, so wird man bald gewahr, daß dieses nicht gelingt. Immer
zeigt sich der gleiche Überdruck im Steigrohr. Mag man das Rohr
hoch hinaufziehen, wobei der Muskelsack durch den Binnendruck des
Wassers sich stark dehnt, oder mag man das Rohr tief eintauchen,
wobei der Muskelsack sich stark verengt und verkürzt, immer zeigt
sich der gleiche Überdruck im Steigrohr.

Was bedeutet dieser Überdruck? Er zeugt davon, daß die
Muskeln bei jeder physiologischen Länge imstande sind, den gleichen
Wasserdruck auszubalancieren. Das beweist uns, daß die Muskeln
unabhängig von ihrer Verkürzung die Fähigkeit der Sperrung besitzen.

118   Sipunculus.

Die beiden Funktionen zeigen hier völlige physiologische Unabhängigkeit voneinander ohne nachweisbare anatomische Trennung der Be-
wegungs- und Sperrapparate wie bei den Seeigeln.

Auch der normale Muskel des Seeigelstachels wies eine dauernde
Sperrschwelle auf, die ihn befähigte, einem entsprechenden Drucke
die Wage zu halten. Wurde dieser Druck überschritten, so trat Erschlaffung ein und man konnte mit dem geringsten Übergewicht den
Muskel bis auf seine anatomische Länge dehnen. Ganz das gleiche
lehrt uns der Versuch am Sipunculus. Ist ein gewisser Überdruck im
Steigrohr vorhanden und versucht man diesen Überdruck zu erhöhen,
indem man das Steigrohr emporhebt, so gibt die Muskulatur widerstandslos nach, sie ist sofort in voller Erschlaffung. Der kleinste
Überschuß an Druck dehnt sie bis auf ihre anatomische Länge. Andererseits zeigt sich, ebenso wie beim Seeigel, daß die Verkürzungsapparate sofort in Tätigkeit geraten, sobald man ihre normale Belastung aufhebt. Versucht man durch Herabdrücken des Steigrohres
den inneren Druck herabzusetzen, so beginnen sogleich die Muskeln
sich zusammanzuziehen. Wir dürfen das als einen Beweis dafür ansehen, daß die Erregung, die bisher die Sperrapparate versorgte, bei
deren Entlastung zu den Verkürzungsapparaten hinübertritt und diese
in Tätigkeit versetzt. Kaum wird mit der Entlastung innegehalten,
so hört die Verkürzung wieder auf und die Erregung geht wieder in
die Sperrapparate.

Es findet also ein freier Austausch der Erregung zwischen Sperr-
und Bewegungsapparaten statt, ohne daß die nervösen Zentren dabei
beteiligt sind. Das sieht man beim Sipunculus so besonders deutlich,
weil man sein Zentralnervensystem ohne weiteres entfernen kann.

Trotzdem bleibt wie beim Seeigel auch hier das Nervensystem
die einzige Quelle der Erregung. Der nervöse Ursprung der Sperrschwelle zeigt sich bei Sipunculus mit ganz einzig dastehender Deut-
lichkeit. Man hat es nämlich völlig in der Hand, die Sperrschwelle
beliebig hoch ausfallen zu lassen, wenn man den Muskelmantel kurz
vor Entfernung des roten Zentralnervenfadens durch eine allgemeine
Hautreizung reflektorisch zu hoher Kontraktion und Sperrung gebracht
hat. Je größer die Reflexwirkung war, um so höher wird die Sperrschwelle ausfallen. Bei den Retraktoren des Vorderendes ist diese
Erscheinung noch deutlicher. Hier glaubt man geradezu zu sehen,
wie die Erregung, die den Muskel verkürzt und sperrt, durch den
Schnitt, der das Zentralnervensystem entfernt, wie in einer Falle gefangen wird. Ich nenne deshalb dieses Phänomen den Erregungsfang. Der Erregungsfang lehrt uns, daß die in den Muskel gelangte
Erregung nicht wieder erlöschen kann, wenn kein Zentrum vorhanden
ist, das sie in sich aufzunehmen vermag.

Sipunculus.   119

Dieses Abfangen der Erregung mittels einer Nervendurchtrennung erscheint uns deshalb so paradox, weil es sich beim Sipunculus um eine reflektorisch zum Muskel gelangte Erregung handelt, die als dynamische Erregung nur von kurzer Dauer sein sollte. Bei statischer Erregung ist dieser Vorgang nichts Unerhörtes. Durchtrennt man beim Seeigel die Seitennerven des Radialsystems, so bleiben die außen gelegenen Repräsentanten im gleichen Erregungsniveau stehen, welches das beherrschende Zentralniveau im Moment der Durchschneidung besaß. War der Radialnerv mit Nikotin vergiftet, so verbleiben alle Stachelmuskeln in dauerndem Sperrkrampf. Das vergiftete Radialsystem mag sich längst wieder entgiftet haben, der Zustand der Repräsentanten und ihrer Muskeln ändert sich nicht mehr. Die übermäßige Erregung bleibt in ihnen gefangen.

Im Gegensatz zu diesen dauernden Verschiebungen der statischen Erregung stehen die vorübergehenden Erregungswellen der dynamischen Erregung, wie wir sie aus allen Reflexen kennen. Aber überall dort, wo sich an den einfachen Reflex eine langdauernde Bewegung anschließt, wie beim Gehen der Schlangensterne, hat man bereits mit einer Verschiebung der statischen Energie zu rechnen.

Wir unterscheiden reflektorische, rhythmische und automatische Bewegungen, die auf eine dreifache Art des Erregungsablaufes hinweisen. Beim Reflex entsteht die Erregung im Rezeptor und erlischt im Muskel. Dies ist ein rein dynamischer Vorgang. Beim Rhythmus entsteht die Erregung gleichfalls im Rezeptor, aber sie erlischt nicht gleich beim ersten Male im Muskel, sondern fließt, nachdem sie den Agonisten verkürzt hat, zum gedehnten Antagonisten und wieder zurück, immer vom gedehnten Muskel angezogen. Dies geschieht längere oder kürzere Zeit, je nach der Stärke des ersten Anstoßes. Es kann sich dabei nicht bloß um eine flüchtige Erregungswelle handeln, sondern auch die statische Erregung muß mit in Schwingungen geraten. Die automatische Bewegung unterscheidet sich vom Rhythmus durch zweierlei. Einmal ist sie unabhängig von der Muskeldehnung und zweitens steht ihre Dauer in gar keinem Verhältnis zur Stärke des auslösenden Reizes und der von ihm erzeugten Erregungswelle. Dieses zweite Merkmal kann als Beweis dafür gelten, daß bei der automatischen Bewegung die statische Erregung die Hauptrolle spielt.

Nun ist der Sipunculus ein ausgesprochen automatisch arbeitendes Tier, deshalb nehmen bei ihm die einfachen Reflexe einen ganz anderen Charakter an. Will man die Reflexe des hinteren Muskelsackes studieren, so braucht man ihn bloß an der Rückseite der Länge nach aufzuschneiden und aufzuhängen. Dann erhält man ein lebendes Vließ, das sehr merkwürdige Eigenschaften zeigt. Man mag die Haut dieses Vließes mechanisch reizen an welcher Stelle man wolle, immer fließt

die Erregung nach einer ganz bestimmten Stelle hin und setzt dort
die Muskeln in Tätigkeit. Diese Stelle des Muskelmantels heißt der
Griff. Sie unterscheidet sich, soweit die Anatomie der Muskeln in
Betracht kommt, in nichts von den übrigen Muskelpartien. Auch
physiologisch läßt sich kein Unterschied erkennen. Gedehnt oder erschlafft sind die Muskeln des Griffes sicher nicht. Es muß also die
Ursache, welche die Erregung hierherführt, im Nervensystem gesucht
werden. Die Histologie läßt uns wie immer im Stich. So sind wir
denn darauf angewiesen, bei irgendeiner Analogie Hilfe zu suchen,
wenn wir uns diesen Vorgang veranschaulichen wollen. Am nahe-
liegendsten ist es natürlich an Wasser zu denken, das immer ins Tal
hinabfließen muß, einerlei, wo es herkommt. So habe ich denn diesen
Erregungsvorgang die Erscheinung des Erregungstales genannt.

Es fragt sich nun, ist das Hinfließen der Erregung nach dem
Tale noch ein Reflex zu nennen? Vom Reflex wissen wir, daß jede
Erregung erlischt, wenn der Bogen, den sie zu durchlaufen hat, irgendwo
durchschnitten wird. Nicht so beim Erregungstal. Wird der Nervenfaden zwischen Reizort und Griff durchschnitten, so fließt die Erregung
einfach in die der Schnittstelle zunächstliegenden Muskeln und bringt
diese in Tätigkeit. Genau wie das zu Tal fließende Wasser durch
ein Hindernis abgefangen werden kann und sich an der neuen tiefsten
Stelle sammelt.

War der Reiz etwas stärker, so ist es mit der einfachen Erregung
der Griffmuskeln nicht getan, sondern es tritt eine rückläufige Strömung
der Erregung ein, die nacheinander vom Griff beginnend alle Muskeln
bis zur Reizstelle und darüber hinaus zur Kontraktion bringt. Ist das
Vordertier nicht abgetrennt worden, so sehen wir, wie jetzt die Erregung auf die Stoßapparate übergreift, um dann, nach Ablauf der
Stoßbewegung, zum Griff zurückzueilen und das Spiel von neuem beginnen. Es tritt dann eine lang anhaltende Bewegungsfolge auf, die
durch keine äußeren Eingriffe zu hemmen ist.

Die vom Reiz ausgehende erste Erregungswelle war nur der
Anstoß, der die ganze Maschine in Gang brachte. Der Gang dieser
Nervenmaschine besteht offenbar in einem Hin- und Herschwingen
der statischen Erregung, ähnlich wie wir das beim Schlangenstern
gesehen haben. Beim Sipunculus ist aber die Trennung der anstoß-
gebenden dynamischen von der dauernd arbeitenden statischen Erregung
möglich. Das zeigt folgende Beobachtung. Die vom Reiz ausgelöste
Erregungswelle bringt, bevor sie zum Erregungstal weiterfließt, das
dem Reizort zunächstliegende Muskelband zur Erschlaffung. Diese
Erschlaffung tritt nicht ein, wenn die Erregung nach der Durchschneidung des Nervenfadens gehindert ist, weiter fortzufließen. Dann kontrahieren sich die Muskeln, die sonst erschlafft waren. Auch hier

Sipunculus. 121

werden wir darauf hingewiesen, daß die Erregung in zwei Komponenten zerfällt, welche die entgegengesetzte Wirkung ausüben können.
Am weitesten kommt man, wenn man, die Analogie mit dem Wasser
weiterführend, von Erregungsdruck und Erregungsmenge spricht. Erlangt durch besondere Umstände, wie hier durch den Abfluß der Erregungsmenge in das Tal der Druck ein Übergewicht über die Menge,
so werden von ihm die nächstliegenden Reservoire gedehnt und dadurch ihre Gefolgsmuskeln zur Erschlaffung gebracht. Wird der Abfluß der Erregung gehindert, so gleicht sich der Widerstreit der beiden
Faktoren zugunsten der Menge aus, und sowohl die Repräsentanten
wie ihre Muskeln setzen mit der normalen Tätigkeit ein.

Die lokale Erschlaffung tritt aber nur im Anschluß an eine neu
auftretende Erregung ein, sie ist daher rein dynamischer Natur und
kommt im weitern Ablauf der statischen Vorgänge nicht wieder vor.
So läßt sich denn hier die dynamische Erregung durch ihren hohen
Druck ganz gut von den statischen Erregungsverschiebungen unterscheiden. Ferner läßt sich aus dem ganzen Verhalten der Erregung
entnehmen, daß die reflektorisch erzeugte Erregung, die sich im Tale
sammelt, zum größten Teil aus statischer Erregung besteht, die nur
durch den Anstoß der dynamischen Welle in Bewegung geraten ist,
um dann selbständig weiter zu arbeiten. Ist dieses richtig, so ist der
Erregungsfang kein so abenteuerlicher Vorgang mehr, denn die statische
Erregung kann immer durch Nerventrennung abgefangen werden.

Es fragt sich nun, welche Aufgabe hat das Erregungstal zu erfüllen, das scheinbar ohne Grund im Beginn des letzten Drittels des
Muskelsackes gelegen ist. Wir wissen, daß die Zusammenziehung
des Muskelsackes den hohen Binnendruck erzeugt, der den Rüssel
hinausfliegen läßt und ihm die nötige Widerstandskraft verleiht. Da
ist es natürlich sehr wichtig, daß sich alle Muskeln möglichst gleichzeitig verkürzen. Zu diesem Zweck müssen sie möglichst gleichzeitig
ihre Erregung erhalten. Es wäre unvorteilhaft gewesen, das Erregungstal
an das Ende des Tieres zu verlegen, weil dann die zurückstauende
Erregung zu spät zu den vorderen Muskeln gelangte. Deshalb ist
das Erregungstal so gelagert, daß die Rückstauung nach beiden Seiten
gleichmäßig fortschreiten kann, wodurch ein gleichzeitiges Zusammenarbeiten aller Muskeln erreicht wird.

Ist die vom Erregungstal zurückgestaute Erregung bis an den
Rüssel gelangt, so hört sie auf wie bisher die beiden Muskelschichten,
aus denen der Körper besteht, gleichzeitig zur Tätigkeit zu bringen,
sondern tritt von nun ab nur noch in die Ringmuskeln ein. Am
ganzen übrigen Körper sind Ring- und Längsmuskeln sauber voneinander geschieden und bilden ein zierliches Gitterwerk von sich rechtwinklig kreuzenden Bändern. Nur am Rüssel ist diese deutliche

anatomische Trennung nicht mehr vorhanden. Hier gerade ist statt
dessen die physiologische Trennung durchgeführt. Die Erregung ergreift langsam, von der Wurzel zur Spitze des Rüssels fortschreitend,
einen Ringmuskelring nach dem anderen. Schneidet man den Rüssel
in so viel Ringe auseinander als zuführende Nervenpaare vorhanden
sind, so sieht man deutlich einen Ring nach dem anderen in strenger
Reihenfolge schmal und lang werden.

In der Rüsselgegend hat sich der rote Nervenfaden des Bauch-
strangs von der Muskulatur losgelöst und schwebt frei in der Leibeshöhle durch seine langen Seitennerven mit der Rüsselmuskulatur verbunden. Erst an der Spitze des Rüssels tritt er wieder dicht an die
Körperwand heran. Man kann ohne Schwierigkeit einzelne Seitennerven durchschneiden, das ändert an dem Ablauf der Muskelkontraktion nichts. Es fällt bloß der nicht innervierte Ring aus der
Reihe aus. Nach einer kleinen Pause, die sonst auf seine Innervation
verwandt worden wäre, antwortet dann der nächstfolgende Ring.

Während dieser langsam fortschreitenden Kontraktion der Ringmuskeln erschlaffen gleichzeitig die Längsmuskeln des Rüssels und
die vier Retraktoren. Die Erschlaffung der Längsmuskeln ist nicht
erstaunlich; da sie nicht erregt sind, können sie von den kontrahierten
Ringmuskeln widerstandslos gedehnt werden. Anders steht es um
die Retraktoren. Am aufgeschnittenen Tier kann man sich überzeugen,
daß die Erschlaffung der Retraktoren völlig unabhängig von jedem
mechanischen Zug eintritt. Man kann den Rüssel in Ringe schneiden,
ja man kann den ganzen Rüssel abschneiden — immer wird zu der
Zeit, da die Kontraktion der Ringmuskeln im normalen Ablauf der
automatischen Bewegungen eintreten sollte, die Erschlaffung der Retraktoren eintreten.

Das beweist, daß die Erschlaffung der Retraktoren durch irgendeine Vorrichtung im Nervensystem mit der Kontraktion der Ringmuskeln verbunden ist. Bisher kannten wir bloß den Antagonismus
der Muskeln, der es vermochte, den einen Muskel zu dehnen, während
der andere sich verkürzte. Jetzt springen an Stelle der Muskeln ihre
Repräsentanten ein. Außer dem mechanischen Zug vermag nur der
Repräsentant seine Gefolgsmuskeln zur Erschlaffung zu bringen. Deshalb müssen die Repräsentanten an dieser auf nervösem Wege hervorgerufenen Erschlaffung der Retraktoren verantwortlich sein.

Da wir wiederum ohne jeden histologischen Anhalt sind, müssen
wir wiederum die Analogie zu Hilfe nehmen, die diesmal besonders
nahe liegt. Wir stellen uns am einfachsten den Antagonismus der
Repräsentanten ebenso vor, wie den Antagonismus der Muskeln und
nehmen an, daß die Repräsentanten der Retraktoren von den Repräsentanten der Ringmuskeln mechanisch gedehnt werden. Die Re-

Sipunculus.   123

präsentanten sind, wie wir wissen, Erregungsreservoire. Während das
eine Reservoir sich zusammenzieht, um die Erregung in seine Gefolgsmuskeln zu treiben, dehnt es zugleich das antagonistische Reservoir.
Die Dehnung eines Reservoirs, mag diese durch den Erregungsdruck
oder durch den Zug seines Antagonisten veranlaßt sein, zieht immer
die Erschlaffung der Gefolgsmuskeln nach sich. Dies ist wohl ein
grobes und rohes Bild, aber es ist doch eins.

Ist die Erregung am vorderen Ende des Bauchstranges angelangt,
so kehrt sie wieder um und bringt in schnellem Tempo die Längsmuskeln des Rüssels und die Retraktoren gleichzeitig zur Verkürzung.
Da die Retraktoren weiter hinab reichen als die Wurzeln des Rüssels,
so unterstützen sie nicht bloß die Verkürzung des Rüssels, sondern
rollen ihn schließlich nach innen ein. Während des Einrollens hat
die Erregung die Längsmuskeln bereits wieder verlassen und ist auf
dem Wege nach dem Erregungstal begriffen. Dort angelangt, beginnt
sie das Spiel von neuem. Damit ist der Erregungskreislauf nach
erfolgreicher Ausführung der Stoßarbeit zu seinem Ursprungsort
zurückgekehrt.

Es gibt aber, unabhängig von der Stoßarbeit, noch einen Reflex,
der mancherlei Interessantes bietet. Nicht immer arbeitet das Tier
als Stoßmaschine. In den Pausen liegt es in seinem selbstgeschaffenen
Tunnel ruhig da mit ausgestrecktem Rüssel, an dessen Spitze kleine
Büschel muskulöser Tentakel sitzen, die den Mund umgeben. Die
Tentakel sind in nervöser Verbindung mit einem doppelten Ganglienknoten in der Leibeshöhle, der dem Anfangsstück des Darmes dorsal
aufsitzt. Man nennt diesen Ganglienknoten das Hirn. Dem Hirn
gegenüber, auf der Ventralseite des Darmes, befindet sich das Vorderende des Bauchstranges. Vom Hirn führt links und rechts um den
Darm herum je eine Kommissur zum Bauchstrang. In der Mitte jeder
Kommissur treten die Nerven für je ein Paar Retraktoren gemeinsam
aus. Wird eine der Kommissuren zwischen Bauchstrang und Retraktorennerv durchschnitten, so zeigt sich eine deutliche Erschlaffung in
den beiden zugehörigen Retraktoren. Wogegen die Durchschneidung
der Kommissur auf der Hirnseite keine solchen Folgen hat. Hieraus
muß man schließen, daß die Repräsentanten der Retraktoren nur im
Bauchstrang sitzen und durch ihre Tätigkeit die Sperrschwelle dauernd
beeinflussen. Wenn die Sperrschwelle in den Retraktoren ad maximum
gestiegen ist, zeigt die Kommissurendurchschneidung keinen Einfluß
und die Erregung bleibt gefangen.

Die Verbindung der Retraktoren mit dem Hirn ist nur sekun-
därer Natur und dient nur dem Tentakelreflex. Werden die Tentakel
mechanisch gereizt, so kontrahieren sich die Retraktoren. Zugleich
kontrahieren sich die Längsmuskeln im Rüssel, während die Ring-

muskeln ganz unberührt bleiben. Der Tentakelreflex hat nur die Aufgabe, bei mechanischer Reizung durch einen etwaigen Feind den
Rüssel blitzschnell zurückzuziehen.

Dieser Reflex kann aber durch Reizung des Bauchstranges gehemmt werden. Und zwar braucht die Erregung, die von der Bauchstrangreizung ausgeht, gar nicht bis zum Retraktor zu gelangen, wenn
sie nur auf das Hirn selbst einwirken kann. Trennt man auf einer
Seite die Kommissur zwischen Retraktorennerv und Bauchstrang, so
werden die Retraktoren dieser Seite durch die Reizung des Bauchstranges nicht mehr berührt. Trotzdem wird der Tentakelreflex durch
die Bauchstrangreizung auch für sie unterdrückt. Dies ist ein besonders merkwürdiger Fall, denn die Erregung, die sich bloß auf der
einen Seite befindet, wirkt auf die andere Seite hemmend ein, ohne
selbst hinüber zu fließen. Wir sind auch hier wieder gezwungen, auf
eine mechanische Vorrichtung zu schließen, die von einer Hirnhälfte
auf die andere hinüberwirkt. Wird links die Reflextür zugemacht, so
schließt sich zwangsmäßig auch die Tür auf der anderen Seite. Jedenfalls haben solche Fälle das Gute, uns davor zu warnen, Hemmung
und Hemmung für identisch zu halten. Hemmung mit Erschlaffung
der Muskeln ist offenbar etwas ganz anderes wie die Hemmung ohne
Erschlaffung.

Vom Sipunculus läßt sich mit einiger Übertreibung behaupten,
er bestehe aus zwei Tieren, einem Bewegungstier und einem Freßtier, die niemals gleichzeitig in Funktion treten können. Entweder
man bewegt sich, dann wird nicht gefressen, und umgekehrt. Das
Bewegungstier haben wir genauer kennen gelernt. Über das Freßtier
sind nur wenige Worte zu sagen. Es besteht im wesentlichen aus
dem langen, mit Sand gefüllten Spiraldarm und hat mit dem Bewegungstier nur die Tentakel gemeinsam, die den Mund umsäumen.
Die muskulösen Tentakel dienen dem ruhig daliegenden Tiere dazu,
die Sandkörner mit dem anhaftenden Detritus in den Mund zu befördern. Bei dieser Aufgabe können sie eines Chemorezeptors nicht
entbehren. In der Tat lassen sich die Tentakel durch chemische
Reize in ausgiebige Bewegung versetzen. Damit der Freßakt die
Bewegung nicht störe, ist folgende geistreiche Einrichtung getroffen.
Die chemischen Reize werden nicht nach dem Hirn und den Retrak-
toren übertragen, sondern nur die mechanischen. Es müssen die
Rezeptorennerven, die zum Hirn führen, impermeable Hüllen besitzen.
Wir wissen darüber natürlich nichts.

Während das Freßtier im Sande seiner Arbeit obliegt, sinkt im
Bewegungstier die statische Erregung immer mehr und mehr, bis die
Muskeln völlig erschlafft sind. Der Körper verliert seinen kreisrunden
Durchschnitt und legt sich als flaches Oval auf den Boden. Die Haut

wird dabei ganz dünn und ist dann zur Atmung besonders befähigt. Die roten Blutkörperchen fallen alle der Schwere nach zu Boden und kommen dabei mit dem Außenwasser in nahe Berührung. Aber die kleinen bewimperten Urnen, die gleich Infusorien die Leibeshöhle durchschwimmen, lassen ihnen keine Ruhe und hetzen sie immer wieder auf. Dadurch kommt ein ganz einzigartiger Blutkreislauf zustande.

Ein solches Tier ist völlig schlapp und bewegungsunfähig. Es muß erst durch allgemeine Hautreize geladen werden. Darauf zieht es seinen Rüssel ein und nimmt durch die gleichmäßige Verkürzung aller Muskeln des Sackes die typische Zigarrenform an. Nach längerer oder kürzerer Zeit beginnen dann die Bohrbewegungen.

Das Innenleben von Sipunculus zeichnet sich vor allen Wirbellosen aus durch seine große Unabhängigkeit, nicht allein von der Umgebung, das tun auch die Medusen, sondern auch von seinen eigenen Bewegungen. Dadurch gewinnen seine Handlungen eine Geschlossenheit und Hartnäckigkeit, die einzig dasteht — ein bohrender Sipunculus bohrt weiter, einerlei, ob etwas dadurch erreicht wird oder nicht.

Packt man ihn während des Bohrens mit einer Pinzette fest am Rüssel, so schlägt plötzlich die Bewegungsform um. Alle Ringmuskeln verkürzen sich sowohl am Rüssel wie am ganzen Körper und die Längsmuskeln beginnen sich abwechselnd links und rechts zu verkürzen, wodurch der Wurm in eine halb schlagende, halb schlängelnde Bewegung gerät, die es ihm ermöglicht, frei im Wasser zu schwimmen. Dabei schwingt die statische Erregung zwischen den Repräsentanten der Längsmuskeln hin und her, während die Ringmuskelrepräsentanten dauernd geladen bleiben.

Die Faktoren der Umwelt, die auf das Tier einwirken, wie das Sonnenlicht, das als allgemeiner Hautreiz wirkt, und die Berührung der Oberseite durch den Boden, wenn der Wurm auf den Rücken zu liegen kommt (die ihn veranlaßt, sich nach der gereizten Seite zu krümmen und dadurch in die normale Lage zurückzuschlagen) — spielen eine bloß nebensächliche Rolle im Leben des Tieres. Das Innenleben konzentriert sich auf ein selbsttätiges Hin- und Herschwingen der statischen Erregung, die beim Schwimmen der Quere nach, beim Bohren der Länge nach erfolgt. Eine solche Loslösung von der Außenwelt ist nur dann angebracht, wenn die Umgebung, in der das Tier lebt, eine äußerst einförmige ist und keinerlei Wechsel zeigt, dem ein so einförmiges und unbeeinflußtes Tier ganz wehrlos gegenüberstünde. Der Meeressand bildet eine solche gleichförmige Umgebung. Da das Schwimmen nur ganz ausnahmsweise geschieht, wird auf das Wasser mit all den Gefahren, die es beherbergt, keine weitere

Rücksicht genommen. Im Meeressand gibt es keine Maulwürfe, die dem Regenwurm des Meeres gefährlich werden könnten. Seine Feinde, die Krabben und Krebse, können sich wegen der Erstickungsgefahr nicht so tief in den Sand hineinwagen, und die anderen Sandbewohner sind wie die Ringelwürmer und die Herzigel ganz harmlose Nachbarn.

So erhält das Bewegungstier im Sipunculus während des größten Teiles seines Daseins keinerlei Reize und besitzt dann sozusagen keine Merkwelt. Daher gleicht der Sipunculus mehr als alle anderen Tiere einer Dampfmaschine, die ja auch nur vom Heizmaterial abhängig ist, sich im übrigen aber um die Eindrücke, die sie erhält oder austeilt, nicht im mindesten kümmert.

Man kann daher gespannt darauf sein, welche Art von Seele die vergleichenden Psychologen dem Sipunculus zuschreiben werden.

Der Regenwurm.

Die Gestalt des Regenwurms ist jedermann bekannt. Sie liefert uns die Anschauung, die wir der Vorstellung „wurmförmig" ganz allgemein zugrunde legen. Eine sehr langgestreckte Walze, die an beiden Enden zugespitzt ist, so zergliedert man für gewöhnlich die Form des Wurmes. Die vordere Spitze trägt den Mund, der von einer feinen muskulösen Greiflippe überragt wird. Die hintere Spitze, an der der Darm endigt, ist meist ein wenig gekrümmt. Die Walze besteht aus hundert bis zweihundert Ringen einer inneren Segmentierung entsprechend, die sowohl am Darm wie am Nervensystem ausgebildet ist. Von den Muskeln sind nur die Ringmuskeln segmental angeordnet, während vier Längsmuskelbänder ungegliedert durch den ganzen Wurm von vorne nach hinten ziehen.

Die Muskulatur bildet den Mantel, der die übrigen Organe umschließt und dem Tiere seine im Leben wechselnden Formen verleiht. Die Ringmuskeln sind in der Vorderhälfte viel stärker ausgebildet als weiter nach hinten zu, weil sie zur Langstreckung des Vorderendes beim Tasten dienen müssen. Die Muskulatur ist von der Haut umkleidet, welche reichlichen Schleim produziert, damit das Tier stets schlüpfrig bleibe. Spärliche Borsten stehen in vier Längsreihen über den Zwischenräumen der Längsmuskeln. Die Borsten sollen verstellbar sein und je nach der Gangrichtung nach vorne oder nach hinten gerichtet werden.

Das Nervensystem ist in der Mittellinie der Bauchseite gelegen und bildet eine lange Kette von Doppelganglien, die den Segmenten entsprechen. Am Vorderende bildet sich wie gewöhnlich ein nervöser

Der Regenwurm.   127

Ring aus, der den Schlund umfaßt und sowohl über wie unter dem Schlunde ein paar größere Ganglien trägt.

Bemerkenswert ist der muskulöse Schlundkopf, der bis an das Vorderende vorgeschoben und zurückgezogen werden kann. Er bildet eine Art innerlichen beweglichen Stempel. Die übrigen Organe, besonders den sehr komplizierten Darm, übergehen wir, weil sie nicht unmittelbar in das Bewegungsleben des Tieres eingreifen.

Über die normalen Gehbewegungen ·des Regenwurmes sind wir durch Friedländer und Biedermann eingehend unterrichtet worden. Immer beginnt die Vorderspitze mit einer Ringmuskelkontraktion, die das Vorderende stark verlängert. In Ausnahmefällen kann die Ringmuskelkontraktion sich bis an das Hinterende hin fortsetzen, ehe eine Längsmuskelkontraktion eintritt. Schneidet man einem Wurm den Kopf ab und zieht durch das neue Vorderende einen Faden, mit dem man ihn leise dehnt, so wird diese Dehnung immer reflektorisch eine Ringmuskelkontraktion auslösen, die dann gleichfalls von vorne nach hinten weiterläuft. Durch die Ringmuskelkontraktion wird der Leib verlängert und die Längsmuskeln gedehnt, die alsdann gleichfalls mitzuarbeiten beginnen. Meist setzen sie bereits ein, bevor die Ringmuskelkontraktion weit nach hinten geeilt ist. Dann folgt auf die Verdünnungswelle der Ringmuskeln eine Verdickungswelle der Längsmuskeln. Auf der Verdickungswelle lastet der Wurm. Wenn er in seiner eigenen Höhle steckt, fassen die kleinen Borsten von der Verdickungswelle allseitig an die Wand gepreßt fest an und tragen dazu bei, die Reibung zu erhöhen. Beim normalen Kriechen folgen sich mehrere Verdünnungs- und Verdickungswellen regelmäßig miteinander abwechselnd. ·Die Verdünnungswelle wird durch eine reflektorisch im Bauchstrang erzeugte Erregung hervorgerufen. Diese Erregung fließt, wenn sie vorne begonnen, den ganzen Bauchstrang entlang nach hinten ab. Der Ablauf der Erregung wird dadurch unterstützt, daß der Zug, den die vorwärts schreitenden Partien des Wurmes auf die hinteren ausüben, immer von neuem reflektorische Ringmuskelkontraktionen erzeugt.

Dies kann dadurch bewiesen werden, daß man einen Wurm in zwei Hälften zerlegt und sie dann mit einem Bindfaden aneinander bindet. Dann erzeugt die vordere marschierende Hälfte mittels des Zuges des Bindfadens einen genügenden Reiz in der zweiten Hälfte, um hier reflektorisch eine Verdünnungswelle hervorzurufen, die gleichfalls von vorne nach hinten abläuft. Andererseits konnte auch bewiesen werden, daß der Bauchstrang allein genügt, um die Erregungswelle von vorne nach hinten zu leiten. Auch hier sehen wir, wie so oft zwei Faktoren im gleichen Sinne wirken, um das planmäßige Resultat möglichst sicher zu stellen.

128   Der Regenwurm.

Es ist die Frage, ob die zweite und die folgenden Verdünnungswellen, die beim Gehen vorne entstehen, immer eines neuen Reizes
bedürfen oder ob die in den Ringmuskeln durch die Verdickungswelle erzeugte Dehnung nicht allein ausreicht, um nach dem allgemeinen Erregungsgesetz ihre Tätigkeit auszulösen.

Nur der Reiz des sanften Zuges ist imstande, Ringmuskelkontraktion zu erzeugen. Jeder stärkere mechanische Reiz, wie Stich
oder Schnitt, ruft Längsmuskelkontraktion an der getroffenen Stelle
hervor und außerdem eine Ringmuskelkontraktion an dem Vorderende des Wurms, die eine neue Gangperiode einleitet. Es muß sich
daher am vorderen Ende des Bauchstranges ein Erregungstal befinden, wie wir es bei Sipunculus kennen lernten. Denn jede mechanische Reizung des Tieres in seinem ganzen Verlaufe erzeugt immer
eine Verdünnungswelle am Vorderende.

Wie werden sich, nachdem was wir jetzt wissen, die beiden
Hälften eines durchschnittenen Regenwurms benehmen? An der
Schnittstelle herrscht beiderseits heftige lokale Längsmuskelkontraktion,
in der vorderen Hälfte außerdem noch eine Ringmuskelkontraktion,
welche die normalen Gehbewegungen einleitet und die lokale Kontraktion der Längsmuskeln überwindet. An der hinteren Hälfte fehlt
diese Korrektur und die erregten Längsmuskelbündel werden abwechselnd sich und die Ringmuskeln dehnen. Die gedehnten Muskeln
werden darauf mit Kontraktion und Kontradehnung antworten. Auf
diese Weise entsteht aber keine geordnete Bewegung, sondern das
charakteristische Winden des Wurms.

Auch der Wurm krümmt sich, wenn er getreten wird, sagt ein
bekanntes Sprichwort. Man hat immer im Winden des Wurmes
wenn nicht ein Zeichen des Zornes, so doch des Schmerzes sehen
wollen, bis Normann auf das verschiedene Verhalten der beiden
Hälften eines geteilten Regenwurms aufmerksam machte und darauf
hinwies, daß, wenn eine Hälfte von Rechts wegen Schmerz empfinden
sollte, es die vordere sein müßte, die das Hirn beherbergt. Nun läuft
aber gerade diese Hälfte davon, ols ob nichts passiert wäre. Jennings versucht diesen Einwand zu widerlegen, indem er das Winden
der hinteren Hälfte als eine beschleunigte Fortbewegung ansieht, die
aber nur in der engen Höhle des Wurmes zu ersprießlicher Wirksamkeit gelangen könne. Mir scheint die Bewegung der hinteren Wurm-
hälfte eine gänzlich unkoordinierte und zwecklose zu sein. Sie wird
aber sofort koordiniert und planmäßig, wenn man sie nach dem Vor-
gange Friedländers an die vordere Hälfte anbindet. Die Frage
nach der Empfindung des Wurmes läßt man lieber unerörtert, denn
man sieht, zu welchen Paradoxen man sofort gelangt.

Der Regenwurm lebt in einer selbstverfertigten, kanalartigen

Der Regenwurm. 129

Höhle, deren Wände ringsum mit Exkrementkügelchen, die durch Schleim miteinander verklebt sind, verschmiert werden. Diese unebenen, aber doch nicht rauhen Flächen gestatten ihm, mit Leichtigkeit auf- und abzugleiten, denn sie geben ihm den nötigen Halt ohne seine Haut zu verletzen. In seiner Röhre muß der Wurm vorwärts wie rückwärts schlüpfen. Es ist in der Tat möglich, den Regenwurm durch einen starken Reiz am Vorderende zu antiperistaltischen Bewegungen zu veranlassen. Dann beginnt eine Reihe von Verdünnungswellen am Hinterende und läuft, während der Wurm nach hinten kriecht, zur vorderen Spitze hin. Es muß also auch am Hinterende ein zweites, wenn auch unbedeutendes Erregungstal vorhanden sein, das nur selten in Aktion tritt.

Am Grunde der Röhre befindet sich eine kleine Erweiterung, die dem Regenwurm Gelegenheit bietet, sich umzudrehen, wenn er behufs der Defäkation mit dem Hinterende aus der Röhre hinausragen muß. Die peristaltische Bewegungsart ist keineswegs auf den Regenwurm beschränkt. Alle drehrunden Würmer, die in engen Kanälen wohnen, bewegen sich stets auf diese Weise. Überall passen Wohnort und Bewegungsart genau zusammen.

Aber die Bewegungsmittel der Verdünnungs- und Verdickungswellen sind nicht die einzigen, deren der Regenwurm fähig ist. Es ist zwar nur einmal eine andere Bewegungsart beobachtet worden, aber von einem so zuverlässigen Forscher, daß darüber kein Zweifel walten kann. Ich setze die merkwürdige Beobachtung, die H. Eisig mitteilt, mit seinen Worten hierher.

„Als ich früh an einem Herbstmorgen im erwähnten Garten an einem abgeräumten Gemüsebeet vorbeiging, wurde plötzlich meine Aufmerksamkeit durch ein Geräusch auf dieses Beet gelenkt, und da sah ich eine ca. 20 bis 30 cm lange Lumbricide mit einer Geschwindigkeit sich fortbewegen, die mit der sonst diesen Tieren eigentümlichen ziemlich trägen Kriechbewegung seltsam kontrastierte. Diese Fortbewegung war eine undulatorische, aber es handelte sich nicht um die Polycheten typische laterale, sondern vertikale Undulation. Wenn ich mich recht erinnere, waren ca. drei Bögen zu zählen, also sehr lange und steile Bögen, welche an die hohen Schleifen der spannerraupenähnlichen Bewegung erinnerten. Dicht hinter dem Wurme kam aber aus demselben Erdloch ein Maulwurf hervor, und trotz seines mehrere Meter betragenden Vorsprunges wurde ersterer vom letzteren eingeholt, gepackt und verspeist, und zwar vor meinen Augen. Erst nachdem er seine Beute verschluckt hatte, zog sich der Maulwurf wieder in seine Galerie zurück. Kurz bevor dies aber geschah, war eine zweite Lumbricide von ungefähr derselben Größe und wohl von derselben Art in ebenso rascher vertikaler Undulation erschienen und

hinter ihr her auch ein zweiter, aber im Gegensatz zum ersten ausgewachsenen, sehr jugendlicher (etwa halb so großer) Maulwurf. Und
in diesem Falle gelang es der Lumbricide dank ihrer raschen Bewegung zu entkommen; denn der Verfolger, welcher offenbar ihre
Spur verloren hatte, geriet weit von ihr ab in ein benachbartes mit
Salat bepflanztes Beet. Er ließ mich ganz nah herankommen und
nahm die von mir inzwischen eingefangene Lumbricide aus der Hand
und verschlang sie."

In diesem interessanten Fall hatten die Regenwürmer ihre gesamten Ringmuskeln in dauernde Kontraktion versetzt und ließen die
Längsmuskeln der Ober- und Unterseite paarweis gegeneinander spielen.
Ganz dasselbe haben wir beim Sipunculus gesehen, der auch auf
diese Weise vom Kriechen zum Schwimmen übergeht. Wir werden
beim Blutegel ein ähnliches Umspringen der einen Bewegungsart in
die andere kennen lernen. Nur ist beim Blutegel dies bereits zu einer
dauernden Einrichtung geworden. Aus der Zergliederung der Gehbewegungen des Regenwurmes sieht man, wie wenig die anatomische
Segmentierung des Zentralnervensystems mit den physiologischen
Leistungen zu tun hat. Nur die Lagerung der Repräsentanten entspricht insofern der Segmentierung, daß alle Muskelfasern eines Seg-
mentes ihre Repräsentanten im gleichen Segment des Bauchstranges
sitzen haben. Aber das allgemeine Netz, das von vorne nach hinten
den ganzen Bauchstrang durchzieht, zeigt ganz andere Einteilungen.
Es ist besonders für eine leichte Verbindung zwischen den Repräsentanten der Ringmuskeln gesorgt, denn sonst könnte die Erregung
nicht mit so großer Leichtigkeit von vorne nach hinten laufend immer
nur die Ringmuskeln in Tätigkeit versetzen. Erst nachdem die Längsmuskeln durch die Kontraktion der Ringmuskeln gedehnt und erschlafft
sind, tritt die Erregung auch zu ihnen. Außer dieser Verbindung mit
dem allgemeinen Netz müssen die Repräsentanten der Längsmuskeln
noch eigene direkte Bahnen besitzen. Denn es treten nicht selten
Zuckungen auf, die nur von den Längsmuskeln ausgeführt werden
und die zu einem blitzartigen Zurückschnellen des Vordertieres führen.
Ferner müssen die Repräsentanten der Längsmuskeln mit den zunächstliegenden Rezeptoren in besondere Verbindung gebracht sein, da jede
stärkere Hautreizung immer nur mit einer lokalen Längsmuskelkontraktion beantwortet wird. Bei der Flucht vor dem Maulwurf ist eine
so große Erregung im ganzen Nervensystem vorhanden, daß die
Ringmuskeln dauernd in Tätigkeit bleiben und die noch übrige Erregung rhythmisch zwischen den Längsmuskeln nach dem Erregungsgesetz hin- und herschwankt.

Die Repräsentanten aller Muskeln sitzen im Bauchstrang, denn
sobald der Bauchstrang entfernt wird, hört jede Bewegung der Muskeln

Der Regenwurm.   131

in den zugehörigen Segmenten auf. Die Bewegung des Hautmuskel-
schlauches auf Dehnung, die Straub beobachtete, ist wohl mit den
Bewegungen des Hautmuskelschlauches des Sipunculus bei wechselnder
Dehnung identisch.

Es bietet demnach das Zentralnervensystem des Regenwurmes
wohl einige ihm eigentümliche Verbindungen der zentralen Netze
unter sich und mit den Rezeptoren, aber keine prinzipiellen neuen
Einrichtungen. Alle bisher Betrachteten Bewegungen lassen sich auf
die bekannten Gesetze beim Fließen der Erregung in einfachen Netzen
mit einem oder zwei Erregungstälern zurückführen.

Beim Einbohren in den Erdboden kommen noch weitere Einrichtungen zum Vorschein. Das sind vor allem die Bewegungen des
Schlundkopfes, der gleich einem inneren Stempel hin- und herfliegt
und dabei die Erde ringsum wegdrängt. Diese Art des Einbohrens
ist aber nur möglich, wenn die Erde einigermaßen locker ist. Bei
zugestampftem Boden bleibt dem Wurm nichts anderes übrig, als sich
in die Erde hineinzufressen, was freilich über 24 Stunden in Anspruch
nehmen kann. Eine besondere Bewegungsart wird beim Tasten angewandt, das nur mit dem Vorderkörper geschieht. Die vorderste
Spitze dient als Rezeptor für den Berührungsreiz. Dieser Tangorezeptor
wird durch Ring- und Längsmuskelbewegung an den Gegenständen
entlang geführt und vermag die Formen der Gegenstände in beschränktem Maße zu unterscheiden. Bevor wir auf dieses interessante
Kapitel eingehen, haben wir noch kurz die anderen Reizwirkungen zu
betrachten.

Ein tastender langgestreckter Vorderkörper, der nach links gebogen ist, wird, wie Jennings berichtet, auf jeden Berührungsreiz,
einerlei wo dieser ansetzt, nach rechts schlagen und umgekehrt. Es
verhält sich also der gestreckte Wurm neuen Erregungen gegenüber
genau so wie der Arm eines Schlangensternes, d. h. es fließt die Erregung den am meisten gedehnten Längsmuskeln zu. Es ist möglich,
daß auch der Lichtreiz ähnlich wirkt, denn alle Versuche über Photorezeption haben bisher keine befriedigende Antwort auf die Frage
gegeben, ob der Regenwurm durch das Licht bloß gereizt oder auch
gerichtet wird. Sichergestellt ist nur, daß die meisten Würmer, wenn
sie bei Nacht aus ihrer Höhle hervorschauen, auf Beleuchtung sich
zurückziehen, manche blitzschnell, manche langsam. Sind sie aber
zur Zeit mit Fressen oder Bauen der Röhre beschäftigt, so bleiben
sie für den Lichtreiz völlig refraktär. Es scheint ferner, daß die
Lichtstärke des Mondlichtes sie aus den Höhlen hervorlockt, während
das intensive Sonnenlicht sie zurücktreibt.

Interessant ist auch festzustellen, daß, wenn ein Regenwurm, der
geradeaus fortschreitet, an der Spitze von einem Reiz getroffen wird,

9*

132   Der Regenwurm.

zurückfährt, still steht, sich seitlich wendet und dann in einer neuen Richtung vorwärtskriecht, also alle Phasen des Motoreflexes von Paramaecium wiederholt.

Das Witterungsvermögen des Regenwurmes ist nicht unbedeutend, denn er findet vergrabene Kohl- oder Zwiebelblätter mit Sicherheit, wenn der Erdboden locker ist. Der ganze Körper ist sehr empfindlich für Salze. So findet man, daß ein Regenwurm, den man mit nur einem kleinen Klümpchen Erde auf trockenen Seesand gesetzt hat, den Erdklumpen nicht mehr verläßt. Sehr ausgebildet sind spezielle Gusto-Rezeptoren, das sind sehr spezialisierte chemische Rezeptoren, die bei der Nahrungsaufnahme in Funktion treten. Beim Regenwurm spielen sie noch eine besondere Rolle, indem sie es ihm erleichtern, die Form der Blätter zu unterscheiden.

Und nun wenden wir uns der bedeutungsvollen Frage zu, welche Gegenstände der Umgebung vermag der Regenwurm in seine Umwelt aufzunehmen? Charles Darwin hat in seinem schönen Buche über die Bildung der Ackerkrume auch auf die merkwürdige Fähigkeit der Regenwürmer, Formen zu unterscheiden, aufmerksam gemacht, und Elise Hanel hat die von Darwin angestellten Versuche auf das glücklichste weitergeführt.

Die Regenwürmer liegen tagsüber mit dem Vorderende nahe der Öffnung ihrer Höhle. Die Mündung der Höhle verstopfen sie zu ihrem Schutz mit allem umliegenden losen Material, am liebsten mit Blättern, aber auch mit Federn oder Steinchen. Die Blätter werden an ihrem Rande mit der Lippe gefaßt und in die Höhle gezogen, bis die Mündung vollgestopft ist. Die Steinchen werden ergriffen, indem erst die Lippe sich fest andrückt, wobei der Schlundkopf vorgeschoben ist. Dann wird der Schlundkopf zurückgezogen. Dadurch entsteht ein luftleerer Raum vor dem Munde, und nun vermag der Regenwurm mit seinem in einen Saugnapf verwandelten Vorderende die kleinen Steinchen beliebig zu versetzen. Um die Form der Steinchen kümmert sich der Regenwurm nicht. Sie werden in unregelmäßigen Häufchen vor die Höhle gelagert.

Mit den Blättern verhält es sich schon anders, denn diese werden bis in die Höhle hineingezogen. Nun ist es ohne weiteres verständlich, daß ein herzförmiges Lindenblatt, wenn es am Stiel gepackt wird, nicht in die enge Höhle hineingeht. Wird es dagegen an der Spitze gefaßt, so rollt es sich ohne Schwierigkeit zusammen, während es die Mündung der Höhle passiert. Tatsächlich ergreifen die Regenwürmer alle Lindenblätter ausnahmslos an ihrem Vorderrand nahe der Spitze. Elise Hanel konnte zeigen, daß bei diesem Vorgehen die Regenwürmer von einem chemischen Reize geleitet werden. Denn wenn man mit der Schere ein Lindenblatt derart herzförmig zu ⌐

Der Regenwurm.   133

schneidet, daß die Herzspitze nach dem Stengel zu sieht, so wird
nicht die neue Herzspitze erfaßt, sondern die neue Herzbasis, d. h.
eine der Form nach ganz ungeeignete Stelle. Beim Lindenblatt spielt
also die Form keine Rolle.

Nimmt man dagegen zwei aneinanderhängende Kiefernadeln, die
vom Regenwurm immer an der Basis gepackt werden, und bindet
sie mit einem Faden zusammen, so werden sie immer noch an der
Basis ergriffen, obgleich jetzt für das Einführen beide Enden gleich
gut geeignet sind. Schneidet man aber eine Nadel von der Basis
ab, die man an der anderen Nadel läßt, so wird nicht mehr die
Basis gepackt, sondern die zusammengebundenen Spitzen. Hierbei
tritt die Wirkung der Form deutlich zutage, die sogar den chemischen
Reiz, der von der Basis ausgeht, überwindet.

Noch überzeugender sind die Versuche mit Papierschnitzeln,
denen man die Form eines gleichschenkligen Dreieckes mit kurzer
Basis und langen Schenkeln gegeben hat. Stets wird von den Regen-
würmern die zwischen den beiden langen Schenkeln gelegene Spitze
als Angriffspunkt gewählt, und zwar ohne Herumprobieren, sondern
mit großer Sicherheit nach einem bloßen Abtasten des Dreieckes.
Hanel schreibt zur Deutung dieser Vorgänge: „Bleibt uns nichts
anderes übrig, als den Vorgang in eine Kette einfacher Reize aufzulösen. Stellen wir uns vor, daß die drei Spitzen eines Dreieckes,
gleichgültig ob sie alle untereinander verbunden sind wie bei den
Papierstückchen oder teilweise wie bei den Kiefernadeln, bei der
Bewegung eines Regenwurmes in gewissen Abständen oder Zeit-
räumen seinen Körper berühren und so, einander sukzessive folgend,
kombiniert auf ihn wirken. Nimmt man jede Strecke, die der Wurm
von einer Ecke sesp. Spitze zur anderen zurücklegt, als einfachen
Reiz an, so kann man sich vorstellen, daß es die verschiedene Kombination in der Aufeinanderfolge dieser einfachen Reize ist, die den
verschiedenen Effekt hervorruft. Wenn wir den Reiz, welcher ausgeübt
wird, wenn der Wurm an der Langseite eines Dreieckes kriecht: a,
und diejenigen, die durch Kriechen an der kurzen Seite bewirkt wird:
b nennen, so können wir uns vorstellen, daß die Reize in der Aufeinanderfolge: b + Spitze + a + Spitze den Reflex des Hineinziehens
auslösen, was dann natürlich zur Folge hat, daß nur das spitzeste
Ende erfaßt wird. Hingegen würden die Reize in der Aufeinanderfolge: a + Spitze + b + Spitze in den meisten Fällen gar keinen oder
nur einen Hemmungsreiz ausüben, der Effekt wird also der negative
des Nichteinziehens sein."

So außerordentlich dankenswert es auch ist, daß die Verfasserin
sich von jeder psychologischen Deutung ferngehalten hat, die von
Darwin noch ohne jedes Bedenken angewandt wurde, so kann doch

die von ihr ausgeführte Analyse des Vorganges nicht als beendet angesehen werden, solange bloß die Zustände der Umgebung in Rechnung gezogen werden ohne Rücksicht auf die rezeptorischen Organe des untersuchten Tieres. Ein Vorgang in der Außenwelt wird erst durch seine physiologische Wirkung auf den Rezeptor zum Reiz, sonst bleibt er ein bloßer physikalischer Faktor. So kann eine zurückgelegte Strecke nicht als Reiz angesprochen werden. Nur die Muskelbewegung, die der Wurm ausübt, um diese Strecke abzutasten, kann man unter Umständen als Reiz deuten. Es ist freilich für die niederen Tiere überhaupt nicht bewiesen, ob ihre eigenen Bewegungen zu Reizen werden können. Bei den Medusen ist sogar ein besonderer Rezeptor, der von der Bewegung erregt wird, eingefügt, offenbar weil die Bewegung der Muskeln nicht direkt als Reiz auf das zentrale Netz zu wirken vermag. Aber für den Regenwurm möge fürs erste angenommen werden, daß seine eigenen Bewegungen ihm als Reiz dienen.

Auch die Spitze ist an sich kein Reiz, sondern nur ihre Wirkung auf den Tastapparat. Die Spitze wirkt nach der Darstellung von Elise Hanel — die allerdings von Jordan bezweifelt wird — nicht auf die Muskeln, sondern auf den Tangorezeptor. Demnach würde die Hanelsche Reizkette ins Physiologische übersetzt folgendermaßen lauten: Schwacher Muskelreiz + Tangoreiz + starker Muskelreiz + Tangoreiz gebe eine wirksame Reizkombination. Wie sollen wir uns diesen Vorgang im Zentrum weiter vorstellen?

Apparate, die die Fähigkeit haben, verschiedene aufeinanderfolgende Reize aufzunehmen, können wir uns nur anschaulich machen, indem wir für jeden Reiz eine gesonderte räumlich getrennte Aufnahmeeinrichtung annehmen. Es müßte also im Zentralnervensystem des Wurmes ein Komplex von vier Zentren vorhanden sein, entsprechend den vier wirksamen Reizen. Diese vier Zentren müssen außerdem in bestimmter Reihenfolge im Raum nebeneinanderliegen, damit nur die richtige Reihenfolge der Reize den Zentrenkomplex in Erregung versetzen kann. Mit anderen Worten: die Hanelsche Reizkette verlangt die Annahme eines entsprechenden räumlichen Schemas im Zentralnervensystem.

Die Frage nach dem Vorhandensein räumlicher Schemata im Zentralnervensystem ist, wie wir später sehen werden, von grundlegender Wichtigkeit für den Aufbau des Gehirnes aller höheren Tiere. Erst wenn äußere Formverhältnisse durch innere räumliche Verhältnisse wiedergespiegelt werden, kann man im strengen Sinne vom Vorhandensein von Gegenständen in der Umwelt eines Tieres reden. Nun gibt es ein Raumverhältnis, das bei allen bilateralen Tieren mit Sicherheit unterschieden wird, das ist: „Links" und „Rechts". Überall

Der Regenwurm.   135

findet sich eine Teilung der höheren Ganglien in eine linke und rechte Hälfte, und bei allen einfacheren Tieren nimmt das linke Ganglion alle rezeptorischen Fasern der linken Hälfte auf, und dasselbe tut die rechte Hälfte.

Wenn ein Regenwurm einem Papierschnitzel entlang tastet, das mit einer Spitze zu ihm sieht, so wird er die eine Kante mit der linken Seite der Lippe berühren, die andere mit der rechten. Dadurch sind die beiden Kanten sicher unterschieden. Es braucht jetzt nur die Dauer der Reizung des Tastorganes durch eine Intensitätssteigerung sich dem Zentralnervensystem kundzutun, um so die Unterscheidung der langen Kante von der kurzen Kante durchzuführen. Daß diese auf das Mindestmaß reduzierte Erklärungsweise genügt, will ich durchaus nicht behaupten. Die Entscheidung können nur neue Versuche bringen. Aber auch in diesem allereinfachsten Falle sehen wir, daß mindestens zwei räumlich getrennte Zentren, eines auf der linken und das andere auf der rechten Hemisphäre, nötig sind zur Unterscheidung der Form. Daher werden wir dem Zentralnervensystem des Regenwurmes die Existens rudimentärer Schemata nicht abstreiten dürfen.

Wir haben noch einen Blick auf die Lebensgewohnheiten der Regenwürmer zu werfen, welche Darwin so anschaulich schildert. Zur Nachtzeit kommen die stillen Tiere aus ihren Höhlen heraus, meist bleiben sie mit dem gekrümmten Schwanzende in der Mündung der Höhle eingehakt. Wagen sie sich weiter hinaus, so finden sie ihr Haus nicht mehr wieder, sondern müssen sich ein neues bauen. Sie nähren sich mit Vorliebe von Kohlblättern. Im übrigen sind sie aber durchaus omnivor. Sie verspeisen gerne Speck und verschmähen eigentlich keine Nahrung. Eine Haupttätigkeit, die ihre große Wirkung auf die Bildung der Ackerkrume erklärt, besteht im Verschlucken der Erde, die sie dann als geringelte Exkrementhäufchen vor der Mündung ihrer Höhle deponieren. Auch Kannibalismus kommt gelegentlich vor, denn die Regenwürmer verschmähen es nicht, sich an toten Kollegen zu vergreifen. Zum Schutze ihrer zahlreichen Feinde, zu denen besonders die Amseln gehören, verstopfen sie ihre Höhlen. Auch schützt sie der Blätterwall vor dem Eindringen der Hundertfüße, die ihnen sehr gefährlich sein sollen. Ebenso haben sie eine Fliege zu fürchten, die ihre Eier unter die Haut der Regenwürmer legt, damit ihre junge Larve immer frisches Fleisch zur Verfügung habe. Schließlich ist der Maulwurf wohl ihr größter Feind und Vertilger, der wie sie unter der Erde heimisch ist. Trotz dieser großen Zahl von Feinden, denen die Regenwürmer wehrlos preisgegeben sind, ist ihre Zahl doch ganz ungeheuer groß und ihre geographische Verbreitung fast unbeschränkt, soweit der Boden nicht salzig ist. Das beweist, wie gut sie trotz allem in ihre Umgebung eingepaßt sind.

136   Der Regenwurm.

Einmal ist es ihr geschmeidiger Bau, der es ihnen gestattet, alle
Schlupfwinkel auszunutzen, der sie zu so hervorragend geeigneten
Erdbewohnern macht. Dann kommt die Fähigkeit dazu, sich eine
wohnliche Höhle in die Erde fressen zu können. Das beweist auch
ihren unstillbaren Appetit. Die Leistungen des Regenwurmdarmes
sind geradezu erstaunlich, wenn man die Masse unverdaulicher Substanz in Betracht zieht, die ihn dauernd passiert. In der Fähigkeit,
aus dem spärlichsten Erdboden genügende Nahrungsmittel zu gewinnen,
stehen die Regenwürmer konkurrenzlos da. Die Auswahl wirksamer
Faktoren aus der Umgebung, die als Reize wirkend die dynamischen
Erregungswellen erzeugen, bietet dem Verständnis keine besonderen
Schwierigkeiten.

In der Innenwelt des Nervensystems ziehen während des Gehens
die statischen Erregungen von vorne nach hinten, die Repräsentanten
der Ringmuskeln füllend; unterstützt durch die von der leichten Dehnung reflektorisch erzeugten dynamischen Wellen. Hinten angelangt,
kehrt die statische Erregung durch das Netz zum Erregungstal am
Vorderende zurück, was auch alle dynamischen Wellen tun, die durch
irgendeinen starken Reiz hervorgerufen werden. Die Längsmuskeln
werden von den dynamischen Wellen nur lokal erregt, während die
statische Erregung immer in ihre Repräsentanten eintritt, sobald die
Längsmuskeln durch eine Ringmuskelkontraktion gedehnt worden sind.
Auf diese Weise werden die Zwischenräume zwischen zwei Verdünnungswellen stets durch eine Verdickungswelle ausgefüllt. Diesem
sichtbaren Teil des Erregungskreislaufes, der von vorne nach hinten
zieht, entspricht ein unsichtbarer, der von hinten nach vorne geht.
So erhalten wir das Bild eines zu seinem Ursprung zurückkehrenden
Stromes. Das ist ein normaler, durch Muskelkontraktionen unterstützter
Rhythmus, der keine automatischen Eigenschaften voraussetzt. Denn
er kann durch jeden äußeren Einfluß verändert und reguliert werden.
Auch fehlen ihm die Anzeichen einer echten refraktären Periode, die
auf die Anwesenheit eines Unterbrechers schließen ließe.

Dieser Art von Rhythmus, der aller Beeinflussung von außen
offen bleibt, gestattet es, einen ausgebreiteten Gebrauch von Rezeptoren zu machen, die durch neue Erregungen nützliche Abweichungen
in der Gangrichtung hervorrufen. Daher besitzt der Regenwurm eine
viel reichere Umwelt als Sipunculus. Er sucht die bescheidene Helle
des Mondes und flieht das Licht des Tages. Er sucht die bekömm-
liche Nahrung und flieht vor den Erschütterungen, die der wühlende
Maulwurf hervorruft. Das alles geschieht durch lokale dynamische
Erregungen, welche von den Rezeptoren aus einfachen Reizen erzeugt
werden. Seinen übrigen Feinden gegenüber besitzt der Regenwurm
nur das Hilfsmittel des Höhlenbaues. Wir haben gesehen, wie gerade

hierbei die ersten höheren Anlagen seines Innenlebens sich kundtun,
die dieses kleine Kunstwerk bis an die Pforten des höheren Tier-
reiches bringen und in seiner Umwelt zum erstenmal etwas Neues
neben den Reizen entstehen lassen, nämlich die Form.

Die Blutegel.

Der Ehrgeiz eines jeden Biologen wird stets darauf gerichtet
sein, sein Untersuchungsobjekt, sei es ein Organ oder ein ganzes Tier,
in seine Grundfaktoren zu zerlegen, um aus ihnen durch eine plan-
volle Ordnung das Ganze wenigstens in Gedanken wieder aufzubauen.
Der Begriff eines Grundfaktors bedarf einer kurzen Erläuterung. Für
gewöhnlich versteht man unter den aufbauenden Faktoren eines Tieres
seine Organe. Nun ist der Umfang dessen, was wir als Organ bezeichnen, ebenso unsicher wie der Begriff des Grundfaktors, denn wir
nennen sowohl unsere Arme als auch die in ihnen enthaltenen Muskeln

Abb. 10 [1]).

unsere Organe. Dahingegen wird die einzelne Muskelzelle nicht mehr
als Organ angesprochen. Sicher sind aber alle Zellen Grundfaktoren
des Tieres. Eine jede Zelle ist, wie wir wissen, das Produkt des
Protoplasmas und besteht außer dem strukturlosen Protoplasma aus
einem strukturierten Teile, der nicht bloß Nahrung aufnimmt, wächst
und abstirbt, d. h. ein Eigenleben führt, sondern auch eine spezifische
Funktion ausübt, die dem Ganzen zugute kommt. Dank ihrer spezifischen Struktur wird die Zelle zu einem Grundfaktor des Tierkörpers,
denn die spezifische Struktur verhilft der Zelle zu einer selbständigen
Leistung zum Nutzen des Ganzen. Und von einem Grundfaktor
müssen wir verlangen, daß seine Leistungen ihn zu einem selbständigen Gliede im Aufbau des Ganzen machen. Nun arbeiten einzelne
Zellen niemals allein, sondern bilden mit ihren Artgenossen eine Vereinigung, in der sie gemeinsam ihre Leistungen ausüben. Solche
funktionelle Vereinigungen der Zellen nennt man Organe. Auf diese
aus einfachen Geweben bestehenden Organe genügt es zurückzugreifen,
wenn man sich ein anschauliches Bild vom Zusammenwirken der
Grundfaktoren machen will.

---

[1]) Nach: Ziegler, Zoologisches Wörterbuch.

138　　　　　　　　　　　Die Blutegel.

Die Blutegel eignen sich, soweit ihre Geh- und Schwimmbewegungen in Betracht kommen, vortrefflich zur Zerlegung in die
einfachen Grundfaktoren. An erster Stelle stehen natürlich die Be-
wegungsorgane, d. h. die einzelnen Muskelstränge. Nun sind die Muskelstränge, wenn man sie für sich allein betrachtet, noch keine Grundfaktoren des Körpers. Sie besitzen wohl eine bestimmte Leistung,
aber diese muß erst in Beziehung zum Ganzen gebracht werden, ehe
sie ihre Funktion ausüben kann. Erst der Ort im Körper, an dem
die Leistung zur Wirkung gelangt, macht sie zu einem Baustein des
Ganzen. Daraus ergibt sich ohne weiteres die doppelte Betrachtungsweise, die wir bei jedem Elemente des Tierkörpers anzuwenden haben.
Einmal betrachten wir die Leistung der einzelnen Teile als etwas
völlig Selbständiges (Physiologie), ein andermal untersuchen wir, wie
die selbständige Leistung durch den Ort, an dem sie sich entfaltet,
höheren Aufgaben dient (Biologie). Leistung und Ort zusammen ergeben erst die integrierende, d. h. die auf das Ganze gerichtete Funktion der Grundfaktoren. Handelt es sich im wesentlichen um lauter
gleichartige Elemente, so bleibt nur der Ort nach, der als entscheidend
und unterscheidend in Frage kommt. Dies ist dann ein besonders
glücklicher Fall, denn er setzt uns in die Lage, durch ein paar einfache Experimente, die sich auf die örtlichen Beziehungen erstrecken,
ein Bild der funktionellen Anordnung zu gewinnen.

Einen solchen günstigen Fall bieten uns die Blutegel. Bei ihnen
genügt es, eine Analyse der Bewegungen ihrer verschiedenen Muskelstränge zu geben, um bereits ein anschauliches Bild ihres Innenlebens
davon ableiten zu können. Die Blutegel sind bekanntlich drehrunde,
gestreckte Würmer, die vorn und hinten einen Saugnapf besitzen.
Die Körpermuskulatur besteht aus drei getrennten Muskellagen: aus
einer Ringmuskelschicht, die dicht unter der Haut liegt und deren
Tätigkeit den Körper lang und dünn macht, dann folgt nach innen
die Längsmuskelschicht, die in deutliche Stränge zerfällt, sie macht
den Körper kurz und dick. Endlich gibt es noch dorsoventrale
Muskelstränge, die den Rücken des Tieres der Bauchfläche nähern und
dadurch das ganze Tier abplatten. Ein einfaches, leiterförmiges
Zentralnervensystem durchläuft das ganze Tier an der Bauchseite
(Bauchstrang). In ihm sind alle Repräsentanten enthalten.

Der Blutegel besitzt zwei Arten der Fortbewegung, das Schwimmen
und das Gehen. Schneidet man einem Blutegel den Kopf ab, so kann
er nur noch schwimmen und gar nicht gehen. Durch diese Operation
verliert der Blutegel die Fähigkeit, seine Ringmuskeln in Bewegung
zu setzen und ohne Ringmuskeln kann nicht gegangen werden. Es
schaltet die Durchschneidung des Bauchstranges am Vorderende das
Nervennetz der Ringmuskeln mit ihren Repräsentanten völlig aus. Da-

Die Blutegel.   139

her muß das Nervennetz der Ringmuskeln im Verlauf des ganzen
Bauchstranges von den übrigen nervösen Elementen völlig isoliert sein
und nur am Vorderende mit ihnen in Verbindung stehen. Beim
Schwimmen spielen nur die dorsoventralen und die Längsmuskeln eine
Rolle. Auf jeden Reiz hin verkürzen sich die dorsoventralen Muskeln
von vorne nach hinten fortschreitend und verwandeln den Blutegel in
ein plattes Band. Dieses Band führt wellenartige Bewegungen aus,
mit deren Hilfe es vorwärts schwimmt. Denkt man sich in den Blutegel wie in ein plattes Gummirohr eine Falte geschlagen, so ist die
Außenseite der Falte gedehnt, ihre Innenseite dagegen zusammen-
gedrückt. Es wirken daher die Längsmuskeln der Rückenseite als
Antagonisten gegen die ihnen gerade gegenüberliegenden Längsmuskeln
der Bauchseite. In solchen Fällen tritt bekanntlich sehr leicht ein
Hin- und Herpendeln der statischen Erregung ein, sobald durch eine
dynamische Welle der Anlaß zur ersten Kontraktion gegeben wurde.
Durch das Hin- und Herschwanken der statischen Erregung, welche
die Antagonisten nach dem allgemeinen Erregungsgesetz abwechselnd
zur Kontraktion bringt, wird die Falte im Blutegel bald nach oben,
bald nach unten geschlagen. Das Auf- und Abschlagen einer Falte
in einem Bande erzeugt aber stets durch den Zug, den sie auf ihre
Nachbarseite ausübt, eine fortschreitende Welle, die sich von der
primären Falte nach beiden Seiten hin fortsetzt. Entsteht wie beim
Blutegel die primäre Faltung immer am Vorderende, so läuft nur
eine Welle von vorne nach hinten ab. Die Welle, die über dem
Blutegel abläuft, besitzt, wie jede fortschreitende Welle, eine Vorderseite und eine Rückseite. Die Vorderseite der Welle vermag je nach
ihrer Größe und Schnelligkeit einen gewissen Druck auszuüben. Ist
daher das wellenschlagende Band frei im Wasser suspendiert, so wird
die Vorderseite der Welle auf das umgebende Wasser drücken und
daher das Band selbst, entgegen der Ablaufrichtung der Welle, fort-
treiben. Läuft die Welle im Tier von vorne nach hinten ab, so muß
das Tier von hinten nach vorne, d. h. Kopf voran, schwimmen.
   Verhindert man das mechanische Fortschreiten der Welle über
das Tier, indem man unter Schonung des Nervensystems ein so großes
Stück Muskulatur wegschneidet, daß eine genügende Zugwirkung über
die Lücke hinweg nicht mehr statthat, so bleiben die Schwimmbewegungen an der Lücke stehen, d. h. es schwimmt nur das vordere
Ende, während das hintere Ende passiv mitgeschleppt wird. Dabei
ist das Hinterende ebenso platt geworden wie das Vorderende, denn
die nervöse Leitung ist erhalten geblieben und es tritt auf jeden Reiz
am Vorderende erstens ein Plattwerden auf, das sich über den ganzen
Wurm erstreckt, und zweitens eine Längsmuskelkontraktion, welche
die erste Falte der Welle schlägt, um an der Lücke zu erlöschen.

140   Die Blutegel.

Sowohl für die dorsoventralen Muskeln wie für die Längsmuskeln ist ein Erregungstal am Vorderende vorhanden.

Die Durchschneidung des Bauchstranges hebt die Möglichkeit der Schwimmbewegungen an beiden nervös getrennten Teilen nicht auf. Beide Teile können, wenn sie gereizt wurden, noch Schwimmbewegungen ausführen, aber es kommt zu keiner Koordination. Die Durchschneidungsstelle des Bauchstranges wirkt als neues Vorderende, von dem aus die neue Faltenbildung selbständig ausgeht, einerlei, in welcher Bewegungsphase sich das Vordertier befindet.

Die Erregungsvorgänge beim Schwimmen bieten nach dem, was uns bereits von anderen Tieren bekannt ist, keine weiteren Schwierigkeiten. Die vom Reiz erzeugte dynamische Erregungswelle läuft nach dem Erregungstal hin, das sich am Vorderende befindet. Ist dieses abgetrennt, so tritt die Erregung an der Durchschneidungsstelle in die Muskeln über, und zwar sowohl in die Dorsoventralmuskeln wie in die Längsmuskeln. Aus diesen und anderen Gründen ist es ratsam, außer den drei Netzen mit ihren Repräsentanten für die drei Muskelarten ein allgemeines verbindendes Nervennetz anzunehmen, das sich durch den ganzen Bauchstrang erstreckt, aber keine Repräsentanten enthält. Die dorsoventralen Muskeln besitzen keine Antagonisten und sind daher außerstande, einen Rhythmus hervorzubringen. Sie können sich bloß dauernd kontrahieren. Die Dauerkontraktion spricht dafür, daß es besondere Reservoire für die statische Erregung in ihrem Nervennetz geben muß, welche durch die dynamische Welle in Tätigkeit versetzt werden und einen dauernden Erregungsdruck hervorbringen, der die Sperrschwelle der verkürzten dorsoventralen Muskel dauernd erhöht.

Viel interessanter gestalten sich die Dinge, wenn wir die Gehbewegungen in Augenschein nehmen. Beim Gehen spielen die dorsoventralen Muskeln nicht mehr mit. Dafür springen die Ringmuskeln ein, die als Antagonisten der Längsmuskeln wirken. Die Längsmuskeln antworten alle gleichzeitig, mögen sie zu den ventralen oder dorsalen Strängen gehören. Es besteht daher beim Gehen kein Antagonismus zwischen den dorsalen und ventralen Längsmuskeln.

Ein jeder Schritt besteht aus zwei Kontraktions- und zwei Erschlaffungsperioden. Er beginnt, während der Blutegel mit dem hinteren Saugnapf am Boden festsitzt, mit einer Ringmuskelkontraktion, die vom Vorderende ausgehend (weil sich dort ebenfalls ein Erregungstal für die Ringmuskeln befindet) sich langsam über den ganzen Körper erstreckt und verwandelt diesen in ein langes dünnes Rohr. Dann faßt der vordere Saugnapf plötzlich Fuß. Sobald beide Saugnäpfe gleichzeitig festsitzen, wird die gesamte Muskulatur von einer Erschlaffung befallen, die sofort einer Kontraktion Platz macht, so-

Die Blutegel.   141

bald sich ein Saugnapf vom Boden ablöst. Ist der vordere Saugnapf
frei, so herrscht im Körper Ringmuskelkontraktion, ist der hintere
Saugnapf frei, so tritt Längsmuskelkontraktion ein. Sind sie beide
frei, so treten Schwimmbewegungen auf.

Nach der ersten Erschlaffungsperiode beginnt die zweite Hälfte
des Schrittes. Der langgestreckte erschlaffte Egel löst den hinteren
Saugnapf vom Boden los und darauf beginnt wieder von vorne an-
fangend die Kontraktion der Längsmuskeln, die den Wurm kurz und
dick macht. Dadurch kommt der hintere Saugnapf nach vorne und
faßt nahe dem vorderen Saugnapf Fuß. Sobald beide Saugnäpfe
haften, tritt die zweite Erschlaffungsperiode ein, aus der die Muskulatur erwacht, wenn der vordere Saugnapf sich abgelöst hat und damit die Ringmuskelkontraktion einleitet.

Es läßt sich zeigen, daß es bloß darauf ankommt, daß die freie
Fläche des Saugnapfes konkav werde, um die Erschlaffung hervorzurufen, daß dagegen die konvexe Form des Saugnapfes immer den
Eintritt einer Kontraktionsperiode bestimmt. Hängt man einen Blutegel mit einem Häkchen, das nahe dem hinteren Saugnapf durch die
Rückenhaut gesteckt ist, frei auf, so treten Schwimmbewegungen ein,
bis man dem vorderen Saugnapf einen leichten Gegenstand zu fassen
gibt. Auf das Zufassen des vorderen Saugnapfes tritt sofort Längsmuskelkontraktion ein, die den Gegenstand in die Höhe hebt. Berührt
man jetzt den hinteren Saugnapf mit der Spitze eines Stäbchens, an
der er nicht haften kann, so wird der Saugnapf für einen Augenblick
in die konkave Form umschlagen, um gleich darauf wieder konvex
zu werden. Während dieser Zeit sieht man in den kontrahierten und
gesperrten Längsmuskeln vom hinteren Saugnapf aus beginnend eine
tiefe Erschlaffung eintreten. Ist der hintere Saugnapf noch rechtzeitig zurückgeschlagen, ehe die Erschlaffung das Vorderende ergriffen
hat, so sieht man am Vorderende einen Rest Längsmuskelkontraktion
bestehen bleiben, der sich allmählich wieder nach hinten zu ausbreitet, d. h. die fortgeflossene Erregung fließt wieder in die Längsmuskeln zurück. Es öffnet also der Saugnapf, wenn er in die konkave Form umschlägt, eine Pforte für die Erregung, die sich im
Längsmuskelnetz befindet, worauf diese hinausstürzt, um in das allgemeine verbindende Nervennetz überzufließen. Dort bleibt die Erregung unsichtbar, bis sie wieder ins allgemeine Erregungstal gelangt
ist und von dort aus in eines der drei Nervennetze eintritt. Ganz das
gleiche zeigt sich am vorderen Saugnapf. Solange er konvex ist,
herrscht Ringmuskelkontraktion, wird er konkav, so stürzt die Erregung
in das allgemeine Verbindungsnetz und wird erst wieder sichtbar, wenn
sie in die Längsmuskeln eingedrungen ist. Am Hinterende des Blutegels geht die Erregung aus dem Längsmuskelnetz ins Verbindungs-

netz über, am Vorderende dagegen aus dem Ringmuskelnetz ins Verbindungsnetz. Auf diese Weise entsteht ein Kreislauf der Erregung,
der nur darum nicht so deutlich in die Erscheinung tritt, weil die
Erregung während der Erschlaffungsperiode in der sie sich im Verbindungsnetz befindet, immer nach dem Vorderende in das Erregungstal fließt.

Die Erregungspforte am Vorder- und Hinterende stellt man sich
am besten unter dem Bilde eines Ventiles vor, das ja auch die Flüssigkeit nur in einer Richtung hin durchläßt. Dieses Ventil kann aber
durch die Bewegung des Saugnapfes nach der anderen Richtung hin
geöffnet werden. Ich habe die merkwürdige Tatsache, daß eine einfache Muskelbewegung einem Reflex die Pforten öffnen kann, die
Reflexführung genannt. Man gewinnt den Eindruck, als seien die
Repräsentanten der führenden Muskeln direkt in die Hauptleitungsbahnen eingebaut und bildeten dort das Ventil. Irgendeine weitergehende Andeutung wage ich nicht zu geben.

Die Kenntnisse, die wir über die Erregungsvorgänge beim Gehen
der Blutegel gewonnen haben, gestatten uns eine Tatsache der Muskelphysiologie ihrem ganzen Umfange nach zu würdigen, die sonst nicht
die genügende Beachtung finden würde. Es ist dies die „Unterstützungshemmung". Betrachten wir einen Blutegel, der nahe an
seinem hinteren Saugnapf aufgehängt ist und dauernd eine leichte
Last trägt (man kann, um jede Störung zu vermeiden, den hinteren
Saugnapf abschneiden, der sonst gerne die gehobenen Gegenstände
erfaßt), so ist der Blutegel in diesem Moment nichts anderes als ein
Längsmuskelband, das verkürzt ist und eine Last trägt. Die Antagonisten spielen gar nicht mit, denn solange der hintere Saugnapf
nicht konkav wird, bleibt die Erregung im Netz der Längsmuskeln
eingesperrt. Die eingesperrte statische Erregung bringt die Längsmuskeln zur Kontraktion und Sperrung, und zwar reicht die Sperrung
gerade aus, um die jeweilige Last zu tragen. Wenn wir uns den
Hautmuskelsack von Sipunculus ins Gedächtnis zurückrufen, so konnte
dieser auch nach Verlust des Zentralnervensystems eine bestimmte
Last tragen. Wurde die Last schwerer, so erschlafften die Muskeln,
wurde sie leichter so verkürzten sie sich. Die Größe dieser Last war
ein für allemal durch die Sperrschwelle gegeben, die in den Muskeln
herrschend blieb, nachdem das Zentralnervensystem entfernt war.
Es können also die Muskeln auch ohne ihre Repräsentanten ihre
Länge selbst regulieren, wenn sie sich auf ein bestimmtes Gewicht
eingestellt haben, das gerade ihrer Sperrschwelle entspricht. Auf verschiedene Gewichte vermögen sich die Muskeln ohne Hilfe des Zentralnervensystems aber nicht einzustellen. Dies aber vermögen die Längs-
muskelstränge des Blutegels solange sie mit ihrem Repräsentanten-

Die Blutegel.   143

netz in Verbindung stehen. Die Fähigkeit, die Sperrschwelle je nach der Größe des Gewichtes zu wechseln, wird am besten durch die Unterstützungshemmung erläutert. Man gebe einem hängenden Blutegel ein Reagesgläschen zu heben. Dann unterstütze man das gehobene Gewicht eine Zeitlang und gebe es sanft wieder frei. Sofort wird das gleiche Gewicht, das bisher anstandslos getragen wurde, die Längsmuskeln bis auf ihre anatomische Länge dehnen. Ist das geschehen, so beginnen die Muskeln das Gewicht von neuem zu heben.

Knüpft man einem marschierenden Blutegel ein Schnürchen an das Hinterende und zieht an der Schnur während der Kontraktionsperiode der Längsmuskeln, so werden diese wie bei der Unterstützungshemmung ohne weiteres nachgeben und der Wurm wird lang und schlaff, um gleich darauf wieder mit der Längsmuskelkontraktion von neuem zu beginnen. Reizt man kurz vorher das hintere Ende des Blutegels mechanisch, so gibt er dem Zug nicht mehr nach. Dann besitzen seine Muskeln eine Sperrschwelle, die höher ist als die Last des Körpers. Es benehmen sich die Muskeln des Blutegels in diesem Falle wie die Retraktoren des Sipunculus nach dem Erregungsfang. Denn nun sind sie nicht mehr in der Lage, sich verschiedenen Gewichten durch Verschiebung ihrer Sperrschwelle anzupassen, sondern sind dauernd auf eine Maximallast eingestellt. Dieselbe Gesetzmäßigkeit zeigt sich bereits bei den Seeigelstacheln. Auch sie erhalten durch starke Reizung eine hohe und unabänderliche Sperrschwelle, während sie beim normalen Arbeiten sich durch Verschiebung ihrer Sperrschwelle allen möglichen Gewichten anpassen können. Die maximale Sperrschwelle läßt sich bei den Muskeln der Seeigelstacheln dauernd erreichen, wenn man die Haut, in der sich der zentrale Nervenring befindet, ablöst.

Aus all diesen Beispielen läßt sich schließen, daß die Ansammlung übermäßiger Erregung im Muskel ebenso wirkt wie die Abtrennung des Zentralnervensystems, das heißt, daß nur bei normalen Erregungsverhältnissen die Herrschaft der Repräsentanten über ihre Gefolgsmuskeln gewährleistet ist. Diese Herrschaft besteht in der Verschiebung der Sperrschwelle sowohl nach oben wie nach unten, je nach Maßgabe der angehängten Last. Die Sperrschwelle selbst ist, wie wir wissen, jener Zustand der Sperrmuskulatur, der es ihr ermöglicht, einer bestimmten Last bei jeder beliebigen Länge des Muskels das Gleichgewicht zu halten. Zu jeder Last gehört eine bestimmte Sperrschwelle. Die richtige Sperrschwelle für eine beliebige Last wird stets mit Sicherheit gefunden, weil die Erregung, die zu den Verkürzungsmuskeln fließt, so lange in die Sperrmuskeln übergeht, bis diese die genügend hohe Sperrschwelle erreicht haben, um es den Verkürzungsmuskeln zu ermöglichen, die Muskelbewegung auszuführen, worauf der weitere Zufluß zu den Sperrapparaten aufhört. Soweit hatte uns die Analyse der Seeigelstacheln gebracht. Nun zeigt es sich, daß zur Erreichung der richtigen Sperrschwelle ein zentraler Apparat gehört, denn alle Muskeln, die nur ihren peripheren Nerv allein besitzen, sind immer nur auf eine einzige Sperrschwelle eingestellt, die für jede Last vorhalten muß. Die Verschiebung der Sperrschwelle bedarf eines Zentrums, d. h. des Repräsentanten im Nervensystem. Die Zentren besitzen alle die Fähigkeit, die statische Erregung zu verschieben und Druck mit Gegendruck zu beantworten. Es scheint daher am einfachsten, die Wirkung der Repräsentanten darin zu erblicken, daß sie den Erregungsdruck, mit dem die Sperrmuskulatur arbeitet, so lange steigern, bis die richtige Sperrschwelle erreicht ist, die der Last das genügende Gegengewicht liefert. Es schickt demnach der Repräsentant die Erregung zum Muskel. Diese tritt in die Verkürzungsapparate. Hängt eine Last am Muskel, so können die Verkürzungsapparate nicht funktionieren. Es muß erst das genügende Gegengewicht durch die Sperrmuskeln geliefert sein. Um dieses zu erreichen, sendet der Repräsentant immer neue Erregung zum Muskel unter immer steigendem Druck, bis die Sperrschwelle erreicht ist, die der Last das Gegengewicht hält. Dann können die Verkürzungsmuskeln anstandslos arbeiten. Wird die Last ausgehängt, so saugt der Repräsentant die Erregung wieder an sich, die Sperrschwelle sinkt und es tritt bei Fortnahme der Unterstützung durch den neuen Zug der Last vollkommene Erschlaffung ein. Unter diesem Bilde können wir uns die Unterstützungshemmung einigermaßen verständlich machen. So fügt sich langsam Stein an Stein in der Erkenntnis der schwierigen Verhältnisse, welche bei der Wirkung und Gegenwirkung aller statischen Erregung Geltung haben.

Die Pilgermuschel.
(Pecten maximus.)

Von der Pilgermuschel kennt der Leser die rechte der schöngerippten Schalen, die einst der bedürfnislose Pilger als Trinkschale mit sich führte und die jetzt als Ragoutschale dem Gourmand dient. Die linke Schale ist flach und schließt das in der rechten Schale liegende Tier wie ein Deckel von der Außenwelt ab.

Das Tier ruht auf dem Meeresboden auf der gewölbten Schale, die beim Herabsinken im Wasser der Schwere nach zu unterst zu liegen kommt.

Beide Schalen bilden mit ihrem hinteren geraden Rande ein

Die Pilgermuschel.   145

Scharnier und sind durch eine fibröse Haut miteinander verbunden. In der Mitte des Scharniers springt ein elastischer Wulst nach innen vor, der die Schalen dauernd auseinander drückt. So gleichen beide Schalen gemeinsam einer breiten Pinzette, die sich auf Fingerdruck schließt, dann aber sich selbsttätig öffnet.

Der Fingerdruck wird im lebenden Tier ersetzt durch die Tätigkeit zweier Muskeln, die beide Schalen in ihrer Mitte fassen und einander zuführen. Der eine Muskel ist groß und zylinderförmig, der andere Muskel, kaum ein Viertel, so groß lehnt sich dank seines

Abb. 11 [1]).

sichelförmigen Querschnittes eng an den ersten an. Der große Muskel ist glashell und besteht aus quergestreiften Fasern, der kleine ist milchig weiß und besteht aus glatten Fasern. Der große ist der Bewegungsmuskel, der kleine der Sperrmuskel.

Auf dem großen Muskel liegt, bei geöffneten Schalen leicht sichtbar, das Visceralganglion, das seine Nerven strahlenförmig entlang der Oberfläche des großen Muskels dem Sperrmuskel zusendet.

Betrachten wir den kleinen Sperrmuskel im Zustand der Ruhe, so stellt er ein schlaffes Band dar, das durch das elastische Widerlager gestreckt wird.

---

[1]) Nach: Hesse-Doflein, Tierbau und Tierleben. Bd. I.

v. Uexküll, Umwelt und Innenleben der Tiere.   10

146   Die Pilgermuschel.

Wird in diesem Zustand des Sperrmuskels das Ganglion abgetrennt, so hat er damit endgültig seine Sperrfähigkeit eingebüßt. Die
Reizung seiner Nerven bewirkt wohl noch eine langsame Verkürzung
des Muskels, aber die Sperrung bleibt aus.

Das Visceralganglion ist andererseits mit dem Cerebralganglion
am Ösophagus durch zwei Kommissuren verbunden. Reizt man die
linke Kommissur elektrisch, so wird der Sperrmuskel verkürzt und
gesperrt. Schneidet man jetzt die vom Visceralganglion ausstrahlen-
den Muskelnerven durch, so bleibt der Muskel dauernd verkürzt und
gesperrt. Daraus ergibt sich, daß die Sperrung nicht durch die wellen-
förmig ablaufende dynamische, sondern allein durch die strömende
statische Erregung hervorgerufen wird. Denn die in Wellen ablaufende
Erregung kann man durch Unterbrechung der Leitung wohl abblenden
aber nicht abfangen wie die strömende.

Reizt man aber vor der Durchschneidung der Nerven die rechte
Kommissur, so wird dadurch die Sperrung im Muskel aufgehoben.

Dadurch wird bewiesen, daß das Visceralganglion die Fähigkeit
besitzt, die statische Erregung in den Muskel bald einströmen bald
ausströmen zu lassen, je nach dem, von welcher Kommissur her ihm
dynamische Erregung zugeleitet wird, denn die durch elektrische
Reizung erzeugte Erregung ist immer dynamisch, wobei jeder elektrische Schlag eine neue Welle erzeugt.

Durch die Untersuchungen von Parnas wissen wir, daß die Sperrung der Muschelmuskeln keinen Stoffwechsel in Anspruch nimmt.
Es bildet sich bei diesen Muskeln durch eine Art innerer Gerinnung
eine feste Sperrvorrichtung aus, die eine feste Sperrung bedingt, welche
sowohl für leichte wie für schwere Gewichte das gleiche Maximum
des Widerstandes bietet. Diese stoffwechselfreie Sperrung kann man
als „nicht zehrende" bezeichnen.

Man hat es durch wechselnde Reizung beider Kommissuren in
der Hand, eine größere oder geringere Menge statischer Erregung
in den Muskel einfließen zu lassen, was dann ein höheres oder niederes
Maximum an fester Sperrung zur Folge hat. Die feste oder maximale
Sperrung ist völlig unabhängig vom angehängten Gewicht, eine Unterstützungshemmung, wie wir sie vom Blutegel her kennen, ist bei ihr
ausgeschlossen.

Ein Blutegel, der am Hinterende mit einem Haken aufgehängt ist, ist
zwar stets gleich lang, mag das Gewicht 5 oder 50 Gramm betragen.
Seine Sperrung ist aber in jedem Fall verschieden. Sie überwindet
gerade noch das ihr angehängte Gewicht, aber nicht mehr. Wird das
Gewicht unterstützt, so ändert sich die Länge der Muskeln nicht, aber
ihre Sperrung sinkt auf Null. Daher werden sie nach Entfernung der
Unterstützung von dem bisher getragenen Gewicht vollkommen gedehnt.

Die Pilgermuschel.   147

Cohnheim und ich haben nun nachweisen können, daß in diesem Fall die Sperrung einen bedeutenden Stoffwechsel beansprucht. Sie ist daher eine „zehrende".

Nun ist die Sperrung beim Blutegelmuskel abhängig von der dauernden Verbindung des Muskels mit seinem Zentrum. Wird das Bauchmark abgetrennt, so sinkt die Sperrung sofort. Das läßt uns auf eine Erzeugung der zehrenden Sperrung durch die dynamische Erregung schließen.

Bei der nicht zehrenden Sperrung entspricht der Muskel einem Sperrade, das für alle Gewichte gleich wirksam ist. Bei der zehrenden Sperrung entspricht der Muskel einem Motor, der sich auf alle Gewichte einstellen kann. Diesem Unterschied gegenüber den verschiedenen Gewichten trägt man am besten dadurch Rechnung, daß man der festen oder maximalen Sperrung die „gleitende" Sperrung gegenüberstellt.

Es erhebt sich nun die Frage, ob es der Organisation der Tiere nicht doch möglich ist, die nicht zehrende Sperrung, obgleich sie sich nicht automatisch auf das Gewicht einzustellen vermag, dennoch in eine gleitende Sperrung zu verwandeln. In der Tat scheint diese Aufgabe von den Muskeln der Herzigel gelöst zu sein, die je nach der Last des Sandes, die sie tragen, mehr oder weniger gesperrt erscheinen. In diesem Falle darf man annehmen, daß die statische Erregung, von den in ihrer Verkürzung behinderten Bewegungsmuskeln zu den Sperrmuskeln so lange hinströmt, bis diese die nötige feste Sperrung erhalten haben, um die Last zu überwinden, worauf die Bewegungsmuskeln in ihrer Verkürzung fortfahren.

Soweit es sich bis jetzt übersehen läßt, ist die nicht zehrende Sperrung immer ein Erzeugnis der statischen Erregung, während die zehrende Sperrung durch eine dynamische Erregung des Nerven hervorgerufen wird.

Noyons und ich haben gezeigt, daß die Sperrung der Muskeln sich direkt aus ihrer Härte ablesen läßt, leider gestattet diese Methode nicht, die zehrende von der nicht zehrenden zu unterscheiden. Dagegen gibt das elektromotorische Verhalten des Muskels bessere Resultate. Ein Muskel, der trotz hoher Sperrung keine Schwankungswellen zeigt, befindet sich in einem nicht zehrenden Zustand. Meyer und Fröhlich, die menschliche Muskeln in diesem Zustand untersuchten, haben es leider unterlassen, festzustellen, ob die Erregung der Nerven dabei eine statische oder dynamische war.

Bevor wir auf das Zusammenarbeiten des Sperr- und Bewegungsmuskels bei Pecten eingehen können, muß noch eine allen Muskeln eigentümliche Fähigkeit behandelt werden, die bisher arg vernachlässigt worden ist. Ich meine die passive Verkürzung.

10*

Die Pilgermuschel.

Nur ein Muskel, der noch in Verbindung mit seinem Zentrum
steht, kann durch passive Annäherung seiner Ansatzstellen zur passiven
Verkürzung gebracht werden — ist er von seinem Zentrum getrennt,
so bleibt er lang und schlägt Falten. Daraus kann man mit Sicherheit schließen, daß die passive Verkürzung ebenfalls auf einem Erregungsvorgang beruht wie die aktive.

Von unseren eigenen Muskeln wissen wir, daß sie sich der passiven
Annäherung ihrer Ansätze bei passiver Beugung der Gelenke ohne
weiteres anpassen. Eine dynamische Erregung im Nerven wäre der
Aufmerksamkeit nicht entgangen. Daraus schließe ich, daß die passive
Verkürzung auf statischer Nervenerregung beruht.

Von der passiven Verkürzung macht der Sperrmuskel von Pecten
ausgiebigen Gebrauch, wie folgender Versuch zeigt. Man bringe ein
Brettchen zwischen die Schalen einer Muschel, die sich gerade öffnet.
Dann werden die Schalen mit großer Gewalt zuschlagen. Nun ziehe
man das Brettchen durch seitliche Drehung heraus und man wird
feststellen können, daß der Sperrmuskel hart von Sperrung ist, dennoch zeigt er nicht die mindeste Neigung, sich zu verkürzen. Nun
drücke man mit dem Finger schnell oder langsam die Schalen zusammen und der Sperrmuskel wird augenblicklich folgen und in jeder
ihm zugewiesenen Stellung wie angefroren stehen bleiben. Er hat
sich passiv verkürzt und dabei die gleiche Sperrung behalten.

Offenbar spielt die passive Verkürzung bei jedem Zuklappen der
Schalen die Hauptrolle. Wenn auch der Sperrmuskel, wie wir gesehen haben, sich aktiv zu verkürzen vermag, so erfolgt doch seine
Eigenbewegung viel zu langsam, um mit dem blitzschnellen Bewegungsmuskel Schritt halten zu können. Er ist darauf angewiesen, sich passiv
bewegen zu lassen. Dabei saugt er, wie man annehmen kann, die nötige
statische Erregung aus dem Zentrum in sich auf. Der Sperrmuskel
von Pecten besitzt eigene Ganglienzellen, die vielleicht diesem Zwecke
dienen.

Die Muskeln von Pecten liefern meines Wissens das einzige Beispiel, das uns die beiden Faktoren des Hebens, nämlich das Tragen
und das Bewegen, so unzweideutig getrennt vor Augen führt.

Ein tragender Sperrapparat, der passiv bewegt wird, und ein sehr
schneller Bewegungsapparat, der nicht trägt, arbeiten zusammen und
werden dadurch befähigt, durch einen blitzschnellen gewaltigen Schlag
alles, was sich zwischen die Schalen eindrängt, mag es selbst eine
Krabbenschere sein, zu zerschmettern. Dies wäre unmöglich ohne
die höchst merkwürdige Erscheinung der passiven Verkürzung, die
sich in ihrem Tempo jeder von außen erteilten Geschwindigkeit anzupassen vermag.

Wenden wir uns jetzt dem Bewegungsmuskel von Pecten zu, so

Die Pilgermuschel.   149

können wir durch Reizung des Visceralganglions (das seine Nerven unmittelbar in die Tiefe des Muskels sendet) feststellen, daß wir es hier mit einem Muskel zu tun haben, der dem „Alles oder Nichts"-Gesetz gehorcht. Jede wirksame Reizung gibt einen maximalen Effekt, der in einem blitzschnellen Zuschlagen der Schalen besteht. Beteiligt sich der Sperrmuskel an diesem Schlage, so ist die Wirkung ganz ungewöhnlich groß und wohl geeignet, jeden Feind zu töten oder in die Flucht zu schlagen. Ist dagegen der Sperrmuskel außer Tätigkeit gesetzt, so kann man gefahrlos seinen Finger zwischen die Schalen bringen — der Schlag des Bewegungsmuskels allein erzeugt nur einen ganz geringen Eindruck auf den Finger.

Nun wird der Sperrmuskel bei der bemerkenswertesten Handlung der Muschel immer ausgeschaltet — nämlich beim Schwimmen, das durch eine rhythmische Schlagfolge des Bewegungsmuskels ausgeführt wird, während der völlig entsperrte und unverkürzte Sperrmuskel wie ein schlaffes Band hin und her schwappt.

Um das Schwimmen zu verstehen, muß man einige muskulöse Organe in die Betrachtung mit einschließen. Entlang des kreisförmigen freien Randes beider Schalen befindet sich ein muskulöser Saum, der auch die Sinnesorgane der Muschel, nämlich Tentakel und Augen, trägt. Der Saum kann durch Quermuskelzüge verbreitert und durch Längsmuskelzüge verschmälert werden. Ferner kann der ganze Saum durch einen der Schale anliegenden Muskel (den sogenannten Mantel) in das Innere der Schalen hineingezogen werden, da seine Ansatzstelle am Schalenrand nicht festgewachsen, sondern nur angesaugt ist.

Bei jedem Schalenschlag, der mit Hilfe beider Muskeln ausgeführt wird, werden beide Säume eingezogen, sonst würde dies zarte Gebilde unfehlbar zerquetscht werden. Beim Schwimmen hingegen spielen die ausgebreiteten Säume eine wichtige Rolle, der Schlag des Bewegungsmuskels allein ist ihnen völlig ungefährlich.

Die Muschel öffnet beim Schwimmen ihre Schalen infolge der Wirkung des elastischen Widerlagers auf die entsperrten Muskeln. Dabei strömt allseitig Wasser in den Innenraum ein. Der nun einsetzende Schlag des Bewegungsmuskels treibt das Wasser wieder hinaus. Wohin es hinausgetrieben wird, das bestimmen die Säume, die sich aneinander schmiegen und dem Wasser den Austritt verweigern. Beim normalen Schwimmen findet das Wasser jederseits des Scharniers freien Austritt und der Stoß des Wassers treibt die Muschel mit der freien Schalenseite voran. Das Tier beißt sich mit seinen Saumlippen durch das Wasser vorwärts, wie·Dakin sich ausdrückt. Da die Säume bis an das Scharnier heranreichen, besteht die Möglichkeit, auch dort eine oder die andere Öffnung zeitweilig zu schließen und dadurch eine primitive Steuerung auszuführen. Welchen Gebrauch die Statolithen von dieser Möglichkeit machen, hat Buddenbrock in einer feinen Studie auseinander gesetzt.

Das normale Tier liegt zur Zeit der Ruhe auf seiner gewölbten Schale. Die Muskeln sind mittellang und leicht gesperrt. Die Schalen klaffen gerade so weit, daß die Säume den Innenraum abschließen. Nähert sich ein Fremdkörper, so ziehen sich die Säume lokal zurück, so daß eine Öffnung entsteht, durch die der nun einsetzende Schlag des Bewegungsmuskels dem Feind einen Wasserstrom entgegenschleudert, der zugleich die Muschel zurückfahren läßt.

Überraschend sinnreich ist, wie Buddenbrock zeigen konnte, die Art, mit der die Muschel in ihre normale Lage zurückschnellt, wenn sie auf die flache Schale zu liegen kommt. Dann verschieben sich nämlich die Säume derart gegeneinander, daß ein nach unten gerichteter Spalt entsteht. Der nun einsetzende Schlag treibt den Wasserstrom nach unten und der Rückstoß wirft die Muschel hinten über, so daß sie auf die richtige Seite zu liegen kommt.

Die gesamten Saummuskeln werden beiderseits durch ein langgezogenes Nervennetz verbunden, das die lokalen Reflexe vermittelt. Von jedem Nervennetz gehen längs seiner ganzen Ausdehnung zahlreiche Nerven zum Visceralganglion, das die Übertragung der Reflexe vom unteren Saum auf den oberen und umgekehrt vermittelt. So bewirkt die Reizung eines Tentakels des oberen Saumes nicht bloß eine Reflexbewegung des getroffenen Tentakels, sondern auch des genau gegenüber liegenden Tentakels des unteren Saumes.

Der ganze Bewegungsapparat untersteht dem Visceralganglion und wird durch die Reizung der Rezeptoren des Saumes in Tätigkeit gesetzt. Unter diesen Rezeptoren nehmen die Augen die erste Stelle ein. Sie sind hochorganisiert, besitzen Netzhaut und Linse und zeigen sogar Andeutungen eines Akkommodationsapparates. Sie sind daher gewiß imstande, ein Bild der Außenwelt zu entwerfen. Er fragt sich nur, ob das Zentralnervensystem imstande ist, ein solches Bild zu verwerten. Dagegen spricht die große Anzahl der Augen, denn die häufige Wiederholung des gleichen Organs spricht, wie wir von den Seeigeln wissen, für ein koordiniertes Nervensystem.

Wenn man sagen konnte: „Beim Hund bewegt das Tier die Beine — beim Seeigel bewegen die Beine das Tier", so liegt es nahe, zu sagen: „Beim Hund benutzt das Tier die Augen — bei Pecten benutzen die Augen das Tier."

Und so ist es denn auch in der Tat, ein jedes Auge benutzt den allgemeinen Reflexapparat, der so eingestellt ist, daß er auf die gleiche Erregung, die ihm von jeder beliebigen Seite aus zufließen kann, in Tätigkeit gerät. Da kann man freilich keine Differenzierung der

Die Pilgermuschel.   151

Eindrücke, wie sie das Bild verlangt, erwarten. Wir werden demnach von den hundert Augen von Pecten nicht allzuviel voraussetzen dürfen.

Die Augen dienen lediglich dazu, die einzige freie Bewegung,
deren das Tier fähig ist, nämlich das Schwimmen, einzuleiten. Der
interessante Vorgang läuft folgendermaßen ab. Eine Verdunkelung
des Horizontes wirkt auf die zahlreichen kleinen Tentakel, die das
Auge umgeben und bringt sie zum Auseinanderschlagen, so daß das
Blickfeld für die Augen frei wird. Darauf wird das Bild eines sich
nähernden Gegenstandes auf die Netzhaut entworfen. Die Form und
Farbe des Gegenstandes hat keinerlei Einfluß auf die Muschel, d. h.
das Bild auf der Netzhaut wird nicht zur Erregung benutzt. Anders
steht es mit der Bewegung des Bildes. Eine Bewegung von ganz
bestimmter Geschwindigkeit — nicht zu schnell — nicht zu langsam —
gerade das Tempo, das der Todfeind aller Muscheln, der Seestern
Asterias, einschlägt, wird zum Erregung auslösenden Reiz. Darauf verlieren die um das Auge stehenden großen Tentakel ihre Sperrung,
das Schwellwasser, das im ganzen Tier unter Druck steht, dringt ein
und die Tentakel flattern wie lange Wimpel dem sich Bewegenden
entgegen. Ist es der Seestern, so werden ihre Rezeptoren vom
Schleime gereizt und die Tentakel fahren zurück. Zugleich ist aber
eine starke Erregungswelle dem Visceralganglion zugeeilt und dieses
antwortet mit einer Erregung des Bewegungsmuskels, dessen schnelle
Stöße die Muschel emporheben und sie durch kräftiges Schwimmen
aus der gefährlichen Nähe des Feindes bringen.

Neben den Schwimmbewegungen spielen die Bewegungen des
Fußes eine wichtige wenn auch ganz andersartige Rolle im Leben
des Tieres. Die Tätigkeit des Fußes kann man nur zu Gesichte bekommen, wenn man einen Teil der Schale wegsprengt, die ihn sonst
unseren Blicken verbirgt. Der Fuß sitzt als vordere muskulöse Verlängerung dem Eingeweidesack auf. Er ist darauf angewiesen, durch
Schwellwasser aufgetrieben zu werden, was bei der Erschlaffung seiner
Muskeln automatisch eintritt. Wie es scheint, ist der Eingeweidesack
zugleich das Reservoir für das Schwellwasser und erhält dieses unter
dauerndem Druck, auf den alle Hohlmuskeln des Körpers angewiesen
sind. Die übrigen Muskeln insbesondere die beiden Schließmuskeln
der Schale sind vom Schwellwasser unabhängig.

Nahe dem Fuße sitzt der Mund, der scheinbar in die am elastischen Widerlager gelegene Leber führt. In Wirklichkeit führt die
Speiseröhre zu den im Eingeweidesack gelegenen Verdauungsorganen.
Erst der Enddarm zieht durch die Leber und von dort aus durch den
Herzbeutel ins Freie.

Außer den genannten Organen beherbergt der Innenraum der

Schalen die beiden großen sichelförmigen Kiemen, die mit ihrem freien Rande bis an den bandförmigen Mantel heranreichen.

Die Oberflächen all dieser Organe werden vom Wasser umspült und sind daher steter Verunreinigung ausgesetzt. Zwar besitzen die Kiemen besondere Muskeln, um kleinere Fremdkörper abzuschütteln, aber gegen größere sind sie machtlos. Da springt nun der Fuß ein, der auf einem langen wurmartig beweglichen Stiel eine Art muskulösen Wischtuchs trägt, das alle Fremdkörper in seine Falten zusammenfegt, um sie dann beim nächsten Schalenschlag nach außen abzuschütteln.

Vor dem Munde ist ein ähnliches aber ungestieltes Wischtuch angebracht, das den größeren Fremdkörpern den Eintritt verwehrt, gelangt trotzdem ein Steinchen bis in den Mund, so naht sich der Fuß und nimmt es weg.

Den Fuß hatte man bisher nur im kontrahierten Zustand beobachtet — gleich war man mit der Erklärung bei der Hand, natürlich ein „rudimentäres Organ".

Ein rudimentäres Organ ist immer nur eine Redensart, um unsere Unwissenheit zu bemänteln. In Wahrheit gibt es überhaupt keine rudimentären Organe.

Wir sind nun in der Lage, uns ein Bild von der Umwelt der Pilgermuschel zu entwerfen. Auch diese höchstorganisierte Muschel besitzt nur eine sehr beschränkte Merkwelt. Mechanische Reize, die hauptsächlich im Inneren der Schalen eine Rolle spielen, werden gut lokalisiert und durch fein durchgearbeitete Effektoren beantwortet. Die Welt außerhalb der Schalen ist reicher. Der Feind wird in eine Reihe aufeinander folgende Merkmale zerlegt, die eine Reihe von Handlungen auslösen, durch die er aus der Umwelt entfernt wird. Erst ein Schattenreiz mit darauf folgendem optischen Bewegungsreiz, an den sich ein chemischer Reiz anschließt, charakterisieren den Seestern zur Genüge.

Der chemische Reiz ist notwendig, um den Seestern von den in der Strömung schaukelnden Algen mit Sicherheit zu unterscheiden. Da nicht das Bild, sondern nur die Bewegung des Bildes als Reiz wirkt, kann jede Alge, die sich im gleichen Tempo bewegt, einen Seestern vortäuschen. Die Einpassung dieser bestimmten Bewegungsgrenze aber ist erstaunlich und bedarf sehr fein ausgebildeter optischer Hilfsmittel.

So ist denn auch Pecten als Wettmittelpunkt in seine Umwelt hineingesetzt, die vollkommen auf ihn zugeschnitten ist. Gegenstände gibt es in dieser Welt nicht, sondern nur Reizketten, aber sie genügen vollauf, um die Muschel vor Überfällen zu sichern. Das Nahrungsbedürfnis wird durch das hereingestrudelte Wasser gedeckt, das eine reiche Mikrofauna und Flora beherbergt.

Die Manteltiere.

(Cyona intestinalis.)

Wie die Medusen die Meeresoberfläche abweiden, indem sie das Seewasser unfiltriert aufnehmen und filtriert entlassen, so finden sich zahlreiche Tiere, die dieses Geschäft in der Tiefe, am Meeresgrunde betreiben und dabei reichlich auf ihre Kosten kommen. So wenig es angebracht wäre, sich nur vom Staub der Luft zu ernähren, so reichlich lohnt es sich, im Staube des Meeres seine Nahrung zu suchen. Denn

Abb. 12 [1]).

der Meeresstaub ist großenteils lebendig und besteht aus mikroskopischen Pflanzen und Tieren, die alle zur Nahrung geeignet sind. Man muß nur eine genügend große Anzahl von ihnen vertilgen.

Abgesehen von den zahllosen Schwämmen, die auf diese Weise ihr Leben fristen, sind wohl die Manteltiere oder Tunikaten die interessantesten Filtriermaschinen. Während die Schwämme infolge ihrer primitiven Leibesbeschaffenheit (sie sind mehr Zellkolonien als Individuen) zu diesem primitiven Nahrungsfang prädestiniert erscheinen, besitzen die Manteltiere eine so hohe Organisation, daß sie auch zu einem höheren Dasein befähigt wären. Und in der Tat haben die

---

[1]) Nach: Hesse-Doflein, Tierbau und Tierleben. Bd. I.

Die Manteltiere.

Manteltiere in ihrer Jugend ein reiches Leben geführt und eine reiche
Umwelt besessen. Die freischwimmenden Larven, im Besitze von
Auge und Statolithen, mit einer Art Rückenmark versehen, das von
einer Chorda dorsalis gestützt wird, nähern sich bereits den einfachen
Fischen und berechtigen zu den schönsten Hoffnungen. Und dann
dieser Rückschlag! Die festsitzende Lebensweise und die Art des
Nahrungsfanges scheint auf diese Tiere degenerierend eingewirkt zu
haben. Ja, sie wirken in dieser moralischen Beleuchtung fast wie ein
warnendes Beispiel.

Und doch ist diese ganze Auffassung lächerlich. Die erwachsenen
Tunikaten sind ihrer Umgebung und ihrem Dasein genau so gut angepaßt, wie ihre Larven. Daß sie es vermögen, so hohe Differenzierungen in ihren Larvenorganen zu zeitigen, beweist nur, wie mannig-
faltig das ganze Tier ist und gewiß nichts gegen seine Vollkommenheit.
Denn ein Tier ist nicht bloß eine momentane Einheit, sondern eine
höhere Zusammenfassung aller in der Zeitfolge sich ablösenden momentanen Einheiten. Bei allen anderen Tieren wird man leicht dazu
verleitet, in dem erwachsenen Tier das Ziel der individuellen Entwicklung zu sehen. Die Manteltiere belehren uns eines Besseren. Das
ganze Leben, mag es sich in der Larve oder dem Erwachsenen abspielen, bleibt sich stets allein Selbstzweck. Es gibt keine Entwicklung
vom Schlechteren zum Besseren, vom Unvollkommeneren zum Voll-
kommeneren. Bereits das Ei ist vollkommen vollkommen.

Wir müssen uns zu einem übermomentanen Standpunkt erheben,
wenn wir das Tier richtig beurteilen wollen. Von diesem Standpunkt
aus erscheint auch das Auf- und Absteigen im Leben der Manteltiere
als eine zusammengehörige Einheit, als eine planmäßige Melodie.
Auch wenn sie nicht mit einer Steigerung endigt, bewahrt sie dennoch
ihre volle Schönheit.

Wir haben es hier nur mit einer momentanen Einheit zu tun,
die uns das erwachsene Tier zeigt und wollen auf sie und ihre dürftige
Umwelt einen kurzen Blick werfen. Cyona intestinalis ist ein Sack,
der etwa handgroß werden kann. In diesen Sack führen zwei Öffnungen:
die eine, der Mund, nimmt das Seewasser auf, die andere, die Kloake,
entläßt es filtriert. Der Filtrierapparat befindet sich gleich unterhalb
der Mundöffnung, es ist der sogenannte Kiemenkorb. „Bei den As-
zidien", schreibt Ludwig, „ist die ganze Wand der Kiemenhöhle von
in Quer- und Längsreihen angeordneten und so ein Gitter bildenden,
zahlreichen Spalten durchbrochen. An den Rändern dieser bewimperten
Spalten verlaufen die Blutgefäße der Kieme. Durch die Spalten gelangt
das durch den Mund aufgenommene Atemwasser in einen den Kiemen-
sack umgebenden Raum (Peribranchialraum), welcher eine Nebenhöhle
des Kloakenraumes ist; aus letzterem wird das Atemwasser dann zu-

Die Manteltiere.   155

sammen mit den Exkrementen und Geschlechtsprodukten durch die
Kloakenöffnung entfernt. — An der Bauchseite der Kiemenhöhle verläuft in der Mittellinie eine eigentümliche bewimperte Rinne, die Bauchrinne. — Die Seitenränder der Bauchrinne besitzen zahlreiche Drüsenzellen. — Die Drüsenzellen der Rinne sondern einen Schleim ab, an
welchem die durch das Atemwasser in die Kiemenhöhle gebrachten
Nahrungsteile hängen bleiben und dann durch die Tätigkeit der
Wimpern zur Speiseröhre befördert werden."
      Auf diese Weise wird die doppelte Filtrierung vorgenommen.
Der Sauerstoff des Seewassers wird von den Blutgefäßen ergriffen,
während die suspendierten Nahrungsteilchen von den engen Spalten
des Kiemenkorbes abgesiebt werden und in den Verdauungskanal gelangen. Das Wasser selbst streicht unaufhörlich vom Munde in den
Kiemenraum, vom Kiemenraum in den Kloakenraum und gelangt
dann ins Freie. Die gesamten Eingeweide von Cyona sind von einer
doppelten Muskelschicht umgeben, einer äußeren Längsmuskelschicht
und einer inneren Ringmuskelschicht. Die Kontraktion der Längsmuskeln verkürzt das Tier, die kontrahierten Ringmuskeln verlängern
es. Beim Ejektionsreflex kontrahieren sich beide Muskelarten zusammen und werfen den flüssigen Inhalt des Kiemenkorbes durch die
Kloakenhöhle nach außen.
      Der Schutzreflex besteht im Verschluß der beiden Atemöffnungen
oder Siphonen und dient dazu, stark reizende Gegenstände vom
Kiemenkorb fernzuhalten. Meist kommt es zugleich zu einer Kontraktion
der Längsmuskeln, die das Tier vom Reizort wegführt. Das auffallendste
beim Schutzreflex ist die Tatsache, daß bei der geringsten Berührung
der einen Öffnung sich auch die andere schließt. Nun liegt zwischen
beiden Öffnungen ein Ganglion, über dessen Eingreifen in den Reflex
viel geschrieben worden ist. Jordan hat als letzter darauf hingewiesen,
dab bei Entfernung des Ganglions auch ein großer Teil der direkten
Verbindungsbahnen, die von einem Sipho zum anderen führen, mit
durchtrennt wird. Loeb hatte bereits behauptet, das Ganglion bedeute
nichts mehr als die schnellste nervöse Verbindung von einer Öffnung
zur anderen. Seine Versuche sind aber als nicht beweisend zurück-
gewiesen worden. Dagegen ist es Jordan in einer großen Anzahl
von Fällen gelungen, die Mundöffnung so nachhaltig zu reizen, daß
man die Ausbreitung der Erregung nach Entfernung des Ganglions
erst am Munde selbst, dann am Rumpf und schließlich an der Kloake
verfolgen konnte. Es existiert also außer dem Schutzreflex, der schnell
und energisch von einer Öffnung zur anderen eilt, auch noch ein allgemeiner „genereller" Reflex, der sich mit starkem Dekrement über
die gesamte Muskulatur ausbreitet. Dadurch wird das Vorhandensein
eines allgemeinen Nervennetzes bewiesen, das sich über die ganze

156   Die Manteltiere.

Muskulatur hinzieht. Von den Muskeln sprechen die Längsmuskeln schwerer an als die Ringmuskeln, deren Hauptaufgabe es ist, die Kieme und den Kloakenraum zusammenzupressen.

Das Ganglion selbst hat nach J o r d a n nur eine regulierende Funktion, ähnlich den Zentren der Radialnerven bei den Seeigeln. Es beherrscht als gemeinsames Reservoir für die statische Erregung das ganze Netz mit seinen Repräsentanten. Während aber die Radialnerven-Reservoire im normalen Leben mehr Erregung an die Peripherie abgeben als in sich aufnehmen, benimmt sich das Ganglion von Cyona ganz anders. Es dient der Hauptsache nach dazu, die überschüssige Erregung an sich zu ziehen. Die Manteltiere liefern daher das erste Beispiel einer B r e m s m a s c h i n e. Wird das Ganglion entfernt, so verfallen die Muskeln langsam mehr und mehr einer dauernden Sperrung. Im übrigen regulieren die Muskeln sich selber. Wird durch eine dynamische Erregung vom Mundsipho aus der ganze Muskelsack in Tätigkeit gesetzt, während sich zugleich die beiden Öffnungen schließen, so steigt der Binnendruck schnell und wirkt seinerseits auf die Muskeln dehnend und die Erregung herabsetzend. J o r d a n hat aber an ausgeschnittenen Muskeln zeigen können, daß die Erschlaffung durch Dehnung anders verläuft bei Anwesenheit als nach Entfernung des Ganglions. Ist das nervöse Reservoir noch vorhanden, so findet sich im allgemeinen Netz weniger statische Erregung vor, denn diese wird vom Ganglion dauernd abgesaugt. Daher ist die Erschlaffung der Muskeln infolge der Dehnung eine schnellere als bei einem Nervennetz, das viel Erregung beherbergt, welche es nicht mehr abgeben kann. Ist aber ein bestimmter Grad der Dehnung erreicht, bei dem das Erregungsniveau der Repräsentanten unter dasjenige des Zentralreservoirs sinkt, so vermag dieses mit seiner Erregung helfend einzuspringen, während ein zentrales Netz, das dieses Hilfsmittels beraubt ist, der Erschlaffung wehrlos preisgegeben ist.

Cyona besitzt dauernd eine relativ hohe Sperrschwelle in der gesamten Muskulatur. Daher ist sie in der Norm hoch aufgerichtet. Diese Haltung steht unter nervöser Kontrolle des Ganglions. In den Nervennetzen können beim Schutz- wie beim Ejektionsreflex dynamische Wellen ablaufen. Damit ist das ganze Innenleben des Manteltieres in seinen Grundzügen gegeben.

Wir haben noch einen Blick auf die Umgebung zu werfen und ihre Umwandlung durch die Rezeptoren. Die Manteltiere tragen ihren Namen nach einer mantelartigen Umhüllung, welche die Muskeln umgibt und die bei verschiedenen Arten knorpelhart bis lederartig werden kann. Manchmal ist der Mantel durch Säure produzierende Drüsen besonders geschützt. Der Mantel schließt jeden Außenreiz vom Körper ab. So bleiben nur die Ränder der beiden Öffnungen als rezipierende

Aplysia.   157

Organe übrig, abgesehen von der inneren Auskleidung der Kiemenhöhle, deren Reizung den Ejektionsreflex veranlaßt. Es versteht sich
von selbst, daß bei einem festsitzenden Tiere, das nur das Wasser
ein- und ausströmen läßt, besondere Rezeptoren für die Nahrungs-
unterscheidung nicht am Platze sind. Es finden sich in der Tat nur
solche Rezeptoren vor, die auf Schädlichkeiten mechanischer oder
chemischer Art eingestellt sind, welche sich im Wasserstrom befinden
und durch den reflektorischen Schluß der Siphonen ausgeschaltet
werden.

Die Merkwelt von Cyona besteht also, wenn man sie allein vom
Standpunkte des Innenlebens im Zentralnervensystem beurteilt, bloß
aus Schädlichkeiten, die als Reize wirken und die, sobald sie auftreten,
eine dynamische Erregung erzeugen, welche den Schutzreflex hervorruft. Alle gute Nahrung wandert reizlos in den Körper.

Aplysia.

Von den großen Nacktschnecken des Meeres ist Aplysia sicher
die interessanteste. Ihre Größe und ihre Haltung hat ihr den Namen
Seehase eingetragen. In der Tat sieht sie einem kleinen schwarzen
Kaninchen nicht unähnlich, das am Boden sitzend, den Hals empor-

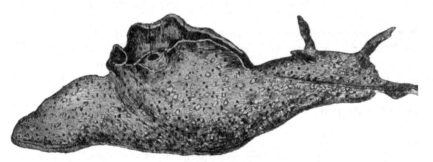

Abb. 13 [1]).

streckt und die Ohren spitzt, bevor es forthüpft. Die Ohren sind aber
in Wirklichkeit die Augenstiele des Seehasen und von Forthüpfen
ist gewiß keine Rede. Denn der Seehase kann nur langsam am Boden
entlang kriechen oder auch schwimmen, indem er zwei seitliche Haut-
lappen schwingend bewegt.

---

[1]) Nach: Lang, Lehrbuch der vergleichenden Anatomie der wirbellosen Tiere.

158   Aplysia.

Der Körper von Aplysia besteht aus einem derben muskulösen Sacke, der eine geräumige Leibeshöhle birgt. Die Leibeshöhle ist mit der leicht opaliszierenden Blutflüssigkeit gefüllt. In ihr liegen die Eingeweide und Nerven in seltener Klarheit da.

Um ein richtiges Verständnis für die Bewegungen der Schnecken zu erlangen, muß man sich eine deutliche Vorstellung von der Anatomie des muskulösen Sackes gemacht haben, der Aplysia von allen Seiten einhüllt. Wir verdanken die Grundlagen unserer Kenntnisse Jordan. Er zeigte, daß die eigentliche Masse des Körpersackes durch Bündel glatter Muskelfasern gebildet wird. Jede einzelne Muskelfaser, sowie die ganzen Bündel werden vom Bindegewebe eingehüllt, so daß überall Bindegewebe an Bindegewebe stößt. Das Bindegewebe, das viele elastische Fasern enthält, bildet keine zusammenhängende Schicht, sondern umgibt ein reiches weitverästeltes Lakunensystem mit vielen größeren Höhlungen. Das Lakunensystem wird von Blut durchspült, das durch den wechselnden Binnendruck, der im Innern des Körpersackes herrscht, überall hingetrieben wird. Kontrahiert sich irgendwo eine größere Muskelpartie, so werden dadurch die innerhalb der kontrahierten Muskelpartie liegenden Lakunen und Hohlräume vom übrigen Lakunensystem abgesperrt und erhalten einen selbständigen Binnendruck. Dieser Binnendruck steigt bei steigender Kontraktion der Muskeln schnell an, weil die Wände der Lakunen nicht beliebig nachgeben, sondern durch den Reichtum an elastischen Fasern fähig sind, dem auf sie ausgeübten Druck einen kräftigen Gegendruck entgegenzusetzen.

Dem hohen Binnendruck in den Lakunen kommt eine große Bedeutung zu, weil er es ist, der die verkürzten Muskeln nach Aufhören der Reizung wieder auseinandertreibt. Alle Muskeln arbeiten gegen ein elastisches Widerlager, das bereit ist, sie in jedem Moment wieder auszudehnen. Bei erhöhtem Binnendruck des ganzen Sackes drücken sich die einzelnen in der kontrahierten Muskelpartie gelegenen Lakunen nach außen vor und bilden recht ansehnliche Protuberanzen.

Die einzelnen Muskelbündel sind auf der Oberfläche des Körpersackes ziemlich wirr verteilt. Nur am Fuß und an den Flügeln zeigt sich eine größere Regelmäßigkeit in der Anordnung. Am Fuß zerfallen die Muskeln in längs- und querlaufende Bündel, die in unregelmäßigen Schichten alternierend übereinanderliegen. „In den Flügeln", schreibt Jordan, „verlaufen die Hauptbündel den Außenwänden parallel, und zwar sind die einen parallel mit der Ansatzlinie der Flügel, die anderen stehen senkrecht oder schräg auf dieser Linie."

Der ganze Muskelsack ist von einem dichten Nervennetz um-

Aplysia.   159

sponnen, in das sich die Nerven, die von den Ganglien kommen, einsenken. Diese Nerven muß man pseudoperiphere nennen, weil sie in Wirklichkeit intrazentrale Bahnen sind, die zwei Zentralstationen miteinander verbinden.

Der Beweis, daß es sich um ein allgemeines Nervennetz handelt, ist von Bethe erbracht worden. Er schreibt: „Bei Reizung eines peripheren Nerven bleibt der Effekt nicht auf die direkt innervierte Muskulatur beschränkt, sondern er dehnt sich je nach Stärke des Reizes auf weitere Teile und schließlich auf die ganze Muskulatur aus, trotzdem das gesamte zentrale Nervensystem (d. h. die Ganglien herausgenommen ist. Es hängt also jeder Nerv durch das Nervennetz indirekt mit der gesamten Muskulatur zusammen."

Da ein jedes Stück des Muskelsackes, solange es noch ein wenig äußere Haut beherbergt, noch eines vollen Reflexes fähig ist, so ist dadurch auch die Anwesenheit von Repräsentanten im zentralen Netz bewiesen. Da die Repräsentanten einerseits durch die Dehnung der Muskeln, andererseits durch die zentralen Erregungsänderungen beeinflußt werden, so ist es leicht verständlich, daß die schwache elektrische Reizung der pseudoperipheren Nerven sehr wechselnde Resultate gibt. Bald wird ein Teil der Repräsentanten durch die in ihnen enthaltene gesteigerte Erregung relativ refraktär sein, bald ein anderer Teil durch die Wirkung des elastischen Widerlagers gedehnte Gefolgsmuskeln besitzen und daher ein niedriges Erregungsniveau zeigen, in das die dynamischen Erregungswellen leicht Eingang finden. Bethe beschreibt die Wirkung der Nervenreizung folgendermaßen: „Nur bei sehr starker faradischer Reizung sieht man einigermaßen andauernde und dann sehr ausgedehnte Kontraktion eintreten. — Bei allen submaximalen Reizungen wechselt während der Reizung Kontraktion und Erschlaffung miteinander ab und der Effekt bleibt auf ein kleineres Gebiet beschränkt."

Die langen pseudoperipheren Nerven, die durch die große Leibeshöhle des Sackes ziehen, verbinden das zentrale Muskelnetz mit einem paarigen Ganglion, das unter dem Schlunde liegt und Pedalganglion heißt. Es erhebt sich wieder die Frage, inwieweit ist das Pedalganglion bloß als Durchgangsstation für die Erregung anzusehen, und welche Eigenschaften besitzt es außerdem? Jordan hat ein Tier durch einen Medianschnitt in zwei Hälften geteilt und die Hälften einmal durch ein Stück Muskelsack, das andere Mal durch die Ganglien miteinander in Verbindung gelassen. Dann wurde die eine Tierhälfte abwechselnd belastet und entlastet, während die andere Hälfte mit einem Registrierapparate in Verbindung stand. Jordan fand: „daß die Belastung (Dehnung) der einen Tierhälfte in der anderen den Tonus herabsetzt, und zwar so, daß ein Teil des peripheren Nervennetzes die

160   Aplysia.

Kommunikation bildet, diese Herabsetzung eine geringfügige ist; wenn
dagegen das Zentralnervensystem die Brücke bildet, so erfolgt bei Belastung ein prompter Tonusfall, bei Entlastung eine ebenso ausgesprochene und schnelle Steigerung". Daraus läßt sich schließen, daß
die Bahnen, die durch das Pedalganglion gehen, eine viel bessere Verbindung der verschiedenen Teile des Muskelsackes untereinander
bilden, als das allgemeine nervöse Netz.

Das Pedalganglion zeigt außerdem sehr ausgesprochene zentrale
Eigenschaften. Durchschneidet man die Bahnen, die vom Pegalganglion
zu den Muskeln führen, so bemerkt man bald, daß die gesamte Muskulatur einer dauernden Verkürzung und Sperrung anheimfällt. Genau
wie bei Cyona ist bei Aplysia das den Muskelschlauch beherrschende
Ganglion ein aufsaugendes Reservoir, das der dauernden Überproduktion
an Erregung im Nervennetz ein Ziel setzt.

Auch bei den Landschnecken, welche die gleiche Trennung von
Nervennetz und Ganglien zeigen, herrscht die gleiche Einrichtung, wie
Biedermann schreibt. „Neben der Rolle eines motorischen Haupt-
zentrums hat das Pedalganglion auch noch die weitere, nicht minder
wichtige Aufgabe, den Tonus der gesamten Fußmuskulatur dauernd
zu beherrschen, und zwar im Sinne einer stetigen Hemmung. Jede
dem Einfluß des genannten Ganglions entzogene Muskelpartie gerät
in einen Zustand stärkster, dauernder Kontraktion (Tonus)."

Die Reizung der pseudoperipheren Nerven erzeugt immer einen
Erregungszuwachs im zentralen Netz, und niemals eine Hemmung.
Bei den Landschnecken kann man sich über die Wirkung der Reizung
täuschen, denn die vorher verrunzelte Sohlenfläche wird glatt. Das
ist aber bloß eine Wirkung der Muskelkontraktion, welche die Blutflüssigkeit in das Lakunensystem unter die Haut preßt. Bei Aplysia
ist die Kontraktion der Muskeln immer über jeden Zweifel erhaben.

„Teile (von Aplysia), die nicht mehr mit einem lebenden Pedalganglion in Verbindung sind, behalten durch Hautreiz zugeführten
Tonus auffallend lange", schreibt Jordan.

Wir haben nach alledem im Pedalganglion ein Reservoir zu
sehen, ·das die überschüssige Erregung aus dem Netz dauernd an
sich saugt und dadurch die Muskeln unter normalen Bedingungen
erhält. Das Saugreservoir kann aber jederzeit, wenn sein Erregungsniveau höher wird als das der Repräsentanten, Erregung an das Netz
abgeben. Sobald in irgendeiner Form Erregung in die Verbindung
der pseudoperipheren Nerven tritt, wie es bei direkter Nervenreizung
geschieht, so geht die Erregung ins Netz über. Es gibt also keine
Hemmungsnerven, und die Hemmung erfolgt bloß durch Absaugung
der Erregung. Die Abtragung des Pedalganglions hat denselben
Einfluß, wie die Reizung der pseudoperipheren Nerven, beide steigern

die Erregung in den Repräsentanten. Ist nun eine normale Bewegung im Gang, so kann diese sowohl durch den Verlust des Pedalganglions, wie durch Reizung der pseudoperipheren Nerven gehemmt
werden. In diesem Fall bedeutet Hemmung bloß eine Störung des
Ablaufes der normalen Erregungen. Bethe schreibt über Aplysia:
„Das normale Tier kriecht nur, wenn der Körper schlaff ist; im
Kontraktionszustande laufen keine Wellen über die Sohle."

Es wäre sehr lehrreich, sich darüber ein Bild zu machen, was
für heterogene Dinge unter dem Wort „Hemmung" zusammengefaßt
werden. Man würde bald zur Überzeugung gelangen, daß fast jede
Abweichung von der Norm irgendwelcher Bewegung, aus welchem
Grunde sie auch erfolge, als Hemmung bezeichnet werden kann. Hier
handelt es sich um die Frage, ob durch Reizung der pseudoperipheren
Nerven eine Erschlaffung in den Muskeln hervorgerufen werden kann.
Jordan hat die Nerven von herausgeschnittenen Muskelpartien, die
ihren Kontraktionszustand direkt aufschrieben, mit den verschiedensten
Reizen behandelt und niemals etwas anderes als Verkürzung erhalten.
Der Versuch Biedermanns, in den Nerven der Schnecken Er-
schlaffungsfasern nachzuweisen, ist als gescheitert anzusehen. Da
solche Fasern in keinem der von uns behandelten Tiere nachzuweisen
waren, brauchen wir uns nicht weiter um sie zu bekümmern.

Die Bewegungen der Schnecken können auch vom Nervennetz
nach Verlust des Pedalganglions ausgeführt werden, wenn die Erregungs-
steigerung nicht allzu heftig auftritt. Bethe schreibt: „Schneidet man
einem solchen Tier (limax cinereus oder variegatus) den Kopf ab, so
zeigen sich die Wellen in unveränderter Regelmäßigkeit (Kunkel)."
Auch an Aplysia ist in günstigen Fällen ein Überdauern der normalen
Bewegungen nach Entfernung des Pedalganglions zu beobachten.

Die Bewegungen der Flügel von Aplysia, die sich wie das Ge-
wand einer Serpentintänzerin benehmen (Jordan), sind leicht zu
verstehen, denn es kontrahieren sich die einzelnen Muskelbündel
nacheinander von vorne nach hinten fortschreitend. Das ist eine
Bewegungsart, die sich an die Schwimmbewegungen der Blutegel
eng anschließt.

Die Bewegungen an der Sohle von Aplysia setzen sich aus zwei
Wellen zusammen. Eine Verdünnungswelle (Kontraktion der Quer-
fasern) läuft von vorne nach hinten, wodurch die vorderste Sohlenpartie
sich verdünnt und nach vorne schiebt. Sobald diese am Boden haftet, tritt
eine Verdickungswelle (Längsmuskelkontraktion) auf, welche die nächste
Partie der Sohle nach vorne zieht. Genau wie beim Regenwurm ziehen
Verdünnungs- und Verdickungswellen von vorne nach hinten.

Auch an Landschnecken hat Biedermann das Vorkommen
dieser Bewegungsart beobachtet. Dagegen zeigt die Sohle der Land-

schnecken außerdem noch einen ganz neuen Bewegungstyp, der völlig
aus der Reihe alles bisher Bekannten herausfällt. Jede Welle, die
ein Tier im freien Wasser vorwärtstreibt, läuft immer von vorne nach
hinten ab, denn es übt die fortschreitende Vorderseite der Welle einen
Druck auf das Wasser aus. Geht die Bewegung am Boden vor sich,
so tritt gleichfalls eine Welle auf, die von vorne nach hinten läuft,
wie wir das beim Regenwurm gesehen haben. Die Verdünnungswelle,
die den Körper verlängert, muß unter allen Umständen am Vorderende beginnen, damit dieses voranschreite. Begänne die Verdünnungswelle am Hinterende, so würde dieses vorangehen. Nun zeigen sich
auf der Sohle der Landschnecken Wellen, die von hinten nach vorne
laufen und trotzdem das Tier vorwärtstragen. Wodurch kommt diese
merkwürdige Umkehr zustande?

Am besten ist es, man vereinfacht sich die Vorstellung der
Schneckensohle durch folgendes Bild, das die mechanischen Verhältnisse in allen wesentlichen Punkten wiedergibt. Ein langer muskulöser Strick sei von einer schwammigen, elastischen Masse umgeben,
die mit Flüssigkeit vollgesogen ist. Nach außen sei das ganze zy-
linderförmige Gebilde von einer elastischen Haut überzogen. Beginnt
der muskulöse Strang sich an einem Ende zu verkürzen, so wird er
zugleich an dieser Stelle dicker und die Flüssigkeit in der schwammigen Masse bildet einen nach außen vorspringenden Wulst, der mit
der fortschreitenden Kontraktionswelle von einem Ende zum anderen
mit fortschreitet. Der Wulst in der schwammigen Masse, welche in
ihren gedehnten elastischen Wänden eine Flüssigkeit von hohem
Binnendruck einschließt, hat die Aufgabe, die über ihm liegende
Partie des muskulösen Strickes, sobald die Kontraktion geschwunden
ist, wieder auszudehnen und ihr die Anfangslänge wiederzugeben.

Das Fortschreiten des Wulstes über den ganzen Zylinder wird
aber nur dann zu einer Fortbewegung des Zylinders führen, wenn
seine Oberfläche nach Art eines Sperrades am Boden haftet, das die
Bewegung nur in der Richtung des fortschreitenden Wulstes freigibt,
in der anderen aber hemmt. Wenn das nicht der Fall ist und die
Reibung am Boden nach beiden Seiten hin die gleiche ist, so käme
nur ein wirkungsloses Hin- und Herbewegen an der gleichen Stelle
zustande. In der Tat ist eine solche äußere Sperrwirkung vorhanden.
Man kann eine Gartenschnecke, die auf einer Glasplatte kriecht, wenn
man sie an ihrer Schale gefaßt hat, ganz leicht nach vorne, aber viel
schwerer nach hinten ziehen.

Die ganze Sohle der Landschnecken ist als ein einziger Saugnapf anzusehen. Entsteht an irgendeiner Stelle ein erhabener Wulst,
so löst er in einem kleinen Bezirk die Saugfläche vom Boden los
und ermöglicht dadurch eine wirkliche Verschiebung der Sohlenfläche

Aplysia.   163

am Boden. Diese Verschiebung wird durch die Zusammenziehung der Längsmuskeln und durch ihre Wiederausdehnung mittels der schwammigen Masse hervorgerufen. Der feste Punkt für diese teils ziehende, teils stoßende Bewegung liegt immer vorne und der bewegte hinten. Diese theoretische Betrachtung wird durch die Beobachtung aufs schönste bestätigt. Wir besitzen von Biedermann eine eingehende Beschreibung des Vorganges: „Man kann sich leicht davon überzeugen, daß ein bestimmter Punkt der Schneckensohle immer in dem Momente eine beschleunigte Vorwärtsbewegung erfährt, wo eine der Kontraktionswellen darüber hinzieht. Betrachtet man die Sohlenfläche einer großen Helix Pomatia von unten her durch eine Glasplatte, auf welcher das Tier fortgleitet, bei Lupenvergrößerung, so sieht man dieselbe übersät mit zahllosen weißlichen Pünktchen, die, wie die mikroskopische Untersuchung lehrt, kleinen Drüschen entspricht. Faßt man ein solches Pünktchen als Merkzeichen ins Auge, so ist leicht festzustellen, daß es in dem Augenblick, wo eine Welle darüber hinläuft, einen Ruck nach vorwärts erhält und sozusagen durch die Welle vorwärts geschoben wird. Solange es sich dann im Bereiche des Zwischenraumes zwischen je zwei Wellen befindet, liegt es völlig ruhig, um bei der nächsten Welle wieder um eine gleiche Strecke vorzurücken. . . . Es wird hiernach jeder Punkt der Sohlenfläche in streng rhythmischer Folge durch die Wellen in der Richtung ihres Fortschreitens ruckweise nach vorne bewegt, um dann in der neuen Lage so lange zu verharren, bis eine folgende Welle ihn in gleicher Weise vorschiebt." Trotzdem ist Biedermann der Meinung, daß diese Wellenbewegung nicht imstande ist, die Sohle vorwärts zu treiben, denn er schreibt: „An sich ist nun freilich die Wellenbewegung der Sohle noch nicht vermögend, ein stetiges Fortgleiten des Schneckenkörpers zu bedingen. Es gehört dazu vielmehr noch eine Kraft, durch welche die Muskeln am Vorderende der Sohle nach jedesmaliger Kontraktion wieder passiv gedehnt und nach vorne in der Richtung des Kriechens verlängert werden." Diese verlängernde Wirkung auf die kontrahierenden Muskelfasern geht vom Binnendruck des Wulstes aus und ist an der ganzen Sohlenfläche, nicht bloß am Vorderende vorhanden. Die Dehnung am Vorderende bringt dieses um die Breite einer Welle am Erdboden vorwärts.

So kann es geschehen, daß durch das Fortschreiten der Kontraktionswellen der Längsmuskeln allein mit Hilfe ihrer passiven Wiederausdehnung die Sohle von hinten nach vorne geschoben wird. Was wir an Verschiebungen der Teilchen bei der Beobachtung zu sehen bekommen, ist eine gemeinsame Wirkung der Kontraktion und Wiederausdehnung, die beide im gleichen Sinne wirken, weil eine äußere Sperrvorrichtung vorhanden ist. Worin die Sperrvorrichtung

11*

164   Aplysia.

besteht, die jeder Bewegung der Sohlenfläche eine bestimmte Richtung anweist, ist noch nicht aufgeklärt; vielleicht ist die Schleimsekretion in irgendeiner Weise daran beteiligt.

Es ist noch mit einem Worte darauf hinzuweisen, daß sich die Wellen stets in regelmäßigen Abständen folgen. Da sich keinerlei Vorrichtung in der Muskulatur auffinden läßt, die dieses Verhalten verursachen könnte, so sind wir gezwungen, anzunehmen, daß das zentrale Netz, welches die Repräsentanten verbindet, so gebaut ist, daß sich immer diejenigen Repräsentanten, die um einen Wellenzwischenraum voneinander entfernt sind, in besonders inniger nervöser Verbindung befinden, und daß infolgedessen der Beginn des Wellenspieles an einer Stelle sogleich ausschlaggebend wird für das Entstehen neuer Wellen in bestimmten Distanzen.

Es kann keinem Zweifel unterliegen, daß das ganze Wellenspiel auf Bewegungen der statischen Erregung zurückzuführen ist, welches sich immer dann frei entfaltet, wenn keine dynamischen Wellen störend eingreifen. Wir sind leider noch nicht in der Lage, den Parallelismus zwischen dem Ablauf der Muskelbewegung und der Nervenerregung mit derjenigen Sicherheit darzulegen, wie es etwa bei den Herzigeln der Fall war. Aber daß es sich auch hier um ein Kreisen der Erregung in den zentralen Bahnen handelt, das sowohl von der unbekannten Verbindungsart der Bahnen, wie vom Zustand der Muskeln abhängig ist, scheint mir sicher zu sein.

Zeigte das allein gelassene Nervennetz nicht allzu große Neigung, einen dauernden Erregungszuwachs zu produzieren, so könnte auch Aplysia, wie das einzelne Landschnecken tun, ohne Ganglien ihre normalen Bewegungen ausführen. So aber muß sie von dem großen Erregungsreservoir des Pedalganglions dauernd gebremst werden, sonst gerät sie in Dauererregung. Merkwürdigerweise besitzen die Schnecken noch eine zweite Bremsvorrichtung, von der es ungewiß ist, ob sie direkt das zentrale Netz oder das Pedalganglion bremst. Diese zweite Bremsvorrichtung befindet sich in dem über dem Schlund gelegenen paarigen Zerebralganglion.

Eine Aplysia, der das Zerebralganglion entfernt wurde, verfällt zwar nicht mehr einer Dauerkontraktion, dafür ist sie aber immer in Bewegung und schwimmt oder kriecht rastlos umher. Jordan schreibt hierüber: „Eine Schnecke (Aplysia) ohne Zerebralganglion bewegt sich stets, mit Zerebralganglion wenig. Diese Hemmung ihrerseits findet jedoch nur statt, solange der aktive Zustand des Ganglions ein geringer ist. Je mehr dieser jedoch steigt, desto mehr nimmt das Tier den Habitus eines zerebrallosen an, wie wir sagen: Das Tier setzt sich ebenfalls in Bewegung. Es steigt aber dieser aktive Zustand höchstwahrscheinlich durch Erregung der Hauptsinnesnerven."

Die Gegenwelt.   165

Versuchen wir die Wirkungsart beider Ganglien miteinander zu vergleichen, so zeigt sich, daß das Pedalganglion die Aufgabe hat, das Niveau der statischen Erregung im Netz herabzudrücken, daß das Zerebralganglion aber die Bewegungen der statischen Erregung unterdrückt. Beides ist notwendig, da der große Muskelsack überall von der rezipierenden Haut überzogen ist, die dauernd dynamische Wellen erzeugt. Diese Wellen steigern das Erregungsniveau, und wenn diese Wirkung verhindert wird, rufen sie immer von neuem Schwingungen der statischen Erregung hervor. Wir sind leider nicht genügend über die Beziehungen der beiden Ganglien untereinander aufgeklärt, um uns ein zuverlässiges Bild vom Eingreifen des Zerebralganglions zu machen. Nur soviel läßt sich mit Sicherheit über die biologische Aufgabe des Zerebralganglions sagen: Es dient dazu, daß die Reizung der höheren Rezeptoren, wie des Auges und der Witterungsorgane, ihren Einfluß auf den Muskelsack ausübe. Der mit dem Pedalganglion allein verbundene Muskelsack zeigt, sich selbst überlassen, so viel Erregungsvorgänge, daß die Wirkung der höheren Rezeptoren notwendig einen Wirrwarr hervorbringen müßten, wenn nicht vorher die Erregungsströmungen abgedämpft werden. Die Erregung, die von den höheren Rezeptoren ausgeht, übt ihren Einfluß aber gar nicht nach Art eines Reflexes aus, sondern wirkt auf den Muskelsack nur indirekt, indem sie die Bremsvorrichtung des Zerebralganglions für bestimmte Teile stillstellt und den unterdrückten Erregungen die Möglichkeit voller Entfaltung bietet. Die Wirkung des Lichtreizes z. B. besteht darin, daß die von ihm hervorgerufene Erregung in den rezeptorischen Nerven weiterläuft, bis sie zur Bremsvorrichtung im Zerebralganglion gelangt. Dort stellt sie bestimmte Teile des Bremsapparates fest und ermöglicht dadurch der unterschwellig vorhandenen Erregung im zentralen Netz, ihre Wirkung auf bestimmte Muskeln zu entfalten. Die Wirkung ist genau dieselbe, als wenn die Erregung vom Rezeptor zum Effektor geeilt wäre.

Die Schnecken gleichen solchen Maschinen, die in allen Teilen einen Überschuß an Dampf produzieren, der durch zahlreiche Ventile dauernd entlassen wird. Die Maschine wird gelenkt, indem man bald das eine, bald das andere Ventil schließt und auf diese Weise der Maschine jede gewünschte Richtung gibt.

Die Gegenwelt.

Unsere bisherigen Betrachtungen der Innenwelt der Tiere befaßten sich hauptsächlich mit den motorischen Funktionen des Nervensystems. Bei den einfacheren Tieren liegt das Schwergewicht der nervösen

Organisation im motorischen Teil. Die Leistungen der muskulösen
Apparate sind oft schon hochkompliziert, während die rezeptorischen
Organe noch äußerst einfach sind. Der Ablauf der Erregungen im
zentralen Netz ist entweder durch den Rhythmus der Muskeln indirekt
bestimmt, oder der Bau des Nervensystems bestimmt selbst diesen
Rhythmus. Die Teilungen des zentralen Netzes (in Wirknetze) haben
dann bloß die Aufgabe, besondere Gruppen oder Arten von Muskelfasern näher miteinander zu verbinden, um sie den dynamischen
Wellen, die aus bestimmten Rezeptoren stammen, gleichmäßig zugänglich zu machen unter Ausschluß der übrigen Muskulatur. In
jedem Falle sehen wir, daß die Komplikationen des nervösen Aufbaues sich unmittelbar auf die motorischen Tätigkeiten des Tieres
beziehen.

Das ändert sich bei den höheren Tieren. Der motorische Apparat
zeigt bei ihnen keine prinzipiellen Neuerungen außer einer immer
weitergehenden Subordination von zahlreichen motorischen Netzen
unter einzelne beherrschende Netze oder Zentralstationen. Der rezeptorische Apparat dagegen beginnt sich immer mehr und mehr zu
entfalten. Nicht allein durch die Rezeptionsorgane selbst, die immer
zahlreicher und mannigfaltiger werden, sondern auch durch ihre Ver-
wertung im zentralen Netz, die eine ganz andere und reichere wird.

Alle Rezeptoren haben, wie wir wissen, die gleiche Aufgabe:
die Reize der Außenwelt in Erregungen zu verwandeln. Es tritt also
im Nervensystem der Reiz selbst nicht wirklich auf, sondern an seine
Stelle tritt ein ganz anderer Prozeß, der mit dem Geschehen der
Umwelt gar nichts zu tun hat. Er kann nur als Zeichen dafür
dienen, daß sich in der Umwelt ein Reiz befindet, der den Rezeptor
getroffen hat. Über die Qualität des Reizes sagt er nichts aus. Es
werden die Reize der Außenwelt samt und sonders in eine nervöse
Zeichensprache übersetzt. Merkwürdigerweise tritt für alle Arten von
äußeren Reizen immer wieder das gleiche Zeichen auf, das nur in
seiner Intensität entsprechend der Reizstärke wechselt. Die Reizstärke
muß erst eine gewisse Schwelle überschritten haben, ehe ein Erregungszeichen auftritt. Dann aber wächst die Stärke der Erregung mit der
Stärke des Reizes.

Die Einfügung der Schwelle ist ein sehr wirksames Mittel, das
dem Organismus erlaubt, die Reize der Umwelt auszuschalten oder
auszuwählen. Wenn aber das Nervensystem bei allen Reizen nur das
gleiche Zeichen erhält, wie wird es dann möglich, die Reizarten zu
unterscheiden? Dies geschieht durch die Benutzung besonderer Nervenbahnen, für die besonders unterschiedenen Reizarten. Jedes Rezeptionsorgan verfügt über eine sehr große Anzahl zentripetaler Bahnen und
ist dadurch in den Stand gesetzt, auch sehr feine Unterschiede in der

Die Gegenwelt.   167

Reizart ebenso sicher wie die gröbsten zu differenzieren, indem es
für jede Reizart eine besondere Nervenbahn bereithält.

Auch bei den niederen Tieren zeigt sich schon die Anwendung
besonderer Bahnen für die verschiedenen Rezeptoren. Sobald aber
diese Bahnen in das allgemeine Nervennetz einmünden, geht die
Differenzierung wieder verloren und das Nervensystem unterscheidet
die Reize der Außenwelt nicht mehr ihrer Art nach, sondern nur
entsprechend ihrer Stärke. Bleiben die zentripetalen Bahnen isoliert,
so ergibt sich die Möglichkeit, auch die Reizarten in ihrer Wirkung
auf den Organismus getrennt zu verwerten.

Bei den höheren Organismen treten verschiedene zentripetale
Bahnen, die bestimmten, häufig vorkommenden Reizkombinationen
entsprechen, in isolierten Netzen (Merknetze) zusammen und dienen
den entsprechenden Erregungskombinationen als Sammelstelle. Dadurch wird dem Organismus die Möglichkeit geboten, auch Reizkombinationen differenziert zu behandeln. Man könnte solche Reizkombinationen kurzerhand als Gegenstände ansprechen und dementsprechend das Nervensystem eines Tieres, das auf verschiedene Reizkombinationen verschieden reagiert, für fähig halten, Gegenstände zu
unterscheiden.

Mir schien dieser Schluß bisher unabweislich. Je mehr ich mich
aber mit der Frage beschäftigte: Welche mechanische Einrichtungen
muß ein Nervensystem besitzen, damit es verschiedene Gegenstände
seiner Umwelt verschieden behandelt, um so mehr kam ich zur Überzeugung, daß einfache Erregungskombinationen dazu nicht ausreichen.
Ein jeder Gegenstand ist vor allem charakterisiert durch seine räumliche Ausdehnung.

Für die niederen Tiere ist es sicher, daß sie dieses Charakteri-
stikum nicht benutzen. Die Verbindung eines mechanischen Reizes
mit einem chemischen Reiz genügt zum Beispiel dem Seeigel vollauf, um den feindlichen Seestern von allen übrigen Wirkungen der
Umwelt sicher zu unterscheiden. Aber bei den höheren Organismen
ist das nicht mehr der Fall. Sie begnügen sich nicht mehr mit dieser
primitiven Einteilungsmaschinerie. Sie unterscheiden dank ihrer
höheren Organisation auch die räumlichen Umgrenzungen der Gegenstände. Bereits der Regenwurm lieferte die erste Probe davon.

Hier tritt auf einmal das Raumproblem in seiner ganzen
Schwierigkeit an uns heran. Jede einzelne Reizqualität kann durch
Anwendung einer isolierten Nervenbahn im Zentralnervensystem durch
ein besonderes Zeichen isoliert festgehalten werden, einerlei, welchen
Weg die Nervenbahn einschlagen mag. Die räumliche Anordnung
der Reize aber geht verloren, wenn sie nicht durch eine gleichartige
Anordnung der Nervenbahnen festgehalten wird. Nun zeigt es sich,

Die Gegenwelt.

welche Bedeutung es für den Organisationsplan des Zentralnervensystems hat, daß die Reizarten nicht durch verschiedene Erregungsarten in der gleichen Nervenfaser wiedergegeben, sondern durch Anwendung verschiedener Nervenfasern festgehalten werden. Die Erregungsarten könnte man gar nicht räumlich, den Formen der Gegenstände entsprechend, ordnen, die Nervenfasern aber wohl.

Die Nervenfasern kann man ordnen, indem man sie in einer
Fläche nebeneinander legt und auf diese Weise eine räumliche Anordnung schafft, die der äußeren Anordnung der Reize in der Umwelt entspricht. Dadurch erlangt das Zentralnervensystem die Möglichkeit, in ganz neue und viel intimere Beziehungen zu seiner Umgebung zu treten, als dies durch die bloßen Reizkombinationen der
Fall war. In welcher Weise wir uns die Anordnung der Nervenfasern
denken wollen, ob einem Kreise in der Umwelt eine kreisförmige oder
dreieckige Anordnung der Nervenbahnen entsprechen soll, oder umgekehrt, ist ganz gleichgültig. Die Hauptsache ist, daß die Unter-
scheidungen der räumlichen Umgrenzungen der Gegenstände durch
die höheren Zentralnervensysteme und Hirne eine feste räumliche Verteilung der Nervenbahnen verlangt. Man kann behaupten, die höheren
Gehirne kennen die Umwelt nicht bloß durch eine Zeichensprache,
sondern sie spiegeln ein Stück Wirklichkeit in der räumlichen Beziehung ihrer Teile wieder.

Durch Einführung dieses, wenn auch sehr vereinfachten Welt-
spiegels in die Organisation des Zentralnervensystems hat der motorische Teil des Nervensystems seine bisherigen Beziehungen zur Umwelt verloren. Es dringen keine in Erregungszeichen verwandelte
Außenreize mehr direkt zu den motorischen Netzen. Diese erhalten
alle Erregungen nur noch aus zweiter Hand, aus einer im Zentralnervensystem entstandenen neuen Erregungswelt, die sich zwischen
Umwelt und motorischem Nervensystem aufrichtet. Alle Handlungen
der Muskelapparate dürfen nur noch auf sie bezogen und können nur
durch sie verstanden werden. Das Tier flieht nicht mehr vor den
Reizen, die der Feind ihm zusendet, sondern vor einem Spiegelbilde
des Feindes, das in einer Spiegelwelt entsteht.

Um aber durch die Anwendung des Wortes „Spiegelwelt" keine
Mißverständnisse herbeizuführen, weil ein Spiegel viel mehr tut, als
bloß einige räumliche Verhältnisse in sehr vereinfachter Form wiederzugeben, nenne ich diese im Zentralnervensystem der höheren Tiere
entstandene neue Eigenwelt die Gegenwelt der Tiere.

In der Gegenwelt sind die Gegenstände der Umwelt durch
Schemata vertreten, die je nach dem Organisationsplan des Tieres
sehr allgemein gehalten sein und sehr viele Gegenstandsarten zusammen fassen können. Es können die Schemata aber auch sehr

Die Gegenwelt.   169

exklusiv sein und sich nur auf ganz bestimmte Gegenstände beziehen.
Die Schemata sind kein Produkt der Umwelt, sondern einzelne, durch
den Organisationsplan gegebene Werkzeuge des Gehirnes, die immer
bereitliegen, um auf passende Reize der Außenwelt in Tätigkeit zu
treten. Ihre Anzahl und ihre Auswahl läßt sich nicht aus der Umgebung des Tieres, die wir sehen, erschließen. Sie lassen sich nur
aus den Bedürfnissen des Tieres folgern. Wenn die Schemata auch
räumliche Spiegelbilder der Gegenstände darstellen, so ist dennoch
die Form und die Zahl dieser Bilder Eigentümlichkeit des Spiegels
und nicht des Gespiegelten.

Die Schemata wechseln mit den Bauplänen der Tiere. Dadurch
ergibt sich eine große Mannigfaltigkeit der Gegenwelten, die die
gleiche Umgebung darstellen. Denn nicht ist es die Natur, wie man
zu sagen pflegt, welche die Tiere zur Anpassung zwingt, sondern es
formen im Gegenteil die Tiere sich ihre Natur nach ihren speziellen
Bedürfnissen.

Wenn wir die Fähigkeit besäßen, die Gehirne der Tiere vor
unser geistiges Auge zu halten, wie wir ein Glasprisma vor unser
leibliches Auge zu halten vermögen, so würde uns unsere Umwelt
ebenso verändert erscheinen. Nichts Anmutigeres und Interessanteres
dürfte es geben, als solch ein Blick auf die Welt durch das Medium
der verschiedenen Gegenwelten. Leider bleibt uns dieser Anblick
versagt und wir müssen uns mit einer mühsamen und ungenauen
Rekonstruktion der Gegenwelten begnügen, wie sie uns durch eingehende und schwierige Versuchsreihen wahrscheinlich gemacht
werden. Ein leitender Gedanke gibt uns die Hoffnung, aus diesem
unsicheren Material etwas Brauchbares aufzubauen, das ist die Gewißheit, daß die Natur und das Tier, nicht wie es den Anschein hat,
zwei getrennte Dinge sind, sondern daß sie zusammen einen höheren
Organismus bilden. Die Umgebung, die wir um das Tier ausgebreitet sehen, ist selbstverständlich ein anderes Ding als die der Tiere;
aber dafür ist sie auch nicht ihre Umwelt, sondern unsere. Die Umwelt, wie sie sich in der Gegenwelt des Tieres spiegelt, ist immer
ein Teil des Tieres selbst, durch seine Organisation aufgebaut und
verarbeitet zu einem unauflöslichen Ganzen mit dem Tiere selbst.
Man kann sich wohl die von uns gesehene Umgebung des Tieres
wegdenken und sich ein Tier isoliert vorstellen. Man kann sich aber
nicht eine Umwelt isoliert von seinem Tier denken, denn sie ist nur
als eine Projektion seiner Gegenwelt richtig zu verstehen. Und die
Gegenwelt ist ein Teil seiner eigensten Organisation.

Nachdem wir von der Bedeutung der Gegenwelt einen allgemeinen
Eindruck gewonnen, wollen wir es versuchen, uns darüber Rechen-
schaft zu geben, welche Anschauung nach unseren jetzigen Kennt-

Die Gegenwelt.

nissen der Gegenwelt am besten entspricht. Dieses kann nur an-
deutungsweise geschehen und muß notwendigerweise sehr unvoll-
ständig bleiben, bis mehr Beobachtungsmaterial gesammelt ist. Aber
in jedem Falle wird eine anschauliche Vorstellung von Nutzen sein,
weil sie uns einerseits zu einer klaren Fragestellung verhilft, andererseits uns einen allgemeinen Zusammenhang ahnen läßt. Ist die Gegenwelt einmal entstanden, so übt sie eine bedeutende Anziehungskraft
auf alle Rezeptoren aus, welche nach und nach ihre direkten Beziehungen zum allgemeinen Nervennetz fallen lassen und sich mit dem
rezeptorischen Netz der Gegenwelt verbinden.

Als Ausgangspunkt unserer Betrachtung kann uns der Regenwurm
dienen, der zum ersten Male eine sichere Unterscheidung der Form
kundgibt. Das zentrale Netz des Regenwurmes tritt am Vorderende
in die beiden Oberschlundganglien ein. Die Oberschlundganglien
müssen, um den einfachsten Unterschied von links und rechts an
einem Gegenstand zu machen, mindestens zwei getrennte Zentren beherbergen. Diese beiden Zentren müssen in fester Verbindung miteinander stehen, wenn sie auf eine bestimmte Gegenstandsform, die
viel links, aber wenig rechts reizt, eine bestimmte Muskelbewegung
erfolgen lassen. Jedes dieser Zentren will ich in geringer Abweichung
von der Ausdrucksweise in meinem „Leitfaden" einen „Erregungs-
kern" nennen. Die beiden zusammenarbeitenden Zentren bilden ein
gemeinsames Schema. Der Regenwurm besäße demnach die einfachste Form eines Schemas, das aus zwei Erregungskernen und ihrer
leitenden Verbindung besteht. Dieses Schema kann als der erste Ansatz zu einer Gegenwelt angesehen werden. Zugleich treten damit
in der Umwelt die ersten deutlich getrennten Orte auf, die der Zahl
der Erregungskerne entsprechen.

Die nächst höhere Stufe der Gegenwelt treffen wir bei den Tieren,
deren Augen eine Bewegung übermitteln, oder, um mit Nuel zu
reden, der Motorezeption dienen. In diesem Falle müssen wir uns
bereits eine Fläche vorstellen, die zahlreiche Erregungskerne enthält.
Die Erregungskerne lösen nur dann eine wohldefinierte Muskeltätigkeit aus, wenn sie gruppenweise nacheinander in Erregung geraten,
sobald eine Erregungswelle über sie hinweggeht, gleich einer Welle
über ein Ährenfeld. Feste nervöse Verbindungen, die zur Bildung
von Schematen führen, bestehen noch nicht zwischen den einzelnen
Kernen. In ihrer Umwelt ist das ein Gegenstand zu nennen, „was
sich zusammen bewegt" ohne jede Rücksicht auf die Form.

Die nächst höhere Gegenwelt finden wir dort, wo vom Auge bereits Bilder unterschieden werden, wo die einfachste Ikonorezeption
auftritt. Dort treten im Felde der Erregungskerne bereits die ersten
Schemata auf, welche groben Umrißzeichnungen der auf die Retina

Die Gegenwelt.   171

entworfenen Bilder gleichen. In diesem Falle kann man bereits von
räumlichen Schematen reden. Diese werden erregt, sobald sich ein
dem Schema entsprechender Gegenstand dem Tiere nähert. Räumliche Schematen in der Gegenwelt entsprechen fast umgrenzte Gegenstände in der Umwelt.

Zwischen den beiden Gegenwelten der Moto- und der Ikone-
rezeption schiebt sich die Gegenwelt der Chromorezeption, welche
die Unterscheidung von farbigen Gegenständen ohne Rücksicht auf
ihre Form ermöglicht. Hierbei müssen Gruppen von verschieden stark
erregten Erregungskernen motorisch wirksam werden. In der Umwelt
solcher Tiere lautet die Definition für den Gegenstand: ein Gegenstand ist das, was die gleiche Farbe besitzt.

Wie man sieht, sind auf diese Weise die drei Charakteristika,
die wir jedem gesehenen Gegenstand in der Umgebung der Tiere
zuschreiben, auseinander gefaltet. Die Einzelteile, die einen gesehenen
Gegenstand zusammensetzen, haben einen gemeinsamen Umriß,
in der Regel eine gemeinsame Farbe, und eine gemeinsame
Bewegung. Wie groß ist hier bereits der Fortschritt gegenüber den
niederen Tieren, die von der Einheit der Gegenstände nur darum
etwas erfahren, weil diese einen einheitlichen Duft haben, einen
einheitlichen Schatten werfen oder einen einheitlichen Stoß
versetzen.

Wenn wir auch mit Recht die drei erstgenannten Formen als
einen großen Fortschritt betrachten, so dürfen wir ihre Fähigkeiten
auch nicht überschätzen. Wohl gestatten sie, auf räumliche Unter-
scheidungen gestützt, die Gegenstände in beschränktem Maße wider-
zuspiegeln. Aber von einer Ordnung der Gegenstände zueinander
und einer Beziehung zu ihrer Lage im Raum spüren wir noch nichts.
Jedes angeschlagene Schema wirkt wie jede Reizkombination die zugehörige Muskeltätigkeit auslösend und damit fertig.

Unterdessen hat sich in der Tierreihe mit Hilfe eines anderen
Rezeptors eine neue Beziehung, wenn auch nicht zum Raume, so doch
zum Erdmittelpunkt ausgebildet. Das ist der Statolith. Die Wirkung
des Statolithen auf das zentrale Netz ist von Anfang an eine ganz
andersartige wie diejenige der übrigen Rezeptoren, die einen Außenreiz in eine dynamische Erregung verwandeln. Wir müssen weit
zurückgreifen, wenn wir seine eigentümliche Stellung verstehen wollen.
Die Last eines jeden Gliedes und des ganzen Körpers wird dauernd
ausbalanciert durch die dauernde Tätigkeit der Sperrmuskeln, die
ihre Erregung der dauernden Beeinflussung durch die statische Erregung des zentralen Netzes verdanken. Die statische Erregung im
Netz war ihrerseits das Werk der mit statischer Erregung gefüllten
zentralen Reservoire. Der Einfluß des Statolithen, der den Körper

dauernd unter den gesteigerten Einfluß der Schwerkraft bringt, wirkt
auf diese zentralen Reservoire in noch unbekannter Weise ein, aber
erzeugt nur ausnahmsweise dynamische Wellen. Bei den niederen
Tieren, deren Körper im Leben die gleiche Lage zum Erdmittelpunkt
einnimmt wie im Tode, fehlt für gewöhnlich der Statolith oder scheint,
wenn vorhanden, anderen Funktionen zu dienen. Ich brauche bloß
an die Medusen zu erinnern.

Das Ausbalancieren des Körpers beim Gehen oder Kriechen wird
von den belasteten Muskeln ohne Beihilfe besorgt, da der Körper
dank seinem Schwerpunkte stets von selbst nach der normalen Lage
zurückstrebt. Bei jenen Tieren aber, die in einem labilen Gleich-
gewichte erhalten werden, bedürfen die Muskeln eines dauernden
Korrektivs. Dieses Korrektiv liefert ihnen der kleine Stein, der auf
feinen Haaren balancierend stets jenes Haar erregt, das im Augenblicke senkrecht zum Erdmittelpunkte steht. Von hier aus werden
die statischen Reservoire derjenigen Seite beeinflußt, die momentan
in Gefahr steht, den Änderungen des Schwerpunktes nachzugeben,
weil dieser stets aus der physiologischen in die physikalische Lage
strebt. Die Muskeln allein reichen dazu nicht aus, denn einer so anhaltenden Dauerbelastung geben sie immer nach, wenn nicht speziell
für ihren Erregungsnachschub gesorgt ist. Der Statolith veranlaßt
eine dauernde Sperrung der Muskeln. Wird er entfernt, so fällt in
den Muskeln die Sperrschwelle, die der Belastung das Gegengewicht
hielt, und die Tiere sind unfähig, ihre physiologische Lage einzunehmen,
sondern fallen immer wieder in die physikalische Lage zurück. Der
Statolith sorgt also für die Erhaltung einer gleichmäßigen normalen
Körperhaltung und gewinnt dadurch Beziehungen zur Gegenwelt. Ganz
besonders eng werden diese Beziehungen bei jenen Tieren, deren
Statolithen die Stellung der Augen beherrschen. Es gibt Krebse, die
mit ihren Augenstielen die Bewegungen, die ihr Körper nach einer
Seite macht, durch eine sogenannte kompensatorische Bewegung nach
der anderen Seite hin wieder ausgleichen und auf diese Weise ihren
Augen ermöglichen, ein unverrücktes Bild der Außenwelt auf der
Retina zu entwerfen. Dies gibt ihnen die Möglichkeit, den ver-
wirrenden Einfluß der eigenen Körperbewegungen auf die Gegenwelt in weiten Grenzen auszuschalten, um den durch die Bewegungen der Gegenstände herbeigeführten Motoreflex rein zur Geltung
kommen lassen.

Bei den Insekten werden die kompensatorischen Bewegungen der
Augen durch einen Motoreflex von den Augen selbst ausgelöst. Sobald sich das ganze Bild der Umgebung auf der Retina verschiebt,
löst die in den Kernen der Gegenwelt hervorgerufene Erregung, die
mit der Verschiebung des Bildes zu wandern beginnt, eine kompen-

Die Gegenwelt.   173

satorische Verkürzung der Halsmuskeln hervor und das Auge behält
eine ruhende Außenwelt, auch wenn der Körper sich neigt.

Damit sind wir zum schwierigsten Punkt des ganzen Problems
gelangt: Welchen Einfluß haben die eigenen Bewegungen auf die
Gegenwelt? Bisher haben wir nur gesehen, daß die Augenbewegungen
dazu verwendet werden, den Einfluß der Körperbewegungen auf die
Gegenwelt aufzuheben.   Aber es ist sicher, daß die Augenbewegungen
auch noch andere Aufgaben zu erfüllen haben.   So folgt das Auge
vieler Tiere einem vorbeiziehenden Gegenstande.   Dies kann nur den
Zweck haben, dem Gegenstande die Möglichkeit zu bieten, durch
einen dauernden und gleichmäßigen Einfluß auf die Retina sein
Schema mit Sicherheit anklingen zu lassen.   Dies sind aber nicht die
einzigen Vorteile der Augenbewegungen.

Manches gestielte Facettenauge der Arthropoden gleicht in seinem
Bau einem beweglichen Tastorgan, das viele Eindrücke gleichzeitig
aufnehmen kann und daher wohl geeignet ist, nicht bloß die einzelnen
Gegenstände, sondern auch die sie trennenden Zwischenräume
abzutasten.

Wenn wir uns vorstellen, daß die Ebene der Gegenwelt, in der
die zentralen Erregungskerne (die den Orten in der Umwelt entsprechen) liegen, nicht bloß dem momentanen Sehfeld, sondern dem
ganzen Blickfeld entspricht, so werden die Bewegungen der Augen
keine Störungen in der Gegenwelt hervorrufen, sondern bloß immer
neue Teile der Gegenwelt in Aktion treten lassen.   Beherbergt eine
solche Gegenwelt mehrere Schemata, so wird sie fähig sein, das
gleichzeitige Vorhandensein verschiedener rezipierbarer Gegenstände
festzustellen und zugleich ein Maß besitzen für die Entfernung der
Gegenstände voneinander, das einfach durch die Zahl der Erregungskerne gegeben ist, die bei der Bewegung des Auges von einem
Gegenstand zum andern in Aktion treten.

Damit hat sich die Umwelt der Tiere wieder um ein Beträchtliches geändert.   Die einfache Gegenwelt, bei der einmal dieses, einmal jenes Schema ansprach, besaß noch keine Andeutung einer
Spiegelung des Raumes, der die Tiere umgibt.   Jedes Schema wirkte
bloß als einfache Reizkombination und die räumliche Entfernung der
einzelnen Schemata unterlag noch keiner Unterscheidung.   Das wird
anders, sobald die Gegenwelt nicht bloß dem Bild auf der Retina,
sondern dem Blickfeld entspricht.   Dann kommt durch die Augen-
bewegung ein neues Moment hinein, das ganz nahe Beziehungen zum
Raume hat.   Zwar handelt es sich immer noch nicht um den dreidimensionalen Raum, aber doch um eine Fläche, die durchmessen
wird.   Diese Fläche kann durch eine Bewegung von oben nach unten
und eine zweite Bewegung von links nach rechts vollständig durch-

wandert werden. Sie gibt daher schon ein leidliches Spiegelbild einer
zwiefachen räumlichen Ausdehnung. Die Lage eines jeden Gegenstandes der Umwelt wird durch die Zahl der Erregungskerne, die das
Auftreten seines Schemas von dem dauernd in Erregung befindlichen
Schema des Horizontes trennt, gemessen. Erst die Tiere, die eine
Akkomodation besitzen, können eine Gegenwelt beherbergen, die nicht
bloß eine Fläche ausmacht, sondern bereits eine gewisse Tiefe besitzt,
deren Kerne also nicht bloß nebeneinander, sondern auch hintereinander gelagert sind, so daß in diesem Fall neben- und hintereinander
liegende Orte in der Umwelt auftreten.

Aber erst bei den Wirbeltieren tritt das Organ auf, das wir nach
der schönen Entdeckung von Cyon als das endgültige Raumorgan
ansprechen dürfen und das geeignet ist, die Gegenwelt zu einem
Gegenraum zu machen.

Dies Organ ist der Bogengangapparat. Da ich keine Wirbeltiere besprechen will, so kann ich mich über die Leistungen dieses
merkwürdigen Apparates kurz fassen. Die beiden Bogengangapparate
bestehen aus je drei ringförmigen Kanälen. Man denkt sich die drei
Ringkanäle am besten in die drei Flächen eines Würfels gelagert,
die an einer Ecke zusammenstoßen. Alle drei stehen rechtwinklig
aufeinander und ihre Ebenen liegen entweder in oder doch wenigstens
parallel zu den drei Hauptteilungsebenen, durch die der Kopf in eine
rechte und linke, eine obere und untere und eine vordere und hintere
Hälfte geteilt wird.

Die beiderseitige Operation der gleichen Kanäle ruft ein Hin-
und Herpendeln der Augen in einer dem entfernten Kanal entsprechend
gelegenen Ebene hervor. Die Augen suchen dabei in dieser Ebene
das ganze Blickfeld ab ohne eine feste Einstellung finden zu können.
Das Pendeln hört erst wieder auf, nachdem die Augen ihre Einstellung auf bestimmte Gegenstände wiedergefunden haben, die ihnen
durch die Operation genommen wurde. Dann gewinnen auch die
Körperbewegungen, die gleichfalls durch die Operation schwere Koor-
dinationsstörungen erlitten haben, ihre Sicherheit wieder. In der
Dunkelheit freilich bleiben sie dauernd gestört. Daraus läßt sich mit
Sicherheit schließen, daß die Bogengänge als Einstellungs- oder Meß-
apparate für die zentrale Lokalisation dienen.

So außerordentliche begriffliche Schwierigkeiten es macht, wenn
man die Wirkungen der Bogengänge, wie das Cyon getan, direkt
auf die Vorstellung des Raumes in der menschlichen Psyche bezieht,
so außerordentlich einfach erscheinen diese Wirkungen, wenn man sie
zur dreidimensionalen Gegenwelt in Beziehung setzt. In diesem Falle
liefern die Bogengänge die Erregungen, welche ein ganz einfaches
Schema in Aktion treten lassen. Man braucht bloß anzunehmen, daß

Die Gegenwelt.   175

die Gegenwelt von langen Bahnen durchsetzt ist, die zusammen ein
einfaches Koordinatensystem bilden. Das Koordinatensystem unterscheidet sich in nichts von den anderen Schematen, die den Umrissen
der Gegenstände entsprechen. Nur wird das Koordinatenschema nicht
durch das Auge, sondern durch die Bogengänge in Erregung versetzt.
Diese Erregung ist eine dauernde. Nach Cyons Ansicht werden die
Bogengänge durch die schwächsten Geräusche und Töne dauernd
gereizt und erzeugen daher dauernd Erregung.

Wie dem auch sei, wir haben in der Gegenwelt ein fast mathe-
matisch genau gebautes Koordinatenschema anzunehmen, das als Aus-
gangsbasis für die Bestimmung der Lage der jeweilig auftauchenden
erregten Gegenstandsschemata dient. Die Zahl der Erregungskerne
von der gereizten Stelle aus bis zu den drei Koordinaten bestimmt
mit Sicherheit die Lage des erregten Punktes.

Hier ist der Ort, um eine Schwierigkeit wegzuräumen, die sich
leicht einem jeden aufdrängt: Wie ist es möglich, daß das gleiche
Schema eines Gegenstandes an den verschiedensten Stellen der Gegenwelt erregt werden kann, obgleich es als dauernder Strukturteil des
Zentralnervensystems einen bestimmten Platz einnehmen muß? Diese
Frage wird am besten durch die Annahme beantwortet, daß bei den
höheren Hirnen die Schemata selbst nicht mehr innerhalb des von
Erregungskernen ausgefüllten Gegenraumes gelagert sind, sondern sich
in einiger Entfernung davon befinden und nur durch Influenz erregt
werden, wenn eine Gruppe von Erregungskernen in Aktion tritt. Die
Gruppe der erregten Kerne gibt durch ihre festen Beziehungen zum
Koordinatensystem die Lage — das durch Influenz erregte Schema
die Form des Gegenstandes wieder. Auf diese Weise kann ein
Gegenstand sowohl seiner Form, wie seiner Lage nach von der Gegenwelt festgehalten und registriert werden. Solange die Gegenwelt noch
kein Koordinatenschema besitzt, muß die Lage der jeweilig gereizten
Stelle auf solche Schemata bezogen werden, die von dauernden äußeren
Einwirkungen herstammen, wie z. B. der Horizont. Ein solcher Maßstab bleibt, selbst wenn die größten Vorsichtsmaßregeln ergriffen sind,
das Auge vor der Beeinflussung durch die Körperbewegungen zu bewahren, stets ungenau und ungewiß. Dem gegenüber bietet das vom
Bogengang gelieferte Maßsystem sehr große Vorteile, da es stets in
der gleichen Stärke vorhanden ist, gleichgültig wohin das Auge sich
richtet und welche Lage der Körper einnimmt. Dazu kommt, daß
das Koordinatenschema im Dunkeln ebenso vorhanden ist wie im
Hellen und auch den, durch die Tastorgane erzeugten Schematen die
gleichen Dienste zu leisten vermag, wie den durch das Auge entworfenen. Die Gemeinschaft der Gegenwelt für Tast- wie für Gesichts-
schemata gestattet diese beiden Arten von Eindrücken zu verbinden

und auf diese Weise in der Umwelt Gegenstände entstehen zu lassen, deren Formen eine feste Körperlichkeit besitzen. Treten die anderen von den Gegenständen der Umgebung ausgehenden Reize hinzu, und werden die von ihnen erzeugten Erregungen zu den kombinierten Photo- und Tangoschematen geleitet, so nimmt die Umwelt immer mehr an Mannigfaltigkeit zu und gleicht schließlich der von uns wahrgenommenen Umgebung wie eine Zeichnung, in der die Farben durch besondere Merkzeichen angegeben sind, einem Gemälde.

Auf diese Weise vereinigen sich alle Wirkungen der Rezeptoren in der Gegenwelt wie in einem Brennspiegel. Kein Wunder, daß auch die Wirkung des Statolithen als dauernder Faktor in der Gegenwelt auftritt und sich nicht mehr damit begnügt den Körper und die Augen zu richten. Mitten durch die Gegenwelt zieht sich seine Erregungslinie, die zu allen Zeiten die Stellung der Gegenwelt zum Erdmittelpunkte anzeigt. Sie bildet das nötige Korrektiv zu dem Koordinatenschema, das mit der Gegenwelt fest verwachsen ist. Ein festes Schema für die Statolithenwirkung braucht nicht vorhanden zu sein, da diese bei jeder Lage des Kopfes wechselt und keine Umgrenzung besitzt.

Wenn wir diese glänzende Entwicklung der Gegenwelt aus einem einfachen rezeptorischen Netz betrachten, so drängt sich uns von selbst die Frage auf: Ist dem motorischen Netz eine ähnliche Entfaltung beschieden? Anfangs will es scheinen, als werde die Ausbildung der motorischen Netze ganz andere Wege gehen. Es tritt eine große Zahl von Komplikationen im motorischen Netze auf, die wir als Unterbrecher, Erregungstal, Reflexspaltung und ähnliches mehr beschrieben haben. Alle diese Einrichtungen regeln den Ablauf der Muskelbewegungen in der Zeit; sie sorgen dafür, daß eine dem Bauplan des Tieres entsprechende Folge von Bewegungen sich regelmäßig abspiele. Bald erzeugen sie einen gleichzeitigen Rhythmus der gesamten Muskulatur (Unterbrecher), bald einen gleitenden Rhythmus, an dem die verschiedenen Teile des Tieres nacheinander teilnehmen (Erregungstal), bald erzeugen sie eine gleichzeitige, aber gegensätzliche Wirkung der benachbarten Muskeln (Reflexspaltung). In jedem Falle wird eine Regelung der zeitlichen Beziehungen in der Muskeltätigkeit durchgeführt.

Um eine dauernde räumliche Gruppierung der tätigen Muskeln nachzuweisen, müssen wir bis zu den Aktinien hinabsteigen, bei denen die einfachen Nervennetze der Längs- und Ringmuskeln getrennte Wirknetze bilden, wodurch die erste Andeutung einer räumlichen Zusammenfassung der Muskelfasern zu einer einheitlichen Handlung gegeben ist. Aber die Nervennetze entbehren noch jeder weiteren Verbindung. Denken wir uns nun das Nervennetz der Längs- und

Die Gegenwelt.   *177*

Ringmuskeln jedes für sich in einem Punkte zusammengerafft und mit einem höheren Zentrum verbunden, so erhalten wir Verhältnisse, wie sie im Gehirn des Oktopus verwirklicht sind. In einem höheren Ganglion sind alle höheren Ganglien vereinigt, die ganz bestimmten Muskelgruppen entsprechen, während im niederen Ganglion die Repräsentanten undifferenziert nebeneinander liegen. Diese Anordnung zeigt eine unverkennbare Ähnlichkeit mit dem Aufbau der Gegenwelt. Auf der einen Seite haben wir als unverarbeitetes Material die große Zahl gleicher Erregungskerne, auf der anderen eine gleichfalls sehr große Zahl gleichartiger Repräsentanten. Wie es nun Merknetze gibt, die eine bestimmte Gruppierung von Erregungskernen zusammenfassen, so gibt es andererseits Wirknetze, die bestimmte Gruppen der Repräsentanten vereinigen. Werden diese höheren Einheiten durch einfache Nervenbahnen leitend verbunden, so kann auf das Erscheinen eines ganz bestimmten Gegenstandes der Umwelt eine ganz bestimmte wohldifferenzierte Handlung erfolgen.

Eine solche Art des Zusammenwirkens der motorischen Zone und der rezeptorischen Gegenwelt kann gewiß eine große Mannigfaltigkeit gewinnen und sehr hohen Ansprüchen genügen. Auch ist es wohl sicher, daß kein einziges wirbelloses Tier diese Entwicklungsstufe des Innenlebens überschreitet, aber ebenso sicher ist es, daß diese Stufe nicht die höchste sein kann. In allen behandelten Fällen gleichen die Tiere gewissen zweiteiligen Maschinen, in die man vorne das Rohmaterial hineinwirft, während sie das verarbeitete Material auf der anderen Seite wieder hervorbringen. Auf der einen Seite kommen die Reize hinein, auf der anderen Seite entstehen die Muskelbewegungen. Frage und Antwort werden von zwei verschiedenen nervösen Organen bearbeitet, die nur durch den gemeinsamen Bauplan miteinander zusammenhängen. So sehen wir, daß bei den höchsten Wirbellosen, den Arthropoden und Oktopoden, ein sehr kunstvoller Bau der Wirknetze alle Bewegungen der Gliedmaßen beherrscht. Die Wirknetze reichen bei den Oktopusarmen und den Krebsbeinen bis nahe an die Peripherie hinan. Wenn die motorischen Zentren der Gliedmaßen bei den Insekten schon im Bauchstrang sitzen und die Zentren der Mantelbewegung bei den Oktopoden bis in die Schlundganglien gerückt sind, so erfährt dennoch nirgends der rezeptorische Apparat auch nur das geringste von der Tätigkeit der motorischen Apparate. Ob die Antwort ordnungsmäßig erteilt wurde, wird der Gegenwelt, welche die Frage zu formulieren hatte, niemals mitgeteilt.

In der ganzen Reihe der wirbellosen Tiere, vom niedersten bis zum höchsten, liegt die Einheit des Zentralnervensystems ausschließlich im Bauplan. Die Funktionen bilden bloß eine hindurchlaufende Kette, die sich in der Innenwelt nirgend zum Kreise schließt. Daher

Die Gegenwelt.

erreichen die Tiere nirgend die höchste Stufe der Vereinheitlichung. Nur die Medusen haben bisher von allen Tieren eine Ausnahme gemacht, nur sie empfangen ihre eigenen Bewegungen als Reiz zurück, freilich auf Kosten der Umwelt, von der sie keine Reize erhalten. So unbedeutend dieser einfache, in sich zurückkehrende Reflexring auch sein mag, gegenüber dem reichverzweigten Reflexstrom, der durch die höheren Wirbellosen fließt, so zeigt er doch das Mittel an, welches die Natur anwendet, wenn sie die erfolgte Antwortbewegung den rezeptorischen Netzen kundgeben will. Sie verwendet die eigene Bewegung als Reiz.

Wenn eine Handlung immer wieder die nächstfolgende auslöst, so muß eine Kette von Handlungen entstehen, die kein Ende besitzt. Das mag für die einfachen Medusen ganz am Platze sein. Für die höheren Tiere kann ein so einfacher Mechanismus nicht in Frage kommen, obgleich auch bei ihnen die Bewegung selbst wieder zum Reize wird. Bei den Tieren mit einem allesbeherrschenden Wirknetz ist die Verwendung der Eigenbewegung als Reiz deshalb nicht erforderlich, weil die Repräsentanten je nachdem, ob ihre Gefolgsmuskeln angesprochen haben oder nicht, auf die Erregung im allgemeinen Netze verschieden reagieren, wodurch das Zentralnervensystem unmittelbar Kunde von der Ausführung der Antwortbewegung erhält. Bei den Tieren, die eine sehr entwickelte Gegenwelt besitzen und deren motorisches Netz sich zu gliedern begonnen, fehlt die Rückwirkung der Einzelbewegung auf die höchsten Zentralteile. Diese bleiben ohne Kenntnis davon, ob die Antwort ausgeführt wurde oder nicht. Man könnte annehmen, daß das Auge geeignet wäre, die Eigenbewegungen des Körpers zu kontrollieren. Aber erstens ist das Auge immer so gestellt, daß es möglichst wenig vom eigenen Körper zu sehen bekommt, und zweitens fehlt uns zu dieser Annahme eine wesentliche Voraussetzung, nämlich die Kenntnis des Mittels, durch welche eine photorezipierte Eigenbewegung von fremden Bewegungen unterschieden werden kann.

Wir wissen von den Seeigeln her, daß die Natur besondere Mittel anwenden muß, um es zu verhindern, daß die Tiere sich selbst auffressen. Und doch kommt es nicht selten vor, daß Oktopoden, die einen kränklichen Eindruck machen, ihre eigenen Arme benagen. Wenn selbst bei einem so hoch organisierten Tiere, das so geschlossene Gesamthandlungen des ganzen Körpers auszuführen vermag, die photorezeptorische Unterscheidung des eigenen Körpers nicht vorhanden ist, wie wird es dann erst mit den übrigen Wirbellosen bestellt sein?

Also bleibt nur die Annahme einer Reizerzeugung durch die Muskelverkürzung selbst übrig, die durch zentripetale Bahnen dem

Die Gegenwelt.   179

Zentralnervensystem übermittelt wird. Aber die Antwort besteht ja
gar nicht in einer Verkürzung einzelner Muskeln, sondern in einer
gerichteten Gesamtbewegung von bestimmter Größe. Es kann daher
die Antwort ihrem eigentlichen Wesen nach erst dann dem Zentralnervensystem bekannt gemacht werden, wenn dieses im Besitze einer
räumlichen Gegenwelt ist. Aber selbst in einer Gegenwelt, die ausschließlich eine Gegenwelt des Auges ist, deren räumliche Ausmessung
auf die Lage äußerer Bilder wie des Horizontes angewiesen ist, können
die Größe und die Richtung der Eigenbewegungen, die ein ganz
anderes Maß verlangen, gar nicht ermittelt werden. Erst durch die
Einführung der Bogengänge und ihres Koordinatenschemas wird die
Gegenwelt sozusagen neutralisiert und der Alleinherrschaft des Auges
entzogen. Jetzt kann sie wirklich zum gemeinsamen Feld für alle
räumlichen Messungen werden, die sowohl für das Auge und die Tastorgane als auch für die Bewegungen der Gliedmaßen gelten. Natürlich bleibt dabei eine offene Frage, auf welchem Wege die ausge-
führten Bewegungen eine Spiegelbewegung in der Gegenwelt hervorzurufen imstande sind. Hier wird man nun an das Zentralsinnesorgan
von Helmholtz denken müssen, das durch die Erregungswellen der
motorischen Nerven selbst gereizt wird.

Nimmt man die Antenne eines Krebses, die mit regelmäßigen
Tastborsten besetzt ist, und fährt mit einem Gegenstande über die
Borsten dahin, so wird von jeder Borste eine Erregung zu den allgemeinen Netzen fließen. Die Erregungen unterscheiden sich nur
dadurch voneinander, daß jede in einer anderen Nervenbahn läuft.
Nehmen wir nun an, daß ein Teil des allgemeinen Netzes sich an
dieser Stelle bereits abgespalten habe, um als einfaches rezeptorisches
Netz zu dienen, so wäre hier bereits die Möglichkeit einer Verwendung dieses Netzes als Gegenwelt gegeben, wenn sich in ihm
entsprechend der Anzahl der Borsten eine Anzahl von Erregungskernen
ausgebildet hat. Das Netz könnte dann der Moto-Tango-Rezeption
dienen, und wenn bestimmte Gruppen von Borsten durch bestimmte
Gruppen von Erregungen vertreten wären, die sich zu einem Schema
zusammenschließen, so wäre damit auch eine Ikono-Tango-Rezeption
gegeben.

Nun ist eine solche Antenne niemals mit dem übrigen Körper
fest verbunden, sondern stets auf ein Gelenk gesetzt, das durch
Muskeln bewegt wird. Dadurch erhebt sich vor uns plötzlich eines
der allerschwierigsten physiologischen Probleme: Wie vereinigt sich
die Moto-Rezeption der stillstehenden Borsten mit den Bewegungen
der Antenne? Um die Frage in voller Klarheit zu sehen, stelle man
sich vor, daß die Antenne nur eine einzige Tastborste besäße. Wie
ist es möglich, daß die Berührung dieser Tastborste einen anderen

12*

Erfolg hat, je nachdem welche Muskeln der Antenne im gegebenen Augenblick verkürzt sind. An der Tatsache ist gar nicht zu zweifeln, nur bleibt das Zusammenarbeiten der beiden Erregungen, von denen die eine der Tastborste, die andere dem Muskelapparat entstammt, für uns vorläufig unverständlich. Wir können nur feststellen, daß die Wirkung des einen durch die Antenne bewegten Tasthaares derjenigen von hundert Tasthaaren gleicht, wenn sie unbewegt auf der Oberfläche einer Kugelschale stehend gedacht werden, welche der Aktionsfläche der Antenne entspricht. Ebenso gibt es Tiere, die nur ein einziges Retinaelement an der Spitze eines beweglichen Augenstieles besitzen. Die Bewegung des Augenstieles ersetzt eine Retina von hundert Elementen, die dem Aktionsradius des Augenstieles entspricht. In beiden Fällen wird durch die Bewegung des Stieles die Zahl der bewegten Rezeptoren, mögen sie sich in der Einzahl oder Vielzahl befinden, mögen sie der Photo- oder Tango-Rezeption dienen, um ein Vielfaches vergrößert. Die Bewegung der Augen vergrößert das Sehfeld zum Blickfeld, die Bewegung der Antenne vergrößert das Berührungsfeld zum Tastfeld.

Jetzt brauchen wir uns nur an das oben Gesagte zu erinnern. Wenn die Erregungskerne, die der Fläche der Gegenwelt eingelagert sind, den Orten in der Merkwelt entsprechen, so ist es offenbar gleichgültig, ob jede einzelne Tastborte je einen Erregungkern beansprucht oder ob die einzelnen Bewegungen der ganzen Antenne durch Vermittlung des Zentralsinnesorganes an die gleichen Erregungskerne geknüpft werden. Eine bewegte Antenne mit einer Borste kann mit hundert Bewegungen ebensoviel leisten wie eine unbewegte Antenne mit hundert Tastborsten.

Wenn man zahlreiche kleine Spiegel nebeneinander stellt, so ist es ganz gleichgültig, welcher Gegenstand sich in ihnen spiegelt — die Lage eines jeden Gegenstandes kann durch den Spiegel bestimmt werden, der das Bild aufnimmt. Das gleiche dürfen wir von den Erregungskernen annehmen. Es ist gleichgültig, ob sie mit einem Berührungsreiz oder mit einem optischen Reiz gemeinsam anklingen. Immer wird durch sie der Ort in der Merkwelt bestimmt, an dem sich das optische oder das Berührungsgeschehen abspielt.

Der Vorteil, den die Einführung des Bewegungmechanismus vor der bloßen anatomischen Vervielfältigung der rezipierenden Elemente bietet, ist, wie wir bereits sahen, ein doppelter. Einmal vermag er durch eine kompensatorische Bewegung die Wirkungen der Körperbewegungen auszuschalten. Zweitens ermöglicht er es, einen vorbeiziehenden Gegenstand durch eine mitgehende Bewegung dauernd zu photo- oder tangorezipieren. Dieser zweite Vorteil kommt bei der Tangorezeption der Antenne hauptsächlich in Frage, die für die

Die Gegenwelt.   181

Motorezeption gebaut ist und wohl kaum für die Ikonorezeption in Betracht kommt.

Wie nahe die beiden Gegenwelten für die Photo- und Tangorezeption zusammenhängen, das habe ich an einem Einsiedlerkrebs beobachten können. Ein dunkles Stäbchen wurde in weitem Bogen vor dem Tier langsam vorbeigeführt. Die Augen, die das Bild des Gegenstandes aufnahmen, blieben ganz unbeweglich. Dafür folgte erst die eine Antenne, solange das gleichseitige Auge das Bild aufnahm, der Bewegung des Stäbchens. Als das Stäbchen sich gerade zwischen beiden Augen befand, schlugen beide Antennen gleichzeitig zusammen. Dann folgte die andere Antenne allein dem Gegenstand von vorn nach hinten.

Bei den Wirbellosen finden wir einfache Verhältnisse vor, die leicht zu überschauen sind. Von einer Gegenwelt der Gliedmaßen ist keine Rede. Das Zentralnervensystem eines Krebsbeines ist ein einfacher und selbständiger Apparat. Das Wirknetz behauptet noch durchaus das Übergewicht und in ihm allein liegen die Komplikationen. Außerdem stehen die Wirknetze unter der Herrschaft der Schlundganglien. Diese allein beherbergen Photo- und Tangowelten.

Die Ausdehnung und die Aufnahmefähigkeit der Gegenwelt können nur durch eine fortgesetzte Reihe eingehender Versuche bestimmt werden. Wir werden in den folgenden Kapiteln erfahren, wieviel darüber schon bekannt ist. Sind sie aber einmal festgelegt, so ermög-sie uns auch ein Bild der Umwelt zu entwerfen. Obgleich die Umwelt vom Standpunkt des Tieres aus rein subjektiver Art ist und nur durch die Gruppierung aller Einzelheiten um das Subjekt des Tieres einen Sinn erhält, so ist sie doch vom Standpunkt des Beobachters aus ein objektiver Faktor, der in objektiven Beziehungen zum beobachteten Objekt steht. Alle subjektiven Spekulationen, die die Seele des Beobachters in dieses objektive Bild hineinziehen, fälschen seinen wahren Charakter und machen es wertlos. Schon sind wir durch die Beobachtungen Ràdls, Bohns, Minkiewitschs und Lyons, die sich auf Schnecken, Krebse, Insekten und Fische beziehen, tief in die Kenntnis der objektiven Beziehungen zwischen Subjekt und Umwelt eingedrungen. Ich will hier nur auf die Arbeiten Lyons an Fischen eingehen, auf die ich sonst keine Gelegenheit habe, zurückzukommen: In einem ringförmigen Glasrohr, das mit Wasser gefüllt ist, befindet sich ein Fisch, der ruhig an einer Stelle stehen bleibt, solange sich die Umgebung nicht ändert. Die Umgebung ist selbst ein halb offener Kanal, der das Glasrohr an den Seiten und unten umgibt. Sie kann im Kreise rotiert werden und ahmt in einfacher Weise den Grund eines Baches nach. Sobald man mit der Bewegung der Umgebung beginnt, so folgt der Fisch der Bewegung und durchschwimmt im gleichen Tempo die ganze gläserne Röhre. Er ist gleichsam mit seinen Augen an der Umgebung aufgehängt und wird an ihnen vorwärtsgezogen.

So dient denn auch das Auge mit seiner räumlichen Gegenwelt nur dazu, dem Tiere neue Anknüpfungspunkte zu verschaffen. Wie die niederen Tiere sich die passenden chemischen und physikalischen Reize aussuchen, so sucht sich das höhere Tier mit seinem entwickelten Augenapparat die passenden Formen, Farben und Bewegungen aus, die seinen Reflexen als Anknüpfungspunkte dienen können und von denen es allein abhängt, unbekümmert und sicher schwebend in der Unermeßlichkeit der Außenwelt. Die Reize der Umwelt bilden zugleich eine feste Scheidewand, die das Tier wie die Mauern eines selbstgebauten Hauses umschließen und die ganze fremde Welt von ihm abhalten.

Carcinus maenas.

Von den Krebsen des Meeres ist die gemeine Krabbe am besten erforscht. Wir verdanken vor allem Bethes histologish wie physiologisch gleich wertvollen Untersuchungen die Grundlage unserer Kenntnisse. Der Körper der Krabbe gleicht von oben gesehen einem Rechteck, dessen vordere Seite bogenförmig vorspringt. Die hintere Seite, die etwas kürzer ist als die beiden Seitenlinien, dient als Ansatz für den kurzen Schwanz, der dauernd nach unten geklappt ist. Die bogenförmige Vorderseite trägt die Hauptrezeptoren: die Augen und die beiden Fühlerpaare, von denen das eine, das der Witterung dient, stetig in Bewegung ist, während das äußere die Tastbewegungen vollführt. Jederseits kommen die fünf Gliedmaßenpaare zum Vorschein, die an der Buchseite entspringen. Zuvorderst sitzen die kräftigen Scheren. Dann kommen die vier Beinpaare, von denen das letzte ein verbreitertes Endglied trägt, dessen Bewegungen dem Herabschweben im Wasser dienen. Denn von einem ausgebildeten Schwimmen ist bei Carcinus nicht die Rede.

Die Beine bestehen aus sieben hintereinander liegenden Chitinröhren des Außenskelettes. Jede Röhre ist mit ihren Nachbaren durch ein einfaches Scharniergelenk verbunden und birgt in ihrem Innern zwei Muskeln, die mit ihrem sehnigen Ende am Rand der Nachbarröhre befestigt sind. Die letzte Röhre, welche die Spitze des Beines bildet und blind geschlossen ist, enthält keine Muskeln, sondern wird von den Muskeln des vorletzten Gliedes bewegt. Dieses gehorcht seinerseits den Muskeln des dritten Gliedes und so fort. Die Achsen der Gelenke liegen in verschiedenen Ebenen und gestatten dem Bein eine große Bewegungsfreiheit nach allen Richtungen, ohne die Sicherheit der Führung in der Hauptebene zu gefährden, welche senkrecht auf die Längsachse des Körpers gerichtet ist.

Die Krabben laufen nicht mit dem Vorderende voran, sondern bald nach rechts, bald nach links, wobei ihre seitwärts gestellten Beine abwechselnd gebeugt und gestreckt werden. Es spielen daher bei ihnen die Gelenke, die durch Beuge- und Streckmuskeln bewegt werden, die Hauptrolle. Außerdem besitzen sie aber wie alle Krebse Gelenke, die durch Vor- und Rückziehmuskeln (Vorer und Rücker) bewegt werden, neben solchen, die zum Heben und Senken des Beines dienen.

Das Laufen der Krabben geschieht auf beiden Seiten durch abwechselndes Arbeiten der Beuger und Strecker. Nur wird durch die

Abb. 14.

voranschreitenden Beine bei der Beugung der Erdboden an den Körper herangezogen, durch die nachfolgenden Beine bei der Streckung vom Körper fortgestoßen. Die Beine auf der voranschreitenden Seite vollführen die Streckung frei im Wasser, die Beine der nachfolgenden Seite hingegen vollführen die Beugung im freien Wasser. Die voranschreitenden Beine heben sich dementsprechend bei der Streckung und senken sich bei der Beugung, während die nachfolgenden Beine das umgekehrte Verhalten zeigen.

Es ist also nur das Heben und Senken der Beine ausschlaggebend dafür, welche Seite voranschreitet und welche folgt. Der Rhythmus der Beuger und Strecker ist bei allen Beinen der gleiche. Dieser Rhythmus ist das Problem, das uns vor allem interessiert. Um zu verstehen, wie er zustande kommt, müssen wir uns vorerst mit den Haupteigenschaften der Krebsmuskeln bekannt machen.

Der einzelne Krebsmuskel besteht aus fiederförmigen Fasern, die an eine gemeinsame Sehne anfassen. Die Sehne greift auf das nächste

184   *Carcinus maenas.*

perifer gelegene Gelenk hinüber, während die Fiedern mit ihrem der
Sehne abgewandten Ende an der inneren Wand der Röhre angewachsen sind, die das jeweilige Glied des Beines bildet.   Überall
wo zwei dieser Röhren zusammen stoßen, sind sie, wie gesagt, durch
ein Scharniergelenk miteinander verbunden. Jedes Scharniergelenk
wird durch ein antagonistisches Muskelpaar bewegt.

Jede einzelne Muskelfaser wird sehr auffallender Weise von zwei
Nervenfasern versorgt, die gemeinsam in ihr einmünden. Diese Nervenfasern sitzen dem meist im Zickzack auf dem Muskel verlaufenden
Hauptnerven geweihartig auf und können als dünne und dicke Geweih-
fuser unterschieden werden.

Da man jeden Muskel durch Reizung des Hauptnerven sowohl
vom zentralen wie vom periferen Ende in toto erregen kann, so ergibt
sich daraus, daß der Hauptnerv in Wahrheit ein Nervennetz für alle
Nervenfasern darstellt. Dabei handelt es sich um ein doppeltes Nervennetz für die dünnen wie für die dicken Geweihfasern.

Die gemeinsamen Nervennetze auf dem Muskel bieten die Möglichkeit den gleichen Muskel von verschiedenen Seiten her zu beeinflussen, wie wir das beim Retraktor des Sipunculus gesehen haben.
Von dieser Möglichkeit machen auch die Krebsnerven ausgiebigen
Gebrauch.

Die Hypothese Biedermanns, welche die Bedeutung der doppelten
Innervation der Krebsmuskeln darin sieht, daß die eine Geweihfaser
erregend, die andere hemmend auf den Muskel wirkt, hat sich glänzend
bestätigt. Die Versuche von Hofmann am Flußkrebs sowie die Versuche von Tirala und mir an der Languste lassen keinen Zweifel an
der Tatsache aufkommen, daß die dicke Geweihfaser erregt, die dünne
aber hemmt.

Biedermann war zur Aufstellung seiner Hypothese durch die
ganz eigentümlichen Erregungsvorgänge veranlaßt worden, die er bei
der Schere des Flußkrebses entdeckt hatte.   Er konnte zeigen, daß
die beiden Muskeln der Schere (der Schließer und der Öffner) niemals
gegeneinander arbeiten, selbst wenn ihre beiderseitigen Nerven gleichzeitig gereizt werden. Auf schwache Reize antwortet nur der Öffner,
auf starke nur der Schließer, auch wenn die Sehne des jeweiligen
Antagonisten durchschnitten ist.   Ja auf starke Reizung beider Nerven
verschwindet sogar die statische Erregung, die in den meisten Fällen
im Öffner durch Verkürzung und Sperrung zutage tritt, sobald man
die Krebsschere vom Körper abtrennt.

Da sich die gleichen Erscheinungen auch bei den Beinen der
Krebse und Krabben bemerkbar machen, liegt die Vermutung nahe,
daß der Gangrhythmus auf eine abwechselnde schwache und starke
Erregung sämtlicher Beinnerven vom Bauchmark aus zurückzuführen

Carcinus maenas.   185

sei. Die schwache Erregungswelle ruft die Streckung der Beine hervor, die starke die Beugung. Eine solche Einrichtung im peripheren Nervensystem würde eine erhebliche Entlastung des Bauchmarkes bedeuten.

Diese Vermutung wird durch folgende Beobachtung bestärkt, die Groß und ich an den Krabben gemacht haben. Die Krabbenbeine schreiten, wie Bethe beschrieben hat, auf jeder Seite in bestimmter Ordnung: während das erste und dritte Bein gebeugt sind, sind das zweite und vierte Bein gestreckt und umgekehrt. Diese Reihenfolge ist aber nicht anatomisch festgelegt, denn nach Autotomierung eines Beines, z. B. des zweiten, schlägt der Gangrhythmus um und es marschieren jetzt das erste und vierte gemeinsam, während das dritte allein arbeitet.

Daraus schließe ich, daß die Reihe der Erregungswellen, die vom Schlundganglion ausgeht, nacheinander in die vier Beine einer Seite eintritt. Dann muß immer das nächstfolgende Bein eine andere Erregungsphase erhalten wie das vorhergehende. Ist ein Bein ausgefallen, so erhält das nächste Bein die Erregungswelle, die eigentlich seinem Vordermann zugedacht war.

Ist der Gangrhythmus ein so einfacher Vorgang, so wird ihm auch eine einfache Nervenknüpfung zugrunde liegen. Es genügt anzunehmen, daß die dicken (erregenden) Geweihfasern aller Streckmuskeln nur schwache Schwingungswellen leiten, die dünnen (hemmenden) Geweihfasern dieser Muskeln aber nur die starken Wellen passieren lassen. Bei den Beugungsmuskeln wäre das Verhältnis umgekehrt. Dann müßte der beobachtete Rhythmus eintreten.

Um die nervösen Verbindungen der einzelnen Muskeln daraufhin zu untersuchen, muß man die langschwänzigen Krebse zur Hilfe nehmen, deren Nerven getrennt verlaufen, während bei den Krabben alle motorischen und sensibelen Nerven zu einem dicken Bündel vereinigt sind und nur durch besondere Kunstgriffe voneinander getrennt werden können. Die sensibelen Nerven spielen bei Versuchen an abgetrennten Extremitäten keine Rolle, da sie ohne Verbindung mit den motorischen Nerven bis zum Bauchmark ziehen. Es ist im abgetrennten Bein kein Reflex auslösbar.

Untersuchen wir das Muskelpaar des zweiten Gelenkes einer beliebigen Extremität der Languste, das aus einem Vorer und einem Rücker besteht, so zeigt sich, daß die Reizung des isolierten Vorernerven von seinem zentralen Ende aus (wobei beide Netze erregt werden) mit schwachen Induktionsströmen keinerlei Wirkung auf den Muskel ausübt. Die Reizung mit starken Strömen gibt Verkürzung und Sperrung des Vorers.

Bei diesem Muskel ist es möglich, das hemmende Netz von der

186   Carcinus maenas.

Peripherie aus allein zu reizen. Dabei stellt sich heraus, daß die durch
starke zentral angesetzte Reize hervorgerufene Verkürzung und Sperrung des Vorers mit Sicherheit zum Verschwinden gebracht wird,
wenn man peripher ebenfalls starke Reizströme anwendet.

Damit fällt unsere Annahme, daß es die Nervenfasern selbst sind,
die die Auswahl unter den Erregungsstärken treffen. Denn die Hem-
mungsfasern des Vorers dürften nur schwache Schwankungswellen
passieren lassen.

Der Antagonist des Vorers ist der Rücker. Dieser spricht bei
zentraler Reizung seines isolierten Nerven, der gleichfalls beide Netze
erregt, nur bei schwachen Reizströmen an, während starke ihn hemmen.
Er zeigt also das umgekehrte Verhalten wie der Vorer. Es ist nun
möglich, diesen Muskel, der normalerweise durch starke Reize immer
nur gehemmt wird, durch isolierte Reizung seines Erregungsnetzes von
der Peripherie aus mit allen Stromstärken zur Kontraktion zu bringen.

Daraus folgt die Einsicht, daß die erregenden wie die hemmenden
Nerven alle Arten von Schwankungswellen leiten.

Wirft, wie wir annahmen, das Bauchmark abwechselnd schwache
und starke Erregungswellen in alle Nerven der Beine ohne Auswahl,
so treffen diese gleichzeitig bei antagonistischen Muskeln, sowohl auf
dem Hemmungswege wie auf dem Erregungswege an.

Was geschieht? Im Vorer behält die auf dem Hemmungswege
eintreffende Erregung die Oberhand, wenn es sich um niedere
Schwankungswellen handelt. Dagegen setzen sich die hohen Schwan-
kungswellen des Erregungsweges gegenüber den hohen Wellen des
Hemmungsweges durch. Es sei denn, daß diese durch Reizung des
Hemmungsnetzes von der Peripherie her eine Verstärkung erfahren.

Genau dasselbe, nur mit umgekehrter Wirkung, spielt sich im
Rücker ab. Hier kommt aber noch folgendes hinzu. Der Rücker ver-
harrt häufig (besonders beim Flußkrebs) nach Abtrennung der Extremitäten in dauernder Verkürzung und Sperrung, was auf das Vorhandensein von statischer Erregung im Muskel hinweist. In diesem
Fall tritt bereits bei schwacher Reizung beider Netze vom Zentrum
aus Hemmung ein, während die isolierte Reizung des Erregungsnetzes
von der Peripherie her die Tätigkeit des Muskels steigert.

Es ist zwecklos, sich einen komplizierten Klappenapparat zu er-
sinnen, der diese Verhältnisse wiedergibt. Um aber doch den Kampf
der Erregungswellen in den Nervenendigungen anschaulich im Gedächtnis zu behalten, stelle man sich folgendes vor: Zwei Männer
stehen vor einer Stubentür, der eine versucht sie nach innen auf-
zustoßen (um die Erregung herein zu lassen — Erregungsnerv), der
zweite versucht sie zurückzuhalten (Hemmungsnerv). Im Zimmer befindet sich gelegentlich ein dritter Mann (statische Erregung des

Carcinus maenas.   187

Muskels), der die Tür nach außen aufstoßen will. Je nach der Energie, die die drei Männer aufwenden, wird sich die Tür bald nach innen, bald nach außen öffnen, bald geschlossen bleiben.

Die Tätigkeit dieser drei Pförtner (die den unbekannten physiologischen Apparat wiedergeben) ist für die Stellung der Erregungstür im Muskel ausschlaggebend. Sie zeigt bei verschiedenen Arten der Krebse leichte Abweichungen. So wird der Streckmuskel (Öffner) der Schere bei Krabben und Krebsen durch zentrale Reizung seines isolierten Nerven (wobei beide Netze erregt werden) in jeder Stärke immer nur erregt. Die Hemmung tritt erst ein, wenn der Nerv des Beugemuskels (Schließer) durch starke Ströme zugleich mitgereizt wird. Dadurch wird der Hemmungspförtner so gestärkt, daß er den Erregungspförtner, der sonst dauernd die Oberhand hat, überwindet.

Im Geschlechtsbein der Languste ist die Einstellung besonders fein geregelt. Auf schwache Reize antwortet der Rücker, auf mittelstarke der Vorer und auf ganz starke wieder der Rücker. Dabei geschieht die Umstellung der Pförtner automatisch durch den eigenen Nerven ohne Zuhilfenahme der Schwankungswellen des Antagonisten.

Im dritten Gelenk aller Gangbeine der Krebse, Krabben und Langusten scheint noch die Dehnung des Muskels mitzuspielen, die ihre Wirkung auf den inneren Pförtner ausübt (der in diesem Falle den Repräsentanten darstellt). Denn bei mittelstarken Reizen antwortet der gedehnte Muskel bei gleichzeitiger Reizung der Nerven beider Antagonisten.

Wenn man unter „Wirknetz" die anatomische und physiologische Einstellung der motorischen Nervennetze versteht, die einer bestimmten Handlung entspricht, so wird man das Wirknetz des Ganges der Krabbenbeine dahin charakterisieren, daß für niedere Erregungswellen in den Endorganen sämtlicher Streckernetze die Erregungstüren offen stehen, in denen der Beugernetze aber geschlossen sind. Für hohe Erregungswellen sind die Streckertüren zu, die Beugertüren aber offen. Das rhythmische Auf- und Zuschlagen der Türen, das mit dem Wechsel der Erregungswellen konform geht, ist die Ursache des Gangrhythmus.

Für das Stehen, das bei den schweren Langusten eine besondere Rolle spielt, ist ein anderes Wirknetz vorhanden, das ein Zusammenarbeiten des Beugers und Streckers im ersten Gelenk ermöglicht.

Durch die Entdeckung der Wirknetze in den Nerven der Krebsextremitäten folgt mit Notwendigkeit, daß wir sie nicht als periphere Nerven ansprechen dürfen wie die Nerven der Wirbeltiere, sondern sie dem motorischen Zentralnervensystem zurechnen müssen. Das wird auch durch die Anwesenheit von Ganglien in den Nervennetzen bewiesen.

Carcinus maenas.

Bethe beschreibt folgenden charakteristischen Reflex, der besonders bei kräftigen Männchen von Carcinus maenas als Antwort auf die Annäherung eines fremden Gegenstandes häufig beobachtet wird. Er nennt ihn den Aufbäumereflex: „Die Beine strecken sich ganz aus, das erste Paar greift schräg nach vorne, das zweite und dritte nach der Seite und das vierte nach hinten, so daß sich das Tier in sehr stabilem Gleichgewicht befindet. Die Scheren werden gespreizt und erhoben … Nähert man den Gegenstand bis auf einige Zentimeter, so schlagen die Scheren mit Gewalt auf ihn ein. Ja der Reflex kann sich so steigern … daß das Tier hochspringt und nach dem Gegenstande stößt."

Auch diese Handlung verlangt ein eigenes Wirknetz, das aber in diesem Fall bis ins Bauchmark hineinreicht.

Wir wenden uns jetzt einem weiteren, sehr merkwürdigen Reflex der Krabbenbeine zu, dessen Erforschung wir Frédericq verdanken — der Autotomie. Denkt man sich an der Begrenzungsebene zweier Glieder Gelenk und Gelenkhäute verschwunden, so werden hier die benachbarten Skeletteile in ihrer ganzen Ausdehnung hart aneinanderstoßen und nur noch durch einen engen Spalt getrennt bleiben. Beide Glieder werden zusammen den Eindruck eines festen Stabes machen und gemeinsam von den Muskeln, die das basale Glied bewegen, hin- und hergeführt werden. Dieser Stab kann aber jederzeit auseinanderbrechen, wenn er mit dem vorderen Ende an ein Hindernis stößt und die Muskeln trotzdem in ihrer Bewegung fortfahren. Denn jetzt wird ein Zug auf den Spalt ausgeübt, dem er nachgeben muß.

Dies ist denn auch die Art und Weise, wie die Krabbe durch Spaltung ihres Beines zwischen dem fünften und sechsten Gliede sich ihrer Gliedmaßen entledigt. An der Spaltstelle schließt eine vorgebildete Membran die Wunde ab, so daß jeder Blutverlust vermieden wird.

Frédericq weist darauf hin, daß zwei Faktoren vorhanden sein müssen, damit die Autotomie eintrete: 1. der Reiz, der einer Verletzung des Beines entspringen kann, und 2. das Hindernis, das als Stütze beim Abbrechen des Beines nötig ist. Die Krabbe benutzt ihr vorspringendes Rückenschild als Stützpunkt, um das Bein abzuwerfen, sobald es durch einen Scherenschnitt in das zweite Glied verletzt wurde.

Die Ausführungen Frédericqs sind durch die Versuche Morgans am Einsiedlerkrebs auf das schönste bestätigt worden. Der Einsiedlerkrebs, der keine harte Schale besitzt, benützt als Stützpunkt bei der Autotomie eines verletzten Beines seine Schere, mit der er das Bein packt und festhält, bis die Muskeln des letzten Basalgliedes den Spalt auseinanderreißen und den Stab zerbrechen. Auch beim

Carcinus maenas.   189

Einsiedlerkrebs wird der ganze komplizierte Reflex nur vom Bauchmark ausgeführt, ganz unabhängig vom Gehirn. Morgan konnte
ferner zeigen, daß das Hinfassen der Schere ausbleibt, wenn das
Bein zentral vom Spalt gereizt wird. Demnach liegen die Rezeptoren,
welche die Autotomie auslösen, im Gebiet des zweiten bis zum fünften
Gliede des Beines.

Die Beine der beiden Seiten machen beim normalen Tier in der
Zeiteinheit die gleiche Anzahl gleichgroßer Schritte, wobei die Beine
auf der vorwärts gerichteten Körperseite den Körper ziehen, während
die rückwärts schauenden ihn schieben. Die Korrelation der beiden
Seiten wird merkwürdigerweise durch die Otozysten aufrecht erhalten. Die Otozysten sind kleine mit Flüssigkeit gefüllte Bläschen,
die im Basalglied der inneren Fühler stecken. An Stelle eines Steines
enthalten sie lange Haare, die Kornähren gleichend durch ihr Herab-
neigen nach der jeweilig zu unterst gelegenen Körperseite hin die
Lage des Erdmittelpunktes angeben. Die Entfernung einer Otozyste
setzt die Sperrung hauptsächlich in allen Beugern der Beine auf der
gleichen Körperseite herab. Da auch die Durchschneidung einer
Komissur, die vom Gehirn zum Bauchmark geht, die gleiche Wirkung
in verstärktem Grade zeigt, so kann man daraus schließen, daß jederseits im Gehirn ein Erregungsreservoir sitzt, das dauernd von den
Otozysten aus mit Erregung gespeist wird. Vom Erregungsreservoir
im Gehirn sind die Reservoire der statischen Erregung im Bauchmark
abhängig und ihr Niveau fällt, wenn das Niveau im Hirnreservoir
sinkt. Wird das Hirnreservoir ganz entfernt, so sinkt das Niveau der
Bauchmarkreservoire noch stärker. Dadurch sinkt die statische Erregung in allen Muskeln. Nun haben die Beuger der Beine auf der
voranschreitenden Seite die größte Arbeit zu verrichten, weil sie
normalerweise den Körper nach vorwärts ziehen, Dazu gehört nicht
bloß Verkürzung, die ja leicht auszuführen ist, sondern auch Sperrung,
um die Last auszugleichen. Genügt die Sperrung auf der voranschreitenden Seite nicht, um den Körper zu ziehen, so müssen die
Beine auf der rückwärts liegenden Seite doppelte Arbeit leisten
beim Schieben des Körpers. Auf diese Weise läßt sich, wie mir
scheint, die von Bethe gefundene Tatsache deuten, daß nach Verlust einer Otozyste die Korrelation der beiden Beinseiten verloren
geht, wenn die Beine der verletzten Seite voranschreiten. Und zwar
zeigt sich der Verlust der Korrelation darin, daß die hintere Bein-
seite schnellere und kleinere Schritte ausführt, während die vordere
Seite die gleichen Schritte wie sonst ausführt, ihre Sperrfähigkeit aber
eingebüßt hat.

Die Entfernung der Otozysten, besonders nach beiderseitiger
Operation, hat einen bedeutenden Einfluß auf die Augenbewegungen.

190   Carcinus maenas.

Denkt man sich, daß bei jeder Bewegung des Körpers, die ihn in
eine andere Lage zum Erdmittelpunkte bringt, eine andere Kornähre
in der Otozyste sich herabneigt, so kann man eine kompensatorische
Bewegung des Augenstieles wohl verstehen. Es braucht in diesem
Falle immer nur eine ganz bestimmte Muskelgruppe anzusprechen,
die allein von jenem bewegten Haar aus ihre Erregung erhält. Es
wird dann jede Art Senkung des Körpers mit einer entgegengesetzten
Hebung des Auges beantwortet und dadurch kompensiert.

Kreidl ist es gelungen, bei langschwänzigen Krebsen, welche
Sandkörnchen in ihren Otozystenhöhlen auf feinen Haaren balancieren
(die sie sich nach jeder Häutung selbst mit den Scheren hineinstopfen),
die Sandkörnchen durch Eisenfeilspäne zu ersetzen. Diese eisernen
Otoliten ließen sich durch einen Elektromagneten beeinflussen und in
der Otozyste bewegen. Die Antwort war stets eine kompensatorische
Bewegung des ganzen Körpers, die natürlich in diesem Falle zu einem
falschen Resultat führte. Man sieht aber daraus, daß von den Otozysten aus die kompensatorischen Bewegungen überhaupt gelenkt und
der Lage des Erdmittelpunktes angepaßt werden.

Die kompensatorischen Bewegungen der Beine treten auf, wenn
der Krebs auf eine Unterlage gesetzt wird, die man nach verschiedenen Richtungen hin senkt. Die kompensatorischen Bewegungen
der Augen treten auf, wenn der Körper des Tieres sich nach verschiedenen Richtungen hin senkt. Die ersten haben den Zweck, das
Tier vor dem Umfallen zu bewahren, die zweiten dienen dazu, der
Retina einen ruhigen Hintergrund zu verschaffen.

Wir werden bei Besprechung der Libellen Gelegenheit haben,
näher auf·die Bedeutung der kompensatorischen Augenbewegungen
einzugehen und ihre Beziehungen zu der von Rádl entwickelten
Lehre der Lichtgleichung einzugehen.

Entsprechend dieser Lehre, die von Bohn eine ausreichende
experimentelle Begründung erhalten hat, müssen wir annehmen, daß
Carcinus maenas sich in einer Welt befindet, die sich bloß aus helleren
und dunkleren Flächen zusammensetzt, deren Konturen gar keine
Rolle spielen. In dieser Welt stellt sich Carcinus immer so ein, daß
er möglichst viel dunkle Flächen hinter sich und möglichst viel helle
Flächen vor sich hat. Ist er einmal so eingestellt, so bewahrt sein
Auge, dank der kompensatorischen Bewegungen, das eingestellte Feld
in Ruhe um sich. Auf diesem ruhenden Felde spielen sich dann
Einzelbewegungen ab, auf die Carcinus mehr oder weniger deutlich
reagiert.

Aus den Labyrinthversuchen von Yerkes scheint hervorzugehen,
daß eine regelmäßige Wiederholung der Veränderungen im Lichtfelde,
die jeder Krebs erfährt, wenn er sich auf die Wanderung begibt, sich

dem Gehirn des Krebses einprägen kann. Denn die Krabben finden
bei häufiger Wiederholung den Weg aus einem einfachen Labyrinth
schneller als am Anfang.

Die verschiedenen Umrisse und Formen der Gegenstände werden
von Carcinus leicht unterschieden, nur die Bewegungen von Dunkelheiten gegen die helleren Lichtfelder werden mit einer Scherenbewe-
gung beantwortet, die ziemlich gut lokalisiert ist. Es müssen daher
verschiedene Gruppen von Lichtkegeln der Augen gesonderte Bahnen
besitzen, die nach den Ganglien der Scheren im Bauchmark führen.
Bethe hat den Weg, den diese Nerven im Gehirn einschlagen, verfolgen können. Außer diesen feineren Reaktionen der Lichtkegel gibt
es noch eine ganz grobe Reaktion, die von der ganzen Retina wie
von einem einzigen Rezeptor ausgehen. Die Retina eines Auges,
gleichgültig an welcher Stelle sie gereizt wird, sendet Erregungen zu
den Beinganglien im Bauchmark, die eine Fluchtbewegung der Beine
auslösen. Diese Flucht bringt das Tier immer von dem gereizten
Auge fort. Wird das linke Auge mit Asphaltlack geschwärzt, so
wirkt jede dunkle Annäherung nur noch auf das rechte Auge. In
diesem Falle flieht die Krabbe, gleichgültig in welcher Richtung sich
das Dunkle befindet, nur nach links.

Während die Augen bei Carcinus nur eine untergeordnete Rolle
spielen, sind sie bei anderen Krabben ein wichtiges Hilfsmittel zur
Erforschung der Umgebung geworden. Ich bin selbst Zeuge eines
sehr anmutigen Schauspieles gewesen, wie eine große tropische Land-
krabbe sich der wütenden Angriffe eines Dachshundes erwehrte. Von
welcher Seite her sich der Hund auf die Krabbe stürzen mochte,
stets starrte ihm bereits eine weitgeöffnete Schere entgegen. Es war
interessant, zu sehen, mit welcher Sicherheit die Krabbe den blitzschnellen Bewegungen des Hundes zu folgen vermochte.

Wenn man auch in diesem Falle noch von einer Reaktion auf
Bewegungen reden kann; für die gelben Sandkrabben von Makatumbe
bei Daressalam muß man schon die Umrisse der Gegenstände als
wirksam annehmen, mit solcher Sicherheit vermochten sie es, ihre
Scheren in die Lefzen des sie verfolgenden Hundes zu setzen. Diese
Krabben autotomierten ihre Scheren, nachdem sie zugeschnappt hatten,
wie die Seeigel ihre Giftzangen, und der Dachshund kam heulend
zurück, eine festgeklammerte Zange in den Lippen.

Die Einsiedlerkrebse verfolgen mit großer Sicherheit die Bewegungen eines feinen Stäbchens, indem ihre Tastfühler dem Gegenstande folgen. Dagegen sind sie ganz unfähig, auf ein Fleischstückchen, das ihnen durch optische und nicht durch chemische Reize
wahrnehmbar gemacht wird, mit dem Freßreflex zu reagieren. Mit
der Nahrungsaufnahme scheinen die Augen bei keinem Krebs etwas

zu tun zu haben, denn die Nahrung tut sich den Krebsen nur durch chemische und mechanische Wirkungen kund.

Dagegen zeigen die Augen von Maja, wie Minkiewicz in einer schönen Arbeit gezeigt hat, eine hohe Empfindlichkeit für Farben. Maja, deren Körper über und über mit Spitzen und Haken besetzt ist, zeigt die Eigentümlichkeit, alles, wessen sie habhaft werden kann, an ihrem Körper zu befestigen. Lebt sie unter braunen Algen, so trägt sie ein braunes Kleid, lebt sie unter grünen Algen, so ist ihr Kleid grün. Dies Verhalten läßt noch auf keine Farbenunterscheidung schließen. Aber Minkiewicz konnte zeigen, daß in einem Bassin, das mit rotem Papier ausgeschlagen war und an dessen Boden sich Wollenfäden in verschiedenen Farben befanden, die Maja sich immer nur die roten Fäden aussuchte, um sich damit zu bekleiden.

Es würde zu weit führen, auf die höchst merkwürdigen Ergebnisse · des genannten Forschers bei Chromatophoren tragenden Krebsen einzugehen, die uns einen ganz ungeahnten Einfluß der Häutung auf das Reflexleben offenbaren.

Um auf Carcinus zurückzukommen, so scheint in seiner Umwelt weder Form noch Farbe eine Rolle zu spielen, nur beleuchtete Flächen und gelegentliche Verdunkelungen spielen in ihr eine Rolle. Die Verdunkelungen, wenn sie sich bewegen, werden mit dem Flucht- oder Aufbäumereflex beantwortet. Die Nahrung wird am chemischen Reiz und am Härtegrad bereits von den Scheren erkannt und dann dem Mund zugeführt. Über das Geschlechtsleben und die Rolle des Gehirnes dabei hat uns Bethe unterrichtet. Leider ist aber die Mehrzahl Reflexe noch nicht weit genug analysiert, um uns ein Bild vom Ablauf des Innenlebens mittels der uns geläufigen Vorstellungen zu machen. Es sind zwar überall Ansätze vorhanden, aber es formt sich noch nicht zum Ganzen. Es bleibt uns daher nichts übrig, als von künftigen Arbeiten das abschließende Resultat zu erhoffen.

Die Kephalopoden.

Eledone moschata und Octopus vulgaris sind die beiden bekanntesten Vertreter der achtarmigen Kephalopoden oder Kopffüßer. Der Name lehrt uns bereits, daß die Gliedmaßen dem Kopf ansitzen. Die acht Füße, oder besser Arme, umstehen im Kreise den Mund. Der Mund sitzt an dem durch zwei große Augen geschmückten Kopf, der sich deutlich vom übrigen Körper abhebt. Der Körper selbst ist sackförmig und steckt in einem kräftigen muskulösen Sack oder Mantel, mit dem er nur stellenweise verwachsen ist.

Die Kephalopoden.   193

Faßt man einen langarmigen Kephalopoden, etwa Oktopus ma-
cropus, am Halse und hält ihn frei in die Luft, so werden die win-
denden Bewegungen der Arme, die ihre Saugnapfreihen vorstrecken,
den Eindruck eines Schlangennestes machen, aus dem überall kleine
und große Schlangen ihre Köpfe hervorstrecken. Man wird dabei
deutlich an die Sage des Medusenhauptes gemahnt.

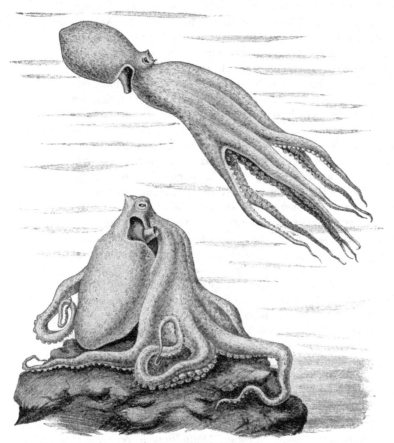

Abb. 15. Octopus[1]).

Auch die abgeschnittenen Arme zeigen noch lebhafte Bewegungen,
denn eine große Zahl von Reflexen ist völlig unabhängig vom Gehirn,
das fernab in der knorpeligen Schädelkapsel verborgen liegt. Leider
sind wir über die Beziehungen zwischen Muskeln und Nervensystem

---

[1]) Nach: Lang, Lehrbuch der vergleichenden Anatomie der wirbellosen Tiere.

194   Die Kephalopoden.

im Arm der Kephalopoden noch nicht genügend aufgeklärt, um uns
ein deutliches Bild ihrer Wechselwirkungen zu machen. Selbst eine
genügende Analyse der Bewegungen der Saugnäpfe fehlt noch. Im
großen und ganzen läßt sich sagen, daß es hauptsächlich Längsmuskel-
stränge sind, die den Arm von der Basis bis zur Spitze durchziehen.
Sie umschließen den nervösen Achsenstrang, der aus einem dorsalen
Nervenpaar und einem ventralen Nervennetz besteht, das seitlich von
Ganglienzellen umsäumt ist. Über den Saugnäpfen schwillt der Achsenstrang zu kleinen Ganglien an. Die dorsalen Nerven übermitteln keine
Reflexe, sondern stellen bloß die Verbindung zwischen dem Gehirn
und den Chromatophoren der Haut her. Ihre Reizung erzeugt immer
nur eine peripher von der Reizstelle auftretende Verdunkelung der
Haut. Durch diese Einrichtung ist die Verfärbung unter den direkten
Oberbefehl des Gehirns gestellt und den lokalen Zentren des Armes
entzogen.

Viel schwieriger ist es, die Leistungen des Nervennetzes zu er-
kunden. Soviel kann als sicher gelten, daß vom Nervennetz aus
überall kurze motorische Fasern zu den Längsmuskeln und kurze
rezeptorische Fasern zur Haut ziehen. Die direkte Reizung des Nervennetzes erzeugt sowohl periphere wie zentrale Wirkungen auf die
Muskeln. Ob das Erregungsgesetz gültig ist, ist noch nicht festgestellt
worden. Die Saugnäpfe neigen sich, wenn zwischen ihnen das Nervennetz gereizt wird, dem Reizorte zu. Dies alles wäre nicht schwer zu
verstehen und ergibt sich aus den allgemeinen Eigenschaften eines
jeden Nervennetzes. Die Schwierigkeit beginnt erst bei der Frage:
Wie beherrscht das Gehirn diesen zentralen Apparat, der so außerordentlich selbständig in seinen Leistungen ist? Einerseits kann jeder
Arm jede Bewegung mit seinen Muskeln und Saugnäpfen ausführen,
auch wenn er abgeschnitten ist, andererseits kann ihm vom Gehirn
aus jede Bewegung diktiert werden.

Im Gegensatz zu den Armen beherbergt der Atem- oder Mantelsack der Kephalopoden kein eigenes Zentrum mehr, das Reflexe vermitteln könnte, sondern untersteht direkt dem Gehirn. Denn die
sogenannten Stellarganglien, die sich gerade an der Stelle befinden,
wo die vom Gehirn kommenden großen Mantelnerven rechts und
links im Mantel anlangen, vermitteln keine Reflexe. Nur bei Vergiftung mit Nikotin treten Erregungen von einer Bahn zur anderen
über, die sonst streng isoliert bleiben. Die mechanische Erregbarkeit
der Stellarnerven, die vom Stellarganglion aus nach den Mantelmuskeln
strahlen, steht, wie Fröhlich und Löwy gefunden, in besonderer
Abhängigkeit vom Ganglion. Ist dieses mit Nikotin vergiftet worden
und wird dann schnell abgetrennt, so bleibt die erhöhte Erregbarkeit
für mechanische Reizung noch mehrere Minuten in den Stellarnerven

Die Kephalopoden.   195

stecken. Das ist ein Erregbarkeitsfang, der wohl auf einen abgefangenen statischen Erregungsdruck zurückzuführen ist.

Die Mantelmuskulatur zeigt drei ausgesprochene Richtungen ihrer Faserzüge. Zu äußerst und zu innerst liegt eine dünne Schicht von Längsmuskeln, die den Mantel von vorne nach hinten durchziehen. Zwischen ihnen eingebetet und rechtwinklig zu ihnen angeordnet liegen die mächtigen Ringmuskeln. Schließlich finden sich noch feine, transversale Muskelstränge, welche die Innenseite des Mantels mit seiner Außenseite verbinden. Die transversalen Muskeln dienen der Einatmung, welche von den Längsmuskeln eingeleitet wird. Werden die Transversalmuskeln vom Gehirn aus innerviert, so verwandeln sie den Mantel in einen aufgeblasenen Ballon, dessen Wände stark verdünnt und erweitert sind. Die Ringmuskeln verengern bei ihrer Kontraktion das Lumen des Mantelsackes und werfen das in ihnen enthaltene Wasser hinaus. Sie dienen daher der Ausatmung. Dank ihrer starken Entwicklung sind sie fähig, das Wasser mit einem so starken Ruck nach außen zu werfen, daß das ganze Tier dadurch rückwärts getrieben durchs Wasser schießt. Dies ist denn auch die normale Schwimmbegung der achtarmigen Kephalopoden oder Oktopoden. Der Mantelsack ist mit seinem Rückensaum am Tierkörper angewachsen und hat seinen freien Rand an der Bauchseite des Tieres. Nun liegt unter dem Kopf eine trichterförmige Röhre, die mit ihrem weiten Ende in den Mantelsack reicht, mit dem engen Ende aber frei nach vorn ins Wasser schaut. Beim Ausatmen legt sich der Mantelrand erst fest an den Trichter an, worauf die Kontraktion der gesamten Ringmuskeln erfolgt, die das Wasser durch den Trichter treibt. Durch Neigen des freien Trichterendes nach links oder rechts vermag das Tier den Wasserstrom einigermaßen zu dirigieren und eine Steuerung auszuüben.

Die Atembewegungen werden durch einen doppelten Reflex reguliert: Der Druck auf die in der Mantelhöhle liegenden Kiemen erzeugt reflektorisch die Öffnung des Mantelrandes und die Inspiration. Die Dehnung des Mantelrandes dagegen erzeugt Schließung des Mantels und Expiration. Diese Reflexe wirken, wie wir sehen werden, auf den nervösen Atemapparat im Gehirn.

Die Muskelfasern der Oktopoden sind keine glatten mehr. Sie besitzen wie die quergestreiften Muskeln eine bestimmte Anfangslänge, zu der sie immer wieder zurückkehren, und sind daher viel unabhängiger von ihren Repräsentanten geworden. Trotzdem spielen die Repräsentanten eine sehr wichtige Rolle im Gehirn. Alle muskulösen Organe zeigen sich im Gehirne der Oktopoden doppelt vertreten, einmal ihrer Lage nach, und ein andermal ihrer Leistung nach. Die Vertretung der Muskelfasern ihrer Lage nach übernehmen die Re-

13*

präsentanten. So finden wir in dem paarigen Viszeralganglion des Gehirnes den ganzen Mantel beinahe in situ vertreten, denn man kann durch punktförmige Reizung des Viszeralganglions den Mantel alle möglichen kleinen Falten schlagen lassen. Jede Reizung wird die Erregung zu einer lokal begrenzten Stelle schicken, welche bald mehr die eine, bald mehr die andere Muskelschicht zur Kontraktion bringt. Es liegen also im Viszeralganglion die Zentren so beieinander, wie die Tasten in einem Klavier: der räumlichen Ausbreitung der Saiten entspricht die räumliche Anordnung der Tasten. Es bildet die eine Hälfte des Mantelsackes mit dem Mantelnerv und dem zugehörigen Viszeralganglion bereits ein in sich abgeschlossenes Reflexsystem. Aber die Leistungen des Viszeralganglions gehen noch darüber hinaus, denn es vermag, abgetrennt von dem übrigen Gehirn, die ganze Atmung zu besorgen. Es beherbergt an zwei wohl definierten Stellen höhere Zentren, bei deren Reizung man keine lokalen Muskelbewegungen, sondern allgemeine Aus- oder Einatmungsbewegungen erzielt. Es ist also auf dem Klavier noch eine Einrichtung vorhanden, welche alle weißen Tasten einerseits und alle schwarzen Tasten andererseits vereinigt, so daß ein Druck genügt, um alle weißen Tasten, ein zweiter Druck, um alle schwarzen Tasten anzuschlagen.

Im Viszeralganglion treten alle Repräsentanten der ausatmenden Ringmuskeln durch besondere Bahnen mit einem höher gelegenen Zentrum in Verbindung und ebenso treten die Repräsentanten der einatmenden Längs- und Transversalmuskeln zu einem anderen höheren Zentrum in Beziehung. Diese höhere Vereinigungsweise läßt sich als eine weitgehende Differenzierung im zentralen Netz verstehen. Schon bei den Aktinien fanden wir, daß die Repräsentanten der verschiedenen Muskelschichten ihre besonderen Spezialnetze besaßen. Bei den Oktopoden vereinigen sich alle Bahnen dieser Wirknetze in zwei höheren statischen Atemzentren. Diese Zentren haben aber nicht die Aufgabe, die überschüssige Erregung abzusaugen, wie das bei den Schnecken der Fall ist, denn mit ihrer Erregung werden die gestreiften Muskeln allein fertig. Dafür haben sie die Aufgabe, ihre Erregung unter einander auszutauschen. Es findet also ein Hin- und Herfließen der Erregung zwischen dem Aus- und dem Einatmungszentrum statt. Sobald die Erregung ein statisches Zentrum erfüllt hat, wirkt sie auch auf alle mit ihm verbundenen Repräsentanten und deren Gefolgsmuskeln ein.

Die pendelnde Bewegung der Erregung wird reguliert und in Gang gehalten durch die beiden besprochenen Reflexe: Die extreme Einatmungsbewegung wird zum Reiz, der eine Erregung zum Ausatmungszentrum sendet und ebenso wirkt die extreme Ausatmungsbewegung erregend auf das Einatmungszentrum. Hier finden wir die uns bereits von den Medusen her bekannte Einrichtung wieder, daß

Die Kephalopoden.   197

die aufgeführte Bewegung selbst wieder zum Reize wird. Nur wurde bei den Medusen eine einzige Bewegung aktiv durch Muskeln ausgeführt, die andere geschah durch den Gallertschirm. Infolgedessen kam auch nur ein einziger Reiz in Frage, der die Erregung allen Muskeln zusandte. Bei den Oktopoden handelt es sich um zwei aktive Muskelbewegungen, zwei Reize und zwei Erregungen. Auch wird die innerste Station nicht durch ein bloßes Nervennetz gebildet, sondern durch zwei statischen Zentren, die allein schon fähig sind, automatisch zu arbeiten, indem sie sich gegenseitig die Erregung zuschieben, sobald sie die von ihnen abhängigen Repräsentanten mit Erregung gefüllt haben. Der automatische Rhythmus, der mit der Tätigkeit zweier verkuppelten Ballons zu vergleichen ist, ist an keinen Unterbrecher gebunden, wie das bei den Medusen der Fall ist, denn der Atemrhythmus der Kephalopoden ist jederzeit anpassungsfähig, und wenn eine refraktäre Periode nachgewiesen werden sollte, so ist sie sicher nur relativ und nicht absolut. Ein Erregungsrhythmus zwischen Ein- und Ausatmungszentrum ist also sicher vorhanden, er kann aber jederzeit verstärkt, beschleunigt oder verlangsamt werden, und zwar paßt sich das Viszeralganglion der einen Seite mit langsamem Rhythmus immer dem anderen Viszeralganglion an, wenn dieses einen schnelleren Rhythmus aufweist. Es müssen also gute Verbindungen zwischen den Atmungszentren beider Seiten bestehen. Der Rhythmus in den Viszeralganglien kann durch höher gelegene Zentren beeinflußt werden. Bevor wir auf die Wirkungsweise dieser Zentren eingehen, müssen wir einen kurzen Überblick über das ganze Gehirn gewonnen haben.

Das Gehirn besteht aus lauter paarweis angeordneten Ganglien. Unter Ganglien versteht man kompakte Nervennetze, die von Ganglienzellen umsäumt sind. Die Größe und Form der Ganglien ist sehr wechselnd. Ich unterscheide bei den Oktopoden drei Arten von Ganglien: 1. periphere, 2. zentrale und 3. zerebrale Ganglien. Die peripheren Ganglien entsenden periphere Nerven, die zentralen verbinden die peripheren Ganglien miteinander und die zerebralen sind den zentralen aufgelagert.

Da das Gehirn von der Speiseröhre durchbohrt wird, so entsteht eine über dem Schlunde und eine unter dem Schlunde gelegene Ganglienmasse. Die Unterschlundmasse besteht aus drei peripheren, paarigen Ganglien, die hintereinander liegen. Zuvörderst liegt das Armganglion, das die Armnerven aufnimmt. Ihm folgt das Trichterganglion (Pedalganglion), das den Trichter mit Nerven versorgt, und schließlich kommt das besprochene Viszeralganglion, das die Mantelnerven abgibt.

Während die drei Unterschlundganglien in einer Ebene liegen,

erhebt sich die Oberschlundmasse zu einem kleinen Berge.   Die Basis
des Berges wird von vier Ganglien gebildet.   Zuvörderst liegt das
Buccalganglion, so genannt, weil es Nerven zur Mundmasse der Bucca
entsendet.   Dann folgen hintereinanderliegend die drei Zentralganglien.
Den Gipfel des Berges bilden die beiden gleichfalls hintereinander-
liegenden Zerebralganglien.

Ober- und Unterschlundganglien sind sowohl am vorderen wie
am hinteren Ende durch Kommissurenpaare miteinander verbunden.
Die hintere Kommissur verbindet jederseits das Viszeralganglion mit
dem dritten Zentralganglion.   Es kann daher nicht wundernehmen,
daß die höheren Ganglien, welche die Atmung beeinflussen, in der
dritten Zentrale gelegen sind.   Hier finden sich in der Tat ausgesprochene Stellen, von denen aus man je eine Phase der Atembe-
wegung isoliert beeinflussen kann.   Besonders deutlich läßt sich eine
reine Streckung des Mantels und eine ausgesprochene Ballonform
durch Reizung bestimmter Orte erzielen.

Durch die Einfügung dieser höheren Zentren wird dem Tier die
Möglichkeit gewährt, bei besonderen Gelegenheiten die eine oder die
andere Phase des Atemrhythmus allein vorherrschen zu lassen.   Am
Boden der dritten und dem anschließenden Teil der zweiten Zentrale
befindet sich eine Region, die auf Reiz hin das Atmen in Schwimmen
verwandelt.   Es macht den Eindruck, als wenn hier ein großes Erregungsreservoir läge, das auf dynamische Erregung hin einen sehr
verstärkten Rhythmus auszuspielen beginnt, den es den Atemzentren
im Viszeralganglion aufzwingt.   Damit ist der Kreis der Mantel-
bewegungen erschöpft.   Deutlich zeigt sich, daß der Unterschied
zwischen niederen und höheren Zentren darin besteht, daß die niederen
einzelne Muskelkontraktionen auslösen, während die höheren einer
ganzen Körperbewegung vorstehen.

Die gleiche Trennung der Zentren in lokal wirksame und funktionell zusammenfassende zeigt sich auch bei den Bewegungszentren
der Arme.   Wir sahen, daß in dem Achsenstrang der Arme ein
Nervennetz vorhanden ist, das die Repräsentanten der Muskeln enthält, die sich noch im gleichen Querschnitt mit ihren Gefolgsmuskeln
befinden.   Die Zusammenfassung der Repräsentanten unter höhere
Zentren geschieht erst im Gehirn.   Das Nervensystem der Arme zerfällt in zwei deutlich getrennte Abschnitte.   Von den äußersten Spitzen
beginnend bis zu den Armwurzeln (die einem muskulösen Becher aufsitzen, in welchem die Bucca frei beweglich liegt) verbindet das allgemeine Nervennetz die Repräsentanten miteinander.   An der Armwurzel greifen die Nervennetze durch Verbindungsbrücken von einem
Nachbararm zum anderen über.   Und jede peripher auftretende Erregung ist fähig, von einem Arm zum anderen hinüberzufließen.   In

Die **Kephalopoden.**   199

dieses allgemeine Nervennetz strahlen die vom Gehirn kommenden Bahnen ein und verbinden sich in noch unerforschter Weise mit den Repräsentanten. Sicher ist nur, daß diese Bahnen nicht im allgemeinen Nervennetz aufgehen, denn niemals greift eine zentrale, in die Armwurzeln einbrechende Erregung auf die Nachbararme über, obgleich das allgemeine Netz hier seine Verbindungsbrücken geschlagen hat.

Die Arme haben drei verschiedene Aufgaben zu erfüllen, und dementsprechend kann man ihnen drei verschiedene Funktionen zuschreiben: 1. Abwehrbewegungen, besonders zum Schutze des Mantels, 2. Bewegungen, die der Ortsveränderung dienen, beim Kriechen, Klettern oder Schwimmen, 3. Fang- oder Freßbewegungen. Die Bewegungen, die der einzelne Arm bei Ausübung dieser drei Funktionen macht, sind immer die gleichen. Sie bestehen aus Windungen nach allen Seiten hin, aus Zufassen und Loslassen der Saugnäpfe. Es ist völlig aussichtslos, verschiedene Typen der Armbewegungen nach den verschiedenen Funktionen aufstellen zu wollen. Trotzdem vermag man nachzuweisen, daß im Gehirn für jede dieser drei Funktinen gesonderte Gruppen von Zentren vorhanden sind. Die verschiedenen Zentren benutzen also nicht bloß das gleiche Organ, sondern auch die gleichen Bewegungen des einzelnen Organes, nur in verschiedener Zusammenstellung mit den Bewegungen seiner Nachbarn, um ihre spezielle Leistung durchzusetzen.

Zur Ausführung der Abwehrbewegungen, die auf Reizung des Mantels eintreten und in einem Zurückschlagen der Arme nach der gereizten Stelle hin bestehen, bedürfen die Oktopoden nur eines einfachen Reflexes, der im Pedalganglion gipfelt. Die rezeptorischen Nerven treten durch die Mantelnerven und das Viszeralganglion zum Pedalganglion über und finden dort ihre Verkoppelung mit den motorischen Bahnen, die das Armganglion durchsetzen und zum Achsenstrang weiterziehen.

Von den Lokomotionsbewegungen sind die Steuerbewegungen beim Schwimmen am besten bis auf ihren Ursprung zu verfolgen. In der gleichen Region der zweiten und dritten Zentrale, deren Reizung die Schwimmbewegung auslöst, entsteht auch die Erregung, welche, die hintere Kommissur durcheilend, im Pedalganglion ihre Verkoppelung mit jenen motorischen Nerven erfährt, die ein Loslassen der Saugnäpfe und ein Zusammenschließen der Arme zu einem Bündel veranlassen. Beim Schwimmen, dessen Richtung nur ungenügend durch die Biegung des Trichters reguliert wird, wirkt ein Hin- und Herpendeln des ganzen Armbündels wie ein effektvolles Steuer. Vom Boden der dritten Zentrale gehen ferner die Erregungen aus, die dem Klettern und Kriechen dienen. Auch ihr Weg führt durch die hintere Kommissur zum Pedalganglion und von dort in den Achsenstrang. Sie sind noch nicht genügend untersucht.

Merkwürdigerweise nehmen die Bahnen derjenigen Zentren, die das Fressen beherrschen, ihren Weg nicht durch die hinteren, sondern durch die vorderen Kommissuren. Wie die Armbewegung, welche das Schwimmen unterstützt, von der gleichen Region ihre Erregung erhält wie die Schwimmbewegung selbst, so erhält die hauptsächliche Bewegung beim Fressen, nämlich das Zufassen der Saugnäpfe, besonders an der Armwurzel seinen Impuls aus der gleichen Region, die das Zubeißen der kräftigen, in der Bucca gelegenen Kiefer auslöst. Am Boden der ersten Zentrale finden sich Zentren, die einerseits durch das Buccaganglion ihre Nerven zur Bucca entsenden, andererseits ihre Nerven durch die vordere Kommissur zum Armganglion schicken. Dort werden sie mit den motorischen Bahnen des Achsenstranges verkoppelt. Auf diese Weise ist dafür gesorgt, daß die Bewegungen der verschiedensten Organe, wenn sie nur die gleiche Aufgabe gemeinsam zu erfüllen haben, von einem eng zusammenhängenden Zentrenkomplex ausgelöst werden.

Außerhalb der Schädelkapsel liegt links und rechts ein weiteres großes peripheres Ganglion, das aber rezeptorischer Natur ist. Es ist das Augenganglion. Mit dem Gehirn steht es durch den derben Tractus opticus, der oberhalb der hinteren Kommissur mündet, in Verbindung. Mit dem Auge ist das Ganglion durch eine dichte Reihe zarter Optikusfasern verbunden. Vom Auge aus werden während des normalen Lebens dauernd Reflexe ausgelöst, die besonders die Verfärbung der Haut betreffen, mit der die Bewegungen der sehr beweglichen Oberhaut Hand in Hand gehen. Es ist daher sehr auffallend, daß die Reizung der Optikusfasern gar keinen Effekt hat. Erst die Reizung des Ganglions selbst wirkt auf die Haut und die Chromatophoren. Dieser Unterschied kann nur darin gesucht werden, daß im Gegensatz zum motorischen Gebiet des Gehirnes, wo jede Reizung Erfolg hat (es sei denn, daß man zufällig zwei antagonistisch wirkende Fasern gleich stark erregte), im rezeptorischen Gebiete die Reizung erst dann Erfolg hat, wenn ein anatomisch und funktionell zusammengehöriger Komplex von Bahnen und Zentren erregt wird. Bei der elektrischen Reizung der Optikusfasern wird man, wie leicht einzusehen, niemals den richtigen Erregungskomplex auslösen, den ein Bild auf der Retina ohne weiteres hervorruft. Im Augenganglion kann man schon eher darauf hoffen, einen nervösen Komplex zusammenzuerregen, wenn er sehr einfacher Art ist. So gelingt es vom Augenganglion aus einige einfache Farbenreflexe und manchmal Schwimmbewegungen hervorzurufen, also die primitivsten Flucht- und Verfärbungsreaktionen, keineswegs aber höhere Bewegungskoordinationen.

Die Kephalopoden.   201

An der Stelle, wo der Pedunculus opticus aus dem Augenganglion austritt, sitzt ein stecknadelkopfgroßes Ganglion, dessen Reizung mit Sicherheit eine tiefe Schwärzung des ganzen Tieres veranlaßt. Die Verdunkelung der Haut ist ein sicheres Mittel, von hier aus den Weg der Kolorationsnerven durch das dritte Zentrale in die hinteren Kommissuren zu verfolgen, wo sie teils durch das Viszeralganglion in die Mantelnerven, teils durch das Pedalganglion in den Achsenstrang ziehen. Ob das Ganglion pedunculi ein besonderes Erregungsreservoir für die Kolorationsnerven darstellt, ist ungewiß, jedenfalls trägt es bereits einen motorischen Charakter.

Sehr auffallend ist ferner die Tatsache, daß die beiden Zerebralganglien, die den Zentralganglien aufsitzen, genau wie die Optikusfasern für jede künstliche Reizung völlig refraktär sind. Dadurch allein charakterisieren sie sich bereits als rezeptorische Ganglien, welche nur erregt werden können, wenn ihre Zentren in der richtigen Form und in der richtigen Reihenfolge gereizt werden.

Das Hauptkennzeichen einer höheren Organisation sahen wir in dem Auftreten der Gegenwelt, d. h. einer Neubildung im rezeptorischen Teil des Zentralnervensystems. Es ist durch Beobachtung von Oktopoden genugsam festgestellt, daß sie auf die Form der photorezipierten Gegenstände reagieren. Es kann aber, wie wir sahen, die Form eines Gegenstandes nur dann als Reiz wirken, wenn im Gehirn eine entsprechende Form im Bau der Nervenbahnen und Zentren vorgebildet ist. Die Form der Anordnung der Nervenbahnen kann man als Transformator für die Form der Gegenstände im weitesten Sinne auffassen und muß sie daher dem rezeptorischen Teil des Zentralnervensystems zurechnen. Es besitzen die Oktopoden sicher eine Gegenwelt, und wo sollte diese passender ihr Zelt aufschlagen können, als in den Zerebralganglien? Diese sind so gelagert, daß sie von allen Rezeptoren gleich weit entfernt sind und alle äußeren Eindrücke auf dem kürzesten Wege erhalten. Ferner liegen sie den Zentralganglien auf, welche die höchsten motorischen Stationen beherbergen, von denen aus die Gesamthandlungen des ganzen Tierkörpers dirigiert werden. Wenn wir diesen Gedanken weiter verfolgen, so liegt in den Zerebralganglien die gesamte Merkwelt des Tieres in Form von nervösen Schematen aufgespeichert und jedes Schema ist bereit, sobald ihm die Erregung in der ihm allein zusagenden Form zugesandt wird, seine Verbindungen mit den höchsten motorischen Zentren spielen zu lassen. Auf diese Weise allein gelingt es, ein anschauliches Bild von den Vorgängen im Gehirn zu erlangen, das halbwegs den allgemeinen Erfahrungen am Tiere entspricht.

Leider können wir mit unseren rohen Reizen nicht die einzelnen Schemata rein anklingen lassen, und nur dann dürfte man auf Erfolg hoffen. Alle Versuche an Kunstschlössern, die nur auf ein bestimmtes Kennwort sich öffnen, sind vergebliche Mühe, wenn man das Wort nicht kennt. Man erzielt mit allen Umstellungen gar nichts. Dagegen ist es sehr leicht, Bewegungen der Riegel zu erzielen, wenn man im Uhrwerk des Schlosses an den Rädern selbst herumprobiert. So ist es auch mit den Reizen im rezeptorischen und motorischen Gebiet. Die ersten geben gar keine, die anderen immer Effekte, die freilich oft ganz unnormal sind.

Die Vorstellung der Gegenwelt eröffnet auch für die Oktopoden ganz neue Fragestellungen. Man weiß, daß ein Oktopus die Krabbe, die man ihm an einem Faden hängend zuwirft, an ihrer Form erkennt; sobald er sie erblickt, verfärbt er sich und stürzt auf sie los. Das Auge liefert ein tadelloses Bild der äußeren Gegenstände in der Retina und vermag sogar ausgezeichnet zu akkomodieren. Aber wie genau die Schemata der Gegenwelt sind, ist noch gar nicht untersucht worden. Ob etwa ein Schlangenstern ebenso behandelt würde, wie eine Krabbe, oder ob die künstliche Färbung der Krabbe die Wirkung der Form aufhebt, darüber ist noch nichts bekannt.

Das Abtragen der Zerebralganglien ist ebenso erfolglos wie die künstliche Reizung. Wenigstens bleiben alle koordinierten Bewegungen erhalten und können durch Reizung der rezeptorischen Nerven reflektorisch ausgelöst werden. Es bleibt also das zentrale Innenleben durch diese Operation unberührt. Die höchsten motorischen Zentren sind unverletzt geblieben und lassen den komplizierten Bewegungsapparat mit der gleichen Sicherheit spielen, gleichgültig woher sie ihren nervösen Impuls erhalten. Da im normalen Leben es jederzeit nötig werden kann, einen der motorischen Apparate möglichst schnell in Tätigkeit zu setzen, so kann es nicht wundernehmen, daß von den Rezeptoren direkte Bahnen zu den höchsten motorischen Zentren verlaufen. Es ist daher das Bestehenbleiben der gesamten Bewegungsfähigkeit nach Abtragung der beiden Zerebralganglien nicht so auffallend. Zusammengehalten aber mit der völligen Unfähigkeit auf künstliche Reize zu reagieren, wird diese Tatsache leicht zum Glauben verführen, als besäßen die Zerebralganglien lediglich hemmende Eigenschaften. Wenn von ihnen aus tatsächlich auch hemmende Wirkungen auszugehen scheinen, so ist damit ihre Bedeutung kaum angedeutet. Wie Hemmungszentren wirken, wissen wir jetzt aus den Versuchen an Schnecken, deren Tätigkeit ganz anderer Art ist.

In neuester Zeit hat die Analyse der Reaktionen bei höheren Tieren die Annahme einer Gegenwelt im Zentralnervensystem notwendig gemacht, und wir haben die Unerregbarkeit der Schemata durch künstliche Reize plausibel machen können. Ebenso plausibel ist der Mangel an Ausfallerscheinungen nach Entfernung der Gegen-

Die Kephalopoden.   203

welt, wenn die Rezeptoren direkte Nervenbahnen zu den motorischen
Zentren senden. Die Wichtigkeit der Zerebralganglien mit ihrer
Gegenwelt wird dadurch nicht im geringsten berührt. Es zerfällt eben
das Innenleben der Oktopoden in zwei Hauptteile, in ein zentrales
und ein zerebrales Innenleben.

Das zentrale Innenleben, das eine völlig geschlossene Einheit
bildet, lehnt sich unmittelbar an das Innenleben der niederen Tier-
formen an. Rezeptor — Netz — Effektor ist auch hier der Weg der
Reflexe, nur ist eine höhere Ausbildung im motorischen Teile des
Netzes vorhanden. Die Merkwelt, die für das zentrale Innenleben
in Frage kommt, besteht nicht aus Gegenständen, sondern aus einzelnen physikalischen oder chemischen Wirkungen, die vielleicht eine
gewisse Gruppierung im rezeptorischen Merknetz erfahren. Mit der
zentralen Innenwelt allein können die Oktopoden noch leben, denn
kein unentbehrlicher Maschinenteil ist ausgeschieden, der Organismus
funktioniert noch immer als ein Ganzes.

Auch im zerebralen Innenleben kann nichts anderes geschehen,
als das auf äußere Reize hin Bewegungsreaktionen erfolgen. Die
Rezeptoren und Effektoren bleiben dieselben und nur die rezeptorischen
Bahnen erleiden eine Umgestaltung. Diese Umgestaltung verändert
aber nicht so sehr den eigenen Organismus als vor allen Dingen die
Merkwelt, die vom Grund auf umgestaltet wird, durch die Einführung
von räumlichen Formen und die Erzeugung von wirklichen Gegenständen. Welche Gegenstände das sind und wie weit sie sich mit
den von uns in der Umgebung des Tieres erkannten Gegenständen
decken, darüber müssen uns noch geeignete Experimente aufklären.
Octopus vulgaris baut sich selbst ein Haus aus Steinen und Fels-
blöcken, und das verlangt immerhin eine gewisse Kenntnis der Formen
der verwendeten Bausteine.

Augenblicklich werden in Amerika interessante Versuchsreihen
an verschiedenen Tierarten angestellt, die sich auf die Entstehung
von Gewohnheiten (Yerkes) beziehen. Man hofft dabei einen Beweis
für das Wirken einer Psyche zu finden. Insofern eine Neubildung von
Gewohnheiten auf Neubildungen im Gehirn selbst schließen läßt, ist
allerdings aus diesen Versuchen zu schließen, daß ein übermaschineller
Faktor im Gehirn tätig ist. Ich sehe aber keine Veranlassung, diesen
Faktor eine Psyche oder ein Psychoid zu nennen, denn die Strukturbildung ist eine maschinell nicht auflösbare Eigenschaft des ungeformten Protoplasmas, das gerade durch diese Eigenschaft sich von
allen übrigen, geformten und ungeformten Stoffen unterscheidet. Inwieweit eine Neubildung im Oktopodengehirn anzunehmen ist, ist noch
nicht sichergestellt. Wohl wird ein Oktopus vulgaris, der sich auf
einen Torpedo gestürzt hat und, von dessen Schlägen verjagt, wieder

am Ufer sitzt, den Torpedo eine Zeitlang in Ruhe lassen. Ob daraus aber eine dauernde Gewohnheit wird, ist noch nicht untersucht.

Ich habe an hungernden Exemplaren von Eledone moschata gefunden, daß sie sich gerne auf Einsiedlerkrebse stürzen. Trägt aber das Gehäuse des Krebses eine Aktinie, an der sich Eledone verbrennt, so gibt sie die vergeblichen Versuche bald auf. Sie hört aber dann überhaupt zu fressen auf und nimmt auch die beliebten Krabben nicht mehr an, sondern geht elend zugrunde. Dieser Versuch lehrt, daß die sogenannte Plastizität des Gehirnes von Eledone eine geringe ist, denn die neue Erfahrung zeitigt keine neue Gewohnheit, sondern zerreißt die Gegenwelt.

Im Gegensatz zu Yerkes und Driesch, die in den protoplasmatischen Leistungen des Gehirnes einen Beweis für die Psyche suchen, glauben Loeb und neuerdings Bohn in der Existenz eines assoziativen Gedächtnisses den Beweis einer Psyche sehen zu dürfen. Nun ist ein assoziatives Gedächtnis, wenn man damit eine objektive Leistung eines Tieres bezeichnet, durchaus keine übermaschinelle Fähigkeit. Wir können uns sehr gut Maschinen vorstellen, in denen die Auslösung einer gewissen Radstellung dauernd den Gang der Maschine beeinflußt. Dieser Versuch, die Psyche, die ja identisch mit dem Empfindungsleben ist, objektiv zu beweisen, scheint mir daher noch weniger geglückt.

Die Existenz eines assoziativen Gedächtnisses, das auch bei der Entstehung von Gewohnheiten eine große Rolle spielt, ist für die Oktopoden wohl wahrscheinlich gemacht, aber nicht streng bewiesen. Überhaupt fehlt noch der Aufbau unserer Kenntnisse nach dieser Seite hin völlig. Ich glaube aber, daß der Weg zu einer einwandfreien Anordnung unserer Erfahrungen nur auf Basis der Begriffe von Umwelt und Gegenwelt erfolgen kann.

Libellen.

Die Kephalopoden haben uns eine grundlegende Tatsache eröffnet, indem sie uns lehrten, daß es im selben Tier zwei verschiedene Innenwelten geben kann, eine zentrale und eine zerebrale. Die zerebrale Innenwelt ist das, was wir als Gegenwelt zu bezeichnen haben, weil in ihr die Formen der Gegenstände durch die Formen der Schemata widergespiegelt werden. Die Umwelten sind den beiden Innenwelten entsprechend völlig verschieden, obgleich für beide die gleichen Rezeptoren die Erregungswelle bilden. Es zerfällt also der z. B. durch das Auge aufgenommene Ausschnitt der Umgebung in

Libellen.   205

zwei fundamental verschiedene
Teile. Wird dieser Umstand
nicht beachtet, so verwickelt
man sich ·in unvermeidliche
Widersprüche, die bei der Betrachtung der Insekten besonders empfindlich werden.

Durch R á d l sind wir vor
allem auf die zentrale Umwelt der Insekten aufmerksam
geworden und er hat eindringlich die Umwelt der Insekten
als ein Lichtfeld beschrieben, dem gegenüber sich das
fliegende Insekt in einer Art
Lichtgleichung befindet.
Dieses Lichtfeld wirkt, wie
Parker zeigen konnte, nur
durch die Augen auf das Tier
ein und die Lichtgleichung
wird nur auf reflektorischem
Wege aufrecht erhalten.

Wir verdanken den Ver-
suchen Bohns, die er mit
seinem „Révélateur" an verschiedenen Mollusken angestellt hat, die erste Anschauung über das Lichtfeld. Der
Révélateur ist ein Apparat,
der aus Schirmen verschiedener Form und Größe be-
steht, die mit weißem und
schwarzem Papier beklebt sind.
Mit Hilfe dieser Schirme ist es
Bohn gelungen, um verschiedene kleinere Schnecken ein
Lichtfeld zu schaffen, das der
Experimentator beliebig verändern kann und das ihm die

<hr />

¹) Nach: Hesse-Doflein,
Tierbau und Tierleben. Bd I. Verlag B. G. Teubner, Leipzig-Berlin.

Abb. 16 ¹).

Möglichkeit gibt, das Versuchstier beliebig hin- und herzuleiten. Leider ist es viel schwieriger, einen Révélateur für ein fliegendes Objekt herzustellen. Doch läßt sich schon jetzt sagen, daß man mit einem solchen Apparat erstaunliche Wirkungen auf die Insekten erzielen würde. Parker und Cole haben nämlich an Schmetterlingen nachweisen können, daß die Intensität des Lichtes gar nicht in Frage kommt gegenüber der Größe der beleuchteten Flächen.

Es kommen für die Orientierung der Insekten in ihrer Umwelt weder die Intensität des Lichtes, noch die Formen der Umrisse, noch die Farbe der Gegenstände in Betracht, sondern lediglich die Größe und die Verteilung der Dunkelheiten auf einen hellen Grund. Die einfachste Art dieser Orientierung hat Parker beim Trauermantel gefunden, der sich beim Hinsetzen immer so orientiert, daß seine beiden Augen gleich stark von der Sonne beleuchtet sind. Fällt aber ein Schatten auf ihn, so verläßt er seinen Platz und fliegt nach der größten beleuchteten Fläche hin, niemals aber nach der Sonne. Diese Beobachtungen sind von Parker in allen Einzelheiten durch Experimente nachgeprüft und bestätigt worden.

Rádl konnte zeigen, daß sich spielende Mückenschwärme auf den Hut des Beobachters einstellen und ihm folgen. Sehr lehrreich ist auch der von ihm zitierte Versuch Forels, welcher Ameisen auf eine hell beleuchtete Landstraße warf, an der sich keine größeren Gegenstände befanden und die nun dem Experimentator folgten weil sie sich auf das dunkle Feld eingestellt hatten, durch das sich sein Körper vom allgemeinen Lichtfeld abhob. Sobald sie sich den ersten Bäumen des Waldrandes näherten, verließen die Ameisen den Menschen und folgten diesen neuen Orientierungsflächen.

In einer schönen Arbeit hat Cole nachgewiesen, daß mit geringen Ausnahmen alle Tiere, die das Licht fliehen (negativer Heliotropismus), durch die Intensität des Lichtes geleitet werden, während die Tiere, die das Licht suchen (positiver Heliotropismus), durch die Größe der beleuchteten Felder ihrer Umgebung gelenkt sind. Das Licht suchen und das Licht fliehen sind, wie zuerst Loeb gefunden, keine unveränderlichen Eigenschaften der Tiere. Sie können durch alle möglichen Änderungen der Umgebung umschlagen, je nach der Lebensweise des Tieres. So werden viele Tiere, die Lichtsucher sind, lichtflüchtig im Moment, da die Temperaturerniedrigung sie zum Winterschlaf einlädt, für den sie dann eine dunkle Höhle aufsuchen. Es wäre nun äußerst dankenswert, wenn der Nachweis versucht würde, ob auch beim gleichen Tier während der Periode des Lichtsuchens immer nur die Extensität, in der Periode des Lichtfliehens aber die Intensität des Lichtes die führende Rolle übernimmt.

Die Forscher versuchen in anerkennenswerter Weise die Wirkung

Libellen.   207

des Lichtes auf die Organismen in ihre einzelnen physiologischen Faktoren zu zerlegen. So betrachten sie das Licht erstens als bewegungsauslösend, zweitens als die Körperstellung richtend, drittens als die Bewegungsrichtung bestimmend.

Rádl hat gefunden, daß bei einigen Süßwasserkrebsen der Lichteinfall ihre Lage beim Schwimmen völlig ändert, denn die Tiere stellen sich immer so ein, daß das Auge nach der Lichtquelle gerichtet ist, einerlei, wo sich dasselbe befindet. Kommt das Licht von unten, so liegen sie umgekehrt im Wasser. Dies ist bei den Insekten natürlich nicht der Fall. Ihre Stellung beim Fliegen ist durch die Schwere des Körpers und den Ansatz der Flügel gegeben. Dafür ist aber ihre Flugrichtung, ihr Steigen, Fallen und Stehenbleiben im Flug abhängig vom Lichtfeld, der Anstoß zum Flug mag gewesen sein, welcher er wolle.

Unerklärliche Versuche hat bekanntlich Bethe angestellt, als er die Fähigkeit der Bienen, ihr Heim wiederzufinden, untersuchte. Die Bienen finden stets mit der größten Sicherheit die Stelle im Raume wieder, von der sie ausgeflogen sind, nicht aber ihren Stock, wenn dieser unterdessen ein wenig gerückt wurde. Dadurch wird bewiesen, daß die Bienen nicht durch das Bild ihres Stockes geleitet werden, sondern von einem anderen Agens, das bisher unerklärlich war. Nun scheint die Lehre Rádls von dem Lichtfeld und der Lichtgleichung dieses offenbar sehr komplizierte Problem seiner Lösung einigermaßen näher zu führen. Rádl schreibt: „Eigentümlich ist aber, daß die Insekten nicht nur nach Hause fliegen, sondern auch nach Orten, auf welchen sie wenige Momente ausgeruht haben.

Man kann sich davon oft an einem Schmetterling, einer Libelle, oder auch an anderen Insekten überzeugen, welche an beliebigen Orten sitzen: Wenn man sie nicht zu hurtig aufscheucht, kehren sie nach einigem Herumflattern zu der Stelle, welche sie eben verlassen haben, zurück. Ich habe (1901) mehrere solche Erscheinungen durch den Satz ausgedrückt, daß die Insekten auf irgendeine Art an die Stelle gebunden sind, welche sie willkürlich verlassen haben .... In diesen Fällen wird man gewiß schon fühlen, daß von einem guten Gedächtnis oder etwas Ähnlichem zu sprechen gar nichts erklärt; es ist aber sehr wahrscheinlich, daß diese Erscheinungen nur ein spezieller Fall von der Heimkehrfähigkeit der Tiere überhaupt sind."

Am besten wird man durch die Worte Rádls, mit denen er sein grundlegendes Buch abschließt, zum Verständnis der Umwelt der Insekten gelangen, soweit diese auf das zentrale Leben einwirkt: „In der Lehre von den Tropismen ist uns eine neue experimentelle Basis für die Orientierung der Erscheinungen im Organismenreiche geboten. Wir finden, daß es bei den Tieren keine „Orientierung überhaupt"

gibt, sondern daß es äußere Umstände sind, welche das Tier orientieren, besonders das Licht, die Schwerkraft, der Oberflächendruck
der Körper und vielleicht noch anderes. Wir sehen, daß die Orientierung eines Tieres darin besteht, daß dasselbe in bezug auf irgendeine äußere Kraft im Gleichgewicht steht, wobei dieses Gleichgewicht
sich nicht nur auf die Lage des Organismus, sondern auch auf seine
physiologischen Funktionen bezieht; wir haben gesehen, daß, wenn
die Richtung der wirkenden Kraft geändert wird, auch der Organismus seine Orientierung ändert und den neuen Verhältnissen anpaßt.

Auf Grund dieser Untersuchungen können wir behaupten, daß
der Raum für die Organismen ein System richtender Kräfte ist, von
denen eine jede den Organismus in ein Gleichgewicht gegen sich
stellt. Dieses Gleichgewicht ist die Orientierung des Tieres. Die
Räume verschiedener Organismen sind nicht einander gleich: Während
bei einigen mehr ein Lichtraum entwickelt ist, ist bei anderen ein
Schwerkraftraum und bei anderen ein Flächenraum und wieder bei
anderen ein Druckraum besser ausgebildet; es ist wahrscheinlich,
daß immer mehrere solche Räume bei demselben Organismus vorhanden sind, daß aber hier der eine, dort der andere überhand
nimmt." Rádls interessante Ausführungen würden verständlicher
sein, wenn er an Stelle des Wortes „Raum" das Wort „Umwelt"
gewählt hätte.

Auch die bereits von Darwin aufgeworfene Frage, warum die
Motten wohl in die Kerze, aber nicht in den Mond fliegen, scheint
sich durch Anwendung der Lichtgleichung lösen zu lassen. Der Mond
bescheint große Flächen, die wegen ihrer Extensität in der Lichtgleichung stärker wirken, als sein intensives Licht. Die Kerze vermag
keine so hellen Flächen hervorzurufen, die ihr selbst Konkurrenz
machen könnten, daher bleibt sie in der Lichtgleichung als einziger
wirksamer Faktor übrig und die lichtsuchenden Tiere stürzen in ihr
Verderben.

Die Wirkung heller und dunkler Flächen auf die Retina beider
Augen der Insekten ruft, so scheint es, einen Wettstreit der beiden
Augen, vielleicht auch verschiedener Partien im gleichen Auge hervor,
der durch reflektorische Wirkung auf die Hals- und Flügelmuskeln
den Augen immer neue Stellungen gibt, bis sich ein Kompromiß
ergeben hat, d. h. bis ein labiles Gleichgewicht gefunden ist, bei dem
die von allen Teilen der Retina ausgehenden Wirkungen sich entweder gegenseitig aufheben — dann bleibt das Insekt in der Luft
stehen — oder sich zu einer gemeinsamen Wirkung vereinigen —
dann fliegt das Insekt in einer bestimmten Richtung davon. Ob es
einfach die Ausdehnung der hellen Flecke auf der Retina ist, von
denen jeder eine zum Reizort hinzielende Bewegung zu veranlassen

Libellen.   209

sucht, und dabei in Konflikt gerät mit jenen Bewegungen, die von den anderen Flecken veranlaßt werden — und ob es dabei bloß auf die Zahl der belichteten Retinaelemente ankommt, um den Ausschlag im Wettstreit zu geben — das läßt sich wohl vermuten, aber nicht beweisen.

Wenn in einem Insektenauge alle belichteten Retinakegel reflektorisch auf die Halsmuskeln wirken und diese von allen Seiten schwächere und stärkere Erregungen erhalten, die sie nur insoweit mit Verkürzung beantworten können, als es ihre gleichfalls erregten Antagonisten gestatten, so muß der Kopf des Tieres dadurch eine bestimmte Stelle im Raum einnehmen, der sich auch der übrige Körper anzupassen hat. Es versteht sich von selbst, daß jede passive Drehung des Kopfes die Lichtgleichung stört und daher durch eine entgegengesetzte Bewegung der Halsmuskeln wieder gut gemacht werden muß. Solche Bewegungen nennt man kompensatorische.

Die Einstellung des Auges nach der Lichtgleichung macht die Tiere zu Sklaven ihrer Umgebung. Es werden ihnen durch die Lichtgleichung nur ganz wenige Punkte in der Natur als Aufenthaltsorte angewiesen. So sieht man verschiedene Fliegen und Mücken auf enge Bezirke zusammengedrängt unter Bäumen in einem schmalen Sonnenstrahl schweben.

Die Libellen scheinen unabhängiger von der Lichtgleichung zu sein. Zwar habe ich eine Aeschna beobachten können, die einen ganz bestimmten Wechsel besaß und unermüdlich über eine halbe Stunde die gleichen Büsche in der gleichen Richtung, in der gleichen Höhe umflog. Aber für die stillsitzenden, auf Raub lauernden Bachlibellen dürfte der Nachweis, daß sie ihre Stellung lediglich der Lichtgleichung verdanken, schwer zu führen sein. Trotzdem führt ihr Kopf ausgesprochene Kompensationsbewegungen aus. Jede passive Verschiebung des Körpers nach oben oder unten, nach rechts oder links wird durch eine entgegengesetze Bewegung der Halsmuskeln ausgeglichen. Es ist nicht notwendig, diese Erscheinung auf die Lichtgleichung zurückzuführen, weil eine jede Erregung, die beim Wandern eines Retinaeindrucks über die Nervenendigungen hinweggleitet, eine elektrische Wellenbewegung erzeugt, die an der zentralen Endigung der Optikusfasern ebenso zum Vorschein kommen muß, wie an der retinalen. Diese Wellenbewegung, die in einer durch den äußeren Vorgang gegebenen Richtung über das zentrale Ende des Sehnervenfaserbündels dahingleitet, ist durchaus fähig, in bestimmten zur Bewegungsrichtung gleichgelagerten Fasern des zentralen Netzes eine Erregung durch Induktion hervorzurufen, die dann die zugehörigen Muskeln in Tätigkeit versetzt, während alle anderen Teile des Nervennetzes unberührt bleiben. Auf diese Weise kann eine kompensatorische

210   Libellen.

Bewegung auch ohne Beziehung zur Lichtgleichung zustande kommen.
Die biologische Bedeutung der kompensatorischen Bewegungen ist
sehr groß, denn sie verschaffen dem Tiere, selbst wenn es auf einem
schwankenden Blatte rastet, einen ruhigen Hintergrund, von dem sich
die bewegten Beutetiere mit Sicherheit abheben.

Wie die Gesamtheit der auf der Retina abgebildeten Umrisse der
Gegenstände, wenn sie in Bewegung gerät, einen Reflex auslösen
kann, so kann dies auch ein einzelner Umriß vollbringen. Hier erst
beginnt im strengen Sinne die von Nuel so bezeichnete Motorezeption, d. h. die Wirkung der Bewegung eines Gegenstandes aus der
Umgebung auf das Auge des Tieres. Die Bewegung sämtlicher Umrisse auf der Retina tritt nur ein, wenn die Libelle selbst bewegt ist,
die Bewegung eines Umrisses allein wird stets durch einen vom Tier
unabhängigen Vorgang hervorgerufen. Wenn trotzdem die Bewegung
eines einzelnen Umrisses mit einer kompensatorischen Bewegung beantwortet wird, so hat das den Vorteil, daß die Libelle eine vorbei-
fliegende Beute auf einer bestimmten Stelle der Retina zu fixieren
vermag.

Meist aber tritt ein anderer Reflex ein, die Libelle stürzt sich
auf den bewegten Gegenstand und ergreift ihn, wenn er eine Beute
ist. Ich habe häufig beobachten können, daß Aeschna sich auf ein
langsam herabfallendes kleines Blatt stürzte. Kaum gelangte sie aber
in die Nähe des Blattes, so bog sie ab ohne es zu berühren. Es ist
mir auch gelungen, im Einklang mit den Angaben von Exner,
Aeschna durch das Fliegenlassen von Papierschnitzel zu täuschen, was
bei der gewöhnlichen Seejungfer Caleopteryx keinen Erfolg hatte.

Die Beobachtungen an Aeschna lehren unmittelbar, daß hier
zwei Reflexe vorliegen: ein Reflex, der durch die Bewegung eines
Umrisses auf der Retina hervorgerufen wird, und ein zweiter, der
durch die Form des Umrisses erzeugt wird. Den ersten nennen wir
Moto-, den zweiten Ikonoreflex. Beim normalen Beutefang müssen
die beiden Reflexe, die beim Papierschnitzelversuch so deutlich aus-
einanderfallen, sich gegenseitig ergänzen und eine einheitliche Handlung hervorrufen. Der Motoreflex erzeugt das Hinstürzen, der Ikonoreflex das Zufassen. Beide zusammen bilden den Beutefang.

Ich nehme an, daß der Ikonoreflex ähnlich dem Motoreflex
zustande kommt. Jeder Umriß, der auf der Retina entworfen ist,
erzeugt in allen jenen Nervenendigungen, die er mit seiner Fläche
bedeckt, eine Nervenerregung, die sich bis an das zentrale Ende des
Optikusbündels fortsetzt. Die erregte Fläche auf der zentralen Ebene
des Bündels vermag dank ihrer elektrischen Eigenschaften eine In-
duktionswirkung auf das zentrale Netz auszuüben, vorausgesetzt, daß
sich daselbst eine Fasernanordnung befindet, die der Form der er-

Libellen.   211

regten Fläche entspricht. Diesen den Umrissen der Gegenstandsbilder auf der Retina entsprechend geformten zentralen Bahnenkomplex nenne ich ein Schema und behaupte, daß gerade so viel Gegenstandsarten der Umgebung vom Tier unterschieden werden, als Schemata in seiner Gegenwelt vorhanden sind.

Es ist hier der geeignete Ort, eine kurze Übersicht über die Wirkung des Lichtes und die Gegenwirkung der Organismen zu geben. Bei den Tieren, die keine optischen Apparate besitzen, kann nur die Intensität des Lichtes wirksam sein. Auf unseren Körper z. B. wirkt nur die Intensität des Sonnenlichts, das eine Seite beleuchtet, während die andere im Schatten liegt. Ob und welche beleuchteten Flächen oder Gegenstände sich in unserer Umgebung befinden, kann unser Körper nicht wahrnehmen, es sei denn, daß ein Schatten auf ihn fiele. Dementsprechend antwortet Centrostephanus nur auf die Beleuchtung irgendeiner Partie seines Körpers und auf Schatten. Jede sonstige Lichtwirkung geht an ihm spurlos vorbei.

Erst der Besitz eines optischen Apparates, der ein Bild zu entwerfen vermag, befähigt das Tier, auf die beleuchteten Flächen der Umgebung zu reagieren und in eine Lichtgleichung einzutreten. Auch werden Bewegungen wahrgenommen. Der Besitz eines optischen Apparates ist wohl ein Hinweis dafür, daß die Tiere bereits Bewegungen, nicht aber, daß sie Bilder in Erregung zu verwandeln vermögen. Diese Einsicht erleichtert uns auch das Verständnis dafür, daß z. B. die Pilgermuschel Hunderte von ausgebildeten Augen besitzt, obgleich sie bei ihrem schwerfälligen Schwimmen gar nicht fähig ist, auf ein Ziel loszusteuern, und in ihrem allereinfachsten Nervennetz keine Gegenwelt beherbergt. Sie schwimmt auch gar nicht nach einem bestimmten Ziel hin, sondern nur vom Feinde fort[1]).

Sehr bald zeigen sich, wenn wir uns den Krebsen zuwenden, die ersten Wirkungen der Farben und der einfachsten Formen. Damit ist dann der Weg gebahnt, auf dem durch Ausgestaltung der Gegenwelt eine immer eingehendere Erforschung der Umgebung möglich wird, indem sich eine immer reichere Umwelt ausbildet. Wir haben gesehen, in welch interessanter Weise die Wirkung der eigenen und der fremden Bewegung mit der Bildwirkung zusammenklingen, um bei den Libellen die komplizierte Handlung des Beutefangs zu ermöglichen.

Man kann die Entwicklung der optischen Umwelt bei den Tieren sich am anschaulichsten zum Bewußtsein führen, wenn man einem Maler zusieht, der das Bild einer Landschaft entwirft. Erst entwirft er die großen Flächen, die dem Bild eine Art Lichtgleichung geben.

---

[1]) Im übrigen ist zu hoffen, daß wir über die großen Fortschritte in der Lichtkunde, die wir vor allem v. Fritsch, Kühn und v. Buddenbrock verdanken, eine zusammenfassende Darstellung erhalten.

14*

212   Libellen.

Wenn er der Flächenwirkung ganz sicher ist, setzt er immer neue
Farbentöne, immer genauere Umrisse ein, bis schließlich farbige, beleuchtete Gegenstände vor uns entstehen.

Bei den Libellen nimmt die Gegenstandswelt bereits einen breiten
Raum ein, und weil das reichere Hilfsmittel immer das geringere verdrängen wird, beginnt bei ihnen die Wirkung des Lichtfeldes bereits
abzublassen. Es ist zweifelhaft, ob die Libellen bloß eine zentrale
Umwelt besitzen, die aus Lichtfeldern und Flecken besteht, oder ob
sie in einer zerebralen Umwelt leben, in der sich bereits Rasen, Busch
und Wasser befinden. Freilich muß man sich bei Anwendung dieser
Worte bloß an das ungefähre Aussehen dieser Gegenstände halten
und durchaus vergessen, was wir sonst von diesen Dingen wissen.

Da wir leider keine Aussicht haben, die Schemata der Gegenwelt
in den zerebralen Hirnpartien kennen zu lernen, sind wir darauf angewiesen, durch Vereinfachung der Gegenstände, auf welche die
Insekten mit Sicherheit reagieren, die notwendigen Faktoren sowohl
der Form, wie der Farbe, wie der Bewegung experimentell festzustellen.
Wie weit darf ein bestimmtes Beutetier vereinfacht werden, damit es
von einer Libelle noch mit Sicherheit ergriffen wird? Ich glaube, hier
eröffnen sich hochinteressante Versuchsreihen. Man braucht nur an
die künstlichen Fliegen zu denken, die aus ein paar Federn hergestellt
werden und dennoch den Anglern vortreffliche Dienste leisten. Diese
von der Praxis gelieferten Erfahrungen sollte man im Sinne einer
möglichst weitgehenden Vereinfachung weiter ausbilden, um auf diese
Weise eine Anschauung der tierischen Merkwelt zu erhalten, von der
aus man auf die Gegenwelt zurückschließen kann.

Das Gehirn der Libellen ist seiner Kleinheit wegen zu Reizver-
suchen wenig geeignet, daher lassen sich die zerebralen Partien schwer
von den zentralen abgrenzen. Doch gibt die Reizung des Gehirnes
immerhin einige interessante Resultate. Bemerkenswert ist es, daß das
Schlagen mit den Flügeln, wenn es durch Hirnreizung ausgelöst wird,
die Reizung um ein beträchtliches überdauert, im Gegensatz zur
Reizung der unter den Flügeln gelegenen Bauchstrangganglien, die
den Flügelschlag nur so lange hervorruft, als die Reizung dauert.
Eine geköpfte Libelle läßt auf Druckreizung ihres letzten Abdominal-
gliedes die Unterlage los, an der sie sich festgeklammert hat, und
beginnt mit den Flügeln zu schlagen. Der Flug endet aber sofort
nach Aufhören des Druckreizes. Eine normale Libelle läßt auf den
gleichen Reiz gleichfalls die Unterlage fahren und fliegt davon, sie hört
aber mit dem Flügelschlag erst auf, nachdem sie sich wieder gesetzt
hat. Das beweist, daß in den Ganglien des Bauchstranges der gesamte
nervöse Apparat, der die Flügelbewegungen beherrscht, fertig vorliegt
und mit dem Apparat für die Entklammerung fest verbunden ist.

Libellen.   213

Der zentrale Flugapparat kann von jeder Erregungswelle in Tätigkeit versetzt werden, gleichgültig, welcher Rezeptor den Reiz empfangen hat. Das Gehirn besitzt außerdem ein Erregungsreservoir, das nach Reizung des Auges dauernd in Tätigkeit tritt und so lange den Flugapparat mit Erregungswellen versorgt, bis es durch den erneuten Klammerreflex der Füße still gestellt wird. Wie diese Verkoppelung von Stillstellung der Flugbewegung mit dem Klammerreflex zustande kommt, dafür besitzen wir auch einen Hinweis. Es zeigt sich nämlich, daß eine geköpfte Libelle einen dauernden Klammerreflex besitzt, der nur während der Flugbewegung ausgeschaltet wird. Eine normale Libelle zeigt den Klammerreflex nur vorübergehend. Daraus geht hervor, daß im Gehirn eine Bremsvorrichtung für den Klammerreflex vorhanden ist. Eine solche Bremsvorrichtung stellen wir uns nach Analogie mit Aplysia als ein Erregungsreservoir mit tiefem Niveau vor, das dauernd den Erregungsüberschuß der ihm unterstellten Ganglien absaugt. Es muß dieses Reservoir mit tiefem Niveau, das den Klammerreflex aufhebt, irgendwie mit dem Reservoir mit hohem Niveau, das die Flugbewegungen hervorruft, verkoppelt sein, um das exakte Ineinandergreifen beider Reflexe nach Beendigung des Fluges zu gewährleisten; während die Ausschaltung des Klammerreflexes beim Beginn des Fluges eine spezielle Vorrichtung in den Bauchstrangganglien verlangt.

Der Gang wird von einem der beiden Vorderbeine eingeleitet. Die Hinterbeine folgen dem wechselnden Zug der Vorderseite nach dem allgemeinen Gesetz der Erregungsleitung. Infolgedessen braucht man für die Ganglien der Hinterbeine bloß ein nervöses Netz anzunehmen, in das besondere Bahnen für den Klammerreflex einmünden. Die Vorderbeine sind für den normalen Gang unerläßlich, sie dienen ferner zum Putzen des Kopfes.

Die Flugbewegungen sind von Lendenfeld in eingehender Weise analysiert worden. Die Darstellung seiner Resultate ist aber selbst mit seinen Abbildungen schwer verständlich. Es wäre sehr zu wünschen, daß die ausgezeichnete Arbeit Lendenfelds durch chronophotographische Bilder noch nachträglich illustriert würde.

Die Bewegungen des elfgliedrigen Abdomens sind mannigfach und dienen verschiedenen Aufgaben. Das Ein- und Ausschieben der Bauchplatten dient der Atmung. Beim Fliegen ist das Abdomen gerade weggestreckt und dient als Balancierstange. Seitliche Bewegungen wirken bei der Steuerung mit und können durch Hirnreizung ausgelöst werden. Die Rolle des Abdomens bei der Begattung ist fein reguliert und von großer Präzision. Die nervöse Grundlage dafür ist leider noch völlig unbekannt.

Betrachten wir die Libelle als ein Ganzes, so fällt uns zunächst

214   Libellen.

die große Mannigfaltigkeit ihrer verschiedenen Glieder in die Augen.
Nur die Seeigel haben einen ähnlichen Reichtum an Organen auf-
zuweisen. Alle Organe der Seeigel sind aber im Gegensatz zu den
Libellen in so großer Anzahl vorhanden, daß jede Erregung, die ins
allgemeine Nervennetz eintritt, überall, wohin sie sich auch wenden
möge, alle Organe vorfindet, die dann nach ihrer Bauart verschieden
auf die Erregung reagieren.   So ist durch die räumliche Anordnung
der Reflexpersonen bereits der zeitliche Ablauf ihrer Handlungen mit
bestimmt. Das gleiche ist bei all den Tieren der Fall, die aus lauter
gleichartigen hintereinander liegenden Segmenten bestehen.   Auch hier
braucht die Erregung keine besonderen Wege einzuschlagen; seiner
räumlichen Anordnung entsprechend antwortet ein Segment nach dem
anderen, wenn der Erregungsstrom im zentralen Netz an ihm entlang
fließt.   Eine gewisse Regulierung des Erregungsstromes kann hierbei
durch Einfügung eines Erregungstales oder gewisse ventilartige Einrichtungen in den Hauptbahnen herbeigeführt werden. Zur Errichtung
einer Zentralstelle, von der jedes einzelne Organ direkt abhängig
wäre, liegt in diesen Fällen weder das Bedürfnis, noch die strukturelle
Möglichkeit vor.

Anders sind die Verhältnisse, wenn zwar gleichfalls verschiedenartige Reflexorgane vorliegen, die aber nur in wenig Exemplaren vorhanden sind und diese, obgleich sie nicht nach Funktionen gruppiert
sind, dennoch gemeinsame Handlungen vollführen müssen. In diesem
Fall befinden sich sowohl die Kephalopoden wie die Libellen.   Die
Kephalopoden helfen sich, indem sie aus jedem peripheren Reflex-
organ je ein zum Ablauf des Reflexes notwendiges Zentrum entfernen
und aus diesen Zentren räumlich verbundene Gruppen im Gehirn
bilden. Diese Gruppen von Zentren werden von den Erregungen,
die ihnen aus den Zerebralganglien zufließen, gemeinsam getroffen
und erzeugen in ihren Organen eine gemeinsame Handlung.   Auf
diese Weise sorgt wiederum die räumliche Anordnung der Struktur
für den zeitlichen Ablauf der Handlung.

Bei den Libellen ist ein anderer Weg eingeschlagen worden.
Die Reflexorgane bleiben in der Peripherie ungeteilt bestehen. Skelett,
Muskeln, Nerven und Zentren verharren in ihrem Zusammenhang,
kleinen, durchgebildeten Apparaten ähnlich, die bloß eines Anstoßes
bedürfen, um tadellos in Gang zu kommen.   Aber der Anstoß geht
nicht mehr direkt von den rezeptorischen Zentralteilen aus, sondern
von besonderen Apparaten, welche die Fähigkeit haben, die Erregungs-
dauer zu verlängern oder zu verkürzen. Diese besonderen zentralen
Reservoire sind wiederum räumlich miteinander verbunden und so
wird auch hier schließlich die räumliche Anordnung der Struktur
maßgebend für den zeitlichen Ablauf der Handlung.

Es herrschen also durchgehend rein maschinelle Strukturverhält-
nisse vor, wie bei einer Drehorgel der zeitliche Ablauf des Musik-
stückes durch die räumliche Anordnung der Stifte an der Walze
bestimmt ist.

Die Libellen gleichen in der Dezentralisation ihrer Reflexorgane
den niederen Wirbellosen mehr als den Kephalopoden. Auch bei
ihnen sind die Repräsentantengruppen, mögen sie in sich noch so
kompliziert sein, unmittelbar an das allgemeine Nervennetz angeschlossen.
Aber durch die Einfügung der Gehirnreservoire, welche die Dauer des
Erregungsablaufes beherrschen, gewinnen sie eine Unabhängigkeit von
ihrer Umgebung, die die niederen Tiere nicht besitzen. Bei einem
Seeigel oder Schlangenstern bestimmen die Intensität des Reizes und
die äußeren mechanischen Hindernisse die Dauer des Erregungsablaufes im Inneren. Bei den Libellen ist die Dauer des Erregungsablaufes einem inneren Faktor unterstellt. Auch der Sipunkulus ist
in seinen Bewegungen von der Umgebung unabhängig, denn er besitzt Reservoire der statischen Erregung, die sein Nervennetz an-
haltend mit Erregung zu speisen vermögen, genau wie bei der Libelle.

Bei der Libelle aber unterstehen die Erregungsreservoire ihrerseits den rezeptorischen Zentren der Gegenwelt. Durch diese beiden
Faktoren gewinnt die Libelle erstens eine Unabhängigkeit von der
Stärke des jeweiligen Reizes, und zweitens eine neue Abhängigkeit
vom Zustand ihrer Umgebung, welche durch das Auge auf die zentralen wie zerebralen Teile des Gehirnes einzuwirken vermag. So ist
die Libelle trotz ihrer Unabhängigkeit doch wiederum in ihre Umwelt
eingehängt, die sich dank ihren zerebralen Fähigkeiten sehr erweitert
und verfeinert hat. Gewiß ist sie im Verlauf ihres Lebens völlig von
dieser Umwelt abhängig. Aber ihre Umwelt ist wiederum bis in alle
Einzelheiten ihr eigenes Werk. So gleicht ihr Dasein durchaus nicht
einer Knechtschaft, welche ihr der sogenannte Kampf ums Dasein
aufzwingt, sondern vielmehr dem freien Wohnen im eigenen Haus.

Der Beobachter.

Die Hauptschwierigkeit bei allen biologischen Untersuchungen
besteht darin, daß der Forscher seine Stellung als außenstehender
Beobachter der Vorgänge genau kennt und nicht verläßt.

Es ist uns völlig unmöglich, in das bewußte Seelenleben irgend-
eines Lebewesens außer uns selbst einen unmittelbaren Einblick zu
gewinnen. Das wird wohl ohne weiteres zugegeben. Dagegen bemühen sich die vergleichenden Psychologen mittelbar durch Analogie-

schlüsse Aussagen über das Bewußtsein der Tiere zu tun. Sie berufen sich darauf, daß wir im Verkehr mit unseren Mitmenschen
stets aus ihren Äußerungen auf ihr bewußtes Seelenleben schließen,
und folgern daraus, daß wir mit einiger Kritik das gleiche Verfahren
auch den Tieren gegenüber anwenden dürfen.

Diese Folgerung ist für die Biologie nicht maßgebend. Der
Biologe befaßt sich nur mit den objektiven Veränderungen im Tierreich, weil nur diese dem außenstehenden Beobachter zugänglich sind.
Wer über die Bewußtseinsvorgänge eines Tieres Feststellungen macht,
verläßt seinen Posten und versetzt sich in die Seele des Tieres.

Was wir als außenstehende Beobachter allein feststellen können,
sind die sinnlich wahrnehmbaren Einwirkungen der Außenwelt auf
den Körper der Tiere und seine gleichfalls sinnlich wahrnehmbaren
Gegenwirkungen auf die Außenwelt. Daher ist nur der Körper der
Tiere das uns allein zugängliche Forschungsobjekt und nicht ihr Bewußtsein.

Der Körper der Tiere stellt einen durchaus geschlossenen Mechanismus dar wie alle Maschinen.   Er unterscheidet sich aber von
den Maschinen durch ganz bestimmte übermaschinelle Eigenschaften.
Während jede Maschine ein von außen her geschaffenes Gefüge besitzt, das vollkommen zwangläufig arbeitet, besitzt der Körper eines
jeden Lebewesens ein sich selbst gestaltendes und dauernd umgestaltendes Gefüge, das zudem die Fähigkeit besitzt, Schäden, die ihm
von außen zugefügt werden, auszugleichen.

Wie wir gesehen haben, beruhen die übermaschinellen Fähigkeiten
der Lebewesen auf dem Besitz von Protoplasma. Als einzige Substanz
erfüllt das Protoplasma jeden Keim eines Lebewesens. Der protoplasmatische Keim erfährt erst mannigfache Umgestaltungen, dann
aber kristallisiert sozusagen das eigentliche Körpergefüge aus dem
Protoplasma heraus und liefert das fertige Tier. Das Protoplasma
geht aber niemals völlig in das Körpergefüge über, sondern erhält
sich als wichtiger Rest in allen Körperzellen, deren Mikrogefüge es
überwacht und im Notfall wiederherstellt.

Die gesamte Tätigkeit des Protoplasmas bildet einen in sich abgeschlossenen Teil der Biologie, den ich als „Technische Biologie"
bezeichne. Die technische Biologie umfaßt die eigentlichen Lebensgesetze, während die mechanische Biologie die Gesetze erforscht, die
bei den Lebewesen die gleichen sind wie bei den Maschinen.

Die mechanische Biologie kann daher erst einsetzen, wenn die
technischen Gesetze ihr Werk der Hauptsache nach vollendet haben,
d. h. in dem Augenblicke, wenn das Körpergefüge ausgebildet dasteht.
Aber auch dann sind der mechanischen Biologie alle diejenigen Vorgänge verschlossen, die eine Umgestaltung des Gefüges betreffen, so

besonders im Gehirn der höheren Tiere, das in steter Umbildung begriffen ist.

Wenn es demnach berechtigt erscheint, den Mechanismus des ausgebildeten Tierkörpers mit dem Mechanismus der Maschinen auf die gleiche Stufe zu stellen, weil sie beide den gleichen mechanischen, physikalischen und chemischen Gesetzen gehorchen, so ist es dennoch gänzlich unberechtigt, ihre Leistungen einander gleich zu setzen.

Eine jede Maschine ist von einem Menschen erbaut. Der menschliche Baumeister schuf sie für eine menschliche Leistung und setzte sie in eine menschliche Welt.

Das Protoplasma, das einen Regenwurm schuf, schuf ihn für eine Regenwurmleistung und setzte ihn in eine Regenwurmwelt.

Nur in der Menschenwelt ist die Leistung einer Maschine verständlich. Nur in der Regenwurmwelt verstehen wir die Leistung des Regenwurms.

Will daher die mechanische Biologie etwas mehr sein als eine bloße Mechanik der Tierkörper, so muß sie vor allem eine Anschauung der Umwelt des Tieres gewonnen haben, dessen Leistung sie untersucht.

Hier beginnen die ersten ernsthaften Schwierigkeiten für den beobachtenden Biologen. Er muß sich von der Vorstellung befreien, als sei seine menschliche Umwelt auch die allgemein gültige für die Tiere. Es wird von ihm verlangt, daß er seine Welt in ihre Elemente zerlege (was nicht ohne gründliche erkenntniskritische Studien möglich ist), denn er muß feststellen können, welche Elemente seiner Welt als Merkmale für die Tiere dienen. Es wird weiter von ihm verlangt, zu prüfen, ob die Eigenschaften seiner Welt, die von den Effektoren der Tiere behandelt werden, nur in der Wirkungswelt des Tieres vorhanden sind, oder ob sie auch in die Merkwelt des Tieres eintreten.

Es ist zweifellos richtig, wenn wir sagen, in der Welt der Mücke gibt es nur Mückendinge. Wie aber die Mückendinge gestaltet sind, das verlangt eine genaue Untersuchung. Der wichtigste effektorische Apparat der Mücke, nämlich ihr Stachel, ist für unser Blut gebaut. Von unserem Blut aber erfahren die Rezeptoren der Mücke keine Einwirkung; dafür ist es der Duft unserer Hautdrüsen, der auf sie einwirkt. Die Hautdrüsen und das Blut des Menschen sind durch das anatomische Gegengefüge der menschlichen Haut miteinander verknüpft, das wohl innerhalb des Funktionskreises der Mücke liegt, aber gänzlich außerhalb jeder Merkmöglichkeit für den Mückenorganismus gelegen ist.

Das was im Bauplan des Tieres als notwendiges äußeres Korrelat mit enthalten ist, ohne jemals in die Merkwelt des Tieres zu treten,

Der Beobachter.

muß der Beobachter aus der ihm zugänglichen Außenwelt mit heraus-
schneiden, wenn er eine vollständige Übersicht über die Umwelt des
Tieres erhalten will. Die schwierigen Probleme, die sich hierbei ergeben, müssen erst vollständig gelöst sein, ehe man auf ein wirkliches
Verständnis für die Leistungen der Tiere rechnen darf.

Dem Maschineningenieur sind diese Probleme gänzlich unbekannt,
dem Biologen müssen sie aber immer gegenwärtig sein. Deshalb
wird er gut daran tun, sich die folgenden Grundsätze der Biologie
einzuprägen.

1. Ein jedes Tier bildet den Mittelpunkt seiner Umwelt, der es
als selbständiges Subjekt gegenübertritt.

2. Die Umwelt eines jeden Tieres kann in eine Merkwelt und
eine Wirkungswelt zerlegt werden, die durch die Innenwelt des Körpers zu einem Ganzen vereinigt werden.

3. In der Umwelt eines jeden Tieres gibt es nur Dinge, die
diesem Tier ausschließlich angehören.

4. Die Dinge in der Umwelt des Tieres erscheinen dem außenstehenden Beobachter als einheitliche Objekte, während nur unzu-
sammenhängende Eigenschaften der Dinge einerseits in die Merkwelt,
andererseits in die Wirkungswelt des Tieres eintreten.

5. Die Funktionskreise der Tiere beginnen mit den Merkmalseigenschaften der Objekte, erstrecken sich durch die Innenwelt des
Körpers und treten mit den Effektoren wieder an das Objekt heran.

6. Dadurch wird das Objekt einerseits zum Merkmalsträger, andererseits zum Wirkungsträger für das Tier.

7. Merkmalsträger und Wirkungsträger fallen immer im gleichen
Objekt zusammen.

8. Merkmalseigenschaften und Wirkungsflächen des Objektes werden durch ein Gegengefüge zusammengehalten.

9. Das Gegengefüge des Objektes ist im Bauplan des Subjektes
mit enthalten, obgleich es niemals in direkte Beziehung zu dem
Körper des Subjektes tritt.

10. Die Funktionskreise bilden, sobald sie in Tätigkeit treten,
stets einen in sich geschlossenen Mechanismus, der das Gegengefüge
mit einschließt.

11. Die Tätigkeit eines jeden Funktionskreises endigt mit der
Ausschaltung des Merkmalträgers aus der Umwelt.

12. Die Umwelt ist erst dann wirklich erschlossen, wenn alle
Funktionskreise (des Mediums, der Beute, des Feindes und des Ge-
schlechtes) umschritten sind.

13. Jede Umwelt eines Tieres bildet einen sowohl räumlich wie
zeitlich, wie inhaltlich abgegrenzten Teil aus der Erscheinungswelt
des Beobachters.

Der Beobachter.   219

14. Der Beobachter vermag die Merkmale, die auf das Tier ein-
wirken, nur als Eigenschaften seiner Erscheinungswelt, die seinen
Empfindungen entsprechen, zu erkennen. Die Empfindungen der
Tiere bleiben ihm immer verborgen.

15. Jedes Tier trägt seine Umwelt wie ein undurchdringliches
Gehäuse sein Lebtag mit sich herum.

16. Das gleiche gilt für die Erscheinungswelt des Beobachters,
auch diese schließt ihn, da sie seine Umwelt darstellt, völlig vom
Universum ab.

17. In der Erscheinungswelt des Beobachters befindet sich sein
Raum und seine Zeit mit eingeschlossen. In ihr befindet sich der
Himmel, der den Horizont umgrenzt mit Sonne, Mond und Sternen
als sein ausschließliches Eigentum, ferner der Erdboden mit Menschen,
Tieren und Pflanzen, soweit seine Sinne reichen.

18. Einen allgemeinen absoluten Raum und eine allgemeine absolute Zeit, die alle Lebewesen umschließen, gibt es nicht.

19. Die Erscheinungswelt eines jeden Menschen gleicht ebenfalls
einem festen Gehäuse, das ihn von seiner Geburt bis zum Tode
dauernd umschließt.

20. Das Entstehen und Vergehen dieser Welten ist das letzte
Problem, auf das die Wissenschaft mit unfehlbarer Sicherheit zustrebt.

21. Von den Gesetzen, die das Leben schaffen und vernichten,
können wir nur sagen, daß eine allumfassende Planmäßigkeit ihnen
zugrunde liegt, die sich in der vollkommenen Einpassung eines jeden
Lebewesens in seine Umwelt am deutlichsten ausspricht.

Literatur.

Nach einer oberflächlichen Schätzung würde ein Forscher, der seine ganze Arbeitszeit der Lektüre der anatomischen Literatur widmen wollte, zwei bis drei Jahrhunderte beschäftigt sein, um bis zu den heutigen Arbeiten vorzudringen. Mit der biologischen Literatur wird es in absehbarer Zeit ebenso bestellt sein. Deshalb soll eine Übersicht der Literatur immer nur eine Auswahl darstellen. So macht denn die folgende Aufzählung keineswegs Anspruch auf Vollständigkeit, sondern gibt nur die Arbeiten an, die mir als besonders wichtig erschienen.

Für das Kapitel Protoplasmaproblem brauche ich nur auf die Literaturübersicht zu verweisen, die Biedermann in den Ergebnissen der Physiologie (1909) gegeben hat.

Amoeba terricola.

Die Literatur der Einzelligen findet sich in seltener Vollständigkeit in:
Jennings: Behavior of lower animals. New York, Columbia university press 1906.
Dellinger: Locomotion of Amoeba. Journ. exp. Zool., Vol. III, 1906.

Paramaecium caudatum.

Nierenstein: Beiträge zur Ernährungsphysiologie der Protisten. Verworns Zeitschr. 1905.
Jennings: Behavior of lower animals 1906.
Balbiani: Observation sur le Didinium nasutum. Arch. Zool. Exp., Vol. 2, 1873.
Mast: The reactions of Didinium nasutum. Biol. Bull., XVI, 1909.
Thon: Über den feineren Bau von Didinium. Protistenkunde, Bd. 5—6, 1905.

Aktinien.

Lulu Allenbach: Some points regarding the behavior of Metridium. Biol. Bull., X, 1905.
Andres: Die Aktinien. Fauna und Flora des Golfes von Neapel, IX, 1884.
Bohn: Introduction à la psychologie des Animaux à symétrie rayonnée. Bull. Instit. général Psychol. 1907.
O. und R. Hertwig: Die Aktinien. Jen. Zeitschr. f. Mediz. u. Naturw.. Bd. 13 und 14, 1880.
Jennings: Modifiability in Behavior I, Behavior of Sea Anemons. Journ. Exp. Zool., Vol. II, 1905.
Jordan: Über reflexarme Tiere II. Verworns Zeitschr., Bd. 8, 1908.

Literatur.   221

Loeb: Zur Physiologie und Psychologie der Aktinien. Pflügers Archiv, Bd. 59, 1894.
Nagel: Experimentelle sinnesphysiologische Untersuchungen an Coelenteraten. Pflügers Archiv, Bd. 57, 1894.
Parker, The Reactions of Metridium to food and other Substance. Bull. Mus. comp. Zool. Starv. Coll., XXIX, 1896.
— The reversal of the effective stroke of the labial cilia of Sea Anemones by Organic substances. Am. Journ. Phys., Vol. XIV, 1905.
— The reversal of ciliary-movements in Metazoans. Am. Journ. Phys., Vol. XIII, 1905.
Piéron: Contribution à la psychologie des Actinies. Bull. de l'Instit. gén. Psychol., Vol. VI, 1906.
Uexküll: Résultats des recherches sur les tentacules de l'Anemonia sulcata. Bull. Inst. Océanogr. Monaco 1909.

Medusen.

Berger: Physiology and Histology of the Cubomedusae. Mem. Biol. Lab. S. Hopkins Univ. Bolt., Vol. 4, 1900.
Bethe: Allgemeine Anatomie und Physiologie des Nervensystems. Leipzig, Thieme, 1903.
Eimer: Zoologische Untersuchungen. Verh. Physik.-Mediz. Ges. Würzburg, Bd. 6, 1874.
Eisig: Biologische Studien X. Medusenfressende Fische. Kosmos, Bd. 1, 1884.
Loeb: Einleitung in die vergleichende Gehirnphysiologie. Leipzig 1899.
Maas: Reizversuche an Süßwassermedusen. Verworns Zeitschr. 1907.
Nagel: Experimentelle sinnesphysiologische Untersuchungen an Coelenteraten. Pflügers Archiv, Bd. 57, 1894.
Romanes: Observations on the locomotor System of Medusae. Phil. Trans., Vol. 166, 1876, und Vol. 167, 1877.
Uexküll: Die Schwimmbewegungen von Rhizostoma pulmo. Mitteil. der Zool. Station Neapel, Bd. 14, 1901.
Yerkes: A Contribution to the Physiology of the Nervous System of Medusa Gonionemus Murbachii, I. Amer. Journ. Phys., Bd. 6, 1902. Part. II, Bd. 7, 1902.
— A study of the reaction Time of the Medusa. Amer. Journ. Phys., Bd. 9, 1903.

Seeigel — Herzigel — Schlangensterne.

Frédericq: Contribution à l'étude des Echinides. Arch. Zool. Exp. 1876.
Glaser: Movement and Problem solving in Ophiura. Journ. Exp. Zool. 1907.
Hamann: Beiträge zur Histologie der Echinodermen. Jena, Fischer, 1887.
— Echinodermen (mit Ludwig). Bronns Klassen und Ordnungen. Leipzig 1901.
Preyer: Über die Bewegungen der Seesterne. Mitteil. der Zool. Station Neapel, Bd. 7, 1886.
Romanes and Ewart: Observations on the locomotor system of Echinodermata. Phil. Trans., London 1881.
Sarasin: Die Augen und das Integument der Diadematiden. Ceylon, Teil I, 1887/88.
Uexküll: Der Schatten als Reiz für Centrostephanus. Zeitschr. f. Biol., Bd. 34, N. F. XVI, 1897.
— Über die Funktion der Poli'schen Blasen. Mitteil. der Zool. Station Neapel, Bd. 12, 1896.

222   Literatur.

Uexküll: Über Reflexe bei den Seeigeln. Zeitschr. f. Biol., Bd. 34, N. F. XVI.
— Die Physiologie der Pedizellarien. Zeitschr. f. Biol., Bd. 37, N. F. XIX,
    1899.
— Die Physiologie des Seeigelstachels. Zeitschr. f. Biol., Bd. 39, N. F. XXI,
    1900.
— Die Wirkung von Licht und Schatten auf die Seeigel. Zeitschr. f. Biol.,
    Bd. 40, N. F. XXII, 1900.
— Die Bewegungen der Schlangensterne. Zeitschr. f. Biol., N. F. XXVIII.
— Die Herzigel. Zeitschr. f. Biol., Bd. 49, N. F. XXXI.

Sipunculus.

Andrews: Notes on the anatomy of Sipunculus. Biol. Lab. S. Hopkins Univ.
    Baltimore, Bd. 4, 1887.
Mack: Das Zentralnervensystem von Sipunculus nudus. Zool. Institut, Wien
    und Triest, Bd. 13, 1902.
Metalnikoff: Sipunculus nudus. Zeitschr. wissensch. Zool., Bd. 68, 1900.
Magnus: Pharmakologische Untersuchungen am Sipunculus nudus. Archiv f.
    exp. Path. u. Pharm., Bd. 50.
Uexküll: Zur Muskel- und Nervenphysiologie des Sipunculus nudus. Zeitschr.
    f. Biol., Bd. 33, 1896.
— Der biologische Bauplan von Sipunculus. Zeitschr. f. Biol., Bd. 44, 1903.

Blutegel.

Biedermann: Studien zur vergleichenden Physiologie der peristaltischen Be-
    wegungen I. Pflügers Archiv, Bd. 102, 1904.
Bethe: Ein neuer Beweis für die leitende Funktion der Neurofibrillen. Pflügers
    Archiv, Bd. 122, 1908.
Carlet: Compt. rend. 1883.
Guillebeau und Luchsinger: Fortgesetzte Studien zu einer allgemeinen
    Physiologie der irritabelen Substanzen. Pflügers Archiv, Bd. 28, 1882.
Uexküll: Die Blutegel. Zeitschr. f. Biol., Bd. 46, N. F. XXVIII, 1905.

Regenwurm.

Adams: On the negative and positive Phototropism of the Earth-worm. Amer.
    Journ. Phys., Vol. IX, 1903.
Biedermann: Studien zur vergleichenden Physiologie der peristaltischen Be-
    wegungen I. Pflügers Archiv, Bd. 102, 1904.
Ch. Darwin: Die Bildung der Ackerkrume durch die Tätigkeit der Regen-
    würmer.
Eisig: Ichthyotomus sanguinarius. Fauna und Flora des Golfes von Neapel.
    Bd. 28, 1906.
Friedländer: Über das Kriechen des Regenwurmes. Biol. Zentralbl., Bd. 8.
— Beiträge zur Physiologie des Zentralnervensystems und der Bewegungs-
    mechanismus der Regenwürmer. Pflügers Archiv, Bd. 58, 1894.
Elise Hanel: Ein Beitrag zur „Psychologie" der Regenwürmer. Verworns
    Zeitschr. 1904.
Hesse: Untersuchungen über die Organe der Lichtempfindung. I. Lumbriciden.
    Zeitschr. f. wissensch. Zool. 1896.
Jennings: Factors determining direction and character of movement in the
    Earthworm. Journ. Exp. Zool., Vol. III, 1906.

Literatur.   223

Loeb: Beiträge zur Gehirnphysiologie der Würmer. Pflügers Archiv, Bd. 56,
    1894.
Normann: Dürfen wir aus den Reaktionen niederer Tiere auf das Vorhanden-
    sein von Schmerzempfindung schließen? Pflügers Archiv 1897.
Parker and Atkin: The directive Influence of light on the Earthworm.
    Amer. Journ. Phys., Bd. 4, 1901.
Parker and Metcalf: The reactions of the Earthworm to salts. Amer. Journ.
    Phys., Vol. XVII, 1906.
Straub: Zur Muskelphysiologie des Regenwurms. Pflügers Archiv, Bd. 79,
    1900.

Pilgermuschel.

Nayons-Uexküll: Die Härte der Muskeln. Zeitschr. f. Biol. 1911.
Uexküll: Die Pilgermuschel. Zeitschr. f. Biol. 1912.

Cyona intestinalis.

A. Fröhlich: Beitrag zur Frage der Bedeutung des Zentralganglions bei Cyona
    intestinalis. Pflügers Archiv, Bd. 95, 1903.
Jordan: Über reflexarme Tiere. Verworns Zeitschr., Bd. 7, 1907.
Loeb: Untersuchungen zur physiologischen Morphologie der Tiere. Teil II.
    Würzburg 1891.
— Einleitung in die vergleichende Gehirnphysiologie. Leipzig 1899.
Magnus: Die Bedeutung des Ganglions bei Cyona intestinalis. Mitteil. der
    Zool. Station Neapel, Bd. 15, 1902.

Aplysia limacina.

Bethe: Allgemeine Anatomie und Physiologie des Nervensystems. Leipzig,
    Thieme, 1903.
Biedermann: Studien zur vergleichenden Physiologie der peristaltischen Be-
    wegungen. Teil I. Pflügers Archiv, Bd. 102, 1904. Teil II. Pflügers
    Archiv, Bd. 107, 1905. Teil III. Pflügers Archiv, Bd. 111, 1906.
Jordan: Die Physiologie der Lokomotion bei Aplysia limacina. Inaugural-
    Dissertation. Oldenbourg, München 1901.
— Untersuchungen zur Physiologie des Nervensystems bei Pulmonaten. Teil I.
    Pflügers Archiv, Bd. 106, 1905. Teil II. Pflügers Archiv, Bd. 110, 1905.
— Über reflexarme Tiere. Teil I. Verworns Zeitschr., Bd. 7, 1907. Teil II.
    Verworns Zeitschr., Bd. 8, 1908.

Carcinus maenas.

Beer: Vergleichende physiologische Studien zur Statozystenfunktion. Teil I.
    Pflügers Archiv 1898. Teil II, Pflügers Archiv 1899.
Bethe: Die Otozyste von Mysis. Zool. Jahrb., Bd. 8.
— Das Nervensystem von Carcinus maenas. Drei Mitteilungen. Arch. mikr.
    Anat., Bd. 50 und 51.
— Vergleichende Untersuchungen über die Funktion des Zentralnervensystems
    der Arthropoden. Pflügers Archiv 1897.
Biedermann: Innervation der Krebsschere. Akad. Wien 1887 und 1888.
Frédericq: Autotomie. Dictionnaire de Physiologie (Richet). Paris 1895.
Kreidl: Weitere Versuche z. Physiol. d. Ohrlabyrinthes. Akad. Wien 1893.
Minkiewicz: Analyse expérimentale de l'instinct de déguisement chez les
    Brachyures oxyrhynques. Arch. Zool. exp. 1907.

224   Literatur.

Prentiss: The Otocyst of Decapod Crustacea. Bull. Mus. Comp. Zool. Harvard
     Coll., Vol. XXXVI, 1901.
Uexküll u. Groß: Résultats des recherches sur les extrémités des langoustes
     et des crabes. Bull. Inst. Océanogr. Monaco 1909.
Yerkes and Huggins: Habit Formation in the crawfish. Harvard Psychol.
     Studies, Vol. I.
Uexküll u. Tirala. Der Tonus bei den Langusten. Zeitschr. f. Biol. 1914.

Kephalopoden.

Die Literatur ist vollständig gesammelt und kritisch gesichtet in der sehr
verdienstvollen Arbeit von Bauer.
Bauer: Einführung in die Physiologie der Kephalopoden. Mitteil. der Zool.
     Station Neapel, Bd. 19, 1909.

Libellen.

Bohn: Attractions et oscillations des animaux marins sous l'influence de la
     lumière. Mem. Instit. psychol. Paris 1905.
— Anémotropisme et phototropisme.
Carpenter: The Reactions of the Pomace fly to light. American Naturalist,
     Vol. XXXIX, 1905.
Cole: An experimental study of the image forming powers of various Types
     of Eyes. Proc. American Acad. of Art and Sciences, Vol. XLII, 1907.
Dahl: Beiträge zur Kenntnis des Baues und der Funktionen der Insektenbeine.
     Inaug.-Dissert. Berlin 1884.
Exner: Physiologie der facettierten Augen. Leipzig-Wien 1891.
Graber: Die Insekten. Naturkräfte. Bd. 21 u. 22. München, Oldenbourg.
Loeb: Der Heliotropismus der Tiere. Würzburg 1890.
v. Lendenfeld: Der Flug der Libellen. Akad. Wien, Bd. 83, 1891.
Leydig: Tafeln zur vergl. Anatomie. Tübingen 1864.
Nuel: La Vision. Bibl. internat. de Psychol. expér. Paris 1904.
Parker: The phototropism of the mourning-cloak Butterfly. Mark Aniversary
     1903.
Rádl: Untersuchungen über den Phototropismus der Tiere. Leipzig, Engelmann,
     1903.
Uexküll: Die Libellen. Zeitschr. f. Biol., Bd. 50, N. F. XXXII.

Literatur zu den allgemeinen Kapiteln, soweit sie nicht schon aufgeführt ist.

Bohn: La Naissance de l'Intelligence. Paris, Flammarion, 1909.
Bethe: Theorie der Zentrenfunktion. Ergebnisse der Physiologie, 1906.
v. Cyon: Das Ohrlabyrinth. Berlin, Springer, 1908.
Loeb: Concerning the Theorie of Tropisms. Journ. Exp. Zool., Vol. IV, 1907.
Nuel: Les fonctions spatiales etc. Arch. Intern. de Physiologie, Vol. I, 1904.
Piper: Über den willkürlichen Muskeltetanus. Pflügers Archiv, Bd. 119, 1907.
— Weitere Mitteilungen. Pflügers Archiv, Bd. 127, 1909.
Sherrington: The integrative Actions of the Nervous System. London con-
     stable 1909.
— On plastic Tonus. Quarterly Journ. Exper. Phys., Vol. II, 1909.
Uexküll: Im Kampf um die Tierseele. Bergmann.
— Leitfaden. Wiesbaden, Bergmann.
— Theoretische Biologie, 1920. Gebr. Paetel, Berlin.

Stellenkommentar

3

Das Buch „Umwelt und Innenwelt der Tiere" in der Fassung von 1921 stellt die Vollendung des Uexküllschen Lebenswerks dar. In den Jahren danach erweiterte er das Oeuvre zwar noch philosophisch (Uexküll 1926a; 1928; 1940c) und experimentell (Uexküll 1927, 1929a, 1929b, 1929c), aber die Präsentation des „Umweltbuches" markiert einen Fixpunkt in Uexkülls Lebenswerk. Hier waren experimentelle Studien, biophilosophische Überlegungen und praktische Konsequenzen für die Forschung vereint. Ein Außenseiter, kein Vertreter der universitären Hochkultur, hatte hier eine biologische Daseinslehre präsentiert, die auf neovitalistischen Fundamenten fußend, alle Konzeptionen der Darwinisten in Philosophie, Biologie und speziell experimenteller Zoologie herausforderte. Uexküll stellte mit dem Funktionskreis ein Modell vor, wie Organismen innerhalb ihrer Lebenswelt agierten und warum sie dies wie taten. Er zwang dadurch seine Antagonisten, entweder seine Konzeption (inklusive des Neovitalismus) zu übernehmen oder aber die bisherigen Studien zur Tierpsychologie, Tierphysiologie und Verhaltenslehre wahlweise zu verwerfen oder zu modernisieren. Ab 1921 gab Uexküll für mehr als ein Jahrzehnt den Ton an, seine Gegner mussten sich immer mit ihm und seinen Ideen auseinandersetzen. Auch nachdem die neodarwinistische Community unter tätiger Mithilfe der Nationalsozialisten (Ausschluss von unliebsamen Konkurrenten) und der in den USA versammelten Forscherelite (Entwicklung der Evolutionären Synthese) im Laufe der 1940er Jahre Uexkülls Lehre absorbierte, blieb er bzw. sein Schatten in der Debatte aktuell. Erst die Unfähigkeit seiner Epigonen ermöglichte es Uexkülls Gegnern und ihren Schülern, ihn aus der biophilosophischen Diskussion zu verbannen. Kein anderer biophilosophischer Gelehrter, der weitestgehend außerhalb der universitären Strukturen agierte, erlangte im deutschsprachigen Raum im 20. Jahrhundert einen solchen Einfluss. Schlüssel zum Verständnis dieser Bedeutung ist das Buch „Umwelt und Innenwelt der Tiere".

F. Mildenberger, B. Herrmann (Hrsg.), *Uexküll*, Klassische Texte der Wissenschaft,
DOI 10.1007/978-3-642-41700-9_3, © Springer-Verlag Berlin Heidelberg 2014

Der Stellenkommentar ist kapitelbezogen. Die jeweiligen Kapitelüberschriften sind im Fettdruck hervorgehoben. Darauf folgen die erläuterten Begriffe.

Widmung: „Sr. Durchlaucht dem Fürsten Philipp zu Eulenburg und Hertefeld in Verehrung und Dankbarkeit gewidmet".
Philipp Friedrich Alexander zu Eulenburg-Hertelfeld (12.2.1847 Königsberg – 17.09.1921 Liebenberg), Graf, ab 1900 Fürst. Er war zunächst Offizier, 1877–1903 Diplomat in preußischen bzw. deutschen Diensten. Eulenburg war ein enger Freund und Berater des letzten deutschen Kaisers Wilhelm II. 1906 verlor er schlagartig dessen Gunst, als er in den Verdacht geriet, nach § 175 Reichsstrafgesetzbuch strafbare homosexuelle Handlungen begangen zu haben (Domeier 2010; Steakley 2004). Das Gerichtsverfahren wurde schließlich 1909 wegen Verhandlungsunfähigkeit ausgesetzt. Eulenburg büßte jeden gesellschaftlichen Einfluss ein und zog sich auf sein Schloss Liebenberg i. d. Mark zurück. Jakob v. Uexküll stand mit Eulenburg in gutem Kontakt und zählte zu den wenigen Adeligen, die nach Eulenburgs Sturz weiterhin mit ihm verkehrten. Uexküll organisierte sogar eine biographische Würdigung Eulenburgs durch seinen Studienfreund und Historiker Johannes Haller (Haller 1926).

3.1 Vorwort

„Dr. Eggers-Gießen" wird für die Auswahl der Abbildungen gedankt.
Friedrich Georg Karl Eggers (28.3.1888 Reval – 24.12.1946 Hamburg) war ein baltendeutscher Zoologe. Er war seit 1918 und noch bis 1922 Assistent am zoologischen Institut der Universität Gießen und wirkte von 1923 bis 1927 als Privatdozent in Kiel. 1927 wurde er unter Uexkülls Kooperationspartner Wolfgang v. Buddenbrock-Hettersdorf (1884–1964) zum außerordentlichen Professor ernannt und lehrte bis 1941 in Kiel. Im gleichen Jahr übernahm er die Leitung des zoologischen Instituts und Museum der neu gegründeten Reichsuniversität Posen. Nach der Räumung der Reichsuniversität im Januar 1945 ging er nach Hamburg an das dortige Tropeninstitut (Baltisches Biographisches Lexikon Digital, [http://www.bbl-digital.de/eintrag/Eggers-Friedrich-Georg-Karl-1888–1946/ abgerufen am 03.02.2013]

3.2 Reflex

„An Stelle des Kapitels über den Reflex ist eines über den Funktionskreis getreten".
Der Reflex als neuronal vermittelte Reaktion eines Organismus auf einen Reiz wurde auch schon von Uexküll als solcher verstanden. Auffallend ist jedoch, dass er die Frage, ob ein Reflex konditioniert oder angeboren ist, so nicht stellt, obwohl (oder gerade weil?) sein Zeitgenosse Ivan P. Pavlov (1849–1936) darüber erfolgreich geforscht hatte. Uexküll untersuchte insbesondere in den 1890er Jahre intensiv die Art der Reflexe von Meerestieren auf

äußere Reize und baute hierauf seine gemeinsam mit Albrecht Bethe und Theodor Beer entwickelte sinnesphysiologische Terminologie auf (Uexküll/Beer/Bethe 1899). Auch noch in der ersten Auflage von „Umwelt und Innenwelt der Tiere" (Uexküll 1909a) spielte der Reflex als auslösendes Moment der Handlungen von Tieren in ihrer Umwelt für Uexküll eine zentrale Rolle. Doch durch weitere Studien und umfängliche Neuinterpretation der eigenen Versuchsreihen kam Uexküll zu dem Schluss, dass nicht der Reflex allein, sondern ein eng aufeinander abgestimmtes Zusammenwirken von Umwelteigenschaften und entsprechender Reaktionsauslösung das Verhalten von Organismen erklärte. Erstmals erklärte Uexküll dies in der ersten Auflage seines Buches „Theoretische Biologie" (Uexküll 1920b, 116f.). Schließlich formulierte Uexküll die Idee des „Funktionskreises" (Uexküll 1921a, 45) und löste sich so endgültig von den sinnesphysiologischen und reflexologischen Studien aus den Jahren 1891 bis 1900.

3.3   Einleitung

3.3.1   Wissenschaft

Die Wissenschaft verstand Uexküll als eine Möglichkeit, interdisziplinär durch Forschung Wissen zu erweitern. Obwohl er selbst die Stellung des Wissenschaftlers durchaus dahingehend kritisch hinterfragte, ob er überhaupt objektiv sein könne (Uexküll 1909a, S. 252), zögerte er nicht, trotz fehlendem Studiums der Philosophie, seine experimentellen Arbeiten wissenschaftstheoretisch und philosophisch zu unterfüttern. Uexküll stand Kritik durch von ihm als gleichrangig empfundenen Kollegen in der Frühphase seines Werks offen gegenüber, doch mit zunehmendem Alter und der zeitweisen politischen Radikalisierung ließ seine Kritikfähigkeit erheblich nach. Einem verstärkten Engagement des Staates in der Wissenschaftspolitik stand Uexküll sehr positiv gegenüber, wie sich u. a. bei der Formierung der Kaiser Wilhelm Gesellschaft zeigte. Allerdings verbat sich Uexküll staatliche Einflussnahme auf seine Unabhängigkeit.

3.3.2   Biologie

Biologie als Wissenschaft alles Lebendigen begriff Uexküll vorrangig als Physiologie, die er durch philosophische Bezüge aufwertete. Zu Beginn seiner Karriere hatte er den evolutionstheoretischen Schriften Darwins durchaus aufgeschlossen gegenüber gestanden, doch änderte sich dies spätestens 1899/1900 mit der Hinwendung zum Neovitalismus. Fortan verstand Uexküll Biologie als ein zweigeteiltes Forschungsfeld: die Ergründung von kausal wirkenden Mechanismen und die Anerkennung von überkausalen Wirkfaktoren. Während Hans Driesch ab Mitte der 1920er Jahre neovitalistische Biologie vor allem als philosophisches Gebiet auffasste und sich zunehmend der Erkenntnistheorie und schließlich der Parapsychologie zuwandte, forschte Uexküll weiterhin experimentell.

3.3.3   Darwinismus

Während man heute vor allem von „biologischer Evolutionslehre" spricht, wurde die Bezeichnung „Darwinismus" zu Lebzeiten Uexkülls von den Anhängern Darwins stolz als
Begriff verwendet, der nicht nur die Wissenschaft, sondern auch die Populärkultur umfasste. Die Gegner der Evolutionslehre nutzen den Terminus „Darwinismus" um diesen als
unwissenschaftlich abzuqualifizieren, eben weil seine Anhänger, in Deutschland vor allem
Ernst Haeckel (1834–1919), die Grenzen zwischen Wissenschaft, Politik, Öffentlichkeit und
Glauben verwischten (Hertwig 1918). Insbesondere der Versuch, die Evolutionslehre auf
die Selektion („Daseinskampf") zu reduzieren und zum Sozialdarwinismus umzuformen,
sorgte für Diskussionen. Doch auch den Neovitalisten waren rassistische Überlegungen
nicht fremd (Uexküll 1920f).

3.3.4   Tierbiologie

Der Begriff „Tierbiologie" wurde von Uexküll vor allem als Abgrenzung zur reflexologischen
Sinnesphysiologie Pavlovs und der anthropomorphistisch geprägten Tierpsychologie Karl
Kralls und seiner „Gesellschaft für Tierpsychologie" genutzt. In späteren Publikationen
nutzte Uexküll den Terminus nicht mehr sondern sprach von „Umweltlehre". Als sich 1937
eine neue „Gesellschaft für Tierpsychologie" formierte, verwendete auch Uexküll diesen
Terminus.

3.3.5   Bauplan

Ein Bauplan ist im heutigen morphologischen Verständnis nicht vorrangig eine Beschreibung individueller Organismen sondern die Darstellung von Homologien einer Arten-
gruppe. Dies entsprach prinzipiell auch Uexkülls Ansichten. Allerdings bezog er sich in
seinen experimentellen Studien und exemplarischen Darstellungen auf individuelle Organismen in speziellen Situationen („Umwelten"). Denn der Bauplan war nach seinen Vorstellungen nicht nur morphologisch-anatomisch aufzufassen, sondern verkörperte die gesamte
Seinsqualität eines zoologischen Lebewesens. Deshalb verband er mit der Idee der Existenz
eines auf jeden Organismus zugeschnittenen Bauplanes die Theorie, dass genau deshalb
ein übergeordneter Plan in der Natur existieren müsse. Diese kreationistischen Ansichten fehlen in den heutigen Lebenswissenschaften und der Biophilosophie. Bezogen auf
die gegenwärtige Biologie käme Uexkülls Bauplanvorstellung, nach Entkleidung von allen
Sub- und Metabedeutungen, dem genetischen Programm, dass einem jeden Organismus
zugrunde liegt, am nächsten.

3.3.6   Umwelt

Unter Umwelt versteht man heute all das, womit ein Organismus in Beziehung steht. Diese Beziehungen sind kausal nachvollziehbar. Ist das Bezugssystem überindividuell, spricht man von Ökosystem oder (generalistisch) von Natur. Im populärwissenschaftlichen Diskurs steht „Umwelt" für die zu schützende ökologische Vielfalt. In der Systemtheorie ist Umwelt – sofern sie eine Rolle spielt – offen und erweiterbar im Sinne Ludwig v. Bertalanffys (1901–1972).

Für Uexküll war Umwelt ein Terminus um die Geschlossenheit eines Systems zu demonstrieren, von dem nicht ganz klar war, ob es individuell oder gattungsbezogen wirkte (–> Bauplan).

3.4   Das Protoplasmaproblem

3.4.1   Organismus

Der Begriff „Organismus" bezeichnet heute in der Biologie ein individuelles Lebewesen, dem zugebilligt wird, hierarchisch gegliedert zu sein und zielgerichtet zu handeln. Viren gelten nicht als Organismus, da sie über keinen Metabolismus verfügen. Zu Uexkülls Lebzeiten benutzten die Neovitalisten den Organismusbegriff als Gegenmodell zur Idee, Lebewesen als Maschinen oder rein kausal agierende Subjekte zu sehen. Der Begriff des Organismus steht in engem Zusammenhang zur –>Regeneration (Aster 1935, S. 214f.)

3.4.2   Regeneration

Regeneration als Fähigkeit eines Organismus, verloren gegangene Teile wieder zu ersetzen, spielte für die Biologie zu Lebzeiten Uexkülls eine zentrale Rolle. Die Neovitalisten glaubten in der Fähigkeit zur Regeneration einen Nachweis entdeckt zu haben, dass Lebewesen zweckhaft und damit einem höheren, nicht kausal erklärbaren Ziel, folgten (Wolff 1933, S. 169).

3.4.3   Entelechie

Der Begriff Entelechie geht auf Aristoteles zurück, der ihn in seiner Metaphysik verwendet. Entelechie bedeutet, dass ein Ding oder ein Organismus ein Ziel hat und das, was ihm widerfährt, nicht zufällig geschieht (z. B.: der Schmetterling ist die Entelechie der Raupe). Auch im Vitalismus spielte Entelechie als übergeordneter Naturfaktor, den man nicht kausal erklären könne, eine Rolle. –>Hans Driesch (1861–1941) nutzte den Begriff, um so ihm nicht erkläliches Geschehen in der Naturbeobachtung auf eine nicht näher definierbare

Kraft zurückzuführen. In späteren Publikationen nutzte er hierfür den Begriff des „Psychoids", den Uexküll übernahm, um das Verhalten von Tieren in ihrer Umwelt metaphysisch
zu erklären (Uexküll 1927a).

3.4.4   Ernst Haeckel

Ernst Heinrich Philipp August Haeckel (16.2.1834 Potsdam – 9.8.1919 Jena) war der wichtigste Anhänger Charles Darwins (1809–1882) in Deutschland. Er baute aber Darwins
Evolutionslehre zu einer vor allem auf Selektion konzentrierten ideologisierten Weltsicht
um. Bekannt wurde er u. a. durch eine embryologische Unterfütterung der Evolutionslehre
mittels seines „biogenetischen Grundgesetzes". Dieses gilt heute als überholt. Haeckel publizierte auch eine große Anzahl von Studien u. a. zu Kieselalgen und Medusen und illustrierte
sie selbst. Darüber hinaus zeigte sich Haeckel als Verfechter des Sozialdarwinismus und
der Eugenik. Auch stand er dem Antisemitismus positiv gegenüber (Wogawa/Hoßfeld/
Breidbach 2006). Für Uexküll war Haeckel der Darwinist par excellence und als Feindbild
nahezu unverzichtbar.

3.4.5   Protoplasma

Unter Protoplasma verstanden die Biologen des 19. und frühen 20. Jahrhunderts den Zell-
inhalt. Die Vertreter des „alten" Vitalismus vermuteten im Protoplasma die lenkende überkausal wirkende Kraft in der Natur („vis vitalis"). Die Neovitalisten sahen im Protoplasma
die Quelle allen Lebens und gingen davon aus, dass es zielgerichtet agiere, sprachen aber
nicht mehr von „Lebenskraft". Der Begriff „Protoplasma" wurde 1839 durch Jan Evangelista
Purkyne (1787–1869) geprägt.

Ein wichtiger Untersuchungsgegenstand zur Deutung des Protoplasmas waren die Wur-
zelfüßer (Rhizopoda), da diese zum Zwecke der Nahrungsaufnahme die Form ihrer Zellen
durch Bewegungen des Protoplasmas verändern konnten.

3.4.6   Otto Bütschli

Johann Adam Otto Bütschli (3.5.1848 Frankfurt/M. – 3.2.1920 Heidelberg) war ein
deutscher Zoologe und langjähriger Direktor des zoologischen Instituts der Universität
Heidelberg. Er studierte zunächst ab 1864 Mineralogie, Chemie und Paläontologie in
Karlsruhe, promovierte 1868 in Heidelberg und arbeitete unter dem Chemiker Robert
Bunsen. Doch während seiner Tätigkeit in Leipzig entschloss sich Bütschli 1869 zur Zoologie zu wechseln, studierte das Fach erfolgreich, arbeitete 1873/74 als Assistent in Kiel
und wurde 1876 in Karlsruhe habilitiert. 1878 mit gerade 30 Jahren wurde Bütschli auf
den Lehrstuhl für Zoologie in Heidelberg berufen. Bütschli wurde bekannt durch die

Entdeckung der mitotischen Zellteilung sowie seine Studien zur vergleichenden Anatomie der Insekten. Für Uexküll und den Vitalismus war Bütschli wichtig, da er im Gegensatz zu vielen Kollegen die Ansichten Drieschs nicht von vorneherein verwarf, sondern den Neovitalismus als Diskussionsgrundlage für wichtig erachtete (Bütschli 1901). In seinem Werk „Umwelt und Innenwelt der Tiere" bezog sich Uexküll mehrfach positiv auf die Studien Bütschlis.

3.4.7 Jennings, Herbert Spencer

Herbert Spencer Jennings (8.4.1868 Tonica/Ill. – 14.4.1947 Santa Monica/Cl.) war ein amerikanischer Zoologe. Er erforschte wie Uexküll niedere Organismen und widmete sich ihrem Reflexverhalten auf zugeführte chemische oder physikalische Reize. Ebenso wie Uexküll, aber erheblich einflussreicher als dieser, verfocht Jennings eugenische Konzeptionen (Barkan 1991). Jennings reflexologische Untersuchungsergebnisse passten zu denen, die Uexküll in den Jahren 1893 bis 1910 erzielt hatte, doch Uexexternal Versuch, Jennings Studien für die Unterfütterung des Neovitalismus zu verwenden (Uexküll 1909a, S. 12), scheiterten, da sich Jennings einer solchen Interpretation verschloss (Jennings 1910, S. 363). In den 1920er Jahren kam es über die Frage der Übertragbarkeit von Versuchen am Axolotl auf die Welt des Menschen zum endgültigen Bruch zwischen Uexküll und Jennings (Mildenberger 2007, S. 148f.).

3.4.8 Oskar Hertwig

Oscar Wilhelm August Hertwig (21.4.1849 Friedberg – 25.10.1922 Berlin) war Zoologe und Anatom. Er war zunächst sehr von Ernst Haeckel begeistert, studierte in Jena und wurde dort auch Professor für Anatomie (1881–1886). Jedoch trennte er sich wissenschaftlich allmählich von Haeckel, insbesondere nach seiner Berufung nach Berlin. Hertwig ähnelte in gewisser Weise Uexküll, da er wie dieser nur wenige herausragende Schüler heranzog und vor allem über seine Lehrbücher Ruhm und Wirksamkeit erlangte. Hertwig konzentrierte sich im Gegensatz zu vielen Kollegen auf die Erforschung und Präsentation der Ähnlichkeiten der Organismen und nicht auf deren große Vielfalt (Hertwig 1906). Auch dahingehend gibt es Überschneidungen zu Uexküll, und ebenso wie dieser versuchte sich Hertwig nach 1918 als „Staatsbiologe" (Hertwig 1922). Hertwig war kein Neovitalist, stand aber dem Sozialdarwinismus ablehnend gegenüber (Hertwig 1918) und wurde daher von Haeckel und dessen Anhängern in die Nähe des Antidarwinismus gerückt (siehe Weindling 1991). Uexküll bezog sich in seinen Werken insbesondere auf Hertwigs Studien über Seeigeleier.

3.4.9   Karl Ernst v. Baer

Der baltendeutsche Naturforscher Karl Ernst v. Baer (17.2.[jul]/28.2.[greg] 1792 Gut Piep – 16.11.
[jul]/28.11.[greg] 1876 Dorpat) spielte sowohl für die baltendeutsche Gelehrtenwelt an sich als
auch für Jakob v. Uexküll im Besonderen als Bezugsperson eine zentrale Rolle. Baer hatte
sich politisch für die Rechte seiner Standesgenossen engagiert und durch herausragende
Forscherleistungen (Entdeckung des Säugetiereies, erfolgreiche Expeditionen in den Kau-
kasus und nach Novaja Semlja) Ruhm geerntet und das Ansehen der Universität Dorpat
gemehrt. In seinen späten Jahren profilierte er sich als Gegner der Darwinschen Evolutionslehre, wobei er nicht unbedingt die Evolution, als vielmehr die Selektionskomponente
in Zweifel zog. Insgesamt unterschieden sich Baer und Darwin darin, dass Darwin Biologie
als Phylogenie, Baer hingegen als Ontogenie begriff, Darwin auf die Perfektionierung des
Organismus durch die Außenwelt (Selektion) setzte, Baer aber glaubte, dass jeder Organismus selbst die Anlagen zu seiner Vollendung in sich trage. Zudem setzte Baer auf die
Makroevolution, Darwin auf Mikroevolution.

3.4.10   Hans Driesch

Hans Adolf Eduard Driesch (28.10.1867 Kreuznach – 16.4.1941 Leipzig) war Begründer
und wichtiger Verfechter der biologisch-philosophischen Strömung des Neovitalismus
in Deutschland. Er studierte sowohl bei dem Begründer der Keimplasmatheorie August Weismann (1834–1914) in Freiburg/B. als auch in Jena am Institut Ernst Haeckels
(1834–1919). Auch hörte er Kurse bei Oscar Hertwig (1849–1922). Driesch forschte an
Meerestieren und entdeckte im Laufe der 1890er Jahre Besonderheiten in den Furchungszellen der Seeigelkeime, die sich bei anderen Tieren nicht nachweisen ließen. Driesch
folgerte daraus, dass es in der Natur eine überkausal wirkende Kraft geben müsse, die in
manchen Fällen sich dem Forscher offenbare. Erst in den 1920er Jahren sollte es möglich
sein, Drieschs Forschungsergebnisse durch die Fortschritte der Genetik, der Embryologie
und der Proteinchemie auch anders zu interpretieren, nämlich auf einer materialistischen
Grundlage. Seine 1899 (Driesch 1899) formulierten Gedanken aber inspirierten Jakob v.
Uexküll entscheidend auf seiner Suche nach einer neuen biophilosophischen Grundlage.
Auch sprach Driesch viele weitere Gelehrte an, die den mechanistischen Erklärungs-
versuchen der Anhänger Darwins misstrauten. Driesch lebte ab 1900 in Nachbarschaft
Uexkülls als Privatgelehrter, 1907 erhielt er einen Lehrstuhl in Aberdeen, 1911 wurde
er zum außerordentlicher Professor für Naturphilosophie in Heidelberg ernannt. 1920
erfolgte eine Berufung auf ein Ordinariat nach Köln, 1921 ging er nach Leipzig. Driesch
blieb sein ganzes Leben pazifistisch geprägt, weshalb es wahrscheinlich zwischen ihm und
Uexküll immer wieder zu Spannungen kam. In seiner letzten Schaffensphase widmete
sich Driesch der Parapsychologie und suchte sie mit dem Neovitalismus zu verbinden
(Mildenberger 2005–07).

3.5   Amoeba terricola

3.5.1   Amoeba terricola

Amöben sind Einzeller, die über keinen festen Körper verfügen und Scheinfüßchen (Pseudopodien) ausbilden, wodurch sich ihre Form ständig ändert. Fortpflanzung erfolgt asexuell
durch Teilung, Nahrungsaufnahme mittels Umfließung durch Formveränderung. Amoeba
terricola war für Uexküll insofern interessant, da dieser Organismus gut und exakt erforscht
war (Grosse-Allermann 1909).

3.5.2   Endoplasma/Ektoplasma

Das Endoplasma ist der innere Teil des Zytoplasmas – also des Zellinhalts. Es enthält u. a.
Mitochondrien und den Zellkern und ist flüssig. Das Ektoplasma hingegen stellt die äußere Schicht des Zytoplasmas dar und hat eine gelartige Konsistenz. Zu Uexkülls Lebzeiten
bedeutete Ektoplasma aber auch noch etwas anderes: mit diesem Begriff assoziierten Ok-
kultisten den von einem Medium ausgeschiedenen Stoff, der als Ursubstanz identifiziert
wurde – zumeist aber nur aus Zellstoff bestand, den die als Medien wirkenden Damen
vorher verschluckt hatten, um ihn anschließend wieder hervor zu würgen.

3.6   Paramaecium

3.6.1   Paramaecium

Das von Uexküll aufgeführte Paramaecium (heute: Paramecium), eignete sich für die Konzeption einer statischen, auf Reflexen basierenden Lebenslehre besonders gut. Auch heute
spielen die „Pantoffeltierchen" in der popularisierten biologischen Wissensvermittlung eine
wichtige Rolle (z. B. in Lehrfilmen). Uexküll beschreibt das perfekte Umweltverhalten des
Organismus anschaulich: „So ruht Paramaecium in seiner Umwelt sicherer als ein Kind in
der Wiege" (Uexküll 1921a, S. 41).

3.7   Funktionskreis

3.7.1   Funktionskreis

Der Funktionskreis Uexkülls dient zur Veranschaulichung der Reize, denen ein tierlicher
Organismus in seiner Lebenswelt (Umwelt) ausgesetzt ist. Er wurde von Uexküll erstmals
in seinem Buch „Theoretische Biologie" vorgestellt (Uexküll 1920b, S. 116f.) und in sei-

ner endgültigen Version im vorliegenden Werk 1921 präsentiert (Uexküll 1921a, S. 45). Grundlage des Funktionskreises ist für Uexküll das vitalistisch verstandene zielorientierte Verhalten eines Organismus. Der Funktionskreis hat als zentrales Element der Uexküll-schen Umweltlehre bis heute überdauert, allerdings ohne die neovitalistische Einbettung. Davon losgelöst wird er als Anschauungsmodell für kybernetische, psychosomatische oder semiotische Theorien verwendet.

Der Funktionskreis dient nach Uexküll dem in seiner statischen Innenwelt gefangenen Organismus mit der sich verändernden Außenwelt sinnvoll in Kontakt zu treten.

3.8   Anemonia Sulcata

3.8.1   Anemonia Sulcata

Anemonia sulcata ist eine Seerose (Wachsrose), die im Mittelmeer, aber auch im Ärmel-kanal heimisch ist. Für Uexküll und seine Kollegen war Anemonia sulcata eine leicht zu untersuchende Spezies, da sie vorrangig in großen Kolonien im strömungsreichen Flach-wasser siedelt. Da sie darüber hinaus ihre Tentakel nicht in das Innere des Körpers zurück-ziehen können, eignen sie sich besonders gut für Beobachtungen. Allerdings ließ sich so für Uexküll das Verhalten der Tiere nur beschränkt deuten und es wäre zu fragen, ob die an Anemonia sulcata gewonnenen Erkenntnisse modernen Nachuntersuchungen standhalten könnten (Uexküll 1909b).

3.8.2   Tonus

Unter Tonus versteht man den Spannungszustand der Muskulatur. Dieser wird durch Reize des Nervensystems und den Zustand des Gewebes beeinflusst oder ausgelöst. Die Regelung der Muskelspannung und damit des Tonus erfolgt bei Wirbeltieren in einem Nervengeflecht mit Namen Golgi-Sehnenorgan. Es ist benannt nach Camillo Golgi (1844–1926), der 1906 den Nobelpreis für Medizin erhielt.

Der Tonus spielt für Uexküll eine entscheidende Rolle, um zu erklären, wie ein Tier mit seinen Nerven auf Reize reagiert. Um nachzuprüfen, ob dieser Tonus bei mehr als einem Tier vorhanden ist, führte Uexküll, teilweise mit Kollegen, zahlreiche Nachüberprüfungen durch (Uexküll 1903, Uexküll 1904a, Uexküll 1904c, Uexküll 1907b, Uexküll 1907c, Uex-küll 1912d, Uexküll/Groß 1913, Uexküll/Tirala 1914). Die Ergebnisse dieser Forschungen verdeutlichten Uexküll, dass es möglich war, eine nicht mehr auf individuelle Tiere sondern ganze Gattungen anwendbare Umweltlehre zu entwerfen und theoretische Konzeptionen für die Biologie an sich zu skizzieren.

3.9   Jacques Loeb

Jacques Loeb (7.4.1849 Mayen/Koblenz – 11.2.1924 Hamilton/Bermuda) war ein deutsch-amerikanischer Biologe, der als extremer Vertreter der mechanistischen Biologie gesehen werden kann. Loeb studierte in Deutschland und den USA, wurde 1892 Professor für Physiologie in Chicago und später am Rockefeller Institute for Medical Research, arbeitete aber gleichzeitig häufig an der Stazione Zoologica in Neapel und pflegte einen engen Austausch mit deutschen Kollegen. Loeb tat sich vor allem mit der Popularisierung der Tropismenlehre hervor, wonach ausschließlich physikalisch-chemische Reize das Leben von Pflanzen und Tieren bestimmten. Loeb verschloss sich Diskussionen über die Evolution und konzentrierte sich auf das Verhalten von Tieren in ihrer Lebenswelt. Auch versuchte er sich (vergeblich) in der philosophischen Deutung von Reflexen. So war er in vielerlei Hinsicht stilbildend für Jakob v. Uexküll, der jedoch Loebs Studien für die neovitalistische Umweltlehre gänzlich uminterpretierte. Gleichwohl zollte Loeb Uexküll Respekt für seine Forschungsarbeiten und unterstützte Uexküll bei dem Versuch, Aufnahme in die Kaiser Wilhelm Gesellschaft zu finden.

3.10   Medusen

3.10.1 Rhizostoma pulmo

Rhizostoma pulmo ist eine im Mittelmeer heimische Qualle. Wie alle Medusen benötigt Rhizostoma pulmo eine aktive Wasserströmung um zu überleben und Nahrung aufnehmen zu können. Daher ist die Haltung in Aquarien sehr kompliziert und aufwendig. Es ist daher fraglich, ob die von Uexküll (Uexküll 1901b) gewonnenen Erkenntnisse über die anatomischen Bedingungen des Reflexverhaltens an gefangenen Exemplaren korrekt waren.

Andere Quallenarten, die Uexküll untersuchte, waren Gonionemus und Carmarina.

Besondere Aufmerksamkeit widmete Uexküll den Nesselkapseln bzw. Nesselzellen, da er durch das Beutefangverhalten der Medusen seine Umweltlehre bestätigt sah. Allerdings wurde deren genauer Wirkmechanismus erst viel später erforscht (Hessinger/Lenhoff 1988).

3.11   Repräsentant

Als „Repräsentant" betrachtete Uexküll ein Organ bei Medusen, welches das Erregungsmuster der Muskeln steuerte. Heute würde man von zerebraler Repräsentation sprechen.

3.11.1 Albrecht Bethe

Albrecht Julius Theodor Bethe (25.4.1872 Stettin – 19.10.1954 Frankfurt/M.) war ein bedeutender deutscher Physiologe. Er studierte Medizin in Freiburg/B., Straßburg, Berlin und München, wurde 1895 promoviert und habilitierte sich 1899 in Straßburg. Er forschte wie auch Uexküll an der Stazione Zoologica. Bethes Streit um das Verhalten von Bienen mit August Forel (1848–1931) und Erich Wasmann (1859–1931) war der Anlass für Entwurf und Abfassung des „Drei-Männer-Manifestes" (Uexküll/Beer/Bethe 1899), in dessen Verlauf Uexküll das Vertrauen in mechanistische Deutungen des Lebens gänzlich verlor und so motiviert wurde, sich dem Neovitalismus von Hans Driesch zu verschreiben. Bethe machte trotz dieser Niederlage Karriere, wurde 1911 ordentlicher Professor für Physiologie in Kiel und ging 1915 nach Frankfurt/M. Er gab mehrere wichtige Hand- und Lehrbücher heraus und koordinierte ab 1918 die Arbeit der Zeitschrift „Pflügers Archiv". Stets hielt er Kontakt zu Uexküll, bot ihm ein Forum als Handbuchautor und schlug ihn für den Nobelpreis vor. Den Nationalsozialisten stand Bethe ablehnend gegenüber, verlor 1937 die Lehrbefugnis und wurde 1945 rehabilitiert. Bekannter als Albrecht Bethe ist heute sein Sohn Hans Bethe (1906–2005), der 1967 mit dem Nobelpreis für Physik ausgezeichnet wurde.

3.11.2 Robert Yerkes

Robert Mearns Yerkes (26.5.1875 Breadysville/PA. – 3.2.1956 New Haven/CT) studierte Zoologie an der Harvard University und wandte sich nach dem Bachelor 1898 psychologischen Fragestellungen zu. Er lehrte ab 1911 in Boston, später in Yale. In die Geschichte ging Yerkes als Erfinder des Multiple-Choice-Tests ein. Für Uexküll waren jedoch seine reflexologischen und tierpsychologischen Studien erheblich wichtiger (z. B. Yerkes 1905). Yerkes war einer der Wegbereiter standardisierter Labortests an Mäusen und Ratten, wodurch viele vorher in Einzelfällen beobachteten Entwicklungen reproduzierbar wurden.

3.12   Seeigel

3.12.1 Seeigel

Die Seeigel (Echinoidea) waren für Uexküll ein idealer Untersuchungsgegenstand. Sie kamen häufig vor, waren leicht einzufangen und in Aquarien gut zu beobachten. Die anatomische Gegebenheit eines inneren Kalkskeletts (Endoskelett) und einer darauf sitzenden teilbeweglichen und stachelbewehrten Muskulatur machten es für den Forscher einfach, Reaktionen auf Reize zu beobachten. Mittels mechanischer Eingriffe vermochte Uexküll festzustellen, ob die Muskeln sich zentral gesteuert oder unabhängig voneinander bewegten und auf welche Reize sie reagierten. So konnte Uexküll die Fragen nach „Erregung" oder auch einem „Zentrum" als Steuerungselement in seinem Sinne beantworten. Die Studien an Seeigeln in den 1890er Jahren ermöglichten es Uexküll, unter Ausklammerung evolutionärer Fragen, das Verhalten tierlicher Organismen zu untersuchen und zugleich die Frage nach überkausalen Wirkfaktoren im Naturgeschehen zu stellen. Denn Hans Driesch entwickelte den Neovitalismus parallel durch Studien an Seeigeleiern.

Uexküll untersuchte vor allem Arbacia pustolosa, Centrostephanus longispinus, Sphaerechinus und Toxopneustes sowie die Herzigel. Letztere waren zwar erheblich schwieriger zu finden – sie leben im Sand vergraben – doch eignen sie sich aufgrund dieser sehr beschränkten Welt sehr gut, um statische Umwelten als Verhaltensgrundlagen zu identifizieren.

3.12.2 Charles S. Sherrington

Charles Scott Sherrington (27.11.1857 London – 4.3.1952 Eastbourne/Sussex) war ein britischer Neurophysiologe und (1932) Nobelpreisträger. Er begann seine Karriere bereits als Student in Cambridge in den 1880er Jahren mit Studien an Hunden. Sherringtons Forschungen über Nervenreflexe und Nervenwurzeln stellten die Grundlage für Uexkülls Deutungen über das Verhalten von Meerestieren dar, wenn diese bestimmten Reizen ausgesetzt wurden.

3.12.3 Rezeptor

Als Rezeptor bezeichnet man heute eine spezialisierte Zelle, die Reize aufnehmen kann und an das Nervensystem weitergibt. Zu Uexkülls Lebzeiten war noch unklar, ob einzelne Zellen oder ganze Zellklumpen diese Fähigkeit besaßen. Um die Arbeit von Rezeptoren erkennen zu können, führte Uexküll seine umfänglichen Studien über den ->Tonus durch.

3.12.4 Lichtreiz

Der Lichtreiz als entscheidende Triebfeder für tierliches Handeln spielte in den 1890er Jahren als „Heliotropismus" eine wichtige Rolle in den Diskussionen an der Stazione Zoologica.
–>Jacques Loeb vertrat die Ansicht, dass die Orientierung am Licht als Erklärung für das Reflexverhalten von Tieren zentral sei (Müller 1975, S. 209). Uexküll übernahm zwar diese Überlegung, ergänzte sie jedoch um die Erkenntnis, dass auch andere Reize wichtig waren. Als Alleinerklärung für das Verhalten von Tieren verloren Lichtreiz und Heliotropismus bereits um 1900 an Bedeutung.

3.13 Schlangenstern

Schlangensterne (Ophiuroidea) waren für Uexküll in zweifacher Hinsicht bedeutsam. Zum einen waren sie relativ leicht als Versuchstiere einzufangen und im Aquarium zu halten, zum anderen verfügten sie über ausgeprägte Fähigkeiten zur ->Regeneration, weswegen sich hieran das Verhalten von Organismen aus neovitalistischer Sicht besonders gut nachvollziehen ließ. Uexküll konnte beobachten, wie einige der fünf Arme für bestimmte Tätigkeiten verwendet wurden, andere hingegen nicht. Auch ließ sich für ihn erkennen, in welchem Umfang und in welcher Stärke die Versuchstiere reagierten (Reflexspaltung).

3.14   Sipunculus

Sipuncula sind nicht segmentierte Spritzwürmer, die in der Lage sind, den vorderen Körperteil in den hinteren einzuziehen. Zu Uexkülls Lebzeiten wurden sie wahlweise als Teil der Familie der Stachelhäuter (Echinoderme) oder der Weichtiere (Mollusken) angesehen. Uexküll erkannte zudem nicht, dass der ganze vordere Körperteil eingezogen werden konnte, sondern interpretierte diesen als Rüssel (Uexküll 1921a, S. 117). Heute werden Sipuncula eher zu den Ringelwürmern (Anneliden) gerechnet (Bleidorn u. a. 2006). Für Uexküll waren sie u. a. deshalb interessant, weil ihr Muskelverhalten leicht zu beobachten war.

Als morphologisch ähnliche, jedoch nach seinem Weggang aus Neapel leichter zu erreichendes Versuchstier wählte Uexküll später die Regenwürmer (Lumbricidae) aus.

3.15   Regenwurm

3.15.1 Charles Darwin

Charles Robert Darwin (12.2.1809 Shrewsbury – 19.4.1882 Downe) war ein britischer Arzt und Naturforscher. Durch seine beiden Werke „Origin of species" (1859) und „The Descent of Man" (1871) beeinflusst Darwin die biologischen und medizinischen Diskurse bis heute. Er postulierte die Veränderbarkeit der Arten durch Evolution, eine gemeinsame Abstammung aller Lebewesen, eine natürliche Selektion und eine Veränderung in kleinen Schritten (Gradualismus). In Deutschland wurde sein Werk durch ->Ernst Haeckel (1834–1919) popularisiert und auf einige Punkte reduziert. Darwin selbst stand insbesondere dem Sozialdarwinismus ablehnend gegenüber. Für die Neovitalisten und Uexküll war das Verhältnis zu Darwin zwiespältig. Sie erkannten zwar seine Bedeutung als Naturforscher an, lehnten aber insbesondere seine Ansichten über die gemeinsame Abstammung aller Lebewesen ab. Uexküll orientierte sich bei seiner Auseinandersetzung mit Darwin an seinem Vorbild ->Karl Ernst v. Baer (1792–1876).

In dem vorliegenden Buch würdigt Uexküll Darwins „schöne" Arbeit über den Regenwurm (Uexküll 1921a, S. 132).

3.15.2 Elise Hanel

Elise Hanel aus Prag, promovierte 1907 in Zürich (Lebensdaten nicht bekannt), zählt zu den wenigen Frauen in der Zoologie und wurde von Uexküll nur aufgrund ihrer für ihn wichtigen – weil eigene Recherchezeit sparende – Studie über Hydra grisea (Polyp) rezipiert (Hanel 1907, Uexküll 1921a, S. 132). Es ist auffallend, dass Uexküll sich keinen antifeministischen Vorurteilen hingab, sondern die Arbeiten Hanels für ebenso qualitativ wertvoll erachtete wie die seiner männlichen Kollegen (und Konkurrenten).

3.16   Pilgermuschel

Die Pilgermuschel (Pecten maximus) wurde von Uexküll erst nach Erscheinen der ersten Auflage von „Umwelt und Innenwelt der Tiere" erforscht (Uexküll 1912d). Sie war für ihn nützlich, weil bei diesem Tier durch leichten Druck auf die Schalen sogleich ein Reflex ausgelöst werden kann. Auch lassen sich die entsprechenden Muskeln in vivo erkennen und beobachten. Uexküll bezieht sich in seiner Untersuchung (Uexküll 1912d, S. 305) auf den Autor, der bereits über das Tier forschte, es handelte sich um Wolfgang v. Buddenbrock-Hettersdorf (1884–1964) (Buddenbrock 1911). Möglicherweise begann in diesem Zusammenhang die Kooperation zwischen Uexküll und Buddenbrock-Hettersdorf.

3.17   Aplysia

Aplysia (Seehase) war für Uexküll ein gutes Beispiel, um seine Umweltlehre zu erklären. Die Schnecke war zwar theoretisch mobil, aber langsam genug, um sie in eine statische Umwelt zu setzen. Auch war es Uexküll möglich, die physiologischen Studien über Nervennetze seines Freundes Albrecht Bethe (1872–1954) einfließen zu lassen. Zudem waren die Seehasen in ihrer Physiologie sehr gut erforscht (Biedermann 1905, Biedermann 1906, Jordan 1901, Jordan 1905a, Jordan 1905b). Ähnlich verhielt es sich bei Carcinus maenas (Gemeine Strandkrabbe) (Uexküll 1921, S. 182–192).

Anhand der Seehasen beschrieb Uexküll seine Konzeption der „Dauererregung", wonach ein Tier innerhalb seiner Umwelt zur Erreichung eines Ziels seine Muskeln ständig einsetzt und nicht nur aufgrund einzelner äußerer Reize.

3.18   Gegenwelt

Als Gegenwelt bezeichnet Uexküll die tierlichen Umwelten (Uexküll 1921a, S. 166–169). Höhere Tiere könnten die Ausdehnung ihrer Umwelt erkennen, die niederen hingegen seien darauf angewiesen, mittels ihrer Rezeptionsorgane auf einzelne Reize zu reagieren. Um den Raum zu erkennen, bedürfe es der Existenz eines Bogengangapparates, den Élie de Cyon (1843–1912) erforscht habe (Cyon 1908). Diese Feststellung Uexkülls ist insofern erstaunlich, da Cyon als deutsch- und vor allem baltendeutschfeindlich galt. Offenbar konnte Uexküll zwischen seinen politischen und wissenschaftlichen Ansichten und Zielen trennen.

Als Möglichkeit der Tiere, die Umgebung zu identifizieren, nannte Uexküll u. a. das Facettenauge (Uexküll 1921a, S. 180). Hierüber sollte er später noch vertiefende Studien vorlegen (Uexküll/Brock 1927). Zugleich machte Uexküll deutlich, wie abhängig die von ihm untersuchten Tiere von ihren spezifischen Organen waren: „Die Einstellung des Auges nach der Lichtgleichung macht die Tiere zu Sklaven ihrer Umgebung" (Uexküll 1921a, S. 209).

3.19 Kephalopoden

Als Untersuchungsgegenstände waren Kopffüßler (heute: Cephalopoden) für Uexküll und seine Zeitgenossen eine besondere Herausforderung. Unter Wasser war es aufgrund der schweren Helmausrüstung der Tauchapparate schwierig, den Tieren zu folgen und in den relativ kleinen Aquarien konnte ihr schneller Standortwechsel und das Verhalten nur ungenügend nachvollzogen werden. Uexküll untersuchte den Moschuskraken (Eledone moschata) und den gewöhnlichen Kraken (Octopus vulgaris). Er konzentrierte sich auf gehirnpathologische und nervenphysiologische Studien (Uexküll 1921a, S. 196), um die Ursachen für das Verhalten in der Umgebung zu ergründen. Uexküll stützte sich u. a. auf Arbeiten von ->Robert Yerkes, der annahm, Cephalopoden würden Gewohnheiten entwickeln, was in neovitalistischer Interpretation die Existenz eines „Psychoids" bedeutet hätte. Uexküll lehnte eine solche Deutung aber ab (Uexküll 1921a, S. 203). Auch glaubte er nicht an die Existenz eines assoziativen Gedächtnis bei Cephalopoden.

Heute jedoch werden Cephalopoden assoziative Kompetenzen durchaus zugebilligt (Zullo 2009).

3.20 Libellen

Die Studien an Libellen (Odonata) dienten Uexküll dazu, seine an Cephalopoden beobachtete Unterteilung der Innenwelt in eine zentrale und zerebrale Ebene (Uexküll 1921a, S. 204) zu vertiefen. Intensive Beobachtungen ermöglichten ihm, das Verständnis des Handelns der Tiere angesichts möglicher Beute. Als zentrales Organ zur Orientierung in der Umgebung benannte er die Augen. Vermutlich deshalb behauptete er, die Libellen würden sich ihre Welt selbst erschaffen: „Gewiß ist sie (d. Libelle, F. M.) im Verlauf ihres Lebens völlig von dieser Umwelt abhängig. Aber ihre Umwelt ist wiederum bis in alle Einzelheiten ihr eigenes Werk. So gleicht ihr Dasein durchaus nicht einer Knechtschaft, welche ihr der so genannte Kampf ums Dasein aufzwingt, sondern vielmehr dem freien Wohnen im eigenen Haus." (Uexküll 1921a, S. 215).

3.21 Beobachter

Uexküll hinterfragte seine Position als Beobachter der Umwelten von Tieren sehr genau und legte dar, welche Vorgehensweisen erforderlich waren, damit ein Forscher objektiv bleiben könne. Es sei nötig, physiologisch-anatomisch vorzugehen, das ->Protoplasma in die Studien einzubeziehen und den Mechanismus der Tierkörper zu kennen (Uexküll 1921a, S. 216f.). Anschließend gelte es, die zentralen Dinge im Leben der Tiere (z. B. Ernährungsmöglichkeit) zu beleuchten und mit den Rezeptoren und Wahrnehmungsorgane der untersuchten Organismen in Bezug zu setzen. Die Zubilligung von psychischen Fähigkeiten im Analogieschluss vom Menschen auf das Tier lehnte Uexküll ausdrücklich ab (Uexküll 1921a, S. 216). Außerdem war die Suche nach der „Planmäßigkeit" seiner Ansicht nach notwendig, um das Verhalten der Tiere letztlich deuten zu können (Uexküll 1921a, S. 219).

So floss in der Analyse des Beobachterverhaltens Uexkülls komplettes Lebenswerk ein: die umfänglichen Studien an Tieren um die Erforschung der Umwelten zu erklären und nachzuvollziehen, die Ablehnung einer anthropomorphistischen Tierseele, die objektive Reflexphysiologie und letztendlich die Anerkennung eines überkausalen Naturfaktors.

Nachwort

4

Warum soll man ein Buch wieder zugänglich machen, das nach seiner Erstauflage 1909 nur noch in leicht veränderter, definitiver Fassung 1921 erschien? Weil das Buch der Blickrichtung der modernen organismischen Biologie einen entscheidenden Impuls gab. Und weil es häufiger zitiert als gelesen wird, nicht nur, weil selbst Universitätsbibliotheken nicht regelhaft beide Ausgaben dieses Buches im Bestand verzeichnen. Die meisten im Buch mitgeteilten Beobachtungen zu einzelnen Tierarten oder physiologischen Vorgängen hat der wissenschaftliche Fortschritt in den vergangenen 100 Jahren ergänzt, präzisiert oder berichtigt. Diese Details werden nur noch historisch interessierte Tiergruppenspezialisten anziehen. Aber bereits die Zeitgenossen Uexkülls beeindruckte seine Art der philosophischen Bewältigung zoologischer Grundprobleme. Das lebende tierliche Objekt durch Beobachtung und gedankliche Arbeit zu begreifen, anstatt es zu töten und seinem Charakter ausschließlich durch die Zergliederung und ihre Varianten nahe zu kommen, war zwar nicht neu, aber kein wissenschaftlicher Zeitgenosse außer Uexküll erhob diese Vorgehensweise so konsequent zur Maxime seines wissenschaftlichen Handelns. Deshalb ist das Buch auch ein bedeutendes Zeugnis einer wissenschaftlicher Einstellung, die gerade in der Zeit molekularer Detailbegeisterung der gegenwärtigen Biologie die praktizierenden Wissenschaftler daran erinnern könnte, dass die Zoologie ihrer wissenschaftlichen Abstammung nach eine legitime Tochter der Philosophie ist. Zwar kommen in Uexküls Text anstelle aristotelischer Gedanken vor allem solche des Königsberger Philosophen zum Ausdruck, aber es bleibt unübersehbar, dass die überdauerungswerten Passagen des Buches philosophische Texte oder zumindest philosophisch angereicherte Texte sind.

Immer wieder wird auf dieses Werk hingewiesen, wenn Autoren sich mit einem Konzept auseinander setzen, das unter dem Etikett „Umwelt" zu einem Zentralbegriff nicht nur der systemischen Biologie geworden ist. Uexküls Werk genießt dabei gewissermaßen den Stellenwert eines Quellentextes. Dabei ist der Begriff längst nicht mehr auf die Erforschung

F. Mildenberger, B. Herrmann (Hrsg.), *Uexküll*, Klassische Texte der Wissenschaft,
DOI 10.1007/978-3-642-41700-9_4, © Springer-Verlag Berlin Heidelberg 2014

der Beziehungen zwischen den Organismen und den für sie bedeutenden Elementen ihrer Umgebung beschränkt. Längst wird von „Umwelt" in allen möglichen Alltagsbereichen und in der Biologie selbst bis hinunter auf die Ebenen von Organen, Zellverbänden und intrazellulären Abläufen gesprochen. Uexküll würde hierüber verständnislos den Kopf schütteln. Dabei hat er selbst die Rezeption seiner Idee durch eine entscheidende Unterlassung nicht begünstigt: er hat keine Nominaldefinition seines „Umwelt"-Verständnisses gegeben. Den Begriff übernahm er aus der Alltagssprache. Uexküll trennte „Umgebung" von „Umwelt" und verstand unter dieser eine selbsttätige Hervorbringung gemäß dem „Bauplan" eines Organismus (S. 4 ff. des Werkes). Aus der Umgebung eines Lebewesens würden nach seiner Auffassung nur jene Elemente zur „Umwelt" gehören, die eine spezifische, bauplangemäße Reaktion des Organismus bedingten, dem für seine Reaktionen eine „Wirkwelt" um sich herum zur Verfügung stünde. Diese Wirkwelt sei eine Leistung des Tieres (Uexküll beschränkte seine Darstellungen auf Tiere), die auf der Wechselwirkung zwischen Bedeutungen von spezifischen Umgebungselementen für das Lebewesen und seinen artlich zur Verfügung stehendem Reaktionsmöglichkeiten beruhte. Diese Bedeutungen wären der Grund, warum ein Gegenstand einer Umgebung zu einem Bestandteil einer „Umwelt" werden konnte, und zwar auf je artlich spezifische Weise, womit jedoch eine Vorstellungsschwierigkeit verbunden war. Sie ergab sich aus dem Umstand, dass „die Umwelt" bei Uexküll einerseits eine individuelle Leistung jeden Tieres ist, gleichzeitig aber kollektiv von einer artspezifischen Umwelt gesprochen wird: „In der Welt des Regenwurms gibt es nur Regenwurmdinge, in der Welt der Libelle gibt es nur Libellendinge usw." (S. 45). Tatsächlich war damit die Idee einer subjektiven Biologie von Tierindividuen in der Welt.

Die Beziehungen zwischen dem tierlichen Subjekt und dem Umgebungsobjekt werden nach Uexküll über eine Kette von Reizen ausgebildet, die auf spezifischen Merkmalsträgern des Objekts beruhen. Verschiedene Reize wirkten auf die Rezeptoren des Tieres, würden über diese in einem „Merknetz" verbunden. Von dort würden diese nervösen Zustände über ein „Wirknetz" eine organismischen Reaktion hervorrufen. Die nachfolgende tierliche Äußerung auf den Ursprungsreiz sei spezifisch und adäquat, in dem sie „in den Wirkungsträger des Objektes eingepasst [sei]. Wirkungsträger und Merkmalsträger sind aber durch das Gegengefüge verbunden. So schließt sich der Kreis, den ich ‚Funktionskreis' nenne. Durch solche Funktionskreise wird ein jedes Tier eng mit seiner Umwelt verbunden. Mann kann bei den meisten Tieren mehrere Funktionskreise unterscheiden, die sich je nach dem Objekt, das sie umfassen, als Beutekreis, Feindeskreis, Geschlechtskreis, Kreis des Mediums benennen lassen." … „Merkmalsträger und Wirkungsträger fallen immer im gleichen Objekt zusammen, so lässt sich die wunderbare Tatsache, dass alle Tiere in die Objekte ihrer Umwelt eingepasst sind, kurz ausdrücken." (S. 46)

Uexküll forderte, dass eine anthropozentrische Betrachtungsweise von Tieren zurückzutreten habe und allein der Standpunkt des Tieres ausschlaggebend sein dürfe. Wie aber wäre die Beobachtung oder Untersuchung eines Tieres vom Standpunkt dieses Tieres, ohne menschliche Voreingenommenheit, zu bewerkstelligen? Uexküll selbst glaubte, dass dies mit objektivierenden Methoden gelingen würde.

Auffällig ist die Menge der Publikationen, in denen Uexküll sein Umweltkonzept, seit ihrer Erstveröffentlichung 1909, vor allem ab 1920 bis weit in die 30er Jahre erläuterte. Dies hat offenbar zwei Gründe und eine Konsequenz: Der erste Grund ist, dass Uexküll keine Definition von „Umwelt" nach Art eines lexikalischen Lemmas formulierte, was letztlich zu weitläufiger Erklärungsarbeit führte. Der andere Grund kann in der wirtschaftlichen Notwendigkeit zu wissenschaftlicher Schriftstellertätigkeit gelegen haben. Die Konsequenz dieser wiederholenden und gedanklich variierenden Ausführungen war, dass sein Konzept über die Jahre eine deutlichere Konturierung erfuhr, die schließlich zur Setzung, heute muss man längst von Aufdeckung und Bestätigung zu sprechen, der Subjektivität tierlichen Lebens führte:

> „So kommen wir dann zu dem Schluss, daß ein jedes Subjekt in seiner Welt lebt, in der es nur subjektive Wirklichkeiten gibt und die Umwelten selbst nur subjektive Wirklichkeiten darstellen." (Uexküll & Kriszat 1956, S. 93).[1]

Indem Uexküll anstelle konziser Nominaldefinitionen seiner Kernbegriffe zahlreiche spätere Veröffentlichungen darauf verwendete, sein spezifisches Verständnis in immer neuen Darstellungsvarianten zu erläutern, trug er aber dazu bei, dass seine Einsichten eine zunehmend polarisierte Rezeption erfuhr. Es gab den Kreis einer intellektuellen Anhängerschaft, dem wegen des hohen Anteils wissenschaftlicher Laien etwas von einer Glaubensgemeinschaft anhaftete. Ihr standen ablehnende Vertreter der Zoologie entgegen, die gleichwohl die operationale Nützlichkeit der Uexküllschen Überlegungen erkannten. Obwohl sie gegen „Umwelt" Einwendungen erhoben, war nicht eigentlich der Umweltbegriff für sie die entscheidende Denkfigur, sondern es war die „Bedeutung" der Dinge oder Verhaltensweisen. Mithilfe von „Bedeutung" war für sie ein erwünschter Durchbruch zur Objektivierung der „Umwelt" eines Lebewesens zu erreichen, in dem jetzt, unter operationaler Reduktion des Uexküllschen Gedanken, die „Umwelt" definiert wurde als „dasjenige außerhalb des Subjekts, was dieses irgendwie angeht." (Friederichs 1950, 70).

Es war vorhersehbar, dass sich in der zeitgenössischen Biologie, die sich um zunehmend exakt-naturwissenschaftliche Aufstellung bemühte, für die Auffassung von einer subjektiven Umwelt bzw. Biologie keine breite Anhängerschaft finden lassen würde. Die verständnisvollste Darstellung der Uexküllschen Gedanken im Hinblick auf die Bedeutung für den wissenschaftlichen Fortschritt der Biologie stammt von Karl Friederichs. Friederichs substantiellste Diskussion der Uexküllschen Gedanken (1943) kann heute als eine Präzisierung und Weiterentwicklung dieser Gedanken gelesen werden, mit dem entsprechenden Verständnis

---

[1] Es ist für die kontroverse Rezeption Uexkülls bezeichnend, dass der Basler Zoologe Adolf Portmann (1897–1982), dem man gewiss keine Distanz zu philosophischen Ableitungen aus der Biologie nachsagen kann, im Vorwort zur zweiten Auflage von „Streifzüge durch die Umwelten von Tieren und Menschen" bei Anerkennung übriger Verdienste Uexkülls noch 1956 die Übertragbarkeit des Umweltkonzeptes auf Menschen kategorisch verneinte.

für zeitgebundene fachliche Abgrenzungen oder auch für Differenzierungen durch Friederichs selbst. Auf Friederichs, und nicht auf Uexküll, gehen die heute im Uexküll-Diskurs geläufigen Begriffe wie „Weltbild" und „Eigenwelt" von Lebewesen zurück, die Uexküll verschiedentlich übernahm:[2]

> „Das Wort „Umwelt" ist von Jakob von Uexküll geprägt worden. Der allgemeine Sprachgebrauch hat den Ausdruck missverstanden und setzt ihn meist gleich Umgebung oder Aussenwelt. Ich schlug daher für Uexküll's Begriff die Bezeichnung Eigenwelt vor (1937; Petersen dasselbe etwas später). Uexküll konnte nicht gut von seinem vorher gebrauchten Wort abgehen, hat aber dann gelegentlich „Eigenwelt" als Apposition zu „Umwelt" gebraucht (Umwelt oder Eigenwelt). Der Begriff und das Wort „Umwelt" sind so sehr deutsch, dass es in fremden Sprachen nicht übersetzt wird, wiewohl Uexküll's Gedanken einen weltweiten Widerhall gefunden habe, sehr stark auch ausserhalb der Wissenschaft, weil seine Gedanken, wiewohl sehr fein, aus dem gesunden Menschenverstand heraus entstanden sind und jedermann ein Verständnis tierischer (und auch menschlicher) Reaktionen psychischer Art ganz leicht machen. Manche Zoologen dagegen verharren in einer schwer begreiflichen Antipathie dagegen. Der Begriff umfasst nur diejenigen Beziehungen zur Aussenwelt, die über die Rezeptoren, Erregungsbahnen und Effektoren gehen, man kann sagen, die „erlebt" werden, das „Weltbild" des betreffenden Wesens ausmachen. Die Anwendung auf die Pflanze ist schwerlich ohne Modifikation möglich. Auch ist dieser Umweltbegriff nur auf das Einzeltier, nicht auf Verbände von Individuen und Arten anwendbar. Er ist also nicht für die gesamte Biologie ausreichend, und die Ökologie, für die die „Umwelt" in erster Linie wichtig ist, braucht das Wort ohne Begriffsbestimmung in der Weise, dass jeweils aus dem Sinn sich ergeben muss, ob der Lebensraum oder der für den betreffenden Organismus relevante Ausschnitt daraus gemeint ist."[3]

Bis heute bewegt sich die Rezeptionsgeschichte zwischen den beiden Extremauffassungen der Idee Uexkülls: zwischen einer „Umwelt", die als Hervorbringung eines Tieres letztlich einer subjektiven „Weltbild"-Konstruktion dieses Tieres nahe kommt oder einer „Umwelt", die nur noch der Behälter aller Umgebungselemente eines Tieres ist. Zweifellos würde Uexküll sich an der ersten Auffassung orientieren. Dabei würde ihn noch eine Entwicklung in der modernen Philosophie besonders ansprechen: Es ist die von Thomas Nagel (1974) pointiert provokativ gestellte Frage, wie es sich anfühle, eine Fledermaus zu sein. Damit ist ein zoologisches Beispiel in die Philosophie der qualitativen Zustände eingebracht worden, die letztlich eine Fortschreibung Uexküllscher Bemühungen darstellt. Der subjektive Erlebnisgehalt eines mentalen Zustandes, wie er in der Philosophie des Geistes untersucht wird, ist eine Variante des innenweltlichen Zustandes, der nach Uexküll Grundlage einer

---

[2] Uexküll selbst verwendet den Begriff „Eigenwelt" im vorliegenden Werk einmal (S. 168, ebenso in der ersten Auflage von 1909 an derselben Textstelle), und zwar in einem anderen Verständnis als das, mit dem Friederichs ihn später (1937) belegte. Es ergeben sich also auch durch den Präzisierungsversuch Friederichs neue Verwechslungsmöglichkeiten.

[3] Friederichs 1943, S. 147.

Äußerung eines jeden Tieres ist. Damit ist er Teil des „Umwelt"-Phänomens, wie es Uexküll offenbar verstanden wissen wollte.[4]

Die Mehrzahl aller begrifflichen Gebrauchsfälle von „Umwelt" geben, sofern sie sich auf Uexküll beziehen, dies nur vor und verwenden tatsächlich einen weitestgehend simplifizierten Umgebungsbegriff. Nicht einmal in der Mehrzahl der Veröffentlichungen der fachhistorisch dominierten akademischen „Umweltgeschichte" wird „Umwelt" als subjektive Qualität thematisiert. Der Sprachgebrauch, in dem „Umwelt" entgegen der Uexküllschen Intention zum Synonym von „Umgebung" wurde, verdankt sich tatsächlich einer abwehrenden Rezeption, mit der die Fachgenossen auf Uexkülls Konzept reagierte (s. u.).

Um das Gewicht des Werkes, seine Überbewertungen wie seine Unterbewertungen besser abschätzen zu können, vor allem auch seine Rezeptionsweisen und Anrufungen als Zeugenschaft, bedarf es in diesem Fall zwingend, Leben und Werk des Mannes, der offenbar in seiner Zeit, obwohl 1932 auf Vorschlag des eben zum Präsidenten der Akademie gewählten Physiologen Emil Abderhalden zum Mitglied der Leopoldina gewählt (heute: Nationale Akademie der Wissenschaften)[5], nicht zur strahlenden Elite der scientific community gezählt hatte, wenigstens in groben Zügen zu kennen. Kein Nobelpreis, keine Straßenbenennung, keine nach ihm benannte wissenschaftliche Auszeichnung, kein nach ihm benanntes oder von ihm entdecktes Lebewesen. Und dennoch, Jakob von Uexküll (1864–1944), hat Bahnbrechendes in den biologischen Wissenschaften geleistet und angestoßen, er hat Philosophen, Ärzte und Kulturwissenschaftler beeinflusst. Seine Biographie ist einzigartig widersprüchlich: ein baltendeutscher Landedelmann, der sich zunächst mit den Lebensgesetzen seiner Standesgenossen überwirft und dann doch zu ihrem vehementesten Verteidiger wird. Ein Gegner der darwinschen Evolutionslehre und zugleich ein meist zukunftsoffener Mensch, der sich von den zeitgenössischen und kirchlich orientierten Kreationisten distanzierte. Er schrieb gegen rassistische Vorurteile an und war doch nicht unempfänglich für antisemitische Vorbehalte. Sein Aufstieg in den Wissenschaften verlief nicht innerhalb eines Denkkollektivs, die heutige Historiker getreu den Ideen Ludwik Flecks oder Thomas S. Kuhns entwerfen. Uexküll war immer allein, stand außerhalb jeder

---

[4] Welcher philosophische Anspruch letztlich hinter Uexkülls wissenschaftlichen Weltbild steht, wird besonders durch die Polemik Blumenbergs deutlich, nicht etwa gegen Uexkülls Hauptwerk, sondern gegen den 1922 in „Die Naturwissenschaften" erschienen Aufsatz, in der er aus Uexkülls Metaphorik das Bild „eine Packung Makkaroni" ableitet (Blumenberg 1986, S. 285). Blumenberg sieht in einem von ihm bei Uexküll diagnostizierten formal-philosophischen Fehler letztlich den Grund, dass Husserl 1924 den Begriff der „Lebenswelt" einführte, unter der dieser eine Wahrnehmungswelt versteht. – Husserl redet zwar ausschließlich vom Menschen, aber als „Universum des Selbstverständlichen" schließt „Lebenswelt" notwendig auch die Wahrnehmungswelt der Tiere mit ein.

[5] Abderhalden trat sein Amt als Präsident der Leopoldina im Januar 1932 an. Im Verlaufe des Jahres wurden 213 neue Mitglieder in die Akademie aufgenommen, so viele, wie niemals zuvor und niemals danach. Abderhalden begründete seinen Zuwahlvorschlag vom 17.3.1932 mit einem Satz: „An Uexkülls Namen knüpfen sich originale Gedanken allgemein biologischer Natur, sowie führende Arbeiten auf dem Gebiet der Nerven- und Muskelphysiologie (Reflexumkehr)." Gutachten wurden in diesem Fall offenbar nicht eingeholt. (Leopoldina Archiv, M1, 4065)

Community und wurde letztlich von jenen Kollektiven verschluckt, die gezwungen waren, seine Ideen und Konzeptionen zu übernehmen, diese für sich anzupassen und auf Basis seiner Lehren die eigenen Wissenschaften neu zu denken.

Nach seinem Tod schien es einige Jahrzehnte so, als ob er in Vergessenheit geraten würde, als er völlig unerwartet von dem Semiotiker Thomas S. Sebeok wieder entdeckt wurde. Auf einmal sollte der sich gelegentlich widersprechende, niemals in eine Schublade passende Physiologe und Biophilosoph Jakob v. Uexküll die Biosemiotik vorbestimmt haben, obwohl er sich zu Semiotik nie geäußert hatte. An die Stelle der historischen Aufarbeitung rückte eine distanzlose Verklärung in den Sprach- und Kulturwissenschaften, während Biologen und Ärzte sich nur auf seinen Sohn, den Psychosomatiker Thure von Uexküll (1908–2004) konzentrierten. Erst allmählich wurde klar, dass sich hinter all dem Vergessen und Überhöhen ein bedeutendes Forscherleben verbarg.

Jakob v. Uexküll war anders, als ihn sich viele Zeitgenossen und spätere Bewunderer und Kritiker ausmalten. Auch deshalb, um ihm gerecht zu werden, bedarf es eines Nachwortes zur Neuauflage seines Schlüsselwerkes. Vor allem aber ist es die Aufgabe der Nachgeborеnen, die das eigene Werk beeinflussenden Arbeiten früherer Gelehrter im Zeitkontext ohne ideologische Scheuklappen zu reflektieren. Nur so ist es möglich, zu erklären, wie und unter welchen Umständen ein Gelehrter zu welchen Erkenntnissen gelangt. Es bleibt dabei immer ein Rest Vermutung übrig, nicht alles kann bewiesen werden. Ortega y Gasset beklagte im „Aufstand der Massen" (1930) dass künftig auch unterdurchschnittliche Menschen überdurchschnittliche Entdeckungen machen würden. Mit Blick auf die Technisierung und die zunehmende Verlagerung der Kompetenz forschender Wissenschaftler in die apparative Kompetenz der Laborausstattung hinein trifft diese Prophezeiung für die moderne Biologie sicher zu, wenngleich in einer womöglich anderen soziologischen Tönung als von Ortega seinerzeit akzentuiert. Jakob v. Uexküll war jedenfalls ein überdurchschnittlicher Mensch und ungewöhnlicher Gelehrter mit sehr untypischen Ideen in seiner Zeit. Seine Hauptinstrumente waren ein philosophisch geschulter Intellekt und ein scharf beobachtendes Auge. Die heutige Biologie hat das grundsätzliche Nachdenken über ihre Gegenstände weitgehend ausgelagert und Welterklärern unterschiedlichster Herkunft überlassen. In den Lehrbüchern der Biologie kommen philosophische Grundprobleme nicht mehr vor. Dass Uexküll seine Forschungsgegenstände vor allem mittels gedanklicher Durchdringung untersuchte, macht ihn nicht nur interessant, sondern auch bedeutend, sowohl für die Gegenwart als auch die Zukunft.

Sein Schlüsselwerk „Umwelt und Innenwelt der Tiere" behandelte Tiere nicht mehr wie bisher in der Physiologie bzw. Zoologie als „Reflexmaschinen" oder Organismen, denen man menschliche Eigenschaften andichten konnte. Damit überwand er endgültig die alte Bewertung von Descartes und ließ auch die Überzeugung Kants hinter sich, wonach Tiere „seelenlose" Automaten wären. Er sah sie vielmehr als Wesen, die in ihrer eigenen Wahrnehmungswelt lebten, nicht in einer nach menschlichen Kriterien zu beurteilenden Welt. Sie wären auch an ihre „Lebenswelt" (durchaus im Sinne, wie Husserl den Begriff später – allerdings ausschließlich mit Blick auf Menschen – gebrauchen sollte) perfekt angepasst. Diese Erkenntnis basierte auf umfänglichen experimentellen Studien, vorrangig an Meerestieren. Als Uexküll 1909 die erste Auflage des Buches vorstellte, war die philosophische und biologische Schriftenwelt in Mitteleuropa angefüllt mit Mutmaßungen und Thesen zu einer selektionistischen Evolutionstheorie. Schlagwörter wie „Rasse" oder „Eugenik" waren diskursbestimmend. Analogieschlüsse von Tieren auf Menschen und umgekehrt spielten eine zentrale Rolle. Es gab zwar verschiedene Schulen innerhalb der biologischen Forschung, doch spielten hier persönliche Animositäten eine weit größere Rolle als fachliche Differenzen. Uexküll stand außerhalb aller Richtungen und legte eine gänzlich andere Studie vor. Ohne „Rasse". Ohne „Eugenik". Ohne Analogieschlüsse. Ohne Nominaldefinition, trotz eigener Begrifflichkeit. Er stützte sich auf eigene Forschungen und die von Kollegen. Er bot keine euphorischen oder pessimistischen Thesen für die Zukunft der Menschheit an, sondern gewährte einen Einblick in die Lebensweise von Tieren: wie sie sich verhielten, warum sie das taten und wie man exakt (ohne Scheuklappen, aber auch ohne ideologische Wünsche) Biologie betreiben konnte. Eine vergleichbar unmittelbare Umsetzung kantianischer Philosophie in der Biologie hatte es vorher nur mit dem Physiologen Johannes Müller (1801–1858) gegeben. Uexküll hat dessen Antrittsvorlesung „Von dem Bedürfnis der Physiologie nach einer philosophischen Naturbetrachtung" (1824) in kommentierter Form in einem Büchlein mit dem bedenkenswerten Titel „Der Sinn des Lebens" herausgegeben (Uexküll 1947).

1921 stellte er die zweite Auflage von „Umwelt und Innenwelt der Tiere" vor, nun mit weiteren Ergebnissen aus der experimentellen Forschung versehen, vor allem aber mit neuen philosophisch untermauerten Begründungen. Die Zeitumstände hatten sich radikal geändert. Die Niederlage im Ersten Weltkrieg und die heraufdämmernde Inflation schienen von einem „Untergang des Abendlandes" (Oswald Spengler) zu künden. Auch Uexküll war von solchen Gedanken nicht frei, zumal die historischen Umbrüche seine Lebensführung unmittelbar betrafen, hielt sie aber aus der wissenschaftlichen Analyse heraus. Er präsentierte den Lesern eine Erklärung tierlichen Verhaltens, wahrte ein Größtmaß an wissenschaftlicher Objektivität und verschmolz biologische Forschung mit philosophischer Begründung. Er kam ohne „Daseinskampf" oder „Rassenkrieg" aus und ließ zwischen den Zeilen doch erkennen, dass für ihn eine statische Welt das Ideal war – eben weil die Dynamik des Weltkrieges die Lebensentwürfe ganzer Generationen zerstört hatte. Eine Globalisierung brutalen Ausmaßes hatte übergeordnete Orientierungen, vermeintliche Sicherheiten und Wünsche zerstört. Das Leben war gänzlich aus den Fugen geraten, es schien von Zufällen und Unabwägbarkeiten geprägt zu sein, auf die das Individuum keinen Einfluss nehmen konnte.

Uexküll gab dem individuellen Leser anhand seiner Beispiele aus dem Tierreich Sicherheit zurück, die Erkenntnis, dass im Evolutionsgeschehen geplantes Leben möglich schien. Dass es nicht vorweltlich oder fortschrittsfeindlich war, wenn man sich nicht vage umrissenen Bedrohungen von außen unterwerfen oder sein Schicksal nicht durch Fremdbestimmung aus der Hand geben wollte. Uexküll verzichtete auf die Aufzeigung von Alternativen, da er davon überzeugt war, dass ein selbstständiger Geist nicht irgendwelcher „Führer" bedurfte. Er nahm auch nicht die Rolle eines Anwaltes derjenigen ein, die, wie er, durch die Kriegsumstände Vieles verloren hatten. Letztlich erlaubten ihm Standesgenossen und Gegebenheiten durch die Familie seiner Frau, trotz aller wirtschaftlichen Bedrängnisse, weiterhin ein unabhängiges Leben als Privatgelehrter. Er legte auch keinen Wert darauf, eine Schülerschar um sich zu scharen. Allerdings waren seine akademischen Positionen hierfür auch nicht förderlich. Er glaubte nicht an Schwarmintelligenz oder die Notwendigkeit von Denkkollektiven. Das war ihm alles fremd, und so erschien er seinen akademischen Kollegen wie aus der Zeit gefallen. Aber man kam nicht umhin, seine Ideen zur Kenntnis zu nehmen, zu kritisieren, zu übernehmen, zu interpretieren oder in die eigenen Forschungen zu integrieren.

Uexküll ist noch heute interessant und mit ihm sein Werk. Sein Werk ist nicht angepasst durch Textfindungen im Kollektiv oder ein Herantasten an Regeln der herrschenden Lehre oder das Bedienen kollegialer Zitiererwartungen. Wer Uexküll liest, weiß sicher, dass das, was geschrieben steht, auch Original Uexküll ist.

Vieles erscheint heute überholt. Für Uexküll waren die derzeit so bedeutsamen Strukturen und Vorstellungen von Geschlecht, sozialer Interaktion oder Sozialisation bedeutungslos. Er erwähnte sie nicht einmal. Disziplinen, die sich heute auf ihn berufen, hatte es zu seinen Lebzeiten entweder noch gar nicht gegeben (Kybernetik) oder sie hatten ihn nicht im Geringsten interessiert. Andere, von ihm aufgeworfene Fragen werden heute unter völlig anderen Umständen gestellt, z. B. in der theoretischen Biologie, unter der er übrigens auch etwas anderes verstand als das, was sich heute unter dieser Bezeichnung darstellt. Auch sprach er den untersuchten Tieren die Fähigkeit zur eigenständigen Beobachtung oder einem „Ich-Bewußtsein" ab, was in sonderbarem Gegensatz zu seinem eigenen Umweltkonzept steht und mit seiner Instrumentalisierung als Vorläufer der modernen Ethologie schwerlich in Einklang zu bringen ist.

Eventuell könnte es sinnvoll sein, die zu Uexkülls Lebzeiten in der wissenschaftlichen Diskussion dominierenden, heute aber antiquiert erscheinenden Dualismen auf ihn selbst anzuwenden. Uexküll stellte sich die Frage nach der Trennung oder den Zusammenhängen von „Körper" und „Geist", aber auch „Mensch" und „Umwelt". Nur wer diese Trennungen und Überschneidungen auf Leben und Werk des Protagonisten anwendet, kann nachvollziehen, inwiefern und weshalb „Uexküll" für Debatten, die er weder vorausgesehen noch gewünscht hatte, von Bedeutung sein kann. Dies aber setzt voraus, dass der interessierte Leser vor dem Sturz in die Lektüre von „Umwelt und Innenwelt der Tiere" oder „Theoretische Biologie" oder „Bedeutungslehre" – um einige seiner Werke aufzuzählen – sich mit dem Leben Uexkülls auseinandersetzt und so begreift, wie er überhaupt zu seinen Gedanken kommen konnte oder gar musste, bzw. warum er gewisse Aspekte nichts sehen konnte oder wollte.

Uexküll wird heute losgelöst von den früheren Debatten gesehen. Das kann man bei ihm auch recht gut machen, ist er doch in keine akademische Schule oder Denkrichtung eingebunden. Aber dennoch sollte man wissen wollen, wie ein originärer Gedanke zustande kam. Wen das interessiert, der ist bei Jakob v. Uexküll genau richtig. Wer daran glaubt, dass Erkenntnis erst nach demokratischer Diskussion innerhalb von Fachgelehrtenkreisen an die Öffentlichkeit gelangt oder gar nie das Werk Einzelner sein kann, sollte Uexküll meiden.

4.1   Biographische und soziokulturelle Vorbedingungen (1864–1890)

Jakob v. Uexkülls Gedanken über eine individuelle und starre Umwelt, die jedem Lebewesen sozusagen von Geburt bis zum Tod übergestülpt war und die durch eine denkende, nicht hinterfragbare überkausal wirkende Kraft bestimmt wurde, können nur verstanden werden, wenn man seine Sozialisation näher betrachtet.

Jakob v. Uexküll stammte aus dem heutigen Estland und war Mitglied einer Herrschaftsschicht, die nach innen einen mittelalterlichen Ständestaat zu erhalten suchte und sich nach außen allein am absolutistischen Herrschaftsprinzip der zaristischen Autokratie orientierte (Haltzel 1977; Tobien 1930). Zahlreiche Vertreter des Adels wähnten sich in einer historisch einzigartigen Rolle und glaubten im Grunde einen Kampf für ganz Russland im Sinne einer übernationalen, an Zar Peter (1672–1725) angelehnten Herrschaftsform zu führen (Rothfels 1930, S. 230). Diese Idealisierung des eigenen Verhaltens zielte im Grunde nur auf eine Wahrung überkommener Prinzipien und Privilegien und die Abgrenzung von der einheimischen Bevölkerung ab, die konsequent von den Schaltstellen politischer und wirtschaftlicher Macht ferngehalten werden sollte. Doch in Zeiten steter Bevölkerungszunahme und des sozialen Wandels ließ sich eine solche Kontrolle kaum aufrecht erhalten, schon gar nicht als die zaristische Zentralregierung ab den 1870er Jahren davon Abstand nahm, sich ausschließlich auf die baltendeutsche Elite zu verlassen. Stattdessen begannen die russischen Behörden sukzessive die deutschsprachige Oberschicht zu entmachten. Dies erfolgte durch wirtschaftspolitische Maßnahmen, eine Justizreform und die Einführung des russischen Idioms als offizielle Landessprache. Außerdem wollte die Regierung in St. Petersburg die Universität Dorpat – das Zentrum baltendeutscher Gelehrsamkeit und exklusive Ausbildungsstätte der Elite – russifizieren, um so die Elite des Landes ihrer Refugien und Nachwuchsförderung zu berauben.

Die livländische Kreisstadt Dorpat war *weitläufig gebaut mit vielen Gärten und freien Plätzen, in den Niederungen ungesund und voller Typhus, liegt im schönen Embachthal* und galt mit einem Gymnasium, einer Kreisschule, 15 Knabenschulen, elf Mädchenschulen, einer Taubstummenanstalt und weiteren Bildungseinrichtungen als Zentrum baltischer Bildungskultur (Deutsches Akademisches Jahrbuch 1875, S. 145). Die Universität war 1802 als Beweis für die Akzeptanz der Sonderrolle der Baltendeutschen im russischen Reich und die unverbrüchliche Treue zum Zaren unter Federführung des Kaisers Alexander I (1777–1825) wiedergegründet worden (Engelhardt 1932, S. 318). Die Professoren der Universität kamen seit den 1830er Jahren zu großen Teilen aus den Ostseeprovinzen und genossen in den Kreisen des Adels hohes Ansehen, galten sie doch als „Aushängeschild" der Ritterschaft. Am bedeutendsten war hier der Naturforscher Karl Ernst v. Baer (1792–1876). Er nahm in der baltischen Oberschicht eine Sonderrolle ein, da er sowohl Gutsbesitzer, als auch Landespolitiker und europaweit anerkannter Forscher war. Als Gelehrter war er nicht nur als Entdecker des Säugetiereies und durch Forschungen an Seeigeleiern bekannt geworden, sondern auch als Geograph (Hertwig 1909). In seinen späteren Lebensjahren engagierte er sich gegen die Lehre Darwins mit ihrem rein mechanistischen und kausalanalytischen Ansatz in der Deszendenztheorie. Auch die Überlegungen zur Vererbung und geschlechtlichen Zuchtwahl bei Tier und Mensch gleichermaßen fanden nicht Baers Zustimmung (Baer 1886, S. 347, 479; Nowikoff 1949, S. 151). Vielmehr war für Baer eine Entwicklung in der Natur stets zielstrebig (Toellner 1975, S. 353). Darwins Rolle als Naturforscher erkannte Baer jedoch an, ebenso seine Ausführungen zur Varietät der „bleibenden Arten". Allerdings favorisierte Baer die vitalistische Lehre von einem übergeordneten Naturfaktor, dem man sich allenfalls durch teleologische Spekulation nähern könne, während Darwin eigentlich nur darauf abgezielt habe, den „äußeren Schöpfer" zu eliminieren (Baer 1886, S. 480). Anstatt einer wirren und ziellosen, dem Zufall folgenden Naturentwicklung glaubte er so an die Existenz eines Zielstrebigkeitsprinzips (Schneider 1934, S. 497). Er ignorierte die durch die Forschungen Julius Robert Mayers (1814–1878) und Hermann v. Helmholtz' (1821–1894) seit 1842 begonnene Demontage der vitalistischen Naturphilosophie, die durch das mechanistische Kausalitätsprinzip in Deutschland weitgehend verdrängt wurde (Caneva 1993, S. 45, 91). Durch diese Verweigerungshaltung gab Baer entsprechenden Tendenzen zur Abwehr des Darwinismus/Mechanismus in der baltischen Bildungsschicht Auftrieb, so dass die Universität Dorpat mindestens bis zum Tode Baers ein Hort des Antidarwinismus und der vitalistischen Teleologie blieb. Versuche, durch gezielte Berufungspolitik, hierzu ein Gegengewicht zu schaffen, scheiterten beispielsweise 1863 (Ottow 1920, S. 130). Die Beibehaltung der antidarwinistischen Grundhaltung in der baltendeutschen Gelehrtenwelt wurde durch die Instrumentalisierung des Populärdarwinismus durch russische Intellektuelle begünstigt. Sie behaupteten, dass im Rahmen einer völkischen Selektion die Slawen über das im Niedergang befindliche Deutschtum triumphieren würden und dies nur der logische Gang der Natur sei.

Ab den 1880er Jahren wurden aus Sicht der baltendeutschen Elite diese Tagträumereien sukzessive zur täglich erlebbaren Realität. Die Volksschulen wurden der Kontrolle der Ritterschaft entzogen und zugleich der russisch-orthodoxe Glaube durch staatlich geförderte Missionen gestärkt (Haltzel 1978, S. 93f.).

1889 wurde die Rechtsautonomie der Universität Dorpat beseitigt. Nun unterstand die Universität der allgemeinen Gerichtsbarkeit. Ihre Professoren, Dekane und der Rektor wurden von den zuständigen Zentralbehörden in St. Petersburg ernannt (Weber/Holsboer u. a. 2003, S. 21). Um die Vormachtstellung der deutschsprachigen Universitätsangehörigen endgültig zu brechen, erfolgte die Massenzulassung russischer Studenten und 1893/94 das Verbot des Deutschen als Lehrsprache. Universität und Stadt Dorpat erhielten einen neuen Namen: Jur'ev. Der Zentralismus hatte aufgrund der Uneinigkeit der deutschen Minderheit und ihrer Unfähigkeit, sich mit den aufstrebenden einheimischen Ethnien zu verständigen, obsiegt. Die junge deutschbaltische Elite der Ostseeprovinzen verließ das Land oder zog sich auf die Familiengüter zurück.

In diesen Strudel an Grabenkämpfen und Beharrungsdenken wurde Jakob v. Uexküll 1864 hineingeboren. Er entstammte einer Familie gebildeter Landadeliger und Offiziere, deren Mitglieder in der Vergangenheit so große Leistungen vollbracht hatten, dass Historiker zu dem Schluss kommen sollten, dass eine Geschichte des Baltenlandes zu schreiben impliziere, eine Geschichte der Familie Uexküll zu verfassen (Taube 1930/I, S. VII). Jakob hatte noch drei lebende ältere Brüder, Konrad (1858–1933), Alexander (1860–1931) und den jung verstorbenen Paul (1862–1865). 1867 kam noch die Schwester Mathilde (gest. 1908 verheiratete Freifrau v. Stackelberg) zur Welt. Uexkülls Vater Alexander (1829–1891), der bereits 1862–1864 das Ehrenamt eines Landrichters ausgeübt hatte, war 1878 zum Stadtoberhaupt von Reval (heute: Tallinn) gewählt worden und übte dieses Amt bis 1883 aus. Während der Repräsentationspflichten lernte Jakobs Mutter Sophie Karoline, geb. v. Hahn (1832–1887) den Physiologen Wilhelm Kühne (1837–1900) kennen, der zur Einweihung eines Denkmals für Karl Ernst v. Baer nach Estland gereist war (Kull 2001a, S. 9).

Jakob v. Uexküll besuchte seit Oktober 1877 die „Ehstländische Ritter- und Domschule" in Reval, deren Direktor der Vater des späteren Gestaltpsychologen Wolfgang Köhler war (Brock 1934, S. 194). Uexküll zeigte sich als überzeugter Anhänger des Darwinismus, was in einer gänzlichen Ablehnung der antidarwinistischen christlichen Lehre gipfelte (Uexküll 1964, S. 24). Man könnte dies eventuell als jugendlichen Protest gegen die Erziehungsideale der älteren Generation interpretieren.

Jakob v. Uexküll erwies sich als interessierter, wenn auch nicht übermäßig eifriger Schüler und bestand 1883 das Abitur mit der Gesamtnote „befriedigend"[6]. 1884 inskribierte er sich zum Sommersemester an der Universität Dorpat in Geschichte. Seiner Wehrpflicht genügte er 1885[7]. Einen Offiziersrang in der kaiserlich russischen Armee, noch eine Generation früher eine Ehre für baltische Adelige, hatte er offenbar nie angestrebt. Nach einem Semester wechselte Jakob v. Uexküll zu dem Fach, in dem sein Vater brilliert hatte (Mineralogie) und studierte schließlich Zoologie. Diese stand in Dorpat stark unter dem Einfluss der Naturgeschichte bzw. Naturphilosophie. 1885/86 begleitete er einen Professor auf Exkursion nach Dalmatien zur Insel Lesina (heute: Hvar) und erlernte hier das Präparieren von Seetieren.

Darüber hinaus betätigte er sich in einer Studentenverbindung, dem Corps Estonia. Hier kam Uexküll in Kontakt zu zahlreichen Standesgenossen, z. B. Eduard v. Dellinghausen (1863–1939), der später die Ritterschaft nach außen vertreten sollte (1902–1918) und dem Historiker Johannes Haller (1865–1947). Uexküll wohnte mit seinen Corpsbrüdern Alexander und Nikolai Baron v. Schilling, Walter Schmidt (Sohn des Hausherrn), Reinhold v. Wistinghausen, Georg Baron v. Wrangell und dessen Bruder Magnus im Haus des Physiologieprofessors und Universitätsrektors Alexander Schmidt (1831–1894), dessen Bruder Karl Chemie lehrte[8]. Die Physik vertrat Arthur v. Oettingen (1836–1920), dessen Theologie lehrender Bruder Alexander (1827–1905) die evangelisch-theologische Fakultät derart dominierte, dass er von den Studenten ehrfürchtig „der Papst" genannt wurde (Friedmann 1950, S. 100). Diese sehr familiäre Atmosphäre an der Universität bedingte aber auch die Beachtung von Loyalitätsgesetzen, deren Verletzung nachhaltige Folgen haben konnte.

---

[6] Ajalooarhiiv Tartu, Acta des Konsails der Kaiserlichen Universität Dorpat betreffend Jakob J. v. Uexküll. Maturitätszeugnis.

[7] Ajalooarhiiv Tartu, Inhalts-Verzeichniss der betreffenden Acte.

[8] Mit im Haus wohnten auch die beiden polnisch-russischen Studenten der Medizin Wladislaus Kalenkewitsch und Raimund Lande. Das Haus hatte die Adresse „Gartenstraße 12", im Nachbarhaus wohnte Prof. Schmidt selbst. Ich danke dem Präsidenten des Familienverbandes derer von Stackelberg, Dr. Wolfhart v. Stackelberg für diese Informationen.

An der Universität sah sich Uexküll nun mit den Russifizierungsbestrebungen der Behörden konfrontiert und er dürfte erkannt haben, dass die abwartende, allein auf den Za-
renhof hoffende alte baltendeutsche Elite nicht zielführend agierte. Er sah sich in seiner
akademischen Freiheit bedroht, war aber umgeben von den Profiteuren eines politischen
und gesellschaftlichen Stillstands. Die pro-darwinistische Haltung in seiner Jugend passte
nun überhaupt nicht in das streng kontrollierte soziokulturelle Umfeld in Dorpat. In seinen Erinnerungen gewährte Uexküll Einblick in sein Dilemma und dankte „Fedi Ditmar"
(d. i. Christoph Friedrich Conrad v. Ditmar), der die „Rätselwelt des Lebens" für Studenten aufgeschlüsselt habe (Uexküll 1936, S. 81). Ditmar übte einen großen Einfluss auf den
jungen Uexküll aus und bestärkte ihn in seiner Überzeugung, dass die Mittel der Vorväter,
mit Bedrohungen umzugehen, nicht mehr zeitgemäß wären. Zugleich eröffnete Ditmar
Uexküll Möglichkeiten zur Kritik der modernen Zivilisation (Uexküll 1936, S. 90). Möglicherweise wies Ditmar den jungen Uexküll auch auf Chancen hin, die eigene Rolle in einer
sich rasch verändernden Welt neu zu interpretieren. Schließlich finden sich in Uexkülls
„Entdeckungsreisen durch die Umwelten", wie er das Kapitel über Fedi Ditmar in seinen
Lebenserinnerungen überschrieb, vorgeblich wörtlich erinnerte Ausführungen Ditmars, die
man als einen Nukleus der späteren Umweltlehre Uexkülls auffassen kann. Zumindest gab
es ausgeprägte inhaltliche Verbindungen zwischen seinem späteren Umweltkonzept und
den Belehrungen durch den älteren Mentor Ditmar, die Uexküll während seiner Studenten-
zeit in Dorpat erfahren haben wollte. Uexküll selbst scheint dies währen der Niederschrift
seiner Erinnerungen nicht weiter aufgefallen zu sein.

An der Universität Dorpat wirkte ein Gelehrter, der als Alternative zur Gesamtbetrach-
tung der Evolution eine Neuverankerung des Selbst anbot, Gustav Teichmüller (1832–1888).
Dieser tat sich als Gegner des Darwinismus hervor, dessen Befürworter er der philoso-
phieentleerten Prinzipienreiterei zieh (Teichmüller 1877, S. 3). Die Anhänger Darwins
überhöben sich, indem sie die Evolution im Ganzen erklären wollten. Vielmehr sei es nötig,
die „wirkliche Welt" in „kleine Einheiten" aufzulösen, zu betrachten und zu analysieren
(Teichmüller 1877, S. 69). Denn das Leben der Menschen laufe in festen Kreisen (Kyklen)
von der Geburt bis zum Tode ab (Teichmüller 1874, S. 142f.). Dabei wirke die Welt als
Ganzheit auf das Individuum ein, das zweckmäßig nach Vervollkommnung strebe (Teichmüller 1874, S. 539).

Diese Vorstellungen ähnelten der Umweltlehre, die Uexküll später entwickelte. Auch in
seiner Familienbibliothek konnte er Anregungen finden. Sein Vorfahr Berend-Johann v.
Uexküll (1793–1870, genannt Boris v. Uexküll) hatte 1821/22 Georg Wilhelm Friedrich He-
gels (1770–1831) Vorlesung über Naturphilosophie mitgeschrieben. Eine Kopie dieser Mit-
schrift erhielt sein liberaler Gesinnungsgenosse Franz v. Baader (1765–1841) und landete
nach dessen Ableben in der Universitätsbibliothek Würzburg, wo sie lange unbeachtet blieb
(Hegel 2002, S. VIII–IX). Die Papiere des an Philosophie interessierten Landadeligen Boris
v. Uexküll verbrannten 1905 während der ersten russischen Revolution. Seine Angehörigen
hatten übrigens Zeit seines Lebens wenig Verständnis für diese philosophischen Interessen
(Uexküll 1936, S. 32). Die von ihm in den baltischen Diskurs eingeführten Überlegungen
können aber eine vorzügliche Ergänzung zu den Anschauungen Teichmüllers darstellen:

„Jedes Tier nun hat ein Verhältnis zur individualisierten, unorganischen Natur. Jedes Tier hat nun seinen mehr oder weniger engen Kreis unorganischer Natur. Die Handlungsweise in der Berichtigung dieser unorganisierten Natur erscheint als Zweck; es ist hier ein wahres Bestimmtes in der animalischen Natur, welches sich verwirklicht. Die Hauptsache ist in dieser Sphäre der eigentliche Assimilationsprozess. Dieser besteht im allgemeinen darin: das Animalische ist gespannt gegen eine äußerliche Natur, und es ist darauf gerichtet, diesen zu identisieren. Die Macht des Lebendigen über die unorganische Natur ist nun zunächst eine ganz allgemeine Kraft, so das das, was durch dieselbe ergriffen wird, einer unmittelbaren Verwandlung unterliegt" (Hegel 2002, S. 193).*

Gleichwohl waren auch die Überlegungen Darwins für den jungen Uexküll eine Quelle der Inspiration. So hat sich ein Exemplar von Darwins Werk „Descent of man" aus dem Besitz des Studenten Jakob v. Uexküll erhalten. Hierin hatte er eine Reihe von Notizen gemacht, die seine grundsätzlichen Kritik- und Interessenspunkte an Darwins Werk erahnen lassen (Darwin 1876)[9]. Die Theorien Darwins zur Tierpsychologie, insbesondere die Annahme, Tiere könnten seelische Empfindungen verspüren (Darwin 1876, S. 103ff) und die Vergleichbarkeit des Sozialverhaltens von Tieren und Menschen (Darwin 1876, S. 109), versah er mit Unterstreichungen.

Uexkülls langsame Umorientierung weg von den Ansichten Darwins wurde gerade durch das Auftreten eines überzeugten Anhängers der Evolutionslehre beschleunigt. 1888 starb Teichmüller, und auf den Lehrstuhl für Zoologie wurde in Nachfolge Maximilian Brauns Julius v. Kennel (1854–1939) berufen. Kennel war zwar ebenso wie Uexküll ein Mitglied der baltendeutschen Elite, stand den vitalistischen Konzeptionen seiner Standesgenossen aber ablehnend gegenüber.

Kennel meinte, durch Analogieschlüsse von niederen Lebewesen ausgehend, Aussagen über die Entwicklung des Menschen treffen und dabei die Bedeutung von Individualprozessen vernachlässigen zu können (Kennel 1893). Außerdem glaubte er, zwischen sämtlichen Tierarten Verwandtschaften konstruieren zu können. Gerade diese Formulierungen erregten den Argwohn Uexkülls, der nun nach Aussagen seiner Ehefrau begann, den Darwinismus als unwissenschaftliche Spielerei aufzufassen (Uexküll 1964, S. 36). Es ist jedoch wahrscheinlicher, dass Kennels Auftreten lediglich die Umorientierung Uexkülls beschleunigte. Schließlich sah er sich zur selben Zeit – ebenso wie seine Standeskollegen und Kommilitonen – den radikaldarwinistisch unterfütterten Russifizierungsbemühungen ausgesetzt.

Nachdem bereits 1889 die juristische Fakultät in Dorpat vollständig reorganisiert und russisch zur alleinigen Unterrichtssprache bestimmt worden war, erfolgte 1892/93 die Anwendung dieser Reformen auf die Gesamtuniversität. Es gelang Uexküll gerade noch rechtzeitig, im April 1890 an der physikalisch-mathematischen Fakultät den akademischen Grad eines „Kandidaten" der Zoologie – vergleichbar mit der Promotion – zu erlangen[10]. In dieser Zeit zerbrach auch die bis dahin existierende Einheit der deutschsprachigen Profes-

---

[9] Das Buch vererbte Jakob v. Uexküll seinem Sohn Thure. Nach dessen Tod gelangte es ins Jakob von Uexküll Archiv für Biosemiotik und Umweltforschung an der Universität Hamburg.

[10] Ajalooarhiiv Tartu, Acta des Consails der Kaiserlichen Universität zu Dorpat, Jakob J. v. Uexküll.

sorenschaft, da ein Teil der nicht der baltendeutschen Elite entstammenden Dozenten lieber mit der russischen Zentralregierung kooperieren wollte, als sich gemeinsam mit ihren im Baltikum sozialisierten Kollegen auf eine Fundamentalopposition zu beschränken (Weber/ Holsboer u. a. 2003, S. 36f.). Da Uexküll sich, ebenso wie zahlreiche seiner Landsleute, aber nicht den Oktroys der Zentralregierung beugen wollte, verließ er seine Heimat und ging nach Deutschland. Zudem war er nach dem Tod seines Vaters 1891 gänzlich frei in seinem Handeln. Beseelt von dem Wunsch, weiter als Naturforscher zu arbeiten, besann sich Uexküll der guten Beziehungen zwischen seiner Mutter und dem Physiologen Wilhelm Kühne und zog nach Heidelberg. Im dortigen Laboratorium Kühnes an der Universität durfte er als Gastwissenschaftler arbeiten und sich nach neuen Betätigungen umsehen.

4.2   Der mühsame Weg zu Erkenntnis und Lehre (1890–1902)

Uexküll gelang es rasch, sich mit Kühne über die Modalitäten seiner Mitarbeit am physiologischen Institut der Universität Heidelberg zu verständigen. Uexküll verlangte kein Gehalt und beanspruchte lediglich eine Arbeitsmöglichkeit. Offenbar strebte er eine akademische Karriere an, wofür die Zoologie/Biologie bei einem ausreichenden finanziellen Hintergrund zur Überbrückung der gering oder gar nicht besoldeten Jahre als Assistent bzw. freier Mitarbeiter in den 1890er Jahren eine relativ gute Ausgangsposition gewährte. Denn wer als Forscher Beachtung gefunden hatte und auf eine Professur berufen, zum Leiter einer Forschungsabteilung avancierte oder zum Direktor eines botanischen Gartens ernannt wurde, zählte zu den akademischen Spitzenverdienern im Deutschen Reich (Hünemörder/Scheele 1977, S. 137). Um Kosten zu sparen, teilte sich Uexküll mit dem späteren Ordinarius für alte Geschichte in Heidelberg Alfred v. Domaszewski (1856–1927) eine Junggesellenwohnung (Brock 1934, S. 197). Schon 1891 begann Uexküll mit ersten eigenen experimentellen Studien (an Fröschen). Er stellte hierbei fest, dass eine sekundäre Nervenreaktion nur auf künstlichem, unnatürlichem Wege erzeugt werden konnte (Uexküll 1891, S. 549). Die genauen physiologisch-chemischen Zusammenhänge blieben ihm verborgen, Uexküll konnte aber die Reizungsart der quergestreiften Froschmuskulatur ebenso wie die mit fortgesetzter Versuchsdauer nachlassenden Reizungen erkennen. Auch konnte er nachweisen, dass die Nerven nicht willkürlich, sondern bestimmten Regeln folgend, reagierten. Offenbar war Kühne von der Leistungsfähigkeit Uexkülls von Anfang an überzeugt gewesen, denn nur durch die Fürsprache seines einflussreichen Professors ist zu erklären, weshalb dem im Deutschen Reich völlig unbekannten Absolventen der Universität Dorpat unmittelbar nach seinem Eintritt in das Heidelberger physiologische Institut ein Arbeitsplatz an der deutschen zoologischen Station Neapel auf Kosten des Königreichs Württemberg zur Verfügung gestellt wurde. Im April 1891 reiste Uexküll zur Vertiefung seiner Studien nach Neapel, wo er unmittelbar Hans Driesch (1867–1941) kennen lernte (Driesch 1951, S. 206). Für seinen weiteren Berufs- und Lebensweg als unabhängiger Gelehrter waren für Uexküll die Arbeit in Neapel als auch die Begegnung mit Driesch entscheidend. Die deutsche zoologische Station Neapel war 1874 von dem Schüler Ernst Haeckels (1834–1919), Anton Dohrn (1840–

1909), gegründet worden. Sie entwickelte sich rasch zur bedeutendsten außeruniversitären biologischen Forschungsanstalt weltweit und wurde seitens des Deutschen Reiches und mehrerer Bundesstaaten durch Anmietung von „Arbeitstischen" zu 1500 Mark pro Monat seit den 1880er Jahren finanziell unterstützt (Simon 1980, S. 127). Aufgrund der Vielzahl von Forschern aus den unterschiedlichsten Bereichen, die sich zu allen Zeiten in Neapel aufhielten, nannte Theodor Boveri (1862–1915) im Rückblick die Stazione Zoologica einen „permanenten Zoologenkongress" (Boveri 1940, S. 790). Hier prallten aber auch die unterschiedlichsten Lehrmeinungen aufeinander. Es wurden nicht nur Freundschaften, sondern vor allem auch Feindschaften fürs Leben geschlossen. An der Stazione Zoologica wurde die zytologische Forschung begründet, erstmals Bastardisierungsversuche unternommen und die gesamte zeitgenössische Forschungsliteratur gesammelt und rezipiert (Müller 1975, S. 200). Der amerikanische Zytologe Edmund B. Wilson (1856–1939) entwickelte seinen Anteil an der Chromosomentheorie und dem Anhänger einer rein mechanistischen Welterklärung (Tropismenlehre), Wilsons Landsmann Jacques Loeb (1859–1924), gelang es mittels chemischer Zusätze, ein unbefruchtetes Seeigelei zur Parthogenese zu veranlassen. Auch Überlegungen, wonach die Vererbung erworbener Eigenschaften vielleicht doch möglich wäre, konnten in der freien Atmosphäre der zoologischen Station geäußert werden (Müller 1975, S. 211).

Unter all den Anhängern der Evolutionslehre stach ein kritischer Geist heraus und beeinflusste Uexküll früh: Hans Driesch. Er hatte sich zunächst ganz an Darwin und Haeckel orientiert, aber 1894 erstmals teleologische Gedanken in der Biophilosophie – nicht im Experiment – für gültig erklärt (Driesch 1894). Er war somit den gleichen Weg gegangen wie Uexküll, der zunächst ebenfalls die naturphilosophische Begründung des Naturgeschehens suchte und danach experimentell tätig wurde. An der Stazione Zoologica führte Driesch Studien an Seeigeleiern durch, die seine philosophischen Gedanken zu untermauern schienen. Er befand sich in einem Zwiespalt, hatte er doch Vorgänge entdeckt, die mit seinem mechanistisch geprägten Weltbild nicht in Einklang zu bringen waren. Wie der Wissenschaftshistoriker Reinhard Mocek anmerkte, versuchte er noch mehrere Jahre seine Erkenntnisse in physikalische (also kausal nachvollziehbare) Gesetze einzupassen (Mocek 1998, S. 293). Die völlige Abkehr von den Forschungsergebnissen seiner Lehrer fiel ihm schwer, er war kein Mitglied eines „Denkkollektivs" innerhalb dessen er sich hätte austauschen können, sondern agierte allein. 1899 schließlich verkündete er, „Eigengesetzlichkeiten" im Lebensablauf experimentell untermauern zu können, wodurch er den Bruch mit der gesamten darwinistisch-mechanistisch ausgerichteten Wissenschaftselite in Deutschland vollzog (Driesch 1899, S. 99). Uexküll und Driesch waren sich 1891 erstmals in Neapel begegnet und standen seither in regem Austausch (Driesch 1951, S. 206).

Uexküll unternahm in Neapel Studien an *Eledone moschata* (einem im Mittelmeer beheimateten Tintenfisch). Dabei gelangte er zu der Überzeugung, dass die rein chemische Annäherungsweise an die Nervenreaktionen der Tiere unzuverlässig sei (Uexküll 1891, S. 556). Hingegen seien elektrische Reizungen erfolgversprechender. Außerdem stellte Uexküll fest, dass es unsinnig war, Analogieschlüsse von einem Tier auf das andere zu vollziehen, da sich z. B. Eledone moschata und ein gewöhnlicher Frosch gänzlich unterschiedlich bei Nervenreizung verhielten (Uexküll 1891, S. 559). Er setzte die Forschungen im Laufe der Jahre fort, versuchte u. a. den „Reflexmechanismus" der einzelnen Tiere zu verstehen (Uexküll 1894a; Uexküll 1894b). Geradezu zwangsläufig begann sich Uexküll sehr kritisch mit der zeitgenössischen physiologischen Literatur auseinander zu setzten (Uexküll 1893b). Infolgedessen kritisierte er auch die Arbeitsmethoden seiner Kollegen. Er hielt es beispielsweise für unsinnig, gefangenen Haien den halben Kopf wegzuoperieren, nur um die Sinnesorgane zu untersuchen. Er selbst beschränkte sich auf das Einpinseln mit Cocainlösung und kam zu sehr ähnlichen Resultaten (Uexküll 1895a, S. 562). Auch hegte er Aversionen gegen die Methoden seines Kollegen Salvatore Lo Bianco (1860–1910), der mit einem Schleppnetz unzählige Meerestiere auffischte und sie anschließend in Spiritus aufbewahrte, anstatt sie sogleich zu untersuchen. Gleichwohl war Uexküll 1895 noch ganz gefangen von den Möglichkeiten des mechanistischen Denkens. So sah er „automatische Maschinen" in untersuchten Tieren bei Nervenverknüpfung am Werke und glaubte einen umfassenden Reflexmechanismus entdeckt zu haben (Uexküll 1894b, S. 593). Dieser schien auf einer mechanischen Nervenreizung zu beruhen (Uexküll 1895b, S. 440). Erst als sich Uexküll 1896 Untersuchungen am Seeigel zu widmen begann und dort selbsttätige Nerven- reaktionen beobachtete, kam er zu dem Schluss, dass das rein mechanische Denken unge- nügend sei, um die Lebensvorgänge beleuchten zu können (Uexküll 1896a, S. 9). Zugleich vollzog Uexküll in der Nervenphysiologie eine Trennung zwischen den unterschiedlichen Tierarten und bestritt die Möglichkeiten von generalistischen Analogieschlüssen:

> „Uexküll deduziert nun folgendermaßen: Bei den Wirbeltiermuskeln steht die Erregung und Erregungsleitung im Vordergrund des Interesses, bei den Seeigeln tritt beides in den Hinter- grund gegen den Tonus und die Tonusleitung" (Bethe 1903, S. 367).

Seine Neuorientierung fand parallel zu Drieschs Hinwendung zum Neovitalismus statt.

Die Untersuchung von Individualorganismen (als „pars pro toto" für die ganze Gattung) führte Uexküll weiter und er erklärte, dass Muskelreaktionen je nach Art der Belastung un- terschiedlich verliefen und es selbstständige Bewegungszentren innerhalb eines Organismus geben konnte (Uexküll 1896b, S. 315). Dies implizierte seiner Ansicht nach „Tonuserregung, Tonushemmung, Reizübertragung" in einem und infolgedessen eine andere Betrachtungs- weise in Form einer neuartigen Physiologie (Uexküll 1896b, S. 317). Die beobachteten See- igel funktionierten als selbstständige, völlig individuelle übermechanische Organismen und reagierten auf Licht (Uexküll 1896a, S. 25).

Die Art und Weise seiner Versuche waren nicht zimperlich:

> Man nehme einen Sphaerechinus oder Dorocidaris aus dem Wasser und klopfe ihn so lange, bis alle Stacheln in Tonus gerathen sind, und biege dann die Stacheln nach allen Seiten gewalt- sam um, dann reissen die inneren Musceln vollkommen durch, während die intact geblie be- nen äusseren flinken Musceln noch alle Bewegungen des Stachels ausführen können (Uexküll 1900d, S. 75).

Innerhalb der „Reflexzentren" sah Uexküll weiterhin mechanische Reize funktionieren und nannte diese „Schaltung" (Uexküll 1899a, S. 391). Hinsichtlich der Art der Reizung orientierte er sich an den Überlegungen seines Lehrers Kühne, der zwischen waagrechter und senkrechter Stimulation unterschied (Uexküll 1897b, S. 191). Uexkülls Studien aber orientierten sich an einzelnen Organismen, nicht mehr an ganzen Gattungen, und zunehmend stellte sich Uexküll die Frage, ob das jeweilige Verhalten eventuell mit den Lebensbedingungen der Tiere zusammenhängen könnte (Uexküll 1897d, S. 335). Es scheint, als ob die in Dorpat gehörten oder gelesenen philosophischen Deutungen des Lebensgeschehens mit den experimentellen Erkenntnissen in Neapel zu harmonieren begannen.

Im Laufe der Jahre schloss Uexküll mit einer Reihe weiterer Gelehrter neben Driesch Freundschaften, z. B. zu Albrecht Bethe (1872–1954), Otto Cohnheim (1873–1953) oder Theodor Beer (1866–1919). Durch Bethe wurde Uexküll 1896 in eine folgenreiche wissenschaftliche Debatte verwickelt. Bethe erforschte die Neurofibrillen und bewegte sich damit in einem Konkurrenzverhältnis zu dem einflussreichen Schweizer Gehirnpathologen August Forel (1848–1931). Außerdem wollte Bethe die anthropomorphistischen Begrifflichkeiten in der Tierphysiologie abschaffen, wodurch er zusätzlich den Ärger des Biologen und Jesuiten Erich Wasmann (1859–1931) provozierte. Bethe versuchte im Rahmen von Studien an Bienen den Begriff der „Zweckmäßigkeit" neu zu belegen, doch nutzten Forel und der Zoologe Hugo v. Buttel-Reepen (1860–1933) dies aus, um Bethe als „Vitalisten" abzuqualifizieren, obwohl er das zweifellos nicht war (Buttel-Reepen 1900). Die Verwendung eines belasteten Begriffs genügte, um einem Konkurrenten zu unterstellen, er verhalte sich unwissenschaftlich, auch wenn der Angegriffene damit gar keine grundsätzliche Kritik eines Lehrgebäude verband, sondern nur das spezifische Verhalten eines untersuchten Organismus.

Als Bethe gegen die Vorwürfe der Unwissenschaftlichkeit protestierte, gingen seine Kontrahenten darauf in keiner Weise ein (Bethe 1902, S. 194). Zudem unterstellten sie ihm „mangelhafte philosophische Kenntnisse" (Wasmann 1900, S. 350). So wurden Albrecht Bethe und der ihn unterstützende Jakob v. Uexküll geradezu in eine wissenschaftsfeindliche Ecke gedrängt, aus der sie sich nur durch Instrumentalisierung der gegen sie gerichteten Vorwürfe zu befreien hoffen konnten. Dieses konsensfeindliche Klima war Resultat der massiven Selbstzweifel führender Wissenschaftler an den weiteren Fortschrittsmöglichkeiten und gleichzeitig ventilierten Befürchtungen über einen Verfall von Gesellschaft und eigenem Stand (Ringer 1983, S. 229–231). Von der Gegenseite massiv unter Druck gesetzt, bestritt Uexküll in Verteidigung seines Freundes Bethe einerseits die Möglichkeit des rein kausalen Denkens in der Tierpsychologie (Uexküll 1900c, S. 498), wodurch er Forel attackierte, und erklärte andererseits hinsichtlich einer möglichen Tierseele:

> „Ich hoffe, Wasmann verargt es uns nicht, dass wir mit diesem alten Gerümpel kurzer Hand aufgeräumt haben" (Uexküll 1900c, S. 502).

Unter „Gerümpel" verstand Uexküll Anthropomorphismen. Zusätzlich half Uexküll seinem attackierten Freund Bethe bei der Erstellung einer systematischen Methodik, um so die auseinander laufenden Forschungslinien von Physiologie und Tierpsychologie neu zu verbinden. Gemeinsam mit dem zwischen Darwinismus und Teleologie schwankenden Wiener Physiologen Theodor Beer (1866–1919) entwarfen Uexküll und Bethe eine „objektive Nomenklatur in der Physiologie des Nervensystems" (Uexküll/Beer/Bethe 1899). Im

Rückblick nannte Albrecht Bethe diese ein „Drei-Männer-Manifest", das die Diskussion innerhalb der Stazione Zoologica nachhaltig beeinflusste (Bethe 1940, S. 821). In ihrem gemeinsamen Aufsatz empfahlen die drei Autoren zunächst, auf Analogieschlüsse zu verzichten, da diese häufig nicht zuträfen und statt dessen objektiven Reiz, physiologischen Vorgang und eventuelle Empfindungen strikt zu trennen (Uexküll/Beer/Bethe 1899, S. 517). Die Erkennung des „objektiven Reizes" im Experiment rückte ins Zentrum der Analyse. Hierfür baute Uexküll sogar eine eigene Apparatur, die er auf dem Physiologenkongress in Bern 1899 präsentierte (Uexküll 1899b, S. 292). Mit dem Nachbau der Natur bewegte sich Uexküll auf den Spuren von Helmholtz und zeigte sich als cartesianischer Mechanist im Sinne Loebs (Warden 1935, S. 55). Gemäß den Vorgaben des „Drei-Männer-Manifests" sollten objektiven Erscheinungen anschließend in der Psychologie individuellen Subjekten zugeordnet werden. Auf diese Weise könnten Psychologie und Sinnesphysiologie neu verbunden – und indirekt die Protagonisten früherer Debatten entmachtet werden. Um dies zu gewährleisten, sollten aus dem objektiven Bereich der Reizsphäre alle subjektiv gefärbten Ausdrücke entfernt werden (Uexküll/Beer/Bethe 1899, S. 518). Daher empfahlen die drei Autoren die Einführung einer Reihe neuer, rein objektiver Fachausdrücke. Gleichartig wiederkehrende Reaktionen sollten „Reflex", die modifizierbare Rückbeugung „Antiklise" und die Rückbewegung „Antikinese" genannt werden (Uexküll/Beer/Bethe 1899, S. 519). Unter „Rückbewegung" verstanden Uexküll und seine Mitstreiter die selbstständige Mobilität eines Muskels oder Gelenks aus einer künstlich (im Versuch) eingenommenen Position in die Normalstellung, „Rückbeugung" hingegen umschrieb jede erzwungene entsprechende Bewegung.

Auch sollten die unterschiedlichen Rezeptionsorgane der untersuchten Lebewesen gegliedert werden, je nach dem, ob sie auf Lichtwellen, chemische Reize, Wärme oder Schallwellen reagierten (Uexküll/Beer/Bethe 1899, S. 521). Diese Nomenklatur wurde zugleich im „Centralblatt für Physiologie" und im „Zoologischen Anzeiger" abgedruckt, wodurch das Interesse der Physiologen an einer Zusammenführung ihrer Studien mit der Biologie zum Ausdruck kam. Weniger begeistert dürften sich die Psychologen gezeigt haben, deren objektivistische Methodik durch die Einbindung von individuellen Subjekten demontiert zu werden drohte. Der mit Bethe im Dissens stehende August Forel hingegen dürfte sich zumindest interessiert gezeigt haben, da das „Drei-Männer-Manifest" eine Zusammenführung von Physiologie und Psychologie implizierte, was auch ein Forschungsziel Forels darstellte (Forel 1894, S. 10–15). Innerhalb der Physiologie regte sich alsbald Widerstand. So argumentierte der in Freiburg i. Breisgau lehrende Privatdozent Willibald Nagel (1870–1911), dass die neue Nomenklatur den „Raumcharakter" von Tieren ausklammere (Nagel 1899, S. 283). Zwar vermeide das Modell von Beer, Bethe und Uexküll anthropomorphistische Betrachtungsweisen, weise aber bezüglich der Bandbreite der tierlichen Lebewesen erhebliche Lücken auf (Nagel 1899, S. 281). Der an tierpsychologischen Fragestellungen interessierte Zoologe Heinrich E. Ziegler (1858–1925) befürwortete vor allem die Aspekte von Beer/Bethe/Uexküll, in denen auf die individuelle Rolle von Subjekten eingegangen wurde (Ziegler 1900, S. 2). Der mit Albrecht Bethe im Dissens stehende Erich Wasmann verwarf die Ausführungen seines Kontrahenten völlig, da sie für die Forschung nur eine „Überhäufung mit Formalkram" bedeuteten und keinen praktischen Wert zeitigten (Wasmann 1900, S. 347). Einige Jahre erfreute sich die Nomenklatur gewisser Beliebtheit in der Physiologie, konnte sich aber nicht durchsetzen. So entsprach es den Tatsachen im deutschsprachigen Raum, als der Monist und Biologe Richard Semon (1859–1918) am 16.08.1909 an August Forel schrieb:

> „3) Uexkül betreffend:…ich glaube, der ganze Beer-Bethe-Uexküll-Zauber ist bereits im Begriff in der Versenkung zu verschwinden" (Walser 1968, S. 400).

Es gab verschiedene Gründe, weshalb sich Uexküll mit seinen beiden Verbündeten nicht durchsetzen konnte. Zum einen begab sich Uexküll während der Diskussion auf Forschungsreise nach Afrika und konnte auf die Anwürfe der Gegner nicht reagieren. Zum anderen starb 1900 sein Mentor Wilhelm Kühne und schließlich zerbrach das Forschertrio, als im Jahre 1903 der mittlerweile zum Professor an der Universität Wien avancierte Theodor Beer in einem fragwürdigen Prozess wegen angeblicher Verführung von heranwachsenden Knaben verurteilt wurde (Mildenberger 2005). Schließlich musste Albrecht Bethe auch noch einräumen, dass seine experimentellen Überlegungen zum Leben von Bienen und Ameisen, die der Auslöser für die Erstellung der neuen Nomenklatur gewesen waren, nicht zutrafen (Forel 1903; Wasmann 1909). Er begann in diesem Zusammenhang grundsätzlich an der Richtigkeit der von ihm vorher selbst vertretenen mechanistischen Lehre zu zweifeln und sprach von einer „unbekannten Kraft", die auf die Bienen bei ihren Flügen einwirke (Bethe 1902, S. 236). Durch die Widerlegung Bethes entfiel das praktische Beispiel, auf dem die Methodik von Beer/Bethe/Uexküll ideologisch fußte. Dadurch dürfte auch Uexkülls Ansehen an der Stazione Zoologica beschädigt gewesen sein. Wahrscheinlich resultierte hieraus der Streit zwischen ihm und den Repräsentanten der Stazione Zoologica, der ihn 1902 veranlassen sollte, mit seinem bisherigen Forscherleben radikal zu brechen. Wie erwähnt war Uexküll 1900 zu einer Exkursion nach Afrika aufgebrochen. Er tat dies in dem festen Glauben, damit seine Position an der Stazione Zoologica als herausragender Forscher dauerhaft absichern zu können. Denn im Januar 1899 hatte Leopold v. Schönlein (1842–1899), Leiter der physiologischen Abteilung an der Station in Neapel Suizid verübt und Uexküll hatte provisorisch die Nachfolge angetreten. Wenig später publizierte er gemeinsam mit Beer und Bethe das „Drei-Männer-Manifest". Uexküll schiffte sich mit dem Postdampfer „König" des Norddeutschen Lloyd von Neapel via Port Said in Richtung Deutsch-Ostafrika ein[11]. Während der Reise gingen einige Ausrüstungsgegenstände durch Diebstahl verloren, gleichwohl begann Uexküll Anfang Dezember unter schwierigen Bedingungen mit dem Aufbau des mitgebrachten Aquariums an der Küste des indischen Ozeans in Daressalam und ersten Versuchen an Seeigeln[12]. Bis Ende Januar 1900 schloss er seine Versuche ab und publizierte über seine Erfahrungen mehrere Aufsätze. So stellte Uexküll fest, dass seine in Neapel gemachten Untersuchungen auf die Tiere in den Gewässern vor

---

[11] Archiv der Stazione Zoologica Napoli (ASZN), A 1899 U. Uexküll an Dohrn vom 18.10.1899. Uexküll an Dohrn (aus Port Said) vom 16.11.1899.

[12] ASZN, A 1899 U, Uexküll an die Stazione Zoologica vom 29.11.1899.

Ostafrika ebenfalls zutrafen (Uexküll 1900a). An anderer Stelle bemerkte er bezüglich der sozialen Verhältnisse im Lande:

> „An dem liebenswürdig sorglosen Character der Suaheli und Massai wird wohl Jeder seine Freude haben, der nicht das Vorurtheil der ungebildeten Classen und Nathionen theilt, wonach die weiße Haut moralische Vorzüge bedingen soll" (Uexküll 1900a, S. 583).

Nach Ende der meeresbiologischen Studien erforschte Uexküll noch mit einer 20 Träger umfassenden Expedition allein die ostafrikanische Steppe, um schließlich im Oktober 1900 wieder in Deutschland einzutreffen[13]. Zu weiteren philosophischen Erörterungen blieb Uexküll aber keine Zeit, denn in Heidelberg wurde er mit dem Ableben seines Lehrers konfrontiert. Kühnes Nachfolger auf dem Lehrstuhl in Heidelberg wurde Albert Kossel (1853–1927), der sofort eine umfangreiche Modernisierung des Instituts veranlasste, die jegliche Forschungsarbeiten bis März 1903 erheblich einschränkten (Albrecht 1985, S. 358). Auch wollte Kossel Uexkülls Arbeiten nicht in dem Maße fördern, wie dies Kühne getan hätte, so dass es zwischen beiden zum Bruch kam. Mehrere Mitarbeiter dürften dies begrüßt haben, da Uexküll bereits zuvor durch Benehmen aufgefallen war, das den akademischen Gepflogenheiten widersprach (Uexküll 1964, S. 43). So hatte er beispielsweise von dem Ordinarius für Zoologie, Otto Bütschli (1848–1920) verlangt, ohne Examen promoviert zu werden, da ihm dies aufgrund seiner experimentellen Studien zustehe. Bütschli lehnte entrüstet ab „und setzte Uexküll buchstäblich vor die Tür" (Goldschmidt 1959, S. 67). Zu diesem Zeitpunkt kristallisierte sich heraus, dass Anton Dohrn keineswegs gewillt war, Uexküll dauerhaft an die Stazione zu binden. In dieser Phase der Unsicherheit lernte er in Neapel Gräfin Gudrun v. Schwerin (1878–1964) kennen, die sich nach dem Tode ihres Vaters Karl nach Capri zurückgezogen hatte. Sie entstammte einer bedeutenden deutschen Adelsfamilie und war von ihrer Mutter Luise Freifrau v. Nordeck zu Rabenau verhältnismäßig modern erzogen worden. So unterhielt sie gute Kontakte zur Lebensreformbewegung und insbesondere zu dem Maler Fidus (d.i. Hugo Höppener, 1868–1948), der mindestens einmal vergeblich um ihre Hand angehalten hatte (Frecot u.a. 1997, S. 95). Gudrun v. Schwerin schien von dem etwas älteren, lebensfrohen baltischen Edelmann sofort sehr angetan gewesen zu sein. Nachdem ihre Mutter einer Ehe zugestimmt hatte, heirateten beide im Juni 1903. Die Trauung vollzog der frühere Hofprediger und Protagonist eines protestantisch-religiösen Antisemitismus im Kaiserreich, Adolf Stoecker (1835–1909). Zu dieser Zeit verfügte Uexküll unfreiwillig auch über viel Zeit, um sich seiner Ehefrau und dem Aufbau einer Familie zu widmen.

Er hatte sich zu Beginn des Jahres 1902 nach Neapel begeben und war dort in einen Streit mit verschiedenen Persönlichkeiten geraten, darunter dem Dohrn-Vertrauten Giuseppe Jatta (1860–1903) und dem aufstrebenden Physiologen Martin Heinze, der im Verdacht stand, Untersuchungsergebnisse des Uexküllfreundes Otto Cohnheim unter eigenem Namen publiziert zu haben[14]. Der Streit endete damit, dass Uexküll am ersten Februar 1902

---

[13] ASZN, A 1900 U. Uexküll an die Stazione vom 16.02.1900. Uexküll (aus Heidelberg) an Stazione vom 28.10.1900.

[14] ASZN, A 1902–1909 U, Linden an Jatta vom 14.01.1902; Eisig an Linden vom 17.01.1902.

die Station verließ und brieflich wissen ließ, dass er nicht gedenke, jemals wieder zu kommen[15]. Hintergrund des Streites war es wohl gewesen, die Anhänger der vergleichenden Physiologie aus Neapel zu verdrängen, um so ungestörter eigenen – in den Augen Uexkülls beschränkten – Theorien huldigen zu können. Die genauen Ursachen des Streits lassen sich nicht mehr nachvollziehen. Trotz wenig später eingeleiteten Vermittlungsversuchen Dohrns[16] und späteren Bekundungen Uexkülls, wie gerne er sich an die Zeit in Neapel zurückerinnere[17], sollte sich der Bruch vom Winter 1902 nie mehr vollständig rückgängig machen lassen.

4.3 Entdeckung und Formulierung (1902–1914)

Uexküll stand 1902 vor dem Ende seiner Karriere als Wissenschaftler. Er hatte nicht nur sein Weltbild eingebüßt, sondern war auch noch mit dem Versuch gescheitert, eine neue Terminologie in sein Forschungsgebiet einzuführen. Er war nun fast 40 Jahre alt und verfügte noch immer über keinen im Deutschen Reich anerkannten akademischen Abschluss (Doktorat), geschweige denn eine feste Stelle[18]. Privat mochte er sein Glück gefunden haben, doch beruflich stand er nicht besser da als einer der Studenten, die er in Heidelberg oder Neapel in den vergangenen Jahren angeleitet hatte.

Wissenschaftstheoretisch gesehen, bezogen auf die Modelle Ludwik Flecks oder Thomas S. Kuhns, dürfte es Uexküll als bedeutenden Forscher gar nicht geben. Er bezog sich auf ein Denkmodell (Vitalismus), das durch jahrzehntelange Debatten und experimentelle Nachweise völlig aus dem Diskurs verdrängt worden war. Außerdem traten Uexküll und Driesch nahezu alleine auf, fanden nur wenige Anhänger. Dennoch konnten sie sich sukzessive etablieren.

Uexkülls sich langsam einstellender Erfolg fußte zu wesentlichen Teilen auf seinem enormen Arbeitseifer und der Fähigkeit, experimentelle Beiträge und naturphilosophische Begründungen zu verbinden. Dadurch gelang es ihm, ein neues biophilosophisches Gerüst zu errichten. Erleichtert wurde ihm dies in der schwierigen Phase im Sommer und Herbst 1902 dadurch, dass der Streit mit der Stazione Zoologica zumindest vordergründig bereinigt werden konnte. Denn im November desselben Jahres erhielt er in Neapel den vom Großherzogtum Hessen angemieteten Arbeitstisch zur Verfügung gestellt[19]. In Neapel verfasste

---

[15] ASZN, A 1902–1909 U, Uexküll an Stazione vom 01.02.1902. Allerdings blieb er noch mindestens 2 ½ Monate in Unteritalien, denn Ende April besuchte er gemeinsam mit Verwandten die Villa Discopoli auf Capri und trug sich im Gästebuch ein, siehe Gästebuch der Villa Discopoli auf Capri 1894–1908 (Privatbesitz, Österreich), Eintrag vom 21.04.1902.

[16] ASZN, A 1902–1909 U, Dohrn an Uexküll vom 05.10.1902.

[17] ASZN, A 1907 U. Uexküll an Lo Bianco vom 06.11.1907: „Ich denke gerne an Neapel zurück und unsere lustigen Eskapaden".

[18] Der Abschluss als „Kandidat" der Universität Dorpat scheint in Deutschland nicht als gleichwertig zum „Doktor" anerkannt worden zu sein.

[19] ASZN, G XX 145. Mitteilung des Großherzogtums Hessen an Dohrn vom 17.11.1902.

Uexküll einen programmatischen Aufsatz, in dem er versuchte, sein durch die Erfahrungen
in den letzten Jahren in Unordnung geratenes Weltbild neu auszurichten (Uexküll 1902a).
Im Gegensatz zu seinen Ausführungen wenige Jahre zuvor, hielt Uexküll nun einerseits
die Suche nach einer „Tierseele" – im Sinne von „Körperseele" – für möglich und lehnte
andererseits eine Psychologie ab, „die den Ausfall bestimmter seelischer Faktoren nach Zer-
störung gewisser Hirnregionen" nachweisen wollte (Uexküll 1902a, S. 214). Damit spielte er
insbesondere auf die reflexologischen Tierversuche an der Stazione Zoologica an, bei denen
er jahrelang mitgewirkt hatte. Er verwarf so auch die mechanistische Theorie, wonach der
Terminus „Tierseele" nur als Instrument für die Weitergabe von Nervenimpulsen fungiere
(Weber 2003, S. 85). Anstelle mechanischer Theorien und rein metaphysischer Spekulation
betonte Uexküll, es sei nur das erfassbar, wovon man eine korrekte „Anschauung" besitze.
Die Beziehungen zwischen einem „ich" und den Gegenständen seien rein individuell. Mit
diesem Rückgriff auf Kant vollzog Uexküll eine Hinwendung zur rein subjektiven Psychologie (Uexküll 1902a, S. 218) - auch, wenn hier eine eher eigenwillige Kant-Interpretation
vorlag. Er folgte einem von Hans Driesch eingeleiteten Trend, Kant und seine Philosophie
rein vitalistisch zu deuten und zu instrumentalisieren, während in den Jahrzehnten zuvor
die Anhänger Hermann v. Helmholtz's Kant mechanistisch interpretiert hatten (Wahnser
1988, S. 4). Uexküll und Driesch bezogen sich wohl vor allem auf Kants Festlegung, wonach
„Sinnleere" in der Natur nicht vorstellbar sei (Herrmann 2013, S. 324).

   Anstatt die Einführung neuer objektiver Begriffe zu fördern, wie er es noch 1899 mit
dem „Drei-Männer-Manifest" versucht hatte, spekulierte Uexküll nun auf die sinnvolle Anwendung bestehender Termini („Denken", „Experiment") im Rahmen einer neuen Biologie
(Mislin 1978, S. 47). Er begriff sich als zweckhaftes Subjekt innerhalb einer teleologisch zu
deutenden Welt und bewegte sich so direkt auf den Spuren Kants (Langthaler 1991, S. 3).
Die neue Biologie, ausgerichtet an den „Zwecken der Natur", müsse die rein chemisch-
physikalisch argumentierende Physiologie ebenso hinter sich lassen wie die „seelenlose"
Psychologie. Uexküll akzeptierte zwar, dass man mittels physiologischer Studien über Nervenbahnen die Bewegungen von Tieren nachvollziehen könne, aber das Verständnis hierfür
erschließe sich nur über das biologische Milieustudium (Uexküll 1902a, S. 230). Er strebte
also die Erforschung geschlossener (biologischer) Systeme an. Ähnliche Überlegungen hatte
in populärwissenschaftlicher Form auch Theodor Beer vorgeschlagen als er betonte, dass
Tiere stets nach festen Regeln innerhalb der ihnen vorgegebenen Welt agierten (Beer 1900,
S. 235). Uexküll positionierte sich neu als Biologe, der rein subjektiv, in Anlehnung an Kant
arbeiten wollte. Dieser neue Ansatz mit der besonderen Betonung des Individuums ermöglichte Uexküll den Brückenschlag zu Hans Driesch (Driesch 1951, S. 207). Allerdings sollte
Uexküll noch eine ganze Zeit von den schon länger dem Vitalismus huldigenden Forschern
nicht als Vitalist wahrgenommen werden (Hartmann 1906). Dass die rein chemisch-physi-
kalische Untersuchung bzw. Beeinflussung von Versuchstieren keine Rückschlüsse auf ihre
„Psyche" zuließ, hatten unfreiwillig die Anhänger Jacques Loebs bisweilen selbst einräumen
müssen. So traktierte der in Harvard lehrende Physiologe George Dearborn (1869–1938)
seine Versuchstiere mit chemischen und elektromagnetischen Reizen um anschließend
mitzuteilen, dass die Tiere individuell reagierten und es wahrscheinlich sinnvoller sei, vor

weitergehenden Studien das natürliche „environment"[20] zu untersuchen (Dearborn 1900, S. 433). Die Frage nach „environment" war nichts anderes als die Suche nach dem natürlichen „Raum" der Tiere und hierüber hatte Uexküll bereits an der Stazione Zoologica mit dem Bildhauer Adolf Hildebrandt diskutiert (Brock 1934, S. 199). Auch war das Fehlen des Raumproblems einer der Kritikpunkte am „Drei-Männer-Manifest" gewesen (Nagel 1899).

Die Hinwendung zum Neovitalismus wurde aber nicht nur durch die Probleme von Kollegen befördert. Entscheidende Bedeutung kam wahrscheinlich der 1900 erfolgten Wiederentdeckung und Nachüberprüfung der Mendelschen Erbregeln durch Hugo de Vries (1848–1935), Carl Correns (1864–1933) und Erich v. Tschermak-Seysenegg (1871–1962) zu (Allen 1975, S. 51). Denn nun war die seit August Weismann (1834–1914) erhobene These von der Kontinuität des Erbmaterials zur Tatsache erhoben worden, Haeckels (und Darwins) weitreichende Spekulationen zur Vererbung hatten sich als nicht zutreffend erwiesen. Der Darwinismus in Deutschland, durch Drieschs Untersuchungen ohnehin bereits in der Kritik, schien kurze Zeit dem Untergang geweiht zu sein. Denn die Mendelschen Regeln implizierten auch die Möglichkeit, dass Lebewesen über einen unveränderlichen „Bauplan" verfügten, vitalistische Gesichtspunkte drängten wieder in die biologische Diskussion. Die Anhänger Darwins konnten sich jedoch auf das Konstrukt der „Keimbahn" August Weismanns (1834–1919) stützen. Uexküll aber folgerte aus der Wiederentdeckung von Mendels Vererbungsregeln eine Widerlegung der Darwinschen Evolutionslehre:

> „Inzwischen ist die Hochflut des Darwinismus emporgestiegen und wieder verrauscht. Sie hat für einige Jahrzehnte die Probleme der Zweckmäßigkeit weggeschwemmt und an ihrer Stelle das Problem der Entstehung der Arten in den Vordergrund geschoben. Von der Entstehung der Arten wissen wir jetzt, nach 50 Jahren unerhörter Anstrengungen und Arbeiten nur das eine, dass sie nicht so vor sich geht, wie es sich Darwin dachte. Eine positive Bereicherung unseres Wissens haben wir nicht erfahren. Die ganze ungeheure Geistesarbeit war umsonst" (Uexküll 1908a, S. 168).

Zur Untermauerung seiner Thesen setzte er zunächst weiterhin auf reflexologische Untersuchungen an der Stazione Zoologica. Dadurch wollte er nun aber den Charakter der Versuchstiere nachweisen, der sich aus ihrem jeweiligen „Bauplan" erschließe.

> „Biologie ist die Lehre von der Organisation des Lebendigen. Unter Organisation versteht man den Zusammenschluss verschiedenartiger Elemente nach einheitlichem Plane zu gemeinsamer

---

[20] Der Begriff „environment" wurde 1827 von Thomas Carlyle zur Übersetzung des deutschen Wortes „Umgebung" in die englische Sprache eingeführt (Jessop 2012). Daraus wird deutlich, dass später eine allmähliche Verdrängung des Uexküllschen Terminus „Umwelt" aus dem englischsprachigen Schrifttum durch die vermeintliche Übersetzungsvokabel „environment" tatsächlich eine Sinnentstellung bedeuten konnte – aber je nach Intention des Autors nicht bedeuten musste. Die Rezeption anglophoner Literatur nach dem Zweiten Weltkrieg folgte dann in Übersetzungen schon nicht mehr der Intention Uexkülls, sondern den Vorgaben seiner Kritiker, wie Karl Friederichs, August Thienemann und Hermann Weber, unter denen Friederichs Uexküll ein gewisses, auch konkurrentenfreies Wohlwollen entgegenbrachte. Die weiter oben erwähnte definitorische Präzisierung von Karl Friederichs ist deshalb in ihrer Pragmatik nicht zu unterschätzen.

Wirkung. So ist es Aufgabe der Biologie, in jedem lebenden Gebilde nach dem Plane seines Aufbaues und den Elementen, die ihm zum Aufbau dienen, zu forschen" (Uexküll 1903, S. 269).

Allerdings fiel es Uexküll schwer, seine theoretischen Ansätze bei Beispielen in eine passende Sprache zu fassen. Obwohl ihm die Bedeutung und Fehlerhaftigkeit anthropomorphistischer Denkansätze wohl bewusst war, da er dies einige Jahre zuvor selbst betont hatte, verglich er nun die Bauplanverhältnisse von Seeigeln mit einer „Bauernrepublik", die einzelnen Nerven bei Schlangensternen erschienen ihm wie „Vertreter in einer Kammer" (Uexküll 1903, S. 271). Auch bei Menschen nahm Uexküll entsprechende Tonuserscheinungen an. Um diese genauer erfassen zu können, hoffte er auf eine tiefergehende Erforschung der Nervenbahnen, wie sie Albrecht Bethe durch seine Fibrillenstudien vornahm. Bethe unterlag aber im Disput um die „Neuronentheorie" bis 1907 und musste sich den Studien August Forels anschließen (Mildenberger 2007, S. 74). Bereits ein Jahr zuvor hatte Uexküll mit ansehen müssen, wie die Vertreter der Richtung der Neuronenforschung, der er selbst ablehnend gegenüber stand, mit dem Nobelpreis geehrt wurden: Camillo Golgi (1843–1926) und Santiago Ramon y Cajal (1852–1934).

In den folgenden Jahren vollendete Uexküll seine Tonus-Studien und wies u. a. die Reflexunabhängigkeit der Arme von Schlangensternen vom Zentrum des Körpers nach und gelangte zu der Erkenntnis, dass die Erregung immer bei verlängerten, nicht verkürzten Muskeln stattfinde und gedehnte Muskeln sich gegenseitig kontrahierten (Uexküll 1905, S. 27). Um seine Studien beweisen zu können, bediente er sich des modernen Mediums der Zeitrafferfotografie. Alsbald musste sich Uexküll Kritik von Anhängern des Mechanismus bzw. des Zufallsprinzip gefallen lassen (Biedermann 1904, S. 535). Uexküll reagierte darauf mit einer Betonung des Zweckmäßigkeitsbegriffs.

„Erst wenn wir die Zweckmäßigkeit im Aufbau einer Maschine begriffen haben, haben wir die Maschine begriffen" (Uexküll 1904a, S. 375).

Zugleich übte er sich in Verteidigung des Vitalismus. Es sei nicht einzusehen, weshalb der gesamte Vitalismus einerseits als überholt angesehen werde, aber auch seine Gegner heute die Überlegungen von Johannes Müller übernähmen, obwohl dieser Vitalist gewesen sei. Mit Müller konnte sich Uexküll besonders gut identifizieren, da dieser experimentelle Physiologie und philosophische Umrahmung verbunden hatte, wie Uexküll selbst befand (Uexküll 1947). Auch konnte Uexküll seine Muskelreaktionsstudien am neuen Versuchstier (Schlangenstern) bestätigen. Schließlich verkündete er, in Zukunft sollten sich Physiologen besser aus der Biologie heraushalten, um den Fortschritt dieser Wissenschaft nicht zu gefährden (Uexküll 1904a, S. 377). Eine erste Bestandsaufnahme der eigenen Kehrtwende vom Mechanismus hin zum Vitalismus einschließlich der Formulierung einer eigenständigen Lehre zur Erklärung tierlichen Verhaltens auf biologischer Grundlage stellte Uexkülls Lehrbuch zur experimentellen Biologie der Wassertiere dar (Uexküll 1905). Er betonte hierin die Bedeutung der Physiologie für die Erforschung mechanischer Komponenten, die durch ihren Ansatz aber für die Deutung biologischer Zusammenhänge ungenügend sei. Denn Wissenschaft erschien dem Autor stets als „planmäßig geordnete Erfahrung" (Uexküll 1905b, S. V).

Zwar benutzte er noch immer anthropomorphistische Termini, doch gab er zu erkennen, dass er sich hier noch auf dem Wege der Begriffsfindung befinde. Die mit ungenügenden Bezeichnungen versehenen Elemente des tierlichen Körperbaus («Reflexrepubliken») sollten aber im Zentrum zukünftiger Betrachtungen stehen. So könne die experimentelle Biologie das Verhalten der Tiere in ihrem «Milieu» studieren und deuten (Uexküll 1905, S. 125). Ein Rezensent lobte neben der «ungemein fesselnden" Darstellung gerade auch Uexkülls Sonderweg:

> „Darum verrät sein Werk auch auf den ersten Blick den selbständigen Denker, dem Schulmeinungen fremd sind und der sich nicht etwa damit begnügt, alte Probleme mit neuen Methoden anzugreifen, sondern der direkt neue Probleme erkennt und erforscht" (Rabl 1905, S. 952).

Ähnliche Überlegungen wie Uexküll, allerdings auf Basis darwinistischer Anschauungen und überindividuell, hatte bereits 1901 der Zoologe Friedrich Ratzel (1844–1904) vorgestellt (Ratzel 1901, S. 51), der vor allem als Geograph und als ein Hauptvertreter des Geographischen Determinismus bekannt wurde. Er ging von einer Selbstanpassung der Tiere an ihren Lebensraum („Raumbewältigung") aus und betonte, dass Tiere und Pflanzen über eng umgrenzte Räume verfügten, an die sie selbst wiederum vollkommen angepasst seien (Ratzel 1901). Ratzel verwendete einen Begriff, den Uexküll ebenfalls nutzen, jedoch in Definition und Anwendung in sehr spezifischer Weise prägen sollte: Umwelt (Ratzel 1899, S. 25–31). Ratzels zu Lebzeiten erschienene Werke zeichneten sich durch das Fehlen einer Systematik aus, er vermengte Begriffe aus Sozialwissenschaften und Biologie (Mildenberger 2009/2010, S. 253)[21]. Ähnlich wie Uexküll befand sich Ratzel in den Jahren 1899/1902 in einer Umbruchsphase. Er hatte mit Ernst Haeckels Darwinismus gebrochen, war auf der Suche nach neuen Orientierungspunkten. Der Hinwendung zu einer sozialdarwinistisch unterfütterten Rassenlehre stand er ablehnend gegenüber (Mildenberger 2009/2010, S. 256). Aber bevor Ratzel seine Gedanken zu „Umwelt" oder „Biogeographie" systematisieren konnte, starb er im Sommer 1904. Ernst Haeckel, der Vater des Darwinismus in Deutschland, hatte ähnlich wie Ratzel, viele Ausdrücke entweder geprägt oder neu in die Diskussion eingeführt, darunter auch die „Ökologie". Entgegen vieler Ansichten in der Wissenschaftsgeschichte hat Haeckel dabei die Lebensbedingungen eines Organismus in seiner Lebenswelt durchaus thematisiert (Herrmann 2014, S. 4, 7). Aber auch er hatte entsprechende Studien nicht vertieft. Wahrscheinlich erschienen ihm individuelle Umweltbedingungen angesichts seiner Konzentration auf Gattungsselektionen zu unbedeutend. Sowohl Haeckel als auch Ratzel verzichteten an dieser Stelle auf eine philosophische Absicherung ihrer Thesen. Genau das aber plante Uexküll (Uexküll 1905, S. 130).

Im gleichen Jahr, als Uexküll den Grundstein für eine neuartige Biologie legte, publizierte der junge Physiker Albert Einstein (1879–1955) 1905 seine Überlegungen zu einer „allgemeinen Relativitätstheorie" und revolutionierte damit die zeitgenössische Physik.

---

[21] Erst in der 1905 (posthum) erschienen zweiten Auflage seines Lehrbuches „Anthropogeographie" (Bd. I) findet sich eine kenntnisreiche systematische Zusammenstellung zur Geschichte der Milieutheorie und des Umweltbegriffs bis ca. 1900.

Gerade die Physiker begriffen ihr Fach als das eigentliche Forschungsmittel zur Ergründung der Quellen des Lebens. Uexküll hingegen rezipierte erst fünf Jahre später Einsteins Forschungsergebnisse und sah darin eher eine Ergänzung als Konkurrenz zu eigenen Studien[22]. Stattdessen konzentrierte er sich auf die Abwehr mechanisch-chemischer Ansätze in der Biologie (Uexküll 1907b, S. 332). Nach Untersuchungen an Libellen im Jahre 1908 verwarf Uexküll zudem die Phototropismenlehre endgültig, da diese das individuelle Verhalten von Tieren zum Licht nicht erklären könne (Uexküll 1907c, S. 196). Zugleich kündigte Uexküll an, sich in Zukunft der Untersuchung höherer Tiere zuwenden zu wollen. Behindert wurde er dabei durch das Nichtvorhandensein eines „biologischen Instituts" in Deutschland (Uexküll 1907c, S. 201) – gemeint war ein reines Forschungsinstitut wie die Stazione Zoologica. Diese Hinwendung kam jedoch zu spät, als dass Uexküll hier noch eine Pionierrolle wahrnehmen konnte. Während nämlich er noch an Insekten und Fischen geforscht hatte, arbeitete der russische Physiologe Ivan P. Pavlov (1849–1936) bereits an Säugetieren. Hier hatte er bei Hunden „bedingte Reflexe" beschrieben. Dadurch rückte ein glaubwürdiger Analogieschluss auf das menschliche Dasein erstmals in greifbare Nähe. Pavlov erhielt 1904 den Nobelpreis für Physiologie (Rüting 2002, S. 15). In seiner Dankesrede verklärte er das tierliche Verdauungssystem zu einer Aneinanderreihung „chemischer Laboratorien" und behauptete mittels der Physiologie, Tierpsychologie betreiben zu können (Pavlov 1972a, S. 29). An anderer Stelle entschuldigte sich Pavlov für die Verwendung des Begriffs der „Zweckmäßigkeit" in seinem Oeuvre, da er keinesfalls mit vitalistischem Gedankengut in Verbindung gebracht werden wolle (Pavlov 1904, S. 179). Er lehnte eine Trennung von Geist und Seele strikt ab, begriff sich als Monist (Schwartz 1993, S. 44). Später betonte Pavlov selbst die Übertragbarkeit seiner Lehre auf den Menschen und die Notwendigkeit, dessen Umwelt individuell zu beleuchten (Pavlov 1972b, S. 86).

Für Uexküll dürfte diese Verleihung an einen Kollegen nur ein geringer Ansporn gewesen sein. Zum einen hatte Pavlov Individualkomponenten vernachlässigt und war methodisch aus Sicht Uexkülls sogar hinter seinem Stand zurückgeblieben. Zum anderen stellte die Verleihung eines Preises an einen Russen für den Vertreter des deutschbaltischen Adels fast eine Zumutung dar. Denn Pavlov stand in der Nachfolge mechanistisch-darwinistischer slawophiler Denker, die das baltische Deutschtum als beseitigungswürdiges Relikt eingestuft hatten. Während Pavlov bereits von zahlreichen Kollegen positiv rezipiert wurde, die in seinen Untersuchungen eine biologische Untermauerung des Zweckbegriffs sahen, sollte Uexküll ihn noch Jahrzehnte später mit geradezu megalomanischem Hass und Abwertung überziehen[23]. Denn in der Auszeichnung Pavlovs kulminierte der Erfolg der mechanistischen physiologischen Psychologie, die über eine genauer und detaillierter arbeitende Individualbiologie zu triumphieren schien und die Grenzen ihres Fachgebietes bei weitem

---

[22] Hessische Landes- und Universitätsbibliothek Darmstadt, Nachlass Hermann Keyserling, Uexküll an Keyserling vom 08.12.1910.

[23] Staatsarchiv Hamburg, Dozenten/Personalakte IV 1059, 20.12.1935, Stellungnahme des Dekans der medizinischen Fakultät zugunsten Pavlovs gegen Uexküll, der diesen als rein mechanistischen Denker dargestellt hatte.

überschritt sowie den Anspruch erhob, „Tierpsychologie" naturwissenschaftlich fundiert zu haben (Allen 1975, S. 83f.).

Uexküll ließ sich aber auch von diesem Rückschlag nicht entmutigen, vertiefte die philosophischen Studien und plante eine größere Publikation. Ein Problem war für ihn sein geringer werdender finanzieller Spielraum. Durch die Folgen der Russischen Revolution war 1905 sein Gut verwüstet worden, und der Wiederaufbau verschlang große Summen, vermutlich seine gesamten finanziellen Reserven. Daher begann Uexküll, sein Wissen zu popularisieren und veröffentlichte eine Vielzahl von bezahlten Aufsätzen in der „Neuen Rundschau", später auch in der „Deutschen Rundschau" (Herwig 2001, S. 570). Er war bemüht, seinen Lesern den baldigen Untergang des „Darwinismus" zu versprechen (Uexküll 1908, S. 72). Er nutzte die ihm gebotenen Plattformen aber auch, um den mendelistisch arbeitenden Biologen eine Kooperation mit den Neovitalisten anzubieten. Doch hatten englische Forscher bereits begonnen, die Vereinbarkeit der Konzepte Darwins und Mendels herauszustellen, allen voran Francis Galton (1822 und 1911) und Karl Pearson (1857–1936) (Allen 1975, S. 43). Darauf aufbauend waren bereits 1907 erste tierexperimentelle Arbeiten an der Fruchtfliege *Drosophila melanogaster* erschienen. Den endgültigen Nachweis, dass die Mendelschen Gesetze keinen Widerspruch zu Darwins Theorien darstellten, erbrachte Ronald Aylmer Fisher (1890–1962) im Jahre 1930 (Huxley 1981, S. 491).

Um seine Antagonisten in der Wissenschaft dennoch überzeugen zu können, verband Uexküll seine experimentellen Studien aus den 1890er Jahren mit seinen gereiften biophilosophischen Gedankengängen und publizierte 1909 die erste Auflage seines Buches „Umwelt und Innenwelt der Tiere" (Uexküll 1909a).

Der Terminus „Umwelt" ersetzte den bislang verwandten und aufgrund der Konzentration der biologischen Erbforschung auf die Wirkung von Genen zunehmend negativ besetzten Milieubegriff – auf die inhaltliche Entwicklung des Begriffs in der deutschsprachigen Wissenschaft ging Uexküll aber – bedauerlicherweise – nicht ein.

Sowohl in der ersten wie auch der zweiten Auflage (1921) der „Umwelt und Innenwelt der Tiere" sah er den seitens der Mechanisten für eigene Überlegungen verwandten Reflexbegriff als Nachweis für eine sinnvolle Regulation im Sinne vitalistischer Argumentation und führte eine Reihe eigener Versuche mit Seeigeln an (Uexküll 1909a, S. 53, 93). Nach detaillierter Schilderung dieser Studien (Uexküll 1909a, S. 93–129) entwarf Uexküll das Modell einer tierlichen „Gegenwelt", die das gesamte Geschehen in der individuell abgestimmten Umwelt der Untersuchungstiere umfasste (Uexküll 1909a, S. 195). Er wollte also mittels physiologischer Studien die organismisch relevante Umwelt ergründen. Forschungen über die Reizübertragung bei Meerestieren schienen ihm Schlüsse auf das Welterleben der Tiere zu erlauben (Uexküll 1909a, S. 201–204). Damit bewegte er sich auf Spuren Immanuel Kants (1724–1804), der Subjekte stets von Objekten umgeben sah, denen man sich über die Empirie nähern könne (Prauss 1974, S. 117). Doch Uexküll hinterfragte auch die Position des biologischen Forschers und dessen scheinbare, stets unterstellte Objektivität, die er verneinte (Uexküll 1909a, S. 252; besonders ausführlich und unter Rückgriff auf Johannes Müller und Immanuel Kant später in „Der Sinn des Lebens" 1947). Infolgedessen implizierte biologische Forschung stets subjektive Erkenntnis. Er rezipierte auch Fortschritte außerhalb der Biologie, so 1910 die Untersuchungen Max Plancks (1858–1947) und Albert Einsteins, wodurch das der mechanischen Biologie nützliche Weltmodell der Physik erstmals ins Wanken geriet[24]. Insgesamt schloss Uexkülls Umweltlehre die Möglichkeit zur vitalistischen Definition von „Ort" und „Raum" ein und somit eine Wiederherstellung eines festen „Kosmos". Doch Uexküll hatte ein ernsthaftes Problem – er stand nahezu völlig allein in der Diskussion. Dies zeigte sich, als er versuchte, die behavioristischen Arbeiten Herbert Spencer Jennings' (1868–1947) für sich zu instrumentalisieren (Uexküll 1909a, S. 12). Jennings verwahrte sich dagegen und war wahrscheinlich ziemlich überrascht, dass Uexküll sich als Vitalist positionierte (Jennings 1910, S. 363). Denn die Metamorphose Uexkülls vom Protagonisten des „Drei-Männer-Manifestes" hin zum Neovitalisten war außerhalb des deutschsprachigen Wissenschaftskosmos gar nicht bemerkt worden. Selbst in Deutschland wurde Uexküll weiterhin vorrangig als Reflexphysiologe wahrgenommen (Buttel-Reepen 1909, S. 304; Cohnheim 1911). In den USA wurde Uexküll als Präzeptor des Behaviorismus begriffen, z. B. durch Margaret Floy Washburn (1871–1939) oder Jacques Loeb (Mildenberger 2006).

Angesichts seiner Isolierung innerhalb der scientific community suchte Uexküll nach anderen Kooperations- und Korrespondenzpartnern. Einer seiner wichtigsten Ideengeber und –empfänger wurde in diesen Jahren sein Landsmann Hermann v. Keyserling (1880–1946). Uexküll war von Keyserlings Philosophie beeindruckt und integrierte seine Ansichten über die Existenz einer „überpersönlichen Welt" in seine eigenen Überlegungen (Uexküll 1913a, S. 50). Umgekehrt enthält Keyserlings Buch „Prolegomena zur Naturphilosophie" von 1910 unverkennbar Bezüge zu den Arbeiten Uexkülls (Keyserling 1910).

Ein zeitweilig bedeutender Förderer auf gesellschaftlicher Ebene war für Uexküll der langjährige Berater Kaiser Wilhelm II, Philipp Fürst v. Eulenburg-Hertefeld (1847–1921). Wahrscheinlich hatte Uexküll Eulenburg bereits in Italien kennen gelernt und den Kontakt mit dem langjährigen Vertrauten Kaiser Wilhelm II (1859–1941) gesucht (Burmeister 1972). Der Kaiser nannte Eulenburg selbst seinen „Busenfreund" und betonte, dass er ihn mehr schätze als irgendjemanden sonst in seiner persönlichen Umgebung (Steakley 2004, S. 24). Als Eulenburg 1906–08 wegen homosexueller Verfehlungen von dem deutschnationalen Journalisten jüdischer Herkunft Maximilian Harden (1861–1927, d. i. Felix Ernst Witkowski) öffentlich an den Pranger gestellt wurde und seiner Beziehungen zum Kaiserhof weitgehend verlustig ging (Haeberle 1991; Jungblut 2004), zählte Uexküll zu den wenigen Persönlichkeiten, die dem gestürzten Günstling weiterhin gesellschaftliche Reverenz erwiesen (Uexküll 1936, S. 184). Wütend schrieb Uexküll an Hermann Keyserling über die möglichen – und tatsächlich eingetretenen – langfristigen Folgen dieses Ereignisses:

> „Leider bin ich meiner beiden Stützen bei Hof beraubt worden durch dieses Schwein von Harden"[25].

---

[24] Hessische Landes- und Universitätsbibliothek Darmstadt, Nachlass Hermann Keyserling, Uexküll an Keyserling vom 08.12.1910.

[25] Hessische Landes- und Hochschulbibliothek Darmstadt, Nachlass Hermann Keyserling, Uexküll an Keyserling vom 22.07.1907. Die „zweite Stütze" war Eulenburgs Bekannter Kuno v. Moltke, Flügeladjutant von Kaiser Wilhelm II.

Uexküll betonte, dass er an Eulenburgs Unschuld glaubte und einen Freund nicht wegen verleumderischer Verdächtigungen im Stich lasse. Es war nach der Kampagne gegen Theodor Beer das zweite Mal in Uexkülls Karriere, dass ein naher Bekannter aufgrund Verdächtigungen bezüglich seines Privatlebens gesellschaftliche Bedeutung einbüßte. Uexküll organisierte eine biographische Würdigung Eulenburgs durch seinen Studienfreund und späteren Professor für Geschichte in Tübingen, Johannes Haller (1865–1947) (Haller 1926).

Über Keyserling und Eulenburg gleichermaßen kam Uexküll in Kontakt mit Houston Stewart Chamberlain (1855–1927) und dem Bayreuther Wagnerkreis. Chamberlain teilte mit Uexküll die Ablehnung der Darwinschen Evolutionslehre und übernahm von Uexküll direkt die Betonung des Subjekts im Naturgeschehen (Chamberlain 1919, S. 137). Zudem empfahl Chamberlain Uexküll 1908 den aus Wien stammenden Biologen Felix Groß (1886–193?) als ersten Assistenten[26]. Chamberlain dürfte Uexküll insbesondere hinsichtlich seines Judenbildes nachhaltig beeinflusst haben, das sich insbesondere nach 1918 erheblich radikalisierte (Fields 1981, S. 401). Frei von Vorurteilen gegenüber Juden war Uexküll auch vor dem Weltkrieg nicht gewesen. Als der Chefredakteur der „Neuen Rundschau" einen allzu verallgemeinernden Artikel Uexkülls über den Darwinismus zurückschickte, schrieb Uexküll an Hermann Keyserling:

> „Isidor Rosental hat mir mein Manuscript zurückgesandt – die Zeitschrift sei überhäuft – was natürlich eine Ausrede ist. Den Juden wird es unheimlich, der Materialismus war ihre Lebensanschauung seit Moses und daran darf man nicht rütteln"[27].

Über Chamberlain traf Uexküll auch auf seinen zeitweiligen Assistenten und lebenslangen wissenschaftlichen Freund Lothar Gottlieb Tirala (1886–1974). So verfügte Uexküll um 1910 zwar über ein immer klarer formuliertes Weltbild und war sozial und wissenschaftlich erstmals vernetzt. Eine gesicherte Position hatte er aber noch immer nicht erreicht.

Neue Hoffnung schöpfte Uexküll, als 1911/12 Pläne zur Errichtung zentraler Forschungsinstitute unter den Fittichen einer „Kaiser-Wilhelm-Gesellschaft" (KWG) Gestalt annahmen. Denn an der Spitze dieser Gesellschaft stand als Präsident Adolf v. Harnack (1851–1930), Sohn des an der Universität Dorpat als Verteidiger des Vitalismus aufgetretenen Theologen Theodosius Harnack (1816–1889). An jenen wandte er sich im Juli 1912 und bezeichnete sich selbst als den nahezu einzigen Vertreter der „Biologie der wirbellosen Tiere in Deutschland". Uexküll führte aus, der hehre Anspruch der KWG, den Vorsprung der USA in der biologischen Forschung wettzumachen, könne nicht in die Realität umgesetzt werden, wenn die experimentelle Biologie vernachlässigt werde, nur weil sie antidarwinis-

---

[26] Hessische Landes- und Universitätsbibliothek Darmstadt, Nachlass Hermann Keyserling, Uexküll an Keyserling vom 26.11.1908.

[27] Hessische Landes- und Universitätsbibliothek Darmstadt, Nachlass Hermann Keyserling, Uexküll an Keyserling vom 20.07.1906. Isidor Rosenthal (1836–1915) zählte allerdings zur assimilierungsorientierten Fraktion unter den deutschen Juden. Er war ein Schüler von Emil Du Bois-Reymond und stand damit auf der Seite der Mechanisten in der biophilosophischen Diskussion.

tisch ausgerichtet sei[28]. Harnack zeigte sich grundsätzlich interessiert und ersuchte um eine genauere Beschreibung der Projekte[29]. Daraufhin legte Uexküll sogleich ein fünfseitiges Exposé vor, in dem er betonte, sich vor allem auf das „Ganze" in der Biologie konzentrieren zu wollen und keine physikalischen oder chemischen Detailfragen zu lösen gedenke[30]. Durch diese Studien gedachte Uexküll eine Lehre von individuellen Leistungsplänen zu entwickeln und so eine Breitenwirkung hin zur Medizin zu erzielen[31]. Zugleich konnte Uexküll auf positive Gutachten bezüglich seiner Arbeiten aus dem Ausland hoffen, hatte er doch jahrelang mit Forschern in Neapel kooperiert, die nun bereits – im Gegensatz zu Uexküll – fest an führenden Universitäten verankert waren. Schließlich war es ihm gelungen, mindestens einen Philanthropen und Gönner der in Entstehung begriffenen KWG für sich und seine Forschungsvorhaben einzunehmen. Dabei handelte es sich um den in Genf ansässigen vormaligen Konsul und Chamberlain-Vertrauten August Ludowici (1866–1945), der die KWG im März 1912 wissen ließ, er sei bereit gegen gewisse Bedingungen (Unterstützung Uexexternal) einen „namhaften Betrag" zu überweisen[32]. Dessen Forschungen wurden im Rahmen zweier Sitzungen des Verwaltungsrates der KWG diskutiert und grundsätzlich für geeignet befunden[33]. Uexküll hatte offenbar gehofft, ein eigenes Forschungsinstitut zu erhalten, doch lehnte der Senat der KWG dieses Ansinnen ab und empfahl, Uexküll in das zu gründende Kaiser-Wilhelm-Institut (KWI) für Biologie zu integrieren[34]. Dies beschwor jedoch den Widerstand der als Institutsmitglieder vorgesehenen Professoren herauf und auch Uexküll dürfte von der Aussicht, künftig mit entschiedenen Gegnern seiner Forschungsrichtung unter einem Dach vereint zu sein, keinesfalls erfreut gewesen sein. Beiden Seiten gelang es, ihre Bedenken wirkungsvoll vorzutragen, denn im März 1913 entschieden Senat und Verwaltungsrat der KWG, Uexkülls Pläne nun doch gesondert von der Errichtung eines KWI für Biologie zu behandeln[35]. Ihm schwebte die Finanzierung zweier großer und vierer

---

[28] Archiv zur Geschichte der Max Planck Gesellschaft (MPG), I.Abt. Rep. 001A. Unterstützung der biologischen Forschungen des Dr. Barons von Uexküll/Heidelberg, 31.7.1912–14.9.1924, Schreiben Uexkülls an Harnack vom 13.07.1912 aus Liebenberg i. d. Mark, 2.

[29] Archiv zur Geschichte der MPG , I.Abt. Rep. 001A, Harnack an Uexküll vom 16.07.1912.

[30] Archiv zur Geschichte der MPG, I.Abt. Rep. 001A, Jakob v. Uexküll: Programm und Kostenanschlag (sic!) zur Errichtung eines fliegenden Aquariums für biologische Zwecke, o. D. 5 Seiten, Schreibmaschine, Gesamtakt 22.

[31] Ebenda.

[32] Archiv zur Geschichte der MPG, Niederschrift von Sitzungen des Senates der Kaiser-Wilhelm-Gesellschaft 1911–1919, Protokoll über die Sitzung vom 19.03.1912, abgehalten im Kaiserhof zu Berlin, 16.

[33] Archiv zur Geschichte der MPG, Niederschriften von Sitzungen des Verwaltungsrates der Kaiser-Wilhelm-Gesellschaft 1911–1917, Protokoll über die Sitzung vom 19.09.1912, 2 und Protokoll über die Sitzung vom 18.12.1912, 6.

[34] Archiv zur Geschichte der MPG, Niederschriften von Sitzungen des Senates der Kaiser-Wilhelm-Gesellschaft 1911–1919, Protokoll über die Sitzung vom 18.12.1912, 31.

[35] Ebenda, Protokoll über die Sitzung vom 04.03.1913, 36. Protokoll der Sitzung des Verwaltungsrates vom 04.03.1913, 3.

kleinen Aquarien, Mikroskope und eines Stereo-Kinographen im Gesamtwert von 4950 RM vor. Hinsichtlich laufender Kosten veranschlagte Uexküll für sechs Monate 5950 RM[36]. Um das Verfahren zu beschleunigen, hatte er auch Houston Stewart Chamberlain gebeten, sich bei Harnack für ihn zu verwenden[37]. Dies war strategisch klug gedacht, weil Harnack sich nach anfänglicher Ablehnung von Chamberlains theologischen Begründungen für seinen Antijudaismus mittlerweile nach Studium von Chamberlains Buch über Goethe (1912) für den „Evangelist of race" aus Bayreuth begeisterte (Kinzig 2004, S. 118–121). Chamberlain zeigte sich von Uexexternal Arbeiten sehr eingenommen. So schrieb er an Harnack:

> „Ich gestehe aber, dass ich Uexexternal leitende Ideen nicht für weniger weittragend als Faradays halte; sie schaffen einen archimedischen Punkt, von wo aus eine bisherige Betrachtungsart aus den Angeln und eine neue in die Angeln gehoben wird" (Schmidt 1975, S. 125).

Infolgedessen könne man getrost von „Uexküllogie" sprechen (Schmidt 1975, S. 125). Harnack zeigte sich von Chamberlains Engagement für Uexküll offenbar beeindruckt, denn wenig später gab die KWG zu erkennen, dass man eine Art Kompromissangebot favorisierte, das Uexkülls Integration zwar vorsah, ihn aber außerhalb eines KWI platzierte. Es wurden Erkundigungen über die Relevanz des von Uexküll avisierten „fliegenden Aquariums" eingezogen. Für diese Entscheidung waren mehrere Beurteilungen von besonderer Bedeutung. So hatte Albrecht Bethe in seinem von Harnack eingeforderten Gutachten die Einzigartigkeit des Uexküllschen Ansatzes gelobt und sogar empfohlen, mehr Geld zu bewilligen[38]. Zurückhaltender hatte sich Theodor Boveri (1862–1915) geäußert, der zudem ausführte, Uexküll habe selbst verabsäumt, sich in bestehende Institutionen einbinden zu lassen. Es sei eventuell besser, ihn in die Stazione Zoologica einzubeziehen, wo er Jahre zuvor so erfolgreiche Experimente durchgeführt habe[39]. Diese Formulierungen zielten darauf ab, Uexküll vollkommen in die Isolierung zu drängen, denn Boveri dürfte die Unmöglichkeit einer Rückkehr Uexkülls nach Neapel aufgrund der Differenzen mit Dohrn einerseits und dem völligen Kurswechsel in seinen Theorie- und Arbeitsmodellen andererseits vollkommen klar gewesen sein. Im Gegenzug mobilisierte Uexküll seinen Bekannten Otto Cohnheim und aus den USA verwandte sich Jacques Loeb für seinen vormaligen Kollegen:

> „His experiments are reliable, ingenious and valuable. I think Uexküll would be the right man for a research position"[40].

---

[36] Archiv zur Geschichte der MPG, Niederschriften von Sitzungen des Senates der Kaiser-Wilhelm-Gesellschaft 1911–1919, Protokoll über die Sitzung vom 18.12.1912, 27.

[37] Archiv der Richard-Wagner-Gedenkstätte der Stadt Bayreuth, Nachlass Houston Stewart Chamberlain, Uexküll an Chamberlain vom 18.04.1913.

[38] Archiv zur Geschichte der MPG, Niederschriften von Sitzungen des Senates der Kaiser-Wilhelm-Gesellschaft 1911–1919, Gutachten Albrecht Bethes vom 30.12.1912, 27.

[39] Archiv zur Geschichte der MPG, Niederschriften von Sitzungen des Senates der Kaiser-Wilhelm-Gesellschaft 1911–1919 , Gutachten Theodor Boveris vom 03.11.1912, 29.

[40] Ebenda, Schreiben Eugen Fischers an Harnack vom 26.04.1913 (mit den angehängten positiven Ausführungen Loebs).

Diese Äußerung war jedoch nur von eingeschränktem Wert, da Loeb sein Lob auf die Arbeiten Uexkülls an der Stazione Zoologica (bis 1902) bezog und mitnichten die Umweltlehre implizierte, für deren Ausbau Uexküll Fördergelder beantragt hatte.

Weiter äußerte sich der Genetiker Thomas H. Morgan (1866–1945) positiv zu Uexküll, auch wenn einige seiner Positionen extremer Natur seien, ähnlich argumentierte George Howard Parker (1864–1955) von der Harvard University[41]. Organisiert hatte diese Übersendung positiver Einschätzungen Uexküllscher Arbeit der mit Uexküll bekannte Chemiker Emil Fischer (1852–1919). Es waren also eher persönliche Bekanntschaften, die Uexküll nutzten, als es wissenschaftliche Netzwerke waren, auf die seine Konkurrenten erfolgreich setzten.

Doch die Kombination aus finanziellen Anreizen, äußerem Druck und Einschaltung von Unterstützern veranlasste die KWG im Laufe des Sommers 1913, Uexkülls „fliegendes Aquarium" für drei Jahre mit je 10 000 RM zu fördern. Bis zur Zustimmung des kaiserlichen Zivilkabinetts verging aber nochmal fast ein Jahr. Im Juli 1914 signalisierte Harnack Konsul Ludowici, dass Uexküll völlig frei über das ihm überwiesene Geld verfügen könne[42]. Uexküll stürzte sich nun wieder in die Arbeit und brach mit Familie und dem Assistenten Lothar Gottlieb Tirala (1886–1974) nach Biarritz am Golf von Biscaya auf, um Langusten in ihrer natürlichen Umwelt zu erforschen. Tirala erwies sich während der Arbeiten in Biarritz als vorzüglicher Biologe und Helfer Uexkülls[43]. Es schien, als sei Uexküll 1914 noch der Eintritt in die etablierte Fachwissenschaft gelungen.

Doch dann brach der erste Weltkrieg aus, dessen Beginn er mit seiner Familie im Baltikum erlebte und gerade noch nach Deutschland entkam[44]. Damit begannen schwere Zeiten für Uexküll, denn seine Forschungsgelder waren explizit für Einsätze des fliegenden Aquariums am Mittelmeer oder dem französischen Atlantik bestimmt und beide Gebiete waren für ihn nun unerreichbar. Die Forscherkarriere Uexkülls schien wieder einmal vor dem Ende zu stehen.

4.4   Der Absturz (1914–1920)

Nachdem Jakob v. Uexküll gerade noch dem Zugriff russischer Behörden entkommen war, begab er sich mit seiner Familie zunächst nach Schloss Schwerinsburg, später auf die Besitzungen der Familie v. Schwerin bei Londorf in Oberhessen. Er hatte sich für die deutsche Seite entschieden, während viele seiner Standesgenossen ihre Treue zum russischen Kaiserthron unter Beweis stellten. Sogleich nach seiner Ankunft in Deutschland besuchte Uexküll im

---

[41] Ebenda, Schreiben Eugen Fischers an Harnack vom 26.04.1913.

[42] Archiv zur Geschichte der MPG, I. Abt. Rep. 0001A. Unterstützung, Harnack an Ludowici vom 22.07.1914.

[43] Archiv der Richard-Wagner-Gedenkstätte der Stadt Bayreuth, Nachlass Houston Stewart Chamberlain, Uexküll an Chamberlain vom 26.03.1914.

[44] Künstler-Archive, Berlinische Galerie, Nachlass Fidus, FA 2644, Gudrun v. Uexküll an Fidus vom 20.08.1914.

Herbst 1914 Philipp v. Eulenburg in Liebenberg[45]. Wie zahlreiche seiner Zeitgenossen hoffte er auf einen kurzen Krieg. An eine Fortsetzung seiner Studien war vorerst nicht zu denken, sein Assistent Tirala war zum Kriegsdienst einberufen worden[46]. Gleichwohl überwies die KWG im Herbst 1915 erneut 10000 Mark, doch als es um die Verlängerung des Sonderforschungsprogrammes „fliegendes Aquarium" ging, lehnte die KWG mangels wissenschaftlicher Leistungen Uexkülls ab[47]. 1915 erkrankte Gudrun v. Uexküll schwer und wurde in Berlin operiert[48]. Das Haus in Heidelberg musste die Familie 1916 aus Kostengründen aufgeben (Otte 2001, S. 28). Nun beantragte Uexküll 1917 ein neues Projekt, das die Erforschung von Fliegen und Ungeziefer und dessen mögliche Vernichtung beinhaltete[49]. Das Thema war gut gewählt, denn die Fliegenplage bei den im Stellungskrieg verharrenden Truppen hatte unbeschreibliche Ausmaße angenommen, eine effiziente Bekämpfung des Ungeziefers erlangte bei der Truppenführung hohe Priorität. Allerdings zogen die Vertreter des Senates der KWG Uexkülls Kompetenz in Zweifel und selbst Adolf Harnack beauftragte „streng vertraulich" den Heidelberger Professor Curt Herbst (1866–1946) mit der Suche nach Alternativkandidaten[50]. Da mehrere Vertreter des Senates den Wert der Forschungen Uexkülls aber anerkannten, entschloss man sich nach Einholung weiterer Gutachten, Uexküll für zwei Jahre (1918 und 1919) mit je 10000 Mark zu fördern[51]. Diese Gelder halfen Uexküll, sein Lehrbuch über die „Theoretische Biologie", an dem er wahrscheinlich seit 1915 schrieb, fertig zu stellen[52]. Durch die Zuschüsse seitens der KWG verbesserte sich die materielle Situation von Uexkülls Familie wieder. 1916 hatte sich diese derartig verschlechtert, dass Gudrun sich gezwungen sah, Pläne hinsichtlich des Verkaufs ihres Hauses auf Capri in die Wege zu leiten[53].

---

[45] Künstler-Archive, Berlinische Galerie, Nachlass Fidus, FA 2648, Gudrun v. Uexküll an Fidus o. D. (Oktober 1914).

[46] Österreichisches Staatsarchiv/Kriegsarchiv, Belohnungsakten des Weltkrieges 1914–1918, Offiziersbelohnungsantrag Nr. 60502 (Kt 54).

[47] Archiv zur Geschichte der MPG, Niederschrift von Sitzungen des Senates, Protokoll über die Sitzung vom 26.10.1915.

[48] Künstler-Archive, Berlinische Galerie, Nachlass Fidus, FA 2656, Gudrun v. Uexküll an Fidus vom 28.08.1915; FA 2658, Jakob v. Uexküll an Fidus vom 14.09.1915; FA 2660 Gudrun v. Uexküll an Fidus vom 29.01.1916.

[49] Archiv zur Geschichte der MPG, Niederschrift von Sitzungen des Senats, Protokoll über die Sitzung vom 19.10.1917.

[50] Archiv zur Geschichte der MPG, I.Abt. Rep. 0001A. Harnack an Herbst vom 23.10.1917.

[51] Archiv zur Geschichte der MPG, Niederschrift von Sitzungen des Senates, Protokoll über die Sitzung vom 16.01.1918.

[52] Archiv der Richard-Wagner-Gedenkstätte der Stadt Bayreuth/Nachlass Houston Stewart Chamberlain, Uexküll 1915/II. Uexküll an Chamberlain vom 22.11.1915.

[53] Berlinische Galerie, Künstler-Archive, Nachlass Fidus FA 2667. Jakob v. Uexküll an Fidus vom 09.08.1916. Der Verkauf kam nicht zu Stande. Gudrun v. Schwerin war nach dem Kriegseintritt Italiens nicht enteignet worden, da sie durch die Heirat mit Jakob v. Uexküll dessen russische Staatsbürgerschaft angenommen hatte und Russland mit Italien verbündet war. Erst nach der Revolution in Russland bzw. dem Kriegsende optierte Uexküll für sich und seine Familie für die deutsche Staatsbürgerschaft.

Während die Forschung in Uexkülls Leben zwischen 1914 und 1918 nur eingeschränkte Bedeutung besaß, spielten politische Betätigungen eine bedeutendere Rolle. Nach der erfolgreichen Frühjahrsoffensive der deutsch-österreichischen Truppen 1915 an der Ostfront, traf sich Uexküll mit mehreren anderen, nach Deutschland geflohenen Standesgenossen, um über ein eventuell gemeinsames Vorgehen im Falle der Eroberung Estlands durch deutsche Truppen zu beraten[54]. Das Interesse an den Vorgängen im Baltikum verstärkte sich nach der Märzrevolution in Russland 1917, als sich die staatliche Ordnung aufzulösen begann. Uexküll engagierte sich nun offen für die „Vaterlandspartei", trat bei Diskussionsveranstaltungen auf und spekulierte auf eine völlige Auflösung des russischen Reiches[55]. Innerhalb der Partei waren an führender Stelle Verwandte von Uexkülls Ehefrau tätig, die auch frühzeitig den Gedanken einer umfassenden Ansiedlung von deutschen Ackerbauern in den baltischen Staaten verfochten (Hagenlücke 1997, S. 116, 141). Außerdem war der Ehrenvorsitzende der Partei, Herzog Johann Albrecht v. Mecklenburg (1857–1920) zugleich Vorsitzender der Deutsch-Baltischen Gesellschaft (Hagenlücke 1997, S. 210). Als Kampfblatt der Vaterlandspartei diente die von Houston Stewart Chamberlain mit herausgegebene Zeitschrift „Deutschlands Erneuerung". Mit Chamberlain stand Uexküll weiterhin in Kontakt und stimmte dessen Ängsten vor einer slawischen Völkerwanderung gegen die „Germanen" zu[56]. Ebenfalls in der Vaterlandspartei aktiv war Uexkülls vormaliger Studienkollege Johannes Haller (Greifenhagen 1925, S. 333). Uexküll begleitete die Bestrebungen der Partei publizistisch. So zog er unter dem Eindruck des Weltkrieges die Gültigkeit der Selektionstheorie und die Bedeutung einzelner „hochwertiger Individuen" erstmals in Erwägung (Uexküll 1915, S. 54). Den Deutschen billigte er eine Sendung gegenüber den Ostvölkern zu, führte aber die Gefahr von Rassenmischung und Degeneration an (Uexküll 1915, S. 65). Anstelle der Überbetonung des Individuums rückte nun die Heraushebung der Wertigkeit des Gesamtvolkes bzw. der Elite.

Im Sommer 1918 war Uexküll noch recht euphorisch über die Kriegsaussichten. Er hatte sein verwüstetes Gut in Estland besucht, sich aber sogleich Hoffnungen über einen Neuaufbau im folgenden Jahr gemacht[57]. Eventuell hoffte er auf einen Lehrstuhl an der unter deutscher Leitung im September 1918 wiedereröffneten Universität Dorpat. Denn bei den Vorbereitungen zu deren Gründung in Berlin hatte er zusammen mit Helmuth Plessner (1892–1985) teilgenommen (Dejung 2003, S. 125 f.). Das Kriegsende und die folgenden Kämpfe im Baltikum führten zu einer Radikalisierung Uexkülls. Im Diskurs mit Chamberlain identifizierte er Juden als Schuldige an der Niederlage und betonte die Korrektheit der

---

[54] Berlinische Galerie, Künstler-Archive, Nachlass Fidus, FA 2652 Gudrun v. Uexküll an Fidus o. D. (Juli 1915).

[55] Archiv der Richard-Wagner-Gedenkstätte der Stadt Bayreuth, Nachlass Houston Stewart Chamberlain, Uexküll 1917/II, Uexküll an Chamberlain vom 19.06.1917, 29.09.1917, 20.11.1917.

[56] Archiv der Richard-Wagner-Gedenkstätte der Stadt Bayreuth, Nachlass Houston Stewart Chamberlain, Uexküll an Chamberlain vom 22.11.1915, 10.04.1916, 28.07.1916, 23.11.1916.

[57] Archiv der Richard-Wagner-Gedenkstätte der Stadt Bayreuth, Nachlass Houston Stewart Chamberlain, Uexküll an Chamberlain vom 17.08.1918.

antisemitischen „Protokolle der Weisen von Zion"[58]. Hinsichtlich eines ihm nicht genehmen Autors schrieb Uexküll:

> „Wie ich vermute ist der Verfasser der Sohn des Staatsrechtslehrers in Heidelberg, der leider erst starb nachdem er die Verjudung der Heidelberger Universität durchgeführt hatte"[59].

1921 glaubte Uexküll eine gänzliche Übereinstimmung von „Weltjudentum" und bolschewistischer Herrschaft in Russland zu erkennen[60]. Mit der Integration von antisemitischem Gedankengut in die biologische Forschung stand Uexküll nicht allein, auch Ernst Haeckel hatte bereits 1903/04 antisemitische Vorstellungen mit evolutionsbiologischen Theorien vermengt. Seine wichtigen Schüler Ludwig Plate (1862–1937) und Willibald Hentschel (1858–1945) waren überzeugte Antisemiten (Wogawa/Hoßfeld/Breidbach 2006, S. 226–229). Möglicherweise lernte Uexküll in den Jahren nach dem Ersten Weltkrieg im Umkreis Chamberlains einen anderen Exilbalten kennen, in dessen Weltbild vitalistische Mystik, romantische Verklärung Kants und radikaler Antisemitismus zusammenspielten: Alfred Rosenberg (1893–1946). Dieser hatte auch die von Uexküll geschätzten „Protokolle der Weisen von Zion" ins Deutsche übertragen (Large 2001, S. 202) und in seinen frühen Schriften gelegentlich den Wert „individuellen Formempfindens" in der Wahrnehmungswelt der Menschen (Rosenberg 1943a, S. 33) und die Richtigkeit der wissenschaftlichen Theorien Karl Ernst v. Baers betont (Rosenberg 1943c, S. 101). Zudem huldigte gerade auch Rosenberg der von Uexküll vertretenen Ansicht einer Deckungsgleichheit von Bolschewismus und entwurzelten Juden (Rosenberg 1943b, S. 77, 100f.). Er nannte rückblickend Uexküll in einem Atemzug mit Karl Ernst v. Baer und Adolf Harnack den „bahnbrechenden Vertreter einer neuen Umweltforschung" (Rosenberg 1996, S. 45).

Unter dem Eindruck von Gesprächen mit dem Bayreuther Kreis, der Revolution in Russland, der Niederlage Deutschlands im Weltkrieg, dem Verlust der eigenen Heimat und angesichts der heraufdämmernden Inflation entschloss sich Uexküll, seine biologischen Theorien auf die Staatsphilosophie zu übertragen. Zunächst kleidete er diese Überlegungen in eine popularisierte Version der Umweltlehre, die auch als Buch erschien (Uexküll 1920a). Hier stellte er die subjektive Biologie als einzige Möglichkeit zur Erfassung tierlicher Lebensweisen vor. Noch immer durch Mendels Entdeckungen beflügelt, sah er die Planmäßigkeitstheorie nun als bewiesen an (Uexküll 1920a, S. 142). Eine gewisse Ähnlichkeit zwischen Affe und Mensch hielt er zwar für gegeben, stellte aber fest, dass der Mensch in seiner Umwelt über eine andere „Gestaltungsmelodie" verfüge als das Tier (Uexküll 1920a, S. 288). Die stringente Volksvermehrung nannte Uexküll wichtig, lehnte aber in Anlehnung an das Beispiel der „Melodie" eine Gleichstellung aller Menschen ab. Dies münde in „leerem

---

[58] Archiv der Richard-Wagner-Gedenkstätte der Stadt Bayreuth, Nachlass Houston Stewart Chamberlain, Uexküll an Chamberlain vom 17.05.1920. Siehe auch Müller (1975), S. 126.

[59] Archiv der Richard-Wagner-Gedenkstätte der Stadt Bayreuth, Nachlass Houston Stewart Chamberlain, Uexküll an Chamberlain vom 12.02.1921.

[60] Archiv der Richard-Wagner-Gedenkstätte der Stadt Bayreuth, Nachlass Houston Stewart Chamberlain, Uexküll an Chamberlain vom 10.12.1921.

Schellengeklingel" (Uexküll 1920a, S. 292). Hier trat seine Gegnerschaft zu sozialistischen Überlegungen besonders deutlich zu Tage und fand ihre Fortsetzung in der Ablehnung jeder nichtmonarchischen Staatsspitze (Uexküll 1920a, S. 454).

Gleichwohl gab er der Hoffnung Ausdruck, dass sich alsbald ein neues, seinen Ansprüchen genügendes Regime in Deutschland durchsetzen werde. Zur Verdeutlichung seiner Überlegungen publizierte Uexküll das Buch „Staatsbiologie" (Uexküll 1920f). Der Staat erschien ihm als ein mechanischen Grundfunktionen folgender dynamischer biologischer Körper, der nie zur endgültigen Vollkommenheit gelangen könne (Uexküll 1920f, S. 7ff.). Nur im Idealfall könne ein Staat als vollkommenes und geschlossenes System bezeichnet werden. Insofern unterschied sich der menschliche Staat ganz erheblich von Uexkülls übrigen statisch-vitalistischen Überlegungen. Möglicherweise befand sich Uexküll 1918/20 in einer ähnlichen Umbruchsphase seines Denkens wie in den Jahren vor 1900, als er endgültig mit der Darwinschen Evolutionslehre und Mechanismus brach. Doch dieses Mal sollte er den bereits vage ins Auge gefassten Bruch nicht vollziehen. Dies tritt auch im weiteren Inhalt der „Staatsbiologie" zu Tage. Entscheidende Funktionen übten im biologisch fundierten Staat Personen aus, deren Entscheidungen übermechanischen, nicht kausal sondern funktional erklärbaren Gesichtspunkten entsprachen (Uexküll 1920f, S. 19).

Allen Bürgern gleich sei die Pflicht zur Staatsverteidigung:

> „Derjenige, der während eines Krieges die Stoßkraft des eigenen Staates aus irgendwelchen Gründen schwächt, ist nichts anderes als ein Schmutzfleck im Angesicht der Menschheit, der entfernt werden muss" (Uexküll 1920f, S. 37).

Dieser Grundgedanke sei im neuen Staat – der Weimarer Republik – nicht mehr gegeben, vielmehr versuchten am großen Ganzen uninteressierte Großindustrielle und Arbeitervertreter gleichermaßen nur ihre Wünsche durchzusetzen. Hinzu käme eine zunehmende Amerikanisierung Europas (Uexküll 1920f, S. 49).

Hier könne man nur mit der Förderung eines „starken Rassegefühls" entgegenwirken, das zudem mit dem „Gesichtskreis" des Volkes harmonieren müsse (Uexküll 1920f, S. 54).

Seine radikalrassistische Phase währte aber nur kurz. 1922 begann sich Uexküll von seinem eigenen Antisemitismus wieder zu distanzieren und auf das Maß an Vorbehalten zurückzufahren, die er bereits vor 1914 gepflegt hatte. So lehnte er eine einfache Zuordnung deutscher/arischer Weltanschauung ab, es gebe auch Juden mit dieser Ideologie und Deutsche mit jüdischen Idealen (Uexküll 1922a, S. 86). Denn „arische Weltanschauung" zeige nur, dass Welt und Persönlichkeit aufeinander abgestimmt seien. Dies bedeutete indirekt, dass Uexküll seine Umweltlehre als Ausdruck einer von ihm als solcher identifizierten arischen Ideologie begriff. Ferner betonte er, dass sich auch „arische" Denker durch ihre christlichen Wurzeln am „altjüdischen Stammesgott" orientierten (Uexküll 1922a, S. 85). Im Rahmen einer Buchkritik der Arbeiten von Arthur Trebitsch (1880–1927) führte er aus, viele Juden in Deutschland seien „in weit tieferem Sinne Deutsche als all die vielen Tausenden reinblütigen Arier" (Uexküll 1922c, S. 97). Insgesamt gesehen kann man Andreas Weber zustimmen, wonach Uexküll nach 1918 zeitweise der „Verzauberungskraft völkischer

Ideen" erlag und hoffte, seine auf das Tierreich bezogenen Theorien in der menschlichen Welt verwirklicht zu sehen (Weber 2003, S. 87).

Trotz selbst gewählter Isolierung und der Beschäftigung mit Politik und Popularisierung hatte Uexküll die wissenschaftliche Ausbreitung und Darstellung seiner Lehre nicht vernachlässigt. Zur Absicherung und Erklärung der Umweltlehre einerseits und des Neovitalismus andererseits veröffentlichte er 1920 das Buch „Theoretische Biologie", an dem er seit mehreren Jahren schrieb. Er gebrauchte den Begriff der „theoretischen Biologie" für eine philosophische Annäherung an biologische Phänomene. 1921 erschien die hier nachgedruckte durchgesehene und ergänzte Auflage der „Umwelt und Innenwelt der Tiere". Auch publizierte er einige Aufsätze über Tierbeobachtungen, die er in seiner ländlichen Abgeschiedenheit vorgenommen hatte (Uexküll 1921c; Uexküll 1924a).

4.5 Neuformulierung und Institutsgründung (1920–1935)

Die „Theoretische Biologie" war Adolf v. Harnack in seiner Eigenschaft als Ratgeber Wilhelm II' bei der Gründung der KWG gewidmet (Uexküll 1920b). Das Buch sollte als neues und dauerhaftes Verbindungsglied zwischen biologischer Lehre und Forschung dienen, da Uexküll in der übrigen Forschung keine kongruenten Zusammenhänge erkennen mochte (Uexküll 1920b, S. 5f.; zu Harnacks Sicht auf Uexküll siehe Harnack 1923, S. 395–399). Das Forschungsfeld der „theoretischen Biologie" hatte sich durch das Scheitern der Loebschen Tropismenlehre eröffnet und war für den Vitalismus bereits nach 1900 durch Johannes Reinke (1849–1931) geebnet worden (Alt u. a. 1996, S. 11, 33). Als darwinistischer Kontrahent trat der dem Marxismus positiv gegenüberstehende, in Jena lehrende Zoologe Julius Schaxel (1887–1943) auf, der eine Überwindung von Mechanismus und Vitalismus gleichermaßen anstrebte (Penzlin 1988, S. 35f.; Reiß 2007). Die Beschäftigung mit der „theoretischen Biologie" war daher um 1920 eines der wichtigsten Vorhaben innerhalb der zwischen Mechanismus und Neovitalismus schwankenden Lebenswissenschaft, und Uexküll bewegte sich am Puls der Zeit (Bretschneider 1984, S. 3).

Um sein Ziel erreichen zu können, instrumentalisierte Uexküll die exakten Forschungen Hermann v. Helmholtzs für seine Studien über «Sinnesqualitäten» in tierlichen Umwelten (Uexküll 1920c, S. 7f.). Denn für Helmholtz besaßen Objekt und Raumwahrnehmung zentrale Bedeutung, zugleich sah er sich damit als Vollender der Theorien von Johannes Müller (Grüsser 1996, S. 121; Lenoir 1992, S. 211). Uexküll erklärte nun aber, dass er zur wissenschaftlichen Erfassung der „Sinnesqualitäten" diese in ihrer Raumwirkung (d.i. die Umweltwirkung) analysieren müsse (Uexküll 1920b, S. 11). Und auch hier berief er sich wieder auf Vordenker des Mechanismus (z. B. Hermann Lotze). Dass der Raum an sich von absoluter Bedeutung sei, entnahm Uexküll den Schriften Kants. Innerhalb eines Raumes würden „Gesetzmäßigkeiten" gelten (Uexküll 1920b, S. 19).

Aufgrund des gesetzmäßigen Ablaufs der Verhältnisse in der Natur – beobachtet durch den außenstehenden Forscher – schienen „Planmäßigkeiten" vorzuliegen (Uexküll 1920b,

S. 80). Dieser Plan erlangte nach Uexkülls Worten durch die mendelistische Forschung Beweiskraft (Uexküll 1920b, S. 94). Zur Erklärung der Verhältnisse in der Natur führte er nun erstmals skizzierte „Funktionskreise" an. Mittels dieser Methodik schien sich das Leben eines Tieres nachvollziehen zu lassen (Uexküll 1920b, S. 97–99, 114–118). Dieses reagierte allein auf ihm bekannte oder bekanntem ähnlich erscheinende Reize. Der Organismus war vollkommen und somit planmäßig in seine Umwelt „eingepasst" (Uexküll 1920b, S. 227). Impulse würden die in den Nerven liegende „Lebensenergie" aktivieren (Uexküll 1920b, S. 251). Anhand einiger Beispiele (Seeigel) untermauerte Uexküll diese These. Zugleich setzte er sich von möglichen Überlegungen ab, seine Forschungen als Teil der Tierpsychologie zu begreifen. Die dort gepflegten Anthropomorphismen lagen ihm fern (Uexküll 1920b, S. 130). Diese Betonung wird nur verständlich, wenn man sich vergegenwärtigt, was in der deutschen Gelehrtenwelt zwischen 1900 und 1930 bisweilen unter „Tierpsychologie" verstanden wurde. Ab der Jahrhundertwende trat in Elberfeld der Juwelier Karl Krall (1863–1925) an die Öffentlichkeit, der behauptete, er besitze Pferde, die durch Klopfzeichen mathematische Rechenaufgaben lösen könnten. Alsbald setzten Pilgerfahrten interessierter Forscher zu Krall ein. Hieran beteiligten sich u. a. der Zoologe und Monist Heinrich Ernst Ziegler (1858–1925) oder der Schriftsteller Wilhelm Bölsche (1861–1939). 1913 wurde eine eigene Fachgesellschaft gegründet, an der u. a. Ernst Haeckel, Richard Woltereck (1877–1944), Ludwig Plate (1862–1937) und Julius Schaxel partizipierten[61].

Zwar vertrat Uexküll den Evolutionsgedanken in seiner „Theoretischen Biologie" ebenfalls, blieb aber äußerst vage hinsichtlich der Verwandtschaften zwischen Tier und Mensch und beschränkte sich auf eine Verurteilung Haeckels (Uexküll 1920b, S. 133). Die Erfordernisse bei der Entstehung des Lebens aber verlangten nach seiner Ansicht ein zielgerichtetes individuelles Verhalten, da sonst die Evolution gar nicht möglich gewesen wäre (Uexküll 1920b, S. 151). Es wäre aber falsch, Uexküll als einen theologisch orientierten Gelehrten verstehen zu wollen. So schrieb er offen, „echte Naturforscher" seien niemals „Gottsucher" (Uexküll 1936, S. 115).

Uexküll war es durch die Verbindung von Argumenten, Zirkelschlüssen und eigener fundierter Thesen gelungen, die zuvor rein vitalistisch anmutende Lehre von den Umwelten in eine naturwissenschaftliche Umgebung einzupassen und so ihre Angreifbarkeit zu reduzieren. Er folgte damit der Arbeitsweise früherer Forscher, deren Verhalten der Wissenschaftshistoriker Eduard Dijksterhuis (1892–1965) analysierte:

> „Die Naturwissenschaft entsteht nicht durch das Aufstellen von Definitionen; sie muss Tatsachen konstatieren und diese in ein logisch zusammenhängendes System einordnen, indem sie passende Begriffe einführt und Axiome ausfindig macht, die sich als Grundlage einer logischen Ordnung eignen" (Dijksterhuis 1956, S. 408).

---

[61] Daneben forschte noch Wolfgang Köhler (1887–1967) als Tierpsychologe, doch begriff er sich nicht als solcher sondern als Verfechter der Gestaltpsychologie.

Hans Driesch billigte Uexküll nach Erscheinen der „Theoretischen Biologie" zu, die Physiologie hinter sich gelassen und zum wahren Biologen avanciert zu sein (Driesch 1921, S. 202). Doch noch war es Uexküll nicht gelungen, seine theoretischen und philosophischen Anschauungen in eine Art reproduzierbare Versuchsanordnung einzufügen. Er hatte zwar in den Jahrzehnten zuvor immer wieder ähnliche Verhaltensmuster bei Seeigeln, Langusten und anderen Meerestieren beobachten können, aber darauf verzichtet, diese Ähnlichkeiten als vergleichbar und wiederholbar zu charakterisieren. Dies ist eine merkwürdige Unterlassung angesichts seiner ostafrikanischen Befunde und jenen, die er 1914 mit Tirala an der Biskaya erhob. Vermutlich fielen diese beobachteten Übereinstimmungen seiner vitalistisch vorgesteuerten Interpretation zum Opfer. Durch die Abfassung des Werks „Theoretische Biologie" hatte er hierfür aber die philosophischen Grundlagen gelegt, nun kam es auf die praktische Darstellung an. Diese gelang ihm durch die Präsentation des „Funktionskreises" in der Neuauflage seines Werkes „Umwelt und Innenwelt der Tiere (Uexküll 1921a).

Damit emanzipierte sich Uexküll endgültig von physiologischen Methoden und stellte seine Wissenschaft als integralen Bestandteil einer nichtmechanistischen Biologie vor. Zur Erläuterung der Verhältnisse innerhalb einer tierlichen Umwelt stellte Uexküll das Modell eines „Funktionskreises" vor (s. S. 45 des Werks):

> „Wie wir bereits wissen, bildet der Tierkörper den Mittelpunkt einer speziellen Umwelt dieses Tieres. Was uns als außenstehenden Beobachtern der Umwelt der Tiere am meisten auffällt, ist die Tatsache, dass sie nur von Dingen erfüllt ist, die diesem speziellen Tier allein angehören. In der Welt des Regenwurmes gibt es nur Regenwurmdinge, in der Welt der Libelle gibt es nur Libellendinge usw.
> Und zwar sind die Umweltdinge eines Tieres als solche durch eine doppelte Beziehung zum Tier charakterisiert. Einerseits entsenden sie spezielle Reize zu den Rezeptoren (Sinnesorganen) des Tieres, andrerseits bieten sie spezielle Angriffsflächen seinen Effektoren (Wirkungsorganen).
> Die doppelte Beziehung, in der alle Tiere zu den Dingen ihrer Umwelt stehen, ermöglicht es uns, die Umwelt in zwei Teile zu zerlegen, in eine Merkwelt, die die Reize der Umweltdinge umfasst, und in eine Wirkungswelt, die aus den Angriffsflächen der Effektoren besteht.
> Die gemeinsam ausgesandten Reize eines Objektes in der Umwelt eines Tieres sind ein Merkmal für das Tier. Dadurch werden die reizaussendenden Eigenschaften des Objektes zu Merkmalsträgern für das Tier, während die als Angriffsflächen dienenden Eigenschaften des Objektes zu Wirkungsträgern werden.
> Merkmalsträger und Wirkungsträger fallen immer im gleichen Objekt zusammen, so läßt sich die wunderbare Tatsache, dass alle Tiere in die Objekte ihrer Umwelt eingepasst sind, kurz ausdrücken" (Uexküll 1921a, S. 45 f.).

Eine Bezeichnung der Umweltlehre als Psychologie lehnte er weiterhin ab und zeigte so auch kein Interesse an der Begründung einer eigenen „Tierpsychologie" oder gar Verhaltensforschung (Uexküll 1921a, S. 215 f.). Umwelten begriff Uexküll als räumlich und zeitlich fest umgrenzte Erscheinungswelten, die in ihrer Existenz einer umfassenden Planmäßigkeit unterlagen. Innerhalb der Umwelten reagiere jedes Lebewesen individuell, einen „absoluten Raum" gebe es weder für das Tier noch den Beobachter (Uexküll 1921a, S. 218f.). Von einer Sonderrolle des Menschen war nicht mehr die Rede:

„Die Erscheinungswelt eines jeden Menschen gleicht ebenfalls einem festen Gehäuse, das ihn von seiner Geburt bis zum Tode dauernd umschließt" (Uexküll 1921a, S. 219).

Die Aufnahme dieses Buches durch die darwinistisch geprägte Biologie war eher kühl. Julius Schaxel gestand Uexküll zwar eine sorgfältige Arbeitsweise zu, lehnte seine weitergehenden Theorien aber vollkommen ab (Schaxel 1922). Der in gewisser Weise ebenfalls tierliche „Umwelten" erforschende Zoologe Karl v. Frisch (1886–1982) ignorierte Uexküll gar völlig.

Doch Uexkülls dauerhaftes Engagement in der Wissenschaft blieb nicht unbemerkt. 1921 ernannte ihn die Gesellschaft der Ärzte in Wien zum korrespondierenden Mitglied. 1923 war er Mitglied der ersten deutschen Delegation, die wieder an einem internationalen Physiologenkongress teilnehmen durfte (Uexküll 1964, S. 136). Er schien einen nachhaltigen Eindruck bei seinen angelsächsischen Kollegen gemacht zu haben, die ihn teilweise als Physiologen an der Stazione Zoologica kennengelernt haben dürften. Denn nur drei Jahre später wurde die „Theoretische Biologie" in englischer Sprache veröffentlicht (Uexküll 1926e). Auch in Spanien fand er Anerkennung, der Philosoph Jose Ortega y Gasset (1883–1955) organisierte die Übersetzung von Teilen der Bücher Uexkülls und zeigte sich selbst nachhaltig von dessen Gedanken beeinflusst (Utekin 2001, S. 635).

Außerdem eröffneten sich nach 1918 gerade wegen des von Uexküll abgelehnten politischen Umsturzes neue Perspektiven in der Universitätslandschaft. So wurde das „Colonialinstitut" in Hamburg zur Universität erhoben, Uexkülls langjähriger Weggefährte Otto Cohnheim, der sich mittlerweile „Kestner" nannte, avancierte zum ordentlichen Professor. Die noch junge Universität erwies sich als offen für neue Einrichtungen. Cohnheim/Kestner empfahl den Universitätsbehörden und der Freien Hansestadt die Einrichtung eines Instituts für Uexküll (Hünemörder 1979, S. 110). Erste vergebliche Gespräche hatte er bereits 1914 in die Wege geleitet[62]. Im September 1924 reiste Uexküll nach Hamburg, um sich für eine entsprechende Stelle zu bewerben[63]. Bis zum Ende des Jahres konnten die Verhandlungen erfolgreich zum Abschluss gebracht werden. Auch die KWG hatte sich auf Uexkülls Bitten hin für ihn verwendet und ließ durchblicken, dass man gewillt sei, sich über die Anmietung eines Arbeitsplatzes an der Finanzierung von Uexkülls Institut zu beteiligen[64]. Langfristig sollten sich KWG, der Zoologische Garten und die Notgemeinschaft deutscher Wissenschaftler als Finanziers erweisen (Hünemörder 1979, S. 110). Auch international kam Uexküll wieder ins Gespräch. So schlug ihn sein langjähriger Freund Albrecht Bethe in seiner Eigenschaft als Gutachter des Nobel-Komitees für den Nobelpreis in Physiologie vor[65]. Sowohl auf dem Gebiet der philosophischen und theoretischen Grundlagen der

---

[62] Uexküll-Center Tartu, Allgemeine Korrespondenzen, Cohnheim an Uexküll vom 23.01.1914.

[63] Uexküll-Center Tartu, Korrespondenzen Jakob v. Uexküll mit Franz Huth, Uexküll an Huth vom 19.09.1924.

[64] Archiv zur Geschichte der MPG, Niederschriften von Sitzungen des Verwaltungsrates der KWG 1918–1927, o. D. (1924). Schreiben Uexkülls, 5.

[65] Nobelkommittén Karolinska Institutet, Vorschlag Albrecht Bethes vom 25.01.1923.

Physiologie als auch dem Bereich des Zentralnervensystems habe Uexküll entsprechende Leistungen hervorgebracht.

Im Alter von etwa 50 Jahren war Jakob v. Uexküll dank der massiven Unterstützung befreundeter Wissenschaftler doch noch der Eintritt in die Professorenschaft einer deutschen Universität ermöglicht worden. Die Arbeitsbedingungen gestalteten sich zunächst allerdings äußerst schwierig. Zum einen waren Uexkülls frühere Assistenten längst zu anderem Broterwerb gezwungen, Lothar Tirala hatte sich als Frauenarzt in seiner Heimatstadt Brünn niedergelassen und Felix Groß verdingte sich als Journalist, Freizeitphilosoph und Angestellter einer Handelsfirma in Wien[66]. Zum anderen erhielt Uexküll keineswegs ein Professorengehalt, sondern wurde zunächst ähnlich einem Teilzeitassistenten („wissenschaftlicher Hilfsarbeiter") besoldet und verfügte nur über ein verwahrlostes Aquarium in einem baufälligen Gebäude als Forschungszentrum. Für Uexküll war die Errichtung eines eigenen Instituts und die Rückkehr zur experimentellen Forschung dringend erforderlich, da sein neodarwinistischer Konkurrent August Thienemann (1882–1960) in Plön bereits eine eigenständige Umweltlehre der Wassertiere zu entwerfen begonnen hatte (Thienemann 1918; Lenz 1931). Dass es diesem nicht frühzeitig gelang zu obsiegen, dürfte damit zusammenhängen, dass er auf eine philosophische Untermauerung seiner Lehre (z. B. in Anlehnung an Kant) verzichtet hatte. Thienemann unterließ es auch dann, in der späteren Hochphase der Uexküllkritik in den 1930er Jahren mit eigenen Positionen dezidiert Stellung zu beziehen. Vielmehr hat er, als sich abzeichnete, dass die argumentative Meinungsdominanz an Uexküll vorbeiging, die mittlerweile hauptsächlich von Hermann Weber und Karl Friederichs für die Ökologie formulierte Umwelt-Definition in einer Art der Nachrede übernommen (Thienemann 1941, S. 2). In der späteren Auflage des Werks ist ihm Uexküll nur noch ein als Aphorismus zu deutendes Zitat wert – wenn er es nicht unter der Kapitelüberschrift „Menschliches – Allzumenschliches" hätte abdrucken lassen und damit einen Schwebezustand mit haut gout erzeugt hätte (Thienemann 1958, S. 198).

Außerdem versäumten die Anhänger des Neodarwinismus in den 1920er Jahre die Aufklärung vitalistischer Kritikpunkte und die Neuformulierung der eigenen Lehre, so dass sich die zerstreuten Neovitalisten (z. B. Driesch, Uexküll, Richard Woltereck) weiterhin im internationalen Diskurs halten konnten (Hoßfeld 1998, S. 194f.). Kritiker nannten die Jahre seit den ersten Ansätzen zu einer Synthese aller Anschauungen bis zur wirklich ernsthaften Diskussion (1929–1938) später das „verlorene Jahrzehnt" (Hoßfeld 1998, S. 194).

Für Uexküll hingegen waren die Jahre bis 1933 nicht verloren, vielmehr nutzte er sie zur Gründung seiner eigenen wissenschaftlichen Schule. Dies war zunächst nicht einfach. Denn die Universität Hamburg gestand Uexküll nicht das Recht zu, Studierende zu promovieren.

---

[66] Archiv der Richard-Wagner-Gedenkstätte der Stadt Bayreuth, Nachlass Houston Stewart Chamberlain, Uexküll an Chamberlain vom 31.12.1924. Groß publizierte noch einige Bücher zu Richard Wagners Werk, einen religiös angehauchten Lebensratgeber, Einrichtungsempfehlungen und antisemitische Bemerkungen zur Emanzipation des Judentums, ehe sich seine Spur in der Geschichte verliert, Groß (1927); Groß (1928a); Groß (1928b); Groß (1932).

Jedoch verbündete sich Uexküll mit seinem baltendeutschen Standesgenossen Wolfgang v. Buddenbrock-Hettersdorf (1884–1964) und dessen Kollegen Adolf Remane (1898–1976), die beide in Kiel lehrten und bereitwillig Uexkülls Doktoranden promovierten (Hünemörder 1979, S. 115).

Weitere Förderung erhielt Uexküll von seinen beiden akademischen Weggefährten Otto Kestner und Albrecht Bethe, die ihn jeweils einmal in den folgenden Jahren erneut für den Nobelpreis vorschlugen[67]. In dem Zoologen Friedrich Brock (1898–1957) fand Uexküll noch 1925 einen neuen Assistenten. Brock war ursprünglich Schüler Hans Drieschs gewesen und von diesem nach der Promotion 1925 an Uexküll vermittelt worden[68]. Kennen gelernt hatten sich Uexküll und Brock im gleichen Jahr in Neapel. Da Brock kein Gehalt erhielt, war er auf Stipendien und eine Dozentur an der Hamburger Volkshochschule angewiesen[69]. Über die Verhältnisse in Uexkülls „Institut für Umweltforschung" im Winter 1925/26 schrieb Brock:

> „Täglich suchen wir den Horizont nach Sonnenstrahlen ab. Das Wasser im Aquarium beträgt 4 Grad und die Krebse verfallen in Kältestarre und pfeifen auf ihre Umwelt. Trostlos für „Biologen". Unter solchen Verhältnissen wäre es doch besser „Tierpsychologie" zu treiben, weil man vom „behavior" nichts sieht, sich aber ganz gut in den Zustand „einfühlen" kann. Nun, warten wir bis die Tierchen auftauen!"[70]

1926 erreichte Brock schließlich eine Bezahlung als wissenschaftlicher Hilfsarbeiter aus dem Dispositionsfond der Universität, bzw. aus Sondermitteln der Notgemeinschaft deutscher Wissenschaftler[71]. Brocks Arbeitszimmer bestand aus einem ehemaligen Kiosk, in dem er bis zu zehn Studenten beaufsichtigen musste. Er erhielt zusätzliche Stipendien, arbeitete 1926 in Neapel, ein Jahr später in der norwegischen zoologischen Station auf der Insel Herdla bei Bergen und 1930 an der Universität Utrecht[72]. Gemeinsam mit Uexküll stellte Brock anhand von Rasterfotos anschaulich dar, wie beispielsweise eine Fliege eine Straßenszene wahrnahm (Uexküll/Brock 1927, S. 169). Hierbei markierten die Autoren anhand des „Sehraumes" die massiven Unterschiede in den räumlichen Größen der Umwelten von Tieren und Menschen (Uexküll/Brock 1927, S. 173).

Ab 1927 konnte das Institut für Umweltforschung sogar wieder regulär auf der Liste der Universität Hamburg junge Forscher nach Neapel entsenden, da in diesem Jahr ein entsprechender Kontrakt zwischen Universität und Stazione Zoologica ratifiziert worden war[73]. Weitere Finanzierungsmöglichkeiten ergaben sich durch Uexkülls gute Kontakte zur KWG, deren Präsident Adolf v. Harnack er Ende 1926 um Unterstützung für den Ein-

---

[67] Nobelkommittén Karolinska Institutet, Schreiben Kestners an das Komitee vom 25.01.1926, Schreiben Bethes an das Komitee vom 15.01.1929.

[68] Staatsarchiv Hamburg, Dozentenakte IV 2184, Lebenslauf.

[69] ASZN, A 1926 B. Brock an Dohrn vom 14.12.1926.

[70] ASZN, A 1926 B. Brock an Dohrn vom 17.02.1926.

[71] Staatsarchiv Hamburg, Dozentenakte IV 2184.

[72] Staatsarchiv Hamburg, Dozentenakte IV 1247.

[73] Staatsarchiv Hamburg, Hochschulwesen II Wc 1/2.

kauf von Laborausstattungen ersuchte[74]. Dieser holte daraufhin eine Reihe von Gutachten ein, wobei deren Verfasser durch ihre Formulierungen anklingen ließen, wie wenig sie das Uexküllsche Oeuvre begriffen hatten. Der mittlerweile zum Direktor am KWI für Biologie avancierte Richard Goldschmidt stufte Uexküll als Behavioristen ein, der Limnologe August Thienemann verglich ebenso wie Franz Ruttner (1882–1961) von der Biologischen Station Lunz sein eigenes Lebenswerk mit dem UexExternal. Alle drei jedoch befürworteten die Förderung UexExternal aufgrund seiner ihnen scheinbar zusagenden Lehre, obwohl sie selbst das Institut in Hamburg noch gar nicht persönlich aufgesucht hatten (und offenbar UexExternal neuere Werke nicht kannten). Ab März 1927 erfolgte die Auszahlung der Förderung. Bis einschließlich 1931 erhielt er pro Jahr 1000 Mark seitens der KWG. Harnack erkundigte sich zudem bei dem ärztlichen Direktor des Krankenhauses Eppendorf Ludolf Brauer (1865–1951), wer die für eine Förderung UexExternal in Hamburg direkten Ansprechpartner seien[75]. Sein Ziel war es, gemeinsam mit dem Hamburger Bürgermeister Carl Petersen (1868–1933) das Uexküllsche Institut so auszustatten, dass es in den Rang eines KWI erhoben werden konnte[76]. Die KWG sponserte als erste Maßnahme UexExternal Institut in der Form, dass dort gegen Gebühr Arbeitstische eingerichtet wurden, an denen Stipendiaten der KWG forschen konnten. Erste Nutznießer dieser Einrichtung waren die angehenden Zoologen Gerhard Brecher (Brecher 1929), Harry R. Frank und Wolfgang Neu (Frank/Neu 1929), die 1928/29 an das Institut für Umweltforschung kamen[77]. Brechers Forschungen zum „Zeitmoment" innerhalb der Umweltlehre wurden seitens der Kritiker sogleich als Fortsetzung von Überlegungen Karl Ernst v. Baers identifiziert – sicherlich nicht zu Uexkülls Unwillen (Janzen 1935, S. 64). Der Schwerpunkt der Forschung lag auf dem Gebiet der Meerestiere. Hier arbeitete auch Friedrich Brock, der über das Leben des Einsiedlerkrebses in seiner Umwelt forschte (Brock 1926; Brock 1927). Zudem tat er sich in der Popularisierung der Uexküllschen Lehre hervor (Brock 1928) und ging als Austauschdozent nach Utrecht, während von dort der Schüler Frederick Buytendijks (1887–1974), Werner Fischel (1900–1977), nach Hamburg für ein Jahr zu Uexküll kam.

Uexküll selbst war nach den Anstrengungen der vergangenen Jahre zunächst auf Verbreiterung des theoretischen Fundaments seiner Umweltlehre bedacht und nicht auf eine Einmischung in übergeordnete Fachdiskussionen, die ihm gleichwohl nicht gleichgültig sein konnten. So räumte er ein, dass man über die Existenz einer „Planmäßigkeit" in der Natur durchaus diskutieren könne, doch das Vorhandensein eines „Bauplanes" in jedem Tier lasse sich nicht leugnen (Uexküll 1925b, S. 6). Infolgedessen müsse langfristig der Planbegriff

---

[74] Archiv zur Geschichte der MPG, I. Abt, Rep. 0001A, 2783/2, Schreiben UexExternal an Harnack vom 01.12.1926.

[75] Archiv zur Geschichte der MPG, 2783/3, Schreiben Ludwig Brauers an Harnack vom 19.03.1927.

[76] Archiv zur Geschichte der MPG, I. Abt, Rep. 0001A, 2783/3, Harnack an Petersen vom 23.03.1927, Dankschreiben UexExternal an Harnack vom 27.05.1927, vor allem aber 2783/4 Harnack an Petersen vom 18.04.1928.

[77] Archiv zur Geschichte der MPG, I. Abt, Rep. 0001A, 2783/5.

das Kausalitätsdenken ersetzen. Als Beispiel nannte er die Tatsache, dass ein Wal und eine Giraffe über die gleiche Zahl an Halswirbeln verfügten, was aber nicht einem kausalen Verwandtschaftsverhältnis beider Tiere geschuldet sei, sondern auf einen individuellen Plan für beide Tiere schließen lasse (Uexküll 1925b, S. 9). Gleichwohl betonte Uexküll, dass der Planmäßigkeitsgedanke frei von Weltanschauungen (Mechanismus/Vitalismus) zu sehen sei (Uexküll 1925b, S. 10). Zudem setzte sich Uexküll von früheren Meinungen ab, wonach der Analogieschluss per se unnütz sei. Vielmehr gelte es, ihn dosiert einzusetzen (Uexküll 1925a, S. 81). Schließlich betonte er gar, dass innerhalb eines jeden biologischen Systems ein Mechanismus vorliege, lediglich der überkausal wirkende Bauplan des Systems und das individuelle „Psychoid" der Tiere seien in ihrer Wirkungsweise übermaschinell zu begreifen (Uexküll 1927a, S. 427). Mittels des Terminus „Psychoid" – anstelle der „Tier-seele" – könne der Beobachter das Verhalten der Tiere zur Erkenntnis und Erweiterung ihrer Umwelt deuten (Uexküll 1927a, S. 430). Zugleich untermauerte Uexküll seine eigene Lehre um philosophische Aspekte, indem er sich aufgrund des Individualitätscharakters seiner Studien zum Erben Kants in der modernen Biologie stilisierte (Uexküll 1927d, S. 46). 1928 integrierte Uexküll die neueren Forschungen Drieschs zum Psychoid in die zweite Auflage seiner „Theoretischen Biologie" und sprach darüber hinaus von einem generel-len „Naturplan" um so den Terminus der darwinschen Evolution vermeiden zu können (Uexküll 1928b, S. 69, 121 f.). Außerdem ließ er durchblicken, dass die Gedanken Darwins auch durch die Einbringung neuer Forschungen auf der Grundlage der Vererbungsgesetze seiner Auffassung nach nicht an Stichhaltigkeit gewinnen würden (Uexküll 1928, S. 197). Rezensenten lobten die bessere Anschaulichkeit des Buches im Vergleich zu ersten Auflage (Hempelmann 1930). Der mit Uexküll wahrscheinlich seit den 1890er Jahren bekannte Physiologe Leon Asher (1865–1943) betrachtete Uexkülls Buch gar als Schlüssel zur Über-windung des Mechanismus-Vitalismus-Problems:

> „Die Sehnsucht vieler Biologen und Mediziner, ihre Arbeitsgebiete, welche sich erfahrungsge-mäß als autonome auffassen, reinlich von spiritualistischen und mechanistischen Spekulatio-nen geschieden zu wissen, erfährt zum ersten Mal in U. s. theoretischer Biologie eine Erfüllung fast ähnlicher Rangordnung, wie es für die Philosophie die Kantsche Kritik gewesen ist" (Asher 1928, S. 2070).

Uexküll empfing jedoch auch harsche Kritik aufgrund seines polemischen Tons und seiner Entfernung von der experimentellen Biologie hin zu einer „Metabiologie" (Ehrenberg 1929). Stets sah er das Dilemma seiner eigenen Studien, die irgendwo zwischen Physiologie und Psychologie verortet waren und von einer zu starken Anbindung an die Überlegungen von Hans Driesch nicht profitieren konnten. So bemühte er sich um die Heraushebung des Plancharakters aller Lebewesen und wahrte durch entsprechende Vorträge seinen guten Ruf als Physiologe und Erforscher der Muskelphysiologie (Neunzigste Versammlung 1928, S. 1862). Die Strategie eines modifizierten, auf den Plancharakter reduzierten Vitalismus verfocht er auch in seinen populärwissenschaftlichen Aufsätzen. In „Gott oder Gorilla" von 1926 vertrat er im Rahmen einer fiktiven Diskussion zwischen einer Dame, einem Natur-forscher, einem Geheimrat und einem Kaufmann ebenfalls das Konzept eines umfassenden

Weltenbauplanes, innerhalb dessen subjektive Naturerkenntnis möglich sei (Uexküll 1926a, S. 235). Anstelle des materialistischen „Gorillas" müsse die Orientierung an „Gott" treten, in dessen Welt sich jedes Individuum bewege (Uexküll 1926a, S. 242). In einem späteren Aufsatz führte Uexküll diese Gedanken fort und setzte die Überlegungen zu den individuellen Bauplänen in Bezug zu seinen Studien an Blindenhunden (Uexküll 1932c, Uexküll 1932d). Diese wurden durch den Schüler des Psychologen William Stern (1871–1938), Emmanuel Sarris an Uexkülls Institut, seit 1931 vorangetrieben. Dadurch war es Uexküll erstmals möglich, seine bislang an (niederen) Meerestieren durchgeführten Studien zum Funktionskreis auf ein höheres Säugetier (Hund) zu übertragen. Er verzichtete aber weiterhin darauf, seine Untersuchungen an Individuen und ihren speziellen Umwelten auf kollektive Lebensräume zu übertragen, wie es beispielsweise sein neovitalistischer Kollege Richard Woltereck bzw. sein darwinistischer Gegenspieler August Thienemann anhand von Wasserorganismen taten (Mildenberger 2009/10, S. 269).

Die Arbeit am Hamburger Institut für Umweltforschung wurde nicht nur seitens der evolutionstheoretischen Biologie äußerst kritisch beäugt, auch die aufstrebenden Vertreter der Gestaltpsychologie sahen in Uexküll eher eine lästige Konkurrenz als einen potentiellen Verbündeten. Die Gestaltpsychologen glaubten an die Existenz absoluter Objektivität, was Uexküll für Unsinn hielt (Bozzi 1999, S. 19). Es gab aber durchaus Berührungspunkte, so strebten Gestaltpsychologen ebenso wie Driesch und Uexküll nach einer ganzheitlichen, Soma und Psyche gleichermaßen umfassenden Naturforschung. Gerade auf diesem Gebiet räumte der Neuropsychologe Kurt Goldstein (1878–1965) Affinitäten zu Uexküll ein:

> „Die Unbrauchbarkeit der herrschenden, hauptsächlich elektrophysiologischen Anschauungen über die Vorgänge im Nervensystem zum Verständnis biologischen Geschehens hat UEXKÜLL veranlasst, solche Anschauungen ganz beiseite zu lassen und die Gesetzmäßigkeiten aus den Vorgängen, die das Verhalten des Tieres bietet, selbst abzuleiten. Es braucht nicht betont zu werden, wie viel tiefere Einblicke in das Leben der Organismen uns UEXKÜLL dadurch verschafft hat" (Goldstein 1932, S. 1147f.).

Gleichwohl bekundete er auch Interesse an Uexkülls Forschungen, die im „Drei-Männer-Manifest" zum Ausdruck gekommen sei (Goldstein 1932, S. 1148). Insgesamt schwebte ihm eine Zusammenführung dieses Teils des Uexküllschen Oeuvres mit den Arbeiten Pavlovs vor (Goldstein 1934, S. 63, 105, 119). Uexküll wäre so für die Gestaltpsychologen mit seinen Arbeiten, die ebenfalls in der Reflexphysiologie begründet waren, interessant geworden, aber seine vitalistischen Einstellungen dürften einer tiefergehenden Kooperation im Wege gestanden haben. Weitere positive Rezeption erfuhr Uexküll seitens der Assoziationspsychologie, da hier der holländische Forscher Frederick Jacobus Johannes Buytendijk (1889–1974) nach enttäuschenden Erfahrungen mit dem Behaviorismus in der „unscholastischen" Umweltlehre die richtige Methodik zur Verbindung von Gestaltlehre und Tierpsychologie gefunden zu haben glaubte (Buytendijk/Fischel 1931, S. 454; Buytendijk/Plessner 1925, S. 75). Es war der Beginn einer langjährigen Kooperation, die auch sein Sohn, Thure v. Uexküll (1908–2004), fortsetzte.

Mit Beginn der Weltwirtschaftskrise 1929/30 verschlechterten sich die Finanzierungsbedingungen für das Institut für Umweltforschung. Die seit den späten 1920er Jahren finanzschwache Zoo AG ging im Oktober 1931 endgültig in Konkurs, das Gebäude des Instituts für Umweltforschung wurde Staatsbesitz[78]. Bereits zuvor hatte der Senat der Universität Hamburg im Mai 1930 beschlossen, Uexküll trotz aller haushaltspolitischen Engpässe eine langfristige Perspektive in Form eines festgelegten jährlichen Etats von 18000 Mark zu gewähren[79]. Aufgrund der finanziellen Schwierigkeiten konnte auch die seit mehreren Jahren geplante Renovierung und Erweiterung der Aquarien in nur beschränktem Maße durchgeführt werden[80].

Im Gegensatz zum Umbruch nach 1918 enthielt sich Uexküll nun aber einer Betätigung in antisemitischen Bünden. So beteiligte er sich trotz gewisser Übereinstimmungen («organismisches Weltbild») und der Tatsache, dass mehrere seiner Bekannten (z. B. Ernst Almquist, Eva Chamberlain) durchaus mitwirkten, nicht an dem von Alfred Rosenberg initiierten „Kampfbund für deutsche Kultur". Vielmehr suchte Uexküll seine Zukunft allein im Erhalt seiner Forschungsstation. Hierzu hatte er sich selbstständig Anfang 1930 an die KWG gewandt, den bevorstehenden Konkurs der Zoo AG unverblümt angekündigt und um finanzielle Unterstützung ersucht, die ihm Harnack in bescheidenem Maße gewährte[81]. Ein weitergehendes finanzielles Engagement lehnte die KWG aber ab und spätestens zu diesem Zeitpunkt musste Uexküll seine Hoffnungen, in den Rang eines KWI-Direktors aufzusteigen, endgültig begraben. Gleichwohl resignierte Uexküll nicht, sondern tat sich weiter in der Verbreitung seiner Lehre hervor, indem er in verständlicher Sprache seine Umweltlehre im Kontext zeitgenössischer wissenschaftlicher Entwicklungen vorstellte (Uexküll 1930a). Er sah sich nun erstmals selbst als Schüler Drieschs im Streite für die Richtigkeit des Bauplanprinzips in der Natur (Uexküll 1930, S. 11, 24–31). Darauf aufbauend stellte er das komplexe, aber funktionierende tierliche Nervensystem und umweltbedingtes Instinktverhalten als Nachweis für die Existenz eines Bauplanes vor und untermauerte diesen Zirkelschluss mit Hinweisen auf die Existenz psychischer Faktoren im umweltbedingten Leben der Tiere (Uexküll 1930a, S. 75, 82).

Uexküll warb weiter interessierte Studierende an, neben Emmanuel Sarris u. a. den Cohnheim/Kestner-Schüler Heinz Otto Hermann Brüll (1907–1978), der Greifvögel untersuchen wollte, den Fischforscher Hans W. Lissmann (1909–1995) und dem an niederen Tieren arbeitenden Schweden Georg Kriszat. Insbesondere durch die Blindenhundausbildung nach der von Sarris vorgestellten Methode gelang es Uexküll die Aufmerksamkeit bedeutender Kollegen zu erregen. Die Erfassung der Hundeumwelten zeitigte Wirkung auf

---

[78] Staatsarchiv Hamburg, Hochschulwesen II Gc 7/1.

[79] Staatsarchiv Hamburg, Institut für Umweltforschung 501/II: 1930–1947, Sitzung des Senates vom 16.05.1930.

[80] Staatsarchiv Hamburg, Hochschulwesen II Gc 7/1, 13.03.1931, Treffen Uexkülls/Brocks mit der Bauleitung.

[81] Archiv zur Geschichte der MPG, I. Abt. Rep. 0001A, 2784/1. Uexküll an Harnack vom 30.01.1930, Harnack an Uexküll vom 03.02.1930, Uexküll an Harnack vom 18.02.1930.

Uexkülls Hamburger Kollegen Ernst Cassirer (1874–1945), den Uexküll als Deuter Kants
sehr schätzte (Heusden 2001, S. 277). Als Uexküll erklärte, bereits der Hund markiere sein
Revier – und nicht erst der Mensch, erwiderte Cassirer scherzhaft:

> „Rousseau hat gesagt, den ersten Menschen, der einen Zaun zog und sagte, das ist mein, hätte
> man erschlagen müssen. Nach dem Vortrag von Professor von Uexküll wissen wir, dass das
> nicht genügt hätte. Man hätte schon den ersten Hund erschlagen müssen" (Uexküll 1964,
> S. 168).

Jedoch wäre es übertrieben zu behaupten, Uexküll habe gemeinsam mit Stern und Cassirer eine zusammenhängende Lehre entwickelt, eher wäre anzunehmen, dass sie harmonisch
nebeneinander her forschten. Cassirer bezog sich in seinem berühmten „Essay on man"
1944 zwar ausdrücklich auf Uexküll und betonte den Wert seiner Lehre als schlüsselhaft für
das Verständnis menschlichen Handelns. Aber in der universitären Praxis war ihm Uexküll
offenbar nicht besonders bedeutsam erschienen, sonst hätte er in 1929/30 als Rektor der
Hamburger Universität vermutlich mehr (finanziell) gefördert. Ein weiterer Philosoph,
mit dem Uexküll in diesen Jahren diskutierte, war Walter Benjamin (1892–1940), der 1924
einige Monate in dem Haus der Uexkülls auf Capri verbrachte (Agamben 2002, S. 49).

Negative Bemerkungen zu den „Hundestudien" blieben ebenfalls nicht aus, Hitlers späterer Propagandaminister Joseph Goebbels (1897–1945) nannte sie „Kötereien eines deutschen Professors" (Uexküll 1964, S. 169). Mit den Nationalsozialisten stand sich Uexküll
denkbar schlecht. Er hatte sich offenbar im Laufe der 1920er Jahre immer weiter von dem
Bayreuther Kreis abgesetzt und parteipolitisches Engagement zugunsten Hitlers vermieden.
Unpassend zum Machtantritt der Nationalsozialisten wurde er auch noch in den Skandal
um ein Buch seines Bekannten Axel Munthe (1857–1949) hineingezogen, dessen Werke
von Gudrun v. Uexküll ins Deutsche übertragen wurden (Seiler 1992, S. 88–91, 104). Eventuell um gegenzusteuern, präsentierte Uexküll umgehend eine Neuauflage seines Buches
„Staatsbiologie" (Uexküll 1933f). Uexküll betonte, „neue Krankheiten" bedrohten heute den
Staat, weshalb das ursprüngliche Buch umgeschrieben werden musste (Uexküll 1933, Vorwort). Hierzu zählte insbesondere die „Überschwemmung" des Staates durch eine fremde
„Rasse" sowie die Gefahr durch die aus ihren Umwelten herausdrängende „Masse" (Uexküll
1933, S. 63, 73). Ansonsten widersprach er dem Gleichheitsgrundsatz, da dieser Ansatz die
biologische Realität konterkariere (Uexküll 1933, S. 39). Als umfassende Gefahren meinte
Uexküll die „Technisierung" des Staates erkennen zu müssen und forderte abschließend
eine den Staat von allem Unheil befreiende „Staatsmedizin", für die er einen Grundplan
aufgestellt zu haben glaubte (Uexküll 1933f, S. 77ff.). Für die Anbiederung an die neuen
Machthaber hatte Uexküll neben weltanschaulichen Hoffnungen ganz profane Gründe.
Er wünschte wohl finanzielle Förderungen für sein Institut, nachdem sein Vortrag bei der
KWG im Frühjahr 1933, als er diese um neue Forschungsgelder anging, nicht auf fruchtbaren Boden gefallen war[82]. Trotz einiger Unstimmigkeiten zeigte sich der Vorsitzende des
schon länger streng nationalsozialistisch ausgerichteten Biologenverbandes, Ernst Lehmann

---

[82] Uexküll-Center Tartu, Uexküll an Huth vom 23.03.1933.

(1888–1957) von den Neuformulierungen in der „Staatsbiologie" erfreut und empfahl das Buch als vorzügliche Einleitung in den biologischen Staatsaufbau (Lehmann 1934). Zurückhaltender erwies sich die „Reichsstelle zur Förderung des deutschen Schrifttums", die das Buch eigentlich nicht empfehlen wollte und nur auf Uexkülls Rolle als Herausgeber der Schriften Chamberlains verwies (Staatsbiologie 1934).

Alsbald jedoch wurde Uexküll mit den antisemitischen Neuerungen des Nationalsozialismus konfrontiert. So wandte sich im Herbst 1933 der Vorsitzende der Deutschen Adelsgenossenschaft (DAG) Fürst Adolf v. Bentheim (1889–1967) vertraulich an Uexküll und bat ihn, für sich und seine Ehefrau den „Ariernachweis" zu erbringen, da er ansonsten nicht Mitglied der DAG bleiben könne[83]. Uexküll erwiderte, dass ihm das Ansinnen grundsätzlich missfalle, da Adel nach baltischem Recht vorrangig keine Herkunfts- sondern Gesinnungsfrage sei. Er bedaure, wenn dies bei Fürst Bentheim nicht gegeben sei.

Innerhalb seines Freundeskreises war Uexküll nicht der Einzige, der wegen familiärer Beziehungen zu Juden kritisiert wurde. Auch Albrecht Bethe wurde wegen der jüdischen Herkunft seiner Ehefrau Anna (geb. Kuhn) attackiert, sein Sohn Hans Albrecht (1906–2005) verlor in diesem Zusammenhang seinen Arbeitsplatz an der Universität Tübingen. Uexküll ging gegenüber Fürst Bentheim in seinem Antwortschreiben zum Angriff über, indem er fragte, ob es dem Vorsitzenden der Deutschen Adelsgenossenschaft lieber gewesen sei, eine

> „arische Bardame aus dem „Blauen Engel" zu heiraten, deren Ahnen laut Kirchenbuch seit 1750 auf dem Dorfe bald als Kuhhirten, bald als Sauhirten, vielleicht auch als Nachtwächter sich für das Gemeinwesen betätigten"[84].

Uexküll grenzte sich nicht nur privat von zahlreichen seiner Standesgenossen ab, sondern versuchte möglicherweise auch noch über seine Bayreuther Kontakte (Eva Wagner) positiv auf Hitler einzuwirken, um die Entlassung jüdischer Kollegen aus dem Universitätsdienst zu verhindern. Dabei dachte er nicht nur an seinen langjährigen Freund Otto Cohnheim/ Kestner, sondern auch an den Philosophen Ernst Cassirer sowie weitere Kollegen der Universitäten Hamburg und Kiel (Uexküll 1964, S. 171 ff.). An der Hamburger Universität herrschte seit der „Machtergreifung" ein raues Klima. Die Universität war den Nationalsozialisten vor 1933 als Ausbildungsanstalt des „verjudeten Hamburgs" verhasst gewesen und so bemühte sich insbesondere der als Rektor amtierende Historiker Gustav Adolf Rein (1885–1979) um eine ganz besonders gründliche Neuorientierung (Heiber 1994, S. 142 ff.). Hierbei geriet auch Uexkülls Förderer Ludolph Brauer (1865–1951) unter Druck, da er sich in den Jahren zuvor gegen den Nationalsozialismus ausgesprochen hatte[85]. Wenigstens blieb der Uexküll freundlich gesonnene Buddenbrock auf seinem Lehrstuhl in Kiel und lehnte einen Ruf nach

---

[83] Bundesarchiv Koblenz, Nachlass Johannes Haller, N 1035/24, Uexküll an Haller vom 13.11.1933. Dieser Brief beinhaltet teils als Faksimile, teils als Zitate in Uexkülls Schreiben das ganze Problem.

[84] Ebenda.

[85] Staatsarchiv Hamburg, Hochschulwesen-Personalakten I 138/1, Protokoll der Universitätsverwaltung o. D. (Frühjahr 1933).

Leipzig – durch „Arisierung" frei geworden – ab[86]. Im folgenden Jahr wurde Uexküll zu einer Veranstaltung der „Akademie des deutschen Rechts" nach Weimar eingeladen. Sein Redebeitrag beinhaltete die Forderung nach einer Selbstständigkeit der Universitäten abseits politischer Alltagsziele und widersprach damit diametral den Durchdringungsstrategien der Nationalsozialisten (Uexküll 1964, S. 174; Uexküll 1934a). Infolgedessen konnte Uexküll seine Rede weder beenden, noch in einer angesehenen Zeitschrift publizieren.

Die Entlassung von zahlreichen Professoren implizierte für Uexküll jedoch nicht nur Nachteile. Dass große Teile der Gestaltpsychologen und Gesellschaftswissenschaftler das Land verlassen mussten bedeutete faktisch auch, dass unliebsame Konkurrenz verschwand. In der von Max Horkheimer (1895–1973) mit verantworteten „Zeitschrift für Sozialforschung" hatte ein Rezensent Uexkülls „Staatsbiologie" völlig verrissen und dem Autor „unendliche Primitivität" bescheinigt (Berger 1934)[87].

Doch dies musste Uexküll nicht stören, stattdessen schien sich das Jahr 1934 hervorragend zu entwickeln. Er feierte seinen 70. Geburtstag und konnte dies in erweiterten Räumlichkeiten tun. Nach dem Tod eines Kollegen, der im Haus neben dem Institut für Umweltforschung (Tiergartenstraße 1) gelebt hatte, waren Uexküll und Brock nämlich erfolgreich in der Überredung der Universitätsbehörden, die Räumlichkeiten anzumieten[88]. So verfügte das Institut schließlich über einen Vorlesungsraum für 50 Personen, einen Arbeitsraum für zehn Personen mit Meerwasserversorgung, einen weiteren Raum ohne Wasseranschluss, zwei Lagerräume, einem Laborraum für chemische Versuche, einer Dunkelkammer, sowie über Bibliothek, Werkstatt und je einem Zimmer für Uexküll, Brock und die Institutsdiener[89]. Zusätzlich hatte das Gebäude ausgebaute Keller, die mit den Aquariumsheizungen und –utensilien angefüllt waren. Für die Geburtstagsfeierlichkeiten gelang es Brock und dem Naturwissenschaftshistoriker und Holisten Adolf Meyer-Abich (1893–1971), die angesehene Zeitschrift „Sudhoffs Archiv" dafür zu gewinnen, dass die Redaktion eine Ausgabe des Journals allein Uexkülls Geburtstag widmete (Doppelheft 3/4 des Jahres 1934). Daraus lässt sich zugleich die Sonderrolle ablesen, die Uexküll mittlerweile innerhalb der biologischen Wissenschaftsgesellschaft zukam: Hans Driesch und der dem Vitalismus ebenfalls aufgeschlossen gegenüber stehende Embryologe Hans Spemann (1869–1941) waren mit Sonderheften des von Wilhelm Roux begründeten „Archivs für Entwicklungsmechanik" ebenso wie Uexküll zu seinem 60. Geburtstag mit einer ihm gewidmeten Ausgabe von „Pflügers Archiv" zu runden Geburtstagen gefeiert worden. Dass Uexküll nun zehn Jahre später als Vertreter des Vitalismus in einer Zeitschrift geehrt wurde, die den vollen Titel „Sudhoffs Archiv für Geschichte der Medizin und der Naturwissenschaften» führte, dürfte bei einigen Kontrahenten, die auf den Antimodernitätscharakter des Vitalismus pochten, zu klammheimlicher Belustigung geführt haben.

---

[86] Archiv zur Geschichte der MPG, III/47/262, Buddenbrock an Hartmann vom 20.10.1933.

[87] Gleichwohl hat auch die Frankfurter Schule Denkanstöße aus der uexküllschen Lehre aufgenommen, wie u. a. dem sozialwissenschaftlichen Klassiker Berger/Luckmann (1969) zu entnehmen ist.

[88] Staatsarchiv Hamburg, II Gc 7/1, Bericht Uexkülls an das Rektorat vom 19.03.1934.

[89] Ebenda, Abschlussbericht Uexkülls vom 09.10.1934.

Gleichwohl erhielt der Jubilar eine Vielzahl von Glückwünschen.

In dem als Festband gedachten Doppelheft der Zeitschrift „Sudhoffs Archiv" erschienen zwar eine Reihe von würdigenden Aufsätzen, aber auch Abhandlungen, die auf eine holistische Neuinterpretation der Uexküllschen Lehre abzielten, was von Friedrich Brock sogleich abgelehnt wurde. So schrieb Adolf Meyer-Abich, dass viele Begriffe in der heutigen Biologie ideologisch vorbelastet seien und deshalb einer Neuinterpretation bedürften (Meyer 1934b, S. 329). Zwar stimmte er Uexexternal Überlegungen (Bauplan) zu und lehnte den Mechanismus ab, empfahl aber eine Neudefinition der Wissenschaft im Sinne des Holismus (Meyer 1934b, S. 336, 350). Bereits früher hatte Meyer-Abich ähnliche Gedanken vorgetragen:

> „Holistisch denken heißt von komplexen Gegebenheiten als echten Ganzheiten seinen Ausgang nehmen und dann aus ihnen durch fortschreitende Simplifikation ihre letzten Momente und Elemente erschließen" (Meyer 1934a, S. 18).

Dies bedeutete den umgekehrten Weg, den Uexküll beschritt, der von individuellen Funktionskreisen aus größere Gegebenheiten (z. B. Ganzheiten) erschloss. Zudem eignete sich die Ganzheitsbetrachtung vorzüglich zu einer Instrumentalisierung im Sinne des nationalsozialistischen „Volkskörpers" (Bäumer 1989, S. 77). Friedrich Brock bemühte sich in seiner Entgegnung um Schadensbegrenzung und Abgrenzung gleichermaßen. Er stimmte Meyer-Abich in der Notwendigkeit einer Neudefinition von Begriffen und Wissenschaften zu (Brock 1934, S. 472). Auch das Ganzheitsprinzip erschien ihm als nützlich, allerdings nicht im Sinne Meyer-Abichs oder seines südafrikanischen Präzeptors Jan Christian Smuts (1870–1950), sondern im Sinne jener Ganzheitsbetrachtung, die Hans Driesch bereits in den 1920er Jahren festgelegt hatte (Driesch 1926). In Beharrung des Vitalismus könne die Biologie sinnvolle Kooperationen mit der Gestaltpsychologie eingehen (Brock 1934, S. 474). Als ideales Beispiel einer konstruktiven Ganzheitsbetrachtung führte Brock die Umweltlehre Uexexternal an. Driesch selbst äußerte sich ebenfalls ablehnend zum Holismus, der ihm zur Gewinnung neuer Erkenntnisse ungeeignet erschien (Driesch 1934, S. 214). Sollte Meyer-Abich gehofft haben, Uexküll im Überschwang der Feierlichkeiten zu seinem 70. Geburtstag zu einer Neuverankerung seiner Lehre veranlassen zu können, so war er damit gründlich gescheitert. Dies tat der weiteren Zusammenarbeit und der freundschaftlichen Verbundenheit beider Forscher in den folgenden Jahren aber – zumindest vordergründig – keinen Abbruch (Langthaler 1992, S. 24). Denn Meyer-Abich und Uexküll waren sich einig in dem Bestreben, ihrer individuellen Umwelt einen „Körper" geben zu wollen (Langthaler 1992, S. 31). Die weiteren Gratulationsautoren betonten vor allem den Einfluss der subjektiven Uexküllschen Lehre auf ihre eigenen Arbeiten, wodurch die interdisziplinäre Breitenwirkung Uexexternal besonders hervortrat (Kestner 1934; Janisch 1934; Almquist 1934). Auch in der Fachpresse wurde Uexexternal Geburtstag gebührend gefeiert und gelobt: „Der Verfasser des weitbekannten Buches „Umwelt und Innenwelt der Tiere" hat der biologischen Forschung bemerkenswerte neue Wege gewiesen" (Strobel 1934, S. 270). Außerdem erfuhr Uexküll eine persönliche Ehrung durch die Verleihung eines Ehrendoktortitels durch die Universität Kiel, zwei Jahre später erfolgte eine weitere Ehrenpromotion durch die Universität Utrecht.

Pünktlich zur (nachgeholten) Geburtstagsfeier im Institut am 20.10.1934 traf per Post die Kündigung der Institutsräume durch die Stadt Hamburg ein. Erneut musste Uexküll sich und seine Lehre neu verankern und mit den universitären bzw. staatlichen Behörden in Verhandlungen treten. Dabei konnte sich Uexküll auf den Fleiß seiner Schüler stützen. Unter diesen ragte neben Sarris vor allem Heinz Brüll, Georg Kriszat und Hans W. Lissmann heraus. An ihren Karrieren lässt sich nachvollziehen, wie gut (oder schlecht) Uexküll vernetzt war.

Brüll wies die größte Publikationstätigkeit von allen Beschäftigten am Institut für Umweltforschung auf und bearbeitete ein drittmittelfreundliches Gebiet. Seine Studien an Wanderfalken erregten das Interesse des Hermann Göring unterstehenden Reichsfalkenhofes in Braunschweig, der ihn auf Exkursion nach Island entsandte[90]. Brüll engagierte sich in der Falknerei und avancierte aufgrund seiner genauen Fachkenntnis rasch zum Mitglied des Ordensrates des Deutschen Falknerordens. Seine Forschungen fasste er in der Monumentalstudie „Das Leben deutscher Greifvögel" zusammen (Brüll 1937). Darin revolutionierte Brüll die Jagdvogelbeobachtung, indem er sich mittels der Uexküllschen Umweltlehre in die Situation der Tiere hineinversetzte und ihr Verhalten in der Landschaft zu erklären verstand. Infolgedessen könne die Dressur eines gefangenen Tieres erheblich leichter gestaltet werden, wenn man die Falknerei als „reines Umweltproblem" sehe (Brüll 1937, S. 121). Dadurch gelang es Brüll die Uexküllsche Lehre dauerhaft in der Praxis zu verankern, was zuvor nur Sarris mit der Blindenhundausbildung gelungen war. Konrad Lorenz missfielen zwar die vielen Fachausdrücke aus der Falknerei, doch billigte er dem Buch in seiner Rezension große Bedeutung zu (Lorenz 1937). Im gleichen Jahr wandte sich Lorenz an Uexküll mit der Frage, ob Heinz Brüll seine Studien nicht in Altenberg fortsetzen wolle[91]. Denn dort könne er mit dem ebenfalls anwesenden Niko Tinbergen (1907–1988) kooperieren. Dieses Gemeinschaftsprojekt kam jedoch nicht zustande, da Brüll im gleichen Jahr eine Förderung seitens der DFG zur Durchführung der Vogelbeobachtung im Forstamt Darß erhielt, 1939 folgte die Übernahme in den Staatsdienst[92]. Gleichwohl blieb er dem Institut für Umweltforschung weiterhin verbunden.

Neben Brüll leisteten noch der Meeresbiologe Wolfgang Neu und der 1932 aus Schweden an das Institut gekommene Georg Kriszat wichtige Arbeiten. Neu hatte zunächst seine Fischstudien während eines Forschungsaufenthaltes in Split (Neu 1932a) vertieft und arbeitete ab Herbst 1932 am Laboratorium für Bewuchsforschung der deutschen Schifffahrtsindustrie in Cuxhaven. Hier entwickelte er auf Basis der Umweltlehre ein biologisches Verfahren zur Vermeidung von Schiffsbewuchs (Neu 1932b; Neu 1933). Ab 1935 arbeitete Neu einige Jahre limnologisch in der Türkei (Neu 1936). Möglicherweise hatte der mit dem Aufbau eines zoologischen Lehrstuhls in Ankara befasste Zoologe Richard Woltereck diesen Auslandsaufenthalt ermöglicht. Anschließend arbeitete Neu wieder in Cuxhaven und

---

[90] Staatsarchiv Hamburg, IV 1662, Personalbogen Brüll.

[91] Uexküll-Center Tartu, Lorenz an Uexküll vom 23.03.1937.

[92] Staatsarchiv Hamburg, IV 1662, Personalbogen Brüll; Bundesarchiv Koblenz, R 73/10502, DFG-Akte Heinz Brüll.

blieb so dem Institut für Umweltforschung zumindest geographisch verbunden. Die steilste Karriere gelang zweifellos Georg Kriszat, der bereits nach zwei Jahren zum Mitautor eines Buches Jakob v. Uexkülls avancierte (Uexküll/Kriszat 1934), nachdem er zuvor nur eine Studie über Regenwürmer verfasst und an einer Arbeit über das Verhalten von Maulwürfen mitgewirkt hatte (Kriszat 1932; Kriszat/Ferrari 1933). Er blieb mindestens bis Kriegsende im Institut tätig, wahrscheinlich in engem Konkurrenzverhältnis zu Friedrich Brock. Einige Monate nach Uexkülls Geburtstag betrat zudem die erste Frau als Mitarbeiterin das Institut für Umweltforschung. Die vormalige Reichstagsabgeordnete der Deutschen Demokratischen Partei, Mitbegründerin des ersten deutschen Zonta-Clubs und leitende Mitarbeiterin des Paritätischen Wohlfahrtverbandes Emilie Kiep-Altenloh (1888–1966) suchte nach einer neuen Tätigkeit fern ab von Einflussnahmen durch die NSDAP (Hoffmann 2002, S. 161–164). Aufgrund ihres Organisationstalentes erhielt sie eine Verwaltungsfachstelle im Institut, studierte nebenher Zoologie und erlangte so eine Schlüsselstellung im Institut, wie sich insbesondere nach 1939 zeigen sollte.

Nicht so erfolgreich wie bei Brüll, Neu oder Kriszat verliefen die Karrieren weiterer junger Zoologen, die in den Jahren zuvor an das Institut gekommen waren. Der seit 1931 gemeinsam mit Uexküll an der Ausbildung von Blindenführhunden arbeitende Emanuel Sarris besann sich nach Auslaufen letzter Fördermöglichkeiten im Frühjahr 1937 seiner in Griechenland erworbenen Qualifikation als Lehrer, so dass er von der Universität Hamburg probeweise als Lektor für Neugriechisch übernommen wurde[93]. Aufgrund hoher Studentenzahlen erfolgte im April 1938 seine dauerhafte Anstellung[94]. Während Sarris immerhin in Deutschland verblieb, musste der von Uexküll sehr geschätzte Zoologe Hans W. Lissmann aus politischen Gründen das Land 1936 verlassen. Er hatte am Hamburger Institut für Umweltforschung ebenso wie an der zoologischen Station Neaepel und dem biologischen Forschungsinstitut der ungarischen Akademie der Wissenschaften am Balaton (Plattensee) gearbeitet (Lissmann 1932; Lissmann/Wolsky 1933). Lissmann fand in England rasch Anschluss an die Wissenschaftsgesellschaft bei James Gray (1891–1975) in Cambridge (Lissmann/Gray 1938), blieb aufgrund seiner Tätigkeit an der Stazione Zoologica aber noch bis Mitte 1938 seinen vormaligen deutschen Kollegen verbunden[95]. Ein weiterer Hoffnungsträger des Instituts für Umweltforschung war der Zoologe und Arzt Arthur Arndt (1894–1934), der in Rostock habilitiert hatte und über Rhizopoden forschte[96]. Uexküll setzte große Hoffnungen auf Arndt und seine Studien, die scheinbar eine planmäßig-zielgerichtete und selbstständige Entwicklung von Einzellern bewiesen. Doch bereits im Juli 1934 starb Arndt an den Folgen von Tuberkulose. Waren seine Schü-

---

[93] Staatsarchiv Hamburg, I 355 (Dienstakte Sarris); B V 101 UA 3, Schreiben des Hamburger Staatsamtes an REM vom 05.04.1937.

[94] Staatsarchiv Hamburg, B V 101 UA 3, Reichsstatthalter an REM vom 21.04.1938.

[95] ASZN, A 1938 L, Lissmann an Dohrn vom 28.06.1938.

[96] Universitätsarchiv Rostock, Ausschuss für die ärztliche Vorprüfung 1925/26, Akt Arthur Arndt; Decanatsakten der medizinischen Fakultät 1928/29, Promotionsakt Arthur Arndt; Akt des Privatdozenten Arthur Arndt (1930–1934).

ler „nur" mit der Ausformulierung der Umweltlehre an Beispielen der Tierwelt befasst, so bemühte sich Uexküll in engem Schulterschluss mit seinem Assistenten Friedrich Brock um eine klare Definition und mögliche Ausweitung der Lehre. Trotz seiner negativen Erfahrungen 1899 entschloss sich Uexküll zur Verbreiterung seiner Ansichten in der Biologie eine „subjektive Nomenklatur" vorzustellen (Uexküll/Brock 1935, S. 42). Jedoch verzichtete Uexküll dieses Mal auf die Einführung komplizierter neuer Begriffe und beschränkte sich unter Hinweis auf erfolgreiche Studien an Hunden auf die Vorstellung seiner Forschungsgrundsätze:

> „Wir gehen von dem Axiom aus, dass die Organismen autonome Subjekte und prinzipiell keine planmäßig gebauten Maschinen sind. Diese Subjekte prägen sich die ihnen gemäße Umwelt in ihrem subjektiven Raum und ihrer subjektiven Zeit nach bestimmten erforschbaren Plangesetzlichkeiten. Subjekt und Umwelt bilden daher ein Ganzes. Darin ist jeder Teil auf dieses Ganze ausgerichtet. Die biologische Gliederung der Subjekt-Umwelt-Monade erfolgt nach den Funktionskreisen, welche bestimmte Merk- und Wirkfunktionen mit bestimmten Bedeutungsträgern verknüpfen, die innerhalb eines Kreises mit der gleichen Tönung versehen werden. Die Aufgabe der subjektbezogenen Nomenklatur ist es, dieses organische Ganze begrifflich sinnvoll zu gliedern" (Uexküll/Brock1935, S. 45).

Uexküll glaubte, dass die Merkschemata zumeist angeboren seien und sah sich durch die Studien an Vögeln durch Lorenz bestätigt (Uexküll 1935a, S. 260). Zugleich jedoch distanzierte er sich erstmals von der Lehre Mendels bzw. den – im Dritten Reich – daraus gezogenen Schlüssen. Der Mensch sei kein reiner „Plangeber", sondern ebenso wie die Tiere ein „Planfolger", wobei es Aufgabe der Umweltforschung sei, „die Sinngebung im Buche der Natur" zu finden (Uexküll 1935, S. 270). Offenbar versuchte Uexküll hier zum einen sich vom rassenhygienisch instrumentalisierten Mendelismus zu emanzipieren und zum anderen seine Umweltlehre zum Zwecke ihrer weiteren Verbreitung auf den Menschen zu übertragen. Zugleich wollte er die Ganzheitslehre in seinem Sinne instrumentalisieren. Uexküll stand zu dieser Zeit jedoch fast alleine da, weil Hans Driesch entmachtet war und sich nur mehr für parapsychologischen Fragen interessierte und die übrigen Vitalisten (Karl Camillo Schneider, Richard Woltereck) sich entweder auf ihre eigenen Forschungen konzentrierten oder aber mit Argumenten auftraten, die um 1900 aktuell, nun aber gänzlich weltabgewandt wirkten.

Uexküll setzte sich von der amerikanischen Tierpsychologie (Behaviorismus) ab und suchte Ähnlichkeiten seiner Überlegungen mit denen deutscher Forscher (Otto Koehler, Wolfgang Köhler) zu erkennen, wobei er behauptete, dass deren Ausführungen aufgrund seiner Forschungen entstanden seien (Uexküll/Brock 1935, S. 38ff.). Jede Nomenklatur müsse umweltbezogen und individuell sein sowie auf dem Planmäßigkeitscharakter beruhen (Uexküll/Brock 1935, S. 41f.). Zwar stieß Uexküll mit seinen Überlegungen zur Erforschung von Individualitäten auf Interesse, aber alsbald meldeten sich Kritiker zu Wort (Auersperg/Weizsäcker 1935). Daraus entwickelte sich der letzte große Abwehrkampf Uexkülls gegen die Instrumentalisierung seiner Forschungen durch den ihm unwillkommenen Zeitgeist und seiner Profiteure.

4.6   Kritik und Abwehr (1935–1940/45)

Neben dem „friendly fire" Meyer-Abichs, der seinen Holismus als Nachfolgelehre des Vitalismus zu präsentieren versuchte, ist hier auf die weitere biologische Ganzheitsdebatte und
die Arbeiten des Zoologen Hermann Webers (1899–1956) zu verweisen, der die Uexküllsche
Lehre per se als ungenügend ablehnte und dabei im Vergleich zu anderen Forschern noch
wissenschaftlich argumentierte. Weber war – ähnlich wie Uexküll – erst nach experimentellen
Forschungen an der deutschen zoologischen Station in Neapel zum Kritiker der herrschenden biophilosophischen Ansichten geworden. Die biotheoretische Diskussion – noch immer
gefangen im Mechanismus/Vitalismus-Gespinst – gewann insgesamt durch die Begründung
einer eigenen „Zeitschrift für die gesamte Naturwissenschaft einschließlich Naturphilosophie
und Geschichte der Naturwissenschaft und Medizin" 1935 (unter Mitwirkung Uexkülls) noch
einmal an Umfang. Meyer-Abich wollte die Uexküllsche Lehre „öffnen" und in ein dynamisches System verwandeln (Meyer-Abich 1934c, S. 75). Endziel des Holismus sei es, aufgrund
seiner Ganzheitlichkeit „alles Wirkliche" zu erkennen und so die mechanistische Biologie
zu überflügeln (Meyer 1938, S. XXV). Hans Driesch lehnte als Sprecher der Vitalisten dieses
Ansinnen als Vergewaltigung des Vitalismus ab (Driesch 1935, S. 187).

Andere Biologen gedachten umgekehrt mittels der Ganzheitslehre den Vitalismus zugunsten eines modernisierten Mechanismus auszuheben und dabei die Umweltlehre für sich
instrumentalisieren zu können. Als mögliche Vorreiter der Ganzheitslehre bemühte man
gerne frühere Forscher, welche die Vitalisten für sich vereinnahmt hatten. Federführend
agierten hier der Biologe Friedrich Alverdes (1889–1952) und der Gestalttheoretiker Otto
Koehler (1889–1974). Letzterer instrumentalisierte Uexküll direkt für die Ganzheitslehre
und ging auf dessen Vitalismus gar nicht mehr ein; Alverdes vertrat die Auffassung, man
könne die Uexküllsche Umweltlehre auch kausal interpretieren (Koehler 1933, S. 173; Alverdes 1936a, S. 4). Zusätzliche Unterstützung erlangten mechanistische Ganzheitstheorien
durch Überlegungen, wonach „Theoretische Biologie" und „Theoretische Medizin" in Zeiten
der Ganzheitslehre verschmelzen könnten. In diesem Fall könne man die Anpassungen an
die „Umwelt" als Mutationen und Teilbestand der durch Erbgut maßgeblich bestimmten
individuellen „biologischen Ganzheit" definieren (Böker 1935, S. 313). Waren Alverdes und
Koehler wenigstens noch bemüht, ihre Überlegungen in einen bereits Jahrzehnte andauernden Diskurs zu integrieren, so versuchte der Zoologe Hermann Weber, Uexküll und andere
„Vitalisten" (Chamberlain, Driesch, Woltereck) sowie die Ganzheitsanhänger (Alverdes,
Meyer-Abich) für eine rein nationalsozialistische Biologie umzudeuten (Weber 1935, S. 96;
Potthast 1999, S. 280). Er sah sich dabei im Einklang mit der Lehre Adolf Hitlers:

> „Aus dem Geist der Frontgeneration emporgewachsen, wird sie geführt und getragen von dem
> Mann, der Tod und Leben, Rassen-, Volks- und Einzelschicksal in harten Jahren gegeneinan-
> der abzuwägen lernte, und nicht durch Zufall erscheint sie daher biologisch begründet und
> gerichtet" (Weber 1935, S. 96).

Weber war aber keinesfalls ein ausschließlich ideologisch argumentierender Zoologe,
sondern gilt bis heute als bedeutender wissenschaftlicher Vertreter des Faches.

Diese zweckgerichtete Biologie müsse Rassenhygiene sein und alle unterschiedlichen Disziplinen hätten sich diesem Primat unterzuordnen (Weber 1935, S. 105). Damit verband Weber geschickt Schlagworte von Neovitalismus und Darwinismus. Aufgrund seiner Vereinigungsstrategie lehnte er insbesondere die auf Selbstständigkeit bedachte Umweltforschung ab. Weil die Angriffe von außen auf die Umweltlehre immer heftiger wurden, sah sich Uexküll bereits 1936 gezwungen, Anstrengungen zu einer Neuverankerung seines Lebenswerkes zu unternehmen. Trotz gegenteiliger Ausführungen in den Jahrzehnten zuvor, entschloss er sich nun sich selbst nicht mehr allein als Biologie sondern als Tierpsychologe zu begreifen. Denn am 10. Januar 1936 wurde in Berlin die deutsche tierpsychologische Gesellschaft gegründet, in der Konrad Lorenz alsbald eine wichtige Stellung einnahm (Sax 2000, S. 124). Uexkülls Versuch, Lorenz als Nachfolger zu gewinnen, scheiterte im gleichen Jahr, da Lorenz über die ungesicherte Finanzierung und Zukunft des Instituts enttäuscht war und auch an einer bruchlosen Fortführung der Uexküllschen Lehre kein Interesse haben konnte (Föger/Taschwer 2001, S. 68f.). Uexküll hoffte, sich mit dem Anschluss an diese neue Forschungsrichtung der Umweltlehre einen dauerhaften Platz in der Wissenschaft sichern zu können. Sein Kontrahent Weber erklärte in Reaktion auf Uexkülls Schritt, der Eintritt in die tierpsychologische Gesellschaft sei lediglich ein Täuschungsmanöver. Er verlangte eine Modernisierung der Umweltlehre, da sie ansonsten ihre Relevanz einbüßen würde.

> „Der Umweltlehre droht das Schicksal, sich selbst in ein gläsernes Gefängnis einzusperren oder in einer abstrakten Schattenwelt von „Monaden ohne räumlich-weltliche Beziehungen" ihr Dasein zu beschließen" (Weber 1937, S. 103).

In seinem „Grundriß der Insektenkunde" fasste Weber den Umweltbegriff weit und dynamisch, sprach von „Mutationen", wodurch Insekten „umweltlabil" seien (Weber 1938, S. 109). Das Vorhandensein von individuellen Umwelten an sich bestritt Weber zu keiner Zeit, doch die Überlegungen Uexkülls erschienen ihm zu beschränkt (Weber 1939a, S. 251). Da er insbesondere im Rahmen der Arbeit der Biologie im nationalsozialistischen Staat die Übertragung jeder Lehrmeinung auf den Menschen für notwendig erachtete, hielt Weber die Umweltlehre für unzureichend. Er sah sich hier im Einklang mit dem Biologen und späteren Systemtheoretiker Ludwig v. Bertalanffy (1901–1972). Stattdessen favorisierte er eine ganzheitliche Umweltdefinition.

> „Unter der Umwelt einer menschlichen Person kann man, über das eigentlich biologische Gebiet hinausgehend, auch die im ganzen Komplex einer Umgebung enthaltene Gesamtheit der Bedingungen verstehen, die es einer Person gestatten, die ihr nach ihrer personen- (damit aber auch sippen- und rassen-) spezifischen Organisation innewohnenden Lebensgewohnheiten (Potenzen, Anlagen) für eine je nach Bedarf abzugrenzenden (Teil- z. B. Berufs-) Umgebung ein einem innere Befriedigung gewährenden Maß zu entfalten" (Weber 1939b, S. 642).

Insgesamt setzte sich Weber weit mehr und seriöser mit Uexkülls Lehre auseinander als viele andere Kritiker:

> „Nach v. Uexküll schafft sich jedes Tiersubjekt seine allein eigene Umwelt seiner Organisation gemäß aus Merkmalen und Wirkungsflächen. Daß die beiden letzteren im gleichen Objekt

zusammenfallen, daß sie durch das (den Merkmöglichkeiten des tierischen Organismus entzogene) Gegengefüge des Objekts ebenso zusammengehalten werden, wie die Merk- und Wirkorgane des Organismus selbst durch dessen Gefüge, das ist nach v.Uexküll der Ausdruck für die zwischen dem Organismus und seiner Umwelt bestehende Harmonie, für die „Planmäßigkeit", die als Axiom der Umweltlehre zugrunde gelegt wird. Das Tiersubjekt ist selbst Schöpfer seines subjektiven Raums und seiner subjektiven Zeit, Schöpfer seiner Umwelt, die nur ein Ausschnitt aus der Umgebung ist, in der wir das Tier sehen. Da die Umweltlehre nur Subjektwelten zulassen kann, ist natürlich die „Umgebung" eines Tieres für uns nicht die objektive Wirklichkeit, sondern lediglich als Teil der menschlichen Umwelt, als subjektive Erscheinung vorhanden – die objektive Welt wird radikal gestrichen." (Weber 1939c, S. 246)

Eine derart konzise und korrekte Zusammenfassung der Uexküllschen Umweltlehre ist von Uexküll selbst nie aufgeschrieben worden. Weber fährt dann fort (a. a. O.):

„Es soll hier von der berechtigten Frage ganz abgesehen werden, woher denn eigentlich die als einer der Grundpfeiler der Umweltlehre wichtige Gewißheit stammt, daß Merkmale und Wirkungsflächen am gleichen „Objekt" zusammenfallen, wenn dieses nicht als objektiv wirklich erkennbar ist. Wir halten es überhaupt für überflüssig, hier näher auf eine erkenntniskritische Betrachtung der Umweltlehre einzugehn und ihre Zusammenhänge mit anderen phänomenalistischen Deutungsversuchen aufzuzeigen, in der Überzeugung, *daß der Streit um die Wirklichkeit der Welt, die wir erleben, müßig ist* [Hervorhebung i. O.] wenigstens für den Biologen, dessen Forschungsergebnisse allein aus dieser Welt stammen[97] für sie bestimmt sind und in ihr Anwendung finden sollen. Daß die Uexküllsche Definition des Umweltbegriffs mir zu eng erscheint, habe ich schon mehrfach, zuletzt 1937 in einer eingehenden Besprechung der Umweltlehre auseinandergesetzt"

In seinem Aufsatz in „Die Naturwissenschaften" aus dem selben Jahr (Weber 1939b) hatte er vor allem mit Blick auf Uexküll kritisiert, dass man der Naturforschung einen schlechten Dienst erweise, wenn man Begriffe in sie einführe, die offen oder versteckt Prämissen oder Axiome enthielten, welche ein bestenfalls von der künftigen Forschung erreichbares Ziel vorwegnehmen (S. 633). Weber hat dann eine Umweltdefinition angeboten, die den von ihm gesetzten philosophischen Fundierungen und definitorischen Randbedingungen entsprach:

„Unter (Minimal-) Umwelt soll in der Biologie die im ganzen Komplex einer Umgebung enthaltene Gesamtheit der Bedingungen verstanden werden, die einem bestimmten Organismus gestatten, sich kraft seiner spezifischen Organisation zu halten, d. h. die ihm in einem zeitlich bestimmt abgegrenzten Abschnitt seiner Entwicklung innewohnenden Möglichkeiten der Lebensäußerungen (mit Einschluß der Fortpflanzung) in einem die individuelle Sterblichkeit wenigstens ausgleichenden Maß zu entfalten." (Weber 1939b; S. 636).

Die in diesem Aufsatz geäußerte Kritik an der mangelhafte Definitionsarbeit bzw. Abgrenzungsleistung Uexkülls traf die zentrale Schwachstelle von dessen Raisonnements. Weber füllte Seite um Seite mit präzisen und eleganten Begriffsdiskussionen und pragmatischen Definitionen, so dass ein unentschlossener Leser nur den Eindruck gewinnen konnte, dass sich Uexküll eher in spekulativen Sphären als in der harten, empirisch beweisbaren

---

[97] Fußnote an dieser Stelle im Original: „Von der Quantenbiologie sehen wir hier ab."

Wissenschaft befände. Damit hatte Uexküll in den Augen der Anhänger einer orthodoxen Naturwissenschaft faktisch eine entscheidende Abfuhr erhalten, denn Weber war nicht nur ein glänzender Zoologe, er war auch voll auf der Linie des Regimes.

Weber bewegte sich damit auf einer seit längerem anschwellenden Welle von Kritikern, die gleichwohl Teilaspekte der Uexküllschen Lehre nutzen wollten. Der Vorsitzende des deutschen Biologenverbandes Ernst Lehmann (1880–1957) erklärte gar, die Umweltlehre trüge nichts dazu bei, das Sinnesleben der Tiere zu ergründen (Lehmann 1938, S. 171). Uexkülls Gegner Max Hartmann (1876–1962), Direktor des KWI für Biologie, verkündete, Uexkülls Betonung der Planmäßigkeit des Weltgeschehens sei keine Neuheit für Darwinisten. Vielmehr sei die Ordnung des Kosmos Voraussetzung für exakte – mechanistisch-ganzheitliche – Naturwissenschaft (Hartmann 1937, S. 6). Die Kritiker instrumentalisierten einzelne Aspekte der Umweltlehre für sich, lehnten aber Uexkülls Oeuvre größtenteils ab.

Ähnlich Hermann Weber nimmt auch der Angewandte Entomologe Karl Friederichs (1878–1969) eine gewisse Sonderstellung unter den Kritikern Uexkülls ein. Friederichs war ein namhafter Theoretiker der deutschsprachigen Ökologie (1934, 1937), der sich kritisch, aber doch grundsätzlich positiv eingestellt, mit Uexkülls Gedanken auseinandersetzte (1943, 1950). Seine kritische Einstellung hinderte ihn beispielsweise nicht, sich am Festband für Uexküll 1934 zu beteiligen. Wie Weber beklagte auch Friederichs, dass der Umweltbegriff Uexkülls zu eng gefasst wäre. Für die praktischen Belange der Ökologie sei eine inhaltliche andere Belegung des Umweltbegriffs erforderlich:

> „Was wir hier „Umwelt" nennen, bezeichnet v. Uexküll als die „Wohnwelt", und er stellt ihr als „Umwelt" den Ausschnitt der Wohnwelt gegenüber vondem der Organismus etwas „merkt" (die „Merkwelt") und auf die er einwirkt (die „Wirkwelt"). Da der allgemeine Sprachgebrauch unter „Umwelt" die Wohnwelt versteht, so würde v. Uexkülls „Umwelt" besser „Eigenwelt" genannt. Die Epharmonie des Organismus mit dieser ist noch größer als mit der Wohnwelt." (Friederichs 1937,S. 24)[98]

Friederichs setzte sich auch mit der Kritik Webers auseinander und weist nach, dass Weber seinerseits wichtige Elemente in der von ihm modifizierten „Umwelt"-Bedeutung übersehen hatte (z. B. den Feind. Weber, 1943, S. 152). Er kommt dann schließlich zu der Einsicht, dass für eine Umwelt-Definition „für den praktischen Gebrauch ...genügt: Komplex der direkten und der konkret greifbaren indirekten Beziehungen zur Aussenwelt" (1943, S. 157). Uexkülls Umweltbegriff sei eigentlich ein vorwiegend psychologischer, an den Friederichs sogar den „etwas gewagten Versuch" knüpft, „zur leichteren Verständigung […] Uexkülls Umwelt neben „Eigenwelt" auch ganz unmissverständlich ‚das Uexküll' zu nennen, nach Analgie von Ohm und Volt." (S. 159/160). Sein Wohlwollen ist bei aller sachlich gut begründeten Kritik an der Praktikabilität der uexküllschen Vorstellung für den naturwissenschaftlich empirisch-experimentellen Forscher dennoch unübersehbar.

---

[98] Der Terminus Epharmonie, den Friederichs hier für alle Organismen verwendet, ist eigentlich für adaptive Fähigkeiten und Vorgänge bei Pflanzen reserviert, mit denen diese unter gleichen Umweltbedingungen konvergente äußere Merkmale und anatomische Strukturen ausbilden.

Zunächst weist er noch auf die menschliche Umwelt hin, in der „die Pflichten auch eine biologisch erste Rolle" spielten, und damit verbunden, auf die „enorme psychologische und geisteswissenschaftliche Bedeutung der Umwelt" hin

> „Dann hat „Eigenwelt" noch eine andere Bedeutung: die eigenste Welt eines Menschen ist die abstrakte oder nur erträumte Welt des ihm durchaus gemässen, wozu auch die Gefahr gehören kann, sonst im Gegensatz zu der bestehenden Welt der harten Tatsachen und Widrigkeiten, die nicht immer nur Aufgabe sind, sondern auch Entfaltung zwingend verhindern können. – Der Begriff Umwelt ist das der zentralen Bedeutung der „Rasse" entsprechende Gegenstück."
> (S. 160)

Das ist nun ein ausgesprochenes Plädoyer für ein individuell subjektives Verständnis von Umwelt und eine offene Zurückweisung des Anspruchs Webers, der eine Umdeutung der uexküllschen Intention in eine an die nationalsozialistische Ideologie angepasste, rassebezogene Auffassung propagierte (s. o.). Noch deutlicher wird Friederichs ein paar Zeilen später, wenn die Auffassungsunterschiede gegenüber Weber sich schon gar nicht mehr um Uexküll drehen, sondern nur den Aufhänger für die Auseinandersetzung um die Deutungshoheit über die Ökologie liefert:

> „Verschiedene Fragestellungen und Zusammenhänge bedürfen also verschiedener Umweltbegriffe, keiner kann für alle Fälle gelten. Es ist anzunehmen, dass auch Weber alle diese Umweltbegriffe kennt; darauf lässt das Wort „soll" in seiner Definition schließen; aber nur die Minimalwelt soll Umwelt heissen, alle anderen sollen etwas anderes sein. Die Ökologie s o l l ihren allgemein, wenn auch meist ohne dass man sich dabei Rechenschaft ablegt, gebrauchten Begriff aufgrund eines *sic volo, sic jubeo* von Weber aufgeben (denn Weber's Begriff soll ja für alle biologischen Disziplinen gelten), oder ihn anders benennen. Sie kann ihn aber weder entbehren noch hat sie ein anderes und besseres Wort dafür." (S. 160, Hervorhebungen im Orig. Friederichs, auch als Jurist ausgebildet, argumentiert hier eindeutig mit der juristischen Bedeutung von „soll", während Weber offenbar die umgangssprachliche Bedeutung verwendete.)

Weber war aber der dynamische Vertreter einer jungen Zoologengeneration, die sich deutlich von jener Generation unterschied, die Uexküll repräsentierte, wobei die heimlichen Standesunterschiede den mangelnden akademischen Status bei Uexküll nicht kompensierten. Weber bekleidete bereits seit 1930, mit 31 Jahren, ein Ordinariat für Zoologie und war ab 1941 bis Kriegsende an der neugegründeten Reichsuniversität Straßburg tätig, um dann seine Karriere nach einer kurzen Auszeit 1951 bis zu seinem Tode 1956 in Tübingen fortzusetzen. Er unterschied sich damit auch von Friederichs, der nach einem Studium der Jurisprudenz und anschließend der Zoologie als Angewandter Entomologe zunächst im Kolonialdienst, später im Staatsdienst tätig war. Friederichs war mit Unterbrechungen wegen Auslandsaufenthalten ab 1919 als Privatdozent in Rostock tätig. Nach dem kriegsbedingten Verlust des Rostocker Instituts wurde Friederichs 1940 mit dem Aufbau eines Entomologischen Seminars an der Reichsuniversität Posen beauftragt und 1942 auf die dortige Professur berufen, mit 62 Jahren. Es ist möglicherweise die alters- und zeitbedingte Erschöpfung oder eine weitblickende pragmatische Einstellung, dass die Zeit der großen Kämpfe um den metaphysischen Gehalt biologischer Zentralbegriffe vorbei sein würde, die Friederichs schließlich

1950 zu jener Umweltdefinition kommen lässt, deren lakonische Formulierung nicht mehr unterboten werden kann: Die Biologen nähmen mit dem Umweltbegriff Bezug „auf dasjenige außerhalb des Subjekts, was dieses irgendwie angeht." (Friederichs 1950, S. 70)[99]. Mit dieser gleichsam entideologisierten Nachkriegsformel war aber tatsächlich auch zugleich etwas von künftiger Entwicklung vorweggenommen. In der späteren Politisierung und seiner damit verbundenen Allgemeinverfügbarkeit ging jede differenzierende Bedeutung des Umweltbegriffs verloren. Die Öko-Bewegung knüpfte mit der Parole von der „Kompetenz der Betroffenheit" ohne jede substantielle Kenntnis nur noch einmal scheinbar an den ursprünglichen Sinngehalt von den subjektiven Bezügen an. In dieser „Ära der Ökologie" (Joachim Radkau) wurde der Umweltbegriff dann endgültig und restlos von den Intentionen seines wissenschaftlichen Urhebers getrennt und in eine allumfassende, die gesamte Welt einschließende Umwelt überführt (Hermanns 1991), zu einem der vielen Synonyme für „Natur", für die Totalität alles Existierenden. Alle Mühe, die darauf verwandt worden war, „Umgebung" von „Umwelt" zu unterscheiden, sollte damit vergeblich geworden sein.

Es gab eine Reihe von Forschern, die offensichtlich Anleihen bei Uexküll nahmen, ohne dies zu erwähnen. So sprachen der Frankfurter Pädiater Bernhard de Rudder (1894–1962) und der in Heidelberg lebende Psychiater Willy Hellpach (1877–1955) von festgelegten individuellen klimatischen Krankheitsfaktoren (Hellpach 1939; Rudder 1938). Der Rassenhygieniker Ernst Rodenwaldt (1878–1967) ging so weit, von „individueller Anpassung" durch wechselnde Umwelten zu sprechen wobei er diese Vorgänge in direkten Kontext zur „Rassenzucht" stellte (Rodenwaldt 1939). Als größter Instrumentalisator auf diesem Gebiet erwies sich aber der Husserl-Schüler und Gegner Hartmanns, Martin Heidegger (1889–1976). Er hatte, ähnlich wie Uexküll in der „Staatsbiologie", auf eine Revolutionierung des Staates durch die Universitäten gehofft und dürfte Uexküll 1934 in Weimar begegnet sein (Farias 1985, S. 257, 277). Während sein Lehrmeister Edmund Husserl (1859–1938) den „ontologischen Weg zur transzendentalen Subjektivität" gesucht hatte (Bernet u.a. 1996, S. 67) und den Begriff der „Lebenswelt" nutzte, glaubte Heidegger die Grenzen zwischen subjektiver Metaphysik und positiver Wissenschaft aufheben zu können. So orientierte er sich in der Deutung der tierlichen Lebensverhältnisse weitgehend an Uexküll, verweigerte aber dessen individueller Umweltlehre seine Zustimmung, da das Tier an sich „weltarm" sei (Heidegger 1982/83, S. 284). Obwohl Heidegger Uexkülls Arbeit an späterer Stelle lobte, da er ein Teilgebiet okkupiert habe, das die Darwinisten völlig vernachlässigt hätten (Heidegger 1982/83, S. 382), lehnte er die Umweltlehre in ihren Grundfesten ab. Denn Uexküll habe die „Weltarmut" des Tieres im Vergleich zur unbegrenzten Welt des Menschen nicht beachtet (Langthaler 1992, S. 140f.), ein Gedanke, der sich bis in die neuere Philosophie verfolgen lässt, beispielsweise bei Sloterdijk (Herrmann 2009, S. 19).

---

[99] Im selben Aufsatz wiederholt Friederichs seine Kritik am o. g. Definitionsangebot von Weber (Weber 1939b, S. 636), in dem er nachweist, dass die „(Minimal-)Umwelt" Webers bedeutende ökologische Grundphänomene nicht abdecken *kann*. So entfällt nach Friederichs in der Weberschen (Minimal-) Umwelt allein eine Erörterungsmöglichkeit von Verfolger, Parasiten und Krankheiten deshalb, weil sie keinesfalls für das Leben eines betrachteten Organismus *notwendig* sind.

Im Laufe der 1930er Jahre erfuhr Uexküll von verschiedener Seite auch Zuspruch. Dieser erfolgte aber nicht von den Direktoren führender Forschungsinstitute sondern seitens damals wenig einflussreicher Vertreter aus Nachbardisziplinen, z.B des Hamburger Nervenarztes Rudolf Bilz (1898–1976) (Bilz 1936, S. 25).

Von allen Kritikern unterschieden sich Ludwig v. Bertalanffy und Friedrich Alverdes. Beide werteten Uexkülls Umweltlehre als herausragend und hatten begriffen, dass die gesamte Debatte um Mechanismus oder Vitalismus längst überholt war (Alverdes 1936b, S. 122; Bertalanffy 1937, S. 154). Auch der Ganzheitsbetrachtung stand Bertalanffy eher kritisch gegenüber und gebrauchte lieber den Terminus der „organismischen Lehre" (Bertalanffy 1937, S. 183). Doch beide gedachten nicht, Uexküll als gleichrangig zu akzeptieren – er stand für sie außerhalb dessen, was Ludwik Fleck als „Denkkollektiv" charakterisiert hatte.

Die Angriffe auf die Umweltlehre erfolgten aus Sicht Uexkülls zur Unzeit, denn 1936 stand seine Pensionierung an, zugleich musste das Institut seine angestammten Räume endgültig verlassen und war so akut von der Schließung bedroht. Bereits seit 1934 suchte Uexküll nach Mitteln und Wegen, seinem langjährigen Schüler Friedrich Brock den Weg zur Habilitation und Nachfolge als Institutsdirektor zu ebnen. Brock selbst arbeitete seit 1931 an einer Studie über das Verhalten der fleischfressenden Schnecke *Buccinum undatum* und hoffte, diese als Habilitationsschrift einreichen zu können[100]. Die Vertreter der mathematisch-naturwissenschaftlichen, philosophischen und medizinischen Fakultät spielten auf Zeit und spekulierten darauf, das Institut für Umweltforschung diskret einsparen zu können. Doch Uexküll gelang es, Brock Ende 1935 in Kiel bei Buddenbrock habilitieren zu lassen (Brock 1936/37). Die Übertragung der Venia legendi nach Hamburg wurde seitens der zuständigen Universitätsbehörden blockiert, erst die Einschaltung des Reichsministers für Wissenschaft, Erziehung und Volksbildung, Bernhard Rust (1883–1945), ermöglichte Uexküll im Sommer 1938 die Installierung Brocks als Nachfolger.

Der Versuch Uexkülls, ihn für eine außerplanmäßige Professur in Vorschlag zu bringen, scheiterte zwar, die Abschaffung des Instituts stand aber (vorerst) nicht mehr zur Diskussion[101]. Trotz der z. T. entwürdigenden Verhandlungen um die Weiterführung des Instituts für Umweltforschung und der seitens seiner Gegner mit enormen Eifer geführten Versuche, die Umweltlehre für eigene Zwecke umzuinstrumentalisieren, konnte Uexküll 1939 mit einer gewissen Zufriedenheit auf sein Lebenswerk blicken. Es war ihm – im Gegensatz zu dem kalt gestellten Driesch und vielen früheren Weggefährten und Konkurrenten – gelungen, seine Lehre gegen zahlreiche Vorwürfe zu verteidigen. Durch den Verzicht auf eine Integration seiner Arbeiten in die Ganzheitslehre bzw. den Meyer-Abichschen Holismus entging Uexküll auch entsprechenden Gegenkampagnen unter Federführung des in Jena lehrenden Rassenhygienikers Karl Astel (1898–1945), der Holisten als „fünfte Kolonne"

---

[100] Staatsarchiv Hamburg, IV 2184, Mitteilung über eine fünfmonatige Forschung auf Helgoland 1931.

[101] Staatsarchiv Hamburg, IV 2184, Uexküll an Dekanat der mathematisch-naturwissenschaftlichen Fakultät vom 01.06.1939.

ultramontaner Pseudowissenschaftler abkanzelte (Harrington 2002, S. 348ff.). Uexküll schien darauf hoffen zu können, dass er, bzw. seine Schüler den international geführten biologischen Diskurs dauerhaft mitbestimmen konnten. Infolgedessen gedachte er, seinen Lebensabend in Frieden und allgemeiner Anerkennung zu verbringen. Im Sommer 1939 befand er sich mit einem Teil seiner Familie auf seiner Insel Pucht (Puhtu) in Estland, als er vom Ausbruch des zweiten Weltkrieges überrascht wurde. Ähnlich wie bereits 1914 gelang es ihm nur knapp, sich abzusetzen. Gemeinsam mit seiner Frau begab er sich nach Finnland zu seiner verheirateten Tochter und reiste von dort Mitte November 1939 weiter zu dem befreundeten Biologen Ernst Almquist (1852–1946) in Stockholm[102]. Erst gegen Ende 1939 kehrte der seit einigen Jahren mit einem chronischen Herzleiden kämpfende Uexküll wieder nach Hamburg zurück. Dies war jedoch nur ein Zwischenaufenthalt, bevor er mit seiner Ehefrau im Frühjahr 1940 mit Ziel Capri weiter reiste[103]. Wahrscheinlich hatte er bereits in Stockholm Vereinbarungen über einen Aufenthalt im Gästehaus der Villa Munthe in Anacapri (Foresteria di San Michele) getroffen, da Axel Munthe aus Gesundheitsgründen Italien gen Schweden hatte verlassen müssen (Munthe/Uexküll 1951, S. 15; Otte 2001, S. 70).

Als Vermächtnis für seine wenigen Anhänger und zahlreichen Gegner hinterließ Uexküll als Rechtfertigung des eigenen Handelns das Buch „Bedeutungslehre" (Uexküll 1940). Hier fasste er noch einmal seine Kernüberlegungen zusammen und gab Einblick in die Entwicklung seines Denkens. Durch die Ablehnung der Existenz einer „objektiven Welt" verließ er sich gänzlich auf subjektivistische Elemente der Philosophie Kants und ignorierte die Ansichten von Aristoteles, wodurch er sich von anderen Vitalisten unterschied (Pobojewskaja 1993a, S. 56). Zugleich benannte er Kants „Organisation des Gemüts" offenbar in „Bauplan" um (Pobojewskaja 1993a, S. 57). Akzeptierte man dessen Existenz, ließ sich die Umwelt eines Tieres als statische Ganzheit erfassen. So unterschied sich Uexküll auch entscheidend von Driesch und dessen Ganzheitskonzept, da dieser eine eher dynamische Teleologie in Abgrenzung zum alten, rein bewahrend angelegten Vitalismus verfochten hatte (Ungerer 1969, S. 249), während Uexküll auf statischen Zuständen beharrte, letztendlich sogar den Sinn einer Evolution leugnete.

Von Capri aus hielt Uexküll weiterhin Kontakt zu seinen Schülern[104], der zoologischen Station in Neapel[105] und empfing sogar 1943 den jungen Tiefseeforscher Hans Hass (1919–2013) (Hass 1948, S. VII). Hass eröffnete Uexküll Perspektiven auf einen neuen Beobachtungsstandpunkt, da er behauptete, sich als Taucher gänzlich in die Umwelt der Meerestiere versenken zu können (Hass 1948, S. 5). Soweit es die Urlaubsbeschränkungen des militärärztlichen Dienstes zuließen, besuchte auch Thure v. Uexküll seinen Vater (zuletzt im Juli

---

[102] Münchner Stadtbibliothek, Monacensia Literaturarchiv, Nachlass Otto v. Taube, Bestand Gudrun v. Uexküll, Nr. 2009/83, Gudrun v. Uexküll an Otto v. Taube vom 08.11.1939 aus Stockholm.

[103] Uexküll-Center Tartu, Korrespondenzen Jakob v. Uexküll mit Franz Huth, Uexküll an Huth vom 12.04.1940.

[104] ASZN, A 1942 K, Kriszat an Dohrn vom 19.05.1942.

[105] ASZN, A 1940 U, Visitenkarte Uexkülls mit Besuchsdatum (17.04.1940).

1943)[106] und verfasste gemeinsam mit ihm philosophische Aufsätze (Uexküll/Uexküll 1943; Uexküll/Uexküll 1944).

Uexkülls Gesundheitszustand hatte sich zu dieser Zeit, bedingt durch Mangel an Medikamenten und zusätzliche Aufregungen infolge der Eroberung Capris seitens alliierter Landungstruppen 1943 erheblich verschlechtert. Trotz aufopferungsvoller Pflege seiner Frau starb er in den Morgenstunden des 25. Juli 1944. Er wurde auf dem Friedhof der Insel inmitten der Gräber früherer Vertreter der ausländischen High-Society der Insel bestattet.

Die Abgeschnittenheit auf Capri brachte es mit sich, dass Uexküll die völlig Negierung seines Oeuvres bei gleichzeitiger Instrumentalisierung durch den Neuropathologen Viktor v. Weizsäcker (1886–1957) nicht mehr bemerkte (Weizsäcker 1941).

Dieser identifizierte Uexküll als Vertreter eines vorweltlichen barocken Vitalismus, zögerte aber nicht, bezüglich seiner Lehre eines überkausalen „Gestaltkreises" für sich die „Einführung des Subjektes in die Biologie" zu reklamieren (Weizsäcker 1941, S. V). Durch Störungen der menschlichen Umwelt würden Krankheiten hervorgerufen, die rein individuell und psychosomatisch angegangen werden müssten. Zudem behauptete Weizsäcker dreist, er habe die Übertragung der Umweltlehre auf den Menschen erstmals und erfolgreich vollzogen (Weizsäcker 1941, S. 88). Die einzig wirkliche Neuerung in Weizsäckers Überlegungen war die konstruktive Verbindung aus Ganzheitsbetrachtung von Geisteskrankheiten und der Konstitutionslehre von Ernst Kretschmer (Leibbrand 1953, S. 381f.). In späteren Publikationen sollte Weizsäcker die Affinitäten seines Oeuvres mit den Gedanken Uexkülls zwar einräumen, aber sein früheres Schweigen mit der materialistischen Weltanschauung zu entschuldigen versuchen, der Uexküll in seiner Zeit als Student in Dorpat angehangen hatte (Weizsäcker 1964, S. 11, 159). Zu der Zeit, als Weizsäcker seine psychosomatischen Überlegungen auf Basis der Umdeutung Uexküllscher Erkenntnisse ausbreitete, begann der in Graz lehrende Naturphilosoph Otto Julius Hartmann (1895–1989) damit, auf anthroposophischer Basis eine eigene Psychosomatik zu entwickeln. Hierbei stützte er sich auf die Studien Rudolf Steiners (1861–1925), eigene Vorarbeiten und die Uexküllsche Lehre. Hartmann billigte der Umweltlehre volle Gültigkeit im Bereich der tierlichen Lebenswelten zu, betonte aber, dass sie bezüglich des menschlichen Lebens nur höchst eingeschränkt Verwendung finden könne (Hartmann 1938, S. 47).

Die Schlüsselrolle in der vollständigen Ausschließung des teleologischen Denkens aus der Tierpsychologie kam schließlich Konrad Lorenz zu. Er suchte die enge Verbundenheit der Tierpsychologie mit der Psychologie des Menschen und bezog sich dabei auf die gestaltpsychologischen Überlegungen Otto Koehlers unter Ausklammerung Uexkülls (Lorenz 1939, S. 102; Lorenz 1943, S. 251). Außerdem verwarf er die Teleologie als veraltet (Lorenz 1942, S. 138) und interpretierte Kant in darwinistischer Hinsicht um (Lorenz 1941/42, S. 100). So konnte er den Umweltgedanken als integralen Bestandteil der Tierpsychologie bezeichnen, die Bedeutung der Umwelt aber auf die prägende Zeit des Jugendalters reduzie-

---

[106] Berlinische Galerie Künstler-Archive, Nachlass Fidus, FA 611 Gudrun v. Uexküll an Fidus vom 10.03.1943.

ren. Er begründete dies mit eigenen Studien an Graugänsen, die zwanglos sogleich auf den
Menschen zu übertragen seien (Lorenz 1940, S. 5). Dadurch gelang es Lorenz, den vormals
vitalistischen Umweltbegriff für die Begründung der nationalsozialistischen Rassenhygiene
umzuinterpretieren (Lorenz 1943, S. 309), bedeutungsbezogen durch den Terminus des Ins-
tinkts zu ersetzen (Lorenz 1940, S. 40), und sich zugleich – losgelöst von allen Verbindungen
zu früheren Forschern – als selbstständig arbeitender Psychologe im Bewusstsein seiner
Zeitgenossen zu verankern. Seine Ablehnung der Bedeutung jeder Form von Umwelten
ging aber nicht ganz so weit wie bei dem mit Uexküll vollständig verfeindeten Soziologen
Arnold Gehlen (1904–1976), der die Existenz von „Umwelten" beim Menschen an sich
bestritten hatte (Gehlen 1941, S. 44). Für Uex_külls langjährigen Gegner Hermann Weber
dürfte die allgemeine Zustimmung zu seinen Kritikpunkten, die z. B. Ludwig v. Bertalanffy
auch so kennzeichnete (Bertalanffy 1941, S. 337), sehr erfreulich gewesen sein. Bertalanffy
selbst favorisierte weiterhin eine Synthese aus Mechanismus und Vitalismus, wobei er die
Uexküllsche Umweltlehre im Bereich der niederen Tiere als gültig erachtete (Bertalanffy
1944, S. 35).

Letztendlich zielte diese Gesamtumwertung der Uexküllschen Gedanken auf die Beseitigung des Individuums/Subjektbegriffs in der Humanbiologie und die Zubilligung alleiniger
Bedeutung für den Terminus der Rasse.

Schließlich gelang Uexkülls Kritikern eine Neuformulierung des Umweltbegriffs für die
Deutung niederer (Wasser)Tiere:

> „Umwelt" fassen wir nicht in dem engen Sinne v. Uexkülls, sondern so, wie es unter den Öko-
> logen heute wohl allgemein üblich ist als die Gesamtheit der Lebensbedingungen für eine
> bestimmte Lebenseinheit an einer bestimmten Lebensstätte" (Thienemann 1941, S. 2).

Uexküll hätte diese „Umwelt" als „Umgebung" bezeichnet. Allerdings wurde dem individuell geprägten Umweltbegriff der übergeordnete Terminus „Biozönose" [d.i. Lebensge-
meinschaft] vorangestellt, der überindividuelle Bedeutung besaß:

> „Die Biozönose wird nicht durch die Umwelt ausschlaggebend beeinflusst, sondern wirkt ih-
> rerseits auf ihren Lebensraum ein, indem sie ihn verändert, umgestaltet. So erst wird der Raum
> im vollen Sinne zum „Lebensraum" (Thienemann 1941, S. 110).

Gegner als auch Befürworter der Uexküllschen Lehre bewegten sich aber auf den ausge-
tretenen Pfaden des Jahrzehnte alten Mechanismus-Vitalismus-Streites. Dessen Überlebt-
heit und die Neuausrichtung der gesamten Biologie vollzogen sich unbemerkt von den Repräsentanten der deutschen Forschung in den angelsächsischen Ländern. 1940/42 begann
eine neue Form des biologischen Diskurses in den USA, der später unter dem Begriff der
„evolutionären Synthese" bekannt werden sollte. Hierbei kam es zu einer Integration moderner genetischer Aspekte in den Darwinismus. Dadurch wurden die Widerstände gegen
die Selektionstheorie, wie sie vor allem in Deutschland geherrscht hatten, experimentell
beseitigt (Mayr 1990, S. 45, 47). Die Synthese beinhaltete neben der Integration gewisser
Teile der Teleonomie auch die Entwicklung einer Formenkreislehre (Hoßfeld 1998, S. 204–
208). Zusätzlich dürfte die Entschlüsselung der DNS 1953 dem Vitalismus den endgültigen

Todesstoß versetzt haben (Bertalanffy 1965, S. 293). Eventuell gelang die „Synthese" auch gerade deshalb, weil die Hauptgegner vom internationalen Diskurs für die ersten entscheidenden Jahre ausgeschlossen waren. Zwar hatten auch einzelne deutsche Biologen auf eine derartige Entwicklung hingearbeitet, aber sie wurden zu keiner Zeit in ihren Bestrebungen rezipiert oder unterstützt.

4.7 Das Verschwinden der Uexküllschen Umweltlehre aus der Wissenschaft (1945–1960)

Uexkülls Tod hätte nicht das Ende seines Instituts oder der Umweltlehre bedeuten müssen. Viele universitäre Institute waren durch Bombenangriffe in ihrer Gebäudesubstanz zerstört worden, ohne dass dies bedeutet hätte, dass ihr Lehrinhalt damit endete. Auch war Uexkülls Lehre frei vom Verdacht einer Beziehung zur nationalsozialistischen Rassenlehre. Doch es waren der Untergang des Neovitalismus, ausgelöst durch die Erfolge der „evolutionären Synthese" und die Unfähigkeit von Uexkülls Epigonen, sich mit den neuen Gegebenheiten zurechtzufinden, die dazu führten, dass 20 Jahre nach dem Tod des Begründers der Umweltlehre sein Institut formal zu existieren aufhörte, nachdem es bereits 1958 von der Universität Hamburg geschlossen worden war.

Nach Uexkülls Rückzug nach Capri hatte im Institut für Umweltforschung in der Gurlittstraße 27 zwar Friedrich Brock die Leitung übernommen, doch war er rasch zum Kriegsdienst eingezogen worden[107]. Seine Ernennung zum außerplanmäßigen Professor zog sich bis Ende 1943 hin und gelang Brock nur, weil die widerstrebende Hamburger Universität aus formalen Gründen ihm die Ernennung nicht verweigern konnte. Umweltforschung betrieb Brock aber seit 1940 nicht mehr. Die eigentliche Durchführung der Ausbildung von Blindenhunden oblag Emilie Kiep-Altenloh. Durch die Arbeit mit dem Propagandatier des Dritten Reiches schlechthin, dem Hund als Helfer des Menschen, hatten die Mitarbeiter des Instituts für Umweltforschung sich und ihre Arbeit auf ein ideologisch unangreifbares Gebiet manövriert (Wippermann 1997, S. 193). Finanziert wurde die Arbeit z. T. aus Mitteln der Deutschen Forschungsgemeinschaft (DFG), die Friedrich Brock 1939/40 eingeworben hatte[108]. Durch diese Tätigkeit erlangte das Institut kriegswichtigen Status und blieb erhalten. Zudem versuchte Kiep-Altenloh 1943 ebenfalls, die DFG für Förderungszahlungen zu gewinnen[109]. Nachdem dies misslungen war, kam es zu einem ersten Zerwürfnis zwischen Brock, Sarris und Kiep-Altenloh, da Brock seiner Vertreterin Unfähigkeit vorwarf und Sarris unterstellte, auf Grund von Anweisungen Uexkülls die Kooperation mit dem Reichs-

---

[107] Staatsarchiv Hamburg, Universität Hamburg. Institut für Umweltforschung Heft 501, Fortsetzung II 1930–1947, Schreiben des Rektors vom 30.03.1940.

[108] Bundesarchiv Koblenz, R 73/10482 DFG Akte Dr. Friedrich Brock.

[109] Staatsarchiv Hamburg, Familie Kiep-Altenloh, Akt 25, Schreiben Kiep-Altenlohs an die DFG vom 31.12.1940 und 17.01.1942.

arbeitsministerium zu sabotieren[110]. Bei dem Großangriff alliierter Bomber auf Hamburg (Operation Gomorrha) im Sommer 1943 wurde das Institutsgebäude total zerstört und alle Hunde bis auf einen Wurf getötet (Wolff/Kiep-Altenloh 1948, S. 4). Nach dem Tod Jakob v. Uexkülls versuchte Brock zusammen mit Brüll Kiep-Altenloh aus dem Institut zu verdrängen, scheiterte darin aber im März 1945. Während Brock und Brüll in Kriegsge-fangenschaft gerieten, gelang es Kiep-Altenloh das Institut für Umweltforschung praktisch allein zu führen. Da sie aber wusste, dass ihre Gegner sie bei nächster Gelegenheit vor die Tür setzen würden, gliederte sie die Blindenhundeausbildung aus dem universitären Institut aus und fasste sie in der von ihr am 31.10.1945 gegründeten „Jacob von Uexküll Stiftung zur Ausbildung von Blindenhunden" zusammen, die einerseits in den nach 1943 neu bezogenen Räumen des Instituts für Umweltforschung wirkte und deren Vorsitzender andererseits der Rektor der Universität Hamburg, Emil Wolff (1879–1952), wurde[111]. Wenig später trat Thure v. Uexküll dem Vorstand bei, während Friedrich Brock und Heinz Brüll erst später in die Stiftung aufgenommen wurden.

Brock und Brüll übernahmen im Sommer 1947 das ruinierte Institut für Umweltfor-schung und mussten sogleich erkennen, dass die Universität sich in ihrer ablehnenden Haltung nicht gewandelt hatte: Umweltforschung blieb Wahlfach, Brock erhielt keinen Lehrstuhl und große Fördergelder wurden nicht ausgeschüttet. Im Sommer 1952 verlor Brock sogar seine einzige Assistentenstelle und musste Heinz Brüll entlassen. Bereits zu seinen Lebzeiten beriet die Schulbehörde der Hansestadt Hamburg über die Umwandlung seiner Stelle nach seinem Ableben[112]. Auch bei der Drittmittelakquise agierte er nahezu ohne Erfolg und konnte nur 1952–1954 eine Sachbeihilfe von der DFG für eigene, von der Umweltforschung unabhängige Studien einwerben. Seine einzige größere Publikation nach 1945 ging trotz Werbungsversuchen bei Kollegen völlig unter (Brock 1956). An den Debatten um den korrekten Umweltbegriff, die im Laufe der 1950er Jahre in Psychologie, Philosophie, Biologie und Medizin tobten, beteiligte sich Brock partiell, agierte aber äußerst unglücklich.

Erstmals meldete er sich auf dem dritten deutschen Kongress für Philosophie 1950 in Bremen zu Wort (Plessner 1953). Ebenfalls 1950 versuchte er die Uexküllsche Umwelt-lehre als Basis einer modernen Verhaltensforschung zu präsentieren, unterlag aber in einer Debatte in der Zeitschrift „Studium Generale" (Bock 1950; Schelsky 1950; Stumpfl 1950; Ziegenfuß 1950).

Geschickt hatten alle Kritiker den Mensch ins Zentrum der Betrachtung gerückt und damit den entscheidenden Schwachpunkt der Uexküllschen Lehre (Vitalismus, statischer Charakter, fehlender Anschluss an die moderne Verhaltenslehre und Philosophie) nach außen gekehrt. Die Frage nach der menschlichen Welt beschäftigte Verhaltensforscher und

---

[110] Ebenda, Brock an Kiep-Altenloh vom 19.05.1943 und 19.06.1943.

[111] Staatsarchiv Hamburg, Universität Hamburg, Institut für Umweltforschung Heft 501/II, Kiep-Altenloh an das Rektorat vom 11.08.1945.

[112] Staatsarchiv Hamburg, Hochschulwesen, IV 122, Entschließung der Schulbehörde Hamburgs/Hochschulabteilung vom 16.01.1958.

Philosophen in den 1950er Jahren insgesamt (Merrell 2001, S. 230). Denn „im Schatten des Atompilzes" erschien der Mensch nicht mehr als Zentrum und unumschränkter Herrscher der Welt.

Der Umweltbegriff war nun gänzlich in die neodarwinistische Evolutionslehre eingepasst worden, d. h. die Umwelt wirkte nur noch auf individuelle Lebensformen innerhalb der dynamischen Evolution ein. Friedrich Brock sah sich außerstande auf diesen konzentrierten Angriff adäquat zu reagieren. Somit schied er bereits zu Beginn der 1950er Jahre faktisch aus den Debatten um die Sinnhaftigkeit der Umweltlehre aus. Er verpasste auch den Diskurs um die Neudefinition der „ökologischen Umwelt", die so als raumunabhängig festgelegt wurde (Peus 1954, S. 274). Brock hatte sich als unfähig erwiesen, die neueren Erkenntnisse aus dem angelsächsischen Raum (z. B. die evolutionäre Synthese) zu rezipieren, obwohl dies seine Kontrahenten sehr wohl getan hatten. Zudem hatte sich die Diskussion, wie Brock enttäuscht feststellen musste, aus der Zoologie heraus in die Psychologie verlagert[113]. Brock verzichtete auf eine Analyse der neueren, für die Umweltlehre relevanten Forschungen, sofern sie nicht direkt sein Fachgebiet betrafen. Außerdem waren die letzten herausragenden Vertreter der vitalistischen Fraktion (Hans Driesch, Richard Woltereck, Jakob v. Uexküll) verstorben. Während Gelehrte wie Konrad Lorenz oder Ludwig v. Bertalanffy die Offenheit und Dynamik von Umwelten beschworen, blieb Brock Anhänger einer statischen Umweltlehre, ja er schien sie geradezu vorzuleben.

Uexexternal Uexkülls Sohn Thure war erheblich offener für Veränderungen. Nach intensiver Auseinandersetzung mit den seit den 1930er Jahren geführten Diskursen über die „Leib-Seele-Problematik" und der Lehre seines Vaters, entwickelte der in München tätige Thure v. Uexküll im Laufe der 1950er Jahre ein eigenes Konzept psychosomatischer Medizin. Er verwendete hierfür den Funktionskreis, den sein Vater entwickelt hatte (Uexküll 1921, 45) und nutzte ihn als anschauliches Erklärungsmodell für die Idee einer psychophysischen Korrelation (Uexküll 1963, 7f.). So gedachte er die Überlegungen der Ganzheits- und Leib/Seele-Theoretiker in die Praxis umzusetzen. Frühzeitig hatte er aber betont, dass das Oeuvre seines Vaters über den Neovitalismus hinausgehe (Grassi/Uexküll 1950, S. 138–140).

In den Diskussionen um die Richtigkeit der Umweltlehre 1949/50 räumte Thure v. Uexküll zwar ein, dass Biologen, Physiker und Ärzte unterschiedliche Ansichten über den Funktionsbegriff hätten, mahnte aber gleichwohl synergetische Ansätze an (Uexküll 1949). Als Beispiel führte er immer wieder die „funktionelle Medizin" seines Lehrers Gustav v. Bergmann (1878–1955) an (Uexküll 1947). Bergmann war ebenso wie Uexküll sr. ein Vertreter des baltendeutschen Adels gewesen und hatte sich bemüht, Momente der Umweltlehre in die klinische Medizin zu überführen. In den Augen Thure v. Uexexternal Uexkülls fand die „funktionelle Medizin" seines Lehrers Bergmann ihre Fortsetzung in der biologische und psychologische Einflüsse integrierenden Psychosomatik (Uexküll/Wesiack 1990, S. 507). Ferner interpretierte er die Einvernahme von Überlegungen seines Vaters durch andere Forscher für sich,

---

[113] Universitäts- und Landesbibliothek Bonn, Abt. Handschriften und Rara, NL Erich Rothacker, Rothacker I (Br-Bz), Brock an Rothacker vom 07.06.1950.

so im Falle des „Gestaltkreises" Viktor v. Weizsäckers (Uexküll 1952, S. 441). In seiner Habilitationsschrift verband er die Überlegungen seines Vaters mit denen von Konrad Lorenz (Uexküll 1949, S. 133). Außerdem akzeptierte Thure v. Uexküll in Weiterentwicklung der Überlegungen seines Vaters zwar die Gültigkeit von Kausalmechanismen, betonte aber weiterhin die Existenz nicht kausal erklärbarer Zusammenhänge im Bereich der menschlichen Gesundheit (Uexküll 1949, S. 142). Diese erschien ihm als „harmonische Koordination von Innenwelt und Umwelt", wobei Thure v. Uexküll den Umweltbegriff seines Vaters erheblich erweiterte und so entsprechender Kritik zuvorkam (Uexküll 1949, S. 152). So integrierten er und seine Mitarbeiter auch die Theorien Pavlovs in ihre neue Psychosomatik und bekämpften gleichzeitig das „Maschinenparadigma" in der Medizin (Schoenecke 1986, S. 85). Insbesondere verzichtete Thure v. Uexküll auf die Beharrung des Konnex von Umweltlehre und Neovitalismus und integrierte Überlegungen aus Konkurrenzdisziplinen seines Vaters (z. B. Gestaltlehre, Kybernetik). Fortsetzung fanden diese Überlegungen in der Feststellung Thures von 1963, wonach sich der Umweltbegriff seines Vaters grundsätzlich nicht auf den Menschen übertragen lasse (Uexküll 1963, S. 228). Gleichwohl betonte er stets, dass die Einhaltung der von seinem Vater aufgestellten Prinzipien Nachwuchswissenschaftlern als wichtige Hilfe dienen könnte (Uexküll 1980, S. 14).

Friedrich Brock aber ging auf keinen dieser Diskurse auch nur annähernd ein. Heinz Brüll hatte sich nach seinem Ausscheiden aus dem Universitätsdienst einen Namen als Raubvogelexperte erarbeitet und hielt bis zu seinem Tod an der Richtigkeit der Uexküllschen Umweltlehre fest. Georg Kriszat arbeitete noch einige Zeit an der Hamburger Schiffbauversuchsanstalt und gab im Rowohlt-Verlag ein Buch Uexkülls neu heraus (Uexküll/Kriszat 1956). Zudem korrespondierte er mit weiteren Schülern Uexkülls, z. B. Hans W. Lissmann. Doch neue Impulse in der Umweltforschung oder eine Modernisierung der Ansichten ihres Lehrmeisters gelangen keinem von ihnen. Das Ende jeglicher organisierter „Umweltforschung" kam mit dem Tode von Uexkülls überfordertem Epigonen Friedrich Brock am 27.10.1958, der einem Herzleiden erlag. In Nachrufen wurde er als Fortführer der Arbeiten seines Lehrmeisters gerühmt[114]. Er hatte in den 1950er Jahren zwar noch einige Schüler herangezogen, aber keinen Nachfolger aufgebaut. Das Institut blieb formal als vakante Forschungsstelle erhalten, wurde aber nicht neu besetzt sondern dem Zoologischen Institut und Museum angegliedert. Stattdessen wurde die Stelle Brocks 1964 in eine Professur für Verhaltensforschung am psychologischen Institut der Universität Hamburg umgewidmet (Hünemörder 1979, S. 115).

Bis Mitte der 1960er Jahre schließlich war der Name „Uexküll" aus der naturwissenschaftlichen Diskussion mit Ausnahme der Medizin nahezu vollständig verdrängt. Auffallend ist, dass nur mehr Autoren, die Uexküll bereits vor 1945 wahrgenommen hatten, ihn jetzt noch rezipierten. Ein „Überspringen des Funkens" der Umweltlehre auf die nächste Generation war nicht erfolgt. Es schien, als ob Jakob v. Uexküll – mit Ausnahme der psychosomatischen Medizin – auf immer der Vergessenheit anheim fallen sollte.

---

[114] Siehe Presseausschnitte in Staatsarchiv Hamburg, A 752, Brock, Prof. Dr. Friedrich.

4.8   Bedingungen der Wiederentdeckung

Jakob v. Uexküll war jetzt nicht nur biologisch sondern auch wissenschaftlich tot. In der Wissenschaftskultur bedeutet dies keineswegs das vollständige Ende, vielmehr ist ein solches Verschwinden, das Abreißen von Diskursen und das Verschwinden der Disputanten für eine Wiederentdeckung erheblich hilfreicher, als wenn innerhalb der scientific community noch Akteure früherer Debatten am Werke sind und so ungewollt alte, eigentlich schon vernarbte Wunden, wieder aufreißen. Der Wissenschaftstheoretiker Ludwik Fleck (1896–1961) beispielsweise wurde als Analytiker moderner Laborkulturen erst dann bemerkt, als alle Medikamente und Arbeitsweisen, auf die er sich bezog, aus dem Verkehr gezogen, seine Antagonisten wie auch Bekannte tot waren und er selbst vollkommen vergessen war. So ähnlich lief die Entwicklung im Falle Uexkülls ab. Seine Schüler waren verstorben oder außerhalb der scientific community oder in völlig anderen Bereichen der akademischen Welt tätig. Sein eigener Sohn hatte die Lehre des Vaters ihres Fundaments beraubt und in eine neue Disziplin überführt. Die vormaligen Gegenspieler hatten gesicherte akademische Positionen erreicht und waren unangreifbar geworden. Und ebenso wie bei Fleck fand die Wiederentdeckung in einem Kulturkreis statt, den weder Fleck noch Uexküll als Empfänger ihrer Botschaften adressiert hatten: in der US-amerikanischen akademischen Welt, in einer völlig anderen Disziplin. Fleck war vom Physiker Thomas S. Kuhn (1922–1996) rezipiert worden, der Biologe Jakob v. Uexküll erfuhr Beachtung durch den Sprachwissenschaftler Thomas A. Sebeok (1920–2001). Er wusste nichts von den Debatten in Deutschland, der Häretik des Neovitalismus oder auch nur den verschiedenen Stationen in Uexkülls Lebenswerk, den Brüchen, den Kontinuitäten. Sebeok arbeitete als Leiter des Forschungszentrums für Sprache und Semiotische Forschung an der University of Bloomington/Indiana an einer Methodik, um die aufblühende, jedoch auf die Sprach- und Geisteswissenschaften beschränkte Semiotik auf die Biowissenschaften und ihre Geschichte zu übertragen. Hierzu strebte er seit 1969 den Aufbau von „zoosemiotics" als eigener Untergliederung der Semiotik an (Kull 2001a, S. 11). Um so dringender erschien ihm eine philosophische Untermauerung seiner Methodik. Zur selben Zeit begannen Kybernetiker den Funktionskreis für sich zu entdecken, obwohl Kybernetik sicher die konträrste philosophische Strömung aus Sicht der Neovitalisten gewesen wäre (Mildenberger 2007, S. 219f.). 1972 stieß Sebeok im Rahmen seiner Studien über semiotisch agierende Tierpsychologen auf Jakob v. Uexküll und seine Theorien (Sebeok 1979, S. 42; Sebeok 2001, S. 71). Sebeok hoffte nun, die von ihm bislang als zu generalisierend empfundene Bertalanffysche Systemtheorie neu interpretieren zu können (Sebeok 1979, S. 67). Er glaubte in Uexkülls letztem größerem Buch „Bedeutungslehre" eine semiotische Anleitung zur Erfassung biologischer Prozesse entdeckt zu haben (Sebeok 1972, S. 61). Dank der Interpretation Uexkülls durch Sebeok konnte der Aufbau der „zoosemiotics", später „biosemiotics" auf gesicherter methodischer Grundlage erfolgen. Uexküll wurde in diesem Zusammenhang in eine Reihe mit Hippokrates und anderen historischen Persönlichkeiten gestellt. Den Semiotikern gefiel insbesondere Uexkülls Zusammenführung von anschaulicher biologischer Forschung und „kantianischer" Philosophie (Stjernfeldt 2001,

S. 92f.). Hier kam dem „Funktionskreis" als allseits einsetzbare Methodik und Erklärung besondere Bedeutung zu (Bains 2001, S. 140; Luure 2001).

Dies koinzidierte mit Überlegungen Thure v. Uexkülls, der ebenfalls in den 1970er Jahren zu dem Schluss kam, dass die Lehre seines Vaters auch außerhalb der Medizin Anwendung finden könnte. Bis zu diesem Zeitpunkt hatte sich Thure v. Uexküll in der deutschen Wissenschaftsgesellschaft – insbesondere im Rahmen seines Reformprojektes in Ulm – einen Namen gemacht und die „Psychosomatische Medizin" im Denken einer ganzen Ärztegeneration verankert. Sein Konzept fand auch Eingang in Überlegungen von Psychologen, die in den 1970er Jahren den psychologischen Umweltbegriff neu andachten (Pawlik/Stapf 1992, S. 12; Schneider 1992, S. 192). Zahlreiche Schüler und Anhänger Th v. Uexkülls besetzten – mit tätiger Unterstützung ihres Lehrmeisters – im Laufe der 1970er und 1980er Jahre medizinische Lehrstühle im deutschsprachigen Raum, z. B. Karl Heinz Voigt in Marburg, Wolfgang Wesiack in Innsbruck, Franz Seitelberger in Wien, Reinhard Lohmann in Köln oder Peter Joraschky in Erlangen. Aufmerksam verfolgte Thure v. Uexküll die internationalen Debatten und dürfte so auf Sebeok aufmerksam geworden sein. 1977 nahm er am Kongress der „International Association of Semiotic Studies" in Wien teil und trat mit Sebeok direkt in Kontakt (Otte 2001, S. 160f.). Dieser hielt auf dem Kongress einen Vortrag über Jakob v. Uexküll. Damit begann eine jahrzehntelange enge Kooperation zwischen Thure v. Uexküll und den biologisch interessierten Semiotikern (Uexküll 1979a; Uexküll 1981). So verklärte Thure v. Uexküll die Lehre seines Vaters zur ideologiefreien Methodik der Verdeutlichung von Wirkungen naturwissenschaftlicher Forschungsergebnisse (Uexküll 1979b, S. 41). Auch stellte Thure v. Uexküll die These in den Raum, dass die Umweltlehre eventuell doch auf menschliche Lebenswelten übertragbar sei (Uexküll 1970, S. XLVIII). Außerdem forderte er eine Neubetrachtung der Biologie, die als Wissenschaft vom „subjektiven Leben" und nicht als reine Naturwissenschaft angesehen werden sollte (Uexküll 1980, S. 51). Infolgedessen könne man Jakob v. Uexküll zwanglos als idealen Biologen begreifen, dessen Oeuvre von späteren Forschern entweder gar nicht verstanden (beispielsweise Konrad Lorenz) oder fehlinterpretiert worden sei (Uexküll 1980, S. 25, 63). Eventuell könne man – so Uexküll jr. – gar Semiotik und Psychosomatik zusammenführen (Uexküll 1990, S. 315ff.). Ergebnis der langjährigen Bemühungen zur Wiederbelebung der Umweltlehre war, dass Jakob v. Uexküll als Vorreiter der Semiotik in den 1980er Jahren allgemein und insbesondere der Biosemiotik weltweit späte Anerkennung widerfuhr (Jämsä 2001, S. 483).

Auch in Uexkülls Heimat besannen sich Forscher auf die Arbeiten ihres verstorbenen Landsmannes. Im Rahmen der Rezeption von Konrad Lorenz in der UdSSR, die Ende der 1960er Jahre begann, wurde auch Uexküll dem Vergessen entrissen. Nach langer Recherche und Organisation wurde 1977 ein Kongress über Uexküll und seine Ansätze in der „Theoretischen Biologie" in Uexkülls altem Sommerhaus in Puhtu, das nun als zoologische Station der estnischen Akademie der Wissenschaften diente, abgehalten (Kull 2001a, S. 13f.).

Erheblich langsamer verlief die Erforschung Uexkülls durch Historiker. Hierzu ist zu bemerken, dass Geschichte der Naturwissenschaften und Wissenschaftsgeschichte lange Zeit nicht zu den Kerndisziplinen der Historikerzunft zählten. Die geringe Rezeption änderte sich nur langsam unter dem Eindruck der semiotischen Wiedererweckung Uexkülls im Wissenschaftsdiskurs. Dies hängt direkt mit der Dominanz von Forschern zusammen, die den zu erforschenden Disziplinen (Biologie, Zoologie, Medizin) selbst angehören und das Weltbild ihrer Lehrer häufig in die historische Darstellung überführen. Zu Beginn des 21. Jahrhunderts wurden erstmals die Forschungserkenntnisse aus allen Teilbereichen der Wissenschaften zu Uexküll in einem Band zusammengetragen, so dass sich seine ganze Bedeutung für die verschiedenen wissenschaftlichen Disziplinen abschätzen ließ (Kull 2001b). Eine Einordnung seiner Arbeit in den Gesamtzusammenhang der Ganzheitsforschung besorgte Anne Harrington (Harrington 2002). Weitere zahlreiche Einzelaspekte seines Lebens und Wirkens wurden untersucht, Uexkülls fragwürdigen Einlassungen zur „Staatsbiologie" erfuhren Beachtung (Sax/Klopfer 2001). Es folgten eine Reihe von Kongressen und auch der unerwartete Tod Thomas Sebeoks im Dezember 2001 vermochte die Weiterführung der Biosemiotics nicht zu behindern.

In den geistes- und kulturwissenschaftlichen Fächern erlebt Uexküll in den letzten Jahren eine Renaissance. Begünstigt wird dies neben dem zunehmenden Interesse von Historikern und Sozialwissenschaflern vor allem durch die Hinwendung zur „Umwelt" als Forschungsgebiet interdisziplinärer akademischer Einrichtungen. Aber auch dort werden die biophilosophischen Differenzierungen des Umweltbegriffs, sei es vor dem Hintergrund der Uexküllschen Überlegungen, sei es vor dem Hintergrund seiner Kritiker, praktisch nicht erörtert An neueren Studien wären u. a. Espahangizi (2011) und Herrmann (2013) zu nennen. Untersuchungen zu den Schülern Uexkülls fehlen weiterhin, nur Tiralas Lebensweg wurde bislang beleuchtet (Mildenberger 2004).

Nicht, dass Uexküll auf die aktuellen Umweltdebatten, die sich seit der Ausrufung des „Anthropozäns" durch Paul Crutzen, praktische Antworten anbieten würde. Aber seine Denkfiguren könnten den Blick dafür schärfen, dass auf Parolen wie beispielsweise „Nature is over" (Bryan Walsh, Time Magazine 12.3.2012) mit Gelassenheit reagiert werden kann, weil deren Protagonisten die seit der Antike mit Ernsthaftigkeit und Anstrengung geführten Debatten über den Naturbegriff vom Tisch wischen, anstatt sich durch deren Errungenschaften und Enttäuschungen Erleichterung zu verschaffen. Umwelt ist für jeden Organismus unhintergehbar. Wenn die Jahrtausende andauernde Diskussion über den Naturbegriff eine Einsicht zutage gefördert hätte, dann die, dass es keine „richtige" bzw. keine „falsche" Natur gibt, sondern nur die kulturell konstruierte Natur. Und dass alle Organismen ihre Umwelt wie ihre Umgebung *qua existentia* ändern und immer schon geändert haben. Die Diskussionen verwechseln schlicht politische Aussagen und ontologische Naturphantasien mit den evolutiven Abläufen in der Totalität alles Existierenden.

Literaturverzeichnis

5

Bibliographie Jakob v. Uexkülls

Uexküll, J (1890) Ueber das Parietalorgan des Frosches. Eine zur Erlangung des Grades eines Kandidaten der Zoologie verfasste und an der hochverehrten physiko-mathematischen Fakultät vorgelegte Abhandlung, Dorpat (handschriftlich), 31 Seiten

Uexküll, J (1891a) Ueber secundäre Zuckung. In: Zeitschrift für Biologie 10: 540–549

Uexküll, J (1891b) Physiologische Untersuchungen an Eledone moschata. In: Zeitschrift für Biologie 10: 550–566

Uexküll (1893a) Physiologische Untersuchungen an Eledone moschata II. Die Reflexe des Armes In: Zeitschrift für Biologie 12: 179–183

Uexküll, J (1893b) Ueber paradoxe Zuckung. In: Zeitschrift für Biologie 12: 184–186

Uexküll, J (1894a) Physiologische Untersuchungen an Eledone moschata III: Fortpflanzungsgeschwindigkeit der Erregung in den Nerven. In: Zeitschrift für Biologie 12: 317–327

Uexküll, J (1894b) Physiologische Untersuchungen an Eledone moschata IV: Zur Analyse der Functionen im Centralnervensystem. In: Zeitschrift für Biologie 13: 584–609

Uexküll, J (1894c) Zur Methodik der mechanischen Nervenreizung. Zeitschrift für Biologie 13: 148–167

Uexküll, J (1895a) Vergleichend-sinnesphysiologische Untersuchungen I.: Über die Nahrungsaufnahme des Katzenhais. In: Zeitschrift für Biologie 14: 548–566

Uexküll, J (1895b) Ueber Erschütterung und Entlastung der Nerven. In: Zeitschrift für Biologie 14: 438–445

Uexküll, J (1896a) Zur Muskel- und Nervenphysiologie von Sipunculus nudus. In: Zeitschrift für Biologie 15: 1–27

Uexküll, J (1896b) Ueber Reflexe bei den Seeigeln. In: Zeitschrift für Biologie 16: 298–318

Uexküll, J (1897a) Über die Function der Poli'schen Blasen am Kauapparat der regulären Seeigel. In: Mittheilungen aus der zoologischen Station zu Neapel 12: 463–476

F. Mildenberger, B. Herrmann (Hrsg.), *Uexküll*, Klassische Texte der Wissenschaft, DOI 10.1007/978-3-642-41700-9_5, © Springer-Verlag Berlin Heidelberg 2014

Uexküll, J (1897b) Ueber die Bedingungen für das Eintreten der secundären Zuckung. In: Zeitschrift für Biologie 17: 183–191

Uexküll, J (1897c) Entgegnung auf den Angriff des Herrn Prof. Hubert Ludwig (Bonn). In: Zoologischer Anzeiger 20: 36–38

Uexküll, J (1897d) Vergleichend sinnesphysiologische Untersuchungen. II: Der Schatten als Reiz für Centrostephanus longispinus. In: Jubelband zu Ehren von W. Kühne. In: Zeitschrift für Biologie 16: 319–338

Uexküll, J (1899a) Die Physiologie der Pedicellarien. In: Zeitschrift für Biologie 19: 334–403

Uexküll, J (1899b) Der Neurokinet (Ein Beitrag zur Theorie der mechanischen Nervenreizung). In: Zeitschrift für Biologie 20: 291–299

Uexküll, J (1900a) Über die Errichtung eines zoologischen Arbeitsplatzes in Dar es Salaam. In: Zoologischer Anzeiger 23: 579–583

Uexküll, J (1900b) Nekrolog Wilhelm Kühne. In: Münchener medizinische Wochenschrift 27: 937–939

Uexküll, J (1900c) Ueber die Stellung der vergleichenden Physiologie zur Tierseele. In: Biologisches Centralblatt 20: 497–502

Uexküll, J (1900d) Die Physiologie des Seeigelstachels. In: Zeitschrift für Biologie 21: 73–112

Uexküll, J (1901a) Die Wirkung von Licht und Schatten auf die Seeigel. In: Zeitschrift für Biologie 22: 447–475

Uexküll, J (1901b) Die Schwimmbewegungen von Rhizostoma pulmo. In: Mittheilungen der zoologischen Station Neapel 14: 620–626

Uexküll, J (1902a) Psychologie und Biologie in ihrer Stellung zur Tierseele. In: Ergebnisse der Physiologie. II.Abtheilung: Biophysik und Psychophysik 1: 212–233

Uexküll, J (1902b) Im Kampf um die Tierseele. JF Bergmann, Wiesbaden

Uexküll, J (1903) Studien über den Tonus. I.: Der biologische Bauplan von Sipunculus nudus. In: Zeitschrift für Biologie 26: 269–344

Uexküll, J (1904a) Studien über den Tonus II: Die Bewegungen der Schlangensterne. In: Zeitschrift für Biologie 28: 1–37

Uexküll, J (1904b) Die ersten Ursachen des Rhythmus in der Tierreihe. In: Ergebnisse der Physiologie 3: 1–11

Uexküll, J (1904c) Studien über den Tonus III: Die Blutegel. In: Zeitschrift für Biologie 28: 372–402

Uexküll, J (1905) Leitfaden in das Studium der experimentellen Biologie der Wassertiere. JF Bergmann, Wiesbaden

Uexküll, J (1907a) Die Umrisse einer kommenden Weltanschauung. In: Die neue Rundschau 18: 641–661

Uexküll, J (1907b) Studien über den Tonus IV: Die Herzigel. In: Zeitschrift für Biologie 31: 307–332

Uexküll, J (1907c) Studien über den Tonus V: Die Libellen. In: Zeitschrift für Biologie 32: 168–202

Uexküll, J (1907d) Der Gesamtreflex der Libellen. VII. Internationaler Physiologenkongress zu Heidelberg In: Zentralblatt für Physiologie 21: 499–500

Uexküll, J (1907e) Das Problem der tierischen Formbildung. In: Die neue Rundschau 18: 629–632

Uexküll, J (1907 f) Neue Ernährungsprobleme. In: Die neue Rundschau 18: 1343–1346

Uexküll, J (1908a) Die neuen Fragen in der experimentellen Biologie. In: Rivista di Scienza „Scientia" 4: 72–86

Uexküll, J (1908b) Unsterblichkeit. In: Die neue Rundschau 19: 315–316

Uexküll, J (1908c) Das Tropenaquarium. In: Die neue Rundschau 19: 694–706

Uexküll, J (1908d) Die Verdichtung der Muskeln. In: Zentralblatt für Physiologie 22: 33–37

Uexküll, J (1909a) Umwelt und Innenwelt der Tiere. Julius Springer, Berlin

Uexküll, J (1909b) Résultats de recherches effectuées sur les tentacules de l'Anemonia sulcata aus Musée Océanographique de Monaco, en décembre 1908 (Note préliminaire). In: Bulletin de l'institute Océanographique Nr. 148, 14.07.1909 : 1–3

Uexküll, J (1909c) Paramaecium. In: Mikrokosmos 3: 190–197

Uexküll, J (1910a) Die neuen Ziele der Biologie. In: Baltische Monatsschrift 69: 225–239

Uexküll, J (1910b) Karl Ernst von Baer. In: Rohrbach, P (Hrsg) Das Baltenbuch. Die baltischen Provinzen und ihre deutsche Kultur. Gelber Verlag, Dachau: S 17–22

Uexküll, J (1910c) Die Umwelt. In: Die neue Rundschau 21: 638–648

Uexküll, J (1910d) Wie gestaltet das Leben ein Subjekt ? In: Die neue Rundschau 21: 1082–1091

Uexküll, J (1910e) Mendelismus. In: Die neue Rundschau 21: 1589–1596

Uexküll, J (1910 f) Über das Unsichtbare in der Natur. In: Österreichische Rundschau 25: 124–130

Uexküll, J (1910g) Ein Wort über die Schlangensterne. In: Zentralblatt für Physiologie 23: 1–3

Uexküll, J (1912a) Vom Wesen des Lebens. In: Österreichische Rundschau 33: 18–28, 420–431

Uexküll, J (1912b) Das Subjekt als Träger des Lebens. In: Die neue Rundschau 23: 99–107

Uexküll, J (1912c) Wirkungen und Gegenwirkungen im Subjekt. In: Die neue Rundschau 23: 1399–1406

Uexküll, J (1912d) Studien über den Tonus VI: Die Pilgermuschel. In: Zeitschrift für Biologie 40: 305–332

Uexküll, J (1912e) Über einen Apparat zur Bestimmung der Härte des Muskels. Sklerometer nach Wertheim-Salomonson. In: Zentralblatt für Physiologie 25: 1105

Uexküll, J (1912 f) Die Merkwelten der Tiere. In: Deutsche Revue 37: 349–355

Uexküll, J (1913a) Bausteine zu einer biologischen Weltanschauung. Gesammelte Aufsätze herausgegeben und eingeleitet von Felix Groß, F. Bruckmann, München

Uexküll, J (1913b) Der heutige Stand der Biologie in Amerika. In: Die Naturwissenschaften 1: 801–806

Uexküll, J (1913c) Wohin führt uns der Monismus? In: Das neue Deutschland 641–645

Uexküll, J (1913d) Die Planmäßigkeit als oberstes Gesetz im Leben der Tiere. In: Die neue Rundschau 24: 820–829

Uexküll, J (1913e) Die Aufgaben der biologischen Weltanschauung. In: Die neue Rundschau 24: 1080–1091

Uexküll, J (1913/14) Die Zahl als Reiz. Tierseele. Zeitschrift für vergleichende Seelenkunde 1: 363–367

Uexküll, J (1914) Über die Innervation der Krebsmuskeln. In: Zentralblatt für Physiologie 28: 764

Uekxüll, J (1915) Volk und Staat. In: Die neue Rundschau 26: 53–66

Uexküll, J (1917) Darwin und die englische Moral. In: Deutsche Rundschau 173: 215–242

Uexküll, J (1918) Biologie und Wahlrecht. In: Deutsche Rundschau 174: 183–203

Uexküll, J (1919a) Biologische Briefe an eine Dame. In: Deutsche Rundschau 178: 309–323; 179: 132–148, 276–292, 451–468

Uexküll, J (1919b) Der Organismus als Staat und der Staat als Organismus. In: Der Leuchter 1: 79–110

Uexküll, J (1920a) Biologische Briefe an eine Dame. Gebr Paetel, Berlin

Uexküll, J (1920b) Theoretische Biologie. Gebr. Paetel, Berlin

Uexküll, J (1920c) Was ist Leben? In: Deutsche Rundschau 185: 361–362

Uexküll, J (1920d) Der Schäfer und das Böse. In: Von Pommerscher Scholle, Kalender für 1920. Bertelsmann, Gütersloh, S 26–30

Uexküll, J (1920e) Der Weg zur Vollendung (Des Grafen Hermann Keyserling philosophische Schriften). In: Deutsche Rundschau 185: 420–42

Uexküll, J (1920 f) Staatsbiologie (Anatomie-Physiologie-Pathologie des Staates). Gebr. Paetel: Berlin

Uexküll, J (1921a) Umwelt und Innenwelt der Tiere. 2. Auflage, Julius Springer, Berlin

Uexküll, J (1921b) Die neuen Götter. In: Deutsche Rundschau 189: 101–103

Uexküll, J (1921c) Der Segelflug. In: Pflügers Archiv für die gesamte Physiologie des Menschen und der Tiere 187: 25

Uexküll, J (1922a) Mensch und Gott. In: Deutsche Rundschau 190: 85–87

Uexküll, J (1922b) Leben und Tod. In: Deutsche Rundschau 190: 173–183

Uexküll, J (1922c) Trebitsch und Blüher über die Judenfrage. In: Deutsche Rundschau 193: 95–97

Uexküll, J (1922d) Das Problem des Lebens. In: Deutsche Rundschau 193: 235–247

Uexküll, J (1922e) Technische und mechanische Biologie. In: Ergebnisse der Physiologie 20: 129–161

Uexküll, J (1922 f) Der Sperrschlag. In: Archives Neerlandaises physiologie de l'homme et des animuax 7: 195–198

Uexküll, J (1922g) Wie sehen wir die Natur und wie sieht die Natur sich selber? In: Die Naturwissenschaften 10: 265–271, 296–301, 316–322

Uexküll, J (1923a) Weltanschauung und Naturwissenschaft. In: Jahrbuch und Kalender des Deutschtums in Lettland. 55–60

Uexküll, J (1923b) Die Persönlichkeit des Fürsten Philipp zu Eulenburg. In: Deutsche Rundschau 195: 180–183

Uexküll, J (1923c) Weltanschauung und Gewissen. In: Deutsche Rundschau 197: 253–266

Uexküll, J (1923d) Die Stellung des Naturforschers zu Goethes Gott-Natur. In: Die Tat Monatsschrift für die Zukunft deutscher Kultur 15: 492–506

Uexküll, J (1924a) Die Flügelbewegung des Kohlweißlings. In: Pflügers Archiv für die gesamte Physiologie des Menschen und der Tiere 202: 259–264

Uexküll, J (1924b) Mechanik und Formbildung. In: Deutsche Rundschau 201: 54–64

Uexküll, J (1924c) Kant als Naturforscher. Von Erich Adickes Band 1 Berlin 1924. Walter de Gruyter. In: Deutsche Rundschau 201: 209–210

Uexküll, J (1925a) Über den Einfluss biologischer Analogschlüsse auf Forschung und Weltanschauung. In: Archiv für systematische Philosophie und Soziologie 29: 78–81

Uexküll, J (1925b) Die Bedeutung der Planmäßigkeit für die Fragestellung in der Biologie. In: Wilhelm Roux' Archiv für Entwicklungsmechanik der Organismen 106: 6–10

Uexküll, J (1925c) Die Biologie des Staates. In: Nationale Erziehung 6: 177–181

Uexküll, J (1925d) Rudolf Maria Holzapfels Panideal. In: Deutsche Rundschau 202: 229–232

Uexküll, J (1926a) Gott oder Gorilla. In: Deutsche Rundschau 52: 232–242

Uexküll, J (1926b) Die Sperrmuskulatur der Holothurien. In: Pflügers Archiv für die gesamte Physiologie des Menschen und der Tiere 212: 26–39

Uexküll, J (1926c) Tierpsychologie vom Standpunkt des Biologen. Zum gleichnamigen Buch von F. Hempelmann. In: Zoologischer Anzeiger 69: 161–163

Uexküll, J (1926d) Karl Ernst von Baer zu seinem 50. Todestag am 28. November 1926. In: Jahrbuch des baltischen Deutschtums. Löffler, Riga, S 22–26

Uexküll, J (1926e) Theoretical Biology. translated by DL MacKinnon, Harcourt, New York

Uexküll, J (1926 f) Ist das Tier eine Maschine? Bausteine für Leben und Weltanschauung von Denkern alter Zeiten 4: 177–182

Uexküll, J (1927a) Die Rolle des Psychoids. In: Festschrift für Hans Driesch zum 60.Geburtstag. Wilhelm Roux' Archiv für Entwicklungsmechanik der Organismen 111: 423–434

Uexküll, J (1927b) Definition des Lebens und des Organismus. In: Bethe A (Hrsg) Handbuch der normalen und pathologischen Physiologie. Bd. I, Julius Springer, S 1–25

Uexküll, J (1927c) Die Einpassung. In: Bethe A (Hrsg) Handbuch der normalen und pathologischen Physiologie, Bd. I, Julius Springer, Berlin, S 693–701

Uexküll, J (1927d) Gibt es ein Himmelsgewölbe ? In: Archiv für Anthropologie 21: 40–46

Uexküll, J (1927e) Austen Stewart Chamberlain. In: Deutsche Rundschau 211: 183–184

Uexküll, J (1927 f) Die Biologie in ihrer Stellung zur Medizin. Klinische Wochenschrift 5: 1164–1165

Uexküll, J (1928a) Houston Stewart Chamberlain: Natur und Leben. herausgegeben v on Jakob v. Uexküll, F. Bruckmann, München

Uexküll, J (1928b) Theoretische Biologie. 2. Auflage, Julius Springer, Berlin

Uexküll, J (1928c) Houston Stewart Chamberlain: Die Persönlichkeit. Bücher des Verlages F. Bruckmann A-G, F. Bruckmann, München, S 9–13

Uexküll, J (1929a) Plan und Induktion. In: Festschrift für Hans Spemann. Wilhelm Roux' Archiv für Entwicklungsmechanik der Organismen 116: 36–43

Uexküll, J (1929b) Gesetz der gedehnten Muskeln. In: Bethe A (Hrsg) Handbuch der normalen und pathologischen Physiologie mit Berücksichtigung der experimentellen Pharmakologie. Bd. 9, Julius Springer, Berlin, S 741–754

Uexküll, J (1929c) Reflexumkehr. Starker und schwacher Reflex. In: Bethe A (Hrsg) Handbuch der normalen und pathologischen Physiologie mit Berücksichtigung der experimentellen Pharmakologie, Bd. 9. Julius Springer, Berlin, S 755–762

Uexküll, J (1929d) Zur Physiologie der Patellen. In: Zeitschrift für vergleichende Physiologie 11: 155–159

Uexküll, J (1929e) Welt und Umwelt. Vortrag gehalten auf der 90. Tagung der Naturforscher und Ärzte in Hamburg. In: Deutsches Volkstum 5: 21–36

Uexküll, J (1930a) Die Lebenslehre. Müller&Kiepenheuer, Potsdam

Uexküll, J (1930b) Jordan, H.J. Allgemeine vergleichende Physiologie der Tiere. Berlin: deGryuter 1929. In: Die Naturwissenschaften 18: 88–89

Uexküll, J (1931a) Die Rolle des Subjekts in der Biologie. In: Die Naturwissenschaften 19: 385–391

Uexküll, J (1931b) Umweltforschung. In: Die Umschau 35: 709–710

Uexküll, J (1931c) Der Organismus und die Umwelt. In: Driesch H, Woltereck H (Hrsg) Das Lebensproblem im Lichte der modernen Forschung. Quelle&Meyer, Leipzig, S 189–224

Uexküll, J (1932a) Menschenpläne und Naturpläne. In: Deutsche Rundschau 231: 96–99

Uexküll, J (1932b) Moderne Probleme der biologischen Forschung. In: Mitteilungen für die Ärzte und Zahnärzte Groß-Hamburgs 32: 472–474

Uexküll, J (1932c) Über die Umwelt des Hundes. Ärztlicher Verein zu Hamburg/BiologischeAbteilung. Sitzung vom 24. November 1931. In: Klinische Wochenschrift 11: 398

Uexküll, J (1932d) Die Umwelt des Hundes. In: Zeitschrift für Hundeforschung 2: 157–170

Uexküll, J (1932e) Der gedachte Raum. In: Prinzhorn H (Hrsg) Die Wissenschaft am Scheidewege von Leben und Geist. Festschrift für Ludwig Klages. JA Barth, Leipzig, S 231–239

Uexküll, J (1932 f) Das Duftfeld des Hundes. In: Kafka G (Hrsg) Bericht über den 12. Kongress der Deutschen Gesellschaft für Psychologie in Hamburg vom 12.-16. April 1931. Gustav Fischer, Jena, S 431–433

Uexküll, J (1933a) Die Entplanung der Welt. Magische, mechanische und dämonische Weltanschauung In: Deutsche Rundschau 259: 110–115

Uexküll, J (1933b) Das Führhundproblem. In: Zeitschrift für angewandte Psychologie 45: 46–53

Uexküll, J (1933c) Hat es einen Sinn von Tonusmuskeln und Tetanusmuskeln zu sprechen? In: Pflügers Archiv für die gesamte Physiologie des Menschen und der Tiere 232: 842–847

Uexküll, J (1933d) Das doppelte Antlitz der Naturwissenschaften. In: Welt und Leben 14: 1–3

Uexküll, J (1933e) Biologie oder Physiologie. In: Nova Acta Leopoldina 1: 276–281

Uexküll, J (1933 f) Staatsbiologie (Anatomie-Physiologie-Pathologie des Staates). umgearbeitete 2. Auflage, Hanseatische Verlagsanstalt, Hamburg

Uexküll, J (1934a) Die Universitäten als Sinnesorgane des Staates. In: Ärzteblatt für Sachsen,Provinz Sachsen und Thüringen 1: 145–146

Uexküll, J (1934b) Der Blindenführer. In: Forschungen und Fortschritte 10: 117–118

Uexküll, J (1934c) Der Wirkraum. Hamburger Fremdenblatt Nr. 170: 3

Uexküll, J (1935a) Die Bedeutung der Umweltforschung für die Erkenntnis des Lebens. In: Zeitschrift für die gesamte Naturwissenschaft 1: 257–272

Uexküll, J (1935b) Der Hund kennt nur Hundedinge. In: Hamburger Fremdenblatt Nr. 172: 9

Uexküll, J (1936a) Niegeschaute Welten. Die Umwelten meiner Freunde. Ein Erinnerungsbuch. S. Fischer, Berlin

Uexküll, J (1936b) Der Wechsel des Weltalls. In: Acta Biotheor 2: 141–152

Uexküll, J (1936c) Graf Alexander Keyserling oder Die Umwelt des Weisen. Aus einem Erinnerungsbuch. In: Die neue Rundschau 47: 929–937

Uexküll, J (1936d) Die Religion und die Naturwissenschaften. In: Die neue Rundschau 47: 379–382

Uexküll, J (1936e) Biologie in der Mausefalle. Zeitschrift für die gesamte Naturwissenschaft 2: 213–222

Uexküll, J (1937a) Die neue Umweltlehre. Ein Bindeglied zwischen Natur- und Kulturwissenschaften. In: Die Erziehung 13: 185–199

Uexküll, J (1937b) Umweltforschung. In: Zeitschrift für Tierpsychologie 1: 33–34

Uexküll, J (1937c) Das Problem des Heimfindens bei Menschen und Tieren: Der primäre und der sekundäre Raum. In: Zeitschrift für die gesamte Naturwissenschaft 2: 457–467

Uexküll, J (1937d) Umwelt und Leben. In: Volk und Welt 37: 19–22

Uexküll, J (1937e) Das Zeitschiff. Hamburger Fremdenblatt Nr. 80: 5

Uexküll, J (1938a) Zum Verständnis der Umweltlehre. In: Deutsche Rundschau 256: 64–66

Uexküll, J (1938b) Der unsterbliche Geist in der Natur. Gespräche. Christian Wegner, Hamburg

Uexküll, J (1939a) Tier und Umwelt. In: Zeitschrift für Tierpsychologie 2: 101–114

Uexküll, J (1939b) Kants Einfluß auf die heutige Wissenschaft. Der große Königsberger Philosoph ist in der Biologie wieder lebendig geworden. Preußische Zeitung 9/43: 3

Uexküll, J (1940a) Das Werden der Organismen und die Wunder der Gene. In: Dennert E (Hrsg) Die Natur - das Wunder Gottes. 3.Auflage Warneck, Berlin, S 135–144 [1957 Reprint]

Uexküll, J (1940b) Tierparadies im Zoo. Brief an den Direktor des Leipziger Zoologischen Gartens. In: Der zoologische Garten. Zeitschrift für die gesamte Tiergärtnerei 12: 18–20

Uexküll, J (1940c) Bedeutungslehre. JA Barth, Leipzig

Uexküll, J (1941) Der Stein von Werder. Christian Wegner, Hamburg

Uexküll, J (1943) Darwins Verschulden. In: Deutsche Allgemeine Zeitung 82, Nr. 23: 1–2

Uexküll, J (1947) Der Sinn des Lebens: Gedanken über die Aufgaben der Biologie. Christian Wegner, Hamburg (Die eigentliche Erstauflage verbrannte 1943)

Uexküll J, Beer T, Bethe, A (1899) Vorschläge zu einer objectivierenden Nomenklatur in der Physiologie des Nervensystems. In: Biologisches Centralblatt 19: 517–521, wieder abgedruckt in: Zoologischer Anzeiger 22: 275–280; Centralblatt für Physiologie 13: 137–141

Uexküll J, Brock F (1927) Atlas zur Bestimmung der Orte in den Sehräumen der Tiere. In: Zeitschrift für vergleichende Physiologie 5: 167–178

Uexküll J, Brock F (1930) Das Institut für Umweltforschung. In: Forschungsinstitute. Ihre Geschichte, Organisation und Ziele, Bd. II. Hartung, Hamburg, S 233–237

Uexküll J, Brock F (1935) Vorschläge zu einer subjektbezogenen Nomenklatur in der Biologie. In: Zeitschrift für die gesamte Naturwissenschaft 1: 36–47

Uexküll J, Cohnheim O (1911) Die Dauerkontraktion der glatten Muskeln. Carl Winter, Heidelberg

Uexküll J, Gross F (1909) Resultats des rechereches effectures sur les extremitees des langoustes et des crabes, au Musee Oceanographique de Monaco en fevrier et mars 1909. In: Bulletin de institute Oceanographique Monaco, Nr. 149 : 1–4

Uexküll J, Gross F (1913) Studien über den Tonus VII: Die Schere des Flusskrebses. In: Zeitschrift für Biologie 41: 334–357

Uexküll J, Kriszat G (1934) Streifzüge durch die Umwelten von Tieren und Menschen. Julius Springer, Berlin, 2. Auflage Rowohlt, Reinbek b. Hamburg 1956

Uexküll J, Kriszat G (1965) Mondes animaux et monde humain. Gonthier, Paris

Uexküll J, Noyons A (1911) Die Härte der Muskeln. In: Zeitschrift für Biologie 39: 139–208

Uexküll J, Roesen H (1927) Der Wirkraum. In: Pflügers Archiv für die gesamte Physiologie des Menschen und der Tiere 217: 72–87

Uexküll J, Sarris E (1931a) Das Duftfeld des Hundes (Hund und Eckstein). In: Zeitschrift für Hundeforschung 1: 55–68

Uexküll J, Sarris E (1931b) Das Duftfeld des Hundes. In: Forschungen und Fortschritte 7: 242–243

Uexküll J, Sarris E (1931c) Der Führhund der Blinden. In: Die Umschau 35: 1014–1016

Uexküll J, Sarris E (1932) Dressur und Erziehung der Führhunde der Blinden. In: Der Kriegsblinde 16: 93–94

Uexküll J, Stromberger K (1926) Die experimentelle Trennung von Verkürzung und Sperrung im menschlichen Muskel. In: Pflügers Archiv für die gesamte Physiologie des Menschen und der Tiere 212: 645–648

Uexküll J, Tirala L (1914) Über den Tonus bei den Krustazeen. In: Zeitschrift für Biologie 65: 25–66

Uexküll J, Uexküll T (1943) Die ewige Frage. Biologische Variationen über einen platonischen Dialog. In: Europäische Revue 19: 126–147

Uexküll J, Uexküll T (1944) Die ewige Frage. Biologische Variationen über einen platonischen Dialog. Marion v. Schröder Verlag, Hamburg

Archivquellen

Ajalooarhiiv Tartu, Acta des Konsails der Kaiserlichen Universität Dorpat betreffend Jakob J. v. Uexküll.

Archiv der Deutschen Akademie der Naturforscher Leopoldina. Halle, M1, 4065

Archiv der Richard-Wagner-Gedenkstätte der Stadt Bayreuth. Nachlass Houston Stewart Chamberlain

Archiv der Stazione Zoologica Napoli (ASZN), A 1899 U; A 1900 U; A 1902–1909 U; A 1907 U; A 1926 B; A 1938 L; A 1940 U; A 1942 K; G XX 145

Archiv der Universität Rostock, Ausschuss für die ärztliche Vorprüfung 1925/26, Akt Arthur Arndt; Decanatsakten der medizinischen Fakultät 1928/29, Promotionsakt Arthur Arndt; Akt des Privatdozenten Arthur Arndt (1930–1934)

Archiv zur Geschichte der Max Planck Gesellschaft (MPG), I.Abt. Rep. 001A; 2783/3; 2783/4; 2783/5

Archiv zur Geschichte der Max Planck Gesellschaft (MPG), Niederschrift von Sitzungen des Senates der Kaiser-Wilhelm-Gesellschaft 1911–1919; Niederschriften von Sitzungen des Verwaltungsrates der KWG 1918–1927; III/47/262

Bundesarchiv Koblenz, Nachlass Johannes Haller, N 1035/24

Bundesarchiv Koblenz, R 73/10502, R 73/10482

Hessische Landes- und Universitätsbibliothek Darmstadt, Nachlass Hermann Keyserling

Jakob von Uexküll Archiv für Biosemiotik und Umweltforschung an der Universität Hamburg: Privatbibliothek Jakob v. Uexexternal külls

Künstler-Archive, Berlinische Galerie, Nachlass Fidus

Münchner Stadtbibliothek, Monacensia Literaturarchiv, Nachlass Otto v. Taube

Nobelkommittén Karolinska Institutet, Vorschläge für den Nobelpreis für Physiologie

Österreichisches Staatsarchiv/Kriegsarchiv Wien, Belohnungsakten des Weltkrieges 1914–1918

Privatarchiv Wien, Gästebuch der Villa Discopoli Capri 1894–1908

Staatsarchiv Hamburg, Dozenten/Personalakte I 355; IV 122; 1059; 1247; 1662; 2184

Staatsarchiv Hamburg, Hochschulwesen II Wc 1/2; Hochschulwesen II Gc 7/1; Hochschulwesen-Personalakten I 138/1

Staatsarchiv Hamburg, Institut für Umweltforschung 501–501/II; B V 101 UA 3

Staatsarchiv Hamburg, Bestand Familie Kiep-Altenloh

Staatsarchiv Hamburg, Presseausschnitte A 752

Uexküll-Center Tartu, Allgemeine Korrespondenzen; Korrespondenzen Jakob v. Uexkülls mit Franz Huth

Universitäts- und Landesbibliothek Bonn, Abt. Handschriften und Rara, NL Erich Rothacker

Verwendete Literatur

Agamben, G (2002) Das Offene. Der Mensch und das Tier. Suhrkamp, Frankfurt/M.

Albrecht, B (1985) Die ehemaligen naturwissenschaftlichen und medizinischen Institutsgebäude im Bereich Brunnengasse, Hauptstraße, Akademiestraße und Plöck. In: Riedl PA (Hrsg) Semper Apertus. Sechshundert Jahre Ruprecht-Karls-Universität Heidelberg 1386–1986, Bd V, Julius Springer, Berlin Heidelberg, S 336–365

Allen, GE (1975) Life sciences in the twentieth century. Cambridge University Press, Cambridge

Almquist, E (1934) Umwelt und Organismus bei Bildung neuer Formen. Sudh A 27: 293–298

Alt W, Deutsch A, Kamphuis A, Lenz J, Pfistner B (1996) Zur Entwicklung der theoretischen Biologie. Aspekte der Modellbildung und Mathematisierung. Jb Gesch Theor Biol 3: 7–60

Alverdes, F (1936a) Der Begriff des „Ganzen" in der Biologie. Z Rassenk 4: 1–9

Alverdes, F (1936b) Organizismus und Holismus. Neuere theoretische Strömungen in der Biologie. Der Biologe 5: 121–128

Arndt, A (1937) Rhizopodenstudien III. Untersuchungen über Dictyotellium mucoroides Brefeld. Arch Entw Org 136: 681–744

Asher, L (1928) Theoretische Biologie von J von Uexküll. Klin Wschr 7: 2070

Aster, E (1935) Die Philosophie der Gegenwart. Sijthoff, Leiden

Auersperg A, Weizsäcker V (1935) Zum Begriffswandel in der Biologie. Z ges Naturw 1: 316–322

Baer, KE (1886) Reden, gehalten in wissenschaftlichen Versammlungen. zweite Ausgabe, Vieweg, Braunschweig

Bains, P (2001) Umwelten. Semiotica 134: 137–161

Bäumer, Ä (1989) Die Politisierung der Biologie zur Zeit des Nationalsozialismus. Biologie in unserer Zeit 19: 76–80

Barkan, E (1991) Reevaluating progressive eugenics: Herbert Spencer Jennings and the 1924 immigration legislation. J Hist Biol 24: 91–112

Beer, T (1900) Aus Natur und Kunst. Gesammelte Feuilletons. Pierson, Dresden

Berger, A (1934) Uexküll J.v. Staatsbiologie. Zeitschrift für Sozialforschung 3: 272–273

Berger, P, Luckmann, T (1969) Die gesellschaftliche Konstruktion der Wirklichkeit. S. Fischer, Frankfurt/M

Bernet R, Kern I, Marbach E Edmund Husserl. Darstellung seines Denkens. Felix Meinert, Hamburg

Bertalanffy, L (1937) Das Gefüge des Lebens. Wilhelm Engelmann, Leipzig

Bertalanffy, L (1941) Die organismische Auffassung und ihre Auswirkungen. Der Biologe 10: 247–264, 337–345

Bertalanffy, L (1944) Vom Molekül zur Organismenwelt. Grundfragen der modernen Biologie. Athenaion, Potsdam

Bertalanffy, L (1965) Zur Geschichte theoretischer Modelle in der Biologie. Studium Generale 18: 290–298

Bethe, A (1902) Die Heimkehrfähigkeit der Ameisen und Bienen zum Teil nach neuen Versuchen. Eine Erwiderung auf die Angriffe von v. Buttel-Reepen und von Forel. Biol Cbl 22: 193–215, 234–238

Bethe, A (1903) Allgemeine Anatomie und Physiologie des Nervensystems. Georg Thieme, Leipzig

Bethe, A (1940) Erinnerungen an die Zoologische Station in Neapel. Naturw 28: 820–822

Bethe, A (1950) Das Finden des Weges. Eine kritische Betrachtung. Studium Generale 3: 75–87

Biedermann, W (1904) Studien zur vergleichenden Physiologie der peristaltischen Bewegungen I. Arch ges Physiol 102: 475–542

Biedermann, W (1905) Studien zur vergleichenden Physiologie der peristaltischen Bewegungen II. Arch ges Physiol 107: 1–56

Biedermann, W (1906) Studien zur vergleichenden Physiologie der peristaltischen Bewegungen III. Arch ges Physiol 111: 251–297

Bilz, R (1936) Psychogene Angina. Hirzel, Leipzig

Bleidorn C, Podsiadlowski L, Bartolomaeus L (2006) The complete mitochondrial genome of the orbiniid polychaete Orbinia Iatreillii (Annelida, Orbiniidae) – a novel gene order for Annelida and implications for annelid phylogeny. Gene 370: 96–103

Blumenberg, H (1986) Lebenszeit und Weltzeit. Suhrkamp, Frankfurt/M.

Böker, H (1935) Mechanistisches und biologisches Denken. Z Rassenk 2: 312–313

Boveri, T (1940). Anton Dohrn. Gedächtnisrede gehalten auf dem Internationalen Zoologen-Kongress in Graz am 18. August 1910. Naturw 28: 787–798

Bozzi, P (1999) Experimental phenomenology. A historic profile. In: Albertazzi L (Hrsg) Shapes of Forms. From Gestalt psychology and phenomenology to ontology and mathematics. Kluwer, Dordrecht, S 19–50

Brecher, GA (1929) Beitrag zur Raumorientierung von Perplaneta americana. Z vergl Physiol 10: 497–526

Breidbach, O (2008) Neue Wissensordnungen. Wie aus Informationen und Nachrichten kulturelles Wissen entsteht. Suhrkamp, Frankfurt/M.

Bretschneider, J (1984) Zur Herausbildung und zum Stand der theoretischen Biologie als wissenschaftliche Spezialdisziplin. Rostocker Wissenschafthist Manuskripte Nr. 10: 3–14

Brock, F (1926) Das Verhalten des Einsiedlerkrebses Pagurus arrosor Herbst während der Suche und Aufnahme der Nahrung (Beitrag zu einer Umweltanalyse). Z Morph Ökol T 6: 415–552

Brock, F (1927) Das Verhalten des Einsiedlerkrebses Pagusus arrosor Herbst während des Aufsuchens. Ablösens und Abpflanzens seiner Seerose Sagaritia Parasitica Gosse (Beitrag zu einer Umweltanalyse). Wilhelm Roux A Entwm 112: 204–238

Brock, F (1928) Die Bedeutung meeresbiologischer Forschungsstationen und Seewasseraquarien für die Lehre. Hamb Lehrerz 7/2: 28–30

Brock, F (1934) Jakob Johann Baron von Uexküll zu seinem 70. Geburtstag am 8. September 1934. Sudh A 27: 467–479

Brock, F (1936/37) Suche, Aufnahme und Spaltung der Nahrung durch die Wellhornschnecke Buccinum undatum L (Grundlegung einer ganzheitlichen Deutung der Vorgänge im Beute- und Verdauungsfeld). Zoologica. Original-Abhandlungen aus dem Gesamtgebiete der Zoologie 34, Heft 92

Brock, F (1939) Typenlehre und Umweltforschung. Grundlegung einer idealistischen Biologie. JA Barth, Leipzig

Brock F (1950) Biologische Eigenweltforschung. Studium Generale 3: 88–101

Brock, F (1956) Bau und Leistung unserer Sinnesorgane. erster Teil: Haut-, Tiefen- und Labyrinthorgane. List, München

Brüll, H (1937) Das Leben deutscher Greifvögel. Die Umwelt der Raubvögel unter besonderer Berücksichtigung des Habichts, Bussards und Wanderfalken. Gustav Fischer, Jena

Buddenbrock, F (1911) Untersuchungen über die Schwimmbewegungen und die Statocysten der Gattung Pecten. Carl Winter, Heidelberg (Sitzungsberichte der Heidelberger Akademie der Wissenschaften, mathematisch-naturwissenschaftliche Klasse, B, Biologische Wissenschaften 1911, 28)

Bütschli, O (1901) Mechanismus und Vitalismus. Wilhelm Engelmann, Leipzig

Burmeister, HW (1972) Prince Philipp Eulenburg-Hertelfeld (1847–1921). His influence on Kaiser Wilhelm II and his role in German government 1888–1902, phil. Diss. University of Oregon

Buttel-Reepen, H (1900) Sind die Bienen "Reflexmaschinen"? Experimentelle Beiträge zur Biologie der Honigbiene. In: Biol Cbl 20: 130–144

Buttel-Reepen, H (1909) Die moderne Tierpsychologie. Arch f Rassen- u Gesellschaftsbiologie 6: 289–304

Buytendijk, FJJ (1938) Wege zum Verständnis der Tiere. Niehans, Zürich

Buytendijk FJJ, Fischel W (1931) Versuch einer neuen Analyse der tierischen Einsicht. Archives neerlandaises de physiologie de l'homme et des animaux 16: 449–476

Buytendijk FJJ, Plessner H (1925) Die Deutung des mimischen Ausdrucks. Ein Beitrag zur Lehre vom Bewußtsein des anderen Ichs. Philosoph Anz 1: 72–126

Calabró, S (1999) Der Blindenführhund. Aspekte einer besonderen Mensch-Tier-Beziehung in Geschichte und Gegenwart. Verlag Wissenschaft und Technik, Berlin

Caneva, KL (1993) Robert Mayer and the conservation of energy. Princeton University Press, Princeton

Cassirer, E (1944) An essay on man. An introduction to a philosophy of human culture. Yale University Press, New Haven. Deutsche Übersetzung: Cassirer, E (1996) Versuch über den Menschen. Einführung in eine Philosophie der Kultur. Felix Meiner, Hamburg

Chamberlain, HS (1919) Lebenswege meines Denkens. F. Bruckmann, München

Clauß, LF (1932) Die nordische Seele. Lehmanns, München

Clauß, LF (1941) Rasse und Seele. 17. Auflage, Lehmanns, München

Cohnheim, O (1911) Über den Gaswechsel von Tieren mit glatter und quergestreifter Muskulatur. In: Hoppe-Seyler's Z physiol Chem 76: 298–313

Cyon, E (1908) Das Ohrlabyrinth als Organ des mathematischen Sinns für Raum und Zeit. Julius Springer, Berlin

Darwin, C (1876) The descent of man and selection in relation to sex. New edition, revised and argumented, complete in one volume, Appleton, New York

Dearborn, GVN (1900) Notes on the individual psychophysiology of the crayfish. Am J Phys 3: 404–433

Dejung, C (2003) Helmuth Plessner. Ein deutscher Philosoph zwischen Kaiserreich und Bonner Republik, Rüffer&Rub, Zürich

Deutsches Akademisches Jahrbuch (1875) Vollständiges Verzeichniß sämmtlicher in Deutschland, Österreich, der Schweiz und den deutschen Provinzen Rußlands befindlicher Akademien der Wissenschaften, Universitäten, Technischen Hochschulen, ihrer Mitglieder, Lehrkräfte und Vorstände. Weber, Leipzig

Dijksterhuis, EJ (1956) Die Mechanisierung des Weltbildes. Ins Deutsche übertragen von Helga Habicht. Julius Springer, Berlin

Domeier, N (2010) Der Eulenburg-Skandal. Eine politische Kulturgeschichte des Kaiserreichs. Campus, Frankfurt/M.

Driesch, H (1894) Analytische Theorie der organischen Entwicklung. Wilhelm Engelmann, Leipzig

Driesch, H (1899) Die Lokalisation morphogenetischer Vorgänge. Ein Beweis vitalistischen Geschehens. In: Arch Entwicklungsm Organism 8: 35–111

Driesch, H (1921) Uexküll J v. Theoretische Biologie. Kant Studien 26: 201–204

Driesch, H (1926) Kritisches zur Ganzheitslehre. Annalen der Philosophie 1: 281–304

Driesch, H (1934) Der Begriff des „Standpunkts" in der Philosophie. Sudh A 27: 213–222

Driesch, H (1935) Zur Kritik des „Holismus". Acta Biotheor 1: 185–202

Driesch, H (1936) Der Begriff des „Ganzen" in der Psychologie. Z Rassenk 4: 27–32

Driesch, H (1951) Lebenserinnerungen. Aufzeichnungen eines Forschers und Denkers in entscheidender Zeit. Ernst Reinhardt, München

Ehrenberg, R (1929) Über das Problem einer „theoretischen Biologie". Naturw 17: 777–781

Eickstedt, E (1940) Die Forschung am Menschen. Bd. I, Ferdinand Enke, Stuttgart

Engelhardt, R (1932) Die geistesgeschichtliche Bedeutung der Universität Dorpat. Balt Monatshefte 1: 317–340

Espahangizi, K (2011) The Twofold history of laboratory glassware. In: Grote M, Stadler M, Otis L (Hrsg) Membranes, surfaces and boundaries. Interstices in the History of Science, Technology and Culture, MPI für Wissenschaftsgeschichte Reprints, Berlin, S 17–33

Farias, V (1985) Heidegger und der Nationalsozialismus. S. Fischer, Frankfurt/M.

Field, GG (1981) Evangelist of race. The Germanic vision of Houston Stewart Chamberlain. Columbia University Press, New York

Föger B, Taschwer K (2001) Die andere Seite des Spiegels. Konrad Lorenz und der Nationalsozialismus, Czernin, Wien

Frank HR; Neu W (1929) Die Schwimmbewegungen der Tauchvögel (Podiceps) Z vergl Physiol 10: 410–418

Franz, V (1935) Der biologische Fortschritt. Die Theorie der organismischen Vervollkommnung. Gustav Fischer, Jena

Frecot J, Geist JF, Kerbs, D (1997) FIDUS 1868–1948. Zur ästhetischen Praxis bürgerlicher Fluchtbewegungen. Neuauflage mit einem Vorwort von Gert Mattenklott und einer Forschungsübersicht von Christian Weller, Zweitausendeins, Frankfurt/M.

Forel, A (1894) Gehirn und Seele. Strauss, Bonn

Forel, A (1903) Nochmals Dr. Bethe und die Insekten-Psychologie Biol Cbl 22: 1–3

Friederichs, K (1934) Vom Wesen der Ökologie. Sudhoffs Archiv 27: 277–285

Friederichs, K (1937) Ökologie als Wissenschaft von der Natur oder Biologische Raumforschung. J.A. Barth, Leipzig (Bios. Abhandlungen zur theoretischen Biologie und ihrer Geschichte, sowie zur Philosophie der organischen Naturwissenschaften Bd. 7)

Friederichs, K (1943) Über den Begriff der „Umwelt" in der Biologie. Acta Biotheoretica 7: 147–162

Friederichs, K (1950) Umwelt als Stufenbegriff und als Wirklichkeit. Studium Generale 3: 70–74

Friedmann, H (1950) Sinnvolle Odyssee. Geschichte eines Lebens und einer Zeit 1873–1950. CH Beck, München

Frisch K (1965) Tanzsprache und Orientierung der Bienen. Julius Springer, Berlin

Geden, O (1999) Rechte Ökologie. Umweltschutz zwischen Emanzipation und Faschismus. 2. Auflage, Elefanten Press, Berlin

Gehlen, A (1941) Der Begriff der Umwelt in der Anthropologie. Forsch Fortschr 17: 43–46

Goldschmidt, RB (1959) Erlebnisse und Begegnungen. Aus der großen Zeit der Zoologie in Deutschland. Paul Parey, Hamburg

Goldstein, K (1932) Über die Plastizität des Organismus auf Grund von Erfahrungen am nervenkranken Menschen. In: Bethe A (Hrsg) Handbuch der normalen und pathologischen Physiologie Bd. 15/2, Julius Springer, Berlin, S 1131–1174

Goldstein, K (1934) Der Aufbau des Organismus. Einführung in die Biologie unter besonderer Berücksichtigung der Erfahrungen am kranken Menschen. Nyhoff, Den Haag

Grassi E, Uexküll T (1950) Von Ursprung und Grenzen der Geisteswissenschaften und der Naturwissenschaften. Francke, Bern

Greifenhagen, O (1925) Ein deutsch-baltisches Gelehrtenjubiläum. Balt Mschr 8: 333

Groß, F (1910) „Form" und „Materie" des Erkennens in der transzendenten Ästhetik. Eine erkenntnistheoretische Untersuchung. J.A. Barth, Leipzig

Groß, F (1927) Die Wiedergeburt des Sehens. Wagners „Ring der Nibelungen" und „Parsifal" als eine neuerstandene mythische Weltreligion. Amalthea, Zürich

Groß, F (1928a) Der rechte Weg. Ein Handbuch der Lebensweisheit (Probe-Auswahl). o.V., Wien

Groß, F (1928b) Zweckmöbel. Aus einem Zimmer drei machen. Frohe Zukunft, Wien

Groß, F (1932) Die Erlösung des Judentums abgeleitet aus seiner weltgeschichtlichen Mission. Frohe Zukunft, Leipzig Wien

Grosse-Allermann, W (1909) Studien über Amoeba terricola Greeff. phil. Diss. Marburg 1909

Grüsser, OJ (1996) Hermann von Helmholtz und die Physiologie des Sehvorganges. In: Eckart WU, Volkert K (Hrsg) Hermann von Helmholtz. Vorträge eines Heidelberger Symposiums anlässlich seines 100. Todestages. Centaurus, Pfaffenweiler, S 119–176

Haan, JA (1935) Die tierpsychologische Forschung. Ihre Wege und Ziele. JA Barth, Leipzig

Haan, JA (1937) Labyrinth und Umweg. Ein Kapitel aus der Tierpsychologie. Brill, Leiden

Haeberle, EJ (1991) Justitias zweischneidiges Schwert – Magnus Hirschfeld als Gutachter in der Eulen-burg-Affäre. In: Beier KM (Hrsg) Sexualität zwischen Medizin und Recht. Gustav Fischer, Jena, S 5–22

Haeckel, E (1866) Generelle Morphologie der Organismen. Allgemeine Grundzüge der organischen Formen-Wissenschaft mechanisch begründet durch die von Charles Darwin reformirte Descendenz-Theorie. 2 Bände, Georg Reimer, Berlin

Hagenlücke, H (1997) Deutsche Vaterlandspartei. Die nationale Rechte am Ende des Kaiserreichs. Droste, Düsseldorf

Haller, J (1926) Aus dem Leben des Fürsten Philipp zu Eulenburg-Hertefeld. Gebrüder Paetel, Berlin

Haltzel, M (1977) Der Abbau der ständischen Selbstverwaltung in den Ostseeprovinzen Russlands. Ein Beitrag zur Geschichte der russischen Unifizierungspolitik 1855–1905. Verlag des Herder Instituts, Marburg

Hanel, E (1907) Vererbung bei ungeschlechtlicher Fortpflanzung von Hydra grisea. Aus dem zoo-logisch-vergleichend anatomischen Laboratorium der Universität Zürich. phil. Diss. Zürich (Druck Jena: Gustav Fischer)

Harnack, A (1923) Erforschtes und Erlebtes. Töpelmann, Gießen

Harrington, A (2002) Die Suche nach Ganzheit. Die Geschichte biologisch-psychologischer Ganz-heitslehren. Vom Kaiserreich bis zur New Age Bewegung. Rowohlt, Reinbek b. Hamburg

Hartmann, E (1906) Das Problem des Lebens. Biologische Studien. Haacke, Bad Sachsa

Hartmann, M (1937) Wesen und Wege der biologischen Erkenntnis. In: Verhandlungen der Gesell-schaft deutscher Naturforscher und Ärzte. 94. Versammlung zu Dresden vom 20. bis 23. September 1936, Julius Springer, S 1–8

Hartmann, N (1935) Zur Grundlegung der Ontologie. Julius Springer, Berlin

Hartmann, O (1938) Erde und Kosmos im Leben der Menschen, der Naturreiche, der Jahreszeiten und der Elemente. Eine philosophische Kosmologie. Vittorio Klostermann, Frankfurt/M.

Hass, H (1948) Beitrag zur Kenntnis der Reteporiden mit besonderer Berücksichtigung der Form-bildungsgesetze ihrer Zoarien und einem Bericht über die angewandte neue Methode für Untersu-chungen auf dem Meeresgrund. Schweizerbart, Stuttgart

Hegel, GWF (2002) Vorlesung über Naturphilosophie. Berlin 1821/22. Nachschrift von Boris v. Uex-küll, Peter Lang, Frankfurt/M.

Heiber, H (1994) Universität unterm Hakenkreuz. Teil II: Die Kapitulation der Hohen Schulen. Das Jahr 1933 und seine Themen Bd. 2, KG Saur, München

Heidegger, M (1982/83) Die Grundbegriffe der Metaphysik. Welt – Endlichkeit – Einsamkeit. Ge-samtausgabe II. Abteilung. Vorlesungen 1923–1944, Bd. 29/30, Vittorio Klostermann, Frankfurt/M.

Heidermanns, C (1933) Grundzüge der Tierpsychologie. Ein Leitfaden für Studierende. Gustav Fi-scher, Jena

Helbach, C (1989) Die Umweltlehre Jakob von Uexkülls. Ein Beispiel für die Genese von Theorien in der Biologie zu Beginn des 20. Jahrhunderts. phil. Diss. Aachen

Hellpach, W (1939) Geopsyche. Die Menschenseele unter dem Einfluss von Wetter und Klima, Boden und Landschaft. 5. Auflage, Ferdinand Enke, Stuttgart

Hellpach, W (1944) Sozialorganismen. Eine Untersuchung zur Grundlegung wissenschaftlicher Gemeinschaftslebenskunde. JA Barth, Leipzig

Hempelmann (1930) Uexküll J.v., Theoretische Biologie. 2. Auflage. Biol Zbl 50: 254

Hermanns, F (1991) „Umwelt". Zur historischen Semantik eines deontischen Wortes. In: Busse D (Hrsg) Diachrone Semantik und Pragmatik. Niemeyer, Tübingen, S 235–257

Herrmann, B (2009) Umweltgeschichte wozu? Zur gesellschaftlichen Relevanz einer jungen Disziplin. In: Masius P, Sparenberg O, Sprenger J (Hrsg) Umweltgeschichte und Umweltzukunft. Universitätsverlag, Göttingen, S 13–50

Herrmann, B (2013) Umweltgeschichte. Eine Einführung in Grundbegriffe. Julius Springer, Berlin Heidelberg

Herrmann, B (2014) Der ahnungslose Haeckel? Saeculum 64(2). im Druck

Hertwig, O (1906) Allgemeine Biologie. Gustav Fischer, Jena

Hertwig, O (1909) Karl Ernst von Baer. Internat Wochenschr Wiss, Kunst u Techn 1: 293–306

Hertwig, O (1918) Zur Abwehr des ethischen, des sozialen, des politischen Darwinismus. Gustav Fischer, Jena

Hertwig, O (1922) Der Staat als Organismus. Gedanken zur Entwicklung der Menschheit. Gustav Fischer, Jena

Herwig, M (2001) The unwitting muse. Jacob von Uexküll's theory of Umwelt and twentieth century literature. Semiotica 134: 553–592

Hessinger DA, Lenhoff M (Hrsg) The Biology of Nematocysts. Academice Press, San Diego

Heusden, B (2001) Jakob von Uexküll and Ernst Cassirer. Semiotica 134: 275–292

Heuss, E (1938) Regionale Biologie und ihre Kritik. Eine Auseinandersetzung mit dem Vitalismus H. Drieschs, Wilhelm Engelmann, Leipzig

Hoffmann, T (2002) Der erste deutsche ZONT-Club. Auf den Spuren außergewöhnlicher Frauen. Dölling&Galitz, München

Hoßfeld, U (1998) Die Entstehung der Modernen Synthese im deutschen Sprachraum. In: Welträtsel und Lebenswunder. Ernst Haeckel – Werk, Wirkung und Folgen. Ausstellungskatalog, Landesmuseum, Linz, S 185–228

Hünemörder C (1979) Jakob von Uexküll (1864–1944) und sein Hamburger Institut für Umweltforschung. In: Scriba, CJ (Hrsg) Disciplinae novae. Festschrift zum 90. Geburtstag von Hans Schimank, Vandenhoeck&Rupprecht, Göttingen, S 105–125

Hünemörder C, Scheele I (1977) Das Berufsbild des Biologen im zweiten deutschen Kaiserreich. Anspruch und Wirklichkeit. In: Mann G, Winau R (Hrsg) Medizin, Naturwissenschaft, Technik und das zweite deutsche Kaiserreich. Vandenhoeck&Rupprecht, Göttingen, S 119–151

Huxley, JS (1981) Darwin und der Gedanke der Evolution (1960) In: Altner G (Hrsg) Der Darwinismus. Die Geschichte einer Theorie. Wissenschaftliche Buchgesellschaft, Darmstadt, S 487–504

Illies, J (1973) Umwelt und Anpassung. In: Grzimeks Tierleben. Enzyklopädie des Tierreichs. Sonderband "Ökologie". Kindler, Zürich, S 15–22

Jämsä, T (2001) Jakob von Uexküll's theory of sign and meaning from a philosophical, semiotic, and linguistic point of view. Semiotica 134: 481–551

Jahn, I (1985) Neuorientierung biologischer Disziplinen unter dem Einfluß systemtheoretischer Konzepte seit der Mitte des 20. Jahrhunderts. In: Jahn I, Löther R, Senglaub K (Hrsg) Geschichte der Biologie. Theorien, Methoden, Institutionen, Kurzbiographien. VEB Gustav Fischer, Jena, S 597–617

Janich P, Weingarten M (1999) Wissenschaftstheorie der Biologie. Methodische Wissenschaftstheorie und die Begründung der Wissenschaften. Wilhelm Fink, München

Janisch, E (1934) Über die mathematische Erfassung biologischer Prozesse. Sudh A 27: 286–292

Jennings, HS (1910) Das Verhalten der niederen Organismen unter natürlichen und experimentellen Bedingungen. Autorisierte deutsche Übersetzung von Ernst Mangold. Teubner, Leipzig

Jessop, R. (2012) Coinage of the term environment: a word without authority and Carlyle's displacement of the mechanical metaphor.Literature Compass 9 (11):708–720

Johannsen G, Boller H, Donges E, Stein W (1977) Der Mensch im Regelkreis. Lineare Modelle. Oldenbourg, München

Jordan, H (1901) Die Physiologie der Lokomation bei Aplysia limacina. Oldenbourg, München (zugleich phil. Diss. München)

Jordan, H (1905a) Untersuchungen des Nervensystems bei Pulmonaten I Einleitung, der Tonus, hypothetische Basis dieser Untersuchungen. Arch ges Physiol 106: 181–188

Jordan, H (1905b) Untersuchungen zur Physiologie des Nervensystems II Tonuns und Erregbarkeit. Die regulierende Funktion des Cerebralganglions. Arch ges Physiol 110: 533–597

Jungblut, P (2004) Famose Kerle. Eulenburg – eine wilhelminische Affäre. Männerschwarm, Hamburg

Just, G (1940) Die mendelistischen Grundlagen der Erbbiologie des Menschen. In: Just G (Hrsg) Handbuch der Erbbiologie des Menschen. Bd. I, Julius Springer, Berlin, S 371–460

Kalik, J (1999) Bauer und Baron im Baltikum. Versuch einer historisch-phänomenologischen Studie zum Thema „Gutsherrschaft in den Ostseeprovinzen. o.V., Tallinn

Kendal J, Tehrani J, Oding-Smee J (2011) Human niche construction in interdisciplinary focus. Philosophical Transactions of the Royal Society B 366 (1566): 785–792

Kennel, J (1893) Lehrbuch der Zoologie. Ferdinand Enke, Stuttgart

Kestner, O (1934) Die Abhängigkeit der wissenschaftlichen Erkenntnis von der Eigenart unserer Sinnesorgane. Sudh A 27: 267–276

Keyserling, H (1910) Prolegomena zur Naturphilosophie. Lehmanns, München

Kinzig, W (2004) Harnack, Marcion und das Judentum. Nebst einer kommentierte Edition des Briefwechsels Adolf von Harnacks mit Houston Stewart Chamberlain. Evangelische Verlagsanstalt, Leipzig

Koehler, O (1933) Das Ganzheitsproblem in der Biologie. Schriften der Königsberger Gelehrten Gesellschaft 9: 139–204

Koehler, W (1968) Werte und Tatsachen. Julius Springer, Berlin Heidelberg

Koyre, A (1980) Von der geschlossenen Welt zum unendlichen Universum. Suhrkamp, Frankfurt/M.

Kriszat, G (1932) Zur Autotomie der Regenwürmer. Z vergl Physiol 16: 185–203

Kriszat G, Ferrari R (1933) Untersuchungen über den Stoffwechsel des Maulwurfs. Z vergl Physiol 19: 162–169

Küppers, BO (1992) Natur als Organismus. Schellings frühe Naturphilosophie und ihre Bedeutung für die moderne Biologie. Vittorio Klostermann, Frankfurt/M.

Kull, K (1999) Outlines for a post-darwinian biology. Fol Baer 7: 129–142

Kull, K (2001a) Jakob von Uexküll. An introduction. Semiotica 134: 1–60

Kull, K (2001b) Jakob von Uexküll. A pardigm for biology and semiotics. Special Volume Semiotica Vol. 134

Langthaler, R (1991) Kants Ethik als „System der Zwecke". Perspektiven einer modifizierten Idee der „moralischen Teleologie" und Ethiktheologie. Walter de Gruyter, Berlin

Langthaler, R (1992) Organismus und Umwelt. Die biologische Umweltlehre im Spiegel traditioneller Naturphilosophie. Olms, Hildesheim

Large, DC (2001) Hitlers München. Aufstieg und Fall der Hauptstadt der Bewegung. dtv, München

Lassen, H (1939) Leibnizsche Gedanken in der Uexküllschen Umweltlehre. Acta Biotheor 5: 41–50

Lehmann, E (1934) Staatsbiologie von J v Uexküll. Der Biologe 3: 25

Lehmann, E (1938) Biologie im Leben der Gegenwart. Lehmanns, München

Leibbrand, W (1953) Heilkunde. Eine Problemgeschichte der Medizin. Karl Alber, Freiburg

Lenoir, T (1992) Helmholtz, Müller und die Erziehung der Sinne. In: Wagner M, Wahrig-Schmidt B (Hrsg) Johannes Müller und die Philosophie. Akademie Verlag, Berlin, S 207–222

Lenz, F (1931) Lebensraum und Lebensgemeinschaft. Eine Einführung. Otto Saale, Frankfurt/M.

Lersch, P (1942) Der Aufbau des Charakters. JA Barth, Leipzig

Lissmann, HW (1932) Die Umwelt des Kampffisches (Betta splendens Regan). Z vergl Physiol 18: 65–111

Lissmann, HW (1933) Aus der Umwelt des Kampffisches. Kosmos. Handweiser für Naturkunde: 223–227

Lissmann HW, Gray K (1938) Studies in animal locomotion. VII locomotory reflexes in the earthworm. J exp biol 15: 506–517

Lissmann HW, Wolsky A (1933) Funktion der an Stelle eines Auges regenerierten Antennule bei Potamobius leptodactylus Esch. Z vergl Physiol 19: 554–573

Litt, T (1942) Die Sonderstellung des Menschen im Reich des Lebendigen. In: Geistige Gestalten und Probleme. Eduard Spranger zum 60. Geburtstag. JA Barth, S 217–240

Loeb, J (1890) Der Heliotropismus der Thiere und seine Uebereinstimmung mit dem Heliotropismus der Pflanzen. Hertz, Würzburg

Löther, R (1985) Methodologische Probleme in der Biologie des 20. Jahrhunderts und speziell in ihrer neuesten Entwicklung. In: Jahn I, Löther R, Senglaub K (Hrsg) Geschichte der Biologie. Theorien, Methoden, Institutionen, Kurzbiographien. VEB Gustav Fischer, Jena, S 579–588

Lorenz, K (1935) Der Kumpan in der Umwelt des Vogels. Journal für Ornithologie 83: 137–215, 289–413

Lorenz, K (1937) Brüll, H. Das Leben deutscher Greifvögel. Zeitschrift für Tierpsychologie 1: 92

Lorenz, K (1940) Durch Domestikation verursachte Störungen arteigenen Verhaltens. Z für angew Psychol 59: 2–81

Lorenz, K (1941/42) Kants Lehre vom Apriorischen im Lichte gegenwärtiger Biologie. Bl dtsch Phil 15: 94–125

Lorenz, K (1942) Induktive und teleologische Psychologie. Naturwiss 30: 133–143

Lorenz, K (1943) Die angeborenen Formen möglicher Erfahrung. Zeitschrift für Tierpsychologie 5: 235–409

Lorenz, K (1950) Ganzheit und Teil in der tierischen und menschlichen Gesellschaft. Studium Generale 3: 455–499

Ludwig, W (1943) Die Selektionstheorie. In: Heberer G (Hrsg) Die Evolution der Organismen. Ergebnisse und Probleme der Abstammungslehre. Gustav Fischer, Jena, S 479–520

Luure, A (2001) Lessons from Uexküll's antireductionism and reductionism. A pansemiotic view. Semiotica 134: 311–322

Mayr, E (1979) Teleologisch und teleonomisch: eine neue Analyse. In: Mayr, E (Hrsg) Evolution und die Vielfalt des Lebens. Julius Springer, Berlin, S 189–229

Mayr, E (1990) Die Darwinsche Revolution und die Widerstände gegen die Selektionstheorie. In: Herbig J, Hohlfeld R (Hrsg) Die zweite Schöpfung. Geist und Ungeist in der Biologie des 20. Jahrhunderts. Hanser, München, S 44–70

Merrel, F (2001) Distinctly human Umwelt. Semiotica 134: 229–262

Meyer, A (1934a) Das Organische und seine Ideologien. Sudh A 27: 3–19

Meyer, A (1934b) Umwelt und Innenwelt organischer Systeme nebst Bemerkungen über ihre Simplifikation zu physischen Systemen. Sudh A 27: 328–352

Meyer, A (1934c) Ideen und Ideale der biologischen Erkenntnis. Beiträge zur Theorie und Geschichte der biologischen Ideologien. JA Barth, Leipzig

Meyer-Abich, A (1935a) Krisenepochen und Wendepunkte des biologischen Denkens. Gustav Fischer, Jena

Meyer-Abich, A (1935b) Zwischen Scylla und Charybdis. Holistische Antikritik von Mechanismus und Vitalismus. Acta Biotheor 1: 203–217

Meyer-Abich, A (1938) Vorwort. In: Smuts, JC Die holistische Welt. Walter de Gruyter, Berlin, S I–XXV

Meyer-Abich, A (1941) Konstruktion und Umkonstruktion der Organismen. Ein Nachruf auf Hans Böker, ergänzt durch neue Beiträge zur Theorie der Umkonstruktion und der Frage der Vererbbarkeit. Anatomischer Anzeiger 92: 81–168

Meyer-Abich, A (1963) Geistesgeschichtliche Grundlagen der Biologie. Gustav Fischer, Stuttgart

Meyer-Abich, A (1965) Gudrun von Uexküll, Jakob v. Uexküll, seine Welt und seine Umwelt. Sudh A 49: 473

Meyer, HH (1934) Kausalitätsfragen in der Biologie. Sudh A 27: 598–601

Mildenberger, F (2004) Race and breathing therapy. The career of Lothar Gottlieb Tirala (1886–1974). Sign System Studies 32: 253–275

Mildenberger, F (2005) …als Conträrsexual und als Päderast verleumdet… - Der Prozess um den Naturforscher Theodor Beer (1866–1919) im Jahre 1905. Z Sexf 18: 332–351

Mildenberger, F (2005–07) Von Seeigeleiern zu Menschenseelen – Der Werdegang von Hans Driesch (1867–1941) hin zur Parapsychologie. Z Parapsych 47–49: 163–182

Mildenberger, F (2006) Vitalistic Behaviorism? Misinterpretations and Attempts to appropriation of the discussion of the theses paper Beer-Bethe-Uexküll. Hist Phil Life Sci 28: 175–190

Mildenberger, F (2007) Umwelt als Vision. Leben und Werk Jakob von Uexkülls (1864–1944). Franz Steiner, Stuttgart

Mildenberger, F (2009/2010) Lebensraum oder Umwelt? Friedrich Ratzel (1844–1904) und Jakob von Uexküll (1864–1944). Jb Europ Wissk 5: 249–283

Mislin, H (1978) Jakob Johann von Uexküll (1864–1944) Pionier des verhaltens-physiologischen Experiments. In: Stamm RA, Zeier H (Hrsg) Die Psychologie des 20. Jahrhunderts Bd VI: Lorenz und die Folgen. Kindler, Zürich, S 46–54

Mocek, R (1998) Die werdende Form. Eine Geschichte der kausalen Morphologie. Basilisken Presse, Marburg

Moeckel, P (1919) Mein Hund Rolf. Ein rechnender und buchstabierender Airedale-Terrier. 4. Auflage, Robert Lutz, Stuttgart

Müller, A (1935) Struktur und Aufbau der biologischen Ganzheiten. Ein Beitrag zum Problem des Deszensus der Keimdrüsen der Säugetiere sowie der Tabes und der Paralyse. Georg Thieme, Leipzig

Müller, I (1975) Die Wandlung embryologischer Forschung von der descriptive zur experimentellen Phase unter dem Einfluss der zoologischen Station in Neapel. Medizinhist J 10: 191–218

Munthe G, Uexküll G (1951) Das Buch von Axel Munthe. List, München

Nagel, T (1974) What is it like to be a bat? Philosophical Review 83: 435–450

Nagel, W (1899) Ueber eine neue Nomenclatur in der vergleichenden Sinnesphysiologie. Cbl Physiol 13: 281–284

Neu, W (1932a) Untersuchungen über den Schiffsbewuchs. Internationale Revue der gesamten Hydrobiologie 27: 105–119

Neu, W (1932b) Wie schwimmt Aplysia Depilans L? Z vergl Physiol 18: 244–253

Neu, W (1933) Die Aufgaben des Chemikers bei der Bekämpfung des Schiffsbewuchses. Angewandte Chemie 46: 227–229

Neu, W (1936) Die Schwarmfischerei in der neuen Türkei. Sitzungsberichte der Gesellschaft Naturforschender Freunde zu Berlin: 88–91

Neunzigste Versammlung Deutscher Naturforscher und Aerzte zu Hamburg 16–22. September 1928 (1928). Münch med Wschr 75: 1856–1862

Nowikoff, M (1949) Grundzüge der Geschichte der biologischen Theorien. Werdegang der abendländischen Lebensbegriffe. Hanser, München

Otte, R (2001) Thure von Uexküll. Von der Psychosomatik zur integrierten Medizin. Vandenhoeck&Rupprecht, Göttingen

Ottow, B (1920) Der Begründer der Zellenlehre M.J. Schleiden und seine Lehrtätigkeit an der Universität Dorpat 1863 bis 1864. Nova Acta 106: 119–145

Palti, E (2004) "The return of the subject" as a historico-intellectual problem. Hist Theor 43: 57–82

Patten, BC (1992) Energy, emergy, and environs. Ecological modelling 62: 29–69

Pavlov, IP (1904) Psychische Erregung der Speicheldrüsen. Ergeb Physiol 3: 177–193

Pavlov, IP (1972a) Nobel-Ansprache, gehalten am 12. Dezember 1904 in Stockholm. In: Pavlov IP (Hrsg) Die bedingten Reflexe. Eine Auswahl aus dem Gesamtwerk. Kindler, München, S 28–41

Pavlov, IP (1972b) Die Anwendung der Ergebnisse unserer Tierexperimente auf den Menschen (1924) In: Pavlov IP (Hrsg) Die bedingten Reflexe. Eine Auswahl aus dem Gesamtwerk. Kindler, München, S 73–88

Pawlik K, Stapf KH (1992) Ökologische Psychologie. Entwicklung, Perspektive und Aufbau eines Forschungsprogrammes. In: Pawlik K, Stapf KH (Hrsg) Umwelt und Verhalten. Perspektiven und Ergebnisse ökopsychologsicher Forschung. Hans Huber, Bern, S 9–24

Penzlin, H (1988) Das wissenschaftliche Werk Julius Schaxels. In: Theoretische Grundlagen und Probleme der Biologie. Festveranstaltung und wissenschaftliche Vortragstagung am 20 und 21 März 1987 an der Friedrich-Schiller-Universität Jena aus Anlass des 100. Geburtstages von Julius Schaxel. Universitätsverlag, Jena, S 19–44

Petersen, H (1937) Die Eigenwelt des Menschen. JA Barth, Leipzig

Peus, F (1954) Auflösung der Begriffe „Biotop" und „Biozönose". Dtsch Entemol Z 1: 271–308

Plessner, H (1950) Über das Welt-Umweltverständnis des Menschen. Studium Generale 3: 116–120

Plessner, H (1953) (Hrsg) Symphilosophein. Bericht über den dritten deutschen Kongreß für Philosophie in Bremen 1950. Lehnen, München

Pobojewskaja, A (1993a) Die Subjektlehre Jakob von Uexkülls. Sudh A 77: 54–71

Pobojewskaja, A (1993b) Die Umweltkonzeption Jakcob von Uexkülls. Eine neue Idee des Untersuchungsgegenstandes von der Wissenschaft. In: Allgemeine Gesellschaft für Philosophie in Deutschland (Hrsg) Neue Realitäten. Herausforderungen der Philosophie. XVI. Deutscher Kongress für Philosophie TU Berlin, Bd. I, Universitätsbibliothek, Berlin, S 94–101

Potthast, T (1999) Theorien, Organismen, Synthesen: Evolutionsbiologie und Ökologie im angloamerikanischen und deutschsprachigen Raum von 1920 bis 1960. In: Junker T, Engels EM (Hrsg) Die Entstehung der synthetischen Theorie. Beiträge zur Geschichte der Evolutionsbiologie in Deutschland 1930-1950. Verlag Wissenschaftlicher Bücher, Berlin 1999, S 259–292

Prauss, G (1974) Kant und das Problem der Dinge an sich. Bouvier, Bonn

Rabl, H (1905) Leitfaden in das Studium der experimentellen Biologie der Wassertiere von J. v. Uexküll, Heidelberg. Wien klin Wschr 18: 952–953

Radkau, J (2011) Die Ära der Ökologie. C.H. Beck, München

Ratzel, F (1899) Anthropogeographie, erster Teil: Grundzüge der Anwendung der Erdkunde auf die Geschichte. 2. Auflage Reprint Wissenschaftliche Buchgesellschaft 1975, Darmstadt

Ratzel, F (1901) Der Lebensraum. Eine biogeographische Studie. In: Bücher, K, Fricker, KV, Funk, FX, Mandry, G v., Mayr, G v., Ratzel, F. (Hrsg) Festgaben für Alfred Schäffle zur siebenzigsten Wiederkehr seines Geburtstages am 24. Februar 1901. Laupp, Tübingen, S 101–189. Reprint Wissenschaftliche Buchgesellschaft 1966, Darmstadt

Reiß, C (2007) No evolution, no heredity, just development – Julius Schaxel and the end of the Evo-Devo agenda in Jena, 1906–1933: a case study. Theory Biosci 126: 155–164

Reiß, C (2012) Gateway, instrument, environment. The Aquarium as a hybrid space between animal fancying and experimental zoology. NTM 20: 309–336

Ringer, FK (1983) Die Gelehrten. Der Niedergang der deutschen Mandarine 1900–1933. Klett-Cotta, Stuttgart

Rodenwaldt, E (1939) Die Anpassung des Menschen an seiner Rasse fremdes Klima. In: Verhandlungen der Gesellschaft deutscher Naturforscher und Ärzte 95.Versammlung zu Stuttgart vom 18 bis 21. September 1938. Julius Springer, Berlin, S 29–33

Röhl, JG (1993) Die Jugend des Kaisers 1859–1888. CH Beck, München

Rosenberg, A (1943a) Von Form und Formung im Kunstwerk. Erste Aufzeichnungen 1917–1919. In: Rosenberg A (Hrsg) Schriften aus den Jahren 1917–1921. Hoheneichen, München, S 27–45

Rosenberg, A (1943b) Eine ernste Frage. In: Rosenberg A (Hrsg) Schriften aus den Jahren 1917–1921. Hoheneichen, München, S 75–78

Rosenberg, A (1943c) Der Jude. In: Rosenberg A (Hrsg) Schriften aus den Jahren 1917–1921. Hoheneichen, München, S 88–115

Rosenberg, A (1996) Letzte Aufzeichnungen 1945/46. Joomsburg, Uelzen

Rothfels, H (1930) Reich, Staat und Nation im deutsch-baltischen Denken. Schriften der Königsberger Gelehrten Gesellschaft 7: 219–240

Rüting, T (2002) Pavlov und der neue Mensch. Diskurse über Disziplinierung in Sowjetrussland. Oldenbourg, München

Rudder, B (1938) Grundzüge einer Meteorologie des Menschen. Julius Springer, Berlin

Russel, ES (1936) Playing with a dog. Quart rev biol 11: 1–15

Saidel, E (2002) Animal minds, human minds. In: Bekoff M, Colin A, Burghardt GM (Hrsg) The cognitive animal, Empirical and theoretical perspectives on animal cognition. The MIT Press, Cambridge/Mass., S. 53–58

Salthe, SN (2001) Theoretical biology as an anticipatory text. The relevance of Uexküll to current issues in evolutionary systems. Semiotica 134: 359–380

Sax, B (2000) Animals in the Third Reich. Pets, scapegoats, and the Holocaust. Continuum, New York

Sax B, Klopfer PH (2001) Jacob von Uexküll and the anticipation of sociobiology. Semiotica 134: 767–778

Schaxel, J (1922) J. v. Uexküll, Umwelt und Innenwelt der Tiere. Dtsch med Wschr 48: 301

Schelsky, H (1950) Zum Begriff der tierischen Subjektivität. Studium Generale 3: 102–106

Schmalfuss, H (1937) Stoff und Leben. JA Barth, Leipzig

Schmidt, J (1975) Jakob von Uexküll und Houston Stewart Chamberlain. Ein Briefwechsel in Auszügen. Medhist J 10: 121–129

Schmidt, J (1990) Die Umweltlehre Jakob von Uexkülls in ihrer Bedeutung für die Entwicklung der vergleichenden Verhaltensforschung. Diss. rer. nat. Marburg

Schneider, G (1934) KE v. Baer gegen Darwin. Sudh A 27: 494–498

Schneider, G (1992) „Identität von" und „Identität mit" städtischer Umwelt. In: Pawlik K, Stapf KH (Hrsg) Umwelt und Verhalten. Perspektiven und Ergebnisse ökopsychologsicher Forschung, Hans Huber. Bern, S 169–202

Schoenecke, OW (1986) Lernpsychologische Grundlagen für die Psychosomatische Medizin. In: Uexküll, T (Hrsg) Psychosomatische Medizin, 3. Auflage Urban&Schwarzenberg, München, S 81–102

Schultz-Venrath U, Herrmanns LM (1991) Gleichschaltung zur Ganzheit. Gab es eine Psychosomatik im Nationalsozialismus? In: Richter HE, Wirsching M (Hrsg) Neues Denken in der Psychosomatik. S. Fischer, Frankfurt/M., S 83–103

Schwartz, S (1993) Wie Pawlow auf den Hund kam. Klinische Experimente der Psychologie. Wilhelm Heyne, München

Sebeok, T (1972) Perspectives in zoosemiotics. Mouton, The Hague

Sebeok, T (1979) The sign and its masters. Texas University Press, Austin

Sebeok, T (2001) Biosemiotics. Its roots, proliferation and prospects. Semiotica 134: 61–78

Seiler, H (1992) Axel Munthe und sein Werk „Red cross and iron cross". Die Auseinandersetzung mit der deutschen Ärzteschaft 1932/33 um ein in Deutschland unbekanntes Buch. med. Diss. München

Seraphim, A (1918) Deutsch-baltische Beziehungen im Wandel der Jahrhunderte. Baltischer Verlag, Berlin

Sieglerschmidt, J (im Druck) Abschnitt zur Erfahrung. In: Leggewie C, Mauelshagen F (Hrsg) Climate and Culture. Vol 4. Brill, Leiden

Simon, HR (1980) Anton Dohrn und die Zoologische Station Neapel. Erbrich, Frankfurt/M.

Smuts, JC (1934) Die kausale Bedeutung des Holismus. Sudh A 27: 465–466

Sombart, W (1938) Vom Menschen. Versuch einer geisteswissenschaftlichen Anthropologie. Buchholz&Weißwange, Berlin

Staatsbiologie Prof. Dr. von Uexküll (1934) Bücherkunde der Reichsstelle zur Förderung des deutschen Schrifttums 1: 31

Staemmler, M (1938) Rassenkunde und Rassenpflege. In: Staemmler M, Kühn A, Burgdörfer F (Hrsg) Erbkunde, Rassenfpflege, Bevölkerungspolitik. Schicksalsfragen des deutschen Volkes. 4. Auflage, Georg Thieme, S 97–206

Steakley, J (2004) Die Freunde des Kaisers. Die Eulenburg-Affäre im Spiegel zeitgenössischer Karikaturen. Männerschwarm, Hamburg

Stjernfeldt, F (2001) A natural symphony? To what extent is Uexküll's Bedeutungslehre actual for the semiotics of our time. Semiotica 134: 79–102

Stocker, O (1950) Das Umweltproblem der Pflanze. Studium Generale 3: 61–70

Strobel, A (1934) Nachrichten. Hamburg. Der Biologe 3: 270

Stumpfl, F (1950) Das Umweltproblem beim Menschen. Studium Generale 3: 120–126

Taube, M (1930) Die von Uxkull. Genealogische Geschichte des uradeligen Geschlechts der Herren, Freiherren und Grafen von Uxkull 1229–1929. Bd. II, o.V., Berlin

Teichmüller, G (1874) Studien zur Geschichte der Begriffe. Weidmann, Berlin

Teichmüller, G (1877) Darwinismus und Philosophie. Matthiesen, Dorpat

Thienemann, A (1918) Lebensgemeinschaft und Lebensraum. Naturwiss Wschr 17: 281–290, 297–303

Thienemann, A (1935) Die Bedeutung der Limnologie für die Kultur der Gegenwart. Schweizerbart, Stuttgart

Thienemann, A (1941) Leben und Umwelt. JA Barth, Leipzig

Thienemann, A (1958) Leben und Umwelt. Deutsche Buchgemeinschaft. Berlin

Thom, R (1975) Structual stability and morphogenesis. An outline of a general theory of models. Benjamin press, Reading

Tischler, W (1980) Biologie der Kulturlandschaft. Eine Einführung. Gustav Fischer, Stuttgart

Tischler, W (1990) Ökologie der Lebensräume. Meer, Binnengewässer, Naturlandschaft, Kulturlandschaft. Gustav Fischer, Stuttgart

Tobien, A (1930) Die livländische Ritterschaft in ihrem Verhältnis zum Zarismus und russischen Nationalismus Bd. 2. Puttkammer, Berlin

Toellner, R (1975) Der Entwicklungsbegriff bei Karl Ernst von Baer und seine Stellung in der Geschichte des Entwicklungsgedankens. Sudh A 59: 337–355

Uexküll, G (1964) Jakob von Uexküll. Seine Welt und seine Umwelt. Eine Biographie. Christian Wegner, Hamburg

Uexküll, T (1947) Krise der Humanität – Gedanken zum Nürnberger Ärzteprozess. Die Zeit 13.02.1947, 3

Uexküll, T (1949) Probleme und Möglichkeiten einer Psycho-Somatik unter dem Gesichtspunkt einer funktionellen Biologie mit experimentellen Untersuchungen zur Ulcusfrage (Habilitationsschrift München). Z klin Med 145: 117–185

Uexküll, T (1952) Der Begriff der „Regulation" und seine Bedeutung für eine anthropologische Medizin. Psyche 6: 425–442

Uexküll, T (1963) Grundfragen der psychosomatischen Medizin. Rowohlt, Reinbek b. Hamburg

Uexküll, T (1970) Die Umweltforschung als subjekt- und objektumgreifende Naturforschung. In: Uexküll J, Kriszat G Streifzüge durch die Umwelten von Menschen und Tieren, Suhrkamp, Frankfurt/M., S XXIII-XLVIII

Uexküll, T (1979a) Die Zeichenlehre Jakob von Uexkülls und die Wissenschaft vom Menschen. Merkur 33: 621–635

Uexküll, T (1979b) Die Zeichenlehre Jacob von Uexkülls. Z Sem 1: 37–47

Uexküll, T (1980) Jakob v. Uexküll. Kompositionslehre der Natur. Biologie als undogmatische Naturwissenschaft. Ausgewählte Schriften. Propyläen, Frankfurt/M.

Uexküll, T (1981) Die Zeichenlehre Jakob von Uexkülls. In: Krampen M, Oehler K, Posner R, Uexküll T (Hrsg) Die Welt als Zeichen. Klassiker der modernen Semiotik. Severine&Siedler, Berlin, S 233–279

Uexküll, T (1990) Medizin und Semiotik. In: Koch WA (Hrsg) Semiotik in den Einzelwissenschaften. Bd. I, Universitätsverlag, Bochum, S 307–342

Uexküll T, Wesiack W (1986) Wissenschaftstheorie und Psychosomatische Medizin, ein bio-soziales Modell. In: Uexküll T (Hrsg) Psychosomatische Medizin. 3. Auflage Urban&Schwarzenberg, München, S 1–30

Ullrich, H (1950) Klima, Bodenform, Volkscharakter, Biologie und Weltgeschichte. Studium Generale 3: 254–260

Ulrich, W (1967) Ernst Haeckel „Generelle Morphologie", 1866. Zoologische Beiträge NF 13 (2): 165–212

Ungerer, E (1969) Zum Gedenken an Hans Driesch. Philosophia Naturalis 11: 247–256

Utekin, I (2001) Spanish echoes of Jacob von Uexkülls thought. Semiotica 134: 635–642

Wahsner, R (1988) Das Helmholtz-Problem oder zur physikalischen Bedeutung der Helmholtzschen Kant-Kritik, Verlag des Einstein Laboratoriums. Potsdam

Walser, HH (1968) Auguste Forel. Briefe, Correspondence 1864–1927. Hans Huber, Bern

Warden, CJ (1935) The animal mind. Ped Sem j gen psych 43: 49–64

Wasmann, E (1900) Einige Bemerkungen zur vergleichenden Psychologie und Sinnesphysiologie Biol Cbl 20: 342–350

Wasmann, E (1909) Die psychischen Fähigkeiten der Ameisen. Mit einem Ausblick auf die vergleichende Tierpsychologie. 2. Auflage, Schweizerbart, Stuttgart

Weber, A (2003) Natur als Bedeutung. Versuch einer semiotischen Theorie des Lebendigen. Königshausen&Neumann, Würzburg

Weber, H (1935) Lage und Aufgabe der Biologie in der Gegenwart. Z ges Naturw 1: 95–106

Weber, H (1937) Zur neueren Entwicklung der Umweltlehre J.v. Uexkülls. Naturw 25: 467–479

Weber, H (1938) Grundriß der Insektenkunde. Gustav Fischer, Jena

Weber, H (1939a) Der Umweltbegriff in der Biologie und seine Anwendung. Der Biologe 8: 245–261

Weber, H (1939b) Zur Fassung und Gliederung eines allgemeinen biologischen Umweltbegriffs. Natur 27: 633–644

Weber, H (1939c) Der Umweltbegriff der Biologie und seine Anwendung. Der Biologe 8: 245–261

Weber M, Holsboer F, Hoff P, Ploog D, Hippius H (2003) Emil Kraepelin Bd. III: Kraepelin in Dorpat 1886–1891, Belleville, München

Weindling, PJ (1991) Darwinism and Social Darwinism in Imperial Germany. The contribution of the cell biologist Oscar Hertwig (1849–1922). Gustav Fischer, Stuttgart

Weizsäcker, V (1941) Der Gestaltkreis. Theorie der Einheit von Wahrnehmen und Bewegen. Georg Thieme, Leipzig

Weizsäcker, V (1964) Natur und Geist. Kindler, München

White, L (1967) The historical roots of our ecological crisis. Science 155: 1203–1207

Wilkie, IC (1996) Mutable collagenous structure or not? A comment on the re-interpretation by del Castillo et al of the catch mechanism in the sea urchin spine ligament. Biological Bulletin 190: 237–242

Wilser, L (1913) Ein Beitrag zum Verständnis der Tierseele. Allg Z Psych psych gerichtl Med 70: 474–479

Wippermann, W (1997) Der Hund als Propaganda- und Terrorinstrument im Nationalsozialismus. In: Schäfer J (Hrsg) Veterinärmedizin im Dritten Reich. DVG, Gießen, S 193–206

Wogawa S, Hoßfeld U, Breidbach O (2006) „Sie ist eine Rassenfrage". Ernst Haeckel und der Antisemitismus. In: Preuß D, Hoßfeld U, Breidbach O (Hrsg) Anthropologie nach Haeckel. Franz Steiner, Stuttgart, S 220–241

Wolff, G (1933) Leben und Erkennen. Vorarbeiten zu einer biologischen Philosophie. Ernst Reinhardt, München

Wolff, G (1935) Das Problem des Vitalismus. Med W 9: 318–323

Wolff E, Kiep-Altenloh E (1948) Jakob von Uexküll Stiftung zur Ausbildung von Blindenführhunden. Selbstverlag, Hamburg

Yerkes, RM (1905) Bahnung und Hemmung der Reactionen auf tactile Reize beim Frosche. Arch ges Physiol 107: 207–237

Ziegenfuß, W (1950) Der soziologische Weltbegriff. Studium Generale 3: 127–135

Ziegler, HE (1900) Theoretisches zur Tierpsychologie und vergleichenden Neurophysiologie. Biol Cbl 20: 1–16

Zimmermann, V (1997) Karl Saller und die Einrichtung eines „Lehrstuhls für Rassenhygiene" an der Georg August Universität Göttingen. In: Hubenstorf M, Lammel HU, Münch R, Schleiermacher S, Schmiedebach HP, Stöckel S (Hrsg) Medizingeschichte und Gesellschaftskritik. Festschrift für Gerhard Baader. Matthiesen, Husum, S 366–377

Zimmermann, W (1938) Vererbung „erworbener Eigenschaften" und Auslese. Gustav Fischer, Jena

Zündorf, W (1939) Der Lamarckismus in der heutigen Biologie. Arch Rass Gesellschfb 33: 286–309

Zullo L, Sumbre G, Agnisola C, Flash T, Hochner B (2009) Nonsomatotopic organization of the higher motor centers in octopus. Current Biology 19:1632–1636

Stichwortverzeichnis

F. Mildenberger, B. Herrmann (Hrsg.), *Uexküll*, Klassische Texte der Wissenschaft,
DOI 10.1007/978-3-642-41700-9, © Springer-Verlag Berlin Heidelberg 2014

Personenverzeichnis

Printed in the United States
By Bookmasters